U0668535

"超材料前沿交叉科学丛书"编委会

主　编　周　济　崔铁军

副主编　陈延峰　范润华　彭华新　徐　卓

编　委　（按姓氏汉语拼音排序）

白本锋　蔡定平　陈　焱　陈红胜　陈伟球
陈玉丽　程　强　邓龙江　范同祥　冯一军
官建国　胡更开　胡小永　黄吉平　金飚兵
李　龙　李　涛　李　垚　李晓雁　刘　辉
刘晓春　刘正猷　卢明辉　陆延青　彭茹雯
屈绍波　帅　永　孙洪波　严　密　杨　槐
于相龙　张　获　张　霜　张雅鑫　张冶文
赵晓鹏　赵治亚　周　磊　周小阳　祝　捷

国家出版基金项目
NATIONAL PUBLICATION FOUNDATION

超材料前沿交叉科学丛书

超构器件理论和应用

蔡定平　编著

科学出版社

龍門書局

北京

内 容 简 介

　　本书主要讲述了超构器件的有关理论、实际应用和加工制造方法。本书共 10 章，包括波前控制基本理论、亚波长微纳结构中的光学相互作用、从环形偶极子到零极子、流体超材料、微机械可调谐超材料、超构表面的基本应用、超构透镜、超构器件的发展与应用、纳米结构中非常光场的应用、超构器件的加工和表征。本书所涉及的是相关领域前沿科学研究的最新进展，附有大量实际超构器件的设计案例及图例，便于读者理解。

　　本书是为物理、光电子、电子科学技术等专业的高年级本科生或研究生准备的，亦可供超构器件领域的研究人员参考。

图书在版编目（CIP）数据

超构器件理论和应用 / 蔡定平编著. —北京：龙门书局，2024.3
（超材料前沿交叉科学丛书）
国家出版基金项目
ISBN 978-7-5088-6418-1

Ⅰ．①超…　Ⅱ．①蔡…　Ⅲ．①光电器件–研究　Ⅳ．①TN203

中国国家版本馆 CIP 数据核字（2024）第 060541 号

责任编辑：陈艳峰 杨 探 / 责任校对：彭珍珍
责任印制：张 伟 / 封面设计：无极书装

科学出版社 出版
龙门书局
北京东黄城根北街 16 号
邮政编码：100717
http://www.sciencep.com
北京中科印刷有限公司印刷
科学出版社发行　各地新华书店经销
*
2024 年 3 月第 一 版　开本：720×1000　1/16
2024 年 3 月第一次印刷　印张：28
字数：565 000
定价：248.00 元
（如有印装质量问题，我社负责调换）

丛 书 序

酝酿于世纪之交的第四次科技革命催生了一系列新思想、新概念、新理论和新技术，正在成为改变人类文明的新动能。其中一个重要的成果便是超材料。进入 21 世纪以来，"超材料"作为一种新的概念进入了人们的视野，引起了广泛关注，并成为跨越物理学、材料科学和信息学等学科的活跃的研究前沿，并为信息技术、高端装备技术、能源技术、空天与军事技术、生物医学工程、土建工程等诸多工程技术领域提供了颠覆性技术。

超材料(metamaterials)一词是由美国得克萨斯大学奥斯汀分校 Rodger M. Walser 教授于 1999 年提出的，最初用来描述自然界不存在的、人工制造的复合材料。其概念和内涵在此后若干年中经历了一系列演化和迭代，形成了目前被广泛接受的定义：通过设计获得的、具有自然材料不具备的超常物理性能的人工材料，其超常性质主要来源于人工结构而非构成其结构的材料组分。可以说，超材料的出现是人类从"必然王国"走向"自由王国"的一次实践。

60 多年前，美国著名物理学家费曼说过："假如在某次大灾难里，所有的科学知识都要被毁灭，只有一句话可以留存给新世代的生物，哪句话可以用最少的字包含最多的讯息呢？**我相信那会是原子假说。**"所谓的原子假说，是来自古希腊思想家德谟克利特的一个哲学判断，认为世间万物的性质都决定于构成其结构的基本单元，这一单元就是"原子"。原子假说之所以重要，是因为它影响了整个西方的世界观、自然观和方法论，进而导致了 16—17 世纪的科学革命，从而加速了人类文明的演进。19 世纪英国科学家道尔顿借助科学革命的成果，尝试寻找德谟克利特假说中的"原子"，结果发现了我们今天大家熟知的原子。然而，站在今天人类的认知视野上，德谟克利特的"原子"并不等同于道尔顿的原子，而后者可能仅仅是前者的一个个例，因为原子既不是构成物质的最基本单元，也不一定是决定物质性质的单元。对于不同的性质，决定它的结构单元也是千差万别的，可能是比原子更大尺度的自然结构(如分子、化学键、团簇、晶粒等)，也可能是在原子内更微观层次的结构或状态(如电子、电子轨道、电子自旋、中子等)。从这样的分析中就可以引出一个问题：我们能否人工构造某种特殊"原子"，使其构成的材料具有自然物质所不具备的性质呢？答案是肯定的。用人工原子构造的物质就是超材料。

超材料的实现不再依赖于自然结构的材料功能单元，而是依赖于已有的物理学原理、通过人工结构重构材料基本功能单元，为新型功能材料的设计提供了一个广阔的空间——昭示人们可以在不违背基本的物理学规律的前提下，获得与自然材料具有迥然不同的超常物理性质的"新物质"。常规材料的性质主要决定于构成材料的基本单元及其结构——原子、分子、电子、价键、晶格等。这些单元和结构之间相互关联、相互影响。因此，在材料的设计中需要考虑多种复杂的因素，这些因素的相互影响也往往是决定材料性能极限的原因。而将"超材料"作为结构单元，则可望简化影响材料的因素，进而打破制约自然材料功能的极限，发展出自然材料所无法获得的新型功能材料，人类或因此成为"造物主"。

　　进一步讲，超材料的实现也标志着人类进入了重构物质的时代。材料是人类文明的基础和基石，人类文明进程中最基本、最重要的活动是人与物质的互动。我个人的观点是：这个活动可包括三个方面的内容。(1)对物质的"建构"：人类与自然互动的基本活动就是将自然物质变成有用物质，进而产生了材料技术，发展出了种类繁多、功能各异的材料和制品。这一过程可以称之为人类对物质的建构过程，迄今已经历了数十万年。(2)对物质的"解构"：对物质性质本源和规律的探索，并用来指导对物质的建构，这一过程产生了材料科学。相对于材料技术，材料科学相当年轻，还不足百年。(3)对物质的"重构"：基于已有的物理学及材料科学原理和材料加工技术，重新构造物质的功能单元，进而发展出超越自然功能的"新物质"，这一进程取得的一个重要成果是产生了为数众多的超材料。而这一进程才刚刚开始，未来可期。

　　20多年来，超材料研究风起云涌、色彩纷呈。其性能从最早对电磁波的调控，到对声波、机械波的调控，再从对波的调控发展到对流(热流、物质流等)的调控，再到对场(力场、电场、磁场)的调控；其应用从完美透镜到减震降噪，从特性到暗物质探测。因此，超材料被 *Science* 评为"21 世纪前 10 年中的 10 大科学进展"之一，被 *Materials Today* 评为"材料科学 50 年中的 10 项重大突破"之一，被美国国防部列为"六大颠覆性基础研究领域"之首，也被中国工程院列为"7 项战略制高点技术"之一。

　　我国超材料的研究后来居上，发展非常迅速。21 世纪初，国内从事超材料研究的团队屈指可数，但研究颇具特色和开拓性，在国际学术界产生了一定的影响。从 2010 年前后开始，随着国家对这一新的研究方向的重视，研究力量逐渐集聚，形成了具有一定规模的学术共同体，其重要标志是**中国材料研究学会超材料分会**的成立。近年来，国内超材料研究迅速崛起，越来越多的优秀科技工作者从不同的学科进入了这个跨学科领域，研究队伍的规模已居国际前列，产生了很多为学术界瞩目的新成果。科学出版社组织出版的这套"超材料前沿交叉科学丛书"既是对我国科学工作者对超材料研究主要成果的总结，也为有志于从事超材料研究和应用的年轻科技工作者提供了研究指南。相信这套丛书对于推动我国超材料的发展会发挥应有的作用。

　感谢丛书作者们的辛勤工作，感谢科学出版社编辑同志的无私奉献，同时感谢编委会的各位同仁！

2023 年 11 月 27 日

前　言

本书是为物理、光电子、电子科学技术等专业的高年级本科生或研究生准备的，介绍有关超构器件、纳米技术和纳米光学等前沿研究。与传统器件相比，超构器件利用亚波长尺寸的人造结构，能够在更小的尺寸下，实现对电磁场的有效操控，带来新颖的光学功能，是目前备受研究人员关注的热点研究领域。在未来，引入超构器件能进一步增强光电子设备的性能，使设备功能多样化，并且有望应用到元宇宙或是手机这样的可携式消费者的产品中，将在消费者领域占有重要地位。通过本书，读者能系统地了解超构器件的有关理论和实际应用，提升对超构器件的理解，为读者进入超构器件的相关研究领域工作打下基础。

全书共 10 章。第 1 章至第 3 章介绍了与超构器件相关的基础理论。其中第 1 章介绍了波前控制基本理论，阐明了基于不同原理的波前操控方法；第 2 章详细描述了亚波长微纳结构中的光学相互作用，具体讨论了各种纳米光学现象、原理及其在工程上的应用；第 3 章则介绍了电磁领域的重大发现——从环形偶极子到零极子。第 4 章至第 9 章介绍了超构器件的应用。其中，第 4、5 章分别介绍了流体超材料和微机械可调谐超材料，包含对各式各样的基于不同原理和设计的超材料的简述；第 6 章研究了超构表面的基本应用，讨论了超构表面的偏振控制和波前操纵；第 7 章则回顾了超构透镜的有关理论，在回顾基本原理后，介绍了超构透镜的功能评估和优化的关键指标，并在最后分析其所遇到的挑战；第 8 章总结了超构器件的发展与应用，详细介绍了超构器件设计和制造的一般性原理和方法；第 9 章介绍了纳米结构中的非常光场所带来的全新应用。第 10 章则涉及超构器件的加工和表征，首先简述了超构器件的加工，随后详细介绍了各种加工超构器件的技术，并总结了它们各自的优缺点和应用场景。

本书在编写过程中，得到了陈沐谷博士、梁尧博士、范宇斌博士、姚金博士和林仕容博士(不分先后)等给予的无私帮助。博士研究生冷柏锐、张景程、刘小源、车啸宇、刘唯汉、林蓉和陈舒凡也在本书的排版、校对等方面提供了帮助。对上述在本书的出版工作中曾给予帮助的各位，作者在此表示一并感谢。本书是作者在国内出版的第一本书，感谢科学出版社对本书出版的大力支持。

由于本书涉及许多近二十年内出现的新兴概念，如零极子(anapole)、流体超材料(fluidic metamaterial)等，此前国内并无一个准确统一的译名，故作者只好给出参考译名，并在首次出现该概念时附上其对应的英文原文，以供读者参考。由衷希望专家学者和相关机构能尽快对这些新兴概念确定一个统一的译名，方便广大使用中文的读者进行阅读，促进本领域在国内的传播。

由于编者水平有限，书中难免出现不妥或遗漏之处，恳请各位使用本书的专家、同行以及读者批评和指正，不胜感激。

作　者

2024 年 1 月

致　　谢

我们感谢中华人民共和国香港特别行政区大学教育资助委员会/研资局卓越学科领域计划项目与优配研究基金(AoE/P-502/20，C5031-22GF，CRF 8730064，15303521，11310522，11305223，11300123)、广东省科学技术厅区域联合基金(重点项目 2020B1515120073)、"深港创新圈"计划 D 类项目(SGDX2019081623281169)和香港城市大学研究基金(9380131，9610628，7005867)、国家出版基金在本书出版中给予的支持和帮助。

目　　录

第1章　波前控制基本理论

1.1　概　　述

Nikolay I. Zheludev 与 Yuri S. Kivshar 于 2012 年最先提出了超构器件的概念[1]。超构器件是基于超构表面或超构材料所设计的功能性器件。与超构材料相同，超构表面也是一种由亚波长尺寸的单元组成的人造结构，可以将它看作二维的平面超构材料。传统的光学器件往往需要通过光在介质中传播的方式去积累相位，最终实现对光的波前操纵。而由亚波长结构组成的超构表面不仅可以在亚波长尺寸的范围内实现对光的相位、偏振和振幅的操控，通过对超构表面的合理设计，甚至还可以调控光子角动量、非线性、量子时空纠缠等特性[2,3]。这极大地丰富了控制电磁波的方法，并带来许多传统光学器件所无法实现的功能。随着纳米加工技术的进步，人们已经利用多种加工技术成功制造出各种类型的超构表面，而对其新型功能的探索也正在进行之中。

为了系统地阐述超构器件这一新兴概念，首先需要介绍与超构器件有关的基础理论。本章以斯涅尔(Snell)定律为起点，旨在对各种类型超构表面的基本工作原理进行简述。

1.2　基本理论——广义斯涅尔定律

与衍射光栅效应类似，引入超构表面会在两种介质的交界面处产生空间上的相位分布不连续。应用费马原理[4,5]，或借助衍射光栅系统中波向量的动量守恒定律，最终可用以下广义公式表示光的反射和折射：

$$\begin{cases} k_{\mathrm{r},x} = k_{\mathrm{i},x} + \dfrac{\partial \phi}{\partial x} \\ k_{\mathrm{t},x} = k_{\mathrm{i},x} + \dfrac{\partial \phi}{\partial x} \end{cases} \tag{1-1}$$

其中 $k_{\mathrm{i},x}, k_{\mathrm{r},x}, k_{\mathrm{t},x}$ 分别是入射光、反射光和透射光的波矢的 x 分量，$\dfrac{\partial \phi}{\partial x}$ 是相位梯度。由方程式(1-1)可知，通过对界面处光学谐振器的空间相位响应进行设计处理，可以使反射波和透射波在各自的半空间内任意重定向(图 1.1)。一种原始的方法是利用纳米棒天线的色散进行相位调制。例如,可以通过改变纳米棒的长度,使单一波长的透射(或反射)光束的相位响应在 0 至 π 的范围内变化[4,6,7],然而,为了实现对波前的完全控制,相移覆盖范围需要达到 0 至 2π。因此,在过去的几年里,人们投入大量精力研究等离激元或介电纳米结构,以期提供全 2π 相位操纵的同时保持较高的效率。

本节的余下部分将介绍不同类型的超构表面的物理机理、工作优势和相应的局限性(表 1.1)。

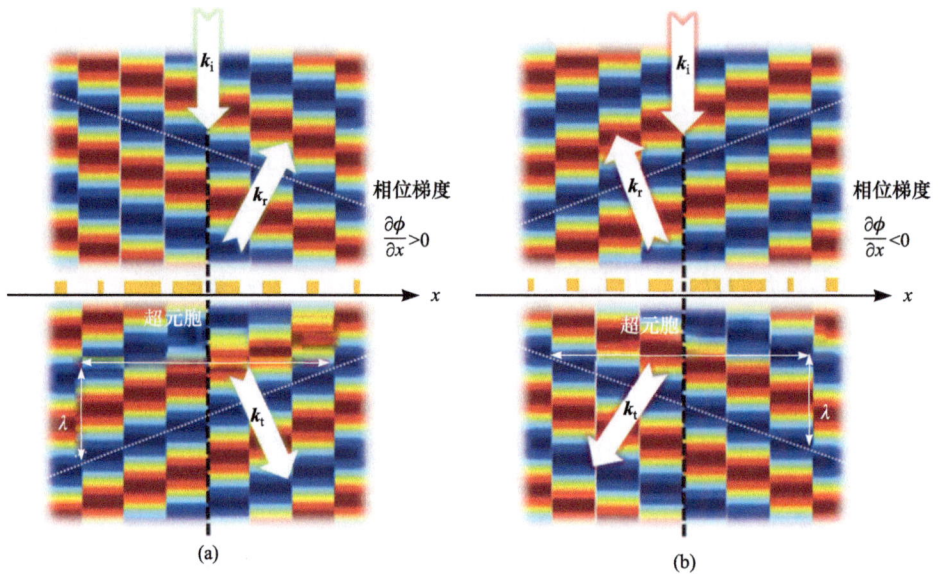

图 1.1　由空间正(a)和负(b)相位梯度响应的散射体组成的超构表面沿界面提供了反向的有效波向量,因此反射波前和透射波前可以在各自的半空间内弯曲成任意方向

表 1.1　六种超构表面的独特性质

类型	多谐振超构表面	间隙等离激元超构表面	几何相位超构表面	惠更斯超构表面	全介质惠更斯超构表面/高折射率差超构表面
优点	可实现多波段工作	高效率共偏振转化	设计简单宽带加工误差容忍度高	在微波或者近红外域中透射率高	光学波段吸收损耗低透射效率高
局限	低效率交叉偏振转化	仅限反射式的应用	仅限于圆偏振光	需要多层结构在可见光中工作性能不佳	可见光中带宽有限可选材料有限

1.2.1 多谐振超构表面

两个相同长度的纳米棒以一定的角度连接在一起构成的 V 形天线，是第一个被提出的可以实现 0 到 2π 相位变化的纳米结构。该等离激元天线支持两种谐振模式，如图 1.2(a)所示，根据其电流分布可以分为对称和反对称模式[4,8]。当入射电场的

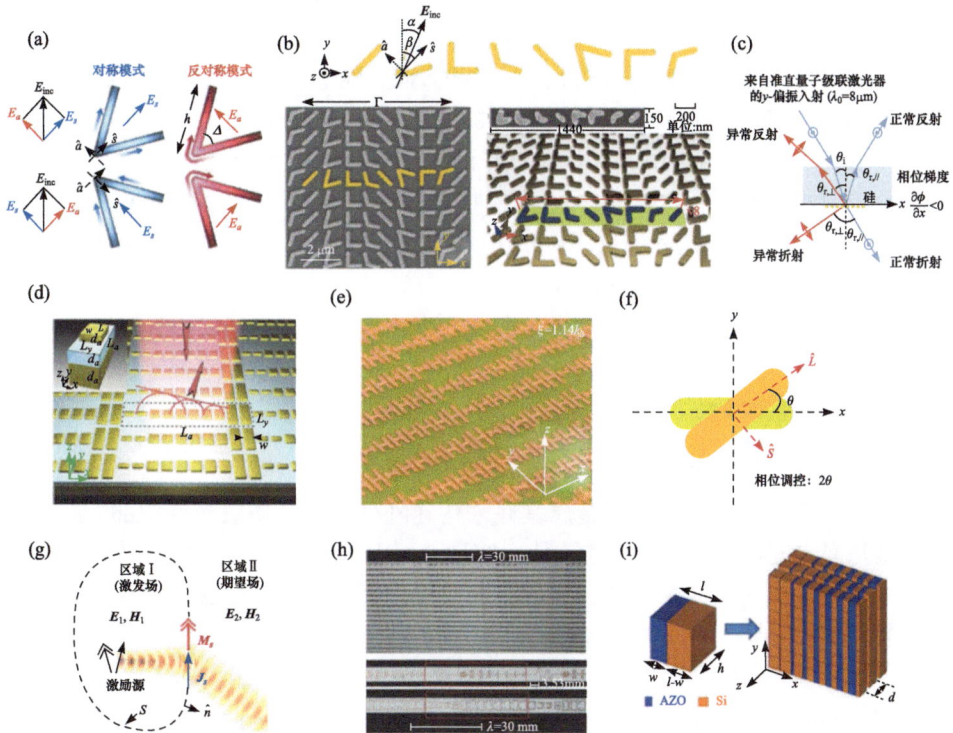

图 1.2 (a)V 形天线支持对称和反对称两种谐振模式。对称模和反对称模分别由入射场沿 $\hat{s}$ 和 $\hat{a}$ 轴的分量激发。电流分布示意图用箭头表示，箭头表示电流方向，用较亮的颜色表示大电流[4]。(b)在中红外(左)和近红外(右)两种情况下，相邻的 V 形天线的散射幅值相同，相位梯度恒定，$\Delta\Phi = \pi/4$[10]。(c)同偏振的常规光束和交叉偏振的异常光束共存的 V 形超构表面反射和折射图。(d)近红外间隙等离激元体超构表面示意图[11]。内图显示了由金纳米棒-MgF$_2$间隔层-金基底组成的基本结构单元。(e)使用不同臂长的 H 形天线来操纵相位响应的微波间隙等离元超构表面的照片[12]。(f)以纳米棒为例的 Pancharatnam-Berry 相位超构表面示意图，其中相位响应仅由纳米棒相对于 x 轴的 θ 方向决定。(g)根据表面等效原理，通过合理设计满足边界条件的表面电流和磁流，可以在区域Ⅰ和区域Ⅱ内实现任意的场分布。(h)上图：惠更斯微波超构表面，由相同的电路板条组成；下图：在板的顶部和底部的铜迹线分别能够提供必要的电极化电流和磁极化电流[13]。(i)惠更斯超构表面由三个堆叠层组成，由等离激元(铝掺杂氧化锌)和介电(硅)材料构成其基本构件单元(左)[14]

偏振方向平行(垂直)于天线的对称轴时，就可以激发对称(反对称)模式。当入射波既不平行也不垂直于天线对称轴时，则可以同时激发两种谐振模式。两种固有模式混合的结果是散射介质中存在两个偏振状态[9]，一个与入射光偏振一致，为 α-偏振；另外一个为 $(2\beta-\alpha)$-偏振，这是导致反射、折射异常的偏振成分。其中，β 是天线的对称轴线和 y 轴之间的夹角，如图 1.2(b)所示(V 形天线的物理及其分析模型的详情可参考 Capasso 和其同事的工作[4,5])。通过正确选择角度大小，如 $\beta=45°$ 和 $\alpha=0°$ 或者 90°，配合改变天线的几何形状和方向，能够对交叉偏振的出射光(偏振角度为 $2\beta-\alpha=90°$ 或 0°)进行有效的、大范围的相位和振幅调制(图 1.2(b))。这种机制，在中红外波段最初由 Yu 等提出并证明[4]，后来 Ni 等也在近红外波(NIR)段实现了类似的功能[10]。然而，由于在这种机制中同时存在正常反射/折射和异常反射/折射，因此光操纵效率很低(图 1.2(c))。此外，异常反射/折射光束对入射光具有不同的偏振性，也限制了它的应用。

1.2.2　间隙等离激元超构表面

1.2.2.1　基本原理

反射阵列超构表面以金属-绝缘体-金属结构为基本结构块，可以通过在金属天线阵列下添加介质间隔层和金属基底来构建阵列。薄介质层允许顶部天线阵列和金属基底之间进行强近场耦合，从而实现 2π 相位调制。由于金属天线和金属基底上的感应电流是反向平行的，因此在介质层内部会产生强磁场，称为间隙表面等离激元模式[15,16]。图 1.2(d)和(e)分别显示了在近红外和微波区域工作的纳米棒天线[11]和 H 形天线[12]的设计。只要改变天线的几何长度，就可以有效地调谐相位[16-20]。同时，由于不同单元结构的反射振幅基本恒定，因此在设计阶段可以只关注相位响应。受到金属基底的影响，该结构不会存在透射现象，因此异常反射模式的转换效率可达80%，此外，这种方法的优点是反射光相对于入射光保持了相同的偏振状态。

下面以图 1.2(d)所示的梯度超构表面为例，展示间隙等离激元超构表面在波束操纵上的实际应用。

1.2.2.2　高效宽带异常反射梯度超构表面

本小节将介绍第一个在 850 nm 附近工作的梯度超构表面的设计、制造和表征，它可以将入射光重定向为具有相同偏振的单个异常反射光束。此外，这一梯度超构表面对异常反射模式的转换效率高达80%，工作带宽大于 150 nm。这一发现带来许多应用前景，例如抗反射涂层、光吸收器、偏振和光谱分束器以及高效表面等离激元耦合器等。

设计的结构示意图如图 1.3(a)所示,左侧插图中显示了一个单元的结构。与之前的单层的 V 形天线设计不同(图 1.2(a)和(b))[4,5],该结构增加了一个 130 nm 厚的 Au 基底,它会与上层的 Au 棒状天线耦合,间隔层为 50 nm 厚的 MgF$_2$($\varepsilon = 1.892$)[21-25]。在这样的设计基础上,整个系统仍比工作波长 $\lambda = 850$ nm 薄很多,并且每个结构单元在横向维度上都在亚波长范围内,且保持不均匀性(沿 x 方向约 $\lambda/7$)。与允许透射和反射的单层 V 形天线[4,5]相比,此处的结构单元只允许反射。此外,反射幅度在结构单元之间不会存在太大的变化(在理想的无损情况下,反射率为 100%),因此只需考虑它的反射相位延迟 Φ。这再次与之前的系统形成鲜明对比,先前必须仔细调整每个天线的幅度和相位。当特定频率的 y 方向偏振光入射到系统上时,Au 棒和 Au 基底都会感应出电流,并且二者感应电流的方向相反,从而在间隔层内产生强磁场。显然,这种磁共振是由结构的几何和材料参数共同决定的,其中每个 Au 棒的尺寸是最重要的参数[21,22]。通过改变天线长度 L 可以有效地调节每个单元结构的反射相位延迟 Φ。这种超构表面可以克服 V 形天线的几个缺点,例如多模衍射、转换效率低、存在交叉偏振转换[4]等。这是因为:首先,金属基底杜绝了透射信号的存在(不论是正常模式还是异常模式),因此只需要考虑反射信号;其次,正常反射模式也被显著抑制,因此从入射到异常反射模式的转换效率非常高。

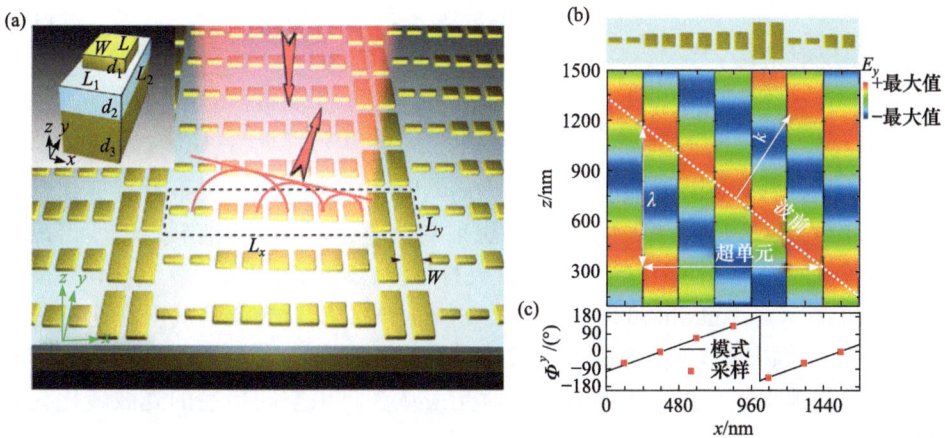

图 1.3 梯度超构表面的几何形状和工作机制。(a)设计样品的示意图,其中的晶胞(插图)由 Au 纳米棒(黄色)、MgF$_2$ 间隔层(蓝色)、Au 基底(黄色)组成。样品的超单元(super cell)(由虚线包围的区域)由 10 个单元结构组成,顶部 Au 纳米棒的长度(L)为 40 nm、40 nm、106 nm、106 nm、128 nm、128 nm、150 nm、150 nm、260 nm 和 260 nm。其他参数固定为 $L_x = 1200$ nm,$L_y = 300$ nm,$L_1 = 120$ nm,$L_2 = 300$ nm,$d_1 = 30$ nm,$d_2 = 50$ nm,$d_3 = 130$ nm,$W = 90$ nm。(b)在 $\lambda = 850$ nm(见正文)的法向入射 y 偏振光照射下,由有限差分时域(FDTD)模拟的梯度超构表面的散射 E_y 场分布,虚线定义波前。(c)超单元内每个结构单元的反射相位,实线表示 $\Phi^y(x) = \Phi_0 + \xi x$($\xi = 0.708k_0$)

如图 1.3(a)所示，这一超构表面的超单元(super cell)由 10 个 Au 棒组成，它们的长度 L 变化区间是 40～260 nm。Au 棒的厚度 d_1 和宽度 W 分别固定为 30 nm 和 90 nm。这里采用了一个粗略的近似来解释所构建的超构表面是如何工作的。如图 1.3(b)所示，此处构建五个小系统，每个小系统由确定类型的单元结构周期性阵列组成，波长 $\lambda = 850$ nm 的 y 方向偏振的光会沿法向入射到每个系统表面，采用有限差分时域(FDTD)仿真来计算五个小系统的反射场模式。随后将这些反射场模式拼接起来，以表示整个非均匀超构表面的反射场模式。由此获得的场模式略微不严谨，但足够阐明关键思想且直观。图 1.3(c)描绘了不同结构单元的相位延迟 Φ^y，用于表示整个非均匀超构表面的 $\Phi^y(x)$ 轮廓。上标"y"表示入射偏振 $\boldsymbol{E} /\!/ \hat{y}$。由于每个结构单元具有不同的相位 Φ^y，因此不同单元辐射的波之间发生干涉形成了由虚线定义的新波前。当 Φ^y 的梯度为常数时，即 $\partial\Phi^y/\partial x = \xi$（见图 1.3(c)），很容易证明反射光束是一个携带平行波矢 $k_x^r = \xi$ 的平面波，正是之前推导出的广义斯涅尔定律[4,5,10]。对于这个特定的设计，$\xi = 2\pi/L_x \approx 0.71 k_0$，其中 $L_x = 1200$ nm 是超单元的长度，$k_0 = 2\pi/\lambda$ 是 $\lambda = 850$ nm 处的波矢。广义斯涅尔定律预测，在被该超构表面反射后，垂直入射的光将被重定向以沿角度 $\theta_r = \arcsin(0.71) \approx 45°$ 传播。扩展到入射角为 θ_i 的斜入射情况，反射光束的平行波矢为

$$k_x^r = k_0 \sin\theta_i + \xi \tag{1-2}$$

从中可得反射角 θ_r：

$$\theta_r = \arcsin\left(\sin\theta_i + \frac{\xi}{k_0}\right) \tag{1-3}$$

在这里，假设图 1.3(c)中描绘的 $\Phi(x)$ 轮廓在倾斜入射情况下没有变化。我们可以注意到，来自超构表面的散射/反射场与入射场保持相同的偏振，这是该系统与 V 形天线相比存在的另一个重要特征[4]。式(1-3)表明，对于 θ_i，存在一个临界角 $\theta_{ic} = \arcsin(\sin 90° - \xi/k_0)$，当 $\theta_i > \theta_{ic}$ 时，反射光束将局限在超构表面的边界[12]。从物理学观点来看，异常反射光束的平行 k 向量大于自由空间波向量 k_0，因此垂直 k 分量是虚数，即反射光束从在自由空间传播的光波转化为表面波[12]。

基于上述设计理念所制作的系列样品的加工流程如下，首先在玻璃基板上有序地涂覆 130 nm 厚的 Au 薄膜和 50 nm 厚的 MgF$_2$ 薄膜，然后通过电子束光刻(EBL)技术在 MgF$_2$ 薄膜上图案化纳米棒阵列。为了提高 Au 膜与玻璃基板之间的附着力，首先利用溅射蒸发在基板上形成 5 nm 厚的岛状 Au 膜，并采用电子束蒸发技术依次沉积 125 nm 厚的 Au 膜和 50 nm 厚的 MgF$_2$ 薄膜。5 nm 溅射镀 Au 膜可以增加玻璃基板上方的粗糙度，并提高后续镀膜的 125 nm Au 膜与基板之间的附着力[26]。为了在 EBL 制造中定义沉积膜上方的 Au 纳米棒，此处使用了正抗蚀

剂——聚甲基丙烯酸甲酯(PMMA), PMMA 表面涂有导电层, 用于增加 PMMA 表面的电导率。写入电子束的加速电压为 100 keV, 在 600 μm × 600 μm 的区域内产生明确的纳米结构。在显影过程之后, 通过电子束蒸发在 PMMA 上涂覆 30 nm 的 Au 薄膜, 并通过后续的剥离工艺在 MgF$_2$ 薄膜上生成纳米棒。

图 1.4(b) 展示了其中一个超构表面的扫描电子显微镜(SEM)图像。为了表征样品的反射特性, 使用图 1.4(a)所示的实验装置进行了远场测量。采用直径 600 μm 的光纤作为光源(表示为 "s"), 波长为 λ 的入射光以可控的入射角 θ_i 投射到超构表面上。另一根相同直径的光纤用作接收器(记为 "r")以检测特定反射角 θ_r 处的散射场强度 $P(\theta_r, \lambda)$。在实验中, 两根光纤分别安装在两个底座上, 两个底座可以在半径为 20 cm 的圆形轨道上自由旋转, 从而可以轻松改变 θ_i 和 θ_r。散射场强度 $P(\theta_r, \lambda)$ 针对参考信号 $P_0(20°, \lambda)$ 进行归一化, 参考信号 $P_0(20°, \lambda)$ 是相同入射光束被 600 μm × 600 μm 平面 Au 薄膜(130 nm 厚)反射时接收到的信号。为了控制变量, 参考 Au 膜的尺寸与制造的超构表面的尺寸完全相同。为了方便在实验中检测反射信号, 参考信号的入射角定义为 20°。图 1.4(c)显示了在不同入射角的输入光的照射下, 通过实验和 FDTD 模拟获得的归一化散射场强度 $P(\theta_r, \lambda)/P_0$(省

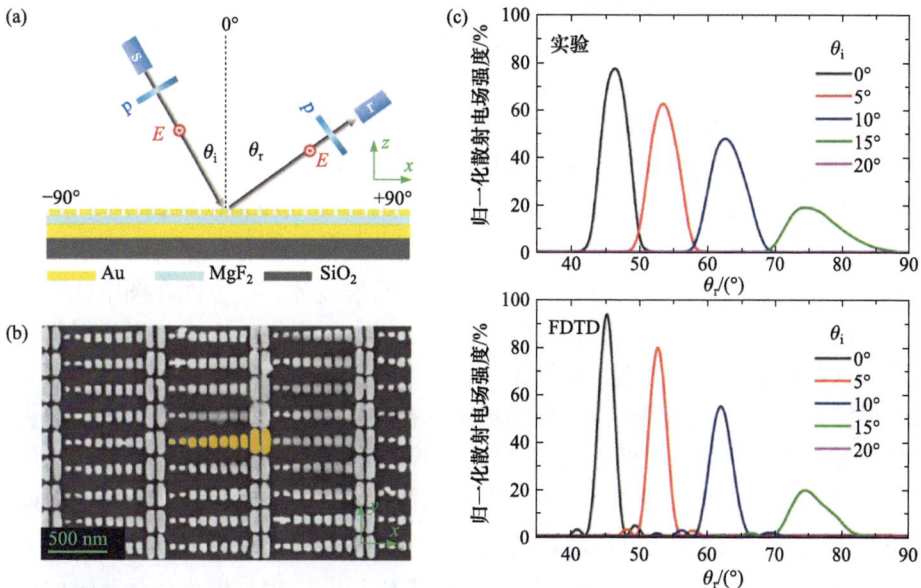

图 1.4 超构表面的表征。(a)远场测量的实验装置。此处 "s"、"r" 和 "p" 分别代表光源、接收器和偏振器。(b)超构表面的一部分 SEM 图像, 黄色标注超单元。(c)在 $\lambda = 850$ nm 不同角度的 y 偏振光入射下, 梯度超构表面的实验和仿真归一化散射场强度 $P(\theta_r, \lambda)/P_0$。入射角定义为法线左(右)区域的正(负)值

略下标(20°,λ))与θ_r之间的关系。此处工作波长设定为850 nm，入射角分别为0°、5°、10°、15°和20°。每个条件下的实验结果都与FDTD模拟结果高度一致。测量光谱和模拟光谱之间的细微差异是制造样品过程中不可避免的结构缺陷，以及模拟中采用的Au Drude模型[27]的不准确性导致的。在0°入射条件下，入射波到反常反射的转换效率大于80%。由于受到实验装置中的接收器和发射器尺寸限制(见图1.4(a))，此处仅能测量接收器和发射器分离良好的$\theta_r + \theta_i > 35°$的角度范围。这种内在限制使得难以通过实验检测出图1.4(c)中所示光谱的正常反射信号。幸运的是，FDTD模拟表明只有一个异常反射峰，并且正常反射模式被抑制。这也与约80%的输入能量能够被转换为异常模式的实验结果一致(剩余的20%被超构表面吸收)。该结果和传统基于V形天线结构的结果形成鲜明对比，在V形天线结构中，正常反射/折射模式是不可避免的，因此损失了大量能量[4]。此外，峰值反射角θ_r随着θ_i增大而增大。当$\theta_i = 20°$时，散射场峰消失，在这种情况下无法检测到任何远场信号。

上述异常反射可以用广义斯涅尔定律(1-2)、(1-3)进行解释。以垂直入射情况为例，如图1.4(c)反射峰出现在45.5°左右，与理论预测$\theta_r = \arcsin(0.71) \approx 45°$完全吻合。此外，$\theta_r$关于$\theta_i$的单调递增趋势也与式(1-3)计算一致。对于$\lambda = 850$ nm时$\xi = 0.71k_0$的这种特殊超构表面，计算表明临界角为$\theta_{ic} \approx 17°$，这进一步解释了远场信号会在$\theta_i = 20° > \theta_{ic}$的情况下消失。

接下来进一步定量验证由式(1-3)表示的广义斯涅尔定律。图1.5(a)展示了反射角θ_r和入射角θ_i的关系，入射光波长设定为850 nm，实线部分基于式(1-3)理论计算获得，红色圆圈和绿色五角星分别表示FDTD模拟和实际测量数据。可以看出，不论是仿真结果还是实验数据，都与理论计算值相吻合，这也验证了广义斯涅尔定律的正确性。此外还可以在图中观察到特殊现象，一方面在图中标明的灰色区域内，此时入射波和反射波位于表面法线的同一侧，在下文中将以反射为"负"来说明这种现象；另一方面，我们无法在区域$\theta_i > \theta_{ic}$中找到θ_r的真正解，因为此时反射波无法在自由空间传播，而是被限制在超构表面的表面附近。为了可视化这些非寻常的反射行为，此处采用FDTD模拟来计算代表性入射角−10°、10°和20°下的散射场模式，在图1.5(a)中用黑色箭头表明具体位置。结果分别如图1.5(b)~(d)所示。图1.5(b)清楚地表明，在$\theta_i = -10°$的情况下，光束被超构表面"负"反射。同时，虽然在$\theta_i = -10°$的情况下反射为"正"，但反射光束是非镜面反射的(即$\theta_r \neq \theta_i$)，角度大小由广义斯涅尔定律决定。当$\theta_i = 20°$时(图1.5(d))，反射波此时局限在器件的表面，以超构表面为界，计算出的平行$\boldsymbol{k}$向量$k_x \approx 2\pi/811(\text{nm}^{-1}) > k_0 = 2\pi/850(\text{nm}^{-1})$。这也解释了为什么在这种情况下无法通过实验和数值仿真得到任何远场辐射信号。经过广义斯涅尔定律计算，$k_x = k_0 \sin 20° + 0.7k_0 \approx 2\pi/809(\text{nm}^{-1})$，也与图1.5(d)中所示的FDTD模拟的$E_y$场模式一致。必须强调，在超构表面上产生的这种表面波具有"驱动"性质，它只能在适当光波的入射下存在于超构表面上[12]。然而，如果一个精心设计的能够支持本征表面等离激元(SPP)模式的系统连接到该超表面，则入射光可以被有效地引导为本征 SPP。这样的系统能够充当连接远场和近场的有效桥梁，对于等离激元领域的发展至关重要[28,29]。反之，如果没有这样的引导装置，那些驱动的表面波很难耦合到远场，这将在极大程度上增强超构表面的吸收能力，这又是另一个有趣的应用方向。

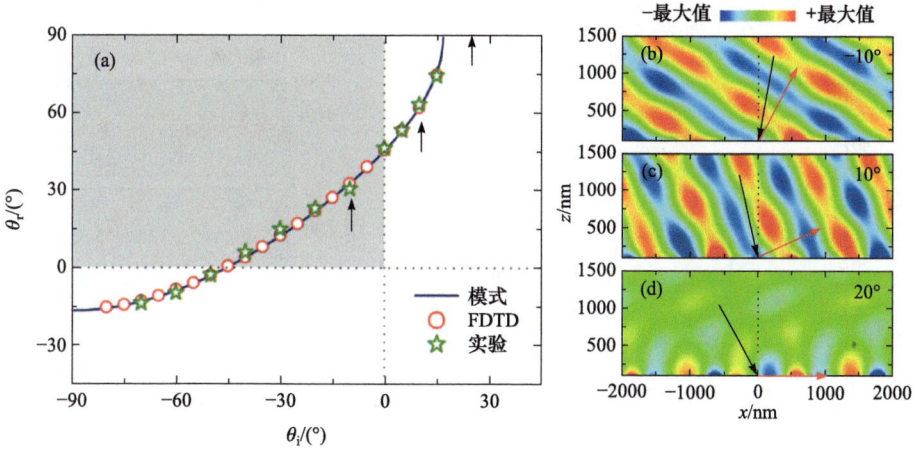

图 1.5　不同入射角的异常反射。(a)通过 FDTD 模拟(圆圈)和实验(星形)验证广义斯涅尔定律 $\theta_r = \arcsin(\sin\theta_i + \xi/k_0)$(实线)。(b)～(d)FDTD 模拟的在不同入射角的 y 偏振光照射下，由超构表面散射的 xz 平面上的 E_y 场模式

上述讨论关注的是入射偏振 $\boldsymbol{E}\,/\!/\,\hat{y}$。对于另一个入射偏振 $\boldsymbol{E}\,/\!/\,\hat{x}$，由于与每个结构单元相关的磁共振(参见图 1.3(a)的插图)仅对纳米棒的宽度 W 敏感，而设计中所有的金纳米棒都具有相同的宽度($W=90\,\mathrm{nm}$)，因此不同结构单元的 E 反射相位在这种入射偏振下均没有表现出线性梯度变化，证明这一超构表面可以正常反射 $\boldsymbol{E}\,/\!/\,\hat{x}$ 偏振的入射波。对于 $\boldsymbol{E}=E_x\hat{x}+E_y\hat{y}$ 的非偏振或线偏振的法向入射光，通常可以将其解耦为具有不同入射偏振 $\boldsymbol{E}_1=E_x\hat{x}$ 和 $\boldsymbol{E}_2=E_y\hat{y}$ 的两种模式，第一个模式将被正常反射(镜面反射)，而第二个模式被异常反射并携带平行的 k 向量。因此，原始单束入射光将分成两束沿着不同方向传播的反射光并具有不同的偏振态。下文通过 FDTD 模拟证明了这种分束效应。如图 1.6(a)所示，针对光波沿法向入射且偏振方向 $\boldsymbol{E}=E_0(\hat{x}+\hat{y})/\sqrt{2}$ 的情况，此处采用 FDTD 模拟计算散射谱可以发现，散射光谱存在两个明显的峰值，一束为镜面反射，另一束是异常反射，反射角为 45.5°(与预期相符 $k_r^x=\xi$)。同时可以从图中发现，两个反射模式的散射场强度大小不同，峰值强度均低于 50%，这是因为超构表面对不同偏振分量的吸收效率不一致。为了识别两种光束的偏振信息，图 1.6(b)～(d)相应描绘了 FDTD 模拟

的反射场分量 E_x、E_y 和 E_z。图 1.6(b)和(c)分别为正常和异常反射光束的电场分布，再次证明了两种反射模式的偏振信息不同。这也证明了该超构表面可以作为紧凑高效的偏振分束器来使用。尽管之前的 V 形超构表面也可以激发分束效应[4]，但二者工作原理完全不同。尤其在偏振信息方面，本小节介绍的超构表面中两个反射光束的偏振方向均区别于入射光束；而在 V 形结构超构表面中，正常(异常)反射模式表现出了与入射模式相同(交叉)的偏振方向[4]。同时该纳米棒型超构表面的效率比 V 形超构表面更高。

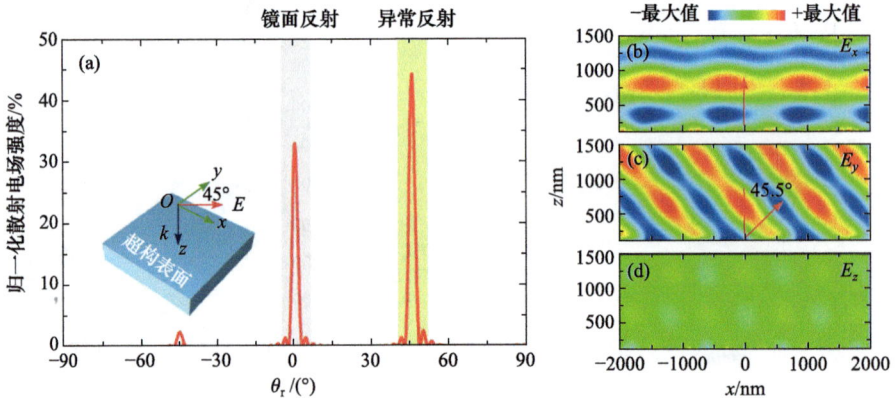

图 1.6　偏振分束效果，由 $\boldsymbol{E} = E_0(\hat{x} + \hat{y})/\sqrt{2}$　偏振的法向入射光照射的超构表面。(a)归一化散射场强度(假设反射光束在 xz 平面)，以及(b)E_x、(c)E_y 和(d)E_z 分量的 xOz 平面上的场模式，通过 FDTD 仿真获得

　　此外，该超构表面具有较大的工作带宽，这一结论可以通过实验证明。照明系统选择 HL-2000 卤钨光源，该系统产生的光波长可覆盖可见光与近红外区域。散射场强度由 IHR-320 光谱仪测量，测量波段为 350～900 nm。图 1.7(a)～(c)显示了入射角为 0°、10°和 20°的 y 偏振光入射下测量的散射场强度 $P(\theta_r, \lambda)/P_0$。实验测量结果与图 1.7(d)～(f)所示的 FDTD 模拟结果高度吻合。此外从图中也可以看出，异常反射现象始终存在于 700～900 nm 的波长范围内，同时异常反射角 θ_r 会随波长的增大而增加，这一现象可以通过式(1-3)来理解。为了得到理想的近似，假设 ξ 在感兴趣的波长范围内没有显著变化。因此，ξ/k_0 的大小会随着 λ 的增长而增加，导致 $\theta_r = \arcsin(\sin\theta_i + \xi/k_0)$ 在 θ_i 不变的情况下也会增加。实验和模拟结果都证明了这一超构表面可以将不同波长的光反射到不同的方向，结合宽带工作的特性，该超构表面还可以作为高效光谱分束器工作。

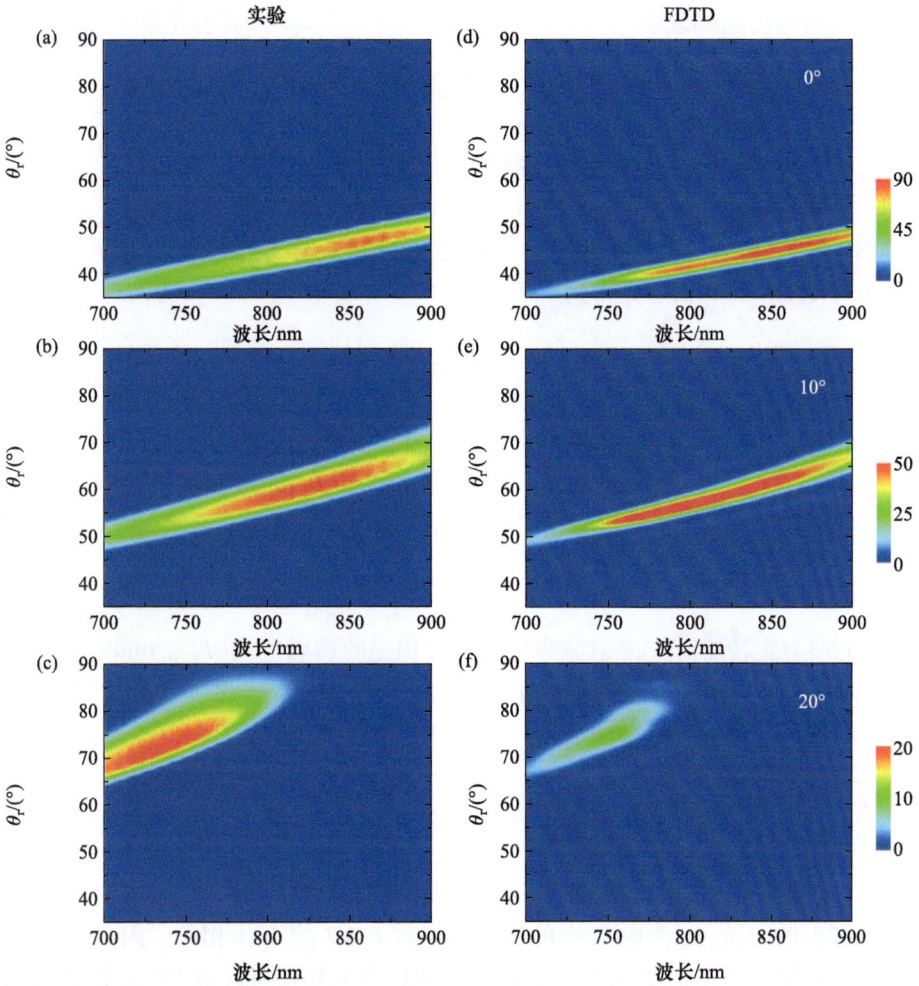

图 1.7　超构表面的宽带功能。归一化散射场强度 $P(\theta_r, \lambda)/P_0$ 作为波长 λ 和反射角 θ_r 的函数，通过实验(a)～(c)和 FDTD 模拟(d)～(f)获得。输入光束的入射角分别为(a)和(d)0°、(b)和(e)10°和(c)和(f)20°

综上，这一在 850 nm 附近工作且具有宽带功能的梯度超构表面，可以高效地将输入光重定向到非镜面通道。与之前在红外(IR)区域工作的超构表面相比，该超构表面工作在更短的波长区域，并且可以激发高效的异常反射。这一器件具有多样的实际应用前景，例如偏振和光谱分束器、抗反射涂层、光吸收器等。

1.2.3　几何相位超构表面

上述超构表面的相位或振幅的变化基于天线的不同几何结构；另一种被称为几何相位或 P-B 相位(Pancharatnam-Berry-phase)的超构表面，通过调整相同几何形状天线的旋转角来实现全相位控制[30,31]。以正常入射下是各向异性的纳米结构为例，t_o 和 t_e 分别表示入射光偏振方向沿纳米结构两个主轴的复透射系数。可以参考图 1.2(f)，当纳米谐振子相对于 x 轴旋转 θ 角时，该系统的传输矩阵可以通过琼斯矩阵(Jones matrix)运算得到[32,33]

$$
\begin{aligned}
\hat{t}(\theta) &= \boldsymbol{R}(-\theta)\begin{pmatrix} t_o & 0 \\ 0 & t_e \end{pmatrix}\boldsymbol{R}(\theta) \\
&= \begin{bmatrix} \cos\theta & -\sin\theta \\ \sin\theta & \cos\theta \end{bmatrix}\begin{bmatrix} t_o & 0 \\ 0 & t_e \end{bmatrix}\begin{bmatrix} \cos\theta & \sin\theta \\ -\sin\theta & \cos\theta \end{bmatrix} \\
&= \begin{bmatrix} t_o\cos^2\theta + t_e\sin^2\theta & (t_o - t_e)\cos\theta\sin\theta \\ (t_o - t_e)\cos\theta\sin\theta & t_o\sin^2\theta + t_e\cos^2\theta \end{bmatrix}
\end{aligned} \tag{1-4}
$$

其中 $\boldsymbol{R}(\theta)$ 为旋转矩阵。入射波为圆偏振(CP)光的透射电场($E_{L/R}^t$)可以通过与传输矩阵相乘获得。左旋偏振(LCP)或右旋偏振(RCP)光的表示形式为 $\hat{e}_{L/R} = \left(\hat{e}_x \pm i\hat{e}_y\right)/\sqrt{2}$，最终透射电场如式(1-5)[34,35]：

$$
E_{L/R}^t = \hat{t}(\theta)\cdot\hat{e}_{L/R} = \frac{t_o + t_e}{2}\hat{e}_{L/R} + \frac{t_o - t_e}{2}e^{\pm i2\theta}\hat{e}_{R/L} \tag{1-5}
$$

式(1-5)的第一项表示与入射光旋向相同的圆偏振散射波，第二项表示旋向相反的圆偏振散射波，该相反旋向的光波携带有 $\pm i2\theta$ 的 P-B 相位。因此，当纳米谐振器的角度从 0 旋转到 π 时，相反旋向出射光的相移可以覆盖 2π 全相位。由于几何相位型超构表面的结构单元一致，设计简单，加工难度低，因此有利于广泛应用。

1.2.4　惠更斯超构表面

由于单层等离激元天线的耦合效率不足,大大降低了透射型超构表面的性能。为此，研究人员基于表面等效原理，提出了一种通过同时调整界面的电极化率和磁极化率来减少表面反射的方法。如图 1.2(g)所示，为了在两个具有独立电磁特性的区域中产生理想的场分布，界面处的表面电流和磁场电流($\boldsymbol{J}_s$ 和 $\boldsymbol{M}_s$)应满足如下关系[13]：

$$
\boldsymbol{J}_s = \hat{n}\times\left(\boldsymbol{H}_2 - \boldsymbol{H}_1\right), \quad \boldsymbol{M}_s = -\hat{n}\times\left(\boldsymbol{E}_2 - \boldsymbol{E}_1\right) \tag{1-6}
$$

惠更斯超构表面的设计可以包括非周期或多层结构，以便在局部设计表面阻抗。例如，Pfeiffer 和 Grbic 使用了一个由 12 个图像化元素组成的超单元，在微波区域实现了透射率达到 86% 的光束偏转器(见图 1.2(h))[36]。Monticone 等提出了一种三层叠加超构表面，由介电和等离激元纳米块组合构成，它们分别作为纳米电容和纳米电感。该超构表面用于近红外范围内的光偏折，如图 1.2(i)所示，理论效率可达 75%。然而，惠更斯超构表面在可见光区域内的性能会降低，效率低于20%[36]，这是天然材料的弱磁响应和等离激元元素在可见光状态下的固有金属损失造成的。

1.2.5　全介质惠更斯超构表面

由于等离激元超构表面在可见光频率处的耗散损耗不断增加，以及在相位调制过程中出现的一些不良损耗，如衍射、普通反射/折射和偏振转换损耗，因此开启了一个新的研究分支——超介质表面。研究发现，高折射率介电纳米颗粒或纳米片能够产生与可见光波段重叠的电和磁谐振，这对于实现惠更斯超构表面的最佳传输效率至关重要。在可见光波段的高金属损耗会导致纳米颗粒内部磁场消失，因此可忽略磁响应[37-39]。入射波与具有低固有损耗的介电纳米颗粒相耦合，在纳米结构内部产生圆形位移电流，并激发强磁偶极子谐振[40-42](图 1.8(a), (b))。例如，Kivshar 的团队利用高介电常量硅(Si)纳米片阵列在近红外区域实现了 0~2π 相覆盖，透射效率超过 55%，同时还实现了基于惠更斯全介电超构表面的光束偏转功能，在可见光波段内的效率高达 45%[43]。

1.2.6　高折射率对比的超构表面

高折射率对比度的超构表面由在周期性的二维晶格中离散的高折射率介质散射体组成，能够在高透射情况下实现对相位和偏振的同时控制(图 1.8(c))[44]。每个纳米散射体可以被视为一个单独的截断波导，它支持多个低质量因子的法布里-珀罗(Fabry-Perot)谐振[45]，与由电偶极子或者磁偶极子主导谐振的全介电惠更斯超构表面不同，高折射率对比度超构表面的谐振模式同时包含电偶极子和磁偶极子、四极子和高阶极子[46](图 1.8(d))。由于纳米散射体与其周围环境的折射率差异比较大，因此光波能在每个纳米散射体内部强烈聚集，透射特性主要由纳米散射体的几何形状决定，而它们之间的光耦合极其微弱。高对比度超构表面已被证明可以作为偏振光分束器来使用，x 偏振光和 y 偏振光的传输效率均大于 70%[44]。

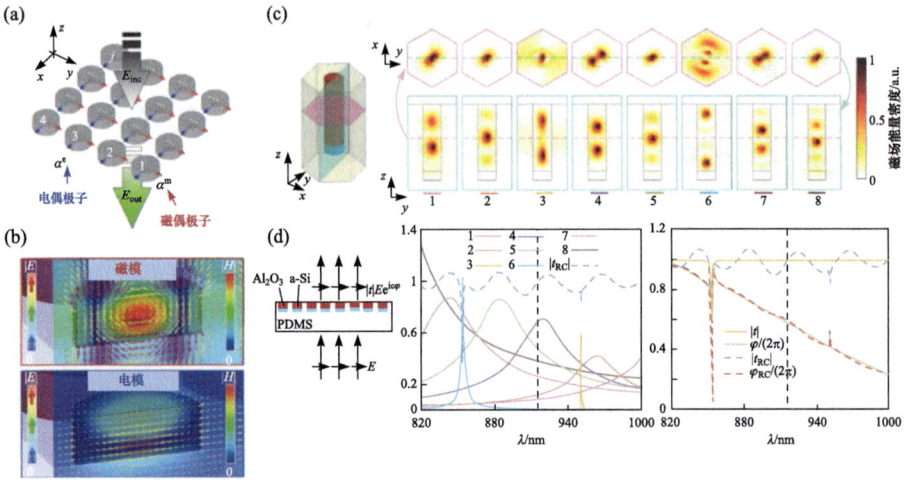

图 1.8　(a)在 x 偏振照明下，使用具有极化率 α^e 和 α^m 的电磁偶极子表示的电介质惠更斯超构表面示意图[38]。(b)周期性 Si 纳米盘的磁(上)和电(下)模式的电(彩色箭头)和磁(纯色)场分布[38]。(c)纳米波阵列的 8 种主要谐振模式的磁能密度分布。观察角度为：xy 横截面(上)和 yz 截面(下)。(d)左图：计算正常入射条件下纳米电极阵列透射系数的示意图。中图：8 种主要谐振模式重建传输振幅。右图：周期纳米孔的传输振幅和相位的比较。$|t_{RC}|$：重建透射的振幅，φ_{RC}：重建透射的相位[46]

1.3　本　章　总　结

光学超构表面领域作为许多新型光学现象和潜在应用的平台，已经取得了快速的发展[47]。本章中，我们回顾了一些代表性的超构表面。除了本章介绍的这些类型，还有一些新颖超构表面，例如非线性超构表面[48-50]、双曲超构表面[51-53]、薄膜超构表面[54,55]、时间对称超构表面[56-58]等。由于纳米制造技术的进步，这些低成本、大面积、大规模生产的技术加快了超构器件的发展，并逐渐走向成熟。我们相信，未来有望采用各种新兴技术加工超构表面，如扫描探针光刻[59-61]、激光直接写作[62-64]、激光诱导前向转移[65-67]、多层电镀技术[68,69]、多光子光刻[70-72]、纳米模板光刻[73]、移相光刻[74,75]、阴影掩模光刻[75,76]等。随着超构表面和功能材料的结合，可调或可重构的超构表面[77-85]带来了更加多样的功能。这些新概念和新应用的不断出现，将使这一领域受到持续性的关注。

参 考 文 献

[1] ZHELUDEV N I, KIVSHAR Y S. From metamaterials to metadevices [J]. Nature Materials, 2012, 11(11): 917-924.

[2] SOLNTSEV A S, AGARWAL G S, KIVSHAR Y S. Metasurfaces for quantum photonics [J]. Nature Photonics, 2021, 15(5): 327-336.

[3] YU N, CAPASSO F. Flat optics with designer metasurfaces [J]. Nature Materials, 2014, 13(2): 139-150.

[4] YU N, GENEVET P, KATS M A, et al. Light propagation with phase discontinuities: Generalized laws of reflection and refraction [J]. Science, 2011, 334(6054): 333-337.

[5] AIETA F, GENEVET P, YU N, et al. Out-of-plane reflection and refraction of light by anisotropic optical antenna metasurfaces with phase discontinuities [J]. Nano Letters, 2012, 12(3): 1702-1706.

[6] GRADY N K, HEYES J E, CHOWDHURY D R, et al. Terahertz metamaterials for linear polarization conversion and anomalous refraction [J]. Science, 2013, 340(6138): 1304-1307.

[7] NANFANG Y, GENEVET P, AIETA F, et al. Flat optics: Controlling wavefronts with optical antenna metasurfaces [J]. IEEE Journal of Selected Topics in Quantum Electronics, 2013, 19(3): 4700423.

[8] BLANCHARD R, AOUST G, GENEVET P, et al. Modeling nanoscale v-shaped antennas for the design of optical phased arrays [J]. Physical Review B, 2012, 85(15): 155457.

[9] YU N, AIETA F, GENEVET P, et al. A broadband, background-free quarter-wave plate based on plasmonic metasurfaces [J]. Nano Letters, 2012, 12(12): 6328-6333.

[10] NI X, EMANI N K, KILDISHEV A V, et al. Broadband light bending with plasmonic nanoantennas [J]. Science, 2012, 335(6067): 427.

[11] SUN S, YANG K Y, WANG C M, et al. High-efficiency broadband anomalous reflection by gradient meta-surfaces [J]. Nano Letters, 2012, 12(12): 6223-6229.

[12] SUN S, HE Q, XIAO S, et al. Gradient-index meta-surfaces as a bridge linking propagating waves and surface waves [J]. Nature Materials, 2012, 11(5): 426-431.

[13] PFEIFFER C, GRBIC A. Metamaterial Huygens' surfaces: Tailoring wave fronts with reflectionless sheets [J]. Physical Review Letters, 2013, 110(19): 197401.

[14] MONTICONE F, ESTAKHRI N M, ALU A. Full control of nanoscale optical transmission with a composite metascreen [J]. Physical Review Letters, 2013, 110(20): 203903.

[15] PORS A, BOZHEVOLNYI S I. Plasmonic metasurfaces for efficient phase control in reflection [J]. Optics Express, 2013, 21(22): 27438-27451.

[16] MO W, WEI X, WANG K, et al. Ultrathin flexible terahertz polarization converter based on metasurfaces [J]. Optics Express, 2016, 24(12): 13621-13627.

[17] ZHANG L, HAO J, QIU M, et al. Anomalous behavior of nearly-entire visible band manipulated with degenerated image dipole array [J]. Nanoscale, 2014, 6(21): 12303-12309.

[18] HSU W L, WU P C, CHEN J W, et al. Vertical split-ring resonator based anomalous beam steering with high extinction ratio [J]. Scientific Reports, 2015, 5(1): 11226.

[19] PORS A, NIELSEN M G, ERIKSEN R L, et al. Broadband focusing flat mirrors based on plasmonic gradient metasurfaces [J]. Nano Letters, 2013, 13(2): 829-834.

[20] PORS A, ALBREKTSEN O, RADKO I P, et al. Gap plasmon-based metasurfaces for total control of reflected light [J]. Scientific Reports, 2013, 3: 2155.

[21] SIEVENPIPER D, LIJUN Z, BROAS R F J, et al. High-impedance electromagnetic surfaces with

a forbidden frequency band [J]. IEEE Transactions on Microwave Theory and Techniques, 1999, 47(11): 2059-2074.

[22] HAO J M, ZHOU L, CHAN C T. An effective-medium model for high-impedance surfaces [J]. Applied Physics A, 2007, 87(2): 281-284.

[23] POZAR D, METZLER T. Analysis of a reflectarray antenna using microstrip patches of variable size [J]. Electronics Letters, 1993, 29(8): 657-658.

[24] FAN Y, RAHMAT-SAMII Y. Reflection phase characterizations of the EBG ground plane for low profile wire antenna applications [J]. IEEE Transactions on Antennas and Propagation, 2003, 51(10): 2691-2703.

[25] SIMOVSKI C R, MAAGT P D, MELCHAKOVA I V. High-impedance surfaces having stable resonance with respect to polarization and incidence angle [J]. IEEE Transactions on Antennas and Propagation, 2005, 53(3): 908-914.

[26] CHEN W T, WU P C, CHEN C J, et al. Electromagnetic energy vortex associated with sub-wavelength plasmonic taiji marks [J]. Optics Express, 2010, 18(19): 19665-19671.

[27] SHALAEV V M, CAI W, CHETTIAR U K, et al. Negative index of refraction in optical metamaterials [J]. Opt Lett, 2005, 30(24): 3356-3358.

[28] DAY J K, NEUMANN O, GRADY N K, et al. Nanostructure-mediated launching and detection of 2d surface plasmons [J]. ACS Nano, 2010, 4(12): 7566-7572.

[29] HALAS N J. Plasmonics: An emerging field fostered by nano letters [J]. Nano Letters, 2010, 10(10): 3816-3822.

[30] HUANG L, CHEN X, MUHLENBERND H, et al. Dispersionless phase discontinuities for controlling light propagation [J]. Nano Letters, 2012, 12(11): 5750-5755.

[31] JIANG S C, XIONG X, HU Y S, et al. High-efficiency generation of circularly polarized light via symmetry-induced anomalous reflection [J]. Physical Review B, 2015, 91(12): 125421.

[32] CONG L Q, XU N N, ZHANG W L, et al. Polarization control in terahertz metasurfaces with the lowest order rotational symmetry [J]. Advanced Optical Materials, 2015, 3(9): 1176-1183.

[33] CHEN X, HUANG L, MUHLENBERND H, et al. Dual-polarity plasmonic metalens for visible light [J]. Nature Communications, 2012, 3: 1198.

[34] KANG M, FENG T, WANG H T, et al. Wave front engineering from an array of thin aperture antennas [J]. Optics Express, 2012, 20(14): 15882-15890.

[35] WEN D, YUE F, KUMAR S, et al. Metasurface for characterization of the polarization state of light [J]. Optics Express, 2015, 23(8): 10272-10281.

[36] PFEIFFER C, EMANI N K, SHALTOUT A M, et al. Efficient light bending with isotropic metamaterial Huygens' surfaces [J]. Nano Letters, 2014, 14(5): 2491-2497.

[37] KRUK S, HOPKINS B, KRAVCHENKO I I, et al. Invited article: broadband highly efficient dielectric metadevices for polarization control [J]. Apl Photonics, 2016, 1(3): 030801.

[38] DECKER M, STAUDE I, FALKNER M, et al. High-efficiency dielectric huygens' surfaces [J]. Advanced Optical Materials, 2015, 3(6): 813-820.

[39] IYER P P, BUTAKOV N A, SCHULLER J A. Reconfigurable semiconductor phased-array metasurfaces [J]. ACS Photonics, 2015, 2(8): 1077-1084.

[40] ZYWIETZ U, EVLYUKHIN A B, REINHARDT C, et al. Laser printing of silicon nanoparticles with resonant optical electric and magnetic responses [J]. Nature Communications, 2014, 5: 3402.

[41] KUZNETSOV A I, MIROSHNICHENKO A E, BRONGERSMA M L, et al. Optically resonant dielectric nanostructures [J]. Science, 2016, 354(6314): aag2472.

[42] JAHANI S, JACOB Z. All-dielectric metamaterials [J]. Nature Nanotechnology, 2016, 11(1): 23-36.

[43] FU Y H, KUZNETSOV A I, MIROSHNICHENKO A E, et al. Directional visible light scattering by silicon nanoparticles [J]. Nature Communications, 2013, 4: 1527.

[44] ARBABI A, HORIE Y, BAGHERI M, et al. Dielectric metasurfaces for complete control of phase and polarization with subwavelength spatial resolution and high transmission [J]. Nature Nanotechnolology, 2015, 10(11): 937-943.

[45] ARBABI A, HORIE Y, BALL A J, et al. Subwavelength-thick lenses with high numerical apertures and large efficiency based on high-contrast transmitarrays [J]. Nature Communications, 2015, 6: 7069.

[46] KAMALI S M, ARBABI A, ARBABI E, et al. Decoupling optical function and geometrical form using conformal flexible dielectric metasurfaces [J]. Nature Communications, 2016, 7: 11618.

[47] MOITRA P, SLOVICK B A, LI W, et al. Large-scale all-dielectric metamaterial perfect reflectors [J]. ACS Photonics, 2015, 2(6): 692-698.

[48] SMIRNOVA D, KIVSHAR Y S. Multipolar nonlinear nanophotonics [J]. Optica, 2016, 3(11): 1241-1255.

[49] SHCHERBAKOV M R, NESHEV D N, HOPKINS B, et al. Enhanced third-harmonic generation in silicon nanoparticles driven by magnetic response [J]. Nano Letters, 2014, 14(11): 6488-6492.

[50] GRINBLAT G, LI Y, NIELSEN M P, et al. Enhanced third harmonic generation in single germanium nanodisks excited at the anapole mode [J]. Nano Letters, 2016, 16(7): 4635-4640.

[51] SMALLEY J S, VALLINI F, MONTOYA S A, et al. Luminescent hyperbolic metasurfaces [J]. Nature Communications, 2017, 8: 13793.

[52] GOMEZ-DIAZ J S, TYMCHENKO M, ALU A. Hyperbolic metasurfaces: surface plasmons, light-matter interactions, and physical implementation using graphene strips [J]. Optical Materials Express, 2015, 5(10): 2313-2329.

[53] HIGH A A, DEVLIN R C, DIBOS A, et al. Visible-frequency hyperbolic metasurface [J]. Nature, 2015, 522(7555): 192-196.

[54] DOTAN H, KFIR O, SHARLIN E, et al. Resonant light trapping in ultrathin films for water splitting [J]. Nature Materials, 2013, 12(2): 158-164.

[55] KATS M A, BLANCHARD R, GENEVET P, et al. Nanometre optical coatings based on strong interference effects in highly absorbing media [J]. Nature Materials, 2013, 12(1): 20-24.

[56] LAWRENCE M, XU N, ZHANG X, et al. Manifestation of pt symmetry breaking in polarization space with terahertz metasurfaces [J]. Physical Review Letters, 2014, 113(9): 093901.

[57] MONTICONE F, VALAGIANNOPOULOS C A, ALù A. Parity-time symmetric nonlocal metasurfaces: All-angle negative refraction and volumetric imaging [J]. Physical Review X, 2016, 6(4): 041018.

[58] FLEURY R, SOUNAS D L, ALU A. Negative refraction and planar focusing based on parity-time symmetric metasurfaces [J]. Physical Review Letters, 2014, 113(2): 023903.

[59] CHEN J, SUN Y, ZHONG L, et al. Scalable fabrication of multiplexed plasmonic nanoparticle structures based on afm lithography [J]. Small, 2016, 12(42): 5818-5825.

[60] GARCIA R, KNOLL A W, RIEDO E. Advanced scanning probe lithography [J]. Nature Nanotecholology, 2014, 9(8): 577-587.

[61] SALAITA K, WANG Y, MIRKIN C A. Applications of dip-pen nanolithography [J]. Nature Nanotecholology, 2007, 2(3): 145-155.

[62] CHANG C M, CHU C H, TSENG M L, et al. Light manipulation by gold nanobumps [J]. Plasmonics, 2012, 7(3): 563-569.

[63] CHU C H, TSENG M L, SHIUE C D, et al. Fabrication of phase-change $Ge_2Sb_2Te_5$ nano-rings [J]. Optics Express, 2011, 19(13): 12652-12657.

[64] TSENG M L, HUANG Y W, HSIAO M K, et al. Fast fabrication of a ag nanostructure substrate using the femtosecond laser for broad-band and tunable plasmonic enhancement [J]. ACS Nano, 2012, 6(6): 5190-5197.

[65] CHEN W T, TSENG M L, LIAO C Y, et al. Fabrication of three-dimensional plasmonic cavity by femtosecond laser-induced forward transfer [J]. Optics Express, 2013, 21(1): 618-625.

[66] TSENG M L, CHEN B H, CHU C H, et al. Fabrication of phase-change chalcogenide $Ge_2Sb_2Te_5$ patterns by laser-induced forward transfer [J]. Optics Express, 2011, 19(18): 16975-16984.

[67] TSENG M L, WU P C, SUN S L, et al. Fabrication of multilayer metamaterials by femtosecond laser-induced forward-transfer technique [J]. Laser & Photonics Reviews, 2012, 6(5): 702-707.

[68] LOCHEL B, MACIOSSEK A, QUENZER H J, et al. Magnetically driven microstructures fabricated with multilayer electroplating [J]. Sensors and Actuators A-Physical, 1995, 46(1-3): 98-103.

[69] YOON J B, KIM B I, CHOI Y S, et al. 3-D construction of monolithic passive components for rf and microwave ics using thick-metal surface micromachining technology [J]. IEEE Transactions on Microwave Theory and Techniques, 2003, 51(1): 279-288.

[70] HASKE W, CHEN V W, HALES J M, et al. 65 nm feature sizes using visible wavelength 3-D multiphoton lithography [J]. Optics Express, 2007, 15(6): 3426-3436.

[71] LAFRATTA C N, FOURKAS J T, BALDACCHINI T, et al. Multiphoton fabrication [J]. Angewandte Chemie International Edition, 2007, 46(33): 6238-6258.

[72] MARUO S, FOURKAS J T. Recent progress in multiphoton microfabrication [J]. Laser & Photonics Reviews, 2008, 2(1-2): 100-111.

[73] AKSU S, YANIK A A, ADATO R, et al. High-throughput nanofabrication of infrared plasmonic nanoantenna arrays for vibrational nanospectroscopy [J]. Nano Letters, 2010, 10(7): 2511-2518.

[74] GAO H, HENZIE J, ODOM T W. Direct evidence for surface plasmon-mediated enhanced light transmission through metallic nanohole arrays [J]. Nano Letters, 2006, 6(9): 2104-2108.

[75] TAO H, AMSDEN J J, STRIKWERDA A C, et al. Metamaterial silk composites at terahertz frequencies [J]. Advanced Materials, 2010, 22(32): 3527-3531.

[76] ZHANG M, LARGE N, KOH A L, et al. High-density 2D homo- and hetero- plasmonic dimers

with universal sub-10-nm gaps [J]. ACS Nano, 2015, 9(9): 9331-9339.

[77] YOO D, JOHNSON T W, CHERUKULAPPURATH S, et al. Template-stripped tunable plasmonic devices on stretchable and rollable substrates [J]. ACS Nano, 2015, 9(11): 10647-10654.

[78] IYER P P, PENDHARKAR M, SCHULLER J A. Electrically reconfigurable metasurfaces using heterojunction resonators [J]. Advanced Optical Materials, 2016, 4(10): 1582-1588.

[79] GOLDFLAM M D, DRISCOLL T, BARNAS D, et al. Two-dimensional reconfigurable gradient index memory metasurface [J]. Applied Physics Letters, 2013, 102(22): 224103.

[80] GOLDFLAM M D, LIU M K, CHAPLER B C, et al. Voltage switching of a VO$_2$ memory metasurface using ionic gel [J]. Applied Physics Letters, 2014, 105(4): 041117.

[81] ZHANG N, DONG Z Y, JI D X, et al. Reversibly tunable coupled and decoupled super absorbing structures [J]. Applied Physics Letters, 2016, 108(9): 091105.

[82] SU X Q, OUYANG C M, XU N N, et al. Broadband terahertz transparency in a switchable metasurface [J]. IEEE Photonics Journal, 2015, 7(1): 1-8.

[83] HUANG Y W, LEE H W, SOKHOYAN R, et al. Gate-tunable conducting oxide metasurfaces [J]. Nano Letters, 2016, 16(9): 5319-5325.

[84] CHOU J, PARAMESWARAN L, KIMBALL B, et al. Electrically switchable diffractive waveplates with metasurface aligned liquid crystals [J]. Optics Express, 2016, 24(21): 24265-24273.

[85] HE J W, XIE Z W, SUN W F, et al. Terahertz tunable metasurface lens based on vanadium dioxide phase transition [J]. Plasmonics, 2016, 11(5): 1285-1290.

第2章 亚波长微纳结构中的光学相互作用

2.1 概　　述

干涉效应作为光、声、物质波、引力波等各种波的最基本特征之一，一直是科学史上研究的热点。然而，一些与波长相关的特性，如衍射限制和延迟带宽限制[1-3]，阻碍了它在高精度测量、制造和功能光学器件中的应用。在过去的三十年间，亚波长物理学的出现，以及对光子晶体、等离子体和超材料的研究，重新引起了人们对光学、光子学甚至声学领域的兴趣[4-14]。本章的主要目的是介绍近年来关于亚波长结构中异常光-物质相互作用的研究进展。而在各种有趣的相互作用效应中，亚波长干涉是其中研究的重点。亚波长干涉通常是指在小于一个波长的区域内存在相长干涉或者相消干涉。这种亚波长干涉往往伴随着倏逝场的增强。在这样小的尺度上，亚波长结构能够突破经典光学的极限，提升成像分辨率，增强设备集成度，增大工作带宽。

最著名的亚波长干涉效应在贵金属构成的薄膜上出现，即表面等离激元(SPP)[5,15]，这与电子和光子的集体激发有关。在纳米级厚度的银薄膜上打孔进行干涉实验时，干涉条纹的周期减少到小于四分之一真空波长，该值为经典干涉理论[16,17]预测值的一半(经典干涉受到衍射极限限制)。为了阐明其作用机理，研究人员利用有限差分时域(FDTD)模拟重新研究了杨氏双狭缝干涉，最终发现干涉条纹的周期甚至可以低于 $\lambda/15$[18]。并且，Schouten 等[19]证明了当两缝之间的距离改变时，两缝通过 SPP 的相互耦合会导致整体透射率的周期性波动。从色散曲线可以看出，SPP 的有效波长比真空波长小得多[16]，因此抑制了衍射效应。这一性质与之前关于亚波长孔径阵列[20]中实现光负折射的完美透镜[21]和异常光透射(EOT)的讨论一致。正如 Pendry 在 2000 年提出的那样，一层具有负介电常量的单层银膜可以放大倏逝波，并在近场中生成突破衍射极限限制的图像[20]。而 Ebbesen 等[20]在 1998 年报道的 EOT 现象，同样能用 SPP[22,23]的干扰和耦合解释。基于纳米级贵金属操纵光的巨大前景，本文采用等离子体学这个术语来命名这一新学科[24]。各种等离子体器件的研究相继得到开展，如生物化学传感器、纳米光刻、光致器件和光子集成电路[25-28]等。

除了克服衍射极限外，SPP 的亚波长干涉在局部相位调制和波前操纵中也起着重要的作用。研究人员基于 SPP 在相邻金属介电界面上的近场耦合[16]，从理论上实现了变宽度双纳米阱的光透射[29,30]。狭缝内的法布里-珀罗(Fabry-Perot, F-P)干涉是实现高效透射的原因，而相移可以通过改变狭缝宽度来不断变化。值得注意的是，金属狭缝中 SPP 的倏逝耦合导致了悬链状的强度分布(双曲余弦函数)，这不仅解释了传播常数与宽度相关，还使等离子体腔[31-33]的高对比度纳米光刻成为可能。通过设计排布具有梯度几何参数的纳米槽和纳米孔，许多研究小组设计了平面透镜、偏转器、涡旋光束发生器等平面光学组件，并进行了实验验证[34-37]，最终归纳形成了第 1 章提到的反射和折射广义定律[8,38]。而亚波长狭缝这一想法也得到了扩展[39,40]，通过在金属薄膜中制造随空间位置不同而形状变化的纳米缝，可以改变圆偏振入射的自旋状态，产生线性相位分布。由于这种几何相移受到入射偏振态的影响，因此类似的结构在设计具有偏振选择性[41-45]的多功能平面器件中起到了很大的作用。

亚波长干涉效应也存在于上述金属-电介质界面之外的情况。以三层光学系统中的 F-P 型干涉为例，当平板的厚度等于波长的整数倍时，存在周期透射最大值。而索尔兹伯里型(Salisbury-type)电磁吸收器和防反射涂层的最小厚度均为四分之一波长。相长干涉或相消性干涉的关键是相位匹配，在经典的 F-P 谐振器中，相移完全依赖于沿传输方向的传播延迟，由此对厚度产生了刚性限制。而相位延迟表面结构[46]引入了额外的自由度以满足相位匹配的要求，因此可以构造亚波长尺度的各种应用。例如，Sievenpiper 等表明，在谐振条件[47]下，薄金属背板结构(在高阻抗表面)具有 180°的相变，可以减少天线和雷达吸收器[48-50]的厚度。使用带有定制频率色散[51]的有损耗超表面，可以引入频率相关的相变，能够实现在连续谱和宽谱[52,53]上的相消干涉和近乎完美吸收。

需要注意的是，异常干涉效应除了存在于上述亚波长结构外，还出现于量子光学和统计光学[54,55]中。在关联测量中，可以观察到干涉周期缩短的高阶干涉图样。利用 N 个纠缠光子，可以将干涉距离缩小为 $\lambda/(2N)$[56]。但这种量子或关联干涉仍然很弱，并且依赖于特定的测量条件[57]，因此这方面仍需要投入大量的研究以提高干涉强度，使得量子技术满足工程应用的要求。

由于与亚波长结构相关领域的科学发现和理论实验进展的激增，我们很难对所有的结果进行全面的概括。虽然已经涌现出一些类似主题的优秀综述[58-61]，但其中的内容对亚波长干涉效应的关注甚少。本章将简要地讨论亚波长干涉的现象、原理及其工程应用。

2.2　亚波长结构中的异常干涉

科学中新理论的形成通常始于对传统理论无法解释的异常效应或现象的观察。在有关光的产生、传播和吸收的各种理论中，光的干涉起着极其重要的作用。

本章将介绍杨氏双狭缝和 F-P 腔在亚波长尺度上的对应现象，且区别于经典情况的新物理性质。需要提醒读者的是，在许多结构中，干涉现象是相当复杂的，此时无法简单地用这些基本概念来描述。

2.2.1 异常的杨氏干涉

作为波动物理学的核心，杨的双狭缝实验被认为是历史上最美丽的物理实验之一[62]。它已经被用来验证光子和电子的波动物理。针对这个仅需简单配置[63,64]的多光子干涉实验，还有许多关于其量子现象的研究。本章把讨论范围限定在经典光学，不涉及量子纠缠和关联现象。必须说明的是，当光-物质相互作用的尺度小于波长时，诞生了许多新的物理学研究。在讨论开始前，可以注意到经典的杨氏双狭缝实验做出了一些假设：第一，屏幕的材料通常被认为是完美的吸收体或完美电导体(PEC)；第二，忽略狭缝的相互耦合；第三，忽略狭缝宽度和入射光偏振态对干涉条纹的影响。这些条件是理解以下异常情况的关键，此处将出现的异常情况称为异常杨氏干涉(EYI)。

由两个传播方向相反的波而激发的典型驻波，波腹对应的周期通常是波长的一半。因此可以假设，当两个狭缝的距离小于半个波长时，将不会存在可观测的干涉图案，这也是有效介质理论适用[65,66]的必要条件；而当距离大于 $\lambda/2$ 但小于 λ 时，离轴照明条件下可能会存在高阶衍射；当周期大于 λ 时，这种结构必须作为衍射光栅来考虑。

为了研究深亚波长尺度上的杨氏干涉，即结构几何参数远小于波长的情况。此处构建了一对间隔为 100 nm 的双狭缝，位于 20 nm 厚的银膜上，对应的场分布如图 2.1 所示[18]。可以观察到一个有趣的现象：在波长为 365 nm 时，峰-峰距离

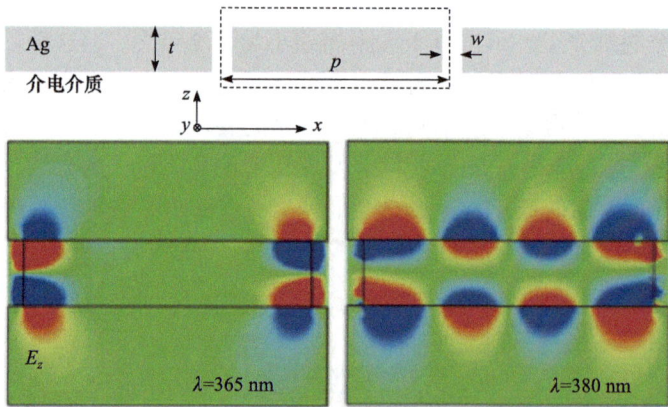

图 2.1　发生在银薄膜上的异常杨氏干涉现象。顶图显示几何参数。p、w、t 的值分别设为 100 nm、10 nm、20 nm，介电常量是 2.89。底图显示不同入射光条件下同一结构的电场 z 分量分布[18]

接近 100 nm，没有观察到干涉图样。在波长为 385 nm 时，峰-峰距离减小到约 25 nm，几乎是 $\lambda/15$。电场分布证明表面等离共振已被激发。此时可以得出一个违反直觉的结论：波长的增加反而生成了尺度更小的干涉图样。这种异常杨氏干涉效应意味着人们不需要通过减小波长的方式获得更高的分辨率，换言之，可以克服经典的衍射极限。需要注意的是，上述现象只能在横向磁(TM)偏振激发光中观察到，而在横向电(TE)偏振的激发光中不能观察到，这也与经典实验的现象不同。

在实际应用中，传统的仪器如电荷耦合器件(CCD)和互补金属氧化物半导体(CMOS)探测器很难记录亚波长干涉。研究人员提出了一种简单的记录亚波长干涉条纹的方法，在穿孔银膜下面放置一层光刻胶(PR)层。这种方法也可以作为亚衍射受限纳米制造的新方案。如图 2.2 所示，当入射光波长为 436 nm 时，一维干涉条纹的宽度小于 50 nm[17]，几乎只有真空波长的 1/9，为替代传统庞大并昂贵的光刻系统[26,29]提供了可能。

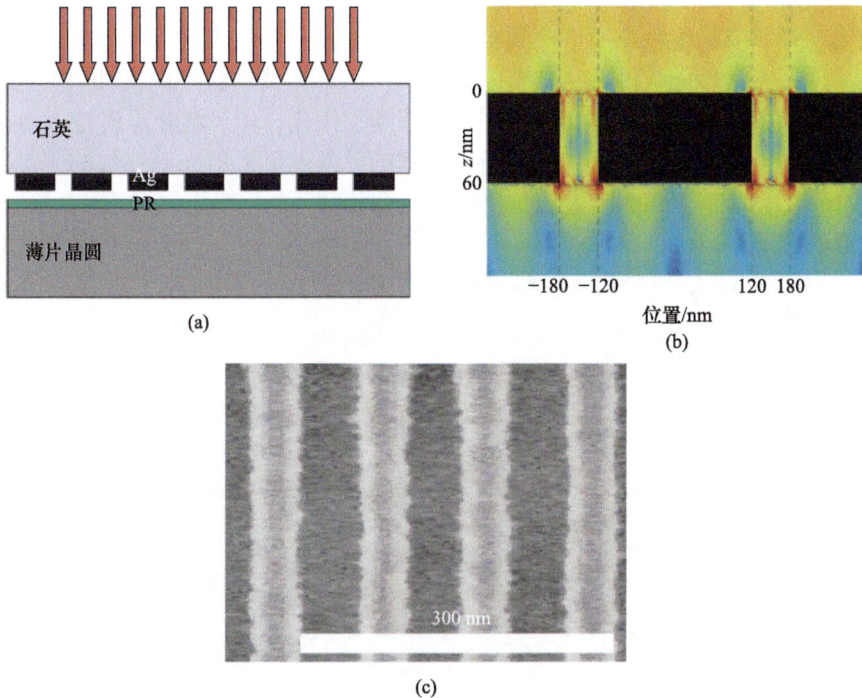

图 2.2　金属掩模上的一维光栅的等离子体干涉：(a)光刻胶图案的实验结构；(b)模拟强度分布；(c)扫描电子显微镜图像[17]

此外可以将上述实验中的激发和干涉过程分开，实现对干涉图样更灵活的调制。图 2.3 展示了一种实现二维干涉[67]的方法。利用波长为 266 nm 的入射光和 4 个相互垂直的周期为 130 nm 的一维铝光栅，研究人员实现了二维点阵的方形晶格，其周期为 90 nm，特征尺寸为 40 nm。将排列不同的光栅和全息技术相结合，还可以生成更复杂的二维干涉图样[68,69]。

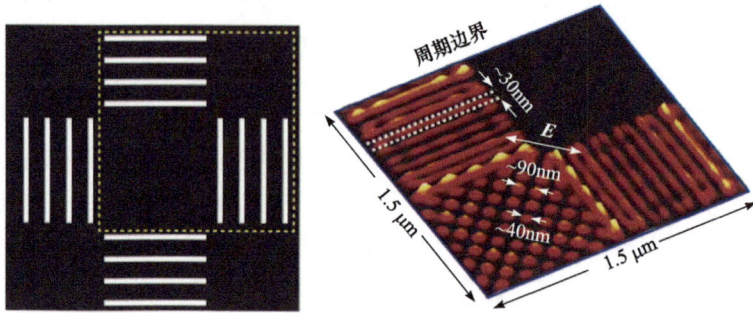

图 2.3　由 4 个相互垂直的光栅产生的二维干涉图样。在模拟中使用了周期边界条件(一个单元格的大小在左图中用虚线表示)。入射光的偏振态沿对角线[67]

为了将亚波长干涉效应推广到实际的成像与光刻器件中，必须优化能量效率。一般来说，狭缝的间隔和宽度，以及薄膜的厚度，都会影响在特定波长下的效率。这些几何参数在众多模拟和实验[16,17]中都得到了优化，以下将重点讨论入射光波长[19]的影响。如图 2.4 所示，远场衍射图样的总强度随入射光束波长的变化而波动，这种现象归因于 SPP 沿表面传播的相长和相消干涉。当入射场为 TE 偏振时，双狭缝的透射率较小，且波长因素对幅度的调制微弱。这个实验也是对著名的异常光透射(EOT)效应[20]的另一个物理解释。从电磁学的角度来看，这种不寻常的干涉效应与天线[70,71]的相互耦合有关，这在天线理论中已经广为人知。微波频率下的表面波也可以产生类似的波动[71]。

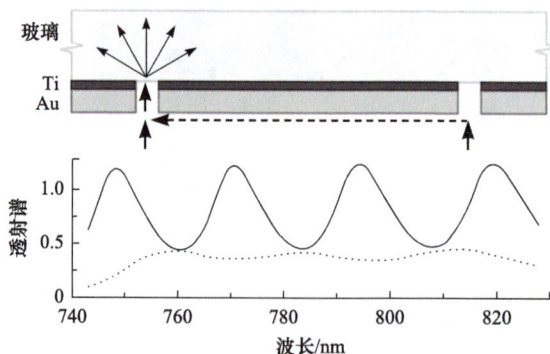

图 2.4　杨氏双狭缝实验中的互耦合。归一化透射随波长的变化而振荡。实线和虚线分别表示 TM 和 TE 偏振的透射[19]

利用从边界条件获得的波导模式中的色散关系，可以直接获得有效 SPP 波长，它的定义是真空波长与模式有效折射率的比值。有效 SPP 波长取决于薄膜厚度[16]或纳米槽[29]的间隙宽度。如图 2.5 所示，当光通过两个厚度相同、宽度不同的狭缝(w_1 和 w_2)时，两个通道中的光将出现 π 的相移，因此两缝中心的强度为零。这与传统干涉实验中形成的亮线相反，在传统干涉实验中，狭缝宽度只影响透射

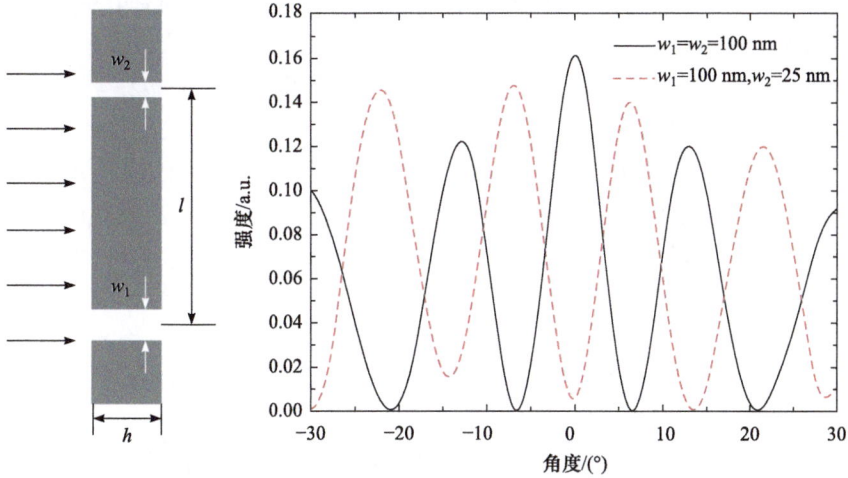

图 2.5　采用非等宽狭缝的异常杨氏干涉实验。远场能量分布的角位移导致法向方向上的暗条纹($\theta = 0°$)[29]

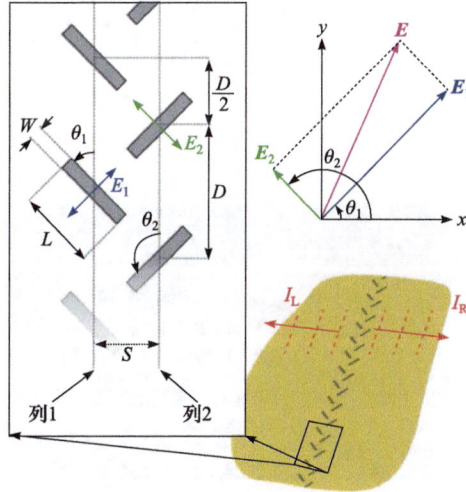

图 2.6　在圆偏振照射下，旋转角度为 90° 的两列孔的 SPP 可切换激发。第一柱和第二柱的孔径相对于 y 轴朝向角度分别为 θ_1 和 θ_2。两个光栅分别产生 SPP 波，组合 SPP 波在不同的左右旋圆偏振光的照射下，相应的传播方向如图中红色箭头所示分别为 I_L 和 I_R[73]

强度，不影响相移。此外，还可以采用更多缝隙或填充介质的加宽缝隙来提高激发效率[72]，或者通过适当地调整纳米粒子的几何参数，利用相长干涉和相消干涉将能量流引导到特定方向[30]。

除此之外还可以利用各向异性孔径激发 SPP，获得的干涉依赖于入射光的偏振。基于复杂的光子自旋轨道相互作用，研究人员证明了受偏振调控的 SPP 可以实现单向激发和全息图案产生[73,74]。图 2.6 显示了一个可切换定向激发的简单配置，两个相对旋转频率为 $\theta = \theta_2 - \theta_1$ 的矩形纳米片阵列相邻放置，水平距离为 $\lambda_{SPP}/4$。在圆偏振光照射下，两个散射通道之间的相位差为 $\pi/2 \pm \theta$。如果 θ 设置为 $\pi/2$，当入射光从左旋偏振转化成右旋偏振时，干涉可以从相长干涉转换为相消干涉，反之也成立。

另一个有趣的干涉效应发生在连续变形的狭缝[75]中。如图 2.7 所示，入射至该狭缝上的圆偏振光出射后将转变为交叉偏振方向的光(例如，左旋圆偏振变成右旋圆偏振，或者反过来)，再根据入射光的手性偏振决定光的透射方向偏转到哪一侧。由于沿 x 方向的相位梯度恒定，因此相应的曲线也记为"等相位梯度的悬链线"：$y = \Lambda/(\pi \cdot \ln(|\sec(\pi x/\Lambda)|))$，其中 Λ 为水平尺寸。值得注意的是，这种干涉效应与上述双狭缝实验和光束效应[76]都有很大的区别，在孔径中线性梯度相位的作用

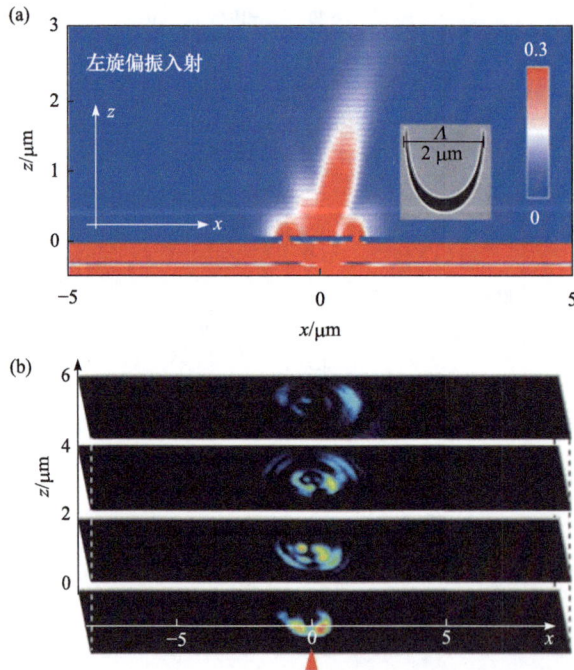

图 2.7　单悬链形孔引起的光的自旋霍尔效应。(a)xz 平面的交叉偏振的电强度($y=1$ μm)。(b)测量所得的在左旋偏振(LCP)光的照明($\lambda=632.8$ nm)下，$z=0$ μm、2 μm、4 μm 和 6 μm 的 xy 平面上的交叉偏振强度模式[75]

下，只有沿一个特定方向的光被相干增强。通过形状变形并组成阵列，还可以实现其他功能器件，如小型贝塞尔(Bessel)光束发生器和平面透镜[75]。此外，更可以利用麦克斯韦方程的可伸缩性，直接将器件的工作波长扩展到其他频带。

异常杨氏干涉效应的发现产生了一个被称为"超构表面波(也被称为 M 波)"的新概念，它被定义为一种限制在结构材料[77]表面的特殊表面波。一般来说，有三个典型的性质来区分超构表面波和其他类型的波：第一，超构表面波的有效波长可以比真空波长小得多，这有利于成像和光刻不受衍射极限的束缚；第二，通过改变狭缝宽度和薄膜厚度等几何参数，可以调节传播常数，实现局部可控的相移；第三，对于金属薄膜和狭缝等典型结构，由于瞬逝耦合效应[18]，场分布倾向于遵循双曲余弦(悬链线)和正弦函数。这构成了所谓的悬链线光学的一个基础。

2.2.2　亚波长 F-P 干涉仪

在杨氏双狭缝实验中，亚波长干涉发生在垂直于入射光原始传播方向的平面上，而 F-P 干涉仪的特征是沿传播方向的干涉。通过在经典的 F-P 腔(单个介电板)的两侧添加亚波长的表面结构，干涉现象会出现显著的变化。图 2.8(a)显示了一个由 $\varepsilon=2.25$ 的介电板分隔金属狭缝的简单配置。如果没有这些亚波长缝，10 mm 厚的介质板在 $f=10$ GHz(也就是 $\lambda\approx20$ mm)处有一个透射峰。然而，由于局域场引起的额外相位移，亚波长狭缝的引入使峰值位移到 5.13 GHz，如图 2.8(b)所示[77]。介质板的厚度仅为波长的约六分之一，这种亚波长干涉提供了一种有效的方法来减少类似器件的厚度。

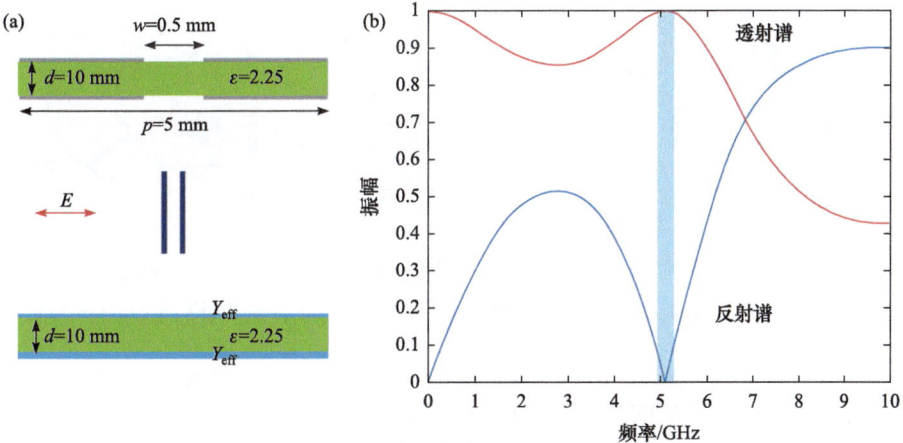

图 2.8　亚波长 F-P 干涉。(a)几何参数的定义。底部显示了一个基于有效导纳的有效介质模型。(b)计算所得的 TM 偏振光的透射系数和反射系数。透射峰值位于 $f=5.13$GHz[77]

Gires-Tournois(GT)干涉仪作为一个具有反射层的 F-P 腔，其谐振响应也可以被亚波长结构显著改变。图 2.9(a)展示了一个使用金属槽阵列取代反射层的简单系统。如图 2.9(b)所示，当沟槽的深度为波长的四分之一时，GT 干涉仪将反射相位从 π 转换为 0。通过定义表面切向电场与表面切向磁场的比值，在谐振频率下将表面阻抗从 0 转换为无穷大(高阻抗)。由于电场在上表面达到峰值，因此这种结构可以应用在薄天线和太阳能电池吸收器[78]的设计中。图 2.9(c)和(d)展示了当银反射层被金属光栅取代时测量和模拟的吸收电场分布，结果显示在几乎整个可见光范围内，光子吸收率明显增强。需要注意的是，除了简单的槽阵列外，许多其他类型的结构，例如蘑菇阵列、金属贴片阵列[47,51]，都可以实现高阻抗，且厚度比金属槽更小。

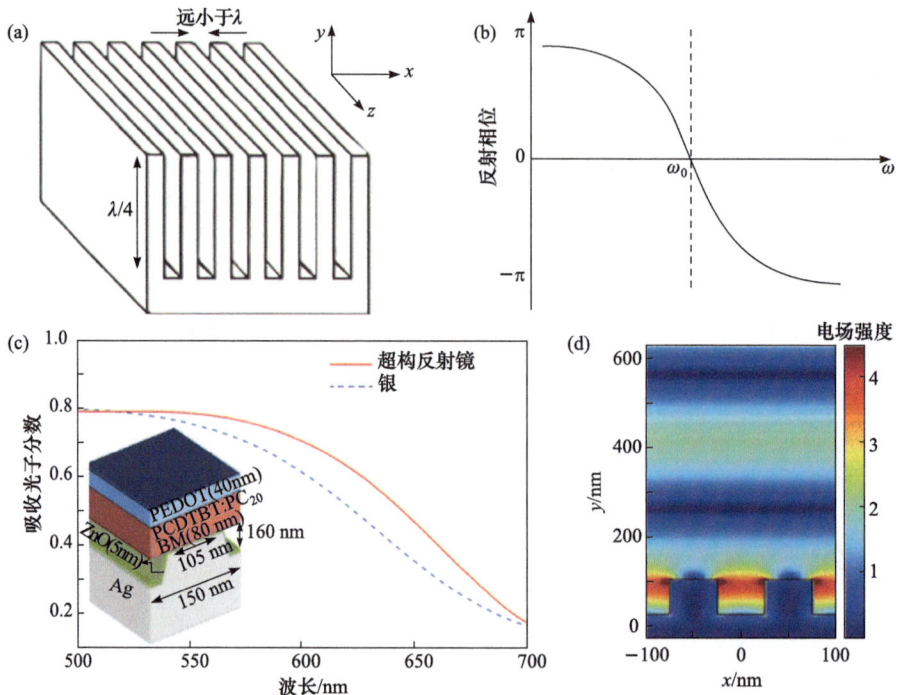

图 2.9　(a)波纹状的四分之一波长深的高阻抗表面金属板；(b)一个共振纹理表面的反射相位[47]；(c)由金属光栅组成的超构反射镜对太阳能电池的吸收增强；(d)模拟结果：在 600 nm 波长下的电场分布[78]

高阻抗表面或所谓的人工磁导体(AMC)的工作波长通常限制在一个窄带内。利用小天线理论，很容易证明非磁性结构的相对带宽 $B \ll 2\pi d/\lambda$，其中 d 为总厚度[49]。为了增加工作带宽，可以引入其他自由度，如 GT 干涉仪的上表面(超构表面)。基于传输矩阵理论，如果超表面的色散遵循特定的规则，则可以对吸收器、偏振转换器和波前等各种器件实现宽带响应转变[79,80]。如图 2.10 所示，一个完全阻抗匹配的超表面的电阻(R)和电抗(X)都取决于工作波长(或频率)，这可以由金属块阵列[51]引起的洛伦兹型共振解决。有了这种色散可控制的超表面，在不增加器件厚度的情况下，吸收带宽增加了一倍。

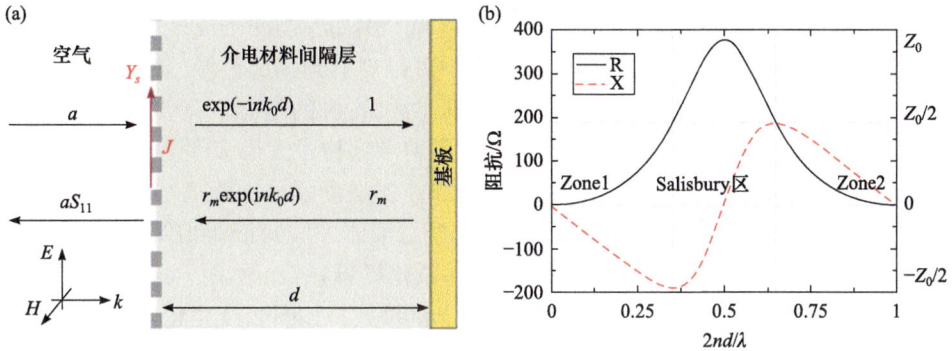

图 2.10　(a)基于由超表面、介电间隔层和金属平面组成的改进性 GT 干涉仪的层状吸收器示意图；(b)完美吸收的理想阻抗与介质层的有效厚度的关系[51]

GT 干涉仪的另一个效应与倏逝波有关。如图 2.11(a)所示，当倏逝波激发在前层和反射面时，介电间隔内的强度轮廓可以表示为 $A\exp(-2\alpha z)+B\exp(2\alpha z)$，$\alpha$ 是衰减常数，z 是传播方向，A 和 B 是相应的系数[18]。显然，强度轮廓类似于理想的悬链线形状，这可以使景深翻倍，并使纳米光刻[81,82]具有更好的图案转移特性。目前大量的等离子体光刻设计都是基于这种简单的配置[83,84]。

当 GT 干涉仪的两个反射面都不能穿透时，该结构将转变为金属-绝缘体-金属(metal-insulator-metal, MIM)波导(图 2.11(b))。在这种情况下，悬链线光场只是该波导的本征模。金属间宽度的变化对光场和传播常数[38]有重要影响。这种效应被广泛地用于实现局部相位调制、光束偏折、平面透镜和轨道角动量(OAM)生成等功能[38,85]。

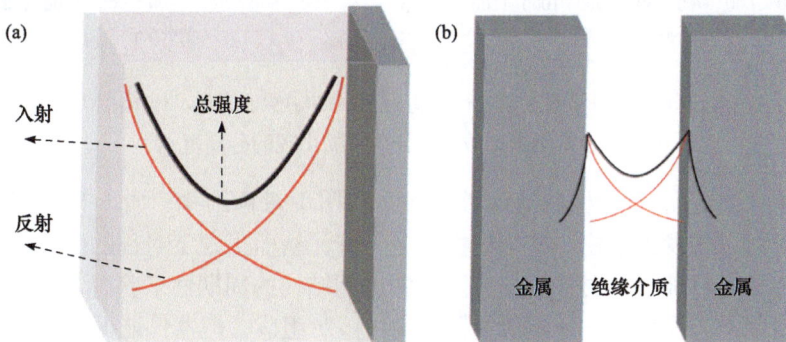

图 2.11　(a)GT 干涉仪；(b)MIM 波导

2.2.3 谐振器阵列中的模间干扰

1935 年，法诺(Fano)对里德伯谱原子线的不对称线形给出了一个假设性的解释，并提出了一个基于量子干涉[59]用于预测谱线形状的公式。这种效应后来在许多物理系统中被广泛应用，并为分析模态干涉提供了强大的技术手段。在某些情况下，模态干涉可以用杨氏双狭缝干涉来解释。例如，当两个或多个纳米颗粒同时被平面波照亮时[86,87]，在等离子体结构中可以观察到杨氏干涉，中间区域的散射场会互相干扰，能量提升，从而导致吸收和散射的增强。等离子体二聚体(plasmonic dimer)的局部强度可能比单个金属纳米颗粒中大得多[87,88]，而强度增强因子取决于每个纳米颗粒的几何形状[89]。如图 2.12 所示，在距离小于 300 nm[86]的二聚体-单体体系中，两种不同的共振归因于二聚体(约 790 nm)和单体(约 660 nm)的贡献，这与二聚体和单体之间的等离子体杂化场景一致。然而，当二聚体-单体距离在 400～700 nm 范围内时，出现了一种新的模式，如图 2.12 中粉色区域。

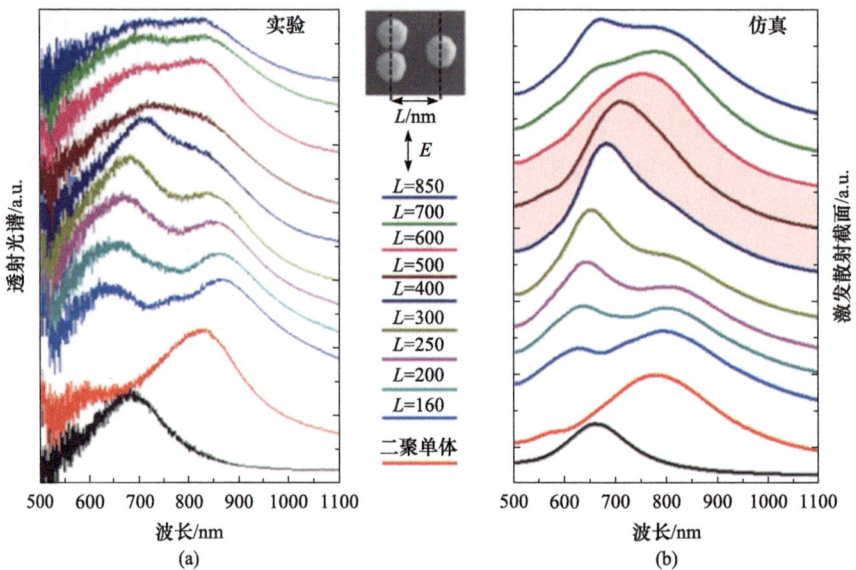

图 2.12 对垂直于分离轴的偏振方向进行了实验测量的(a)透射光谱和(b)模拟的消光截面。右边面板中的阴影区域表示杨氏共振出现的分离范围[86]

模间干涉通常与结构的对称性有关。利用不对称结构，如不对称分裂环和棒[90,91]，可以激发出暗模，并与亮模发生干涉，从而出现不对称的谱线。法诺共振也可以通过打破平移对称性的方法，即周期结构的周期性来获得。为了说明这一点，研究人员设计了三个磁谐振器，均由线对组成，但器件谐振频率[92]略有不同，由此引入了高质量因子暗模。在理想情况下，远场激发光无法进入暗模，这是相消干涉的结果。然而，微小不对称的引入打破了相消干涉的完美程度，因此形成了不对称光谱,且伴随着局部场增强,这种特性可以应用在生物化学传感器、纳米激光器、滤光器等光电器件[93]中。

需要注意的是,材料的损耗对谐振谱有显著的影响,非对称结构中的损耗机制可以用来实现宽带和大角度的吸收器,这些问题在近年来得到了深入研究[92,94]。为了减少光学损耗,全介电二聚体也进入了人们的研究范围[95,96]。尽管介电谐振器通常具有较大的尺寸和较小的场增强系数,但可忽略的吸收有助于避免金属结构中存在的发热问题[95]。

2.3　一般性理论

本节根据干涉原理,概述了光的衍射、折射和反射行为的一般理论。

2.3.1　亚衍射成像中的干涉理论

阿贝(Abbe)在 1873 年提出的传统光学成像理论是基于衍射光[97]的空间光谱的干涉。衍射极限是高空间频率分量损失的自然结果,例如成像透镜无法收集到大离轴的分量,以及倏逝波在远离物体的区域呈指数衰减[98,99]。最近的研究结果表明,可以通过各种近场或远场技术来恢复高频分量,由此能够克服衍射极限的限制[25]。

一般来说,阿贝成像的物理模型如图 2.13 所示。被物体散射或辐射的光场由透镜收集,并利用 CCD、CMOS 或其他光敏材料来记录干涉图案[97]。由于在干涉过程中不存在高阶衍射和倏逝波,如光传递函数(OTF)所示,因此这种透镜系统受到衍射的限制,即分辨率受到 $0.5\lambda/(NA)$ 的限制,其中 NA 是数值孔径。

在阿贝的理论中,图像平面上的场分布是用向量空间谱的傅里叶变换来表示的:

$$\begin{bmatrix} E_x(x,y,z) \\ E_y(x,y,z) \\ E_z(x,y,z) \end{bmatrix} = \int_{-\infty}^{\infty}\int_{-\infty}^{\infty} \begin{bmatrix} A_x(k_x,k_y) \\ A_y(k_x,k_y) \\ -\dfrac{(k_xA_x+k_yA_y)}{k_z} \end{bmatrix} \times \exp(ik_xx+ik_yy)\mathrm{d}k_x\mathrm{d}k_y \qquad (2\text{-}1)$$

其中

$$\begin{bmatrix} A_x(k_x,k_y) \\ A_y(k_x,k_y) \end{bmatrix} = \int_{-\infty}^{\infty}\int_{-\infty}^{\infty} \begin{bmatrix} O_x(x,y)T_x(k_x,k_y) \\ O_y(x,y)T_y(k_x,k_y) \end{bmatrix} \times \exp(-ik_xx-ik_yy)\mathrm{d}x\mathrm{d}y \qquad (2\text{-}2)$$

这里 $O(x,y)$ 表示物体产生的光场,$T(k_x,k_y)$ 是光学系统的光传递函数,A_x 和 A_y 分别是图像平面上 x 和 y 偏振的空间光谱。

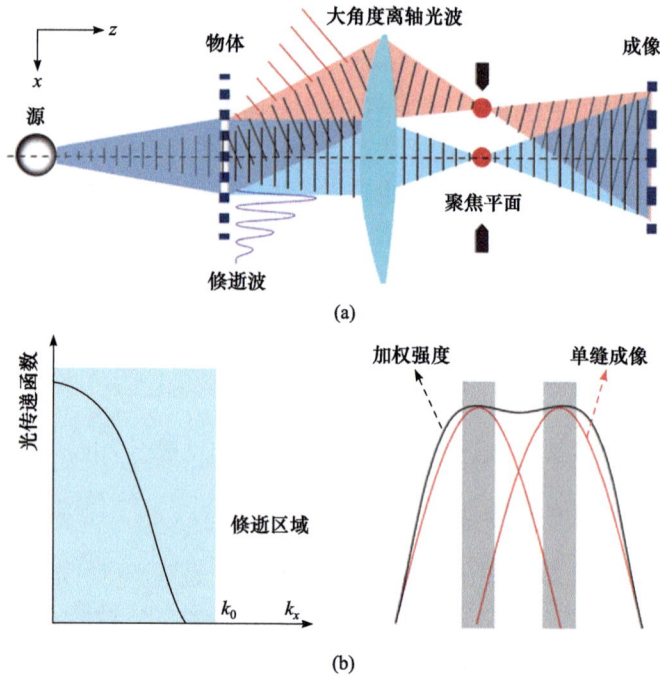

图 2.13　图像形成的干涉理论。(a)展示了阿贝成像过程，其中较大的离轴成分不能被镜头收集。红点代表空间频谱。(b)显示了光传递函数和两个狭缝的图像

超越经典衍射极限的一个直接方法是利用 OTF 中的高频空间频率分量。在显微镜成像和纳米光刻应用中，金属-介电多层膜由于强等离子体耦合效应可以放大倏逝波，因此金属-介电多层膜在超分辨领域具有很好的应用前景。早在 2000 年，Pendry 就证明了单独银层可以实现成像[21]。对于多层结构，复模耦合可以使倏逝区域[100]获得更宽的传输带宽，如图 2.14(a)所示。而当减少了各层的厚度时，在更高的空间频率下传输效率将显著增加。在深亚波长极限下，这种多层膜可以被认为是一种有效介质(effective medium)。

利用有效介质理论，将深亚波长多层膜的等效各向异性介电常量写为

$$\varepsilon_z = \frac{\varepsilon_m t_m + \varepsilon_d t_d}{t_m + t_d}, \quad \frac{1}{\varepsilon_x} = \frac{1}{\varepsilon_y} = \frac{\dfrac{t_m}{\varepsilon_m} + \dfrac{t_d}{\varepsilon_d}}{t_m + t_d} \tag{2-3}$$

其中 ε_m 和 ε_d 分别为金属和电介质的介电常量，t_m 和 t_d 分别为金属和电介质的厚度。根据波动方程，传播波的色散关系变成了

$$\frac{k_x^2 + k_y^2}{\varepsilon_z} + \frac{k_z^2}{\varepsilon_x} = \left(\frac{\omega}{c}\right)^2 \tag{2-4}$$

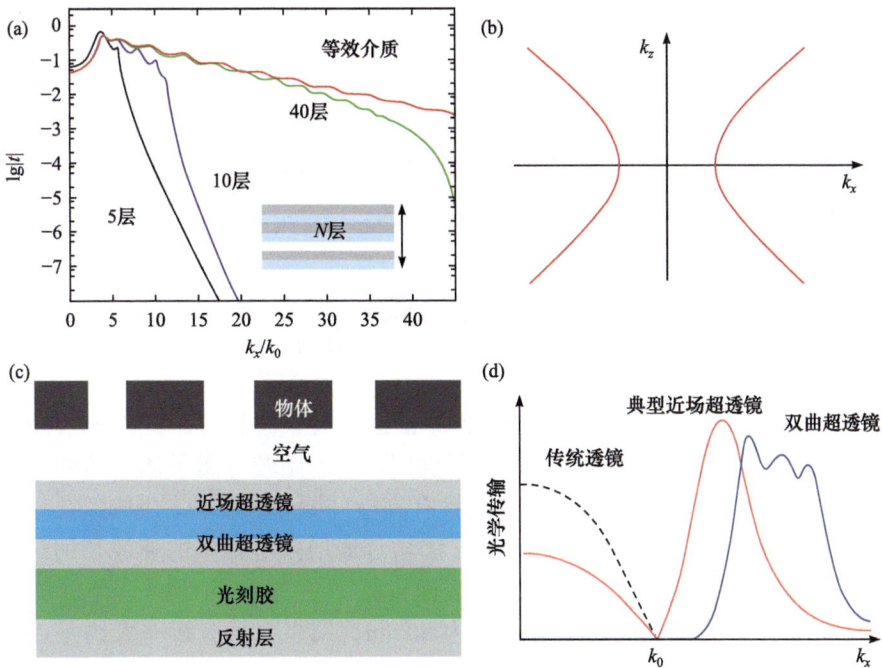

图 2.14　金属−介电多层膜的光学性能。(a)OTF 用于分为 5 层、10 层和 40 层的平板。当每一层的厚度远远小于波长时，它接近于有效介质理论[100]。(b)双曲透镜与 $\varepsilon_z > 0$ 的色散关系。(c)基于等离子体透镜的亚衍射成像光刻技术示意图。(d)典型近场超透镜(红色)、双曲超透镜(蓝色)和传统透镜(虚线)的光学传输

　　显然，如果 $\varepsilon_z \varepsilon_x < 0$，色散曲线是双曲线。根据 ε_z 值的不同，有两种双曲材料分别表现出全通($\varepsilon_{xy} > 0$，$\varepsilon_z < 0$)和高通($\varepsilon_{xy} < 0$，$\varepsilon_z > 0$)的滤波特性。全通滤波器适用于超分辨率成像，因为高空间频率和低空间频率成分都可以用于重建图像。而高通滤波器常用于过滤不需要的低空间频率分量。在 $\varepsilon_z \approx 0$ 的条件下，所有的空间频率都被迫沿 z 方向传播，这已被广泛应用于放大和识别成像系统[101-105]。

　　图 2.14(c)展示了基于近场超透镜/双曲超透镜、光刻胶和反射层组合的超分辨率光刻的典型配置。从光传递函数曲线(图 2.14(d))可以看出，近场超透镜在倏逝区域有一个透射峰，且在传播区域的透射率相对较高，有助于提高成像光刻的分辨率。而高通双曲超透镜可以对具有大水平空间频率的纯倏逝波进行滤波。因此，能够实现更高的分辨率，特别是对于干涉光刻[106]。

　　以上光传递函数曲线表明，利用等离子体效应可以放大消失的倏逝波，从而提供了一条打破远场和近场衍射极限的途径。与阿贝的定义相似，近场衍射极限意味着分辨率受到波长和工作距离的限制，工作距离定义为真空中最高倏逝分量衰减到其 1/e 时的传播距离[36]：

$$\delta \geqslant \frac{\lambda}{2} \frac{1}{\sqrt{1+\left(\dfrac{\lambda}{2\pi d}\right)^2}} \tag{2-5}$$

其中 δ 是图像和透镜之间在给定的工作距离 d 下的分辨率。显然，这个方程可以与远场衍射极限相结合，得到一个普遍的定义：

$$\delta \geqslant \frac{\lambda}{2} \frac{\sqrt{D^2+4d^2}}{D\sqrt{1+\left(\dfrac{\lambda}{2\pi d}\right)^2}} = \frac{\lambda}{2\mathrm{NA}} \frac{1}{\sqrt{1+\left(\dfrac{\lambda}{2\pi d}\right)^2}} \tag{2-6}$$

其中 D 是镜头的孔径直径。当工作距离 d 远远大于波长时，式(2-6)被简化为 $\delta \geqslant 0.5\lambda/(\mathrm{NA})$，即阿贝提出的经典衍射极限。为了比较等离子体透镜的分辨率与近场衍射极限，人们提出了一种由具有高空间频率光谱离轴照明的"银-光刻胶-银"等离子体腔透镜[107]。这种方法显著地增强了物体的亚波长信息，并抑制了成像区域内纵向电场分量的负成像贡献。在 365 nm 紫外光下，掩模图案与等离子体腔透镜之间的空气距离为 80 nm，结果显示分辨率大约是近场超透镜方案的 4 倍。

　　虽然等离子体效应能够通过高度局域模式的激发来放大倏逝场，提高分辨率，但通常不适用于望远镜系统，这是因为物体和图像都位于透镜系统的远场。事实上，传统提高望远镜分辨率的方法仍然是增加透镜孔径[8]的大小。幸运的是，最近的研究表明，对波前的适当操作可能会引发一种被称为超振荡的奇异干涉效应，在这种效应中，光强函数能比其振荡的最高傅里叶分量[108]更快。这似乎违反直觉，但可以通过研究复振幅和强度之间的差异来理解。如图 2.15 所示，如果构造一个强度函数为 $|\sin(2\pi x)+0.99|^2$，则可以得到一个宽度非常小的小峰。虽然这个例子非常简单，但它揭示了超振荡干涉的一些特质。第一，局部强度可能比最高的傅里叶分量振荡得更快，而复振幅通常没有这种性质。值得注意的是，如果可以记录和重建复杂的光场，时间反转可以用来实现超分辨率聚焦和成像[109]。第二，超振荡的效果较弱，并伴有较强的侧边谐振。一般来说，超振荡谐振越窄，侧边谐振就越高，这对实际应用[110]提出了严峻的挑战。

　　在平面超表面的超振荡聚焦和成像中，通过局部调整亚波长结构可以改变透射或反射系数的相位和振幅，很容易控制干涉效应。利用矢量衍射理论[111]可以充分理解远场干涉的物理过程。假设光沿着 +z 方向传播，已知光场在 z=0 的信息，利用空间频率分量的傅里叶变换可以计算 z>0 的任意平面上的矢量电场。通过优化振幅和相位函数，能够设计出超振荡聚焦和成像器件[112-114]。例如，利用超表面相位调制的几乎无色散特征，提出了一种用于宽带超分辨成像的超振荡超表面滤波器。在实验中，对于 400～700 nm 范围内的可见光，其分辨率约为瑞利准则(Rayleigh criterion)的 0.64 倍[115]。这种方法有望促进超分辨望远镜和显微镜的发展。

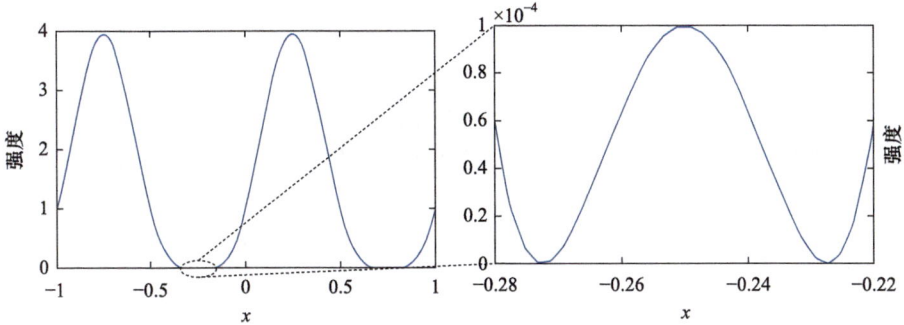

图 2.15 一维超振荡函数(实线)及其放大视图

2.3.2 关于反射和折射的干涉理论

斯涅尔定律和菲涅耳方程分别于 1621 年和 1821 年提出，是透镜和反射镜设计的两个基本规则，它们都是由电磁边界条件推导出来的。根据斯涅尔折射定律，折射透镜应该使用曲面来正确地偏折光束。因此，透镜的质量通常正比于直径的立方[8]。虽然在相同孔径下大型反射望远镜的重量比透镜要小得多，但精密加工的难度依然很大。然而，亚波长结构中的异常干涉效应可以显著地改变表面的光学响应，传统的折射和反射定律在此基础上可以继续拓展，由此产生了广义斯涅尔定律和广义菲涅耳方程[39,116]，二者构成了平面光学器件的基础，甚至有望改变光学设计板块的准则。

为保证逻辑的连续性，让我们首先讨论一个可以被视为均匀的亚波长周期超表面上的反射和透射。利用阻抗理论和匹配边界条件[102,117]，将修正的菲涅耳方程写为

$$
\begin{aligned}
r &= \frac{1}{2}\left(\frac{2Y_0 - Y_e}{2Y_0 + Y_e} + \frac{Z_m - 2Z_0}{Z_m + 2Z_0} \right) \\
t &= \frac{1}{2}\left(\frac{2Y_0 - Y_e}{2Y_0 + Y_e} - \frac{Z_m - 2Z_0}{Z_m + 2Z_0} \right)
\end{aligned}
\tag{2-7}
$$

式中 $Y_0 = 1/Z_0$ 为真空导纳(周围空间)，$Y_e = 1/Z_e$ 为超表面的有效电磁导纳(Z 为对应的阻抗)。该方程提供了一种在结构化接口上任意控制波前的方法[117,118]。然而对于厚度不可忽略的平板，其光学性质不能完全用单一阻抗来描述，因此等式(2-7)无效。此时应当使用传输矩阵来计算反射和透射系数，如在多层系统[119]

中所示。请注意，这种矩阵方法相当于在光学教科书[120]中广泛使用的多重干涉方法。

图 2.16 阐明了广义斯涅尔定律，通过调谐菲涅耳反射或透射[8]得到

$$n_1 k_0 \sin\theta_i + \nabla \Phi_r(T) = n_1 k_0 \sin\theta_r$$
$$n_1 k_0 \sin\theta_i + \nabla \Phi_t(T) = n_2 k_0 \sin\theta_t$$

(2-8)

其中 $\nabla\Phi$ 为平面的相位梯度，由亚波长结构的空间排布决定，并可以通过外加电压和机械控制等外部调谐方式使其随时间 t 而变化。n_1 和 n_2 分别表示入射侧和透射侧介质的折射率。θ_i、θ_t 和 θ_r 分别是入射光、折射光和反射光的角度。结合广义菲涅耳方程，广义斯涅尔定律被用于在超薄平面上实现任意波面的生成和变换。

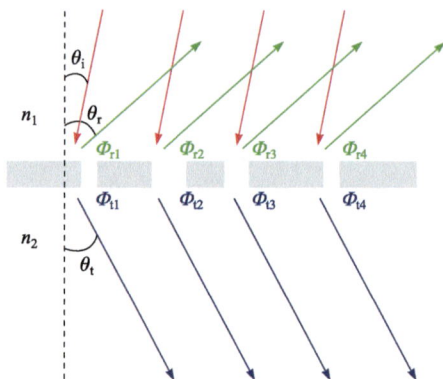

图 2.16　在给定方向上通过相长干涉产生的光束偏转。透射和反射的相移 Φ_t 和 Φ_r 是由梯度亚波长结构进行局部调谐的

图 2.17 展示了一种混合模拟方法，可用于模拟亚波长结构(周期或非周期)阵列中的透射和反射[40,111]。首先使用麦克斯韦波动方程来求解亚波长结构的近场电磁响应，可采取的数值模拟方法有 FDTD、有限元法(FEM)和动量法(MoM)；当散射波离开亚波长结构表面时，使用矢量衍射理论来计算远场衍射(反射或透射)。这是因为矢量衍射理论比 FDTD、FEM 和 MoM 等模拟方法的计算效率更高，因此在大面积平面器件的设计中通常采用这种混合方法。

需要注意的是，在上文对菲涅耳方程的讨论中，前提假设是亚波长结构的周期远小于入射光波长，因此并未考虑衍射效应。而在许多情况下，亚波长结构被放置在高折射衬底上，当衬底中模态的有效波长小于该周期时，应当考虑衬底中的衍射效应[121]。更有趣的是，当衬底形成波导时，入射光可以通过光栅衍射转换为导模，从而产生导模谐振[122,123]。根据互易原理，这些导模能够以反射或透射的形式重新转换至自由空间，类似于漏波天线。当内部谐振器损耗等于耦合损耗时，

可以预期为零反射，这种情况被称为临界耦合。1902 年，伍德(Wood)在研究衍射光谱[124]时观察到了这种现象，并将这种临界耦合用于设计高效的光吸收器[125,126]和耦合器[127]。

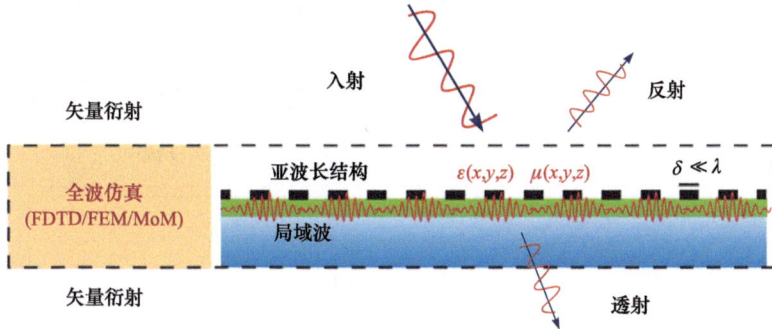

图 2.17　混合模拟方法。局域波的再辐射形成了反射和透射。为了便于讨论，此处给出周期亚波长结构

2.3.3　局部相位调制

如等式(2-8)所示，实现广义斯涅尔定律的关键是梯度局部相移。以下将对目前在文献[116,128]中使用的三种相移方法进行详细阐述。

2.3.3.1　传播相位

图 2.18 中所示的等离子体纳米缝隙是生成传播相位的典型结构。一般来说，这些纳米槽结构可被视为 F-P 干涉仪，SPP 模式在其中出现多次透射和反射，最终增强整体的透射效果。在传输矩阵的基础上，相位延迟 $\Delta\Phi$ 为[129]

$$\Delta\Phi = \mathrm{Re}(\beta h) + \delta$$

$$\delta = \arg\left[1 - \left(1 - \frac{\beta}{k_0}\right)^2\left(1 + \frac{\beta}{k_0}\right)^2 \exp(\mathrm{i}2\beta h)\right] \tag{2-9}$$

其中 δ 来源于表面之间的多次反射，h 表示 MIM 波导的长度，β 是 SPP 的传播常数。物理分析和数值模拟结果表明，δ 较小，βh 对于相位变化起主导作用。如图 2.18 的底部所示，β 与狭缝宽度有关，因此通过改变宽度就可以很容易地调整相位延迟。由此可以操纵任意波前，正如之前提到的一系列工作，如异常偏折[38]、超分辨率聚焦和亚波长成像[34]。实验证明，使用纳米缝隙构建的超表面，能够实现波长为 637 nm 的 TM 偏振波在空间中聚焦，焦距为 5.3 μm，半高全宽(FWHM)达到 0.88 μm，这也与模拟结果[35]一致。

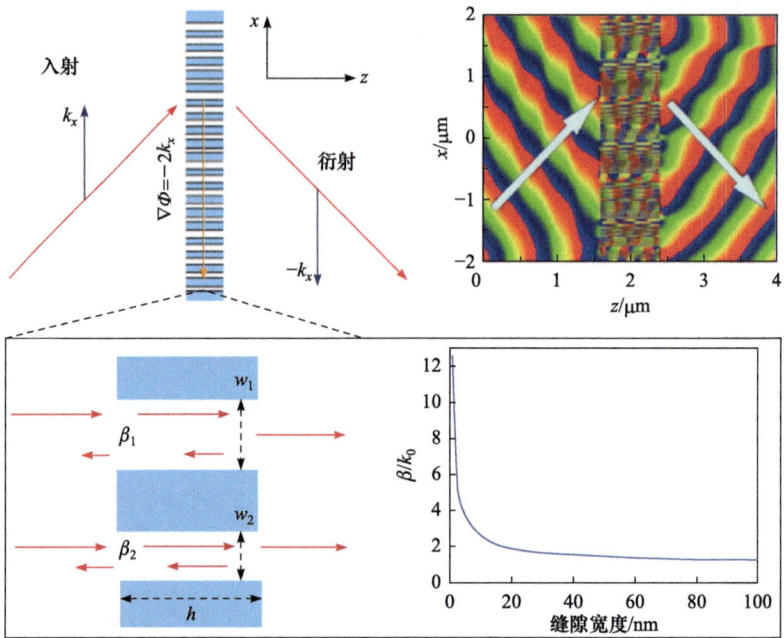

图 2.18　基于等离子体纳米缝隙阵列的负折射原理图及数值模拟。底部面板显示了表面等离
激元在缝隙中传播以及传播常数与等离子体纳米缝隙宽度的关系

　　为了消除偏振依赖性，可以使用可变半径的圆孔或十字孔等离子体结构取代一维纳米缝隙，以实现偏振无关的相位调制[36,37]。除了实现会聚功能，这种孔阵列还可用于生成携带螺旋相位波前的涡旋光[88]。此外，利用更复杂的纳米管[130]可以同时控制光的偏振和相位分布。值得注意的是，这种聚焦机制完全不同于所谓的光子筛或纳米筛[131,132]，它们不会改变入射波的局部相位。

　　经过光子和自由电子的耦合，金属可以支持强局域共振，但由于可见区域[133]的欧姆损失和带间跃迁，能量损失是不可避免的。因此，人们一直致力于研究全介质亚波长结构来控制光的相移[134,135]。与等离子体的情况类似，介电材料的棒结构或柱结构也可以被视为波导，传播常数可通过几何参数进行调整[136,137]。

2.3.3.2　基于表面阻抗的相移特性研究

　　惠更斯原理是光学中的经典概念，可以追溯到 17 世纪 90 年代。近年来，基于广义菲涅耳方程和斯涅尔定律，惠更斯原理被用于开发人工超表面，因为它能提供强大的跨电薄层的电磁波前控制。这些无反射表面被称为超材料惠更斯表面或惠更斯的超表面[117,118]，提供了新的光束整形、转向和聚焦能力。这些超表面是通过亚波长结构的二维阵列实现的，它们提供电和磁极化电流来调整广义菲涅耳方程中显示的阻抗。

在微波状态下,超材料中常用的纯金属亚波长结构足以调节电共振和磁共振。如图 2.19 所示,铜线提供电极化电流,而开口环(裂环)谐振器提供磁极化电流[117],这种惠更斯的超表面最终实现了光束偏折功能,且效率达到 86%。此外,研究人员还在中红外波段中设计了支持电和磁极化电流的超构表面[118]。

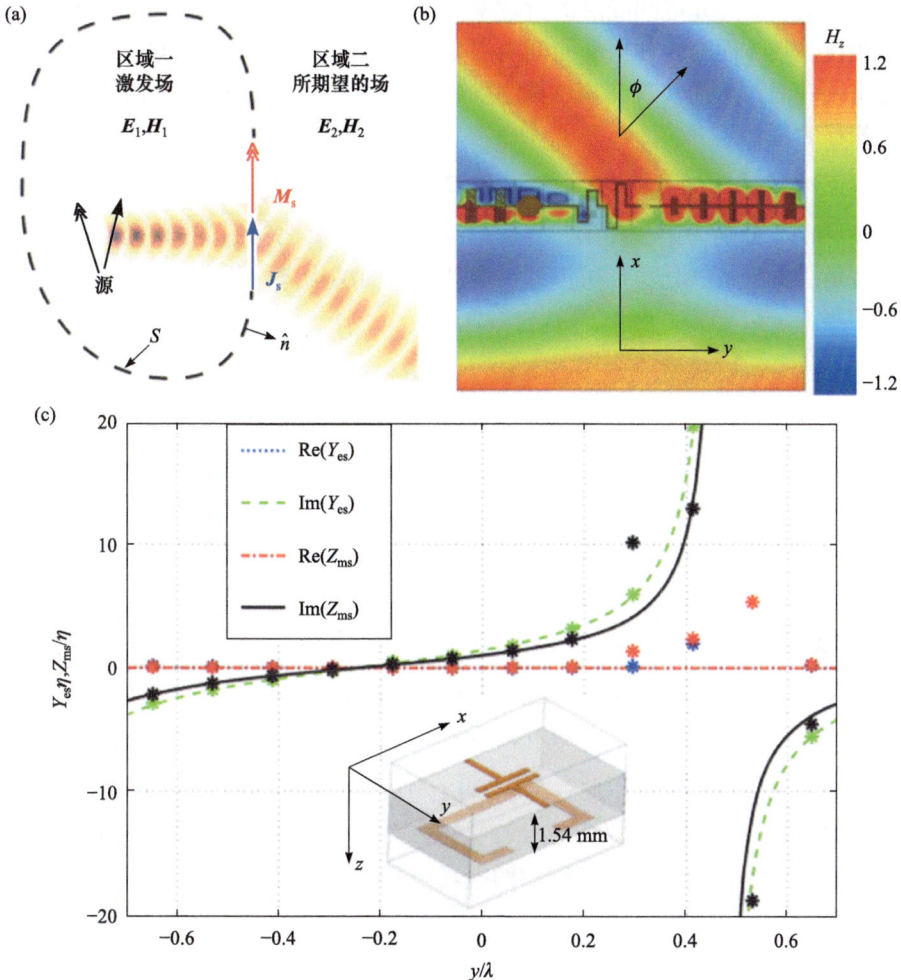

图 2.19　(a)具有匹配电导纳(Y_{es})和磁阻抗(Z_{ms})的惠更斯超表面;(b)显示模拟的磁场分布;(c)显示了每个谐振器在一个周期内的归一化阻抗[117]

除了上述提及的惠更斯型超表面外,由金属亚波长结构组成的多层透射阵列[138,139]和反射阵列[140,141]也被用来提高超表面的透射率或反射率。原则上,可以通过广义菲涅耳方程和传输矩阵来获得多层阵列的光学性质。由于每一层之间的距离都足够大,因此可以忽略层间的磁响应。以三层反射阵列为例,即广义 GT 干

涉仪(图 2.20)，利用传递矩阵得到反射系数[51]:

$$r = \frac{(Y_0 - Y_s - Y_1)\exp(-ink_0d) + (Y_0 - Y_s + Y_1)\exp(ink_0d)r_m}{(Y_0 + Y_s + Y_1)\exp(-ink_0d) + (Y_0 + Y_s - Y_1)\exp(ink_0d)r_m} \qquad (2\text{-}10)$$

其中，r_m 为背景平面的反射系数，Y_0、Y_1、Y_s 分别为自由空间、介电间隔层和超表面的导纳，n 为介电间隔层的折射率。通过几何参数控制 Y_s，可以调整反射振幅和相位。具体而言，如果介质间隔层是无损耗的，而 Y_s 是纯虚的，那么反射振幅将是统一的，从而实现纯相位调制。为了直观理解，以第一次和第二次反射之间的相移为例:

$$\Delta\Phi = \Phi_{r1} - \Phi_{r2} - 2nk_0d\cos\theta_t - 2\Phi_t \qquad (2\text{-}11)$$

其中 Φ_{r1} 和 Φ_{r2} 分别为第一和第二界面的反射相移，Φ_t 为第一界面的透射相移，θ_t 为折射角。由于 Φ_{r1} 和 Φ_{r2} 都可以通过亚波长表面结构进行调谐，因此可以很容易控制相移。

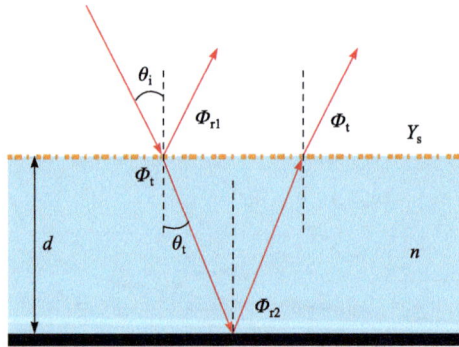

图 2.20　由超表面、介电间隔层和反射地平面组成的广义 GT 干涉仪示意图

　　值得一提的是，对于金属亚波长结构，阻抗还可以通过由等效电感器、电容器和电阻器[51,142]组成的等效电路模型来理解。电感 L 与金属结构中的电流分布有关，而电容 C 是由金属结构间隙中的电场引起的。

2.3.3.3　几何相位

　　几何相位是一种新的相移方法，在经典光学中并未提及。虽然几何相位近年来才重新引起研究人员的关注[143]，但对几何相位的研究实际上可以追溯到 1947 年[144]，使用双折射波导构建微波移相器。在另一项关于圆偏振螺旋的工作中[145]，研究人员也表明了一个圆形天线的相位与天线沿其纵轴的旋转角度成正比。在光学方面，潘查拉特南(Pancharatnam)在 1956 年的研究中证明了几何相位与偏振光的干涉有关[146]。在贝里(Berry)的著名工作中[147]，证明了量子态的绝热变化可以引入几何相移，这种现象与阿哈罗诺夫-玻姆(Aharonov–Bohm)效应有关。为了纪念潘查拉特南和贝里的科学贡献，几何相位也被称为潘查拉特南-贝里相位(P-B phase)[148,149]。

1997 年，研究人员提出了第一个基于几何相位(或被称为拓扑相位)的功能光学元件 [150]，更早已在微波频段实现类似功能[145]。如图 2.21 所示，将相位随空间位置不同而变化的半波片(HWP)夹在两个四分之一波片(QWP)之间，可以构造一个几何相位透镜。将 HWP 的样品区域划分为不同的圆环，每个环内的纳米结构取向相同，由离中心的距离 r 决定。当一个 45°的线偏振光通过这些级联器件时，它首先转换为圆偏振，然后通过设计的相位轮廓转换为正交偏振，最后转换回线偏振。

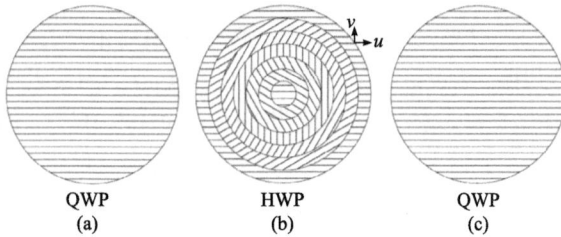

图 2.21 构成几何相位透镜的三个原件的垂直截面。(a)和(c)原件是四分之一波片(QWP)；(b)元件是一个半波片(HWP)，其主轴的角度是到中心的径向距离的函数[150]

可以通过将传输矩阵拆分到 HWP 主轴局部坐标上的两个正交方向来理解。圆偏振的琼斯矩阵为 $[1,\sigma]^{\mathrm{T}}$，在圆偏振入射条件下，通过 HWP 的输出场为[40]

$$\begin{bmatrix} E_x \\ E_y \end{bmatrix} = \frac{1}{2\sqrt{2}} \left((t_u + t_v) \begin{bmatrix} 1 \\ \mathrm{i}\sigma \end{bmatrix} + (t_u - t_v) \mathrm{e}^{2\mathrm{i}\sigma\zeta} \begin{bmatrix} 1 \\ -\mathrm{i}\sigma \end{bmatrix} \right) \tag{2-12}$$

其中 t_u 和 t_v 为沿两个主轴的传输系数，$\sigma = \pm 1$ 分别表示 LCP 和 RCP。显然，输出场是由两个旋向性相反的圆偏振所组成的。反向旋转偏振 $2\mathrm{i}\sigma\zeta$ 的附加相位是纯几何性质的，与工作频率无关。请注意，当 t_u 和 t_v 被反射系数 r_u 和 r_v 取代时，等式(2-12)同样适用于反射器件。

基于几何相位的透镜虽然效率高、结构紧凑，但加工困难，因而很难实现。为了简化设计，人们提出了一种可以将不同偏振光发射到不同方向上的偏振光栅[151]。根据这一概念，设计了一种计算机生成的光学亚波长光栅，并对红外波段[152,153]的偏折进行了实验表征。近年来随着先进微纳制造技术的发展，类似的结构扩展到了可见光波段[154,155]。

由于几何相位依赖各向异性的透射，因此各向异性介电结构的厚度必须与波长相当，才能产生显著的影响。相比之下，纳米厚度的金属亚波长结构可以产生强烈的各向异性和宽带响应。在理想条件下，这种几何相位只与纳米天线的方向角成正比，因此，很容易覆盖整个 0～2π 相位范围。通过将偶极子天线排列在沿界面相位梯度不变的阵列中，在可见到近红外波长处观察到宽带异常折射[156,157]。通过将聚焦相位和二元相位调制相结合，人们进一步提出一种超宽带超振荡平面透镜[114]。此外，研究人员实现了跨越可见光和近红外的超宽带波段的亚衍射。还在集成单元中实现了多波长聚焦超透镜(焦斑可被设计为聚焦在空间任意位置)，可被设计为 CMOS 图像传感器[158,159]。

虽然几何相位已接近消色差，但由于偏振转换的频谱往往显示出一条谐振线，其有效带宽通常较窄。在图 2.22 所示的工作中，基于悬链线结构[159]的独特特性，研究人员演示了用于高效宽带光束偏转的准连续超表面。几何相位能够用局部方向角进行计算，可以发现几何相位的变化遵循一个完美的线性函数。单链和排列链的远场实验结果表明，入射光束通过纳米孔径传输后偏离正常方向[160]。由于在离散结构中消除了回路共振，该设计的效率在较宽的频率范围内接近单层超表面的理论极限(25%)，这也在微波频段内得到了证明(图 2.22(c)和(d))[159]。值得注意的是，具有各向异性耦合的纳米孔阵列链也可以实现类似的效果，但带宽和效率较低[161]。

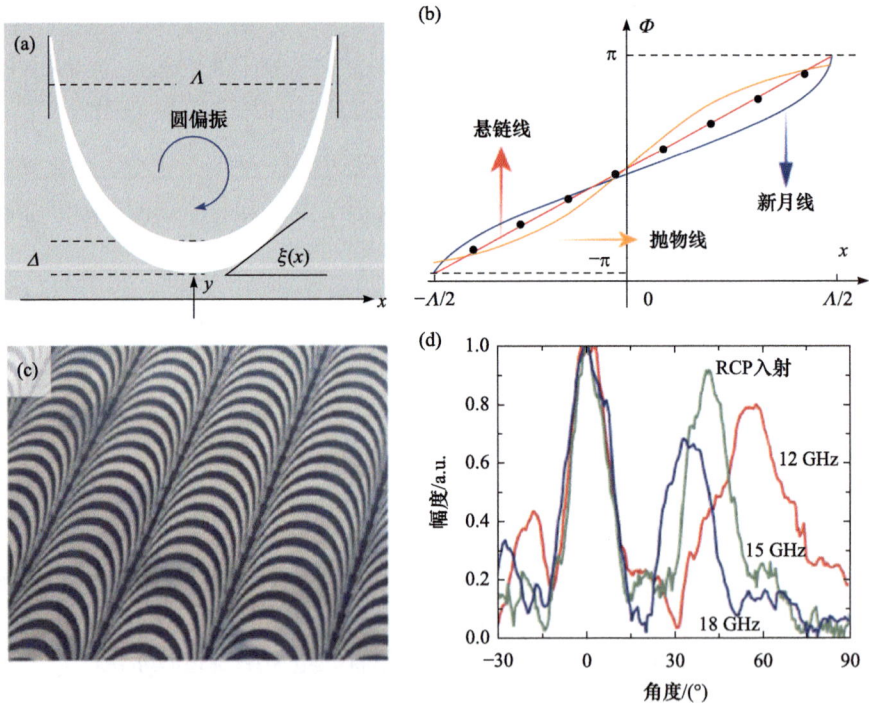

图 2.22　悬链线超表面中的几何相位。(a), (b)单个悬链线孔径及其沿 x 方向的几何相位。对抛物线形和新月形的相位函数也进行了比较[40]。(c), (d)为线性阵列实现宽带光束偏转的照片和测量结果[159]

为了实现完美偏振转换和高纯度的几何相位，必须增加谐振器的厚度，以同时实现振幅和相位调制。如等式(2-12)所述，当每个单元格表现为透射或反射 HWP 时，获得最大效率。如图 2.23 所示，一般有两种谐振器：第一种是电介质的；第二种是金属的。显然，提高效率的机制只是在每个界面上的反射/透射的多重干涉。因此，当满足亚波长干涉条件时，整体结构的厚度可以最小化。早期的几何超构表面是基于高折射率介电材料的形式双折射(图 2.23(a))[153,154]，最终演变为一个各向异性的纳米柱阵列(图 2.23(b))[155]。金属谐振器是建立在之前对偏振转换器的研究基础上的，无论是透射(图 2.23(c))[162,163]还是反射(图 2.23(d))[164,165]。

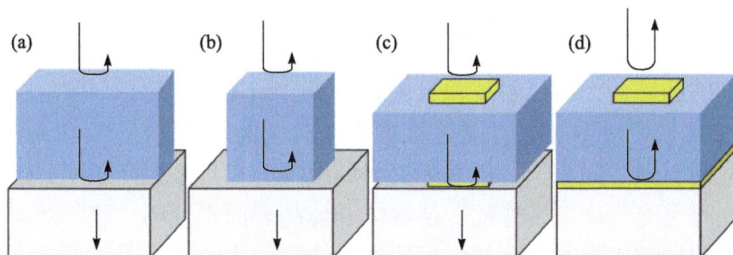

图 2.23　用于产生有效的几何相位的四种基本的各向异性结构：(a)基于高折射率介质光栅透射元件；(b)基于纳米棒的透射元件；(c)基于金属-电介质多层膜的透射元件；(d)各向异性反射元件

结合表面共振和几何相位，也可以将偏振转换过程中的相位从线性转变为正交偏振态[39,166]。如图 2.24 所示，V 形天线的各向异性谐振特性允许人们设计天线

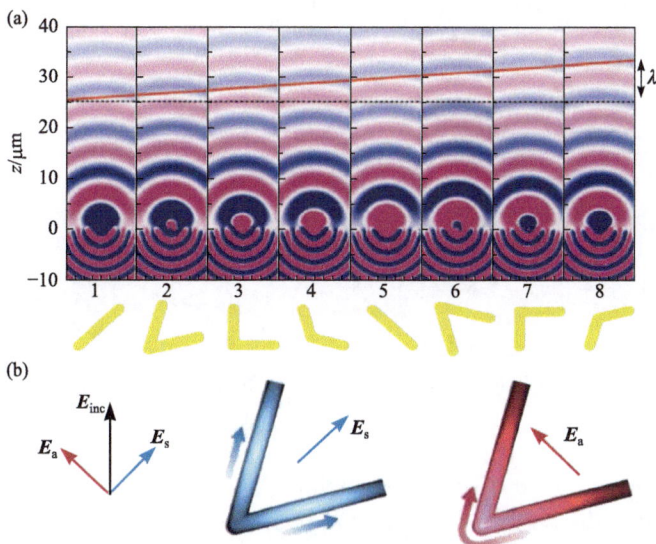

图 2.24　基于 V 形天线的相位调制技术：(a)8 个 V 形纳米天线的瞬时电场分布；(b)对称和非对称谐振模式[39]

散射光的振幅、相位和偏振状态。2011 年，Yu 等利用 8 个相位为 π/4 增量且振幅几乎相等的纳米天线，在中红外光谱范围内通过实验证明了异常反射和折射现象[39]。这种结构的可调性和其对称及反对称共振模有关，如图 2.24(b)所示。同时，在这种结构中也存在几何相位，例如元素 1～4 的 90°旋转可以在元素 5～8 中产生 180°的额外相移[8]。而通过简单的几何缩放尺寸，广义折射反射定律不仅在近红外波段得到了证实，还得到了三维扩展[167,168]。

根据巴比涅(Babinet)原理，在金属层上穿孔的 V 形结构与其互补结构具有类似的光学响应，因此 V 形孔结构被用于制造平面透镜来聚焦可见光[169]。由于同时具有振幅和相位调制的能力，它们也被用于计算全息图(CGH)且厚度低至30 nm[170]。此外，当光在界面上折射时，通过一个在界面 x 方向上具有快速相位不连续梯度的超表面，可以引发强自旋轨道耦合和光子自旋霍尔效应[171]。

基于 V 形或 C 形天线的单层超表面可在交叉偏振转换模式下工作[180]，然而偏振转换效率有限。原则上，可以用更大的厚度为代价来提高效率。这一点可以通过一个在可见光频率下工作的双层等离子体超表面来证明，这一双层超表面将基于纳米天线的超表面与其互补的巴比涅天线阵列耦合起来[172]。研究发现，该双层超表面的转换效率明显大于单层设计，并且消光比大于 0 dB，这意味着异常折射主导了透射响应。在图 2.25 所示的另一种设计中，在一个结构单元中使用 8 个具有不同几何形状和尺寸的各向异性谐振器来创建正交偏振传输的线性相位变化，另外两个正交光栅用来提高转换效率。

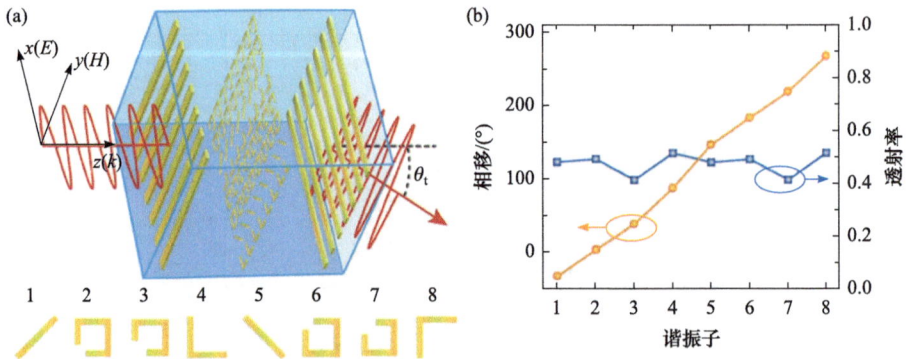

图 2.25　(a)基于线偏振转换的透射异常折射。一个正常入射的 x 偏振波被转换为一个 y 偏振光束，它相对于 z 轴弯曲成一个 θ_t 角。(b)模拟计算结果：8 个谐振器的相移和透射率[173]

相干照明也是克服上述理论效率限制的一种很有前景的方法。受相干完美吸收[174,175]的启发，相干控制可以显著提高超表面[176-178]的偏振转换和相位调制效率。遵循广义斯涅耳定律的正常和异常光束可以通过改变两个反向传播的相干控制和信号光束之间的相位差来进行调制和切换开/关状态。原则上，当信号和控制光束同相时，异常偏转效率可提高到 100%，而当相位差等于 180°时[178]，异常光束则消失。

2.4 多层结构的应用

光在经典光学和光子晶体中的干涉已经得到了很好的研究，其应用包括滤光片、反射膜和全介电反射器[179,180]。然而，由于传统器件所考虑的折射率有限，因此多层结构的全部潜力近年来才得到充分开发。本节概述了三种层状结构中的亚波长干涉，特别重点介绍了它们在光学成像、纳米光刻和吸收材料中的应用。

2.4.1 近场超透镜和等离子体表面透镜

在经典光学中，金属薄膜通常被用作反射镜。当薄膜厚度大于趋肤深度时，透射系数几乎可以忽略。对半透明金属薄膜的早期研究可以追溯到 19 世纪末，当时法拉第发现一个现象：金薄膜允许绿光成分透过，并反射入射光的黄光[181]。在 20 世纪中叶，人们发现一种支持自由电子的集体激发的金属薄膜，即金属表面的表面等离激元(SPP)。原则上，SPP 可以用光学或电子方法来激发[64,182,183]。除了金属薄膜外，金属纳米颗粒也支持 SPP，其中光局域在一个比波长小得多的区域内[184]。

21 世纪初，由于研究者对异常光透射(EOT)现象[20,21]、负折射率超材料(NIM)[21]和异常杨氏干涉(EYI)效应[17]的研究兴趣增加，SPP 的重要性被凸显出来。在 EOT 实验中，当光通过金属薄膜中的纳米孔时，会观察到异常透射峰。与标准孔径理论相比，整体传输能力提高了近 100 倍。从微观角度来看，这可以用 SPP 在表面上传播的相互作用来解释。在一项独立的工作中，重新审视了在 1968 年提出的由 NIM 构成的平面透镜(图 2.26(a)和(b))[185]，Pendry 表明，金属薄膜中的 SPP 可以通过放大倏逝波来提高近场分辨率(图 2.26(c))[186]。作为一种准静态的 NIM，这种金属薄膜被称为近场超透镜。

除了连续金属薄膜外，还研究了非连续薄膜的光学性质。使用银掩模取代典型的铬掩模，Luo 和 Ishihara 获得的干涉图样远小于传统情况下在金属表面上的图样(干涉条纹的中心距离大约是 50 nm，波长是 436 nm)[17]，这是因为 SPP 的激发大大降低了有效波长。由于前表面的干涉相长，因此通过掩模的光大大高于标准孔径理论预测的光，这一点在另一个实验中有详细描述[19]。

在超分辨率表面等离光刻的基本实验中[17]，银掩模同时作为物体和透镜。而在许多其他情况下，这两个角色被分开，并使用光传递函数(OTF)曲线来描述"物体-图像"的关系。

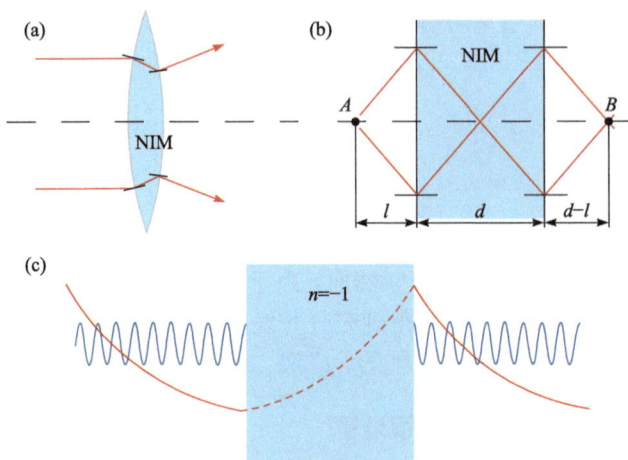

图 2.26　基于 NIM 的完美透镜: (a)NIM 凸透镜发散入射准直光束；(b)NIM 平板作为一个透镜；(c)倏逝波放大[186]

　　成像过程可以被视为所有衍射级的干涉。在一个连续的金属薄膜中，等离子体共振作为这些快速衰减的波的放大器，使用类似于之前配置的光刻工艺，其他研究小组直接验证了 Pendry 理论提出的近场超透镜[187,188]。除了一维干涉成像外，还使用 365 nm 的光源获得了最小线宽为 89 nm 的二维图案。图 2.27 描述了用于 TE 和 TM 偏振的 35 nm 厚的银膜示意图和光传递函数。显然，由于 SPP 的激发，银膜在 TM 偏振的高空间频率区域内产生了一个较高的透射峰。请注意，连续薄膜中的 SPP 只能被近场源激发，如光栅、棱镜和光掩模。这就是这种现象在传统的远场成像过程中无法观察到的原因。

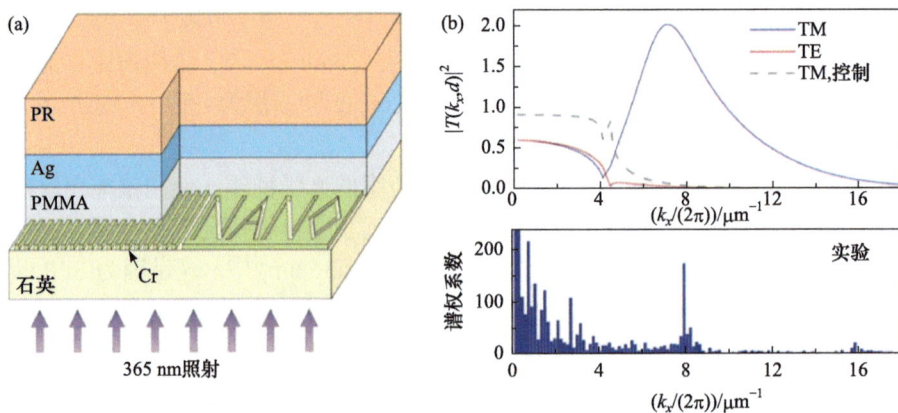

图 2.27　使用单层银胶片进行的超分辨率成像：(a)实验的配置；(b)理论和实验透射光谱[187]

提高近场超透镜的分辨率和成像对比度的方法有几种。首先，追求高质量的银膜，因为银膜的粗糙度会增强高空间频率的随机散射[189]。其次，应该仔细设计材料的损失，在分辨率和保真度中寻求平衡，因为在成像过程中并不总是需要低损耗。最后，采用多层结构可以激发高阶 SPP 模式，实现更高分辨率[190]。事实证明，金属-介质-金属(MIM)腔是超分辨率成像的理想候选。在这样的系统中，第一金属层作为近场超透镜，而第二金属层被用作反射器，以控制光场的矢量特性并提高图像质量。近场超透镜和反射层的结合类似于传统的散射系统，通过透射和反射来实现高性能的成像[107]。将光刻胶内的正向和反向传播的倏逝场相加，产生具有理想对称悬链线强度轮廓的波导模式，有利于增加焦深度[81]。

图 2.28 显示了一个工作波长在 365 nm 的等离子体腔透镜，以及与其对称本征模的电场分布(由 E_x 的对称性定义)。请注意，经常用于干涉光刻[106]的反对称模式没有显示出来。由于这种透镜具有分辨率提高的能力，因此与经典近场超透镜相比，掩模与衬底之间的间隙增加了约 10 nm。因此，在光刻过程中掩模的损伤将被最小化，从而确保功能器件的批量制造。例如，利用等离子体腔光刻和多层蚀刻转移技术，人们成功地制备了尺寸约为 95 nm × 175 nm，周期为 300 nm 的纳米孔阵列[83]。

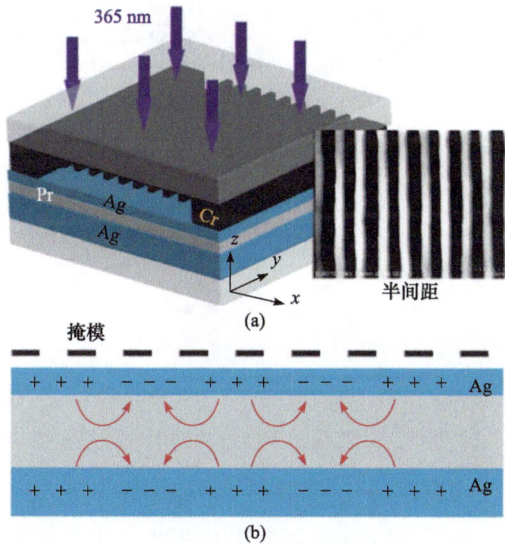

图 2.28　(a)空腔透镜示意图和 22 nm 半间距抗蚀剂图案的扫描电子显微镜图像。(b)对称模式下的电场和电荷分布。虽然对称模式的水平波数相对较小，但它可以大大提高成像的对比度和工作距离[32]

对于干涉光刻，反对称(奇)模式具有更高的横向波矢和更强的切向电场分量抑制，使得表面等离干涉条纹具有更高的电场强度分辨率和对比度[82]。采用遗传算法进行逆设计，优化波长为 193 nm 的实验结果[33]。半宽高为 5.05 nm($\sim \lambda /40$)

的干涉图样，对应有效 NA 为 20，已被用数值模拟的方法证明。

虽然 SPP 的电磁场在与金属-介电界面垂直方向上呈指数衰减，但对于贵金属，它们的横向传播长度可能达到数千至数万微米，可以构成二维等离子体元件甚至集成光子电路。通过适当设计的亚波长结构，SPP 可以相长干涉，并聚焦到一个尺寸突破衍射极限且拥有高度场局域的点，这可以通过使用圆形狭缝[191]或排列在四分之一圆[192]上的纳米孔来实现。

由于线偏振与圆形结构的对称性不匹配，反向传播 SPP 之间的相消性干涉使纵向场在几何焦点处始终存在最小值，因此整体强度不能达到最大。为了实现焦点处的相长干涉，研究人员采用了对称性破缺的结构[193]。通过在反向传播的 $\lambda_{SPP}/2$ 之间产生额外的相移，可以调节中心电场的总相位，如图 2.29(a)和(b)所示。

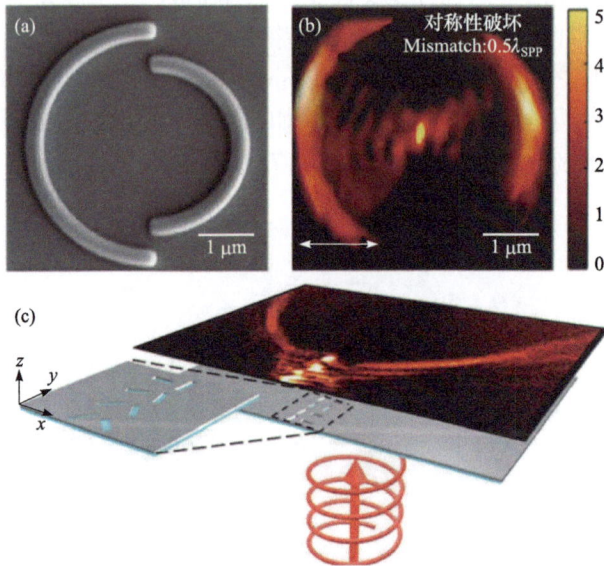

图 2.29　表面等离聚焦和光束整形。(a), (b)SEM 的非对称结构和测量线偏振入射下的强度分布[193,194]；(c)双线纳米狭缝阵列生成艾里光束

基于全息原理，设计简单圆形或螺旋之外的复杂表面结构，可以实现许多功能，包括控制在金属表面上传播的表面波[195,196]、用特定的 OAM 检测涡旋光束[197]、表面波和传播波之间的信息交换[198,199]。特别是，通过定位金属狭缝阵列，使其符合所需的复杂场分布，可以获得一种用于产生二维等离子体艾里(Airy)光束的集成装置[200]。如图 2.29(c)所示，双线纳米狭缝阵列结构可用于产生等离子体复合场[194]，其中每个纳米狭缝都有自己的倾斜角度。SPP 的振幅可以通过两个纳米狭缝之间的角度差异来调节，而相位则由偏移旋转角度来控制。类似地，通过沿着一列亚波长间隔的旋转光圈产生持续的偏振波，其传播速度比 SPP 相速度快，

产生了一个二维模拟切伦科夫辐射[201]。此外，参考变换光学[202,203]可以有效地操纵表面波。举例而言，仅通过改变金属顶部介电材料的厚度就可以得到等离子体吕内堡(Luneburg)透镜和伊顿(Eaton)透镜[204]。

2.4.2 双曲透镜

SPP 通常强烈地局限于金属薄膜的近场。然而，当引入额外的贵金属薄膜时，它们往往会耦合在一起形成复杂的波形，在单一界面上，这些波形的有效波长可能比普通 SPP 小得多。在深亚波长尺度上，这些薄膜可以作为一种具有不同寻常色散的有效材料均匀化，例如双曲色散[205]。近十年来，双曲色散多层膜被广泛应用于空间频率的定制和形成深亚波长干涉图样。

在光子晶体中，$\rho(\omega)$-k^3 关系展示了通过调谐色散关系来控制光子态密度的可能性[206]。利用染料的自发发射探测了超材料近场中可用的局域态密度，结果表明，双曲材料导致了发射体寿命的显著降低。基于类似的机制，可以大大增强近场热辐射，实现超普朗克热辐射[207]。根据群速度 $v_g=\nabla\omega_k$ 的定义，能量流动的方向被限制为垂直于色散曲线的切线[100]，这一点已经在使用 Ag/SiO$_2$ 的多层膜系统中被证明[208]。如图 2.30 所示，群速度方向垂直于等频线。近似传播角由 $\tan(\theta)=\sqrt{-\mathrm{Re}(\varepsilon_x)/\varepsilon_z}$ 计算得到。当 $|\varepsilon_x|\ll|\varepsilon_z|$ 时，扩散曲线是平坦的，所有空间分量都将在没有衍射的情况下近似直线地进行干涉和传播。因此，射线光学可以缩放到小于波长的尺寸[101,102]。

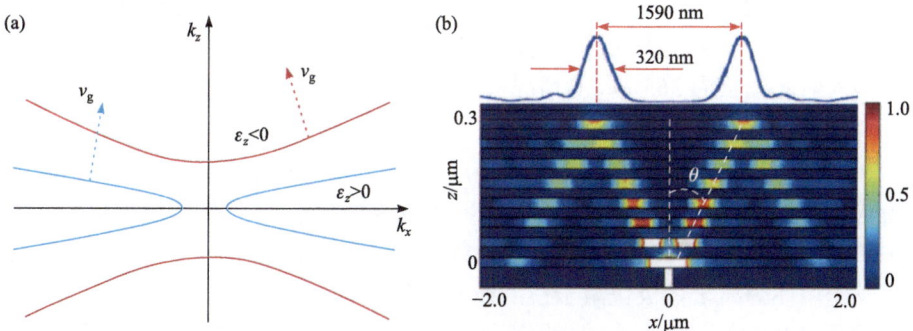

图 2.30 双曲多层膜中光的定向传播：(a)两个双曲色散曲线的示意图；(b)模拟计算的与(a)中显示的蓝色色散曲线对应的强度分布[209]

在可见光范围内，从单晶银光栅组成的双曲超表面上也能观察到定向传播效应[210]。当 SPP 被非耦合结构激发时，它们沿着对称方向分裂成两个独立的(左右方向)光束，并在外耦合结构上被检测到。更有趣的是，表面光栅中的表面等离激元具有圆偏振信息，这种定向传播也被称为一种光子自旋霍尔效应，它在成像、传感、量子光学和量子信息科学中具有潜在应用前景。

　　双曲透镜可用于实现消光干涉光刻技术。图 2.31 显示了在等离子体腔透镜[106]上添加多层膜，最终获得具有 45 nm 半间距分辨率(~λ/8)的致密线。随着膜层数的增加，空间光谱变得更加纯净，强度分布也更加均匀。

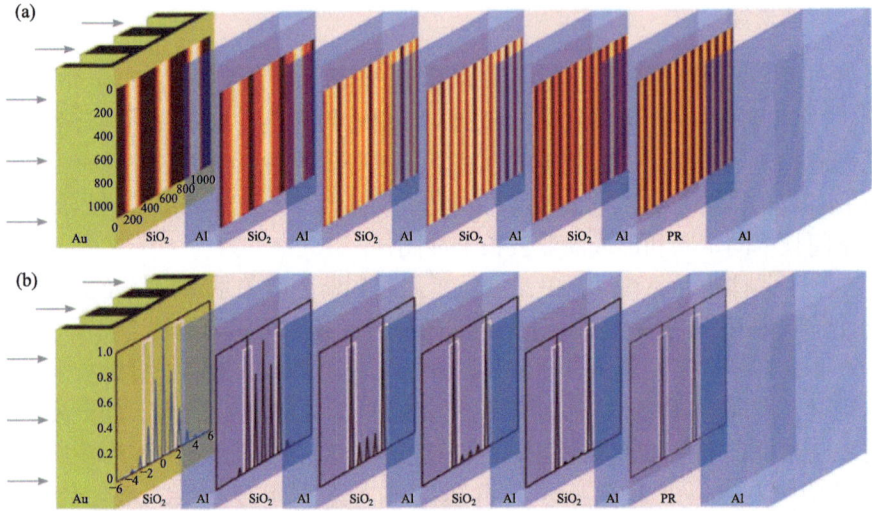

图 2.31　用于光谱滤波和剥离光刻的平面多层结构：(a)多层结构内部的光强分布；(b)空间频谱归一化到其最大值[106]

　　倏逝场滤波特性有许多其他应用，包括非对称传输[190]、生成近场贝塞尔光束[84]和表面显微镜[208,211]。如图 2.32 所示，通过将掩模从常规光栅变为同心光栅，可以利用该多层膜实现二维光谱滤波，产生近场贝塞尔光束[84]。实验结果表明，在入射光波长为 365 nm 的情况下，在 0 nm、40 nm 和 80 nm 处均可以获得一个直径为~65 nm 的聚焦点。

　　在另一个实验中，通过金属/介质多层膜中激发了深度亚波长等离子体极化激子模式，实现了超短光照深度和均匀照明场的表面显微镜[208,211]。结果证明，在空气中照明深度短至 25 nm。此外，通过简单地改变激发光束的入射角，就可以调谐激发的单体等离子体极化激子模的横向波矢。

　　基于 SPP 在双曲材料中的定向传播，萨兰德里诺(Salandrino)和恩格塔(Engheta)从理论上提出了具有亚衍射分辨率的远场光学显微镜，也被称为放大近场超透镜[212]。超材料晶体的输出表面为斜切割或弯曲状，用压缩的角谱将输入场分布映射到晶体的输出表面，从而产生"放大"图像。基于类似的操作方案，同年提出了"双曲超透镜"的概念[213]。由于角动量守恒，低波矢量所携带的放大图像最终会在双曲超透镜的外边界形成，随后传播到远场。输出表面的放大率由两个边界处的半径比值定义。随后利用传统的显微镜捕获输出场，实现远场超分辨率成像。如图 2.33 所示，利用 Ag/Al₂O₃ 多层结构[103]构建了紫外频率的圆柱形光学双曲超透镜, 通过常规透镜在远场观察亚衍射有限的物体(中心距离 130 nm)。同样, 在可见光区域中[214], 实验证明了一个球形双曲超透镜具有二维超分辨率能力。

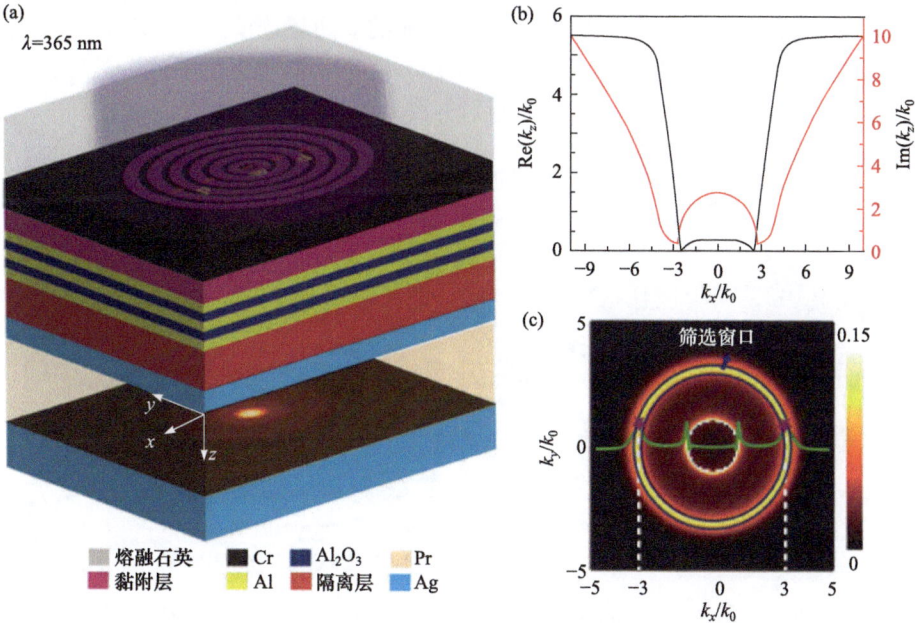

图 2.32　(a)在圆偏振照明下产生倏逝贝塞尔光束的双曲透镜示意图; (b)波长为 365 nm 情况下不同切向波矢 k_x 对应的纵向波矢 k_z 的实(黑色曲线)和虚(红色曲线)部分; (c)二维 OTF 随切向波矢量变化图[84]

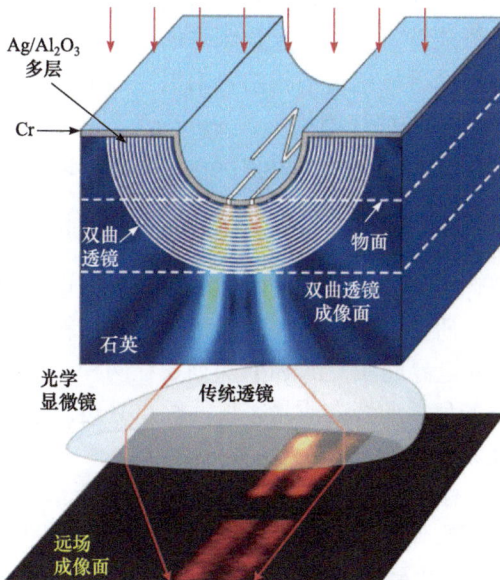

图 2.33　用于亚衍射受限物体成像的放大超透镜[103]

根据互易定理，通过简单地反转双曲超透镜的操作方向[215,216]，在等离子体纳米光刻技术中[104]，可以将具有衍射受限尺寸的掩模分解为亚衍射受限尺寸的掩模。图 2.34(a)显示了由多层 Ag/SiO$_2$ 薄膜组成的双曲超透镜，在 365 nm 波长下，其亚衍射分辨率约为 55 nm，消光系数为 1.8。类似实验也证明了这一效应，例如在波长为 405 nm 的入射条件下，亚衍射分辨率为 170 nm[105]。

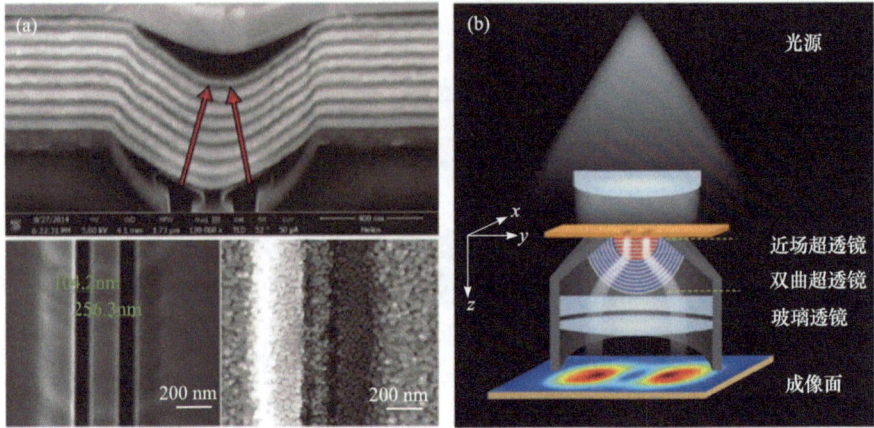

图 2.34　(a)顶部：消光超透镜的示意图和扫描电子显微镜图像。底部：掩模和光刻胶图案的扫描电子显微镜图像，消光比为 2∶1[104]。(b)混合透镜示意图[217]

需要指出的是，放大双曲超透镜的弯曲几何形状在加工和应用中均存在困难。获取平面成像轮廓的一个简单方法是切割和抛光一侧或两侧的双曲超透镜[215]。但这种操作给制造带来挑战性，通常会导致图像的变形。作为替代方案，研究人员提出了双曲超透镜与平面近场超透镜相结合的混合透镜(图 2.34(b))[217,218]，但在整个物体/成像平面上，放大率往往不均匀。为解决这个问题，最近提出了一种包含埃尔米特插值多项式(Hermite interpolating polynomial)的保形变换方法，用来设计具有均匀消光[219]的平面输入和输出曲面。通过使用级联多层膜可以进一步细化，成像结果证明半间距分辨率约为 $\lambda/23$(16 nm)。

衍射极限是普遍存在的，传统的声学成像的分辨率也受到声波波长的限制。为了提高空间分辨率，研究人员也研究开发了声学超材料[220,221]、超透镜[222]和超级透镜[223]。与金属–介电界面激发的 SPP 类似，在两种半无限介质的界面上也存在声表面态。表面态的色散曲线在质量密度匹配点处逐渐达到无穷大，表明其具有超分辨率的成像能力。

请注意，并不是所有的金属–电介质多层膜都可以近似为双曲或椭圆色散。如果使用两个以上的不同层作为多层堆栈的单元，有效色散图将更加奇怪。例如，Xu 等使用五层薄膜作为单元格，证明了 TM 偏振的全向左手性响应[224]。通过设计结构, 使其在一个广泛的角度范围内折射率接近 −1, 实现了近场之外任意形状的二维物体的平面透镜化。多层膜的帽状色散曲线既不是双曲的, 也不是椭圆的。在后续的工作中表明了这种色散是复布洛赫模[225]干涉的结果。除了显示负折射的模式外, 还有其他模式表现为右手性方式。

2.4.3 薄膜吸收体

在传统的薄膜干涉理论中, 材料通常是无损的, 折射率是实数。本节证明了金属薄膜的虚部可能会引发许多不寻常的干涉效应。由于虚部与光的吸收有关, 此处将重点讨论它们在电磁吸收器中的应用。

在不失一般性的情况下, 我们可以使用传输矩阵或菲涅耳-艾里公式[175]计算正常入射在空气中介电板上的光反射和透射系数。早在 1934 年, 人们就发现, 一种厚度合适的金属薄膜可以吸收高达 50%的入射光[226]。同时, 透射强度和反射强度均为 25%。受抗激光(anti-lasing)概念[187]的启发, 研究表明, 在重掺杂硅膜中, 两个反向传播的相干光束的干涉可以产生吸收率大于 99.99%[175]的宽带完美吸收, 这被称为薄膜相干完美吸收器(CPA)。在传输矩阵理论的基础上, 得到了薄膜相干完美吸收的条件为

$$\exp(ink_0d) = \pm\frac{n-1}{n+1} \tag{2-13}$$

当 $d \ll \lambda$ 及 $|nk_0d| \ll 1$ 时, 方程(2-13)可简化为

$$n' \approx n'' \approx \frac{1}{\sqrt{k_0d}} = \sqrt{\frac{c}{\omega d}} \tag{2-14}$$

式中 n' 和 n'' 分别为折射率的实部和虚部, k_0 为真空波矢量, ω 为角频率, c 为光速。由于所需的复折射率与频率有关, 因此应该使用具有特定色散特性的材料来获得宽带 CPA。幸运的是, 研究人员已经证明了金属和金属类材料, 如掺杂半导体是这类应用的天然候选材料。图 2.35 展示了硼掺杂硅薄膜在两种特征厚度下的吸收曲线, 分别为沃尔特斯多夫(Woltersdorf)厚度(150 nm)和等离子体厚度(450 nm)。第一个厚度对应于低频的宽带吸收, 第二个厚度与等离子体共振有关。在微波范围内, 电阻片和石墨烯层[227,228]均证明了薄膜 CPA 的概念。正如最近认识到的, 射频内的电阻薄片可以作为近完美的吸收器[229], 其中厚度-波长比低至 8×10^{-5}, 这意味着宽带 CPA 可能绕过普朗克-罗扎诺夫极限(Planck-Rozanov limit)[230,231]。

对于同时发生电磁响应的薄膜, 常规的 CPA 条件为[232]

$$\exp(ink_0d) = \pm\frac{1-Z}{1+Z} \tag{2-15}$$

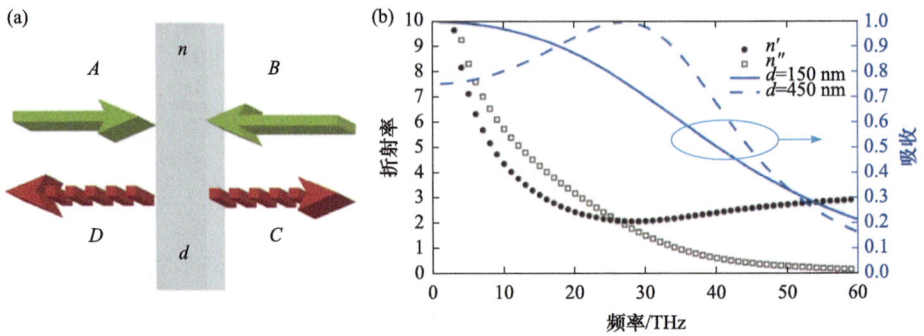

图 2.35　(a)薄膜相干完美吸收的原理图；(b)掺杂浓度为 $4 \times 10^{19} cm^{-3}$ 的硼掺杂硅薄膜的折射率和吸收光谱[175]

其中 Z 为有效阻抗，$\pm$ 分别对应于对称输入和反对称输入。基于相干等离子体杂化，这种机制可以在由 MIM 结构组成的超材料膜中实现。CPA 也可以用在太阳能热光伏系统中，实现频率选择性宽带吸收[233]，或扩展到其他领域，如全光逻辑操作[234]、相干极化转换[176,177]、相干异常偏转和自旋霍尔效应[178]、亚波长聚焦[235]、单腔内激光和抗激光共存[236]。

在薄膜 CPA 中，吸收增强是由额外的具有相反相位的入射光束提供的。因此，在薄膜厚度比波长小几个量级的情况下，可以达到干涉相消的条件。这种干涉也可以通过衬底的反射来构成。然而，由于在反射过程中有一个半波的损失，传统的吸收器的厚度接近波长的四分之一。为了减小吸收体的厚度，研究人员开发了具有大损耗系数的高折射率材料。有趣的是，在厚度远小于 $\lambda/4$ 的这类材料中出现了一个意外的吸收峰。图 2.36 显示了由沉积在金(Au)衬底[237]上的纳米锗(Ge)层组成的吸收体的反射率。Ge 的最小厚度只有 7 nm，在波长为 500 nm 时厚度接近 $\lambda/50$。理论分析表明，在 Air-Ge 界面和 Ge-Au 界面上的反射相移对相位匹配起着重要的作用。基于此原理，研究人员开发了可调滤色器和热发射器等各种功能器件[238-241]。

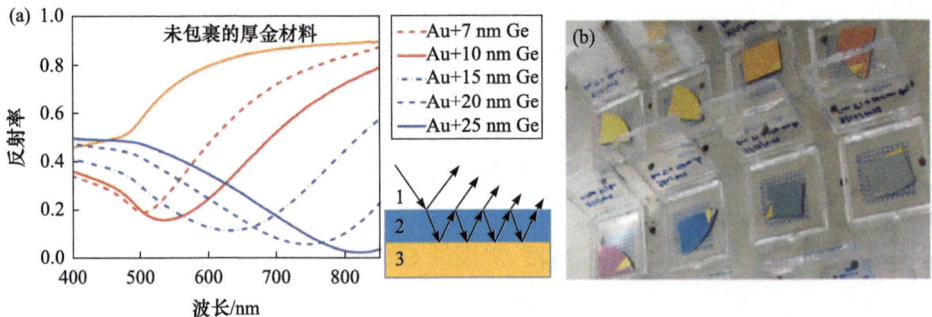

图 2.36　(a)锗包裹的厚金材料的近垂直入射反射光谱；(b)将金材料涂上 0～25 nm 的纳米薄膜形成的颜色[237]

最近的研究结果表明，基于高折射率介电间隔层的吸收器具有固有的与角度无关的吸收[242]。将折射率为 n，厚度为 d 的典型达伦巴赫(Dallenbach)吸收体的相消干涉条件写为

$$nk_0d\sqrt{1-\frac{\sin^2\theta}{n^2}}=\frac{\pi}{2} \tag{2-16}$$

当 $n\gg1$ 时，该条件降低为 $nk_0d=\pi/2$，与入射角无关。请注意，这种有效的高折射率材料可以使用超材料实现[243,244]。图 2.37 显示了达伦巴赫吸收器 (d=1 mm)的吸收频谱。

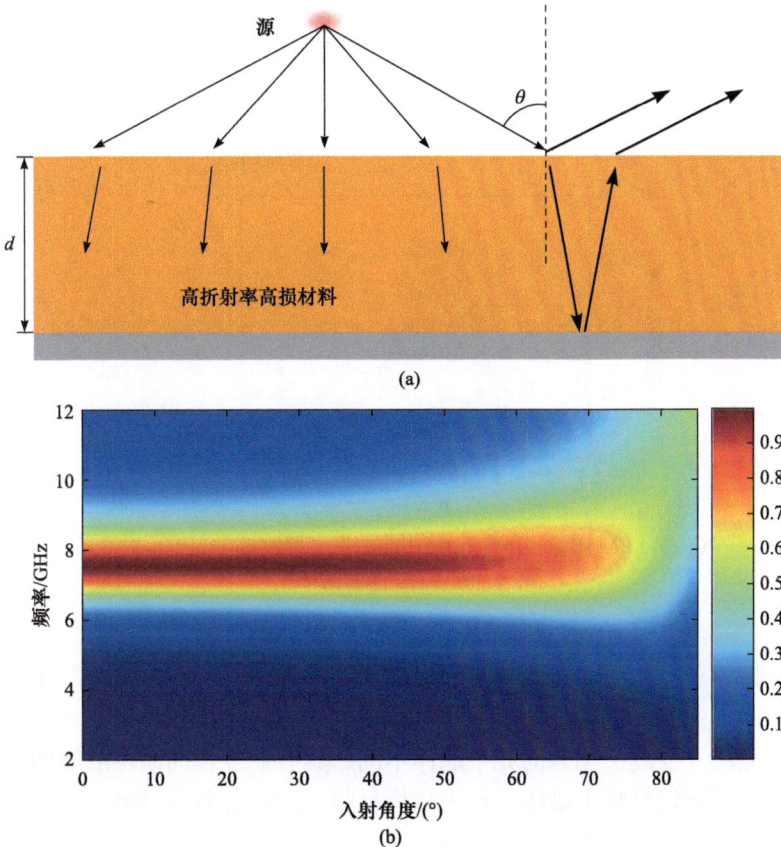

图 2.37　(a)基于多重干涉的广角吸收器的工作原理；(b)显示了达伦巴赫吸收器的模拟结果。复介电常量为 100+12i

光学多层膜中的高折射率对比是设计光子带隙和实现对不同频带的独立控制的必要条件。例如，Raman 等提出了一个集成的光子太阳反射器和热发射器，由 7 层 HfO$_2$(n=2 在 λ=500 nm)和二氧化硅组成，能够反射 97%的入射阳光，并且在

红外大气透明窗口中强烈而有选择性地发射(图 2.38)[245]。当在超过每平方米 850 W 的直射阳光条件下时，光子辐射冷却器可以实现冷却到环境空气温度以下 4.9℃的功能。人们还利用光学透明导体和其他新型材料[246,247]对设计进行了修改，与其他亚波长结构相比，在实际条件下该多层膜更容易被制造和使用。

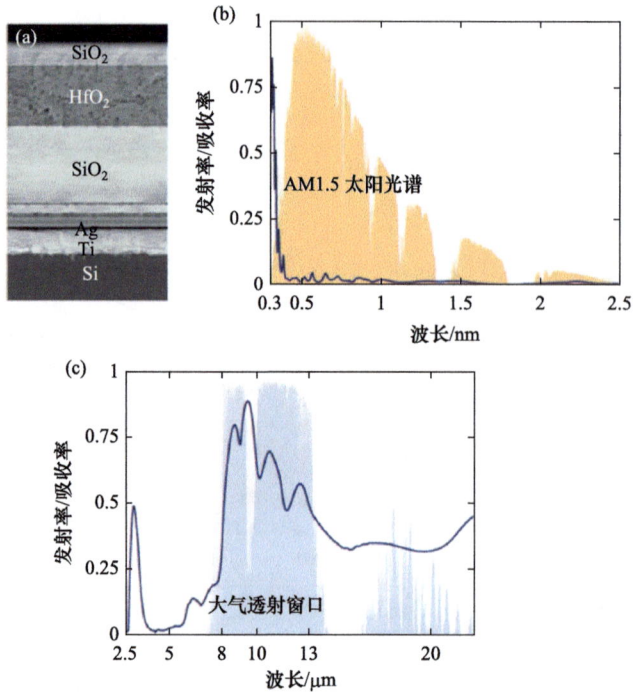

图 2.38　(a)横截面的 SEM 图像；(b)，(c)使用非偏振光源测量了光子辐射冷却器在 5°入射角下的发射率/吸收率[245]

2.5　周期性表面结构

与特征尺寸及波长相当的光子晶体不同，具有亚波长周期性的周期结构通常用二维或三维有效材料来描述，称为超构材料。这种有效材料极大地改变了光谱滤波、吸收和偏振转换中的干涉现象。

2.5.1　光谱滤波器

在传统的光学技术中，滤色片通常是由多层薄膜[180]制成的。利用亚波长干涉效应，可以显著降低传统滤波器的尺寸。一般来说，亚波长滤色片包括透射和反射类型。图 2.39 显示了一个基于堆叠金属光栅[248]的等离子体纳米谐振器。由于中间介电层中存在亚波长干涉，因此通过调整金属光栅的宽度，实现了波长选择性传输。如图 2.39(c)所示，由于反对称 SPP 模式的线性色散，滤波波长与堆栈周期直接相关，使得这些滤波器的设计比类似器件容易得多。这种小尺寸的谐振器的偏振依赖性不仅有利于液晶显示器的应用，消除了单独的偏振层的需要，而且可用于提取光谱图像中的偏振信息。在另一项工作中，采用传播模共振，实现了更清晰的透射谱[123]。然而，由于传播模态共振需要大量的水平周期来维持传播模式，因此很难缩小像素的大小。

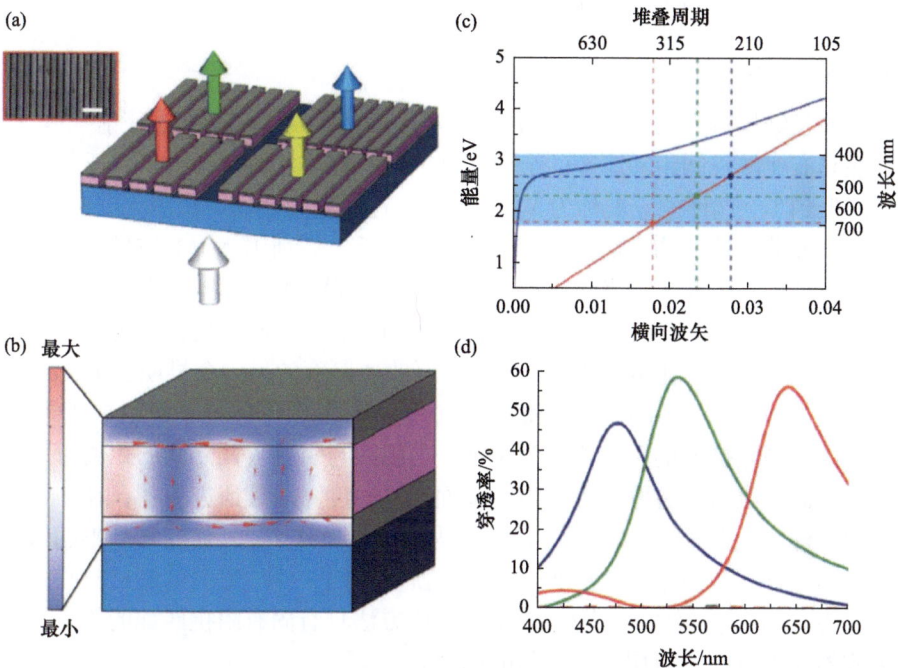

图 2.39 由堆叠光栅形成的等离子体纳米谐振器。(a)所提出的等离子体纳米谐振器的示意图。(b)波长为 650 nm 时的时间平均磁场强度和电位移分布(红色箭头)。(c)堆栈阵列中的等离子体色散。红色、绿色和蓝色点线对应于过滤三原色的情况。红色和蓝色的曲线分别对应于反对称和对称的模式。(d)模拟透射光谱，实曲线和虚曲线分别对应于 TM 照明和 TE 照明[248]

在某些情况下，如显示器，反射式滤色片比透射式滤色片更有用。这一应用涉及波长相关的光学吸收器，将在 2.5.2 节中详细讨论。在这里，我们注意到光谱工程的一个目标是在接近衍射极限的空间中过滤颜色，由于工业印刷技术有微米大小的墨点，因此只能在 10000 dpi 以下的分辨率下打印。为了实现反射式滤色片的目标，必须减少谐振器的水平耦合，垂直多重反射波之间的相干主导了物理过程[249]。

几乎所有最近设计的滤光器都是基于光波的直接透射或反射。这些构型呈现为基底上周期性排列的纳米片或纳米棒。当相邻元素之间的距离足够接近时，相邻金属元素之间的耦合会导致电场显著增强。因此，通过引入强近场耦合似乎是设计滤光片的必要要求。为了避免使用电子束光刻(EBL)和聚焦离子束(focused ion beam, FIB)等成本高昂、低效的制造方法，最近采用干涉光刻技术制造了具有光谱滤光能力的超光滑银浅光栅。与以往的设计不同，等离子体银浅光栅通过光子自旋恢复产生颜色，将圆偏振光反射到特定波长[124,250]下的共偏振状态，理论上效率达到约 75%，其半高全宽约为 16 nm。此外，通过旋转光栅和利用几何相位，可以同时实现结构色和全息成像。

2.5.2　宽带吸收

亚波长结构对光的完美吸收的研究可以追溯到 1902 年的光栅衍射[124]。当光入射在具有亚波长间距和厚度的金属光栅上时，在某些特定条件下，反射强度可能会降低到零，这种效应被称为 Wood 异常，这对发现表面等离激元[126]有一定帮助。受到如前所述的临界耦合原理的启发，最近人们利用 MIM 波导中的表面等离激元设计了一个完美的光吸收器[125]。通过两种谐振模的耦合，在简单的结构中实现了两个吸收峰。与传统光栅相比，这种新型扁平吸收器更薄、更坚固、更容易设计和制造。作为利用亚波长结构减小吸收体厚度的另一个早期尝试，Engheta 从理论上提出了一种由电阻片和具有有效高阻抗的超材料表面组成的薄吸收屏[48]。由于高阻抗面的反射相位为 180°，电阻片与阻抗表面之间的距离可以减小为零，因此吸收器的总厚度等于阻抗表面的总厚度。后续研究表明，在 TM 偏振波入射条件下，薄蘑菇状结构[251]可以作为雷达吸波结构，其性能几乎不随入射角的变化而变化。基于同时的磁和电共振，随后提出了一种"完美的超材料吸收器"，厚度仅为 $\lambda/40$，但吸收率高达 96%[252]。该方法具有固有阻抗匹配的优点，为电磁吸收器在多方面的应用开辟了新的途径。

薄超材料的带宽通常受到厚度的限制，这可以从天线理论或复分析中推导出来[231]。虽然不受隐形材料和太阳能电池吸收器等应用的青睐，但狭窄的带宽使这种吸收器能够被用作反射性滤色器。如图 2.40 所示，每个颜色像素由四个支持粒子共振的纳米盘组成[249]。这些盘在后向反射器上同等大小孔的上方，后向反射器像镜子一样增加了盘的散射强度。几何参数用于控制干涉条件和颜色生成。这种结构的一个关键特点是易于制造，并通过纳米压印光刻(NIL)或等离子体光刻进行通量放大[253]。

多路光学记录也需要与波长相关的吸收。利用准周期金纳米棒纵向表面等离子体共振(SPR)的独特性质，Zijlstra 等首次证明了真实的五维光学记录[254]。纵向 SPR 表现出良好的波长和偏振灵敏度，而光热记录机制所需的独特能量阈值提供了空间选择性。

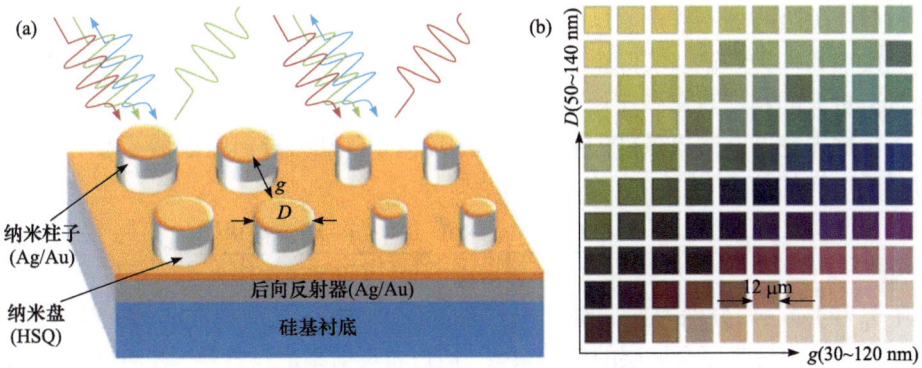

图 2.40　(a)白光与两个像素的相互作用示意图，每个像素由四个纳米盘组成。由于每个像素内纳米盘的直径(D)和间隙(g)不同，因此不同波长的光被有选择性地反射。(b)不同直径 D 和间隙 g 的纳米结构阵列的光学显微图[249]

为了增加能量采集和其他应用所需的吸收带宽，目前广泛采用的有两种方法。其一，通过使用等离激元杂化[255]和磁共振耦合[94]，具有不同共振频率的单元可以被并入超单元。其二，连接多层磁共振以增加带宽[256,257]。和传统的金字塔吸收体相比，由金属-介电多层截断金字塔组成的宽带吸收器具有更小的厚度和更好的频率选择性[258]，这保证了其在热光电应用中的优越性能。通过结合超单元和多层膜的概念，带宽的进一步增加也得到了证明。图 2.41 显示了杂化吸收器[259]的原理图和结果。由于两种不同的带宽增强机制，在超过 11 GHz 的宽频率范围内显示出大于 0.9 的强吸收。

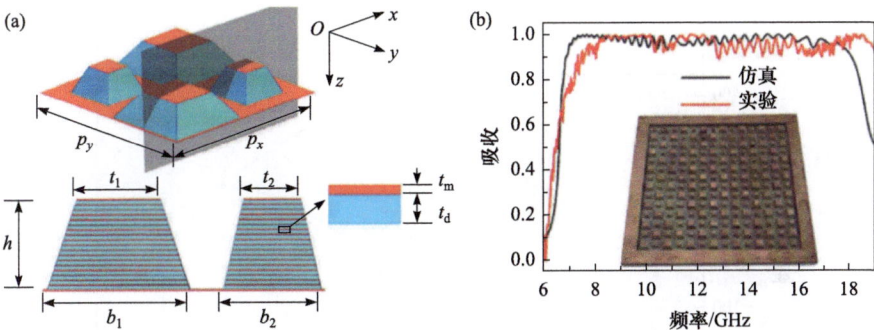

图 2.41　(a)三维结构图(顶部)和沿 xOz 平面(底部)的典型横截面，总厚度 h 为 4.36 mm；(b)模拟和实验吸收光谱，插图为所制作的样品的照片[259]

在原始超材料吸收器中[252]，物理原理被解释为同时控制电磁响应，使阻抗与自由空间相匹配。然而，目前人们普遍认为，这种阻抗匹配并不能确保透射率和反射率同时降低到零。在这种复杂的结构中，μ_{eff} 和 ε_{eff} 的定义也是模糊的，因为超材料完美吸收器不能严格地认为是均匀体介质[260]。因此，针对超材料吸收器，应当发展另一种理论。实际上，有效阻抗在描述层状亚波长吸收器的电磁特性方面具有更大的物理意义和实用价值[51]。

根据麦克斯韦边界条件的要求，利用传输矩阵法推导出吸波器等效阻抗与反射系数之间的关系[51]：

$$Y_{eff} = \frac{1}{Z_{eff}} = Y_0 \frac{1-r}{1+r} - Y_1 \frac{\exp(-ink_0d) - r_m \exp(ink_0d)}{\exp(-ink_0d) + r_m \exp(ink_0d)} \tag{2-17}$$

其中 Y_0 和 $Y_1 = nY_0$ 分别为真空和介电间隔的固有导纳，n 为介电间隔的折射率，r 为总反射系数，r_m 为厚金属层的反射系数。通过将反射系数设为零，并通过超表面的频率色散来模拟完美阻抗匹配层的阻抗，研究人员建立了一个宽带的红外吸收体[53]。通过一层薄薄的镍铬合金结构，在工作频带上通过数值计算验证了一个偏振无关吸收器的吸收率大于97%(图 2.42)。由于镍铬合金是一种良好的耐火材料，这种配置确保该设备可以在高达 1000 ℃的高温下工作，用于微波和红外应用[8]。

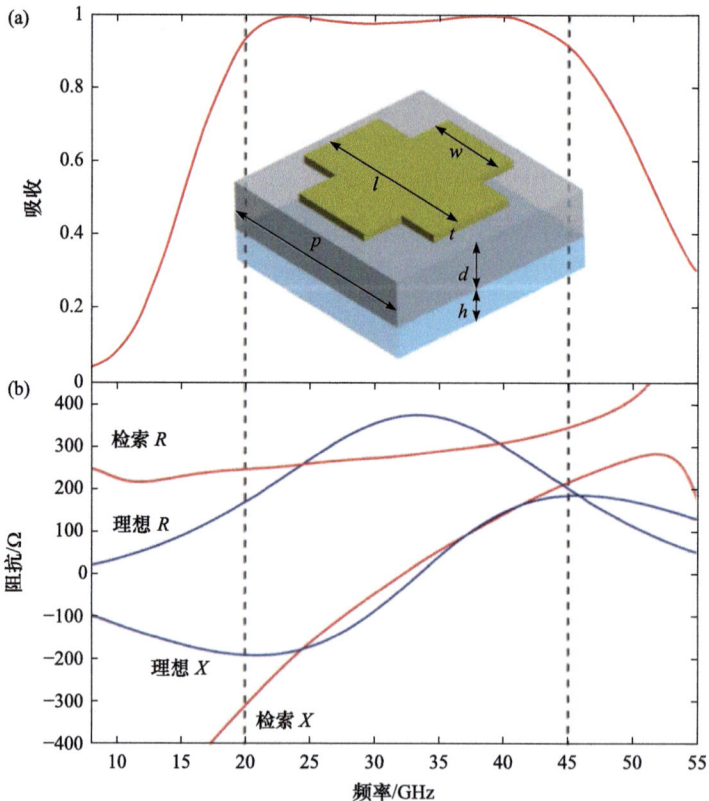

图 2.42　(a)红外超表面吸收器的宽带吸收性能；(b)将检索到的阻抗与完美吸收所需的理想阻抗进行比较[53]

上述色散吸收器的带宽增强与金属膜中自由电子的 Drude 模型向结构超表面中束缚电子的洛伦兹振子模型的转换有关。比较理想阻抗和检索阻抗(图 2.42(b))的结果,色散实际上是一组由电阻、电感和电容器组成的一系列集总电路。低频时的电容诱发正相移,而高频时的电容引起负相移。这种与频率相关的相移使相消干涉发生在一个连续的波段,并引起宽带吸收。直观地说,通过叠加多层膜和优化它们的色散曲线,可以实现更大的带宽。在其他频段也提出了类似的结构,从而实现在整个电磁光谱[52,261]中的宽带吸收。

从更基本的角度来看,最大吸收带宽受到光学厚度的限制,用厚度-带宽比来表示[231]。对于在太赫兹和更高频率下工作的吸收器,即使对于相当大的光学厚度,物理厚度也非常小。因此,厚度可能不会对这些频率下的宽带吸收产生大的影响。相反,制造技术成了一个挑战,因为大多数宽带吸收器需要多层薄膜或复杂的结构。基于重掺杂硅结构,Pu 等提出了一种易于制造、可扩展的宽带太赫兹吸收器[121],如图 2.43 所示。与普通的亚波长吸收器不同,由于周期大于衬底中的有效波长(仍然小于真空中的有效波长,以避免反射中的衍射),因此存在更高的衍射级数。通过在掺杂硅片中同时激发零阶和一阶衍射,满足抗反射的干涉相消条件,最终得到了大于 100% 的相对吸收带宽。由于麦克斯韦方程的可扩展性以及掺杂硅的介电常量,混合吸收器可以很容易地扩展到更高的频率,后续的实验也证明了这一点[262,263]。

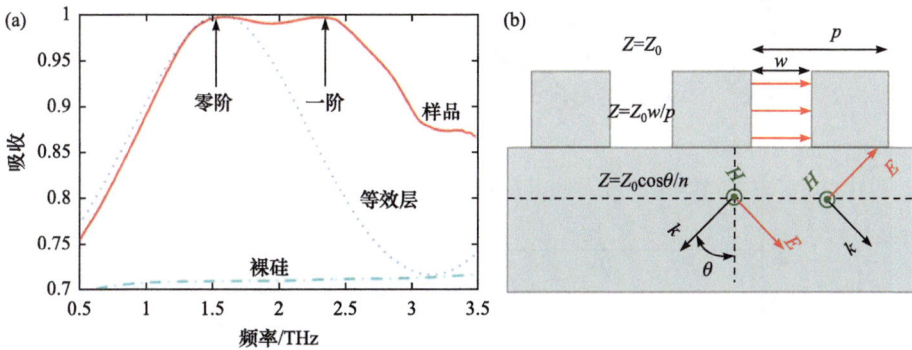

图 2.43 高阶阻抗匹配引起的宽带吸收:(a)所设计的吸收器、裸掺杂硅板和基于等效防反射层的吸收器的吸收曲线;(b)一阶衍射的阻抗匹配原理图[121]

2.5.3 偏振控制

2.5.3.1 超构各向异性

偏振态作为电磁波的一个重要信息,在消除眩光成像及偏振成像等领域有广泛的应用。在最简单的情况下,偏振可以通过由均匀但各向异性材料[264]构成的波片来控制。此外，空间变化的各向异性超表面可以产生强几何相位。因此，高性能各向异性偏振器的设计不仅适用于偏振操作，而且有利于相位梯度器件[265]。

早期各向异性波片是由亚波长结构多层弯折线构成的[163]，它在两个正交方向上均具有感应和电容阻抗(图 2.44)。当电场偏振垂直于弯折线时，该结构作为电容器，引入正相位延迟。对于另一个偏振方向，该表面则作为电感器，并引入负相移。Chu 和 Lee 利用传输矩阵进行了分析[266]，通过反射中的干涉相消保证了两种偏振条件下的透射率。由于弯折线提供了较大的突变相移，因此四分之一波片(QWP)的总厚度仅为~2.5 mm(~ λ /12)。虽然弯折线在每一层中都是周期性的，但由于相邻层的周期并不相同，因此不能定义唯一的结构单元。这说明多层亚波长结构的通用设计程序，如商业软件 CST MWS 中的结构单元边界条件，可能不适用。

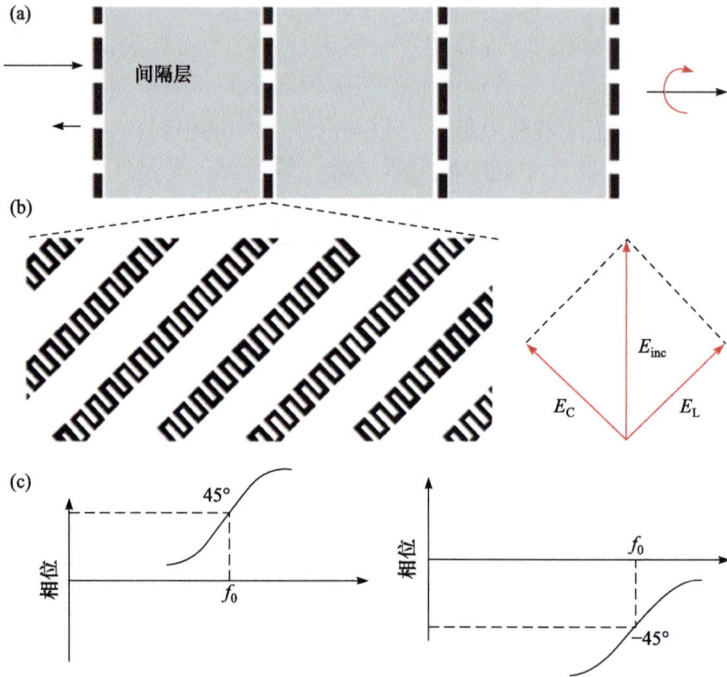

图 2.44　多层弯折线型线偏振器：(a)多层原理示意图；(b)曲流线随入射电场的前视图；(c)在两个正交方向上的相移[163]

与透射偏振转换器相比[267]，在反射模式下转换偏振状态的偏振器由于不需要复杂的抗反射技术[164]，其厚度更小，并具有更高的效率。与以前的薄超材料类似，超薄各向异性波片可以通过各向异性磁共振来实现，这在微波和光学体系中都得到了证明[268,269]。当电场沿电感轴偏振时，该结构作为磁导体，共振处的反射相移接近 0°。对于正交偏振，相移可以是 90°或 180°。因此能够实现四分之一波片或半波片的功能。

由于固有共振，磁类器件经常在一个狭窄的频段工作。为了克服这一问题，研究人员提出了超薄的色散超反射镜。对于由超表面、介电间隔层和金属接地层组成的三层结构，反射相移可以直接用成熟的传递矩阵方法[79]进行计算。一旦计算了任意相位延迟($\Delta\Phi = \Phi_x - \Phi_y$)的理想片状阻抗，研究人员就可以通过精确调整各向异性金属元件的电感-电容(LC)共振来近似。

I 形谐振器阵列(图 2.45(a))在 5.5～16.5 GHz 的频率范围内[79]，实现了圆偏振的近乎完美的偏振转换。基于类似的结构，实验证明了一个太赫兹偏振转换器[173]能够在 0.52～1.82 THz 的频率范围内，将线偏振旋转 90°，并且转换效率超过 50%，其中在 1.04 THz 时的最高转换效率约为 80%。在近红外和可见光波段，宽带超表面偏振转换器也被证明具有高效、角度不敏感的性能。同时，利用正交干涉光刻技术实现了大面积(2 cm × 2 cm)偏振转换器的制造，打破了光学领域大面积超表面制造的瓶颈[270]。为了避免强欧姆损失，金属谐振器可以被高折射率硅切割线取代[271]，这也是根据早期关于双折射形成的研究后续[272]。

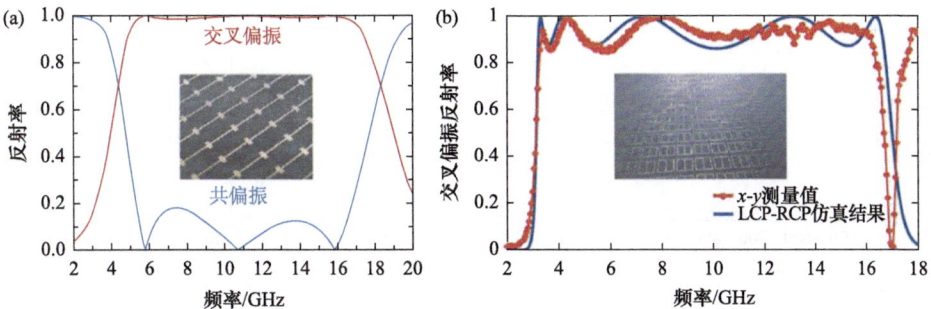

图 2.45 (a)基于 I 形谐振器的交叉偏振和共偏振反射[79]；(b)基于裂环谐振器的超构反射镜 [273]

上述色散控制技术仅在一维方向实现，这导致工作带宽通常是有限的。图 2.45(b) 展示了一个具有超宽带宽[273]的宽带偏振转换器。采用多重共振和洛伦兹色散的叠加方法，使有效阻抗与理想阻抗相匹配。实验结果表明，该器件的工作频段为 3.2～16.4 GHz，偏振转换效率高于 85%。该转换器在频带选择性方面也优于上述器件，因为工作频带近似于一个理想的矩形。矩形系数，定义为高转换效率(>80%)和低转换效率(<20%)之间的带宽比，大于 0.94。这种性能也远远优于其他基于 L 形和十形天线的二维色散天线设计[274,275]。

正如在超构偏振镜[79]的讨论中所预测的一样[276]，可以使用半导体替换某些器件，来实现可调谐的功能。通过电偏置或光诱导载流子产生，硅等半导体的光学和电性能[277]可进行动态调谐[280]。

2.5.3.2　超构手性

除了各向异性外，磁电耦合产生的手性在圆偏振光的操纵中也起着重要的作用，其应用范围从生物化学传感到负折射[278-280]。具有人工手性的结构材料可分为两部分：一是连续的三维手性结构；二是多层的三维手性结构。受一些昆虫的螺旋天线和手性响应的启发，宽带手性结构可以使用金属螺旋来实现[281]。选择性地将一个特定的圆偏振耦合到螺旋天线中，可以获得较大的圆二色性值。根据经典天线理论，圆二色性的工作频带与螺旋螺距的数量直接相关，利用螺旋结构的两个螺距可以得到红外范围内的宽带响应。

尽管具有宽带和高效的响应，但因为金属螺旋形手性超材料具有三维结构，所以制造金属螺旋形手性超材料需要复杂的制造技术，如双光子光刻[282]。为了降低加工难度，研究人员提出了由扭曲金属棒组成的平面手性结构(图 2.46)，该结构在可见光范围内具有宽带手性，并且对不同层的错位具有鲁棒性[283]。同样，这些层之间的多重干涉在宽带手性响应中是必不可少的，正如传输矩阵的形式那样，在每层之间加入旋转矩阵。

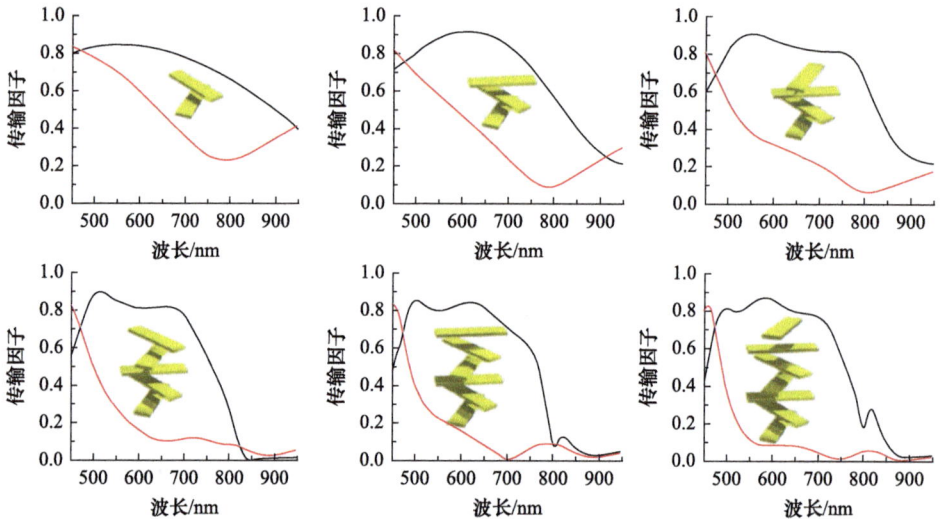

图 2.46　通过增加堆栈的数量来响应频率的变化。插图说明了相应的螺旋超材料的一个结构单元[283]

理想情况下，手性材料的折射率只依赖于入射光的旋向性，而不依赖于线偏振的偏振方向。然而，这种复合材料的每一层实际上都是各向异性的，如图 2.46 所示。为了在设计中利用这两个特性，提出了一种如图 2.47 所示的多层扭曲弧结构[284]。与相反的连接螺旋[285]相似，各向异性和手性的共存意味着圆偏振入射存在偏振转换，尽管这种偏振转换的效率很低。与多层扭曲金属棒不同，其电弧结构在透射光谱上表现出尖锐的峰，有利于提高手性表现。此外，还可以通过进一步优化电弧结构，获得更多的谐振频率[284]。由于制造简单和优越的性能，这些弧形手性超材料随后被广泛用于构建手性光学器件，在非线性成像和光谱学[286,287]等方面得到应用。

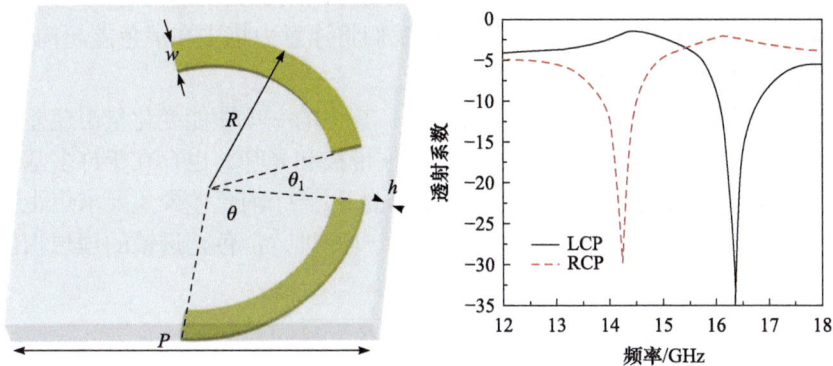

图 2.47 RCP 和 LCP 的超薄手性结构单元及其相应的透射系数[284]

除了金属结构，还可以使用介电手性结构来实现手性和圆二色性，如介电螺旋和光子晶体[288,289]。对于均质的深亚波长手性材料，介电手性材料与金属结构[289]相比，不同圆极化的有效折射率差异较小，因此更适合旋光。对于非均质的手性光子晶体，偏振相关的带隙导致 LCP 和 RCP 之间的差异较大，尽管带宽往往非常有限[288]。

2.6 非周期表面结构

近几十年来，随着人们对梯度超材料和超表面的兴趣逐渐增加，人们对非周期结构中的亚波长干涉进行了深入的研究，这从波前整形到全息技术都具有广泛应用。

2.6.1 超构透镜

透镜和反射镜是光学系统中最常见的组件，它们与反射和折射的经典原理有关。一般来说，反射和折射定律遵循皮埃尔·德·费马在 1662 年提出的最小时间原则。詹姆斯·克拉克·麦克斯韦经过研究，发现利用电场和磁场的边界条件可以完全推导出反射定律和折射定律。基于人工结构表面上的梯度相移，研究人员提出了广义斯涅耳定律或所谓的超构表面辅助的折反射定律(metasurface-assisted law of refraction and reflection, MLRR)[39]，为实现平面超透镜和超构透镜提供了一种很有前途的方法[290]。

2.6.1.1　消色差透镜

超构透镜是由梯度亚波长结构组成的平面透镜。在过去的十年里，金属结构和介电-金属结构都已经被各种研究小组证明可以用于实现超构透镜[291]。由于金属结构很容易实现单一波长的会聚,因此我们将注意力集中在消色差超构透镜上，它利用复杂的色散控制方法来降低色差。

当光学器件的工作光波长发生改变时，其中的一项性能变化量由色差描述。它不仅存在于传统的平面光学元件中，如波带板和光筛，也存在于许多基于超表面的光学器件中，如超构透镜、偏转器和全息片[292]。消色差聚焦要求焦距保持恒定，这意味着相移应随波长而变化。根据费马原理，消色差透镜的理想相位轮廓可以写成[292]

$$\Delta\Phi(r,\lambda) = -\frac{2\pi}{\lambda}\left(\sqrt{r^2+f^2}-f\right) \tag{2-18}$$

其中 r 和 f 分别为半径和焦距。由于超透镜在任意添加常数下表现相同，因此相移可以修正为

$$\Delta\Phi(r,\lambda) = -\frac{2\pi}{\lambda}\left(\sqrt{r^2+f^2}-f\right)+C(\lambda) \tag{2-19}$$

由于理想相位与波长成反比，因此使用普通的亚波长结构很难实现消色差。然而，在此方程中增加一项 $C(\lambda)$，并在每个亚波长结构的色散曲线中引入强振荡，可以利用更多的自由度来实现近消色差聚焦性能。

优化高阶 $C(\lambda)$ 和消除聚焦透镜色差的一种直接方法是利用高阶谐振模式。例如，研究人员演示了一种基于多金属纳米槽光栅[293]的多波长消色差超表面。为了实现消色差衍射，我们固定了共振波长与每个基本光栅的周期之间的比值。多个共振波长的入射光可以有效地衍射到同一方向，几乎完全抑制镜面反射。基于类似的方法,实现了将不同波长的光集中到同一位置的广角离轴消色差平面透镜。

通过耦合介质谐振器的非周期排列，卡帕索(Capasso)的小组提出了一种在1300 nm、1550 nm 和 1800 nm[292,294]的消色差超透镜。然而，这种透镜只能对多个独立的波长消色差，而不是对一个连续的宽频带。随后，研究人员提出了一种基于金属纳米缝隙的超透镜设计宽带消色差等离子体组分的新方法(图 2.48)。通过补偿银材料的色散，人们在 1000～2000 nm 的波长范围内，证明了 MIM 波导中的 SPP 模式、消色差光束偏转和聚焦[129]。类似的策略后来在一个全介电平面聚焦透镜中得到了演示，该透镜由一个不同宽度的亚波长硅狭缝波导阵列组成[137]。这种透镜可以通过设计硅狭缝的宽度来实现在 8～12 μm 的宽光谱范围内的消色差聚焦。

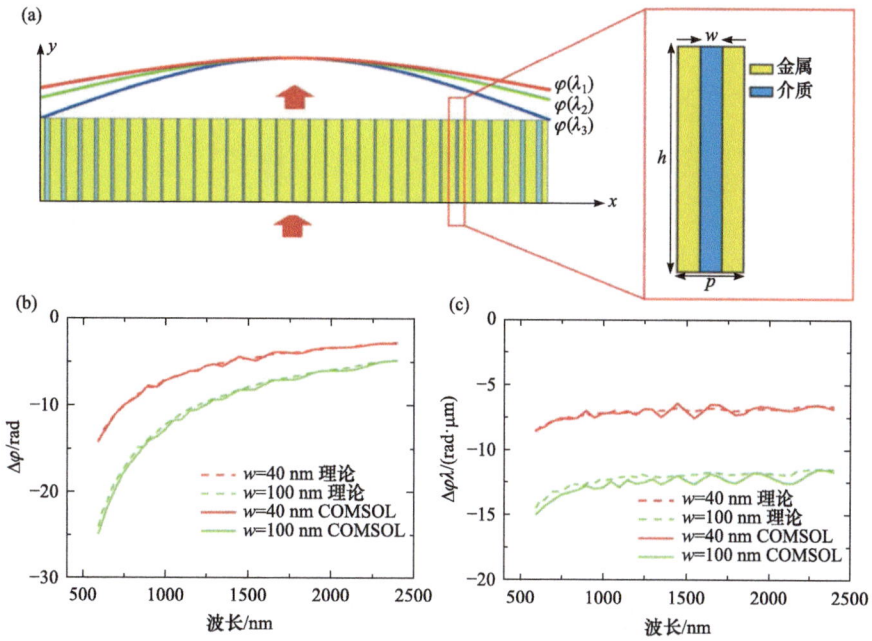

图 2.48　(a)基于金属纳米缝隙的消色差透镜侧视图；(b)通过理论计算和数值模拟得到的相对
相移；(c)对每个狭缝宽度的 φ 和 λ 的乘积[129]

　　与红外光谱相比,在可见光范围内工作的消色差平面透镜更有吸引力。图 2.49
显示了在波长为 490 nm 到 550 nm 可见范围内连续工作的消色差超透镜,这是通
过在金属基底上方的介电间隔层上排布能够控制色散的二氧化钛纳米柱实现
的[295]。通过粒子群算法(PSO)过程,人们还设计了一种反向色散的超透镜,与传
统的衍射透镜相反,焦距随波长的增加而增加。

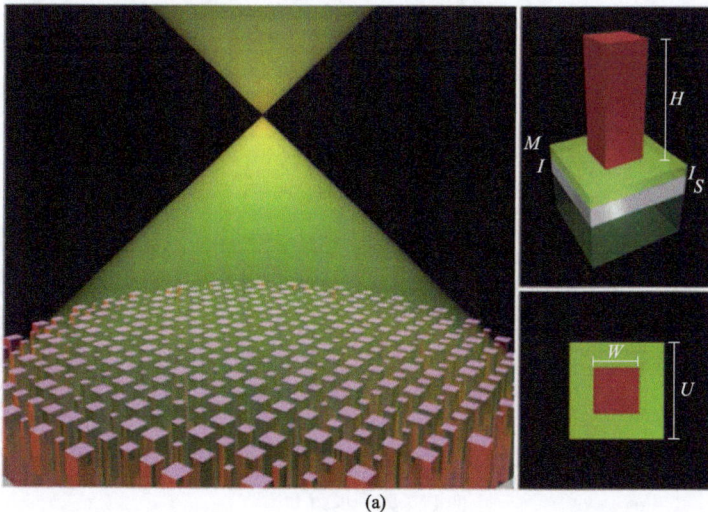

(a)

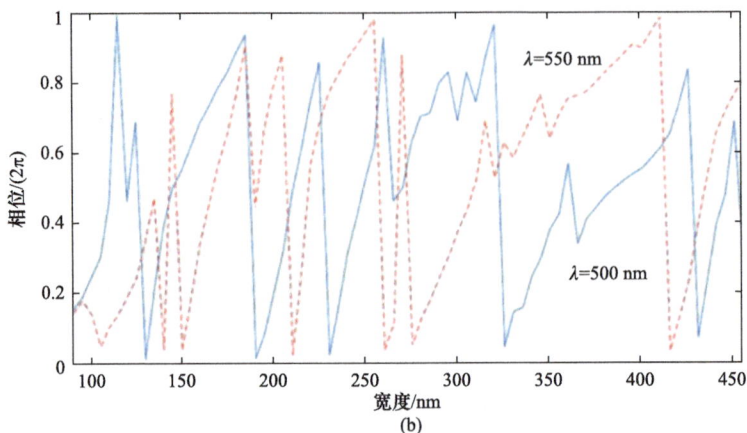

图 2.49　(a)反射模式下的消色差超透镜，该构件由基板上高度为 H=600 nm 的二氧化钛纳米柱组成；(b)显示了在 500 nm 和 550 nm 两个不同波长下的反射相移随纳米柱宽度变化的函数[295]

　　几何相位为实现消色差性能提供了另一种很有前途的方法，人们采用几何相位和谐振相移组合的"集成共振单元"设计了宽带消色差平面光学元件[296]。研究人员在 1200～1680 nm[296]的宽红外波长和 400～660 nm[297]的宽可见波段内设计制造了消色差超透镜和光束偏转器。由于相移覆盖范围有限，图 2.50 中所示的消

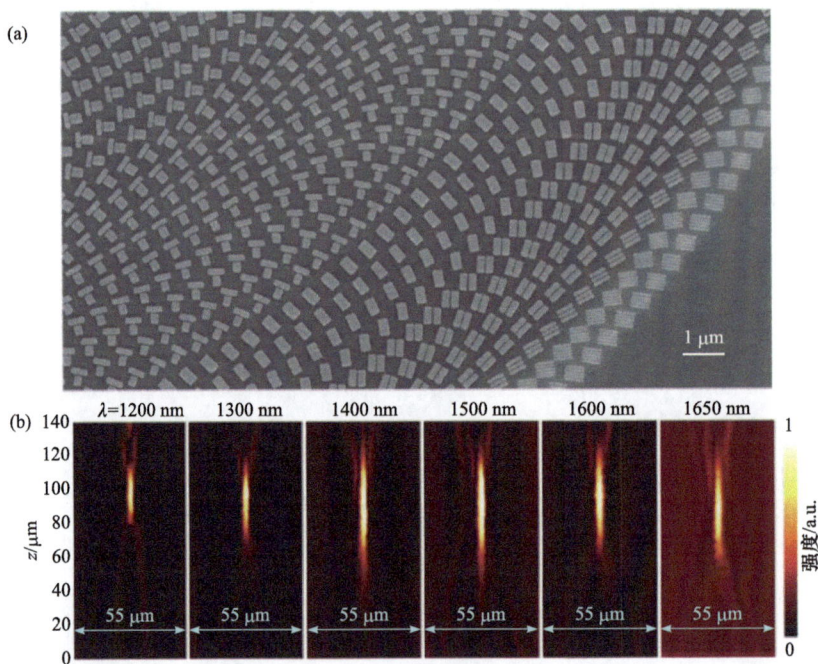

图 2.50　(a)制备的消色差超构透镜的扫描电子显微镜放大图像；(b)在不同入射波长下沿轴向面的实验强度分布[296]

色差超构透镜的数值孔径较小，NA 约为 0.268，对于任何实验中测试的波长，聚焦光强的最大值都出现在 $z=100\ \mu m$ 处。

上述两个消色差透镜都是反射的，对于中等大小光学孔径的光学系统来说不太理想。为了解决这一问题，人们设计了基于电介质谐振器的透射器件[298]。如图 2.51 所示，消色差超构透镜是通过改变两个互补结构(孔和柱)的尺寸和取向角来构造的[44]。消色差超构透镜的直径为 50 μm，NA 为 0.106，能够实现消色差成像，如图 2.51(c)～(e)所示。为了增加孔径尺寸，在保持消色差性能的同时，应提供更大的相移和更强的色散校正能力。

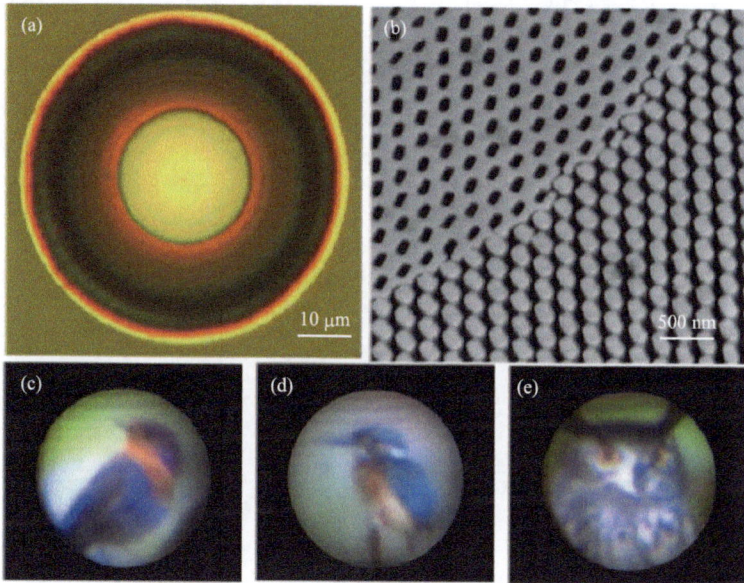

图 2.51　(a)宽带消色差超透镜的光学图像；(b)放大的纳米柱和巴比涅氮化镓微纳结构边界处的扫描电子显微镜图像；(c)～(e)利用消色差超透镜所捕获的彩色图像[44]

2.6.1.2　宽角度超构透镜

除了严重的色散外，大多数平面透镜还存在离轴像差[299]，因为理想的相位轮廓依赖于入射角[300]。相比之下，梯度折射率吕内堡(Luneburg)透镜由于其旋转对称而没有这种像差[301]。梯度折射率可以使用超材料均匀化技术来解决[302-304]。通过在绝缘体的硅上蚀刻亚波长孔，研究人员实现了在通信波段工作的平面全介电吕内堡透镜[305]，能够在 67°的宽视场(FOV)的平面焦面形成光束。同时，研究人员提出了一种基于微波频段的三维变换光学透镜[306]。通过在焦平面上移动反馈光源的平面阵列，使辐射光束在 50°的范围内进行扫描。同样，人们还利用超细飞秒激光直接写入技术在光学频段制作了一个三维版本的吕内堡透镜[303]。

在成像应用中，尽管吕内堡透镜具有相当大的 FOV，但这些近完美透镜的旋转对称性使它们不能与平面光学以及目前的平面制造技术相兼容。然而最近的研究结果表明，多层或曲面超表面有望替代传统的吕内堡透镜[299]。例如，一个由超表面组成的双态平面广角透镜可以修正单色像差[307]。双态透镜由一个具有 600 nm 高非晶硅纳米孔六边形阵列构成，纳米孔的直径随空间位置变化，分布在 1 mm 厚透明熔融二氧化硅衬底的顶部和底部，f 数低至 0.9，FOV 则大于 60°×60°，并在 850 nm 波长处 d 的聚焦效率达到 70%。基于雪瓦利尔景观(Chevalier landscape)

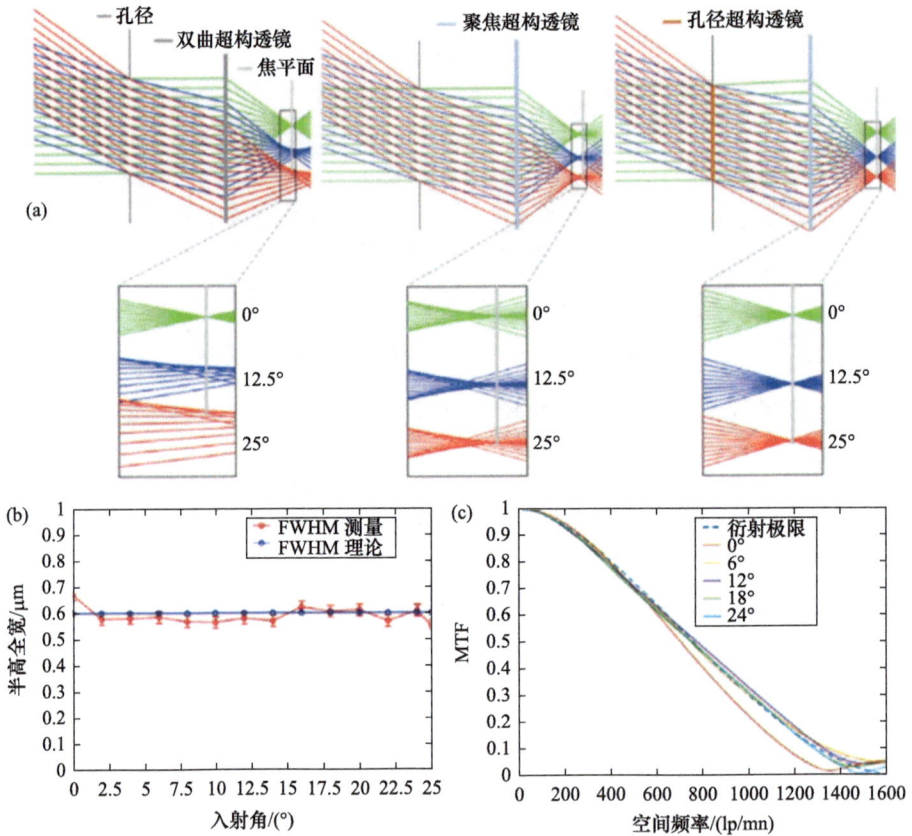

图 2.52　超表面双态透镜的像差校正原理。(a)左：双曲相分布的超构透镜光线图，在斜入射处显示较大的像差。在对焦镜头之前增加了一个光圈。中间：超透镜的光线图，其中一个多项式被添加到双曲相位轮廓上，以纠正像差。右：通过添加孔径超构透镜导致沿焦平面的衍射受限聚焦而获得的光线图。插图显示了在其焦平面附近的放大图。(b)沿 x 方向理论和测量的半高全宽(FWHM)。(c)测量了不同入射角下的调制传递函数(MTF)曲线。横轴以每毫米的线对为单位。衍射极限 MTF 曲线(蓝色虚线)作为参考[308]

透镜的原理，利用二氧化钛纳米鳍的几何相位[308]，研究人员在 532 nm 的波长下获得了一个类似的双态。通过结合孔径超构透镜和聚焦超构透镜，实验结果显示 FOV 高达 50°，如图 2.52 所示。与双光子激光直接写入[309]制备的多倍物镜相比，超表面双态更紧凑，更容易放大。

平面透镜的离轴像差与光-物质相互作用的对称性破缺有关，而亚波长结构是否能控制这种对称性是人们关注的。在这一基础上，研究人员提出了一种能够在快速相位梯度的二维平面透镜中控制这种对称的策略，能够完成旋转对称到平移对称的完美转换，并实现近乎完美的广角透镜性能。所提出的超对称透镜的相位呈二次形式。因此，该透镜被称为"二次透镜"：

$$\Phi(r) = k_0 \frac{r}{2f} \tag{2-20}$$

其中 $r \in [0, 2\pi]$ 是到镜头中心的径向距离。有趣的是，等式(2-20)只是近轴下正常薄透镜的相位。假设入射准直光束位于 xz 平面上，与透镜法轴的角度为 θ，则出射光携带的相位应为

$$\Phi(r) = k_0 \frac{r^2}{2f} + k_0 x \sin\theta = \frac{k_0}{2f}\left[(x + f\sin\theta)^2 + y^2\right] - \frac{fk_0 \sin^2\theta}{2} \tag{2-21}$$

其中 $k_0 x \sin\theta$ 为斜入射引起的梯度相位。由于等式右边的最后一项不依赖于 r，所以相对于垂直入射，θ 在 x 方向上只有一个横向位移。因此，斜入射的旋转位移被转换为聚焦光束的平动(图 2.53(a))，可用于傅里叶变换和广角成像。

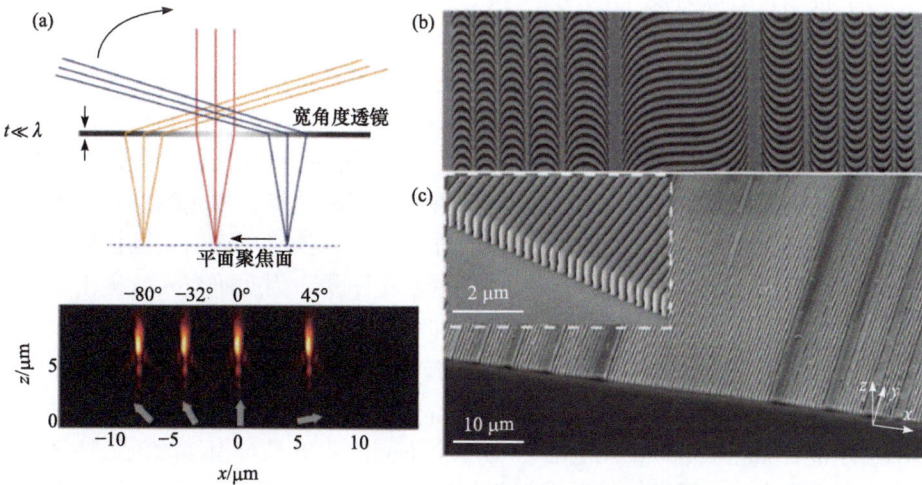

图 2.53　基于对称变换的广角傅里叶透镜：(a)工作原理示意图，底部为不同入射角下的强度分布[310]；(b)悬链线傅里叶透镜的 SEM 图像[311]

二次透镜可以通过离散的纳米天线或半连续的悬链线结构来实现[310] (图 2.53(b))。为提高单层超表面的能量效率，Liu 等提出了由介电波导谐振器构成的一维傅里叶超构透镜[311]，它在 0°～60°入射角范围内展示出的聚焦效率约为 50%，工作波长从 1100～1700 nm，如图 2.53(c)所示。

与吕内堡透镜类似，二次平面透镜由于其平移对称性，易于集成在透镜天线中。人们通过调整水平位置和光源与平面透镜之间的距离，使辐射方向和侧波瓣可调谐。例如，Guo 等利用双层几何超表面实现了高效(>80%的效率，即使入射角为倾斜的 60°)和超薄(0.127λ)的超透镜[312]。在 16～19 GHz 频段内，实验证明广角光束转角能力超过 ± 60°。与传统的波束转向技术(如吕内堡透镜和旋转棱镜)相比，这种方法具有低轮廓、易于实现和显著降低侧叶水平等优点。

2.6.2　结构光的产生

平面超构透镜和超构镜子只是梯度亚波长结构的一个特殊应用。通过局域相移，研究人员可以直接调制任意光束的波前，使全息术和 OAM 生成等许多新的应用成为可能。

2.6.2.1　全息

高保真计算全息图(CGH)是非周期亚波长结构最重要的应用之一。根据调制方法的不同，CGH 可以分为两类，一种振幅型，另一种相型(也称为 Kino 型[313])。与菲涅耳波带片一样，振幅型 CGH 的衍射效率通常很低，重建的图像还伴有鬼影。为了将鬼影图像与设计的图案分离，通常采用离轴和立体相位全息图。最近一篇基于纳米槽阵列的论文可以很好地说明这一概念，在这篇论文中，通过使用纳米槽作为相位单元，偏振无关全息术被扩展为偏振依赖的全息术。

如图 2.54 所示，对于正常入射下的离轴方向θ，由 D 分隔的两个狭缝之间的光程差可以表示为 $D\sin\theta$。因此，我们可以通过调整距离 D 来控制相位差。利用这种方法，偏振相关的全息术被用于实现许多不同的功能，如光涡旋和艾里光束的产生。值得注意的是，这个实验可以看作是杨氏双狭缝干涉的二维扩展。

由于迂回相位本身的低效率，并伴随着双生图像，因此研究人员提出了许多其他的替代方案来实现高效的相位调制，如等离子体和电介质结构单元，以及阻抗诱导和几何相位。通过使用介电柱取代金属狭缝的方案，效率可以提高到约 75%[315]。原则上，所有这些相位调制方案都适用于透镜和全息的应用，只是全息的相位分布更加随机和缺乏对称性。另一个不同的要求是对相移的色散特性。对于透镜和成像应用，宽带应用通常需要与波长成反/正比的相位调制。然而为了实现多色全息术，相位需要在不同的频率上进行独立控制。图 2.55 显示了在线偏振白光照明(由 405 nm、532 nm 和 658 nm 激光束组成)下设置的多色超构全息图，分

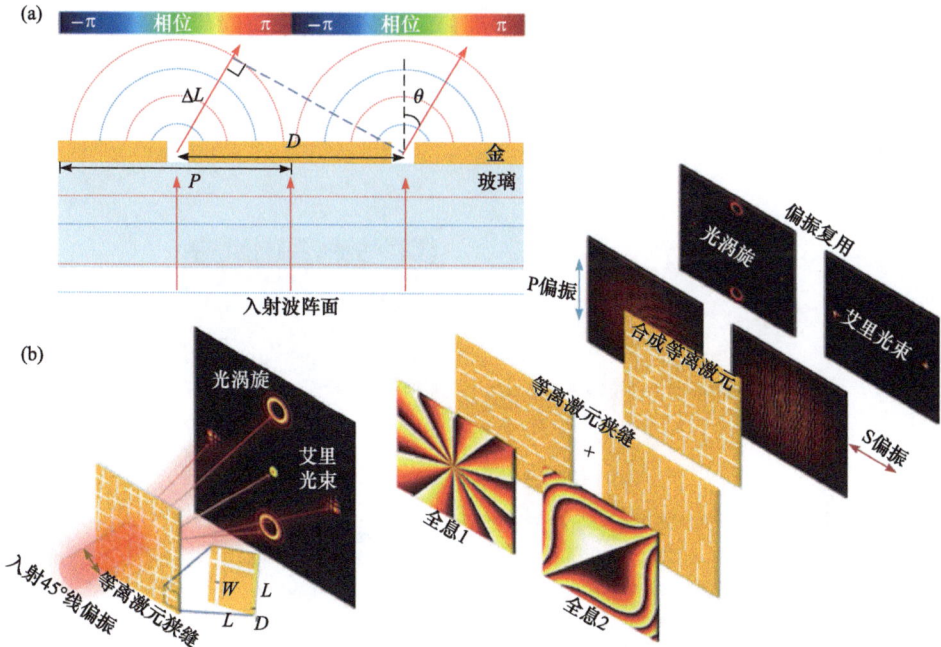

图 2.54　基于纳米孔隙的超构全息图的迂回相位(a)和偏振复用原理(b)[314]

别重建了红色的"R"、绿色的"G"和蓝色的"B"图像[316]。以 130 nm 厚的金属铝板作为基底，铝纳米棒阵列图案化在 30 nm 厚的二氧化硅间隔层上。实际上，相位调制机制与磁性或间隙等离子体谐振器[317]是相同的。通过结构的空间变化设计，研究人员实现了窄带宽的共振，允许每种颜色分别被三种纳米棒控制。

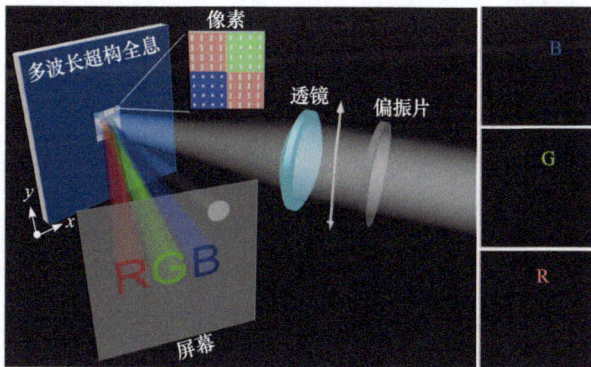

图 2.55　线偏振照明下设计的多色超构全息图。设计了三幅图像 R、G、B 相对于位于图像屏幕右上角的零阶点的大小和位置，使重建的图像进入正确的空间顺序，外观大小相等[316]

为了减小像素大小以及不同通道间的串扰，基于单一类型的等离子体像素实现了高性能的多色三维超构全息图，如图 2.56 所示[41]。一朵全彩的花图案和由多个不同颜色的光点组成的三维螺旋图案都显示出来。由于角度色散，这种显示方式避免了传统空间划分设计中存在的不同颜色之间的串扰。与之前的超构全息图设计相比，其信噪比(SNR)提高了 5 倍。通过调整照明光的入射角，可以实现不同图像之间的切换。

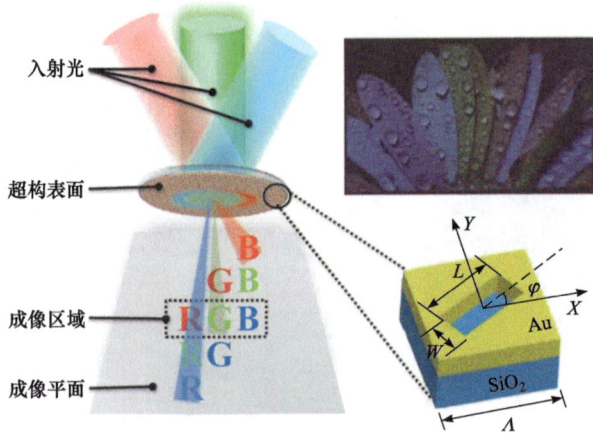

图 2.56　全彩全息图的离轴照明方法示意图。右上角的图像显示了一个基于等离子体纳米光天线的彩色花朵图像的实验结果[41]

　　除了线性全息术外，随着对亚波长材料的非线性光学特性探索程度的加深，二次和三次谐波下的全息术备受关注。这是由于局部场强度的提升，在亚波长尺度下的非线性效应会显著增强[60]。然而，由于对单个元素的非线性的相位和振幅控制有限，超表面的相位匹配的基本问题尚未得到彻底的解决。最近，Almeida 等证明了在相位梯度超表面[318]的亚波长尺度上可以控制非线性相位。这修正了线性规律在非线性状态下的表现，如非线性散射、非线性折射和频率转换。来自这种超表面的四波混合(FWM)揭示了一个新特征：相位梯度单元的散射为超表面的 FWM 激活了异常的相位匹配条件。

　　Li 等加工了具有均匀线性光学特性的非线性超表面[319]，这种超表面具有实现连续可控相位的有效非线性极化率。分别利用 C3 和 C4 旋转对称的纳米天线组成的非线性超表面，可以生成二次谐波和三次谐波，并能对局部非线性的连续相位进行控制。有效非线性极化率的连续相位控制可以完全调控谐波产生的信号的传播。因此，该方法不仅能生成谐波，还能操纵谐波，为高度紧凑的非线性纳米光子器件铺平了道路。最近，Ye 等报道了一种自旋和波长多路复用的非线性超表面全息术[320]，它允许构建由不同自旋的基波和谐波独立携带的多个目标全息图像(图 2.57)。这种非线性全息图为全息多路复用和多维光数据存储、防伪和光学加密提供了独立的、无串扰的后选择通道。

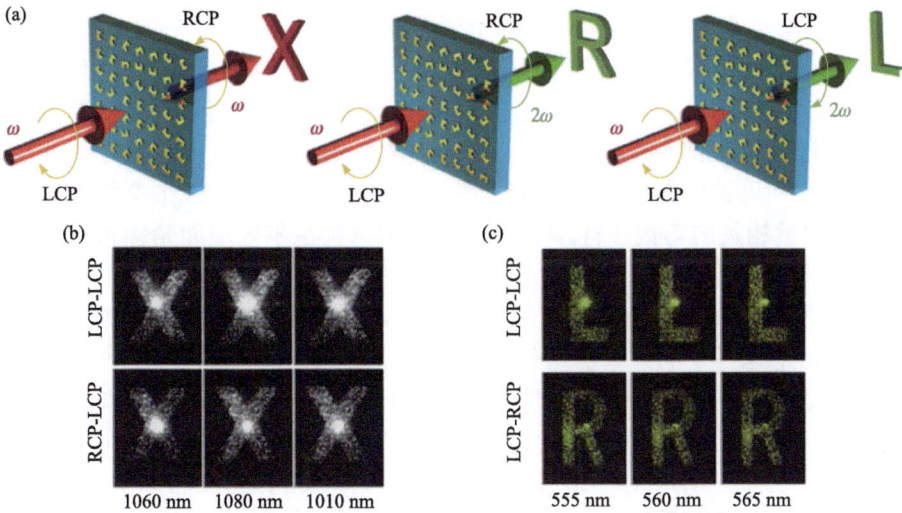

图 2.57　非线性全息超表面：(a)线性全息法用于重建红外波长下的字母 "X"，非线性全息图像用于重建编码在不同圆偏振态下的字母；(b)当入射和测量偏振正交时，记录不同波长的线性全息图像；(c)二次谐波波长下的双通道全息图像[320]

作为光子的量子力学描述，光学角动量对于各种经典和量子应用是至关重要的[321]。1936 年，Beth 首次证明了圆偏振光具有[322] ± ħ 的自旋角动量(SAM)。1992 年，Allen 等[323]认识到带有 Φ = lφ 的螺旋相位光束具有 lħ 的量子化 OAM，其中 l 称为拓扑电荷。携带 OAM 的光束在光束中心具有螺旋相位和零强度分布，也被称为光学涡旋，引起了越来越多的关注，包括超分辨率成像[324]、光学微操作[325]、光学通信[326]和旋转物体的检测[327]。由于不同的 OAM 模态[328]具有固有的正交性，最新对携带 OAM 的模态基的研究证明了这能促进空间多路复用。然而，传统产生和操纵涡旋光束的系统体积较大，因此无法集成到纳米光子系统中。利用空间各向异性结构中的几何相位，在圆偏振照明下可以直接生成涡旋光束。在线偏振或圆偏振条件下，金属孔穴中的等离子体相位调制也可实现类似应用。为了放宽可见光波段的制造要求，研究人员将高折射率材料注入金属狭缝中，以获得更强的局部相位控制的能力。半径约 56 nm 的变化就会引起 2π 相变。根据几何相位理论，由旋转金属棒组成的涡旋板在圆偏振光照下可以产生螺旋几何相位。为了产生聚焦光涡，需要沿径向的球形波前和沿方位方向的螺旋波前。用类似的方法可以生成扭曲聚焦光学涡旋[329]和偏转涡旋[330]。最近，Li 等提出了一种利用离轴设计原理实现多种 OAM 复用与解复用的物理方法，将所有空间分复用(SDM)、波分复用(WDM)和偏振分复用(PDM)集成到一个超薄超表面中[331]。由于离轴入射的光束代表独立的信息通道，该分量可以产生具有不同拓扑电荷的独立同轴涡旋波束，能作为多路复用器。此外，动量守恒使这种离轴衍射分量包含色散，这表明了它在 SDM-WDM 系统中的巨大潜力。为了实现集成的 OAM 检测，Ren 等提出了一种角动量多路复用方法，使用纳米环孔径，器件尺寸小至 4.2 μm × 4.2 μm，其中纳米环狭缝在紧密限制的等离子体模式[332]上表现出独特的外耦合效率。该方法的模式排序灵敏度和可扩展性能够在可见光波长范围内实现 150 nm 带宽的并行多路复用。角动量相关的等离子体耦合也可以根据自旋霍尔效应和角动量霍尔效应的框架来理解[333-335]。

作为另一种具有结构相位的有趣光束，贝塞尔光束代表了亥姆霍兹方程的精确解[336]。理想条件下的贝塞尔光束应当具有无限大的水平尺寸和功率，而这在实际情况下是无法实现的。然而，研究表明，即便用高斯函数截断，贝塞尔光束仍能保持其特性，如无衍射和自愈合，这使得其在超分辨率成像[337]、光学捕获和纳米制造[325]等方面具有应用前景。此外，通过合并球形和锥形波前，可以得到一个高出传统透镜成像分辨率的"贝塞尔透镜"[338]。

高阶贝塞尔光束(HOBB)，即携带光学涡旋的贝塞尔光束，是结构光的一个新的研究前沿。HOBB 的空心形状，传播不变的特性，以及延长传播距离的能力使其在光学调控中具有广泛应用潜力。原则上，高阶贝塞尔光束也可以通过传统类似的相位单元来生成。人们利用准连续悬链纳米结构产生 0～2π 连续相位调制。这种悬链纳米结构可以作为基本相位调控的单元(图 2.58(a))，实现任意相位调制(通过定位和旋转每个单元沿预定义的轨迹)。这个方法提供了一个在宽光谱带内灵活生成高阶贝塞尔光束的方法[339]。

在几何相位理论中，当切换入射圆偏振的旋向时，相位的大小会发生逆转，这意味着自旋状态相反的光束将获得相反的水平动量[340]。最近的研究表明，通过合并超表面上的几何相位和传播相位，可以打破几何相位的对称性[42,341,342]。得益于相反自旋的独立相位调制，在远场的可见光和红外波段中，研究人员实现了携带任意 OAM 的完全不同的全息图像或涡旋光束。

圆偏振光的单向传输(AT)被定义为某一种圆偏振光正向与反向通过器件的透射率之差。在非对称自旋轨道耦合的基础上，人们对透射和反射圆偏振光进行波前操作[42]，在实验中实现了巨型和宽带的非对称传输。图 2.59(a)展示了从衬底方向入射的圆偏振光，相长干涉和相消干涉所产生的不同传输。为了证明波前操纵能力，人们设计了非对称偏转器、涡旋光束发生器和全息图，显示出与传统几何超构表面不同的异常折射和反射。这种方法为取代体积庞大的级联光学系统提供了一条新途径，可以用于芯片光谱学、手性成像、光通信等领域。

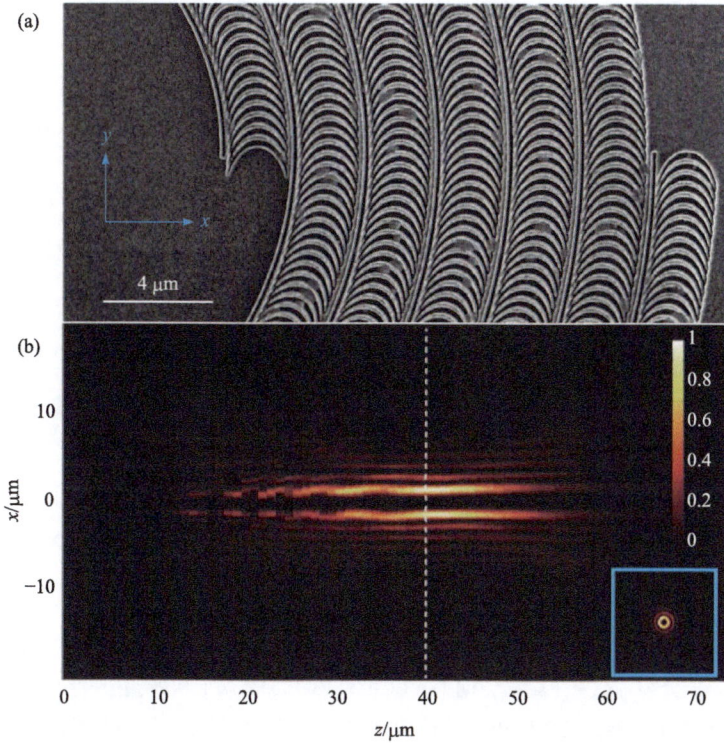

图 2.58 通过悬链线超表面产生 HOBB：(a)样品的扫描电子显微镜图像；(b)在 *xOz* 平面和
xOy 平面上的强度分布(插图)[40]

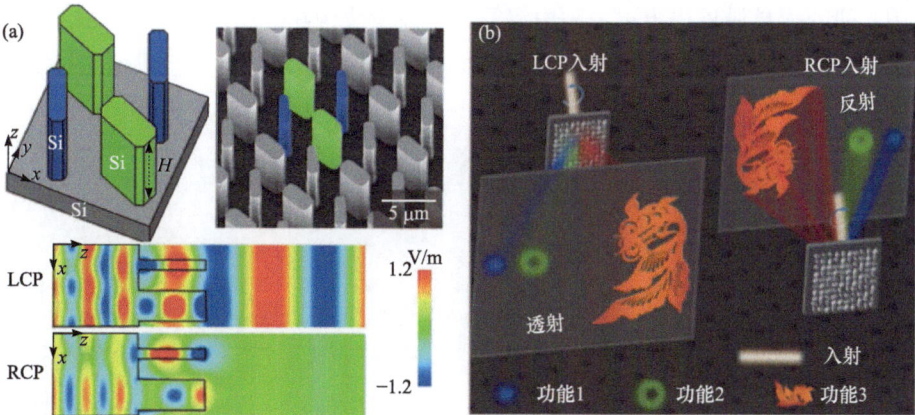

图 2.59 (a)在混合单元中的不对称传递。电场分布对应于在 9.9 μm 的共振波长下，来自衬底
侧的 LCP 和 RCP 光的照明。(b)在 LCP(RCP)照明下，在透射(反射)场中产生衍射图案的设计
器件示意图[42]

2.6.2.2　偏振法和光谱偏振法

除了空间相位分布外，偏振分布是结构光的一个重要因素。结果表明，适当设计的基于几何相位的梯度超表面可以有效地控制偏振状态。图 2.60 展示了一个 λ/50 厚度的光学有源超表面，它在近红外区域的宽带波长范围内，使线性偏振光旋转 45°[343]。偏振角的旋转与相邻超单元之间的偏移距离有关，引发了出射光束之间的相对相移。因此，这种方法对加工误差的容忍度更大，类似于由 V 形天线构造的另一种超表面[344]。

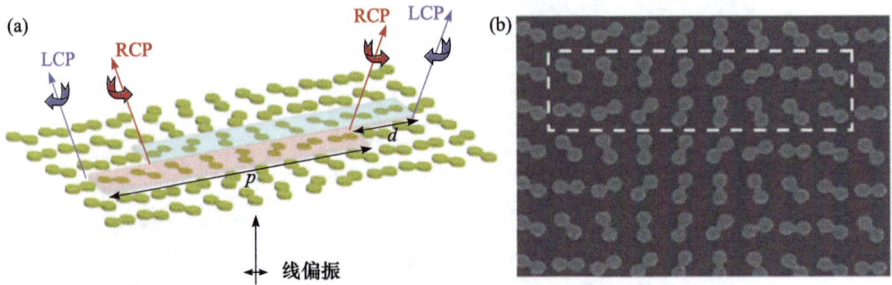

图 2.60　(a)超表面结构，具有旋光功能。它包括两个子阵列(蓝色和红色)，在两个相反的衍射方向上引起圆偏振分裂。在每个衍射方向上，LCP 和 RCP 加起来形成线偏振。两个子阵列之间有一个偏移距离 d，导致 LCP 和 RCP 之间的相移。(b)所制备样品的扫描电子显微镜图像[343]

由于偏振旋转角度只取决于偏移距离，因此可以在宽带范围内获得多个不同的偏振状态，尽管效率可能受到单元设计的限制。基于偏移相位调制和空间多路复用，研究人员最近提出了一种由铝等离子体天线构建的反射超表面，在整个可见光谱中可以同时产生 6 个偏振态，包括 4 个线性偏振和 2 个圆偏振，如图 2.61 所示[345]。

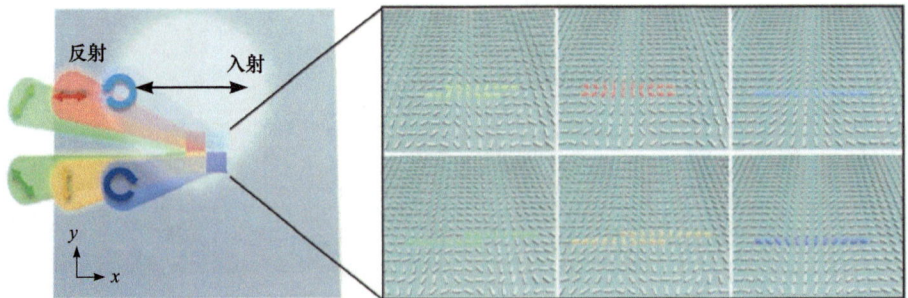

图 2.61　铝等离子体超表面的多偏振产生示意图。右侧显示了产生不同的偏振状态的六个区域[345]

梯度几何超表面的另一个重要应用是偏振测量，因为不同的偏振光在不同方向上被散射[151]。巴尔塔萨·缪勒(Balthasar Mueller)等提出了一种基于单二维棒天线阵列的无损偏振测量方法，该方法依赖于偏振选择性定向散射，在尺寸、成本和复杂性等方面均优于现有的偏振计[346]。最近，研究人员还制造出了由三个间隙-等离子体相位梯度超表面组成的芯片尺寸大小的等离子体光谱偏振仪，实验证明它可同时测定偏振态和波长[347]。光谱偏振计将垂直入射光投射到 6 个预先设计的方向，其极角与光波长成正比，而通过检索相关的斯托克斯参数可以直接测量入射偏振状态。最终 96 μm 直径的分光偏光光度仪在 750～950 nm 的波长范围内表现出预期的偏振选择性和高角色散(0.0133°/nm)。

2.6.2.3　电磁虚拟整形

反射亚波长表面结构采用虚拟整形[80,348]的概念，该结构对于雷达/激光雷达截面(RCS/LCS)缩减是有效的。一般来说，基于变换光学[349,350]的球形/圆柱形斗篷、地毯斗篷等功能器件可以看作是一种虚拟整形。例如，定义球形、圆柱形和地毯斗篷是为了将一个给定的空间转换为对应的点、线和平面。因此隐藏在空间中的物体对外部观察者而言是不可见的。与这种三维梯度超材料方法不同，虚拟整形的最新趋势是利用其表面特性，通过改变电磁边界条件[351]来实现波前整形。根据惠更斯原理[117]，梯度本构材料的表现在许多情况下都等价于梯度边界方法。

由于传统的基于吸收材料的整形方法往往受到物理约束的限制，如飞行器的空气动力学和液压动力学，因此实现电磁形状的虚拟塑造是研究人员长期以来的目标。以相移超表面作为覆盖物，现在可以解耦宽带频率中的物理形状和电磁特性。例如，沿径向相位线性分布的平面平板对雷达而言就像金字塔，RCS 显著降低了[80]。在 600～2800 nm 范围内的全波模拟和在 8～16 GHz 微波波长下的实验验证了这一理论，为 RCS/LCS 降低提供了一种概念上的新方法[352]。

虚拟整形的原理也被推广到光波段。使用亚波长尺度的金纳米天线构建一种超薄的隐形皮斗篷(只有 80 nm 厚)，将其包裹在物体上[353]，通过完全恢复 730 nm 反射光的相位来隐藏三维(3D)任意形状的物体。虽然之前已经提到过此类相位调制方案[317]，但弯曲结构的加工方法为实际应用提供了可靠的途径。为了进一步解决金属结构的强欧姆损耗，可以利用亚波长介电谐振器的局部相位调制能力。如图 2.62 所示，在弹性基底上制造柔性介质超构表面，并用玻璃圆柱体覆盖，使超表面表现出非球面透镜聚焦功能[354]。

虚拟整形也是在不增加红外激光特性的情况下实现红外伪装的有力手段。众所周知，古斯塔夫的热辐射定律(Gustav's thermal radiation law)在红外反射和热辐射之间设置了一个根本性的矛盾。在虚拟整形的基础上，Xie 等提出了一种超薄等离子体超表面，通过结合金属的低发射性质和空间非均匀结构中的几何相位，在宽光谱和大入射角范围上同时产生超低镜面反射和红外发射[165]。研究人员设计了一个由亚波长金属光栅组成的相位梯度超表面，并在 8～14 μm 的红外大气窗

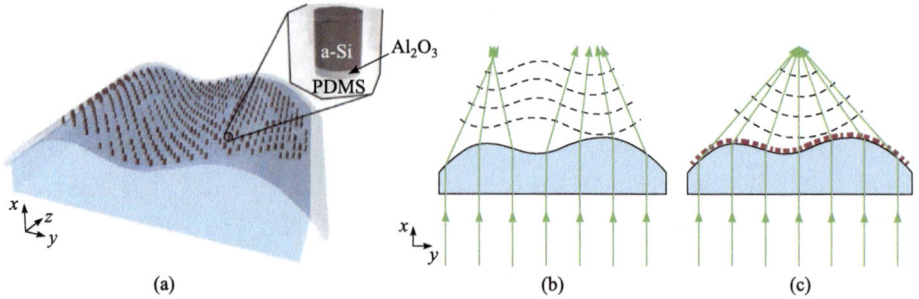

图 2.62　具有介电超表面的变换光学：(a)介电超表面符合具有任意几何形状的透明物体表面的示意图；(b)任意形状物体的侧视图，显示物体如何根据其几何形状折射光线；(c)具有超构表面层的同一物体，其光学响应发生改变[354]

口中进行了实验表征，该器件显示出超低的镜面反射率和红外发射率(低于 0.1)。基于局部相位调制，证明了超表面可以产生红外错觉，在热检测和激光检测条件下不可见。在 8~14 μm 波长范围内，TE 和 TM 偏振光照射下的反射率如图 2.63(a)所示，作为对比的相同尺寸的没有亚波长光栅的金片反射谱也显示在图中。

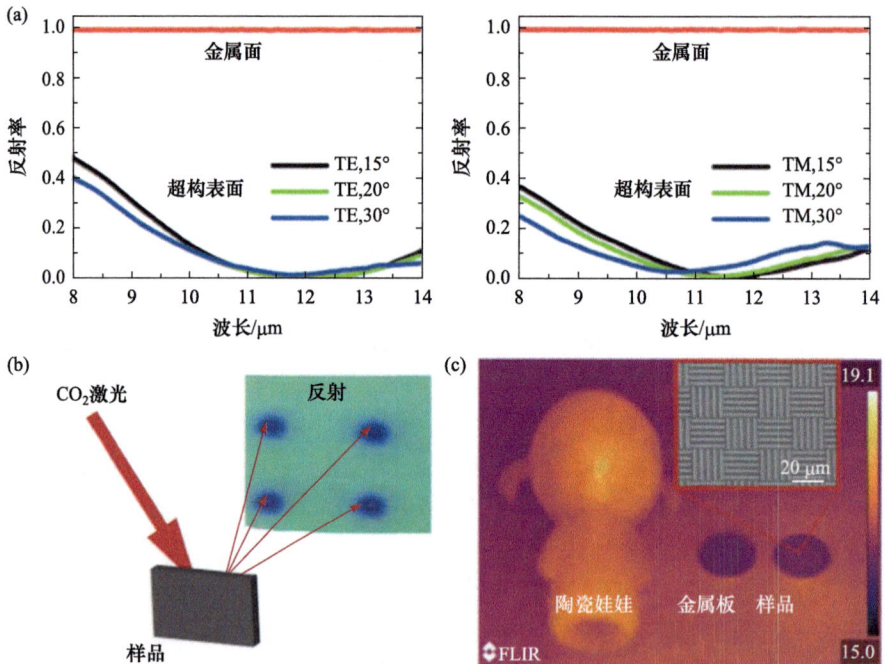

图 2.63　(a)测量结果：TE 和 TM 偏振斜入射下超表面的反射率；(b)使用二氧化碳激光器测量了超表面样品的散射模式；(c)陶瓷娃娃、金属板和制作样品的热红外图像，插图是所制作的超表面的扫描电子显微镜图像[165]

为了检查超表面的散射模式，将二氧化碳激光束以~10°的小斜角照射在样品上，用红外色板采集反射信号。可以在色板上清晰观察到 4 个斑点，这表明有 4 束反射光束(图 2.63(b))。利用商用热红外成像仪对陶瓷娃娃、金属板和样品的热红外图像进行比较，陶瓷娃娃的表观温度明显高于金属板和超表面样品，这表明超表面具有与金属相似的低红外发射特性(图 2.63(c))。

2.7　结论和前景

干涉作为光最基本的行为之一，自 1801 年被托马斯·杨观察到以来，它一直受到人们的关注。传统的干涉发生在大于波长的长度尺度上，从而限制了功能性设备的特征长度(周期、厚度等)。亚波长干涉最初是在 20 世纪中期提出的，用来计算光的量子或统计特性[57]。虽然通过连接强度测量可以获得亚波长模式，但利用传统的实验条件实现是不现实的。自从 21 世纪在金属表面上发现 EYI 以来[355,356]，人们已经知道经典光可以在结构表面上诱导深亚波长干涉图样。基于这些新颖的物理过程，各种亚波长器件已被实现用于广泛的光学应用，包括亚衍射受限成像、纳米光刻、平面透镜、光束整形、天线和吸收器。图 2.64 显示了由 EYI 和 M 波支持的一些典型功能设备和系统的发展示意图。值得注意的是，除了提高传统光学元件的性能外，复杂的亚波长结构实现了许多传统材料不具备的功能，包括多光谱、多功能和多物理应用[357,358]。

$$n_1 k_0 \sin\theta_i + \nabla\Phi_r = n_1 k_0 \sin\theta_r$$
$$n_1 k_0 \sin\theta_i + \nabla\Phi_t = n_2 k_0 \sin\theta_t$$

图 2.64　EYI 和 M 波支持的典型应用。左图：文献[17]。中间面板：文献[359]。右上面板：文献[40]。右下面板文献[246]

基于有源材料的可调谐亚波长器件也得到了广泛的研究。例如，基于纳米晶体的等离子线性透镜可以通过填充克尔非线性介质[360]和相变材料[361-363]实现主动调谐。利用机械和微机电系统(MEMS)，可以调整器件几何参数，实现可调谐透镜和彩色生成[364-366]。通过将有源二极管与金属电路相结合，也实现了任意光束扫描和动态超材料[367-369]。然而，在光学状态下实现具有亚波长像素大小的全电可调谐器件仍然具有挑战性。

关于光学性能的基本局限性，未来有两个研究目标：第一，利用深亚波长干涉效应来减小特征尺度，包括光刻分辨率和器件厚度等；第二，宽带操作，无论是在时间频率还是在空间频率上，宽带工作区域对于许多光学应用都是必不可少的。例如，完美的成像系统需要一个具有无限空间频率带宽的光传递函数(OTF)，而一个理想的黑体吸收器需要吸收整个电磁波谱中的波。

考虑到现有的挑战，研究人员在今后必须付出更多的努力。在不同的研究热点中，我们认为以下两点值得特别考虑。首先，针对光学材料和结构的典型组合，应建立和优化亚波长干涉的数学-物理模型和设计方法。与变换光学和有效的材料参数检索方法一样，适当的模型将提高对亚波长光-物质相互作用的理解和控制。

特别是，色散控制已经被提出作为一种强大的控制亚波长干涉的方法，它极大地提高了超构透镜、偏振转换器、结构颜色和电磁吸收器的性能[370,371]。另一方面，人工智能和大数据技术可以应用于下一代亚波长光学领域。由于亚波长光学器件和系统具有很大的设计自由度，基于试错的设计方法可能无法得到周期和非周期结构的最佳结果。虽然许多优化算法如模拟退火(SA)、遗传算法(GA)和粒子群算法(PSO)已经得到了广泛的研究，但它们只适用于前向优化，即几何形状是固定的。近年来，人工智能的出现为实现亚波长结构的逆设计和优化设计提供了一种很有前途的方法。例如，人们已经构建了一个生成网络来产生一个候选的几何模式，以便以大约 0.9 的平均精度匹配输入光谱[372]。

本章中，我们概述了近年来全球对亚波长结构金属-介电复合材料中亚波长干涉效应的研究。本文综述了其基本理论、设计方法、制造配方和潜在的工程应用。随着光-物质相互作用的规模大大缩小，我们相信这个课题在可预见的未来仍将是一个热点问题，并将作为工程光学 2.0 版本的核心之一[8]。同时，我们将见证研究从理论突破到技术革命直至工业应用中的转变。

参 考 文 献

[1] OZBAY E. Plasmonics: Merging photonics and electronics at nanoscale dimensions [J]. Science, 2006, 311(5758): 189-193.

[2] HASHEMI H, ZHANG B, JOANNOPOULOS J D, et al. Delay-bandwidth and delay-loss limitations for cloaking of large objects [J]. Physical Review Letters, 2010, 104(25): 253903.

[3] QIN F, HONG M H. Breaking the diffraction limit in far field by planar metalens [J]. Sci China Phys Mech, 2017, 60(4): 044231.

[4] YABLONOVITCH E. Photonic crystals: Semiconductors of light [J]. Scientific American, 2001, 285(6): 47-51, 54-55.

[5] BARNES W L, DEREUX A, EBBESEN T W. Surface plasmon subwavelength optics [J]. Nature, 2003, 424(6950): 824-830.

[6] VESELAGO V G, NARIMANOV E E. The left hand of brightness: Past, present and future of negative index materials [J]. Nature Materials, 2006, 5(10): 759-762.

[7] KHORASANINEJAD M, CAPASSO F. Metalenses: Versatile multifunctional photonic components [J]. Science, 2017, 358(6367): eaam8100.

[8] LUO X G. Subwavelength optical engineering with metasurface waves [J]. Advanced Optical Materials, 2018, 6(7): 1701201.

[9] GLYBOVSKI S B, TRETYAKOV S A, BELOV P A, et al. Metasurfaces: From microwaves to visible [J]. Phys Rep, 2016, 634: 1-72.

[10] KILDISHEV A V, BOLTASSEVA A, SHALAEV V M. Planar photonics with metasurfaces [J]. Science, 2013, 339(6125): 1232009.

[11] CUI Y X, HE Y R, JIN Y, et al. Plasmonic and metamaterial structures as electromagnetic absorbers [J]. Laser & Photonics Reviews, 2014, 8(4): 495-520.

[12] DING F, PORS A, BOZHEVOLNYI S I. Gradient metasurfaces: A review of fundamentals and applications [J]. Reports on Progress in Physics, 2018, 81(2): 026401.

[13] CHEN H T, TAYLOR A J, YU N. A review of metasurfaces: Physics and applications [J]. Reports on Progress in Physics, 2016, 79(7): 076401.

[14] MINOVICH A E, MIROSHNICHENKO A E, BYKOV A Y, et al. Functional and nonlinear optical metasurfaces [J]. Laser & Photonics Reviews, 2015, 9(2): 195-213.

[15] ZAYATS A V, SMOLYANINOV I I, MARADUDIN A A. Nano-optics of surface plasmon polaritons [J]. Phys Rep, 2005, 408(3-4): 131-314.

[16] LUO X, ISHIHARA T. Subwavelength photolithography based on surface-plasmon polariton resonance [J]. Optics Express, 2004, 12(14): 3055-3065.

[17] LUO X G, ISHIHARA T. Surface plasmon resonant interference nanolithography technique [J]. Applied Physics Letters, 2004, 84(23): 4780-4782.

[18] PU M B, GUO Y H, LI X, et al. Revisitation of extraordinary young's interference: From catenary optical fields to spin-orbit interaction in metasurfaces [J]. ACS Photonics, 2018, 5(8): 3198-3204.

[19] SCHOUTEN H F, KUZMIN N, DUBOIS G, et al. Plasmon-assisted two-slit transmission: Young's experiment revisited [J]. Physical Review Letters, 2005, 94(5): 053901.

[20] EBBESEN T W, LEZEC H J, GHAEMI H F, et al. Extraordinary optical transmission through sub-wavelength hole arrays [J]. Nature, 1998, 391(6668): 667-669.

[21] PENDRY J B. Negative refraction makes a perfect lens [J]. Physical Review Letters, 2000, 85(18): 3966-3969.

[22] MARTIN-MORENO L, GARCIA-VIDAL F J, LEZEC H J, et al. Theory of extraordinary optical transmission through subwavelength hole arrays [J]. Physical Review Letters, 2001, 86(6): 1114-1117.

[23] LIU H, LALANNE P. Microscopic theory of the extraordinary optical transmission [J]. Nature, 2008, 452(7188): 728-731.

[24] ATWATER H A. The promise of plasmonics [J]. Scientific American, 2007, 296(4): 56-63.

[25] GRAMOTNEV D K, BOZHEVOLNYI S I. Plasmonics beyond the diffraction limit [J]. Nature Photonics, 2010, 4(2): 83-91.

[26] GARCIA-VIDAL F J, MARTIN-MORENO L, EBBESEN T W, et al. Light passing through subwavelength apertures [J]. Reviews of Modern Physics, 2010, 82(1): 729-787.

[27] LI Y, LIU F, XIAO L, et al. Two-surface-plasmon-polariton-absorption based nanolithography [J]. Applied Physics Letters, 2013, 102(6): 063113.

[28] PU M B, MA X L, LI X, et al. Merging plasmonics and metamaterials by two-dimensional subwavelength structures [J]. Journal of Materials Chemistry C, 2017, 5(18): 4361-4378.

[29] SHI H, LUO X, DU C. Young's interference of double metallic nanoslit with different widths [J]. Optics Express, 2007, 15(18): 11321-11327.

[30] XU T, ZHAO Y H, GAN D C, et al. Directional excitation of surface plasmons with subwavelength slits [J]. Applied Physics Letters, 2008, 92(10): 101501.

[31] XU T, FANG L, MA J, et al. Localizing surface plasmons with a metal-cladding superlens for projecting deep-subwavelength patterns [J]. Applied Physics B-Lasers and Optics, 2009, 97(1): 175-179.

[32] GAO P, YAO N, WANG C T, et al. Enhancing aspect profile of half-pitch 32 nm and 22 nm lithography with plasmonic cavity lens [J]. Applied Physics Letters, 2015, 106(9): 093110.

[33] BOURKE L, BLAIKIE R J. Genetic algorithm optimization of grating coupled near-field interference lithography systems at extreme numerical apertures [J]. Journal of Optics, 2017, 19(9): 095003.

[34] XU T, DU C L, WANG C T, et al. Subwavelength imaging by metallic slab lens with nanoslits [J]. Applied Physics Letters, 2007, 91(20): 201501.

[35] VERSLEGERS L, CATRYSSE P B, YU Z, et al. Planar lenses based on nanoscale slit arrays in a metallic film [J]. Nano Letters, 2009, 9(1): 235-238.

[36] LIN L, GOH X M, MCGUINNESS L P, et al. Plasmonic lenses formed by two-dimensional nanometric cross-shaped aperture arrays for fresnel-region focusing [J]. Nano Letters, 2010, 10(5): 1936-1940.

[37] ISHII S, SHALAEV V M, KILDISHEV A V. Holey-metal lenses: Sieving single modes with proper phases [J]. Nano Letters, 2013, 13(1): 159-163.

[38] XU T, WANG C, DU C, et al. Plasmonic beam deflector [J]. Optics Express, 2008, 16(7): 4753-4759.

[39] YU N, GENEVET P, KATS M A, et al. Light propagation with phase discontinuities: generalized laws of reflection and refraction [J]. Science, 2011, 334(6054): 333-337.

[40] PU M, LI X, MA X, et al. Catenary optics for achromatic generation of perfect optical angular momentum [J]. Science Advances, 2015, 1(9): e1500396.

[41] LI X, CHEN L, LI Y, et al. Multicolor 3D meta-holography by broadband plasmonic modulation [J]. Science Advances, 2016, 2(11): e1601102.

[42] ZHANG F, PU M B, LI X, et al. All-dielectric metasurfaces for simultaneous giant circular asymmetric transmission and wavefront shaping based on asymmetric photonic spin-orbit interactions [J]. Advanced Functional Materials, 2017, 27(47): 1704295.

[43] DEVLIN R C, AMBROSIO A, RUBIN N A, et al. Arbitrary spin-to-orbital angular momentum conversion of light [J]. Science, 2017, 358(6365): 896-901.

[44] WANG S, WU P C, SU V C, et al. A broadband achromatic metalens in the visible [J]. Nature Nanotechnology, 2018, 13(3): 227-232.

[45] MAGUID E, YULEVICH I, VEKSLER D, et al. Photonic spin-controlled multifunctional shared-aperture antenna array [J]. Science, 2016, 352(6290): 1202-1206.

[46] CHAMBERS B, TENNANT A. The phase-switched screen [J]. IEEE Antennas and Propagation Magazine, 2004, 46(6): 23-37.

[47] SIEVENPIPER D, ZHANG L J, BROAS R F J, et al. High-impedance electromagnetic surfaces with a forbidden frequency band [J]. IEEE Transactions on Microwave Theory and Techniques, 1999, 47(11): 2059-2074.

[48] ENGHETA N. Thin absorbing screens using metamaterial surfaces [Z]. IEEE Antennas and Propagation Society International Symposium(IEEE Cat No02CH37313). San Antonio, TX, USA, 2002: 392-395.

[49] SIEVENPIPER D F, SCHAFFNER J H, SONG H J, et al. Two-dimensional beam steering using an electrically tunable impedance surface [J]. IEEE Transactions on Antennas and Propagation, 2003, 51(10): 2713-2722.

[50] CHEN H T. Interference theory of metamaterial perfect absorbers [J]. Optics Express, 2012, 20(7): 7165-7172.

[51] PU M, HU C, WANG M, et al. Design principles for infrared wide-angle perfect absorber based on plasmonic structure [J]. Optics Express, 2011, 19(18): 17413-17420.

[52] KAZEMZADEH A. Nonmagnetic ultrawideband absorber with optimal thickness [J]. IEEE Transactions on Antennas and Propagation, 2011, 59(1): 135-140.

[53] FENG Q, PU M, HU C, et al. Engineering the dispersion of metamaterial surface for broadband infrared absorption [J]. Optics Letters, 2012, 37(11): 2133-2135.

[54] MANDEL L, WOLF E. Coherence properties of optical fields [J]. Reviews of Modern Physics, 1965, 37(2): 231-287.

[55] XIONG J, CAO D Z, HUANG F, et al. Experimental observation of classical subwavelength interference with a pseudothermal light source [J]. Physical Review Letters, 2005, 94(17): 173601.

[56] BOTO A N, KOK P, ABRAMS D S, et al. Quantum interferometric optical lithography: Exploiting entanglement to beat the diffraction limit [J]. Physical Review Letters, 2000, 85(13): 2733-2736.

[57] BOYD R W, DOWLING J P. Quantum lithography: Status of the field [J]. Quantum Information Processing, 2012, 11(4): 891-901.

[58] GARCÍA DE ABAJO F J. Colloquium: Light scattering by particle and hole arrays [J]. Reviews of Modern Physics, 2007, 79(4): 1267-1290.

[59] MIROSHNICHENKO A E, FLACH S, KIVSHAR Y S. Fano resonances in nanoscale structures [J]. Reviews of Modern Physics, 2010, 82(3): 2257-2298.

[60] LAPINE M, SHADRIVOV I V, KIVSHAR Y S. Colloquium: Nonlinear metamaterials [J]. Reviews of Modern Physics, 2014, 86(3): 1093-1123.

[61] YU N, CAPASSO F. Flat optics with designer metasurfaces [J]. Nature Materials, 2014, 13(2):

139-150.

[62] CREASE R P. The most beautiful experiment [J]. Physics World, 2002, 15(9): 19.

[63] FAKONAS J S, LEE H, KELAITA Y A, et al. Two-plasmon quantum interference [J]. Nature Photonics, 2014, 8(4): 317-320.

[64] SINGH M R, DAVIEAU K, CARSON J J L. Effect of quantum interference on absorption of light in metamaterial hybrids [J]. J Phys D Appl Phys, 2016, 49(44): 445103.

[65] FLANDERS D C. Submicrometer periodicity gratings as artificial anisotropic dielectrics [J]. Applied Physics Letters, 1983, 42(6): 492-494.

[66] LALANNE P, HUGONIN J P. High-order effective-medium theory of subwavelength gratings in classical mounting: Application to volume holograms [J]. Journal of the Optical Society of America A, 1998, 15(7): 1843-1851.

[67] LIU Z W, WEI Q H, ZHANG X. Surface plasmon interference nanolithography [J]. Nano Letters, 2005, 5(5): 957-961.

[68] LIU Z, WANG Y, YAO J, et al. Broad band two-dimensional manipulation of surface plasmons [J]. Nano Letters, 2009, 9(1): 462-466.

[69] EPSTEIN I, TSUR Y, ARIE A. Surface-plasmon wavefront and spectral shaping by near-field holography [J]. Laser & Photonics Reviews, 2016, 10(3): 360-381.

[70] WELTI R. Light transmission through two slits: The young experiment revisited [J]. J Opt a-Pure Appl Op, 2006, 8(6): 606-609.

[71] GORDON R. Near-field interference in a subwavelength double slit in a perfect conductor [J]. J Opt a-Pure Appl Op, 2006, 8(6): L1.

[72] LEROSEY G, PILE D F, MATHEU P, et al. Controlling the phase and amplitude of plasmon sources at a subwavelength scale [J]. Nano Letters, 2009, 9(1): 327-331.

[73] LIN J, MUELLER J P, WANG Q, et al. Polarization-controlled tunable directional coupling of surface plasmon polaritons [J]. Science, 2013, 340(6130): 331-334.

[74] XIAO S, ZHONG F, LIU H, et al. Flexible coherent control of plasmonic spin-hall effect [J]. Nature Communications, 2015, 6: 8360.

[75] LUO X G, PU M B, LI X, et al. Broadband spin hall effect of light in single nanoapertures [J]. Light: Science & Applications, 2017, 6(6): e16276.

[76] LEZEC H J, DEGIRON A, DEVAUX E, et al. Beaming light from a subwavelength aperture [J]. Science, 2002, 297(5582): 820-822.

[77] PU M, MA X, GUO Y, et al. Theory of microscopic meta-surface waves based on catenary optical fields and dispersion [J]. Optics Express, 2018, 26(15): 19555-19562.

[78] ESFANDYARPOUR M, GARNETT E C, CUI Y, et al. Metamaterial mirrors in optoelectronic devices [J]. Nature Nanotechnology, 2014, 9(7): 542-547.

[79] PU M B, CHEN P, WANG Y Q, et al. Anisotropic meta-mirror for achromatic electromagnetic polarization manipulation [J]. Applied Physics Letters, 2013, 102(13): 131906.

[80] PU M, ZHAO Z, WANG Y, et al. Spatially and spectrally engineered spin-orbit interaction for achromatic virtual shaping [J]. Scientific Reports, 2015, 5: 9822.

[81] BOURKE L, BLAIKIE R J. Herpin effective media resonant underlayers and resonant overlayer

designs for ultra-high na interference lithography [J]. Journal of the Optical Society of America A, 2017, 34(12): 2243-2249.

[82] LIU L, LUO Y, ZHAO Z, et al. Large area and deep sub-wavelength interference lithography employing odd surface plasmon modes [J]. Scientific Reports, 2016, 6: 30450.

[83] LIU L Q, ZHANG X H, ZHAO Z Y, et al. Batch fabrication of metasurface holograms enabled by plasmonic cavity lithography [J]. Advanced Optical Materials, 2017, 5(21): 1700429.

[84] LIU L, GAO P, LIU K P, et al. Nanofocusing of circularly polarized bessel-type plasmon polaritons with hyperbolic metamaterials [J]. Materials Horizons, 2017, 4(2): 290-296.

[85] SUN J, WANG X, XU T, et al. Spinning light on the nanoscale [J]. Nano Letters, 2014, 14(5): 2726-2729.

[86] RAHMANI M, MIROSHNICHENKO A E, LEI D Y, et al. Beyond the hybridization effects in plasmonic nanoclusters: Diffraction-induced enhanced absorption and scattering [J]. Small, 2014, 10(3): 576-583.

[87] KHURGIN J, TSAI W Y, TSAI D P, et al. Landau damping and limit to field confinement and enhancement in plasmonic dimers [J]. ACS Photonics, 2017, 4(11): 2871-2880.

[88] ACIMOVIC S S, KREUZER M P, GONZALEZ M U, et al. Plasmon near-field coupling in metal dimers as a step toward single-molecule sensing [J]. ACS Nano, 2009, 3(5): 1231-1237.

[89] AOUANI H, RAHMANI M, NAVARRO-CIA M, et al. Third-harmonic-upconversion enhancement from a single semiconductor nanoparticle coupled to a plasmonic antenna [J]. Nature Nanotechnology, 2014, 9(4): 290-294.

[90] FEDOTOV V A, ROSE M, PROSVIRNIN S L, et al. Sharp trapped-mode resonances in planar metamaterials with a broken structural symmetry [J]. Physical Review Letters, 2007, 99(14): 147401.

[91] YANG Y, KRAVCHENKO, II, BRIGGS D P, et al. All-dielectric metasurface analogue of electromagnetically induced transparency [J]. Nature Communications, 2014, 5(1): 5753.

[92] PU M, HU C, HUANG C, et al. Investigation of fano resonance in planar metamaterial with perturbed periodicity [J]. Optics Express, 2013, 21(1): 992-1001.

[93] RAHMANI M, LUK'YANCHUK B, HONG M H. Fano resonance in novel plasmonic nanostructures [J]. Laser & Photonics Reviews, 2013, 7(3): 329-349.

[94] WU C, SHVETS G. Design of metamaterial surfaces with broadband absorbance [J]. Optics Letters, 2012, 37(3): 308-310.

[95] CALDAROLA M, ALBELLA P, CORTES E, et al. Non-plasmonic nanoantennas for surface enhanced spectroscopies with ultra-low heat conversion [J]. Nature Communications, 2015, 6: 7915.

[96] BARANOV D G, MAKAROV S V, KRASNOK A E, et al. Tuning of near- and far-field properties of all-dielectric dimer nanoantennas via ultrafast electron-hole plasma photoexcitation [J]. Laser & Photonics Reviews, 2016, 10(6): 1009-1015.

[97] SINGER W, TOTZECK M, GROSS H. Handbook of Optical Systems, volume 2, Physical Image Formation [M]. Weinheim: Wiley-VCH, 2005.

[98] ZHELUDEV N I. What diffraction limit? [J]. Nature Materials, 2008, 7(6): 420-422.

[99] CHEN L W, ZHOU Y, WU M X, et al. Remote-mode microsphere nano-imaging: New boundaries for optical microscopes [J]. Opto-Electronic Advances, 2018, 1(1): 170001.

[100] WOOD B, PENDRY J B, TSAI D P. Directed subwavelength imaging using a layered metal-dielectric system [J]. Physical Review B, 2006, 74(11): 115116.

[101] WANG W, XING H, FANG L, et al. Far-field imaging device: Planar hyperlens with magnification using multi-layer metamaterial [J]. Optics Express, 2008, 16(25): 21142-21148.

[102] HAN S, XIONG Y, GENOV D, et al. Ray optics at a deep-subwavelength scale: a transformation optics approach [J]. Nano Letters, 2008, 8(12): 4243-4247.

[103] LIU Z, LEE H, XIONG Y, et al. Far-field optical hyperlens magnifying sub-diffraction-limited objects [J]. Science, 2007, 315(5819): 1686.

[104] LIU L, LIU K P, ZHAO Z Y, et al. Sub-diffraction demagnification imaging lithography by hyperlens with plasmonic reflector layer [J]. RSC Advances, 2016, 6(98): 95973-95978.

[105] SUN J, XU T, LITCHINITSER N M. Experimental demonstration of demagnifying hyperlens [J]. Nano Letters, 2016, 16(12): 7905-7909.

[106] LIANG G F, WANG C T, ZHAO Z Y, et al. Squeezing bulk plasmon polaritons through hyperbolic metamaterials for large area deep subwavelength interference lithography [J]. Advanced Optical Materials, 2015, 3(9): 1248-1256.

[107] ZHAO Z, LUO Y, ZHANG W, et al. Going far beyond the near-field diffraction limit via plasmonic cavity lens with high spatial frequency spectrum off-axis illumination [J]. Scientific Reports, 2015, 5: 15320.

[108] ROGERS E T F, ZHELUDEV N I. Optical super-oscillations: Sub-wavelength light focusing and super-resolution imaging [J]. Journal of Optics, 2013, 15(9): 094008.

[109] LEROSEY G, DE ROSNY J, TOURIN A, et al. Focusing beyond the diffraction limit with far-field time reversal [J]. Science, 2007, 315(5815): 1120-1122.

[110] WANG C, TANG D, WANG Y, et al. Super-resolution optical telescopes with local light diffraction shrinkage [J]. Scientific Reports, 2015, 5: 18485.

[111] CIATTONI A, CROSIGNANI B, DI PORTO P. Vectorial free-space optical propagation: A simple approach for generating all-order nonparaxial corrections [J]. Optics Communications, 2000, 177(1-6): 9-13.

[112] ROGERS E T, LINDBERG J, ROY T, et al. A super-oscillatory lens optical microscope for subwavelength imaging [J]. Nature Materials, 2012, 11(5): 432-435.

[113] HUANG K, YE H P, TENG J H, et al. Optimization-free superoscillatory lens using phase and amplitude masks [J]. Laser & Photonics Reviews, 2014, 8(1): 152-157.

[114] TANG D L, WANG C T, ZHAO Z Y, et al. Ultrabroadband superoscillatory lens composed by plasmonic metasurfaces for subdiffraction light focusing [J]. Laser & Photonics Reviews, 2015, 9(6): 713-719.

[115] LI Z, ZHANG T, WANG Y Q, et al. Achromatic broadband super-resolution imaging by super-oscillatory metasurface [J]. Laser & Photonics Reviews, 2018, 12(10): 1800064.

[116] XU Y D, FU Y Y, CHEN H Y. Planar gradient metamaterials [J]. Nature Reviews Materials, 2016, 1(12): 16067.

[117] PFEIFFER C, GRBIC A. Metamaterial huygens' surfaces: Tailoring wave fronts with reflectionless sheets [J]. Physical Review Letters, 2013, 110(19): 197401.

[118] PFEIFFER C, EMANI N K, SHALTOUT A M, et al. Efficient light bending with isotropic metamaterial huygens' surfaces [J]. Nano Letters, 2014, 14(5): 2491-2497.

[119] ABDELRAHMAN A H, ELSHERBENI A Z, YANG F. Transmission phase limit of multilayer frequency-selective surfaces for transmitarray designs [J]. IEEE Transactions on Antennas and Propagation, 2014, 62(2): 690-697.

[120] PU M, CHEN P, WANG Y, et al. Strong enhancement of light absorption and highly directive thermal emission in graphene [J]. Optics Express, 2013, 21(10): 11618-11627.

[121] PU M, WANG M, HU C, et al. Engineering heavily doped silicon for broadband absorber in the terahertz regime [J]. Optics Express, 2012, 20(23): 25513-25519.

[122] FAN S H, JOANNOPOULOS J D. Analysis of guided resonances in photonic crystal slabs [J]. Physical Review B, 2002, 65(23): 235112.

[123] KAPLAN A F, XU T, GUO L J. High efficiency resonance-based spectrum filters with tunable transmission bandwidth fabricated using nanoimprint lithography [J]. Applied Physics Letters, 2011, 99(14): 143111.

[124] WOOD R. On a remarkable case of uneven distribution of light in a diffraction grating spectrum(from philosophical magazine 1902)[J]. SPIE Milestone Series, 1993, 83: 287.

[125] HU C, ZHAO Z, CHEN X, et al. Realizing near-perfect absorption at visible frequencies [J]. Optics Express, 2009, 17(13): 11039-11044.

[126] HUTLEY M, MAYSTRE D. The total absorption of light by a diffraction grating [J]. Optics Communications, 1976, 19(3): 431-436.

[127] CAI M, PAINTER O, VAHALA K J. Observation of critical coupling in a fiber taper to a silica-microsphere whispering-gallery mode system [J]. Physical Review Letters, 2000, 85(1): 74-77.

[128] CHEN S Q, LI Z, ZHANG Y B, et al. Phase manipulation of electromagnetic waves with metasurfaces and its applications in nanophotonics [J]. Advanced Optical Materials, 2018, 6(13): 1800104.

[129] LI Y, LI X, PU M B, et al. Achromatic flat optical components via compensation between structure and material dispersions [J]. Scientific Reports, 2016, 6: 19885.

[130] LI J X, CHEN S Q, YANG H F, et al. Simultaneous control of light polarization and phase distributions using plasmonic metasurfaces [J]. Advanced Functional Materials, 2015, 25(5): 704-710.

[131] KIPP L, SKIBOWSKI M, JOHNSON R L, et al. Sharper images by focusing soft X-rays with photon sieves [J]. Nature, 2001, 414(6860): 184-188.

[132] HUANG K, LIU H, GARCIA-VIDAL F J, et al. Ultrahigh-capacity non-periodic photon sieves operating in visible light [J]. Nature Communications, 2015, 6: 7059.

[133] WEST P R, ISHII S, NAIK G V, et al. Searching for better plasmonic materials [J]. Laser & Photonics Reviews, 2010, 4(6): 795-808.

[134] JAHANI S, JACOB Z. All-dielectric metamaterials [J]. Nature Nanotechnology, 2016, 11(1): 23-36.

[135] KUZNETSOV A I, MIROSHNICHENKO A E, BRONGERSMA M L, et al. Optically resonant dielectric nanostructures [J]. Science, 2016, 354(6314): aag2472.

[136] ASTILEAN S, LALANNE P, CHAVEL P, et al. High-efficiency subwavelength diffractive element patterned in a high-refractive-index material for 633 nm [J]. Optics Letters, 1998, 23(7): 552-554.

[137] WANG S, LAI J, WU T, et al. Wide-band achromatic flat focusing lens based on all-dielectric subwavelength metasurface [J]. Optics Express, 2017, 25(6): 7121-7130.

[138] LAU J Y, HUM S V. Reconfigurable transmitarray design approaches for beamforming applications [J]. IEEE Transactions on Antennas and Propagation, 2012, 60(12): 5679-5689.

[139] PAN W B, HUANG C, CHEN P, et al. A beam steering horn antenna using active frequency selective surface [J]. IEEE Transactions on Antennas and Propagation, 2013, 61(12): 6218-6223.

[140] HUANG J, ENCINAR J A. Reflectarray Antennas [M]. New York: John Wiley & Sons, 2007.

[141] ENCINAR J A, ZORNOZA J A. Broadband design of three-layer printed reflectarrays [J]. IEEE Transactions on Antennas and Propagation, 2003, 51(7): 1662-1664.

[142] ENGHETA N. Circuits with light at nanoscales: optical nanocircuits inspired by metamaterials [J]. Science, 2007, 317(5845): 1698-1702.

[143] GUO Y H, PU M B, ZHAO Z Y, et al. Merging geometric phase and plasmon retardation phase in continuously shaped metasurfaces for arbitrary orbital angular momentum generation [J]. ACS Photonics, 2016, 3(11): 2022-2029.

[144] FOX A G. An adjustable wave-guide phase changer [J]. Proceedings of the IRE, 1947, 35(12): 1489-1498.

[145] SICHAK W, LEVINE D. Microwave high-speed continuous phase shifter [J]. Proceedings of the IRE, 1955, 43(11): 1661-1663.

[146] PANCHARATNAM S. Generalized theory of interference and its applications[C]. Proceedings of the Proceedings of the National Academy of Sciences, India Section A: Physical Sciences, F, 1956 .

[147] BERRY M V. Quantal phase-factors accompanying adiabatic changes [J]. Proceedings of the Royal Society of London Series a-Mathematical and Physical Sciences, 1984, 392(1802): 45-57.

[148] BERRY M V. The adiabatic phase and pancharatnam's phase for polarized light [J]. Journal of Modern Optics, 1987, 34(11): 1401-1407.

[149] BOMZON Z, KLEINER V, HASMAN E. Pancharatnam—berry phase in space-variant polarization-state manipulations with subwavelength gratings [J]. Optics Letters, 2001, 26(18): 1424-1426.

[150] BHANDARI R. Polarization of light and topological phases [J]. Phys Rep, 1997, 281(1): 1-64.

[151] GORI F. Measuring stokes parameters by means of a polarization grating [J]. Optics Letters, 1999, 24(9): 584-586.

[152] BOMZON Z, BIENER G, KLEINER V, et al. Space-variant pancharatnam-berry phase optical elements with computer-generated subwavelength gratings [J]. Optics Letters, 2002, 27(13): 1141-1143.

[153] HASMAN E, KLEINER V, BIENER G, et al. Polarization dependent focusing lens by use of

quantized pancharatnam-berry phase diffractive optics [J]. Applied Physics Letters, 2003, 82(3): 328-330.

[154] LIN D, FAN P, HASMAN E, et al. Dielectric gradient metasurface optical elements [J]. Science, 2014, 345(6194): 298-302.

[155] KHORASANINEJAD M, CHEN W T, DEVLIN R C, et al. Metalenses at visible wavelengths: Diffraction-limited focusing and subwavelength resolution imaging [J]. Science, 2016, 352(6290): 1190-1194.

[156] HUANG L L, CHEN X Z, MUHLENBERND H, et al. Dispersionless phase discontinuities for controlling light propagation [J]. Nano Letters, 2012, 12(11): 5750-5755.

[157] CHEN X, HUANG L, MUHLENBERND H, et al. Dual-polarity plasmonic metalens for visible light [J]. Nature Communications, 2012, 3: 1198.

[158] CHEN B H, WU P C, SU V C, et al. Gan metalens for pixel-level full-color routing at visible light [J]. Nano Letters, 2017, 17(10): 6345-6352.

[159] WANG Y, PU M, ZHANG Z, et al. Quasi-continuous metasurface for ultra-broadband and polarization-controlled electromagnetic beam deflection [J]. Scientific Reports, 2015, 5: 17733.

[160] LI X, PU M B, ZHAO Z Y, et al. Catenary nanostructures as compact bessel beam generators [J]. Scientific Reports, 2016, 6(1): 20524.

[161] SHITRIT N, BRETNER I, GORODETSKI Y, et al. Optical spin hall effects in plasmonic chains [J]. Nano Letters, 2011, 11(5): 2038-2042.

[162] MA X L, HUANG C, PU M B, et al. Single-layer circular polarizer using metamaterial and its application in antenna [J]. Microwave and Optical Technology Letters, 2012, 54(7): 1770-1774.

[163] YOUNG L, ROBINSON L A, HACKING C A. Meander-line polarizer [J]. IEEE Transactions on Antennas and Propagation, 1973, 21(3): 376-378.

[164] HAO J, YUAN Y, RAN L, et al. Manipulating electromagnetic wave polarizations by anisotropic metamaterials [J]. Physical Review Letters, 2007, 99(6): 063908.

[165] XIE X, LI X, PU M B, et al. Plasmonic metasurfaces for simultaneous thermal infrared invisibility and holographic illusion [J]. Advanced Functional Materials, 2018, 28(14): 1706673.

[166] ZHANG X, TIAN Z, YUE W, et al. Broadband terahertz wave deflection based on c-shape complex metamaterials with phase discontinuities [J]. Advanced Materials, 2013, 25(33): 4567-4572.

[167] NI X, EMANI N K, KILDISHEV A V, et al. Broadband light bending with plasmonic nanoantennas [J]. Science, 2012, 335(6067): 427.

[168] AIETA F, GENEVET P, YU N, et al. Out-of-plane reflection and refraction of light by anisotropic optical antenna metasurfaces with phase discontinuities [J]. Nano Letters, 2012, 12(3): 1702-1706.

[169] NI X J, ISHII S, KILDISHEV A V, et al. Ultra-thin, planar, babinet-inverted plasmonic metalenses [J]. Light: Science & Applications, 2013, 2: e72.

[170] NI X J, KILDISHEV A V, SHALAEV V M. Metasurface holograms for visible light [J]. Nature Communications, 2013, 4: 2807.

[171] YIN X B, YE Z L, RHO J, et al. Photonic spin hall effect at metasurfaces [J]. Science, 2013,

339(6126): 1405-1407.

[172] QIN F, DING L, ZHANG L, et al. Hybrid bilayer plasmonic metasurface efficiently manipulates visible light [J]. Science Advances, 2016, 2(1): e1501168.

[173] GRADY N K, HEYES J E, CHOWDHURY D R, et al. Terahertz metamaterials for linear polarization conversion and anomalous refraction [J]. Science, 2013, 340(6138): 1304-1307.

[174] WAN W, CHONG Y, GE L, et al. Time-reversed lasing and interferometric control of absorption [J]. Science, 2011, 331(6019): 889-892.

[175] PU M B, FENG Q, WANG M, et al. Ultrathin broadband nearly perfect absorber with symmetrical coherent illumination [J]. Optics Express, 2012, 20(3): 2246-2254.

[176] CRESCIMANNO M, DAWSON N J, ANDREWS J H. Coherent perfect rotation [J]. Physical Review A, 2012, 86(3): 031807.

[177] WANG Y Q, PU M B, HU C G, et al. Dynamic manipulation of polarization states using anisotropic meta-surface [J]. Optics Communications, 2014, 319: 14-16.

[178] LI X, PU M B, WANG Y Q, et al. Dynamic control of the extraordinary optical scattering in semicontinuous 2D metamaterials [J]. Advanced Optical Materials, 2016, 4(5): 659-663.

[179] THOMPSON R. Optical waves in layered media [J]. Journal of Modern Optics, 1990, 37(1): 147-148.

[180] MACLEOD H A, MACLEOD H A. Thin-Film Optical Filters [M]. Boca Raton: CRC Press, 2010.

[181] BRONGERSMA M L. Introductory lecture: nanoplasmonics [J]. Faraday Discussions, 2015, 178: 9-36.

[182] PETTIT R B, SILCOX J, VINCENT R. Measurement of surface-plasmon dispersion in oxidized aluminum films [J]. Physical Review B, 1975, 11(8): 3116-3123.

[183] LIU F, XIAO L, YE Y, et al. Integrated Cherenkov radiation emitter eliminating the electron velocity threshold [J]. Nature Photonics, 2017, 11(5): 289-292.

[184] WILLETS K A, VAN DUYNE R P. Localized surface plasmon resonance spectroscopy and sensing [J]. Annual Review of Physical Chemistry, 2007, 58: 267-297.

[185] VESELAGO V G. The electrodynamics of substances with simultaneously negative values of ϵ and μ [J]. Soviet Physics Uspekhi, 1968, 10(4): 509-514.

[186] ZHANG X, LIU Z. Superlenses to overcome the diffraction limit [J]. Nature Materials, 2008, 7(6): 435-441.

[187] FANG N, LEE H, SUN C, et al. Sub-diffraction-limited optical imaging with a silver superlens [J]. Science, 2005, 308(5721): 534-537.

[188] MELVILLE D, BLAIKIE R. Super-resolution imaging through a planar silver layer [J]. Optics Express, 2005, 13(6): 2127-2134.

[189] LIU H, WANG B, KE L, et al. High contrast superlens lithography engineered by loss reduction [J]. Advanced Functional Materials, 2012, 22(18): 3777-3783.

[190] XU T, LEZEC H J. Visible-frequency asymmetric transmission devices incorporating a hyperbolic metamaterial [J]. Nature Communications, 2014, 5: 4141.

[191] LIU Z, STEELE J M, SRITURAVANICH W, et al. Focusing surface plasmons with a plasmonic

lens [J]. Nano Letters, 2005, 5(9): 1726-1729.

[192] YIN L, VLASKO-VLASOV V K, PEARSON J, et al. Subwavelength focusing and guiding of surface plasmons [J]. Nano Letters, 2005, 5(7): 1399-1402.

[193] FANG Z, PENG Q, SONG W, et al. Plasmonic focusing in symmetry broken nanocorrals [J]. Nano Letters, 2011, 11(2): 893-897.

[194] SONG E Y, LEE S Y, HONG J, et al. A double-lined metasurface for plasmonic complex-field generation [J]. Laser & Photonics Reviews, 2016, 10(2): 299-306.

[195] CHEN Y G, CHEN Y H, LI Z Y. Direct method to control surface plasmon polaritons on metal surfaces [J]. Optics Letters, 2014, 39(2): 339-342.

[196] CHEN Y H, HUANG L, GAN L, et al. Wavefront shaping of infrared light through a subwavelength hole [J]. Light: Science & Applications, 2012, 1: e26.

[197] GENEVET P, LIN J, KATS M A, et al. Holographic detection of the orbital angular momentum of light with plasmonic photodiodes [J]. Nature Communications, 2012, 3: 1278.

[198] SUN S, HE Q, XIAO S, et al. Gradient-index meta-surfaces as a bridge linking propagating waves and surface waves [J]. Nature Materials, 2012, 11(5): 426-431.

[199] WAN X, LI Y B, CAI B G, et al. Simultaneous controls of surface waves and propagating waves by metasurfaces [J]. Applied Physics Letters, 2014, 105(12): 121603.

[200] LIN J, WANG Q, YUAN G, et al. Mode-matching metasurfaces: Coherent reconstruction and multiplexing of surface waves [J]. Scientific Reports, 2015, 5: 10529.

[201] GENEVET P, WINTZ D, AMBROSIO A, et al. Controlled steering of cherenkov surface plasmon wakes with a one-dimensional metamaterial [J]. Nature Nanotechnology, 2015, 10(9): 804-809.

[202] HUIDOBRO P A, NESTEROV M L, MARTIN-MORENO L, et al. Transformation optics for plasmonics [J]. Nano Letters, 2010, 10(6): 1985-1990.

[203] LIU Y, ZENTGRAF T, BARTAL G, et al. Transformational plasmon optics [J]. Nano Letters, 2010, 10(6): 1991-1997.

[204] ZENTGRAF T, LIU Y, MIKKELSEN M H, et al. Plasmonic luneburg and eaton lenses [J]. Nature Nanotechnology, 2011, 6(3): 151-155.

[205] ORLOV A A, ZHUKOVSKY S V, IORSH I V, et al. Controlling light with plasmonic multilayers [J]. Photonic Nanostruct, 2014, 12(3): 213-230.

[206] JACOB Z, KIM J Y, NAIK G V, et al. Engineering photonic density of states using metamaterials [J]. Applied Physics B-Lasers and Optics, 2010, 100(1): 215-218.

[207] GUO Y, CORTES C L, MOLESKY S, et al. Broadband super-planckian thermal emission from hyperbolic metamaterials [J]. Applied Physics Letters, 2012, 101(13): 131106.

[208] KONG W J, DU W J, LIU K P, et al. Launching deep subwavelength bulk plasmon polaritons through hyperbolic metamaterials for surface imaging with a tuneable ultra-short illumination depth [J]. Nanoscale, 2016, 8(38): 17030-17038.

[209] WANG C T, GAO P, TAO X, et al. Far field observation and theoretical analyses of light directional imaging in metamaterial with stacked metal-dielectric films [J]. Applied Physics Letters, 2013, 103(3): 031911.

[210] HIGH A A, DEVLIN R C, DIBOS A, et al. Visible-frequency hyperbolic metasurface [J]. Nature, 2015, 522(7555): 192-196.

[211] KONG W J, DU W J, LIU K P, et al. Surface imaging microscopy with tunable penetration depth as short as 20 nm by employing hyperbolic metamaterials [J]. Journal of Materials Chemistry C, 2018, 6(7): 1797-1805.

[212] SALANDRINO A, ENGHETA N. Far-field subdiffraction optical microscopy using metamaterial crystals: Theory and simulations [J]. Physical Review B, 2006, 74(7): 075103.

[213] JACOB Z, ALEKSEYEV L V, NARIMANOV E. Optical hyperlens: far-field imaging beyond the diffraction limit [J]. Optics Express, 2006, 14(18): 8247-8256.

[214] RHO J, YE Z, XIONG Y, et al. Spherical hyperlens for two-dimensional sub-diffractional imaging at visible frequencies [J]. Nature Communications, 2010, 1: 143.

[215] XIONG Y, LIU Z W, ZHANG X. A simple design of flat hyperlens for lithography and imaging with half-pitch resolution down to 20 nm [J]. Applied Physics Letters, 2009, 94(20): 203108.

[216] REN G W, WANG C T, YI G W, et al. Subwavelength demagnification imaging and lithography using hyperlens with a plasmonic reflector layer [J]. Plasmonics, 2013, 8(2): 1065-1072.

[217] CHENG B H, LAN Y C, TSAI D P. Breaking optical diffraction limitation using optical hybrid-super-hyperlens with radially polarized light [J]. Optics Express, 2013, 21(12): 14898-14906.

[218] CHENG B H, HO Y Z, LAN Y C, et al. Optical hybrid-superlens hyperlens for superresolution imaging [J]. IEEE Journal of Selected Topics in Quantum Electronics, 2013, 19(3): 4601305-4601305.

[219] TAO X, WANG C T, ZHAO Z Y, et al. A method for uniform demagnification imaging beyond the diffraction limit: cascaded planar hyperlens [J]. Applied Physics B-Lasers and Optics, 2014, 114(4): 545-550.

[220] YANG X S, YIN J, YU G K, et al. Acoustic superlens using helmholtz-resonator-based metamaterials [J]. Applied Physics Letters, 2015, 107(19): 193505.

[221] AO X Y, CHAN C T. Far-field image magnification for acoustic waves using anisotropic acoustic metamaterials [J]. Physical Review E, 2008, 77(2): 025601.

[222] KAINA N, LEMOULT F, FINK M, et al. Negative refractive index and acoustic superlens from multiple scattering in single negative metamaterials [J]. Nature, 2015, 525(7567): 77-81.

[223] LI J, FOK L, YIN X, et al. Experimental demonstration of an acoustic magnifying hyperlens [J]. Nature Materials, 2009, 8(12): 931-934.

[224] XU T, AGRAWAL A, ABASHIN M, et al. All-angle negative refraction and active flat lensing of ultraviolet light [J]. Nature, 2013, 497(7450): 470-474.

[225] MAAS R, VERHAGEN E, PARSONS J, et al. Negative refractive index and higher-order harmonics in layered metallodielectric optical metamaterials [J]. ACS Photonics, 2014, 1(8): 670-676.

[226] WOLTERSDORFF W. Über die optischen konstanten dünner metallschichten im langwelligen ultrarot [J]. Zeitschrift Für Physik, 1934, 91(3): 230-252.

[227] LI S C, LUO J, ANWAR S, et al. Broadband perfect absorption of ultrathin conductive films with coherent illumination: Superabsorption of microwave radiation [J]. Physical Review B, 2015,

91(22): 220301.

[228] LI S C, DUAN Q, LI S, et al. Perfect electromagnetic absorption at one-atom-thick scale [J]. Applied Physics Letters, 2015, 107(18): 181112.

[229] YAN C, PU M B, LUO J, et al. [Invited] Coherent perfect absorption of electromagnetic wave in subwavelength structures [J]. Opt Laser Technol, 2018, 101: 499-506.

[230] HONG M H. Metasurface wave in planar nano-photonics [J]. Science Bulletin, 2016, 61(2): 112-113.

[231] ROZANOV K N. Ultimate thickness to bandwidth ratio of radar absorbers [J]. IEEE Transactions on Antennas and Propagation, 2000, 48(8): 1230-1234.

[232] PU M B, FENG Q, HU C G, et al. Perfect absorption of light by coherently induced plasmon hybridization in ultrathin metamaterial film [J]. Plasmonics, 2012, 7(4): 733-738.

[233] KOHIYAMA A, SHIMIZU M, YUGAMI H. Unidirectional radiative heat transfer with a spectrally selective planar absorber/emitter for high-efficiency solar thermophotovoltaic systems [J]. Applied Physics Express, 2016, 9(11): 112302.

[234] PAPAIOANNOU M, PLUM E, VALENTE J, et al. Two-dimensional control of light with light on metasurfaces [J]. Light: Science & Applications, 2016, 5(4): e16070.

[235] NOH H, POPOFF S M, CAO H. Broadband subwavelength focusing of light using a passive sink [J]. Optics Express, 2013, 21(15): 17435-17446.

[236] WONG Z J, XU Y L, KIM J, et al. Lasing and anti-lasing in a single cavity [J]. Nature Photonics, 2016, 10(12): 796-801.

[237] KATS M A, BLANCHARD R, GENEVET P, et al. Nanometre optical coatings based on strong interference effects in highly absorbing media [J]. Nature Materials, 2013, 12(1): 20-24.

[238] KATS M A, SHARMA D, LIN J, et al. Ultra-thin perfect absorber employing a tunable phase change material [J]. Applied Physics Letters, 2012, 101(22): 221101.

[239] HOSSEINI P, WRIGHT C D, BHASKARAN H. An optoelectronic framework enabled by low-dimensional phase-change films [J]. Nature, 2014, 511(7508): 206-211.

[240] KATS M A, CAPASSO F. Optical absorbers based on strong interference in ultra-thin films [J]. Laser & Photonics Reviews, 2016, 10(5): 735-749.

[241] VOROBYEV A Y, GUOA C L. Colorizing metals with femtosecond laser pulses [J]. Applied Physics Letters, 2008, 92(4): 041914.

[242] MUNK B A, MUNK P, PRYOR J. On designing jaumann and circuit analog absorbers(ca absorbers)for oblique angle of incidence [J]. IEEE Transactions on Antennas and Propagation, 2007, 55(1): 186-193.

[243] DAO T D, CHEN K, ISHII S, et al. Infrared perfect absorbers fabricated by colloidal mask etching of Al-Al_2O_3-Al trilayers [J]. ACS Photonics, 2015, 2(7): 964-970.

[244] CHOI M, LEE S H, KIM Y, et al. A terahertz metamaterial with unnaturally high refractive index [J]. Nature, 2011, 470(7334): 369-373.

[245] RAMAN A P, ANOMA M A, ZHU L, et al. Passive radiative cooling below ambient air temperature under direct sunlight [J]. Nature, 2014, 515(7528): 540-544.

[246] HUANG Y J, PU M B, GAO P, et al. Ultra-broadband large-scale infrared perfect absorber with

optical transparency [J]. Applied Physics Express, 2017, 10(11): 112601.

[247] ZHU L, RAMAN A P, FAN S. Radiative cooling of solar absorbers using a visibly transparent photonic crystal thermal blackbody [J]. Proceedings of the National Academy of Sciences, 2015, 112(40): 12282-12287.

[248] XU T, WU Y K, LUO X G, et al. Plasmonic nanoresonators for high-resolution colour filtering and spectral imaging [J]. Nature Communications, 2010, 1: 59.

[249] KUMAR K, DUAN H, HEGDE R S, et al. Printing colour at the optical diffraction limit [J]. Nature Nanotechnology, 2012, 7(9): 557-561.

[250] SONG M W, LI X, PU M B, et al. Color display and encryption with a plasmonic polarizing metamirror [J]. Nanophotonics, 2018, 7(1): 323-331.

[251] TRETYAKOV S A, MASLOVSKI S I. Thin absorbing structure for all incidence angles based on the use of a high-impedance surface [J]. Microwave and Optical Technology Letters, 2003, 38(3): 175-178.

[252] LANDY N I, SAJUYIGBE S, MOCK J J, et al. Perfect metamaterial absorber [J]. Physical Review Letters, 2008, 100(20): 207402.

[253] SU V C, CHU C H, SUN G, et al. Advances in optical metasurfaces: fabrication and applications [Invited] [J]. Optics Express, 2018, 26(10): 13148-13182.

[254] ZIJLSTRA P, CHON J W, GU M. Five-dimensional optical recording mediated by surface plasmons in gold nanorods [J]. Nature, 2009, 459(7245): 410-413.

[255] AYDIN K, FERRY V E, BRIGGS R M, et al. Broadband polarization-independent resonant light absorption using ultrathin plasmonic super absorbers [J]. Nature Communications, 2011, 2(1): 517.

[256] YE Y Q, JIN Y, HE S L. Omnidirectional, polarization-insensitive and broadband thin absorber in the terahertz regime [J]. J Opt Soc Am B, 2010, 27(3): 498-504.

[257] SUN J, LIU L, DONG G, et al. An extremely broad band metamaterial absorber based on destructive interference [J]. Optics Express, 2011, 19(22): 21155-21162.

[258] SONG M, YU H, HU C, et al. Conversion of broadband energy to narrowband emission through double-sided metamaterials [J]. Optics Express, 2013, 21(26): 32207-32216.

[259] LONG C, YIN S, WANG W, et al. Broadening the absorption bandwidth of metamaterial absorbers by transverse magnetic harmonics of 210 mode [J]. Scientific Reports, 2016, 6: 21431.

[260] VORA A, GWAMURI J, PALA N, et al. Exchanging ohmic losses in metamaterial absorbers with useful optical absorption for photovoltaics [J]. Scientific Reports, 2014, 4: 4901.

[261] BOSSARD J A, LIN L, YUN S, et al. Near-ideal optical metamaterial absorbers with super-octave bandwidth [J]. ACS Nano, 2014, 8(2): 1517-1524.

[262] YIN S, ZHU J F, XU W D, et al. High-performance terahertz wave absorbers made of silicon-based metamaterials [J]. Applied Physics Letters, 2015, 107(7): 073903.

[263] SHI C, ZANG X F, WANG Y Q, et al. A polarization-independent broadband terahertz absorber [J]. Applied Physics Letters, 2014, 105(3): 031104.

[264] ZHANG L B, ZHOU P H, CHEN H Y, et al. Adjustable wideband reflective converter based on cut-wire metasurface [J]. Journal of Optics, 2015, 17(10): 105105.

[265] ZHENG G, MUHLENBERND H, KENNEY M, et al. Metasurface holograms reaching 80% efficiency [J]. Nature Nanotechnology, 2015, 10(4): 308-312.

[266] CHU R S, LEE K M. Analytical model of a multilayered meander-line polarizer plate with normal and oblique plane-wave incidence [J]. IEEE Transactions on Antennas and Propagation, 1987, 35(6): 652-661.

[267] JEN Y J, LAKHTAKIA A, YU C W, et al. Biologically inspired achromatic waveplates for visible light [J]. Nature Communications, 2011, 2: 363.

[268] HAO J M, REN Q J, AN Z H, et al. Optical metamaterial for polarization control [J]. Physical Review A, 2009, 80(2): 023807.

[269] PORS A, NIELSEN M G, VALLE G D, et al. Plasmonic metamaterial wave retarders in reflection by orthogonally oriented detuned electrical dipoles [J]. Optics Letters, 2011, 36(9): 1626-1628.

[270] ZHANG Z J, LUO J, SONG M W, et al. Large-area, broadband and high-efficiency near-infrared linear polarization manipulating metasurface fabricated by orthogonal interference lithography [J]. Applied Physics Letters, 2015, 107(24): 241904.

[271] YANG Y, WANG W, MOITRA P, et al. Dielectric meta-reflectarray for broadband linear polarization conversion and optical vortex generation [J]. Nano Letters, 2014, 14(3): 1394-1399.

[272] NORDIN G, DEGUZMAN P. Broadband form birefringent quarter-wave plate for the mid-infrared wavelength region [J]. Optics Express, 1999, 5(8): 163-168.

[273] GUO Y, WANG Y, PU M, et al. Dispersion management of anisotropic metamirror for super-octave bandwidth polarization conversion [J]. Scientific Reports, 2015, 5: 8434.

[274] MA H F, WANG G Z, KONG G S, et al. Broadband circular and linear polarization conversions realized by thin birefringent reflective metasurfaces [J]. Optical Materials Express, 2014, 4(8): 1717-1724.

[275] JIANG S C, XIONG X, HU Y S, et al. Controlling the polarization state of light with a dispersion-free metastructure [J]. Physical Review X, 2014, 4(2): 021026.

[276] CUI J, HUANG C, PAN W, et al. Dynamical manipulation of electromagnetic polarization using anisotropic meta-mirror [J]. Scientific Reports, 2016, 6: 30771.

[277] ZHANG S, ZHOU J, PARK Y S, et al. Photoinduced handedness switching in terahertz chiral metamolecules [J]. Nature Communications, 2012, 3: 942.

[278] PENDRY J B. A chiral route to negative refraction [J]. Science, 2004, 306(5700): 1353-1355.

[279] TANG Y, COHEN A E. Enhanced enantioselectivity in excitation of chiral molecules by superchiral light [J]. Science, 2011, 332(6027): 333-336.

[280] HENTSCHEL M, SCHAFERLING M, DUAN X, et al. Chiral plasmonics [J]. Science Advances, 2017, 3(5): e1602735.

[281] GANSEL J K, THIEL M, RILL M S, et al. Gold helix photonic metamaterial as broadband circular polarizer [J]. Science, 2009, 325(5947): 1513-1515.

[282] KAWATA S, SUN H B, TANAKA T, et al. Finer features for functional microdevices [J]. Nature, 2001, 412(6848): 697-698.

[283] ZHAO Y, BELKIN M A, ALU A. Twisted optical metamaterials for planarized ultrathin

broadband circular polarizers [J]. Nature Communications, 2012, 3: 870.

[284] MA X L, HUANG C, PU M B, et al. Dual-band asymmetry chiral metamaterial based on planar spiral structure [J]. Applied Physics Letters, 2012, 101(16): 161901.

[285] KASCHKE J, WEGENER M. Gold triple-helix mid-infrared metamaterial by sted-inspired laser lithography [J]. Optics Letters, 2015, 40(17): 3986-3989.

[286] RODRIGUES S P, LAN S, KANG L, et al. Nonlinear imaging and spectroscopy of chiral metamaterials [J]. Advanced Materials, 2014, 26(35): 6157-6162.

[287] CUI Y, KANG L, LAN S, et al. Giant chiral optical response from a twisted-arc metamaterial [J]. Nano Letters, 2014, 14(2): 1021-1025.

[288] SABA M, THIEL M, TURNER M D, et al. Circular dichroism in biological photonic crystals and cubic chiral nets [J]. Physical Review Letters, 2011, 106(10): 103902.

[289] ROBBIE K, BRETT M J, LAKHTAKIA A. Chiral sculptured thin films [J]. Nature, 1996, 384(6610): 616.

[290] CAPASSO F. The future and promise of flat optics: A personal perspective [J]. Nanophotonics, 2018, 7(6): 953-957.

[291] TSENG M L, HSIAO H H, CHU C H, et al. Metalenses: Advances and applications [J]. Advanced Optical Materials, 2018, 6(18): 1800554.

[292] AIETA F, KATS M A, GENEVET P, et al. Applied optics. multiwavelength achromatic metasurfaces by dispersive phase compensation [J]. Science, 2015, 347(6228): 1342-1345.

[293] DENG Z L, ZHANG S, WANG G P. Wide-angled off-axis achromatic metasurfaces for visible light [J]. Optics Express, 2016, 24(20): 23118-23128.

[294] KHORASANINEJAD M, AIETA F, KANHAIYA P, et al. Achromatic metasurface lens at telecommunication wavelengths [J]. Nano Letters, 2015, 15(8): 5358-5362.

[295] KHORASANINEJAD M, SHI Z, ZHU A Y, et al. Achromatic metalens over 60 nm bandwidth in the visible and metalens with reverse chromatic dispersion [J]. Nano Letters, 2017, 17(3): 1819-1824.

[296] WANG S, WU P C, SU V C, et al. Broadband achromatic optical metasurface devices [J]. Nature Communications, 2017, 8(1): 187.

[297] HSIAO H H, CHEN Y H, LIN R J, et al. Integrated resonant unit of metasurfaces for broadband efficiency and phase manipulation [J]. Advanced Optical Materials, 2018, 6(12): 1800031.

[298] CHEN W T, ZHU A Y, SANJEEV V, et al. A broadband achromatic metalens for focusing and imaging in the visible [J]. Nature Nanotechnology, 2018, 13(3): 220-226.

[299] AIETA F, GENEVET P, KATS M, et al. Aberrations of flat lenses and aplanatic metasurfaces [J]. Optics Express, 2013, 21(25): 31530-31539.

[300] KALVACH A, SZABO Z. Aberration-free flat lens design for a wide range of incident angles [J]. J Opt Soc Am B, 2016, 33(2): A66-A71.

[301] BORN M, WOLF E. Principles of Optics: Electromagnetic Theory of Propagation, Interference and Diffraction of Light [M]. Cambridge: Cambridge University Press, 2013.

[302] SMITH D R, SCHULTZ S, MARKOS P, et al. Determination of effective permittivity and permeability of metamaterials from reflection and transmission coefficients [J]. Physical Review

B, 2002, 65(19): 195104.

[303] ZHAO Y Y, ZHANG Y L, ZHENG M L, et al. Three-dimensional luneburg lens at optical frequencies [J]. Laser & Photonics Reviews, 2016, 10(4): 665-672.

[304] KUNDTZ N, SMITH D R. Extreme-angle broadband metamaterial lens [J]. Nature Materials, 2010, 9(2): 129-132.

[305] HUNT J, TYLER T, DHAR S, et al. Planar, flattened luneburg lens at infrared wavelengths [J]. Optics Express, 2012, 20(2): 1706-1713.

[306] MA H F, CUI T J. Three-dimensional broadband and broad-angle transformation-optics lens [J]. Nature Communications, 2010, 1(1): 124.

[307] ARBABI A, ARBABI E, KAMALI S M, et al. Miniature optical planar camera based on a wide-angle metasurface doublet corrected for monochromatic aberrations [J]. Nature Communications, 2016, 7: 13682.

[308] GROEVER B, CHEN W T, CAPASSO F. Meta-lens doublet in the visible region [J]. Nano Letters, 2017, 17(8): 4902-4907.

[309] GISSIBL T, THIELE S, HERKOMMER A, et al. Two-photon direct laser writing of ultracompact multi-lens objectives [J]. Nature Photonics, 2016, 10(8): 554-560.

[310] PU M, LI X, GUO Y, et al. Nanoapertures with ordered rotations: Symmetry transformation and wide-angle flat lensing [J]. Optics Express, 2017, 25(25): 31471-31477.

[311] LIU W, LI Z, CHENG H, et al. Metasurface enabled wide-angle fourier lens [J]. Advanced Materials, 2018, 30(23): 1706368.

[312] GUO Y H, MA X L, PU M B, et al. High-efficiency and wide-angle beam steering based on catenary optical fields in ultrathin metalens [J]. Advanced Optical Materials, 2018, 6(19): 1800592.

[313] LESEM L, HIRSCH P, JORDAN J. The kinoform: A new wavefront reconstruction device [J]. IBM Journal of Research and Development, 1969, 13(2): 150-155.

[314] MIN C J, LIU J P, LEI T, et al. Plasmonic nano-slits assisted polarization selective detour phase meta-hologram [J]. Laser & Photonics Reviews, 2016, 10(6): 978-985.

[315] KHORASANINEJAD M, AMBROSIO A, KANHAIYA P, et al. Broadband and chiral binary dielectric meta-holograms [J]. Science Advances, 2016, 2(5): e1501258.

[316] HUANG Y W, CHEN W T, TSAI W Y, et al. Aluminum plasmonic multicolor meta-hologram [J]. Nano Letters, 2015, 15(5): 3122-3127.

[317] PORS A, NIELSEN M G, ERIKSEN R L, et al. Broadband focusing flat mirrors based on plasmonic gradient metasurfaces [J]. Nano Letters, 2013, 13(2): 829-834.

[318] ALMEIDA E, SHALEM G, PRIOR Y. Subwavelength nonlinear phase control and anomalous phase matching in plasmonic metasurfaces [J]. Nature Communications, 2016, 7: 10367.

[319] LI G, CHEN S, PHOLCHAI N, et al. Continuous control of the nonlinearity phase for harmonic generations [J]. Nature Materials, 2015, 14(6): 607-612.

[320] YE W, ZEUNER F, LI X, et al. Spin and wavelength multiplexed nonlinear metasurface holography [J]. Nature Communications, 2016, 7: 11930.

[321] FRANKE-ARNOLD S, ALLEN L, PADGETT M. Advances in optical angular momentum [J].

Laser & Photonics Reviews, 2008, 2(4): 299-313.

[322] BETH R A. Mechanical detection and measurement of the angular momentum of light [J]. Physical Review, 1936, 50(2): 115-125.

[323] ALLEN L, BEIJERSBERGEN M W, SPREEUW R J, et al. Orbital angular momentum of light and the transformation of laguerre-gaussian laser modes [J]. Physical Review A, 1992, 45(11): 8185-8189.

[324] TAMBURINI F, ANZOLIN G, UMBRIACO G, et al. Overcoming the rayleigh criterion limit with optical vortices [J]. Physical Review Letters, 2006, 97(16): 163903.

[325] DHOLAKIA K, REECE P, GU M. Optical micromanipulation [J]. Chemical Society Reviews, 2008, 37(1): 42-55.

[326] BOZINOVIC N, YUE Y, REN Y, et al. Terabit-scale orbital angular momentum mode division multiplexing in fibers [J]. Science, 2013, 340(6140): 1545-1548.

[327] LAVERY M P, SPEIRITS F C, BARNETT S M, et al. Detection of a spinning object using light's orbital angular momentum [J]. Science, 2013, 341(6145): 537-540.

[328] WILLNER A E, HUANG H, YAN Y, et al. Optical communications using orbital angular momentum beams [J]. Advances in Optics and Photonics, 2015, 7(1): 66-106.

[329] LIU H, MEHMOOD M Q, HUANG K, et al. Twisted focusing of optical vortices with broadband flat spiral zone plates [J]. Advanced Optical Materials, 2014, 2(12): 1193-1198.

[330] ZENG J, LI L, YANG X, et al. Generating and separating twisted light by gradient-rotation split-ring antenna metasurfaces [J]. Nano Letters, 2016, 16(5): 3101-3108.

[331] LI Y, LI X, CHEN L W, et al. Orbital angular momentum multiplexing and demultiplexing by a single metasurface [J]. Advanced Optical Materials, 2017, 5(2): 1600502.

[332] REN H, LI X, ZHANG Q, et al. On-chip noninterference angular momentum multiplexing of broadband light [J]. Science, 2016, 352(6287): 805-809.

[333] BLIOKH K Y. Geometrical optics of beams with vortices: Berry phase and orbital angular momentum hall effect [J]. Physical Review Letters, 2006, 97(4): 043901.

[334] BLIOKH K Y, GORODETSKI Y, KLEINER V, et al. Coriolis effect in optics: Unified geometric phase and spin-hall effect [J]. Physical Review Letters, 2008, 101(3): 030404.

[335] YUAN G H, YUAN X C, BU J, et al. Manipulation of surface plasmon polaritons by phase modulation of incident light [J]. Optics Express, 2011, 19(1): 224-229.

[336] DURNIN J. Exact-solutions for nondiffracting beams .1. the scalar theory [J]. Journal of the Optical Society of America A, 1987, 4(4): 651-654.

[337] SNOEYINK C, WERELEY S. Single-image far-field subdiffraction limit imaging with axicon [J]. Optics Letters, 2013, 38(5): 625-627.

[338] GAO H, PU M, LI X, et al. Super-resolution imaging with a bessel lens realized by a geometric metasurface [J]. Optics Express, 2017, 25(12): 13933-13943.

[339] LI X, PU M, ZHAO Z, et al. Catenary nanostructures as compact bessel beam generators [J]. Scientific Reports, 2016, 6: 20524.

[340] LINDFORS K, DREGELY D, LIPPITZ M, et al. Imaging and steering unidirectional emission from nanoantenna array metasurfaces [J]. ACS Photonics, 2016, 3(2): 286-292.

[341] MUELLER J P B, RUBIN N A, DEVLIN R C, et al. Metasurface polarization optics: Independent phase control of arbitrary orthogonal states of polarization [J]. Physical Review Letters, 2017, 118(11): 113901.

[342] TAN Q, GUO Q, LIU H, et al. Controlling the plasmonic orbital angular momentum by combining the geometric and dynamic phases [J]. Nanoscale, 2017, 9(15): 4944-4949.

[343] SHALTOUT A, LIU J, SHALAEV V M, et al. Optically active metasurface with non-chiral plasmonic nanoantennas [J]. Nano Letters, 2014, 14(8): 4426-4431.

[344] YU N, AIETA F, GENEVET P, et al. A broadband, background-free quarter-wave plate based on plasmonic metasurfaces [J]. Nano Letters, 2012, 12(12): 6328-6333.

[345] WU P C, TSAI W Y, CHEN W T, et al. Versatile polarization generation with an aluminum plasmonic metasurface [J]. Nano Letters, 2017, 17(1): 445-452.

[346] MUELLER J P B, LEOSSON K, CAPASSO F. Ultracompact metasurface in-line polarimeter [J]. Optica, 2016, 3(1): 42-47.

[347] DING F, PORS A, CHEN Y T, et al. Beam-size-invariant spectropolarimeters using gap-plasmon metasurfaces [J]. ACS Photonics, 2017, 4(4): 943-949.

[348] SWANDIC J. Bandwidth limits and other considerations for monostatic rcs reduction by virtual shaping [R]. Naval Surface Warfare Center Carderock Div Bethesda Md Survivability, 2004.

[349] PENDRY J B, SCHURIG D, SMITH D R. Controlling electromagnetic fields [J]. Science, 2006, 312(5781): 1780-1782.

[350] LI J, PENDRY J B. Hiding under the carpet: A new strategy for cloaking [J]. Physical Review Letters, 2008, 101(20): 203901.

[351] LUO X G, PU M B, MA X L, et al. Taming the electromagnetic boundaries via metasurfaces: From theory and fabrication to functional devices [J]. International Journal of Antennas and Propagation, 2015, 2015: 204127.

[352] GUO Y, YAN L, PAN W, et al. Scattering engineering in continuously shaped metasurface: An approach for electromagnetic illusion [J]. Scientific Reports, 2016, 6: 30154.

[353] NI X, WONG Z J, MREJEN M, et al. An ultrathin invisibility skin cloak for visible light [J]. Science, 2015, 349(6254): 1310-1314.

[354] KAMALI S M, ARBABI A, ARBABI E, et al. Decoupling optical function and geometrical form using conformal flexible dielectric metasurfaces [J]. Nature Communications, 2016, 7: 11618.

[355] ZHAO B, YANG J J. New effects in an ultracompact young's double nanoslit with plasmon hybridization [J]. New Journal of Physics, 2013, 15: 073024.

[356] ZIA R, BRONGERSMA M L. Surface plasmon polariton analogue to young's double-slit experiment [J]. Nature Nanotechnology, 2007, 2(7): 426-429.

[357] YANG T, BAI X, GAO D, et al. Invisible sensors: Simultaneous sensing and camouflaging in multiphysical fields [J]. Advanced Materials, 2015, 27(47): 7752-7758.

[358] ZHAO Z, PU M, GAO H, et al. Multispectral optical metasurfaces enabled by achromatic phase transition [J]. Scientific Reports, 2015, 5: 15781.

[359] LUO X G. Plasmonic metalens for nanofabrication [J]. National Science Review, 2018, 5(2): 137-138.

[360] MIN C, WANG P, JIAO X, et al. Beam manipulating by metallic nano-optic lens containing nonlinear media [J]. Optics Express, 2007, 15(15): 9541-9546.

[361] CHEN Y, LI X, SONNEFRAUD Y, et al. Engineering the phase front of light with phase-change material based planar lenses [J]. Scientific Reports, 2015, 5: 8660.

[362] WANG Q, ROGERS E T F, GHOLIPOUR B, et al. Optically reconfigurable metasurfaces and photonic devices based on phase change materials [J]. Nature Photonics, 2016, 10(1): 60-65.

[363] ZHANG M, PU M, ZHANG F, et al. Plasmonic metasurfaces for switchable photonic spin-orbit interactions based on phase change materials [J]. Advanced Science, 2018, 5(10): 1800835.

[364] HONG J, CHAN E, CHANG T, et al. Continuous color reflective displays using interferometric absorption [J]. Optica, 2015, 2(7): 589-597.

[365] ARBABI E, ARBABI A, KAMALI S M, et al. Mems-tunable dielectric metasurface lens [J]. Nature Communications, 2018, 9(1): 812.

[366] SONG S C, MA X L, PU M B, et al. Actively tunable structural color rendering with tensile substrate [J]. Advanced Optical Materials, 2017, 5(9): 1600829.

[367] HUANG C, PAN W B, MA X L, et al. Using reconfigurable transmitarray to achieve beam-steering and polarization manipulation applications [J]. IEEE Transactions on Antennas and Propagation, 2015, 63(11): 4801-4810.

[368] TENNANT A, CHAMBERS B. A single-layer tuneable microwave absorber using an active fss [J]. IEEE Microwave and Wireless Components Letters, 2004, 14(1): 46-47.

[369] NEMATI A, WANG Q, HONG M H, et al. Tunable and reconfigurable metasurfaces and metadevices [J]. Opto-Electronic Advances, 2018, 1(5): 180009.

[370] GUO Y, PU M, MA X, et al. Advances of dispersion-engineered metamaterials [J]. Opto-Electronic Engineering, 2017, 44(1): 3-22.

[371] LI X, PU M B, MA X L, et al. Dispersion engineering in metamaterials and metasurfaces [J]. J Phys D Appl Phys, 2018, 51(5): 054002.

[372] LIU Z, ZHU D, RODRIGUES S P, et al. A generative model for the inverse design of metamaterials [J]. Nano Letters, 2018, 18(10): 6570-6576.

第 3 章 电磁响应的新篇章：从环形偶极子到零极子

环形电动力学是电磁学研究的新篇章，最近一段时间吸引了越来越多研究者的关注[1-4]。它包括对环形多极子和零极子的研究。一个重要的事实是，对于物质电磁特性的描述，电、磁多极子与环形多极子缺一不可，因此人们开始注意到环形多极子的重要作用[2]。事实上，虽然自由空间中的电磁场可以完全用横向电(TE)和横向磁(TM)多极来进行描述[5]，但电流密度的完整描述需要三个多极系列，电、磁多极和环多极[3,6]。环多极的独特作用，在包含大分子、环向对称的结构单元，以及尺寸与电磁波长相当的物质中，表现得特别明显。自 2007 年以来，超材料的动态环响应一直是一个热点课题[7,8]，在 2010 年，研究人员在微波超材料中首次实现了环形偶极子为主的响应[1]。随后，在金属[9-14]、等离激元[15-21]和介电超材料[22,23]中观察到动态环形偶极子的响应，频率从微波到太赫兹再到近红外与可见光。在复杂的分子系统和超材料中，对透射、反射和偏振现象的分析是不完整的。而环形谐振可以在纳米激光器、传感器和数据存储设备中发挥作用[3,24,25]。此外，我们还会发现静态环形偶极子(static toroidal dipoles)，也被 Zel'dovich 称为"静态零极子"(static anapoles)，在核物理中宇称不守恒的背景下，可以在磁性物质中观察到，并且可能是暗物质候选粒子中唯一允许的电磁形态因子[26]。

本章将以超材料中发现的环偶极响应为起点，介绍电磁响应中的最新研究。

3.1 超材料中的环偶极响应

环形多极子，与熟悉的电、磁多极子相关的电磁激发不同，有观点认为它们造成了核和粒子物理学中的宇称不守恒，但我们仍然很难发现它们在经典电动力学中存在的直接证据。我们介绍了在人造介质或超材料中观察到的共振电磁响应，这并非电或磁多极子产生的，只能用环偶极子的存在来解释。环形响应存在的直接实验证据，引起了人们对涉及环形多极子的电磁相互作用的关注，而在传统的研究中这一部分经常被忽略，这种相互作用可能存在于自然发生的系统中，特别是在大分子水平上，环形对称无处不在。

3.1.1 基本原理

电(或电荷)偶极子由正电荷和负电荷分离产生，而磁偶极子由电流的闭合循环产生(图 3.1(a)和(b))。在数学上，它们出现在电荷和电流分布产生的电磁势的串联展开(称为多极展开)中 [5,27]。环形偶极子是电偶极子和磁偶极子的难以捉摸的对应物，是由在圆环表面(你可以将其想象为"面包圈")径向流动的电流产生的(图 3.1(c))。Zel'dovich 在 1957 年首次引入了环形偶极子(他称它们为 anapoles[28])，并且已经在核和粒子物理学中得到认可 (参见文献[29, 30]和其中的参考文献)。第一性原理计算揭示了某些分子结构[31]和铁电系统中[32]环形偶极子的存在。

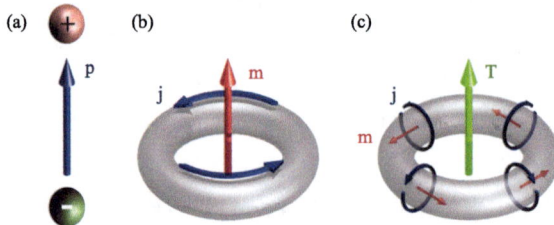

图 3.1　(a)一对相反符号的电荷产生一个电(电荷)偶极子 p。(b)沿环路流动的电流 j 产生磁偶极子 m。(c)在环面上径向流动的电流(极向电流)会产生一个环形偶极子 T。该环形偶极子也可以表示为头尾相连的磁偶极子的闭环

环形偶极子和更高阶的环形多极子因其不寻常的电磁特性而受到越来越多的关注。特别是，已经表明它们与电场和磁场相互作用的强度不取决于场的强度，而是取决于场强随时间的变化率[33]。也有人提出，涉及环形多极子的非稳态电荷-电流配置可以在没有电磁场的情况下产生振荡和传播矢量电势[34,35]。包含环形对称结构分子的介质可以旋转光的偏振 [36]或可以表现出负折射率 [37]。Afanasiev[38]声称产生环形多极子的电流之间的相互作用违反牛顿第三定律，该定律要求两个相互作用物体之间的相互作用力相等、方向相反且共线。此外，预计具有环形偏振域的材料沿相反方向具有不同的光学特性[39]。

环形多极不是标准多极展开的一部分[40]。由非静止电荷和电流的任意系统产生的电磁场通常表示为来自两个常规基本辐射源家族的贡献的总和：磁和电动态多极子[5,27]。在球坐标系中，磁多极由振荡电流密度(在球体表面流动的电流)的横向分量定义，而电多极则归因于振荡电荷密度(电荷多极)。然而，辐射场也包含来自电流密度的振荡径向分量的贡献。电流密度的径向分量导致存在与磁和电多极子不同的动态环形多极子的独立家族[41-43]。

环形多极子家族中的第一个成员是环偶极子 T[40]。它是由极向电流(在圆环表面径向流动的电流)产生的，但可以等效地由一组磁偶极子 m 表示，它们沿着一个环首尾相连(图 3.1(c))[40]。环形偶极子的方向遵守右手螺旋定则，垂直于环面向外[31]。环形线圈和类似的分子结构也可以表现出环形偶极矩[31,42]。然而，由于电

和磁多极子，环形偶极子的电磁表现通常被更强烈的影响所掩盖，这使得观察环形响应这一工作极具挑战性[39,44,45]。

3.1.2　环偶极响应的检测

我们展示了一个经典系统，其中电磁响应与环偶极子的共振激发直接相关。"超材料板"中可以观察到环偶极矩的共振响应，这是一种人工设计的环形对称电磁散射体的二维阵列。超材料使我们能够在亚波长尺度上通过人工结构来控制响应的对称性和特性，从而获得自然界中不存在的新颖和奇异的电磁现象(例如负折射和隐形)。为了增强环形偶极响应，我们设计了一个超分子，这是我们超材料的基本组成部分，其中由入射电磁波(以及更高阶的多极子)引起的电偶极矩和磁偶极矩都被大大抑制，而环形响应使得光谱隔离和共振增强到可以观察的水平。

我们并没有使用明显的环形螺线管状导线配置，因为它的绕组具有螺旋性质，所以它也会引起强磁偶极矩[38]。我们的环形超分子由四个矩形、一边断开的金属线环($a \times h$)组成，嵌入到总尺寸为 $d \times d \times h$ 的低损耗介电板中。这些环位于两个相互正交的平面中，共面的两环距离为 r(图 3.2(a))。平面的交线即为环形结构的轴(平行于 z 轴)。所有的线环都有相同的缺口 g，它们位于板的顶部或底部，因此整个超分子的反转中心 C 位于结构的轴上(图 3.2(a))。超分子被放置在一个矩形晶胞 $d \times d \times s$ 中，该晶胞沿 y 轴和 z 轴周期性地平移，形成了超材料板。

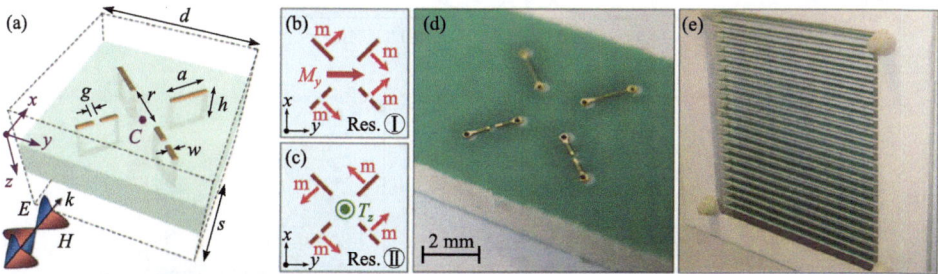

图 3.2　支持环偶极激发的电磁超材料。(a)超材料的晶胞，包含嵌入介电板的四个分裂线环。(b)和(c)两种截然不同的激发模式分别对应于磁(Ⅰ)和环形(Ⅱ)偶极子共振。(d)环形超分子中金属线结构的特写照片。(e)组装好的超材料板，8 mm × 176 mm × 165 mm(测量前去除绿色阻焊剂)

我们的超分子结构确保了这一超表面具有一些独特的电磁特性。除了支持已经在其他超材料中经常观察到的磁偶极子模式[46]外，它还支持以环形偶极子性质为主导的模式。两种模式的激发在超材料的透射和反射光谱中表现为共振反射峰Ⅰ和Ⅱ，对沿 z 轴偏振的电磁波进行了计算和测量(图 3.3(a)和(b))。共振是由超分子的所有四个环中的入射波激发的环形电流引起的。对于 z 偏振，这些电流不能被波的电分量激发，因为它与金属环的缺口正交。相应地，系统 P_z 的电偶极矩的

z 分量对于两个共振都被抑制。超分子与波的磁场分量相互作用，根据法拉第感应定律驱动循环电流。当穿过超材料板时，到达前后一对金属环的电磁波存在相位延迟。因此，环路处的磁场可以分解为平行(同相)和反平行(反相)分量。在共振 I 处，超分子与磁场的同相分量相互作用。四个环的磁偶极矩全部指向相同的方向，产生的 y 方向净磁偶极矩 M_y 不为零，且方向与入射光的磁场平行(图 3.2(b))。这就是磁偶极共振产生的原理。相比之下，在共振 II 处，超分子耦合到磁场的反相分量，并且在环的前后对中感应的各个磁矩方向相反，形成首尾相接的配置(图 3.2(c))。单个磁矩 m 的这种首尾相接配置具有沿超分子轴(z 轴)取向的感应环形偶极矩 T_z 的非零分量，而其净磁偶极矩和磁四极矩可忽略不计。

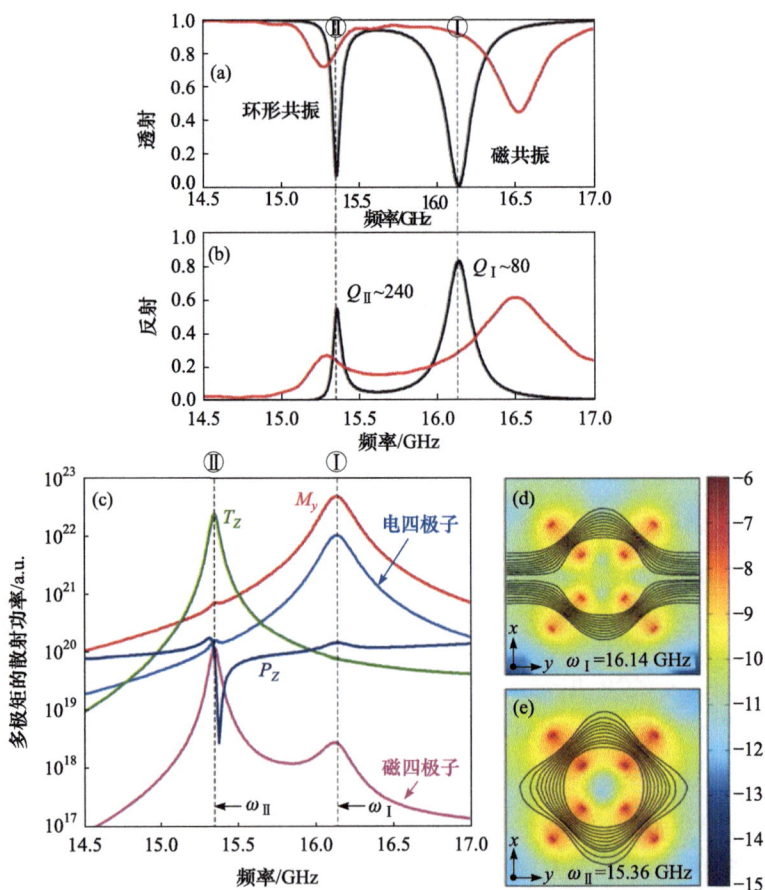

图 3.3　超材料的共振环形响应。(a)和(b)计算(黑线)和测量(红线)超材料的透射及反射光谱。计算的磁和环形偶极子共振 I 和 II 的位置由垂直虚线标记。(c)超分子中诱导的各种多极矩的散射功率分解，这些多极矩对超材料板的反射和透射光谱存在贡献。(d)和(e)在磁能密度(对数标度)的彩色图上绘制的相应磁(I)和环形(II)偶极子共振的磁感线分布

笔者的研究团队使用基于有限元方法的全三维麦克斯韦方程求解器执行的计算完全支持上述定性论证。我们模拟了超材料阵列在 14.5～17.0 GHz 光谱范围内与线偏光的相互作用。首先，我们计算出位移电流密度的分布，然后再根据公式 (3-1) 计算电磁多极子和环形偶极子的散射功率(图 3.3(c))。

共振 I 处的超材料响应的贡献主要是由磁偶极矩的 y 分量 M_y 提供的。在这里，它的辐射比电四极矩的辐射大约强 5 倍，比电偶极子 P_z 和磁四极子的主要辐射分量强几个数量级。它的共振激发在 16.1 GHz 处附近表现为反射峰，此时透射率为一个极小值，品质因数 Q 约为 80(图 3.3(a)和(b))。共振的性质如图 3.3(d)所示，我们在图中绘制了超分子附近的磁感线分布。可以看到，当它们穿过超分子的金属线环时，磁感线被分成两束，并在超分子结构外立即重新连接，继续沿着入射光磁场分量的方向前进。这种场线配置表明磁偶极子模式与自由空间存在强耦合，从而解释了 Q 值的中等值。

共振 II 位于 15.4 GHz 附近，是另一个反射峰，但 Q 值达到 240(图 3.3(a)和(b))。超分子的磁偶极子和电四极子激发在该频率下不共振。此外，这里与超材料反射率直接相关的电磁多极子的散射效率很低。因此，15.4 GHz 的共振特征并不是传统的电磁多极子产生的。这意味着共振可能是由于环形偶极子引起的，此处它的散射强度比电磁多极子散射高出几乎两个数量级(图 3.3(c))。这种激励的环形特性如图 3.3(e)所示，其中局部磁场的计算线形成了主要限制在超分子内的闭合回路(如同在真正的环形线圈中)，从而产生环偶极矩的 z 分量 T_z。该模式的 Q 因子较高(与磁偶极子模式 I 相比)是因为强约束和弱自由空间耦合。请注意，在环形共振处，电偶极矩具有很强的净 x 分量 P_x，这是超分子环中存在缺口所致。然而，由于 P_x 沿波矢方向振荡，它对超材料的反射率和透射率没有贡献。

我们在由 22×22 环形超分子阵列形成的超材料板中通过实验观察了环形偶极共振(图 3.2(d))。阵列的行是通过高分辨率印刷版技术，由金属化微波层压条制成的；然后将这些行等距堆叠，其中超分子的轴均位于阵列平面内(图 3.2(e))。平板的透射和反射光谱在微波暗室中通过矢量网络分析仪和线性偏振喇叭天线进行测量。实验数据(图 3.3(a)和(b))与模拟光谱非常吻合。测得的谐振的 Q 值稍低，这是因为制造误差和超材料阵列的尺寸有限，以及入射微波波前的一些发散。共振频率的计算值和测量值之间的轻微不匹配(环形共振和磁共振的误差分别为 0.7%和 2%)是由于制造工艺的限制，我们不能完美地将设计图变成实际的超表面，例如形成环的导线的轮廓；这可能会影响导线的电感和分子内相互作用。

在本构关系、边界条件、电磁力以及电荷-电流分布的动量损失和辐射强度计算中[30]，通常会忽略环形多极子[30,47-49]。我们的结果提供了令人信服的共振响应证据，该共振响应只能是因为光谱微波部分中超材料结构的环形偶极子激发。如果我们将这一结构等比例缩小，应该可以在亚微米金属环中观察到可见光波段的等离激元响应。根据预测，富勒烯等分子系统也可以产生环形多极矩[31]，因此促进了研究者对光物质与环形分子结构相互作用的量子力学描述的研究。此外，我们希望，环形分子之间相互作用的量子机制可以得到更好的研究，因为这种分子在自然中随处可见。

3.2　光学波段下的等离激元环形超材料设计

在本节中，我们提出了两类新的相关等离子超材料，它们由精心排列的四个U形开口环谐振器(split ring resonators, SRR)组成，它们在光学频率下显示出强烈的谐振环形响应。我们利用有限元模拟的方法，研究了环形多极响应和磁多极响应。在这两种相关的超材料之间也发现了在较高和较低共振频率下的反向环形响应现象，这是由电偶极子和磁偶极子相互作用引起的。最后，我们提出了一种基于耦合 LC 电路的物理模型，以定量分析等离激元环形超材料的耦合系统。

3.2.1　简介

环形共振是由沿其子午线在环形结构表面上流动的电流产生的，这是由Zel'dovich(1957 年)在核物理学中首次发现的，用于解释弱相互作用下的宇称不守恒[50]。与电偶极子和磁偶极子不同，环形多极子不包括在传统的多极子展开中。因此，电流分布仅产生环形偶极子，对电偶极子、磁偶极子或更高的多极矩没有贡献[40]。环形偶极子最特别的一点是，由于电磁场之间的相消干涉，它不产生远场辐射[35]。不过，这些结构中的环形偶极矩比电偶极矩或磁偶极矩要弱得多。然而，人们可以设计一种人工的亚波长结构，即所谓的超材料[46,51,52]，以抑制电偶极矩或磁偶极矩的分量。超材料是人工创造的亚波长结构阵列，通常通过电和磁偶极子共振表现出独特的光学特性，这些特性在自然界中不存在。开口环谐振器(SRR)是最常见的超材料结构，具有人造磁性[53-56]、光学手性[57,58]、负折射率[59,60]并可以调制光谱[61-65]。

2007 年，K. Marinov 等[37]首次在理论上提出了环形超材料。2009 年，N. Papasimakis 等制作出了作用于微波波段的金属线环阵列[36]。环形响应对介质的整体介电常量有很强的影响，可以产生负折射与圆二向色性[36,37]。2010 年，如上文所述，T. Kaelberer 等通过在环形对称的晶胞中布置四个三维谐振开口金属线环，首次通过实验证明了微波波段的环形响应并排除了其他多极子的影响[66]。制造三维 SRR 结构有几种可行的办法[67,68]。然而，这些方法的尺寸和分辨率是有限的。2011 年，在我们前期工作的基础上，采用双曝光电子束光刻工艺，采用高对准技术，制造出纳米尺度的直立 U 形 SRR。误差低于 10 nm [56]。这种制造工艺在光学波段环形响应的研究中将会大放异彩。

在下文中我们将介绍两种类型的环形超材料，其功能由特定排列的 U 形 SRR 的共振等离激元响应支撑。在第一类超材料(TM1)中，环形超分子由四个开口向上的 U 形 SRR 组成(如图 3.4(b)所示)。在第二种超材料(TM2)中，环形超分子分别由一对朝上和一对朝下的 U 形 SRR 组成，如图 3.4(c)所示。我们在目前的工作中提出的超材料结构是人造介质的第一个例子，在可见光波段表现出明显的环形响应特征。

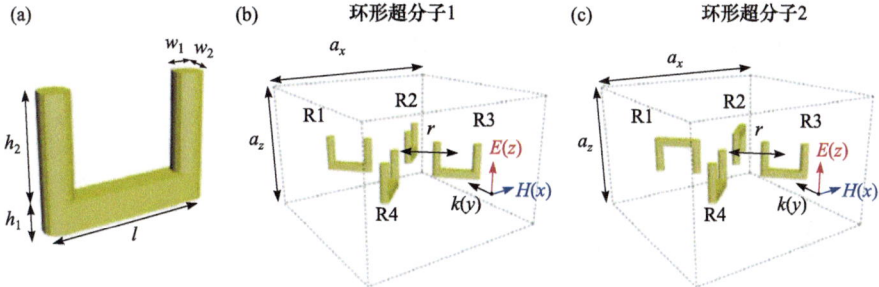

图 3.4　环形超分子设计示意图和入射光的偏振配置。(a)SRR 的特征尺寸，$l = 300$ nm，$h_1 = w_1 = w_2 = 50$ nm，$h_2 = 200$ nm。U 形 SRR 起着环形超分子"原子"的作用。(b)TM1 的晶胞由四个 U 形 SRR 组成。(c)TM2 的晶胞由两上两下 U 形 SRR 组成。图中周期为 $a_x = 1200$ nm，$a_z = 800$ nm，从环形超分子中心到 SRR 几何中心的距离 r 为 300 nm

3.2.2　环形超分子设计和仿真结果

我们研究了环形超材料、环形超分子的二维无限阵列的电磁响应。图 3.4(a)～(c)给出了这里研究的两种环形超材料的晶胞示意图，以及它们的设计参数和入射光的偏振状态。为了净化共振并消除光谱中 MgF$_2$ 厚度可变的法布里-珀罗效应，我们假设 U 形 SRR 的金线嵌入均质介电介质 MgF$_2$ 中作为模拟背景。

超材料透射光谱是通过有限元法(COMSOL Multiphysics)求解三维麦克斯韦方程组获得的。假定 MgF$_2$ 的折射率为 1.39，金的介电常量由 Drude 模型描述，阻尼常数 $\omega_c = 2\pi \times 6.5 \times 10^{12}$ s^{-1}，等离子体频率 $\omega_p = 2\pi \times 2.175 \times 10^{15}$ s^{-1} [53]。

TM1 和 TM2 的透射率及反射率光谱的模拟结果如图 3.5(a)和(d)所示，其中两个共振(ω_{M1}^-，ω_{T1}^+ 和 ω_{T2}^-，ω_{M2}^+)清晰可见。这里的共振频率是 $\omega_{M1}^- = 114.7$ THz，$\omega_{T1}^+ = 119.1$ THz，$\omega_{T2}^- = 112.3$ THz，$\omega_{M2}^+ = 122.1$ THz，其中上标"+"和"−"分别对应于更高和更低的能级，下标表示将在下文中解释的共振的特征。对比图 3.5(a)和(d)，环形偶极子和磁偶极子是相反的；也就是说，在 TM1 情况下以较高的频率激发环形模式，而在 TM2 情况下以较低的频率激发环形模式。

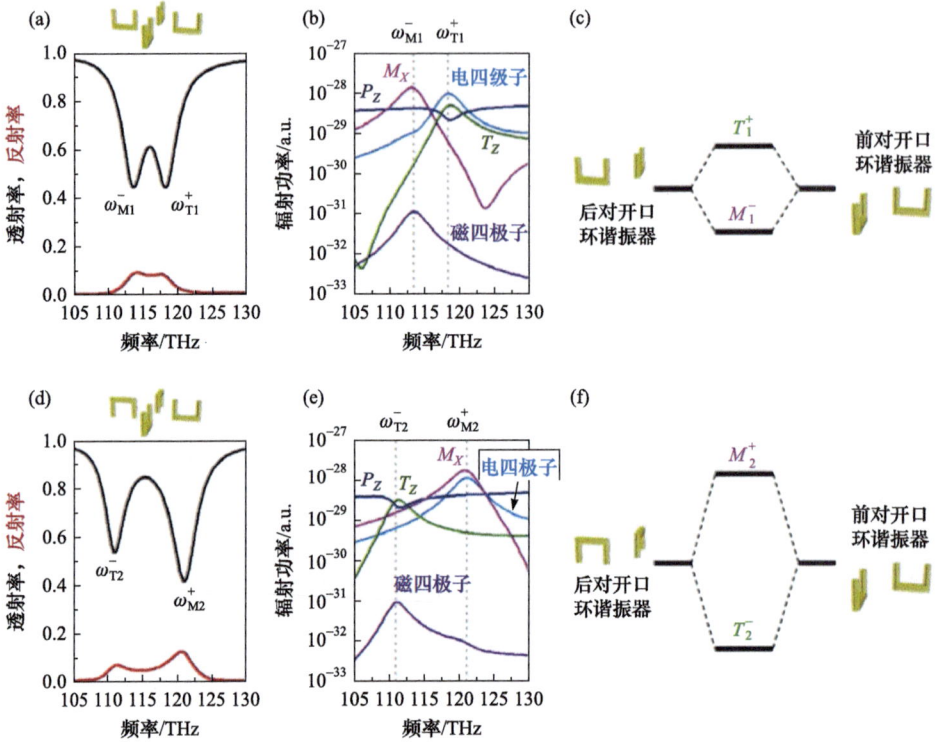

图 3.5　TM1(a)和 TM2(d)的仿真透射和反射光谱。上标"+"和"−"分别对应于每个 TM 的较高和较低能级。下标"M"和"T"分别对应磁共振和环形共振。TM1(b)和 TM2(e)的各种多极矩的辐射功率色散。TM1(c)和 TM2(f)的超分子叠加模型。两上 U 形 SRR 和两下 U 形 SRR 的共振能量退化。由于 SRR 的耦合效应，简并共振模式的能级分为环形共振和磁共振。值得注意的是，TM1 的能级分裂比 TM2 大，并且 TM1 的环形共振比 TM2 的激发频率更高

为了定量研究超分子的共振，我们使用感应体积电流密度 j 计算了 TM1 和 TM2 中电磁多极子和环形偶极子的辐射功率[36,37,66]：

$$\text{电偶极矩：} \quad P = \frac{1}{i\omega}\int j \mathrm{d}^3 r \tag{3-1a}$$

$$\text{磁偶极矩：} \quad M = \frac{1}{2c}\int (r \times j) \mathrm{d}^3 r \tag{3-1b}$$

$$\text{环形偶极矩：} \quad T = \frac{1}{10c}\int \left[(r \cdot j)r - 2r^2 j \right] \mathrm{d}^3 r \tag{3-1c}$$

$$\text{电四极矩：} \quad Q_{\alpha\beta} = \frac{1}{i2\omega}\int \left[r_\alpha j_\beta + r_\beta j_\alpha - \frac{2}{3}(r \cdot j)\delta_{\alpha\beta} \right] \mathrm{d}^3 r \tag{3-1d}$$

$$\text{磁四极矩：} \quad M_{\alpha\beta} = \frac{1}{3c}\int \left[(r \times j)_\alpha r_\beta + (r \times j)_\beta r_\alpha \right] \mathrm{d}^3 r \tag{3-1e}$$

其中 c 是真空中光速，α，$\beta = x, y, z$。在图 3.5(b)和(e)中，多极矩的辐射功率由感应电流计算得出[66]：

$$I = \frac{2\omega^4}{3c^3}|P|^2 + \frac{2\omega^4}{3c^3}|M|^2 + \frac{4\omega^5}{3c^4}(P \cdot T) + \frac{2\omega^6}{3c^5}|T|^2$$
$$+ \frac{\omega^6}{5c^5}\sum|Q_{\alpha\beta}|^2 + \frac{\omega^6}{40c^5}\sum|M_{\alpha\beta}|^2 + O\left(\frac{1}{c^5}\right) \tag{3-2}$$

使用式(3-2)，TM1 和 TM2 的辐射功率作为频率的函数如图 3.5(b)和(e)所示。在图 3.5(e)中，磁偶极矩的 x 分量 M_x 在谐振 ω_{M2}^+ 处贡献最大，约为电四极矩的 1.53 倍。特别是，对谐振 ω_{T2}^- 响应的最强贡献是由环形偶极矩的 z 分量 T_z 提供的，其辐射比电偶极矩的 z 分量 P_z 强约 1.56 倍。这一结果证实，缩小超分子的尺寸可以在可见光波段下观察等离激元环形偶极子响应[66]。另一方面，T_z 和 M_x 的辐射峰值因两个 SRR 的方向相反而位置互换，如图 3.5(b)所示。在这种情况下，M_x 仍然是 ω_{M1}^- 处的最强共振(比 P_z 高约 3.21 倍)。由于在每个竖直的 U 形 SRR 结构中感应电四极子的同相振荡，因此在谐振 ω_{T1}^+ 处，环形偶极矩的辐射功率只有电四极子辐射功率的 1/5.70。然而，此处 T_z 的辐射功率强度远强于 P_z(～2.20 倍)、M_x(～7.63 倍)和磁四极矩(超过三个数量级)。它实现了一种新的等离激元超分子来激发光频率下的环形偶极子共振。

两种超材料结构的等离激元共振是由几种多极矩的叠加引起的。在 TM1 超材料中，低频共振以磁偶极子散射为主，而高频共振则以共振四极子和环形偶极子响应为基础。相比之下，在 TM2 的情况下，环形散射对低频共振的贡献最大，而磁和四极响应在高频共振中占主导地位。

图 3.5(c)和(f)分别显示了 TM1 和 TM2 的叠加模型。首先，两个上 U 形 SRR 和两个下 U 形 SRR 的共振能量退化。由于 SRR 前后对的耦合效应，退化共振模式的能级分为环形共振和磁共振。TM2 的耦合效应比 TM1 强，导致能量分裂更加明显。

为了探索每个共振的特性，笔者对共振的偶极子相互作用的场和现象进行了数值模拟。TM1 和 TM2 相关共振模式下的磁能和磁场分布如图 3.6 所示。图 3.6 的第一行显示了磁场分布(以黑线显示)和磁能密度的对数(以彩色图显示)。由于等离激元共振的激发，磁能在环形和磁共振的共振环间隙中得到增强。磁场分布显示分别对应于环形和磁共振的环状和偶极状磁场分布。谐振模式 ω_{T1}^+ 的磁能和场分布与 ω_{T2}^- 的关系，以及 ω_{M1}^- 与 ω_{M2}^+ 的关系。第二行展示出了 z 分量电流密度(以色标显示)。根据电流密度分布我们可以推断出感应偶极子的形式，如第三行所示。入射光在每个 SRR 中激发出磁偶极子(m)，使表面电流(j)在每个 SRR 的表面上流动，并在不同方向的臂上产生 z 分量电流密度。入射光通过前后一对谐振环时产生相位延迟。因此，每一对谐振环的感应磁偶极子可以反相振荡，磁偶极子首尾相接形成一个环，从而产生环形共振(T)。相比之下，同相振荡的每对谐振器的感应磁偶极子产生磁共振(M)[66]。

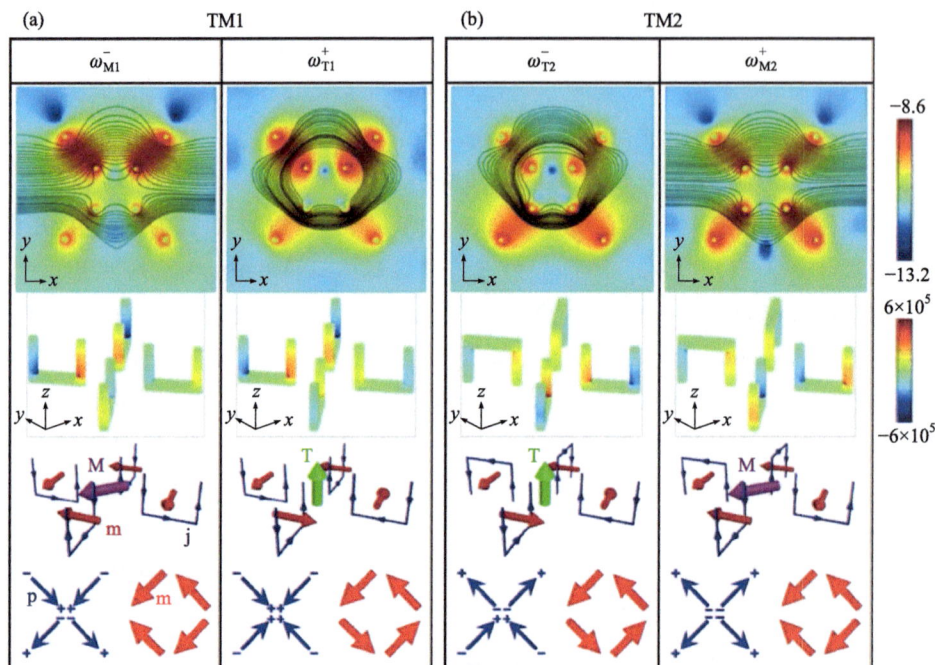

图 3.6　TM1(a)和 TM2(b)各自共振时的磁能(颜色栏，对数标度)、磁场流线(黑色线)和 z 分量电流密度分布(第二行颜色栏)。第三行：TM1 和 TM2 情况下产生的磁共振(M)和环形共振(T)示意图。SRR 的磁偶极子和表面电流分别用红色和蓝色箭头表示。最下面一行：电(蓝色箭头)和磁(红色箭头)偶极子相互作用的示意图，可以解释更高或更低能量下的共振模式

　　图 3.6 的最后一行展示了电流是如何造成正负电荷的分离的，以及相应的电偶极与磁偶极是如何产生的。由于电偶极子和磁偶极子耦合，单个 SRR 的磁偶极子谐振通过将四个 SRR 集成在一起而分为磁谐振和环形谐振。随后，根据电偶极子相互作用能的计算[64]，径向电偶极子在较高(较低)能量时表现出反相(同相)。切向磁偶极子在较高(较低)能量下同相(反相)排列。在 TM1 的情况下，环形偶极共振出现在比磁偶极共振更高的频率，因为径向电偶极子对(SRR 的前后对)分别表现出反相和同相配置。因此，电偶极子相互作用决定了谐振模式的能级。

　　TM2 的能量分裂比 TM1 强，因为磁偶极子和电偶极子相互作用的排列对应于不同的相互作用能。例如，在 TM2 的情况下，环形共振对应于同向首尾相接的电偶极子和反相切向磁偶极子相互作用(参见图 3.6(b)的最后一行)，它们都处于稳定的低能量态。因此，每个电偶极子和磁偶极子的相互作用对 TM2 都有积极的贡献。相比之下，TM1 情况下的环形共振对应于径向电偶极子相互作用(反相)的较

高能量，但切向磁偶极子相互作用(反相)的能量较低。在 TM1 中，电和磁相互作用相互抵消，从而导致更小的光谱分裂。

3.2.3 耦合机制的分析

为了进一步定量阐明偶极耦合和能量分裂，采用基于四个耦合 LC 电路的理论来分析反向谐振模式现象。单环的共振频率为 $\omega_0=(LC)^{-1/2}=116.7\,\text{THz}$，耦合系统的拉格朗日量[64,65]写为

$$
\begin{aligned}
\varGamma = &\frac{L}{2}\left(\dot{Q}_1^2 + \dot{Q}_2^2 + \dot{Q}_3^2 + \dot{Q}_4^2\right) - \frac{L}{2}\omega_0^2\left(Q_1^2 + Q_2^2 + Q_3^2 + Q_4^2\right)\\
&+ \frac{L'}{2}\left(\dot{Q}_1 + \dot{Q}_2 - \dot{Q}_3 - \dot{Q}_4\right)^2 \\
&- M_{\text{H}}\dot{Q}_1\dot{Q}_3 - M_{\text{H}}\dot{Q}_2\dot{Q}_4 - M_{\text{E}}\omega_0^2 Q_1 Q_3 - M_{\text{E}}\omega_0^2 Q_2 Q_4
\end{aligned}
\tag{3-3}
$$

其中 $Q_i(i = 1, 2, 3, 4)$ 是各个 SRR 从 R1 到 R4 中的振荡电荷；前两项来自电感和电容；L' 来自分子内部四臂的互感；M_{E} 和 M_{H} 分别是电偶极子和磁偶极子相互作用的耦合系数。对于 $Q_1=Q_3=Q_{\text{a}}$，$Q_2=Q_4=Q_{\text{b}}$

$$
\begin{aligned}
\varGamma = &L\left(\dot{Q}_{\text{a}}^2 + \dot{Q}_{\text{b}}^2\right) - L\omega_0^2\left(Q_{\text{a}}^2 + Q_{\text{b}}^2\right) + 2L'\left(\dot{Q}_{\text{a}} - \dot{Q}_{\text{b}}\right)^2 \\
&- 2M_{\text{H}}\dot{Q}_{\text{a}}\dot{Q}_{\text{b}} - 2M_{\text{E}}\omega_0^2 Q_{\text{a}} Q_{\text{b}}
\end{aligned}
\tag{3-4}
$$

随后，采用 $Q_i = A_i\exp(\mathrm{i}\omega t)$ 的解形式，并通过求解欧拉-拉格朗日方程 $\dfrac{\mathrm{d}}{\mathrm{d}t}\dfrac{\partial \varGamma}{\partial \dot{Q}_i} - \dfrac{\partial \varGamma}{\partial Q_i} = 0\,(i = a, b)$，这些环形超分子的特征频率可以得到为

$$
\begin{cases}
\omega_{\text{M}} = \omega_0\sqrt{\dfrac{1+\kappa_{\text{E}}}{1-\kappa_{\text{H}}}}, & \text{其中}\ Q_{\text{a}} = Q_{\text{b}} \\[3mm]
\omega_{\text{T}} = \omega_0\sqrt{\dfrac{1-\kappa_{\text{E}}}{1+4\eta+\kappa_{\text{H}}}}, & \text{其中}\ Q_{\text{a}} = -Q_{\text{b}}
\end{cases}
\tag{3-5}
$$

其中 $\eta = L'/L$，$\kappa_{\text{E}}' = M_{\text{E}}/L$ 以及 $\kappa_{\text{H}} = M_{\text{H}}/L$ 是整体相互作用的归一化耦合系数。我们假设在 TM1 和 TM2 的不同连接情况下，电耦合系数分别变为 κ_{E1} 和 κ_{E2}，而 η 和 κ_{H} 是相同的，即

$$
\begin{cases}
\omega_{\text{M1}}^{-} = \omega_0\sqrt{\dfrac{1+\kappa_{\text{E1}}}{1-\kappa_{\text{H}}}}, & \omega_{\text{T1}}^{+} = \omega_0\sqrt{\dfrac{1-\kappa_{\text{E1}}}{1+4\eta+\kappa_{\text{H}}}}, & \text{对于 TM1} \\[3mm]
\omega_{\text{M2}}^{+} = \omega_0\sqrt{\dfrac{1+\kappa_{\text{E2}}}{1-\kappa_{\text{H}}}}, & \omega_{\text{T2}}^{-} = \omega_0\sqrt{\dfrac{1-\kappa_{\text{E2}}}{1+4\eta+\kappa_{\text{H}}}}, & \text{对于 TM2}
\end{cases}
\tag{3-6}
$$

由于 TM1 和 TM2 的四个共振频率是从图 3.5 的模拟透射率中获得的，因此可以使用给定的共振频率计算归一化耦合系数：$\eta = -0.0029$，$\kappa_{\text{E1}} = -0.0912$，$\kappa_{\text{E2}}$

$= 0.0298$ 和 $\kappa_{\mathrm{H}} = 0.0592$。这两种情况的磁耦合项系数 κ_{H} 均为正，而电耦合项 κ_{E} 的系数对于四上 SRR(TM1)为负，对于二上二下 SRR(TM2)为正。κ_{E1} 的绝对值大于 κ_{E2}。在 TM1 的情况下，电耦合比磁耦合强，这证明了电偶极子相互作用在谐振频率中起主导作用。在 TM2 的情况下，磁耦合比电耦合强。在这两种情况下，来自分子内部四臂的互感要比偶极子相互作用的耦合系数小得多。

　　接下来，我们将四个 SRR 的距离 r 从 450 nm 减小到 200 nm，来研究磁共振和环形共振的能量分裂，这意味着增加 TM1 和 TM2 中四个 SRR 的耦合强度。在不同 r 情况下的透射光谱分别如图 3.7(a)和(b)所示。在 $r = 450$ nm 时，由于四个 SRR 的耦合较弱，几乎没有观察到能量分裂。当 r 减小时，耦合变得更强，能量分裂现象更加明显，产生了环形共振(图 3.7(a)和(b)中 TM1 的高频分支和 TM2 的低频分支)。然而，随着 r 不断减小，环形共振变得更弱。例如，在 $r = 200$ nm 的情况下，环形模式弱到无法被观察到。结果，当我们试图通过增加每个环形谐振器的耦合效应来激发环形模式时，环形谐振的强度却随之降低，而每个 SRR 之间的耦合效应变得太强。图 3.7(c)显示了归一化耦合系数(κ_{E1}，κ_{E2}，κ_{H} 和 η)随着距离 r 变化的数值计算结果，该结果是通过使用图 3.7(a)和(b)中的 TM1 和 TM2 的共振频率求解方程(3-6)得到的。参数 κ_{E1}，κ_{E2}，κ_{H} 和 η 的绝对值随着半径 r 的减小而增加。通过这些参数对电/磁偶极子耦合幅度进行了定量分析。

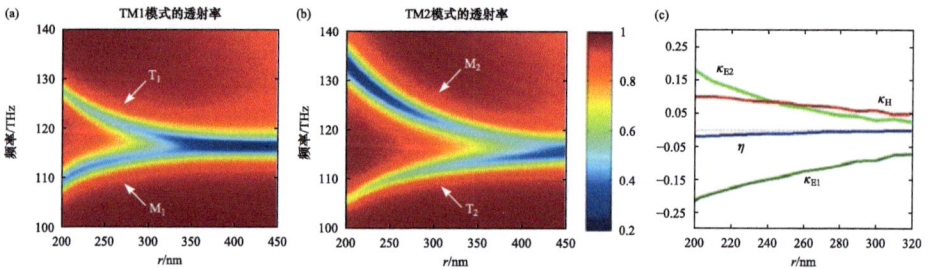

图 3.7　仿真的透射光谱作为 TM1(a)和 TM2(b)的半径 r 的函数。(c)归一化耦合系数作为半径 r 的函数，从(a)和(b)中的共振频率获得

3.3　零　极　子

　　零极子(anapole)是一种非辐射电荷-电流分布，最近人们在各种人造材料和纳米结构中观察到它的存在。我们简要概括了这个快速发展的领域，并讨论了零极子对光谱学、能源材料、电磁学以及量子和非线性光学的影响。

3.3.1　简介

　　一个电偶极子(一对振荡电荷)和一个环形偶极子(环面上的振荡径向电流(见

图 3.8))可以形成一个非辐射电荷电流结构，被称为"动态零极子"[69-72]。当中心重合的电偶极子和环形偶极子的远场辐射干涉相消时，零极子可在特定的振荡频率下出现。至关重要的是，电偶极子和环形偶极子具有相同的辐射模式(见图 3.9)，因此一个零极子的净辐射功率为零。动态零极子是一种非辐射能量"水库"，激发了人们对物质中零极子激发的广泛研究(见图 3.10)。完美的零极子不发射也不吸收光，因此不能被远场探测到。只有当它们与自由空间辐射耦合，或者它们没有完全平衡，即电偶极辐射不能精确地抵消环形偶极辐射时，才能被检测到。一个稍微不平衡的零极子会在散射谱中产生一个狭窄的峰。2013 年，在微波超材料的光谱中首次检测到零极子的窄透射峰[70]。从那时起，人们讨论了许多增强零极子激发的纳米结构。零极子已经在介电纳米颗粒[73-77]和金属[78]及等离激元超材料[79]中被观察到。

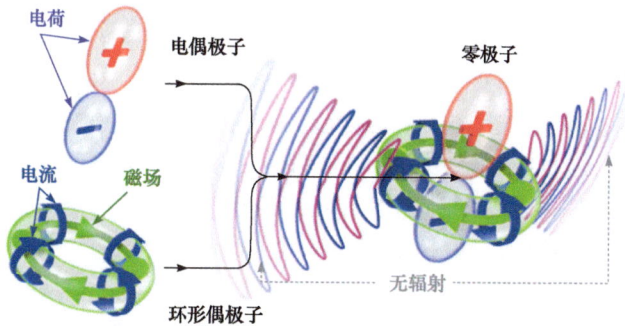

图 3.8　动态零极子的结构。它是电偶极子和环形偶极子的平衡叠加。电偶极子对应于一对相反的电荷。环向偶极子对应于环面上的极向电流。当电偶极子和环形偶极子辐射的场相互抵消时，零极子就出现了

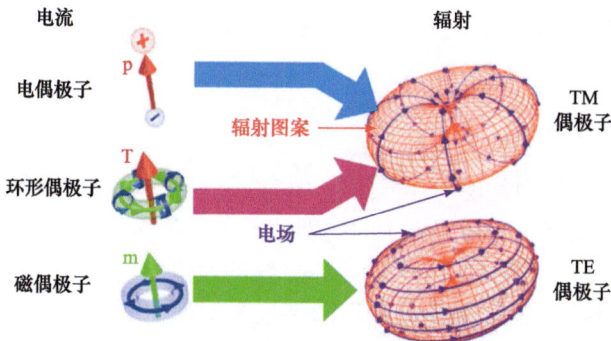

图 3.9　电(p)、磁(m)和环形(T)偶极子的辐射模式。振荡的电偶极子、磁偶极子和环形偶极子具有相同的能量辐射模式(每固体角度发射功率；右边的红色壳)。然而，电偶极子和磁偶极子可以通过发射光的偏振状态来区分(TE：横向电；TM：横向磁)。壳体表面上的紫色箭头线表示电场振荡的方向。电偶极子和环形偶极子无法通过它们的远场发射来区分

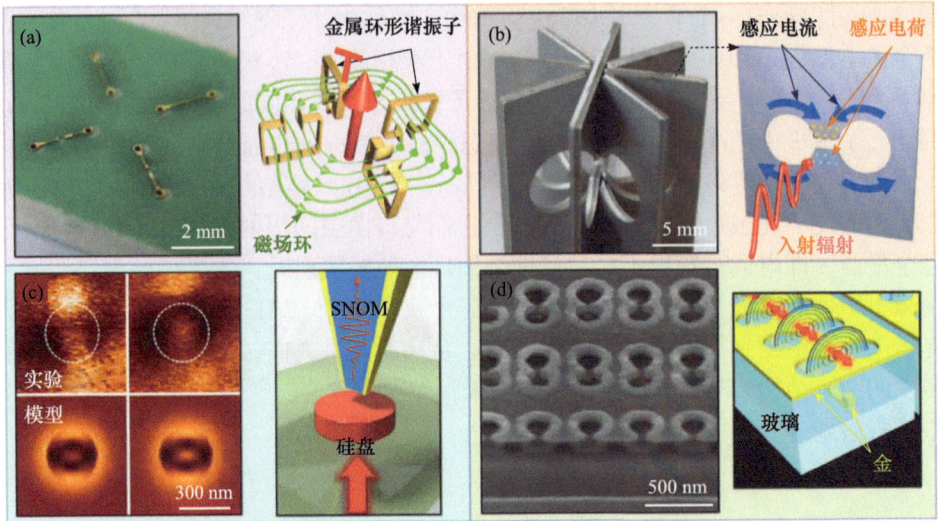

图 3.10 动态环形偶极子和零极子激励的开创性实验。(a)2010 年。环形偶极子共振的测量。支持环形偶极子响应的微波超材料的单元照片，以及支持环形偶极子激发的单元示意图。磁感线的闭环是环形响应的特征[1]。(b)2013 年。零极子的测量。微波超材料支持零极子激发模式的具有 8 倍旋转对称的单元结构的照片[70]。示意图显示了一个具有哑铃形开孔的结构单元。通过哑铃间隙偏振的电磁波在结构中引起电偶极子(由于电荷)和环形偶极子(由于电流)的响应。电激励和环形激励的辐射在共振频率上发生相消性干涉。(c)2015 年。硅纳米盘的零极子模式观察[73]。颜色图显示了圆盘内的电场分布，实验和数值模拟，展示了一个零极子模式的激发。使用扫描近场光学显微镜(SNOM)在实验中扫描而获得零极子的近场分布图。(d)2018 年。观测到等离子体超材料支持的零极子激发模式[79]。扫描电子显微镜图像显示了纳米结构的横截面。它由一个哑铃穿孔部分的金膜和它下面的一个额外的金开口环谐振器组成。示意图显示了超材料的单元结构，以及谐振模式的草图，这一结构同时支持电偶极子和环形偶极子模式的激发

3.3.2 零极子的探测

最近在不同结构中发现的环形偶极子模式是环形电动力学领域的一项重要成就，它说明了电偶极子和环偶极子的物理性质相互独立，尽管它们具有相同的远场辐射模式(见参考文献[80,81]中对这一主题的讨论)。事实上，尽管它们的远场辐射模式是相同的，但电偶极子和环形偶极子对应着完全不同的电荷和电流分布(见图 3.8 和图 3.9)。此外，电偶极子和环形偶极子发出的振荡矢势不能通过规范变换[69]。

环形偶极子和电偶极子物理意义的差别也表现在相对论电动力学中。虽然电偶极子和环形偶极子在惯性运动时是相同的，但匀加速运动时电和环形偶极子的

辐射是不一样的：环形偶极子辐射椭圆度的绝对值大于电偶极子[82]。电偶极子辐射与环形偶极子辐射的椭圆度之差 $\Delta\chi$ 随着方向变化而改变(见图 3.11)。因此，一个理想的环形偶极子，在静止时不发射辐射，在加速时发出光并与光相互作用。

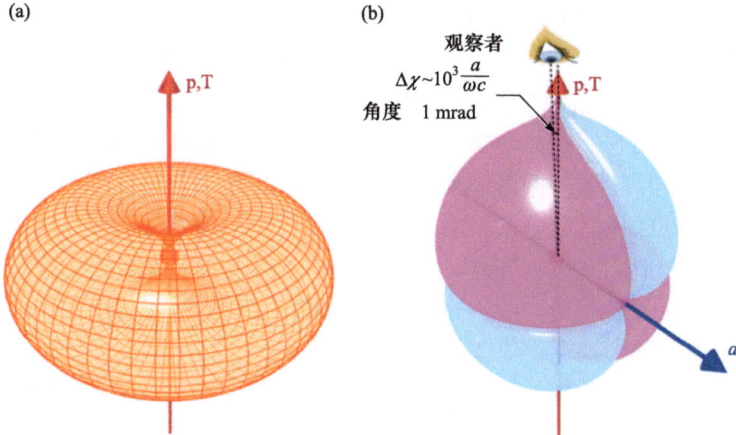

图 3.11　加速电偶极子(p)和环形偶极子(T)的辐射。(a)在频率 ω 处振荡的匀速电偶极子(p)和环形偶极子(T)的辐射模式是相同的。然而，加速的振荡电偶极子和环形偶极子的辐射情况是不同的。(b)表示电(χ_{p})与加速的环形(χ_{T})偶极子辐射场椭圆度差的对数图。粉色和蓝色分别对应于正、负椭圆度差 $\Delta\chi=\chi_{\mathrm{T}}-\chi_{\mathrm{p}}$(图中 c 是真空中的光速)。在相对于偶极轴的小角度下，由椭圆度差引起的效应最强。哪怕椭圆度差较大，辐射仍然较为明显

　　想要达到上述效果，需要极高的加速度，而且并不容易观察。然而，有一种更容易的方法来揭示电偶极子和环形偶极子之间的区别。就像一些物质在不同的溶剂中显示出不同的颜色[83]，我们可以利用电偶极子与环形偶极子在介质中辐射功率随介质折射率变化的不同。事实上，由点状电偶极子(p)和点状环形偶极子(T)发射的功率 P 及角频率 ω，与环境折射率的关系是不一样的[84-86]：

$$\text{电偶极子：}\quad P_{\mathrm{p}}=\frac{\mu_0\omega^4}{12\pi c}\cdot n\cdot|\,p\,|^2$$

$$\text{环形偶极子：}\quad P_{\mathrm{T}}=\frac{\mu_0\omega^6}{12\pi c^3}\cdot n^5\cdot|\,T\,|^2$$

其中 μ_0 为真空磁导率，c 为真空中的光速。电偶极子辐射的功率与折射率 n 成正比，而环形偶极子的辐射功率与 n^5 成正比。在材料中同时发生环形偶极子和电偶极子共振的情况下，可以通过测量原子、分子或人工超材料在不同折射率的环境中的衰变率，以观察这种差异[84]。同样，我们也可以将人工超材料浸没在具有不同折射率的液体中，通过测量吸收率来区分电偶极子和环形偶极子的贡献[87]。

3.4　总结与未来展望

本章首先介绍了研究人员利用微波超材料首次实现了环形偶极子为主导的响应。随后指出在金属[9-14]、等离激元[15-21]和介电超材料[22,23]中也观察到动态环形偶极子的响应，频率从微波到太赫兹再到近红外/可见光。以两种新的相关类等离子超材料为例，说明它们在光学频率下表现出明显的共振环形响应。计算机模拟和分析建模表明，由 U 形谐振器排列组成的等离激元超材料中的环形响应可以通过改变谐振器之间的位置关系来精确控制。我们的结果清楚地表明，通过现有纳米制造技术可以制造的超材料阵列，在光学频率下可以实现环形响应。TM1 中等离激元环形模式更容易制造，因为直立 U 形 SRR 比倒置的更容易制造。这项工作为光学频率下的环形共振提供了一种实用的途径。

对零极子的研究激发了一些有趣的发现。研究表明，人工超材料中可以激发出动态零极子模式。动态的零极子可以在有机物中，通常是由环状分子构成的有机物中(如苯环)表现出来的。事实上，一些富勒烯中存在静态的零极子[88]。此外，最近在一些环分子[89]、双原子分子[90]和手性分子[91]中发现了静态零极子。一些观点认为，环形电流之间的相互作用打破了对称性，这可能影响分子水平上的能量和信息传递，以及化学和生化过程的动力学[92]。由于零极子是稳定的能量库，它们对量子技术的量子比特具有相当重要的意义[93]。高质量的零极子相关共振可用于增强材料的非线性电磁特性[94-96]，并且可以应用于传感器设计中[79,97]。具有高密度零极子的物质可能作为一种能量储存物质，通过环境条件的突然变化，可以瞬间释放出能量。如上所述，由于对自由空间电磁波的耦合较弱，因此零极子的光谱学具有相当大的挑战性。然而，使用结构光，尤其是具有环形拓扑的时空相关脉冲可能会对解决此问题有帮助，因为它们比横向脉冲更适合激发环形共振[98]。此外，一个由环形偶极子和电偶极子组成的零极子可以与电子束激发耦合[99]。

参 考 文 献

[1] KAELBERER T, FEDOTOV V A, PAPASIMAKIS N, et al. Toroidal dipolar response in a metamaterial [J]. Science, 2010, 330(6010): 1510-1512.

[2] PAPASIMAKIS N, FEDOTOV V, SAVINOV V, et al. Electromagnetic toroidal excitations in matter and free space [J]. Nature Materials, 2016, 15(3): 263-271.

[3] TALEBI N, GUO S R, VAN AKEN P A. Theory and applications of toroidal moments in electrodynamics: Their emergence, characteristics, and technological relevance[J]. Nanophotonics, 2018, 7(1): 93-110.

[4] BARYSHNIKOVA K V, SMIRNOVA D A, LUK'YANCHUK B S, et al. Optical anapoles: Concepts and applications [J]. Advanced Optical Materials, 2019: 1801350.

[5] JACKSON J D. Classical Electrodynamics [M]. New York: John Wiley & Sons, Inc., 1999.

[6] RADESCU E E, VAMAN G. Exact calculation of the angular momentum loss, recoil force, and radiation intensity for an arbitrary source in terms of electric, magnetic, and toroid multipoles [J]. Physical Review E, 2002, 65(4): 046609.

[7] MARINOV K, BOARDMAN A D, FEDOTOV V A, et al. Toroidal metamaterial [J]. New Journal of Physics, 2007, 9: 324.

[8] PAPASIMAKIS N, FEDOTOV V A, MARINOV K, et al. Gyrotropy of a metamolecule: Wire on a torus [J]. Physical Review Letters, 2009, 103(9): 093901.

[9] YE Q W, GUO L Y, LI M H, et al. The magnetic toroidal dipole in steric metamaterial for permittivity sensor application [J]. Physica Scripta, 2013, 88(5): 055002.

[10] FAN Y C, WEI Z Y, LI H Q, et al. Low-loss and high-q planar metamaterial with toroidal moment [J]. Physical Review B, 2013, 87(11): 115417.

[11] SAVINOV V, FEDOTOV V, ZHELUDEV N I. Toroidal dipolar excitation and macroscopic electromagnetic properties of metamaterials [J]. Physical Review B, 2014, 89(20): 205112.

[12] RAYBOULD T A, FEDOTOV V A, PAPASIMAKIS N, et al. Toroidal circular dichroism [J]. Physical Review B, 2016, 94(3): 035119.

[13] LIU Z, DU S, CUI A J, et al. High-quality-factor mid-infrared toroidal excitation in folded 3D metamaterials [J]. Advanced Materials, 2017, 29(17): 1606298.

[14] CONG L Q, SAVINOV V, SRIVASTAVA Y K, et al. A metamaterial analog of the ising model [J]. Advanced Materials, 2018, 30(40): 1804210.

[15] DONG Z G, ZHU J, RHO J, et al. Optical toroidal dipolar response by an asymmetric double-bar metamaterial [J]. Applied Physics Letters, 2012, 101(14): 144105.

[16] HUANG Y W, CHEN W T, WU P C, et al. Design of plasmonic toroidal metamaterials at optical frequencies [J]. Optics Express, 2012, 20(2): 1760-1768.

[17] OGUT B, TALEBI N, VOGELGESANG R, et al. Toroidal plasmonic eigenmodes in oligomer nanocavities for the visible [J]. Nano Letters, 2012, 12(10): 5239-5244.

[18] HUANG Y W, CHEN W T, WU P C, et al. Toroidal lasing spaser [J]. Scientific Reports, 2013, 3: 1237.

[19] WATSON D W, JENKINS S D, RUOSTEKOSKI J, et al. Toroidal dipole excitations in metamolecules formed by interacting plasmonic nanorods [J]. Physical Review B, 2016, 93(12): 125420.

[20] AHMADIVAND A, GERISLIOGLU B, PALA N. Large-modulation-depth polarization-sensitive plasmonic toroidal terahertz metamaterial [J]. IEEE Photonics Technology Letters, 2017, 29(21): 1860-1863.

[21] GE L X, LIU L, DAI S W, et al. Unidirectional scattering induced by the toroidal dipolar excitation in the system of plasmonic nanoparticles [J]. Optics Express, 2017, 25(10): 10853-10862.

[22] BASHARIN A A, KAFESAKI M, ECONOMOU E N, et al. Dielectric metamaterials with toroidal dipolar response [J]. Physical Review X, 2015, 5(1): 011036.

[23] OSPANOVA A K, KARABCHEVSKY A, BASHARIN A A. Metamaterial engineered transparency due to the nullifying of multipole moments [J]. Optics Letters, 2018, 43(3): 503-506.

[24] GUPTA M, SRIVASTAVA Y K, MANJAPPA M, et al. Sensing with toroidal metamaterial [J].

Applied Physics Letters, 2017, 110(12): 121108.

[25] SPALDIN N A, FIEBIG M, MOSTOVOY M. The toroidal moment in condensed-matter physics and its relation to the magnetoelectric effect [J]. Journal of Physics: Condensed Matter, 2008, 20(43): 434203.

[26] GAO Y, HO C M, SCHERRER R J. Anapole dark matter at the lhc [J]. Physical Review D, 2014, 89(4): 045006.

[27] LANDAU L D, LIFSHITZ E M. Course of Theoretical Physics [M]. Cambridge: Cambridge University Press, 2013.

[28] ZEL'DOVICH I B. Electromagnetic interaction with parity violation [J]. Soviet Physics, JETP, 1958, 6(6): 1184-1186.

[29] HAXTON W. Atomic parity violation and the nuclear anapole moment [J]. Science, 1997, 275(5307): 1753.

[30] RADESCU E, VAMAN G. Exact calculation of the angular momentum loss, recoil force, and radiation intensity for an arbitrary source in terms of electric, magnetic, and toroid multipoles [J]. Physical Review E, 2002, 65(4): 046609.

[31] CEULEMANS A, CHIBOTARU L, FOWLER P. Molecular anapole moments [J]. Physical Review Letters, 1998, 80(9): 1861-1864.

[32] NAUMOV I I, BELLAICHE L, FU H. Unusual phase transitions in ferroelectric nanodisks and nanorods [J]. Nature, 2004, 432(7018): 737-740.

[33] DUBOVIK V, TOSUNYAN L, TUGUSHEV V. Axial toroidal moments in electrodynamics and solid-state physics [J]. Journal for Experimental and Theoretical Physics, 1986, 90(2): 590-605.

[34] AFANASIEV G, DUBOVIK V. Some remarkable charge-current configurations [J]. Physics of Particles and Nuclei, 1998, 29(4): 891-945.

[35] BOARDMAN A, MARINOV K, ZHELUDEV N, et al. Dispersion properties of nonradiating configurations: Finite-difference time-domain modeling [J]. Physical Review E, 2005, 72(3): 036603.

[36] PAPASIMAKIS N, FEDOTOV V, MARINOV K, et al. Gyrotropy of a metamolecule: Wire on a torus [J]. Physical Review Letters, 2009, 103(9): 093901.

[37] MARINOV K, BOARDMAN A, FEDOTOV V, et al. Toroidal metamaterial [J]. New Journal of Physics, 2007, 9(9): 324.

[38] AFANASIEV G. Simplest sources of electromagnetic fields as a tool for testing the reciprocity-like theorems [J]. Journal of Physics D: Applied Physics, 2001, 34(4): 539-559.

[39] SAWADA K, NAGAOSA N. Optical magnetoelectric effect in multiferroic materials: Evidence for a lorentz force acting on a ray of light [J]. Physical Review Letters, 2005, 95(23): 237402.

[40] DUBOVIK V, TUGUSHEV V. Toroid moments in electrodynamics and solid-state physics [J]. Physics Reports, 1990, 187(4): 145-202.

[41] DUBOVIK V, CHESHKOV A. Multipole expansion in classical and quantum field theory and radiation [J]. Soviet Journal of Particles and Nuclei, 1975, 5(3): 318-337.

[42] AFANASIEV G, DUBOVIK V. Electromagnetic properties of a toroidal solenoid [J]. Journal of Physics A: Mathematical and General, 1992, 25(18): 4869.

[43] GONGORA A, LEY-KOO E. Complete electromagnetic multipole expansion including toroidal

moments [J]. Revista Mexicana de Física E, 2006, 52(2): 177-181.

[44] FEDOTOV V, MARINOV K, BOARDMAN A, et al. On the aromagnetism and anapole moment of anthracene nanocrystals [J]. New Journal of Physics, 2007, 9(4): 95.

[45] ALBORGHETTI S, PUPPIN E, BRENNA M, et al. Absence of toroidal moments in "aromagnetic" anthracene [J]. New Journal of Physics, 2008, 10(6): 063019.

[46] SMITH D R, PENDRY J B, WILTSHIRE M C. Metamaterials and negative refractive index [J]. Science, 2004, 305(5685): 788-792.

[47] TKALYA E V. Spontaneous electric multipole emission in a condensed medium and toroidal moments [J]. Physical Review A, 2002, 65(2): 022504.

[48] DUBOVIK V, MARTSENYUK M, SAHA B. Material equations for electromagnetism with toroidal polarizations [J]. Physical Review E, 2000, 61(6): 7087.

[49] SCHMID H. On ferrotoroidics and electrotoroidic, magnetotoroidic and piezotoroidic effects [J]. Ferroelectrics, 2001, 252(1): 41-50.

[50] ZEL'DOVICH I B. The relation between decay asymmetry and dipole moment of elementary particles [J]. Soviet Physics, JETP, 1958, 6(6): 1148.

[51] LUK'YANCHUK B, ZHELUDEV N I, MAIER S A, et al. The fano resonance in plasmonic nanostructures and metamaterials [J]. Nature Materials, 2010, 9(9): 707-715.

[52] CHEN W T, WU P C, CHEN C J, et al. Electromagnetic energy vortex associated with sub-wavelength plasmonic taiji marks [J]. Optics Express, 2010, 18(19): 19665-19671.

[53] LINDEN S, ENKRICH C, WEGENER M, et al. Magnetic response of metamaterials at 100 terahertz [J]. Science, 2004, 306(5700): 1351-1353.

[54] DIESSEL D, DECKER M, LINDEN S, et al. Near-field optical experiments on low-symmetry split-ring-resonator arrays [J]. Optics Letters, 2010, 35(21): 3661-3663.

[55] ZHU W M, LIU A Q, ZHANG X M, et al. Switchable magnetic metamaterials using micromachining processes [J]. Advanced Materials, 2011, 23(15): 1792-1796.

[56] CHEN W T, CHEN C J, WU P C, et al. Optical magnetic response in three-dimensional metamaterial of upright plasmonic meta-molecules [J]. Optics Express, 2011, 19(13): 12837-12842.

[57] ZHANG S, PARK Y S, LI J, et al. Negative refractive index in chiral metamaterials [J]. Physical Review Letters, 2009, 102(2): 023901.

[58] PLUM E, LIU X X, FEDOTOV V, et al. Metamaterials: Optical activity without chirality [J]. Physical Review Letters, 2009, 102(11): 113902.

[59] SOUKOULIS C M, LINDEN S, WEGENER M. Negative refractive index at optical wavelengths [J]. Science, 2007, 315(5808): 47-49.

[60] SHELBY R A, SMITH D R, SCHULTZ S. Experimental verification of a negative index of refraction [J]. Science, 2001, 292(5514): 77-79.

[61] PLUM E, FEDOTOV V, KUO P, et al. Towards the lasing spaser: Controlling metamaterial optical response with semiconductor quantum dots [J]. Optics Express, 2009, 17(10): 8548-8551.

[62] FEDOTOV V A, PAPASIMAKIS N, PLUM E, et al. Spectral collapse in ensembles of metamolecules [J]. Physical Review Letters, 2010, 104(22): 223901.

[63] PLUM E, TANAKA K, CHEN W T, et al. A combinatorial approach to metamaterials discovery

[J]. Journal of Optics, 2011, 13(5): 055102.

[64] LI T, YE R, LI C, et al. Structural-configurated magnetic plasmon bands in connected ring chains [J]. Optics Express, 2009, 17(14): 11486-11494.

[65] LIU N, LIU H, ZHU S, et al. Stereometamaterials [J]. Nature Photonics, 2009, 3(3): 157-162.

[66] KAELBERER T, FEDOTOV V, PAPASIMAKIS N, et al. Toroidal dipolar response in a metamaterial [J]. Science, 2010, 330(6010): 1510-1512.

[67] BURCKEL D B, WENDT J R, TEN EYCK G A, et al. Micrometer-scale cubic unit cell 3D metamaterial layers [J]. Advanced Materials, 2010, 22(44): 5053-5057.

[68] CHO J H, GRACIAS D H. Self-assembly of lithographically patterned nanoparticles [J]. Nano Letters, 2009, 9(12): 4049-4052.

[69] AFANASIEV G N, STEPANOVSKY Y P. The electromagnetic-field of elementary time-dependent toroidal sources [J]. The Journal of Physical Chemistry B, 1995, 28(16): 4565-4580.

[70] FEDOTOV V A, ROGACHEVA A V, SAVINOV V, et al. Resonant transparency and non-trivial non-radiating excitations in toroidal metamaterials [J]. Scientific Reports, 2013, 3: 2967.

[71] LUK'YANCHUK B, PANIAGUA-DOMINGUEZ R, KUZNETSOV A I, et al. Suppression of scattering for small dielectric particles: Anapole mode and invisibility [J]. Philosophical Transactions of the Royal Society A: Mathematical, Physical and Engineering Sciences, 2017, 375(2090): 20160069.

[72] LI S Q, CROZIER K B. Origin of the anapole condition as revealed by a simple expansion beyond the toroidal multipole [J]. Physical Review B, 2018, 95(24): 245423.

[73] MIROSHNICHENKO A E, EVLYUKHIN A B, YU Y F, et al. Nonradiating anapole modes in dielectric nanoparticles [J]. Nature Communications, 2015, 6: 8069.

[74] WEI L, XI Z, BHATTACHARYA N, et al. Excitation of the radiationless anapole mode [J]. Optica, 2016, 3(8): 799-802.

[75] WANG R, DAL NEGRO L. Engineering non-radiative anapole modes for broadband absorption enhancement of light [J]. Optics Express, 2016, 24(17): 19048-19062.

[76] GRINBLAT G, LI Y, NIELSEN M P, et al. Efficient third harmonic generation and nonlinear subwavelength imaging at a higher-order anapole mode in a single germanium nanodisk [J]. ACS Nano, 2017, 11(1): 953-960.

[77] GURVITZ E A, LADUTENKO K S, DERGACHEV P A, et al. The high-order toroidal moments and anapole states in all-dielectric photonics [J]. Laser & Photonics Reviews, 2019, 13(5): 1800266.

[78] BASHARIN A A, CHUGUEVSKY V, VOLSKY N, et al. Extremely high Q-factor metamaterials due to anapole excitation [J]. Physical Review B, 2017, 95(3): 035104.

[79] WU P C, LIAO C Y, SAVINOV V, et al. Optical anapole metamaterial [J]. ACS Nano, 2018, 12(2): 1920-1927.

[80] FERNANDEZ-CORBATON I, NANZ S, ROCKSTUHL C. On the dynamic toroidal multipoles from localized electric current distributions [J]. Scientific Reports, 2017, 7(1): 7527.

[81] ALAEE R, ROCKSTUHL C, FERNANDEZ-CORBATON I. An electromagnetic multipole expansion beyond the long-wavelength approximation [J]. Optics Communications, 2018, 407: 17-21.

[82] SAVINOV V. Light emission by accelerated electric, toroidal, and anapole dipolar sources [J]. Physical Review A, 2018, 97(6): 063834.

[83] MARINI A, MUNOZ-LOSA A, BIANCARDI A, et al. What is solvatochromism? [J]. The Journal of Physical Chemistry B, 2010, 114(51): 17128-17135.

[84] TKALYA E V. Spontaneous electric multipole emission in a condensed medium and toroidal moments [J]. Physical Review A, 2002, 65(2): 022504.

[85] BOARDMAN A D, MARINOV K, ZHELUDEV N, et al. Dispersion properties of nonradiating configurations: finite-difference time-domain modeling [J]. Physical Review E, 2005, 72(3): 036603.

[86] SAVINOV V. Far-field radiation of electric and toroidal dipoles in loss-less non-magnetic dielectric medium with refractive index n [J]. arXiv preprint arXiv:181102424, 2018.

[87] TSAI W Y, SAVINOV V, OU J Y, et al. Variable environmental index spectroscopy in metamaterials [Z]. 2018 Conference on Lasers and Electro-Optics(CLEO). San Jose, CA, USA; IEEE. 2018: 1-2.

[88] CEULEMANS A, CHIBOTARU L F, FOWLER P W. Molecular anapole moments [J]. Physical Review Letters, 1998, 80(9): 1861-1864.

[89] PAGOLA G I, FERRARO M B, PROVASI P F, et al. Theoretical estimates of the anapole magnetizabilities of $C_4H_4X_2$ cyclic molecules for x=O, S, Se, and Te [J]. The Journal of Chemical Physics, 2014, 141(9): 094305.

[90] LEWIS R R. Anapole moment of a diatomic polar molecule [J]. Physical Review A, 1994, 49(5): 3376-3380.

[91] FUKUYAMA T, MOMOSE T, NOMURA D. Anapole moment of a chiral molecule revisited [J]. European Physical Journal D, 2015, 69(12): 264.

[92] AFANASIEV G N. Simplest sources of electromagnetic fields as a tool for testing the reciprocity-like theorems [J]. Journal of Physics D: Applied Physics, 2001, 34(4): 539-559.

[93] ZAGOSKIN A M, CHIPOULINE A, IL'ICHEV E, et al. Toroidal qubits: Naturally-decoupled quiet artificial atoms [J]. Scientific Reports, 2015, 5: 16934.

[94] ZHAI W C, QIAO T Z, CAI D J, et al. Anticrossing double fano resonances generated in metallic/dielectric hybrid nanostructures using nonradiative anapole modes for enhanced nonlinear optical effects [J]. Optics Express, 2016, 24(24): 27858-27869.

[95] GRINBLAT G, LI Y, NIELSEN M P, et al. Enhanced third harmonic generation in single germanium nanodisks excited at the anapole mode [J]. Nano Letters, 2016, 16(7): 4635-4640.

[96] XU L, RAHMANI M, KAMALI K Z, et al. Boosting third-harmonic generation by a mirror-enhanced anapole resonator [J]. Light: Science & Applications, 2018, 7: 44.

[97] YANG Y Q, ZENIN V A, BOZHEVOLNYI S I. Anapole-assisted strong field enhancement in individual all-dielectric nanostructures [J]. ACS Photonics, 2018, 5(5): 1960-1966.

[98] RAYBOULD T, FEDOTOV V A, PAPASIMAKIS N, et al. Exciting dynamic anapoles with electromagnetic doughnut pulses [J]. Applied Physics Letters, 2017, 111(8): 081104.

[99] GUO S R, TALEBI N, CAMPOS A, et al. Radiation of dynamic toroidal moments [J]. ACS Photonics, 2019, 6(2): 467-474.

第4章 流体超材料

4.1 概　述

流体超材料(fluidic metamaterial)是超材料中的一种，其光学响应与流体中的超分子相关。这种相关性源于超分子的流体-背景耦合或液体结构中超分子中的谐振。包括水、液晶、液态金属在内的各种液态材料可以用于流体超材料的制造。电偏置和微流体系统等尖端技术可以用于流体超材料的主动控制，这为电磁波的操纵和超构器件的实现提供了新的方式。流体超材料所展现的液体基底和显著可调性有望带来许多应用，如材料传感、生物检测、能源收集和成像等。

超材料是一种人造材料，由超分子结构单元以亚波长周期排列构成[1-3]。通过开口环谐振器[4,5]、渔网[6,7]和成对的板[8]等结构，可以实现超分子结构与电磁(EM)波的相互作用。这样的相互作用可以产生负折射[9,10]、强光学活性[11-14]和非凡的透射率[15-17]等特殊性质。通过对超材料折射率进行调整，可以实现隐形[18-20]和变换光学[21,22]的功能。基于超材料的近场超透镜(superlens)[23]和双曲超透镜(hyperlens)[24,25]，也可以克服衍射极限。通过超材料和入射介质之间的折射率匹配，可以实现完美吸收[26-28]或热辐射[29]等功能。通过各向异性[30,31]或手性超分子结构[32,33]，可以操纵电磁波的偏振。此外，通过一类特殊的二维超材料，即超表面，可以单独控制每个超分子单元上入射电磁波的相位延迟[34,35]，以此实现对电磁波波前的调控，这使得人们开始探索超材料在平面透镜聚焦[36,37]、全息[38,39]和成像[40]等领域的应用。

不断增长的光学信息传输和处理的需求促进了能实时操纵电磁波的有源超材料的研究。通过调整背景折射率或重构超分子结构来设计有源超材料的方式已经日趋成熟。半导体或相变材料通常用作超材料基板，通过电偏置[41,42]、光泵[43,44]和热效应[45]等方式可以控制自由载流子密度或晶体结构。超材料也可以使用微加工技术[46,47]或柔性基底形变[48,49]进行控制，其中柔性基底形变可以主动控制超原子和光之间的耦合。

超材料通常由金属(金、铜或铝等)或固态基板上的高介电常量的电介质(硅或二氧化钛等)组成。它们的介电常量调谐受到材料物理特性(自由载流子密度、带隙或结晶相等)的严重限制，而超原子的重构也受到材料刚性的限制。而液体可以在任意结构中流动，因此设计超原子结构时，液体能够调整其电磁波响应。液体可以与其他液体交换或混合，可以显著改变有效折射率。此外，许多光学应用，如生物成像、微生物检测、化学反应和能量收集等都是在液体环境中进行的。因此，超材料和液体的学科交叉将为主动光学控制和生物传感应用开启一个新时代。本章介绍了由流体构成的超材料(称为流体超材料)的研究进展。

图 4.1 根据内部使用的流体材料的不同划分出了不同类型的流体超材料。首先，讨论了通过将传统的固态超材料嵌入液体中而形成的液体基底超材料。水作为地球上最常见的液体，由于其具有低成本、生物相容性以及与其他化学溶液的可混溶性，一般认为是可调超材料的首选。液晶的折射率随其分子取向而变化，是另一种潜在的可调液体介质。此外，还有在液体介质中由纳米微粒组成的超材料。液体中悬浮纳米颗粒的方向和排列可以通过不同的光激励来调节，实现了光学超材料的灵活调节。

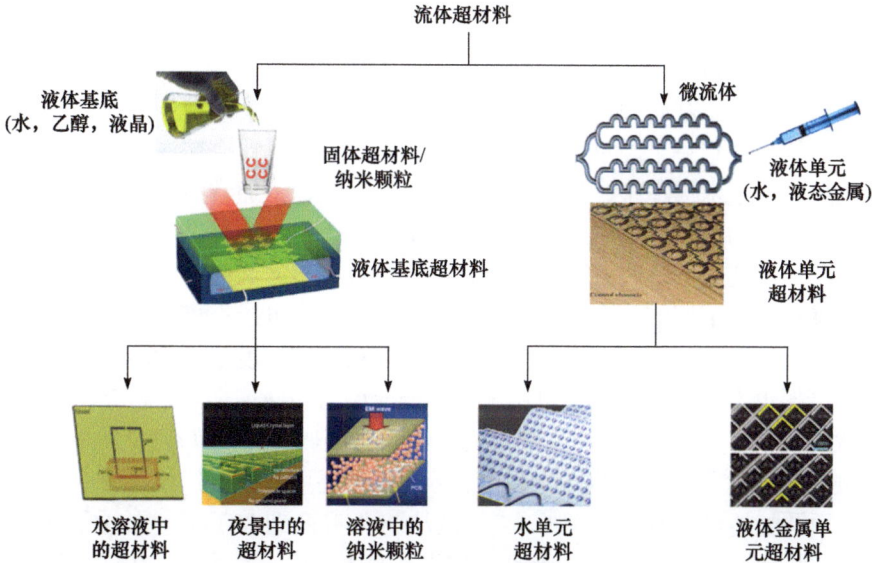

图 4.1　微流超材料分类

液体不仅可以作为超材料的基底，也可以制作成谐振的超分子结构。通常来讲，液体流经微流体通道时，会形成一个亚波长的人工结构，我们将这种类型的超材料命名为液体单元超材料。同样，水由于在微波范围内具有超高介电常量，故也可以用作谐振材料。在其他电磁波谱范围中，具有金属性质的液体，如汞、镓合金可以用于流体超材料。这些液态金属的超分子结构可以通过在精心设计的通道中流动来改变。

4.1.1 处于液体环境的超材料

处于液体环境的超材料是一类混合超材料，其中传统的固态超材料被液体介质覆盖。超材料可以放置于不同液体介质(如水、酒精和液晶)中，用于分辨不同的液体类型或诱导可调谐的光学响应。悬浮在液体介质中的纳米颗粒能够组装成另一种浸没在液体环境中的超材料，通过操纵液体中的颗粒排列实现大的光学调制比。

4.1.2 水溶液中的超材料

不同的液体其折射率通常区别很大，当用作超材料背景介质时，会产生不同的光学响应。水是地球上最常见的材料之一，由于其无毒和相容性，可以作为一种极好的超材料液体基底，适用于各种生化应用场景。一些研究者指出，其他化学溶剂，如乙醇、甲醇和油，也可以与固态超材料结合。从背景液体偶联中获得两个"共轭"功能：一种是通过改变液体介质来实现可调谐的光学响应；另一种是通过分析超材料光学响应来表征液体的组成和浓度。

最开始的液态基底超材料是为调谐微波的响应而出现的[50-52]。在这些工作中，液体要么被注入到一个腔室中以完全覆盖固态超材料，要么被注入到部分覆盖每个结构单元的毫米通道中，如图 4.2(a)和(b)所示。通道通常沿着金属间隙设置，而此处激发出的电场强度最强。因此，间隙位置折射率的轻微变化将引起显著的谐振频移。研究表明，背景介质中存在的水可以在微波频段下引起超过 100 MHz 的谐振偏移[52]。不同液体介质会产生不同微波响应，包括乙醇[53]、甲醇[51]、油[54]等，它们具有显著不同的谐振频率。此外，当被不同浓度的化学溶剂覆盖时，超材料的谐振也不同。这一现象可用于光学响应调谐和液体聚焦分析[55-58]。例如，乙醇浓度从 0%增加到 100%时，相应地，可调谐吸收器可以实现从 20%到 80%的线性频移[59]。除了改变液体类型和控制浓度外，还可以通过热效应改变液体折射率，从而调整超材料响应。例如，当温度从 20℃升高到 80℃时，水的介电常量在15 GHz 时从约 30 增加到 55，吸收系数明显变大，谐振频率也发生较大变化。

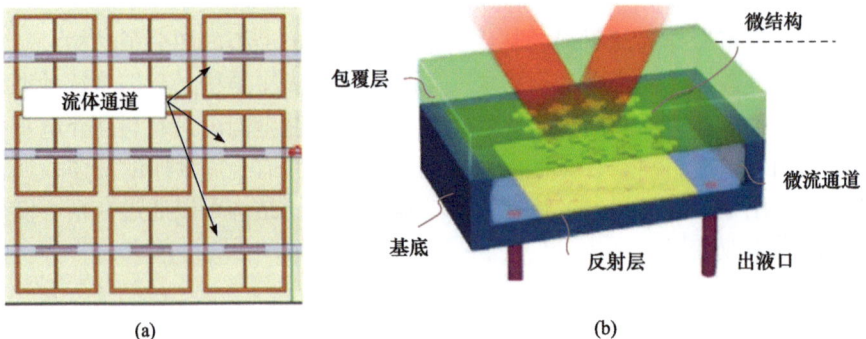

(a)　　　　　　　　　　　　　　　(b)

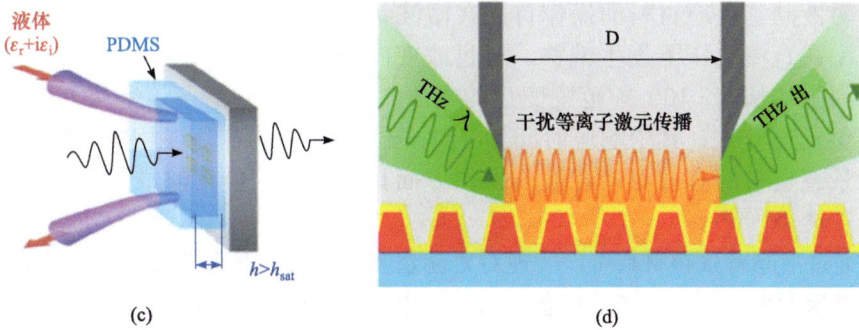

图 4.2 水溶剂中的超材料：(a)吉赫兹频率下具有通道流态的超材料[52]；(b)利用处于液体环境中的超材料吸收器吸收的太赫兹光谱进行微流体传感[60]；(c)利用来自液态基底(PDMS)超材料的发射太赫兹信号进行水溶液检测[61]，PDMS 为聚二甲基硅氧烷；(d)用于太赫兹传感的基于干扰(spoof)等离激元的处于液体环境的超材料[62]

液体环境的超材料在太赫兹(THz)[61,63,64]和红外(IR)[65]波段下依然可以发挥作用。由于太赫兹波所携带的光子能量低而不损坏生物样品，因此是激发超材料进行生物液体样品传感时的合适波源[66]。为了提高液体检测灵敏度，研究者们设计了很多种超材料结构。吸收[60,67]和发射[61]太赫兹信号的灵敏度都可以通过这些方式增强，如图 4.2(b)和(c)所示。在水、汽油、油、甘油等不同的液体介质之间超材料的性质很不一样。

在液体环境中使用表面等离激元(SP)也可以实现类似的传感功能[68]。红外或可见光波段的电磁波会在 SP 的作用下被严格限制在亚波长尺度，从而实现对化学和生物材料等周围介质的高灵敏度[69,70]。在太赫兹机制中，可以使用亚波长结构设计来模仿 SP，并且用于生物传感的增强波限制也在准 SP 结构中得到展示，如图 4.2(d)所示[62,71]。

4.1.3 液晶中的超材料

液晶具有晶体和流体的双重性质。晶体在室温下通常是各向异性的，因此，晶体取向的变化将导致液晶折射率的变化，这反过来又改变了液晶对电磁波的响应特性。根据组成晶体的顺序，液晶形成于不同的相中，例如向列相、近晶相和手性相等，其中向列相液晶是最常见的。由于其独特的性能，液晶已广泛应用于电子显示器、温度计和其他光电器件。在向列液晶中，晶体呈棒状，其方向顺序可以通过外部刺激(如加热、压力、磁场和电场)来控制，从而具有良好的折射率可调性。因此，液晶被广泛用作固态超材料的液体基底。

对液晶基底超材料的操作首先在微波状态中得到实现[72-74]。超材料的谐振频率在直流电压下发生偏移。通过改变向列晶的方向，同时对液晶基底的超材料施加从 0～100 V 范围变化的电压，可以观察到谐振频率从 9.91 GHz 偏移至 9.55 GHz，其中响应时间为 300 ms[74]。尽管响应速度相对较慢，但液晶背景超材料的有效调谐在波前操作方面具有广阔的应用前景，例如可调梯度分度透镜[75,76]。

通过液晶背景超材料可以实现对太赫兹波的控制，方法是将固态金属结构缩小到微米大小[77-79]。与微波状态下的操作相比，太赫兹波的控制可以在较低的电压下实现，并且响应速度要快得多，因为液晶所需的厚度要小得多。可调谐太赫兹吸收器首先使用液晶背景超材料得到了实现[77]。在 2.62 THz 时，吸收率变化了 30%，吸收谐振的带宽移动了 4% 以上，偏置电压低至 4V，调制频率为 1 kHz。另一个控制太赫兹波传输的工作[80]是在该超材料中，12 μm 厚的液晶与大型平面金属材料耦合，在仅 20 V 时实现了 20% 的透射变化和 40° 的相位变化。此外，研究者还发现谐振频率可以是蓝移或红移，实现具体取决于施加的调制电压频率[81]。通过在 19～22 kHz 之间改变调制频率可以获得 15 GHz 的偏移，我们可以实现一种新的调谐液晶背景超材料的方法。由于谐振频率取决于流体超材料中液晶的方向，因此可以反过来表征晶体角度[82]，这可以为未来的流体超材料器件提供反馈。

太赫兹液晶背景超材料还有更多的潜在应用，例如完美吸收器[83,84]、偏振转换器[85]和空间光调制器(SLM)[86]。通过进一步缩小液晶基底的超材料，研究人员实现了对红外[87-92]和可见光[93,94]的实时控制，如图 4.3 所示。可调谐性可以通过光学非线性响应或液晶的电控制来实现。此外，尽管大多数液晶分子通常是平面外旋转的，但可以实现面内液晶分子旋转，这可以实现对纳米结构超表面光谱的高效调节[90]。

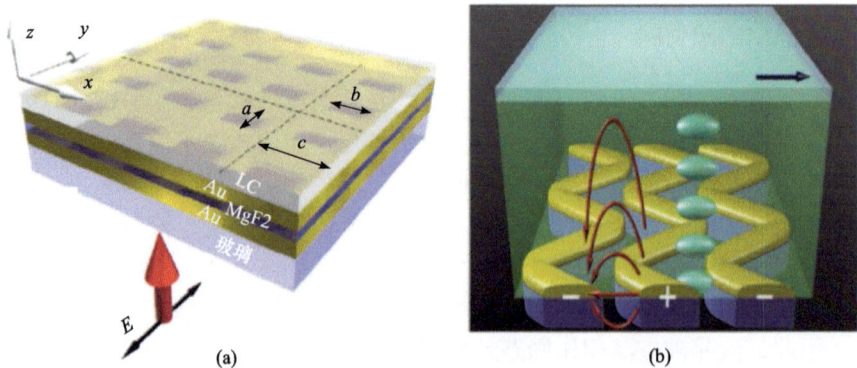

(a)　　　　　　　　　　　　　　　　(b)

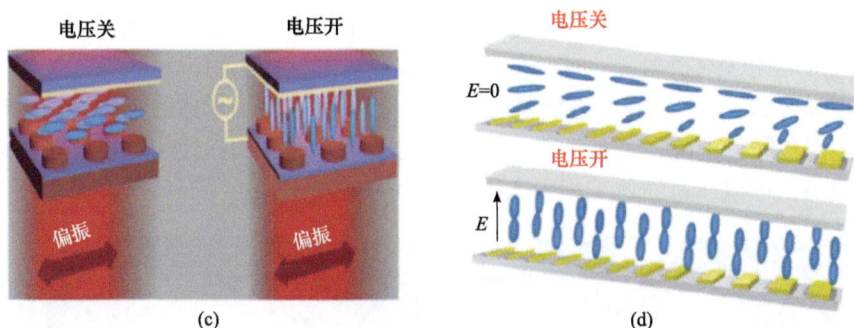

图 4.3　基于液晶的流体超材料在红外和可见光状态下：(a)液晶背景超材料通过光学非线性效应对近红外光进行调控[92]；(b)在红外状态下液晶的面内取向控制，以实现近红外光的高效光谱调谐[90]；(c)电可调液晶背景超材料与用于近红外光的介电超材料相结合[91]；(d)可见光波段的流体超材料反射控制装置[94]

4.1.4　液体中的纳米微粒超材料

传统的超材料通常基于光刻技术来制造微流体通道，这给大规模生产和 3D 结构带来了困难。体光学超材料的大规模生产可以通过向液体中添加纳米颗粒来实现。纳米微粒被设计为环绕材料[95]或谐振结构[96]。液体为纳米颗粒的悬浮和重构提供了环境和支持，因此可以使用外部刺激实现较大的可调性。

电流变流体，也称为由悬浮在绝缘液体中的纳米至微米级介电微粒组成的智能流体，可用作超材料的背景材料。当微粒沿着场对齐以形成微结构柱时，由于结构变化，在施加外部电场时，电流变流体会突然从液态变为固态[97]。除了可控的流变特性外，电流变流体还具有各向异性介电特性，介电常量沿电场方向增加，同时横向递减[98]。利用电流变悬浮液的这种特性，可以通过控制外部电场的状态来设计可调的流体超材料。基于电流变流体的流体超材料的典型设计如图 4.4(a)[95]所示。一对具有相同金属分形图案的印刷电路板(PCB)面对面对齐，形成两个连接到直流(DC)电源的电极。在没有电场的情况下，微粒被随机悬浮在液体中；当施加外部电场时，它们迁移并在两个分形电极之间形成柱。此外，电流变流体可以设计成多层结构，以实现 3D 流体超材料[99,100]。

基于电流变流体的流体超材料通常在微波范围内工作，使用外部场只能观察到电流变流体的介电常量变化，最高可达千兆赫兹[101]。通过将纳米颗粒而非周围材料设计为谐振结构，工作频率可以增加到红外甚至可见光范围。金纳米棒与各种液体材料结合的流体材料受到了很多人的青睐，如图 4.4(b)和(c)所示，如与水[96]、甲苯、液晶结合[102,103]。由于电泳效应，可以使用外部刺激，例如电场，改变空间分布和纳米棒的方向。纳米棒受到电场控制排布会引起光学效应，例如改变折射率和光学各向异性(双折射)[104]。在零电压下，纳米棒均匀分布在整个区域中，并且没有对齐。当施加交流电压时，金纳米棒进入高电场区域并对齐，在电极附近形成光学双折射云。这种效应诱导偏振光的梯度折射率从高场强区域下降到低场强区域，这在隐身等方面具有潜在的应用[104,105]。纳米棒的各向异性效应可以使用对称结构消除，例如纳米球颗粒。对于纳米球结构，使用电场控制的对准是无效的，可以通过结构工程引入太赫兹声子激发[106]。

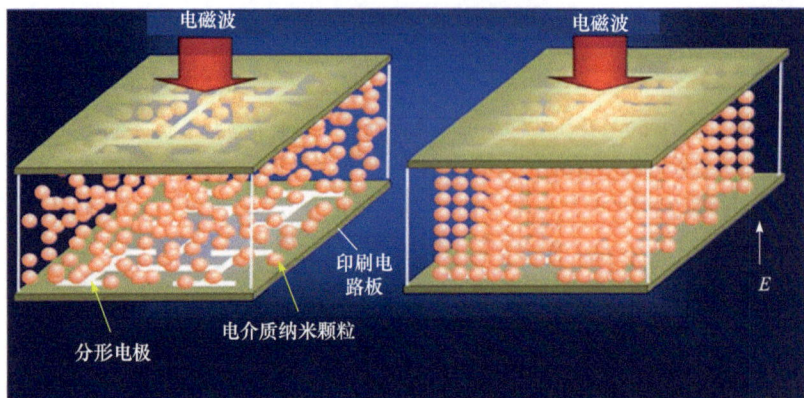

(a)

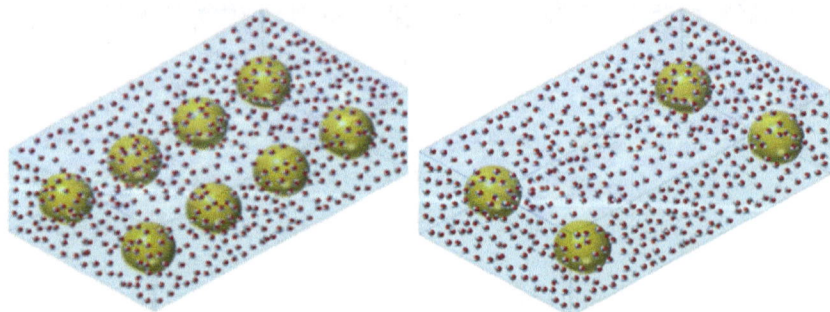

(b)

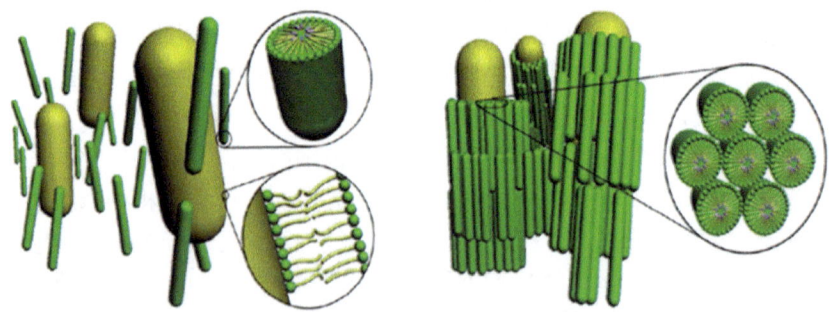

(c)

图 4.4　基于金属纳米颗粒的流体超材料：(a)无外界电场的电流变流体夹层结构(左)和加入电场以后(右)[95]；(b)水中的金纳米球[106]；(c)液晶中的金纳米棒[103]

银纳米颗粒可以通过米氏谐振表现出电介质材料的特征[107]。可以利用金属纳米微粒的等离激元谐振来产生一种有效的高折射率介质，这种介质可用于形成米氏谐振磁性结构单元。密堆积的纳米颗粒复合材料具有这些特征，可能是因为其有效介电常量在等离激元谐振附近具有强烈的色散。通过形成具有如此高介电常量值的材料支持磁偶极子特征的米氏谐振[108]。通过将这种纳米内含物或超结构球排列成密集排列，可以获得具有强渗透性分散性的流体超材料。利用纳米微粒自组装技术可以实现复杂的纳米结构，这为大规模产生三维几何形状提供了便利[109,110]。

除了金属纳米微粒外，各种介电纳米微粒也用于设计流体超材料。含有不同类型纳米金刚石的水悬浮液在可见光范围内具有光致发光特性，这为量子光学应用铺平了道路[111]。用磁性纳米颗粒装饰的纳米碳固体分散在宿主聚合物基质中，这些颗粒可以构成从纳米到微米尺度的柔性组装框架。可以调整不同组分的组成、浓度和空间分布，以微调流体超材料的有效介电常量和渗透率，这种方法很适合生产用于屏蔽应用的高效微波吸收器[112]。

4.2　液态单元超材料

液体不仅可以作为超材料的基底，还可以作为亚波长结构的结构单元以形成液态单元超材料。液态结构单元利用由具有金属性或高介电常量的液体材料，可以像传统固体结构单元一样对电磁波做出反应。另一方面，与直接在固体底物上形成图案的传统金属材料不同，液态单元超材料通常是通过将液体注入具有周期性通道结构的流体系统来构建的。通道宽度为亚波长，因此，液态结构超材料需要支持微米级通道系统的微流体技术。根据注射的液体类型，我们将液态单元超材料分为水单元超材料和液态金属单元超材料。

4.2.1　水单元超材料

水的流动性和高介电常量使其在微波范围内成为构建液态单元超材料的首选。受到开口金属线超材料的启发[113]，研究人员提出了具有开口的水线的超材料。水槽高度可以实时调整，因此可以调节水基超材料的折射率[114]。每根水槽之间的空间也被调谐，以研究从光子晶体到介电[88]材料[115]的转变，如图 4.5(a)所示。水的超结构单元可以通过不同的激励(例如热效应、机械压力以及更简单的重力效应)有效地进行调整[116]，使得分子处于垂直方向而不是各向同性的。

这种调谐方法提供了一种简单的方法来操纵水单元超材料的极化响应，如图 4.5(b)所示，只需旋转二维超材料并重新调整在结构单元椭圆圆柱体中的水的形状[117]。

虽然水在微波状态下具有介电常量实部高的优势，但同时其虚部也很高，这使得水对微波的吸收很大。因此，水单元超材料被认为是微波的完美吸收器[118,120]。水可以形成液滴阵列，背面有一个金属反射器，阻挡微波的传输。通过调整液滴的大小来最小化微波的反射，以满足流体超材料和环境空气的阻抗匹配。基板的表面润湿用于控制液滴的直径和高度[120]。然而，由于重力和蒸发等因素，预处理表面上的简单水滴图案通常不稳定，并且很难实现实时可调性。最近，通过将水谐振器与微流体控制系统集成，提出了设计基于水单元的超材料吸收装置的新研究工作，如图 4.5(c)所示[118]。在这项工作中，研究了水谐振器的重构和化学溶液组成的可调性。微流体系统通过控制注水压力来实现介电常量的主动可调，这对于其他水单元超材料设计也是可行的。

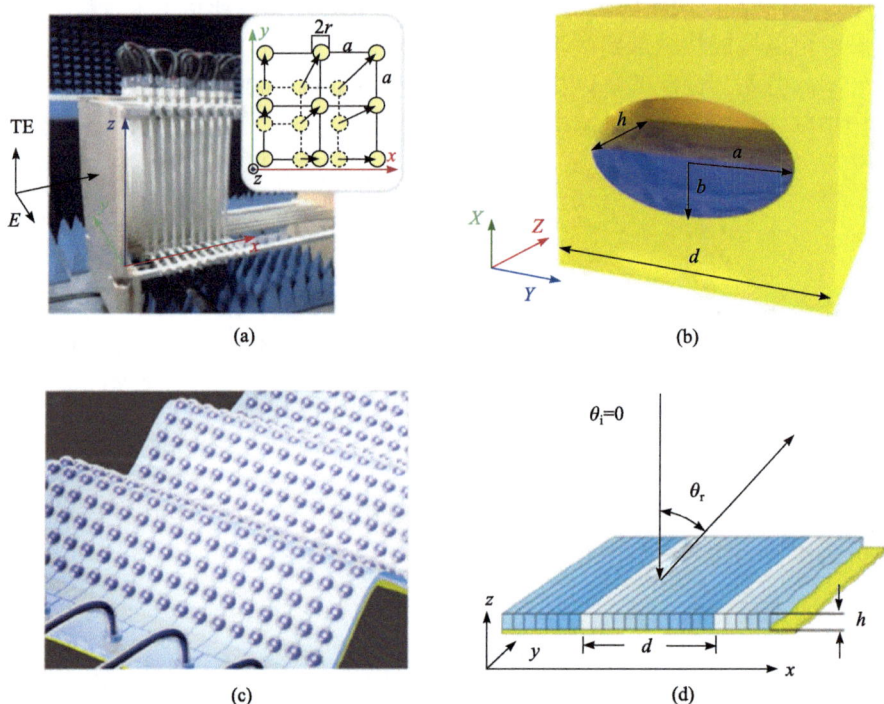

(a)

(b)

(c)

(d)

图 4.5 水单元超材料。(a)通过重力可调谐的水谐振器[117]。(b)限制在管子中的水瓶，用于带隙调谐[115]。(c)嵌入软材料中的水谐振器[118]。(d)来自复合液基超表面的异常反射[119]

除了重新配置之外，水和其他化学溶液的完美混溶性带来了一种改变材料折射率的替代方法。通过以特定比例混合不同的液体，可以很好地实现想要的指标。这种特性可以完美地应用于获得梯度折射率超材料，是调制光的波前的一种首选方法。如图 4.5(d)所示，通过在不同超材料结构单元位置混合不同比例的苯和乙腈，实现具有梯度折射率的超表面，并实现 30°的反常反射[121]。

4.2.2　液态金属单元超材料

液态金属是具有低熔点的金属或同种异体，在室温下呈液态。流动性和金属性的双重特性使液态金属能够广泛应用于可伸缩电子、机器人和微流体传感器。最常用的液态金属包括汞(Hg)、镓(Ga)和镓合金。汞的熔点较低，但毒性高，一般用于温度计、药物和蒸气灯等。镓作为一种低毒物质，在许多地区被用作汞的替代品。然而，由于其熔点略高于室温，因此镓作为液态金属的应用受到一定限制。镓合金在保持金属性的同时实现较低的熔点。典型的镓合金包括共晶镓铟(eutectic gaIn，75%Ga，25%In，按重量计，熔点 14℃)和镓铟锡(galinstan，68%Ga，22%In，10%Sn，按重量计)。还有其他种类的液态金属，如铯、铷和铷，但由于其毒性、高化学活性或放射性，通常不建议将它们用于上述应用，并且不会在综述中讨论。

与水类似，液态金属由于流动性，也可以很好地用于可重构的超材料。研究人员在微波状态下研究了由汞组成的单个结构单元的性能[122]，该系统有效地调制了波的传输。共晶镓铟还用于软聚合物聚二甲基硅氧烷(PDMS)中的单个结构单元填充，并且通过结构单元拉伸证明了从 10.2～7.4 GHz 的透射谷的高可调性[123]。液态金属单元超材料的可调性在软基板上使用结构单元阵列，对于频率选择表面或吉赫兹吸收器进行了演示，如图 4.6(a)[124-126]所示。后来通过将液态金属注入双层微流体通道提出了两层液态金属单元超材料，如图 4.6(c)所示[119]。通过将液态金属注入微米大小的 PDMS 模具中，研究者实现第一种太赫兹液态单元超材料，并观察到增强的太赫兹透射，如图 4.6(b)[127,128]所示。

液态金属单元超材料的显著可调谐性源于液态金属的流动性。最直接的方法是通过在液态金属填充通道中施加不同的压力来改变液态单元超材料结构。吸收或传输可以通过改变通道中的金属液体填充状态来切换。与结构重构受限的固体结构单元相比，液态单元超材料可以使用预先制作的通道图形结构更灵活地重新配置，该通道可以设计为不同的复杂结构。此外，重新配置不受曲面或平面的限制。通过在三维通道中流动，金属液体可以形成三维液态金属单元超材料，研究人员首先使用镓进行验证[130]。由于其熔点略高于室温，镓在注入通道后，稍微冷却后即可固化。另一个重要的可调谐性，即对个体结构单元的调谐，也在液态金属单元超材料中得到了证明[129]。通过控制单个结构单元的驱动压力，可以随意调节结构单元。这是通过多层微流体电路实现的，该回路使用逻辑门来调节单个结构单元，如图 4.6(d)所示。这种方法可以获得对入射电磁波进行任意控制的功能元器件。除了机械压力控制外，液态金属单元超材料还可以使用电润湿或电解还原效应[131,132]进行电操作，本章中未对此进行详细说明。

(a)　　　　　　　　　　　　　　　　　(b)

(c)　　　　　　　　　　　　　　　　　(d)

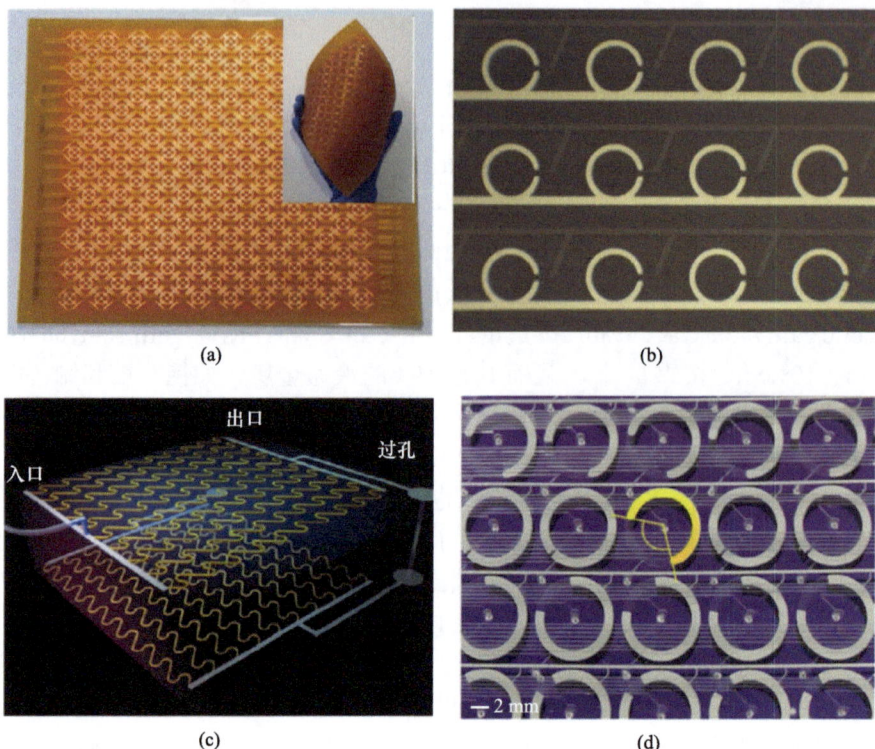

图 4.6　液态金属单元流体超材料：(a)用于软衬底上的共晶镓-铟合金流体超材料[126]；(b)太赫兹波段的可重构共晶镓-铟合金流体超材料[128]；(c)具有强光学活性的多层流体超材料[119]；(d)通过微流体具有单个可调结构单元的流体超材料系统[129]

　　液态金属单元超材料的可调谐性为电磁波控制的各种功能打开了大门。通过气动压力，可以改变结构单元的对称性，从而改变电磁波偏振状态，如图 4.7(a)[133]所示。压力还可以控制微通道中液态金属的高度，并实现如图 4.7(b)所示的可调谐吸收器。

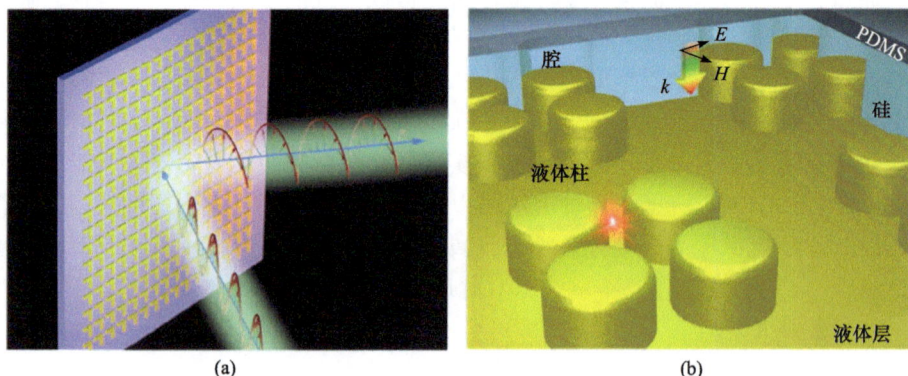

(a)　　　　　　　　　　　　　　　　　(b)

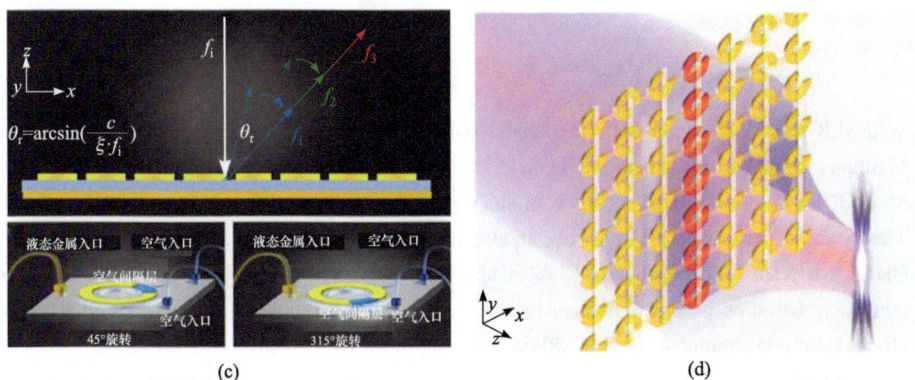

图 4.7　液态-金属-单元变流体超材料，用于不同的功能：(a)基于镓铟锡液态合金
(Galinstan)的偏振控制流体超材料[133]；(b)用于太赫兹波控制的汞基流体超材料[134]；(c)基
于镓铟锡液态合金的用于光束控制的变流体超材料[129]；(d)用于可调谐平透镜的汞基流体
超材料[135]

4.3　结论和观点

本章综述了可调谐流体超材料的最新进展，讨论了基于各种类型液体的流体
超材料的重构和涂覆，并比较了不同的调谐方法。使用不同的微流超材料，可以
实现对微波、太赫兹波、红外波和可见光的主动操控。具体而言，选用水或不同
的化学溶剂(如乙醇或甲醇)可以调控超材料的背景折射率，因此水和其他溶剂都
是调整电磁波响应的理想备选材料。在液晶背景超材料中，液晶分子取向的变化
可以改变流体超材料的有效折射率，并且通常伴随着对偏振态的影响。电压、磁
场、热效应和光学非线性效应都可以用来改变液晶分子的取向。基于纳米颗粒的
流体超材料由纳米量级大小的颗粒组成，作为谐振结构，可以很容易地将工作频
率提高到可见光范围。在液态单元超材料中，液体形成不同大小的滴状物或注入
预定的通道以形成结构单元。

尽管上述可调谐的流体超材料已经得到了充分的研究，但我们还可以探索更
多潜在的工作来改善微流超材料的性能。例如，利用水在微波波段具有高吸收的
特性，微波流体超材料可以进一步开发其隐形应用。此外，3D 打印技术可以与流
体超材料集成，实现微型三维通道，以增强流体超材料与电磁波之间的耦合。随
着流体操纵技术的发展，特别是从微流体到纳米流体，在整个电磁波光谱范围内，
未来的流体超材料能够在可见光波段表现出稳定的性能。未来，这种材料将会广
泛应用于光学显示、完美吸收器、紧凑型传感器、可穿戴和生物相容性光学设备
等方面。

参 考 文 献

[1] WALSER R M. Electromagnetic metamaterials[C]. Proceedings of the Conference on Complex Mediums - Beyond Linear Isotropic Dielectrics, San Diego, Ca, 2001.

[2] MARQUES R, MARTEL J, MESA F, et al. A new 2d isotropic left-handed metamaterial design: Theory and experiment [J]. Microwave and Optical Technology Letters, 2002, 35(5): 405-408.

[3] CHEN M, XIAO X F, CHANG L Z, et al. High-efficiency and multi-frequency polarization converters based on graphene metasurface with twisting double l-shaped unit structure array [J]. Optics Communications, 2017, 394: 50-55.

[4] SMITH D R, PADILLA W J, VIER D C, et al. Composite medium with simultaneously negative permeability and permittivity [J]. Physical Review Letters, 2000, 84(18): 4184-4187.

[5] LINDEN S, ENKRICH C, WEGENER M, et al. Magnetic response of metamaterials at 100 terahertz [J]. Science, 2004, 306(5700): 1351-1353.

[6] VALENTINE J, ZHANG S, ZENTGRAF T, et al. Three-dimensional optical metamaterial with a negative refractive index [J]. Nature, 2008, 455(7211): 376-379.

[7] KAFESAKI M, TSIAPA I, KATSARAKIS N, et al. Left-handed metamaterials: the fishnet structure and its variations [J]. Physical Review B, 2007, 75(23): 235114.

[8] GUNDOGDU T F, KATSARAKIS N, KAFESAKI M, et al. Negative index short-slab pair and continuous wires metamaterials in the far infrared regime [J]. Optics Express, 2008, 16(12): 9173-9180.

[9] SHELBY R A, SMITH D R, SCHULTZ S. Experimental verification of a negative index of refraction [J]. Science, 2001, 292(5514): 77-79.

[10] SHALAEV V M. Optical negative-index metamaterials [J]. Nature Photonics, 2007, 1(1): 41-48.

[11] DECKER M, KLEIN M W, WEGENER M, et al. Circular dichroism of planar chiral magnetic metamaterials [J]. Optics Letters, 2007, 32(7): 856-858.

[12] PLUM E, LIU X X, FEDOTOV V A, et al. Metamaterials: optical activity without chirality [J]. Physical Review Letters, 2009, 102(11): 113902.

[13] VALEV V K, BAUMBERG J J, SIBILIA C, et al. Chirality and chiroptical effects in plasmonic nanostructures: fundamentals, recent progress, and outlook [J]. Advanced Materials, 2013, 25(18): 2517-2534.

[14] DECKER M, RUTHER M, KRIEGLER C E, et al. Strong optical activity from twisted-cross photonic metamaterials [J]. Optics Letters, 2009, 34(16): 2501-2503.

[15] LUK'YANCHUK B, ZHELUDEV N I, MAIER S A, et al. The fano resonance in plasmonic nanostructures and metamaterials [J]. Nature Materials, 2010, 9(9): 707-715.

[16] ZHANG S, GENOV D A, WANG Y, et al. Plasmon-induced transparency in metamaterials [J]. Physical Review Letters, 2008, 101(4): 047401.

[17] LIU N, LANGGUTH L, WEISS T, et al. Plasmonic analogue of electromagnetically induced transparency at the drude damping limit [J]. Nature Materials, 2009, 8(9): 758-762.

[18] SCHURIG D, MOCK J J, JUSTICE B J, et al. Metamaterial electromagnetic cloak at microwave

frequencies [J]. Science, 2006, 314(5801): 977-980.

[19] CAI W S, CHETTIAR U K, KILDISHEV A V, et al. Optical cloaking with metamaterials [J]. Nature Photonics, 2007, 1(4): 224-227.

[20] VALENTINE J, LI J S, ZENTGRAF T, et al. An optical cloak made of dielectrics [J]. Nature Materials, 2009, 8(7): 568-571.

[21] PENDRY J B, SCHURIG D, SMITH D R. Controlling electromagnetic fields [J]. Science, 2006, 312(5781): 1780-1782.

[22] LEONHARDT U. Optical conformal mapping [J]. Science, 2006, 312(5781): 1777-1780.

[23] ZHANG X, LIU Z W. Superlenses to overcome the diffraction limit [J]. Nature Materials, 2008, 7(6): 435-441.

[24] JACOB Z, ALEKSEYEV L V, NARIMANOV E. Optical hyperlens: far-field imaging beyond the diffraction limit [J]. Optics Express, 2006, 14(18): 8247-8256.

[25] PODDUBNY A, IORSH I, BELOV P, et al. Hyperbolic metamaterials [J]. Nature Photonics, 2013, 7(12): 948-957.

[26] LANDY N I, SAJUYIGBE S, MOCK J J, et al. Perfect metamaterial absorber [J]. Physical Review Letters, 2008, 100(20): 207402.

[27] AYDIN K, FERRY V E, BRIGGS R M, et al. Broadband polarization-independent resonant light absorption using ultrathin plasmonic super absorbers [J]. Nature Communications, 2011, 2: 517.

[28] LIU X L, STARR T, STARR A F, et al. Infrared spatial and frequency selective metamaterial with near-unity absorbance [J]. Physical Review Letters, 2010, 104(20): 207403.

[29] LIU X L, TYLER T, STARR T, et al. Taming the blackbody with infrared metamaterials as selective thermal emitters [J]. Physical Review Letters, 2011, 107(4): 045901.

[30] GRADY N K, HEYES J E, CHOWDHURY D R, et al. Terahertz metamaterials for linear polarization conversion and anomalous refraction [J]. Science, 2013, 340(6138): 1304-1307.

[31] YANG Y M, WANG W Y, MOITRA P, et al. Dielectric meta-reflectarray for broadband linear polarization conversion and optical vortex generation [J]. Nano Letters, 2014, 14(3): 1394-1399.

[32] GANSEL J K, THIEL M, RILL M S, et al. Gold helix photonic metamaterial as broadband circular polarizer [J]. Science, 2009, 325(5947): 1513-1515.

[33] ZHANG M, ZHANG W, LIU A Q, et al. Tunable polarization conversion and rotation based on a reconfigurable metasurface [J]. Scientific Reports, 2017, 7: 12068.

[34] KILDISHEV A V, BOLTASSEVA A, SHALAEV V M. Planar photonics with metasurfaces [J]. Science, 2013, 339(6125): 1232009.

[35] LIN D M, FAN P Y, HASMAN E, et al. Dielectric gradient metasurface optical elements [J]. Science, 2014, 345(6194): 298-302.

[36] AIETA F, GENEVET P, KATS M A, et al. Aberration-free ultrathin flat lenses and axicons at telecom wavelengths based on plasmonic metasurfaces [J]. Nano Letters, 2012, 12(9): 4932-4936.

[37] KHORASANINEJAD M, CHEN W T, DEVLIN R C, et al. Metalenses at visible wavelengths: Diffraction-limited focusing and subwavelength resolution imaging [J]. Science, 2016, 352(6290): 1190-1194.

[38] ZHENG G X, MUHLENBERND H, KENNEY M, et al. Metasurface holograms reaching 80%

efficiency [J]. Nature Nanotechnology, 2015, 10(4): 308-312.

[39] NI X J, KILDISHEV A V, SHALAEV V M. Metasurface holograms for visible light [J]. Nature Communications, 2013, 4: 2807.

[40] KAWATA S, ONO A, VERMA P. Subwavelength colour imaging with a metallic nanolens [J]. Nature Photonics, 2008, 2(7): 438-442.

[41] CHEN H T, PADILLA W J, ZIDE J M O, et al. Active terahertz metamaterial devices [J]. Nature, 2006, 444(7119): 597-600.

[42] CHEN H T, PADILLA W J, CICH M J, et al. A metamaterial solid-state terahertz phase modulator [J]. Nature Photonics, 2009, 3(3): 148-151.

[43] SHEN N H, MASSAOUTI M, GOKKAVAS M, et al. Optically implemented broadband blueshift switch in the terahertz regime [J]. Physical Review Letters, 2011, 106(3): 037403.

[44] CHEN H T, O'HARA J F, AZAD A K, et al. Experimental demonstration of frequency-agile terahertz metamaterials [J]. Nature Photonics, 2008, 2(5): 295-298.

[45] SEO M, KYOUNG J, PARK H, et al. Active terahertz nanoantennas based on VO$_2$ phase transition [J]. Nano Letters, 2010, 10(6): 2064-2068.

[46] ZHANG W, LIU A Q, ZHU W M, et al. Micromachined switchable metamaterial with dual resonance [J]. Applied Physics Letters, 2012, 101(15): 151902.

[47] ZHU W M, LIU A Q, BOUROUINA T, et al. Microelectromechanical maltese-cross metamaterial with tunable terahertz anisotropy [J]. Nature Communications, 2012, 3: 1274.

[48] AKSU S, HUANG M, ARTAR A, et al. Flexible plasmonics on unconventional and nonplanar substrates [J]. Advanced Materials, 2011, 23(38): 4422-4430.

[49] TAO H, STRIKWERDA A C, FAN K, et al. Terahertz metamaterials on free-standing highly-flexible polyimide substrates [J]. Journal of Physics D-Applied Physics, 2008, 41(23): 232004.

[50] LABIDI M, TAHAR J B, CHOUBANI F. Meta-materials applications in thin- film sensing and sensing liquids properties [J]. Optics Express, 2011, 19(14): A733-A739.

[51] WIWATCHARAGOSES N, PARK K Y, HEJASE J A, et al. Microwave artificially structured periodic media microfluidic sensor[C]. Proceedings of the IEEE 61st Electronic Components and Technology Conference(ECTC), Lake Buena Vista, 2011.

[52] GORDON J A, HOLLOWAY C L, BOOTH J, et al. Fluid interactions with metafilms/metasurfaces for tuning, sensing, and microwave-assisted chemical processes [J]. Physical Review B, 2011, 83(20): 205130.

[53] SCHUSSLER M, PUENTES M, DUBUC D, et al. Simultaneous dielectric monitoring of microfluidic channels at microwaves utilizing a metamaterial transmission line structure[C]. proceedings of the 34th Annual International Conference of the IEEE Engineering-in-Medicine-and-Biology-Society(EMBS), San Diego, CA, 2012.

[54] RAWAT V, DHOBALE S, KALE S N. Ultra-fast selective sensing of ethanol and petrol using microwave-range metamaterial complementary split-ring resonators [J]. Journal of Applied Physics, 2014, 116(16): 164106.

[55] EBRAHIMI A, WITHAYACHUMNANKUL W, AL-SARAWI S, et al. High-sensitivity metamaterial-inspired sensor for microfluidic dielectric characterization [J]. IEEE Sensors

Journal, 2014, 14(5): 1345-1351.

[56] YOO M, KIM H K, LIM S. Electromagnetic-based ethanol chemical sensor using metamaterial absorber [J]. Sensors and Actuators B-Chemical, 2016, 222: 173-180.

[57] AWANG R A, TOVAR-LOPEZ F J, BAUM T, et al. Meta-atom microfluidic sensor for measurement of dielectric properties of liquids [J]. Journal of Applied Physics, 2017, 121(9): 094506.

[58] BYFORD J A, PARK K Y, CHAHAL P, et al. Metamaterial inspired periodic structure used for microfluidic sensing[C]. Proceedings of the IEEE 65th Electronic Components and Technology Conference(ECTC), San Diego, CA, 2015.

[59] KIM H K, LEE D, LIM S. A fluidically tunable metasurface absorber for flexible large-scale wireless ethanol sensor applications [J]. Sensors(Basel), 2016, 16(8): 1246.

[60] HU X, XU G Q, WEN L, et al. Metamaterial absorber integrated microfluidic terahertz sensors [J]. Laser & Photonics Reviews, 2016, 10(6): 962-969.

[61] PARK S J, YOON S A N, AHN Y H. Dielectric constant measurements of thin films and liquids using terahertz metamaterials [J]. RSC Advances, 2016, 6(73): 69381-69386.

[62] NG B H, HANHAM S M, WU J F, et al. Broadband terahertz sensing on spoof plasmon surfaces [J]. ACS Photonics, 2014, 1(10): 1059-1067.

[63] WU X J, PAN X C, QUAN B G, et al. Self-referenced sensing based on terahertz metamaterial for aqueous solutions [J]. Applied Physics Letters, 2013, 102(15): 151109.

[64] MIYAMARU F, HATTORI K, SHIRAGA K, et al. Highly sensitive terahertz sensing of glycerol-water mixtures with metamaterials [J]. Journal of Infrared Millimeter and Terahertz Waves, 2014, 35(2): 198-207.

[65] BHATTARAI K, KU Z H, SILVA S, et al. A large-area, mushroom-capped plasmonic perfect absorber: Refractive index sensing and fabry-perot cavity mechanism [J]. Advanced Optical Materials, 2015, 3(12): 1779-1786.

[66] SHIRAGA K, OGAWA Y, HATTORI K, et al. Metamaterial application in sensing for living cells[C]. Proceedings of the 2013 Transducers & Eurosensors XXVII: 17th International Conference on Solid-State Sensors, Actuators and Microsystems, Barcelona, Spain, 2013.

[67] YAN X, LIANG L J, DING X, et al. Solid analyte and aqueous solutions sensing based on a flexible terahertz dual-band metamaterial absorber [J]. Optical Engineering, 2017, 56(2): 027104.

[68] BARNES W L, DEREUX A, EBBESEN T W. Surface plasmon subwavelength optics [J]. Nature, 2003, 424(6950): 824-830.

[69] HOMOLA J. Surface plasmon resonance sensors for detection of chemical and biological species [J]. Chemical Reviews, 2008, 108(2): 462-493.

[70] GAN C H, LALANNE P. Well-confined surface plasmon polaritons for sensing applications in the near-infrared [J]. Optics Letters, 2010, 35(4): 610-612.

[71] NG B H, WU J F, HANHAM S M, et al. Spoof plasmon surfaces: A novel platform for thz sensing [J]. Advanced Optical Materials, 2013, 1(8): 543-548.

[72] ZHAO Q, KANG L, DU B, et al. Electrically tunable negative permeability metamaterials based on nematic liquid crystals [J]. Applied Physics Letters, 2007, 90(1): 011112.

[73] GORKUNOV M V, OSIPOV M A. Tunability of wire-grid metamaterial immersed into nematic liquid crystal [J]. Journal of Applied Physics, 2008, 103(3): 205130.

[74] ZHANG F L, ZHAO Q, ZHANG W H, et al. Voltage tunable short wire-pair type of metamaterial infiltrated by nematic liquid crystal [J]. Applied Physics Letters, 2010, 97(13): 134103.

[75] MAASCH M, ROIG M, DAMM C, et al. Voltage-tunable artificial gradient-index lens based on a liquid crystal loaded fishnet metamaterial [J]. IEEE Antennas and Wireless Propagation Letters, 2014, 13: 1581-1584.

[76] GIDEN I H, ETI N, REZAEI B, et al. Adaptive graded index photonic crystal lens design via nematic liquid crystals [J]. IEEE Journal of Quantum Electronics, 2016, 52(10): 1-7.

[77] SHREKENHAMER D, CHEN W C, PADILLA W J. Liquid crystal tunable metamaterial absorber [J]. Physical Review Letters, 2013, 110(17): 177403.

[78] KOWERDZIEJ R, OLIFIERCZUK M, PARKA J, et al. Terahertz characterization of tunable metamaterial based on electrically controlled nematic liquid crystal [J]. Applied Physics Letters, 2014, 105(2): 022908.

[79] ZOGRAFOPOULOS D C, BECCHERELLI R. Tunable terahertz fishnet metamaterials based on thin nematic liquid crystal layers for fast switching [J]. Scientific Reports, 2015, 5: 13137.

[80] BUCHNEV O, WALLAUER J, WALTHER M, et al. Controlling intensity and phase of terahertz radiation with an optically thin liquid crystal-loaded metamaterial [J]. Applied Physics Letters, 2013, 103(14): 141904.

[81] CHEN C C, CHIANG W F, TSAI M C, et al. Continuously tunable and fast-response terahertz metamaterials using in-plane-switching dual-frequency liquid crystal cells [J]. Optics Letters, 2015, 40(9): 2021-2024.

[82] HOKMABADI M P, TAREKI A, RIVERA E, et al. Investigation of tunable terahertz metamaterial perfect absorber with anisotropic dielectric liquid crystal [J]. AIP Advances, 2017, 7(1): 015102.

[83] CHIKHI N, LISITSKIY M, PAPARI G, et al. A hybrid tunable THz metadevice using a high birefringence liquid crystal [J]. Scientific Reports, 2016, 6: 34536.

[84] ISIC G, VASIC B, ZOGRAFOPOULOS D C, et al. Electrically tunable critically coupled terahertz metamaterial absorber based on nematic liquid crystals [J]. Physical Review Applied, 2015, 3(6): 064007.

[85] VASIC B, ZOGRAFOPOULOS D C, ISIC G, et al. Electrically tunable terahertz polarization converter based on overcoupled metal-isolator-metal metamaterials infiltrated with liquid crystals [J]. Nanotechnology, 2017, 28(12): 124002.

[86] SAVO S, SHREKENHAMER D, PADILLA W J. Liquid crystal metamaterial absorber spatial light modulator for thz applications [J]. Advanced Optical Materials, 2014, 2(3): 275-279.

[87] BUCHNEV O, OU J Y, KACZMAREK M, et al. Electro-optical control in a plasmonic metamaterial hybridised with a liquid-crystal cell [J]. Optics Express, 2013, 21(2): 1633-1638.

[88] ATORF B, MUHLENBERND H, MULDARISNUR M, et al. Electro-optic tuning of split ring resonators embedded in a liquid crystal [J]. Optics Letters, 2014, 39(5): 1129-1132.

[89] ATORF B, MUHLENBERND H, MULDARISNUR M, et al. Effect of alignment on a liquid crystal/split-ring resonator metasurface [J]. Chemphyschem, 2014, 15(7): 1470-1476.

[90] BUCHNEV O, PODOLIAK N, KACZMAREK M, et al. Electrically controlled nanostructured metasurface loaded with liquid crystal: Toward multifunctional photonic switch [J]. Advanced Optical Materials, 2015, 3(5): 674-679.

[91] KOMAR A, FANG Z, BOHN J, et al. Electrically tunable all-dielectric optical metasurfaces based on liquid crystals [J]. Applied Physics Letters, 2017, 110(7): 071109.

[92] MINOVICH A, FARNELL J, NESHEV D N, et al. Liquid crystal based nonlinear fishnet metamaterials [J]. Applied Physics Letters, 2012, 100(12): 121113.

[93] DECKER M, KREMERS C, MINOVICH A, et al. Electro-optical switching by liquid-crystal controlled metasurfaces [J]. Optics Express, 2013, 21(7): 8879-8885.

[94] CHEN K P, YE S C, YANG C Y, et al. Electrically tunable transmission of gold binary-grating metasurfaces integrated with liquid crystals [J]. Optics Express, 2016, 24(15): 16815-16821.

[95] HOU B, XU G, WONG H K, et al. Tuning of photonic bandgaps by a field-induced structural change of fractal metamaterials [J]. Optics Express, 2005, 13(23): 9149-9154.

[96] YANG J H, KRAMER N J, SCHRAMKE K S, et al. Broadband absorbing exciton-plasmon metafluids with narrow transparency windows [J]. Nano Letters, 2016, 16(2): 1472-1477.

[97] MA H R, WEN W J, TAM W Y, et al. Dielectric electrorheological fluids: Theory and experiment [J]. Advances in Physics, 2003, 52(4): 343-383.

[98] WEN W J, MA H R, TAM W Y, et al. Anisotropic dielectric properties of structured electrorheological fluids [J]. Applied Physics Letters, 1998, 73(21): 3070-3072.

[99] HUANG Y, ZHAO X P, WANG L S, et al. Tunable left-handed metamaterial based on electrorheological fluids [J]. Progress in Natural Science-Materials International, 2008, 18(7): 907-911.

[100] GUO J Q, LUO C R, ZHAO X P. Tunable effect of double-connective dendritic left-handed metamaterials based on electrorheological fluids [J]. Chinese Physics Letters, 2009, 26(4): 044102.

[101] SUN Y, THOMAS M, MASOUNAVE J. An experimental investigation of the dielectric properties of electrorheological fluids [J]. Smart Materials and Structures, 2009, 18(2): 024004.

[102] LIU M K, FAN K B, PADILLA W, et al. Tunable meta-liquid crystals [J]. Advanced Materials, 2016, 28(8): 1553-1558.

[103] LIU Q K, CUI Y X, GARDNER D, et al. Self-alignment of plasmonic gold nanorods in reconfigurable anisotropic fluids for tunable bulk metamaterial applications [J]. Nano Letters, 2010, 10(4): 1347-1353.

[104] GOLOVIN A B, LAVRENTOVICH O D. Electrically reconfigurable optical metamaterial based on colloidal dispersion of metal nanorods in dielectric fluid [J]. Applied Physics Letters, 2009, 95(25): 254104.

[105] SU Z X, YIN J B, SONG K, et al. Electrically controllable soft optical cloak based on gold nanorod fluids with epsilon-near-zero characteristic [J]. Optics Express, 2016, 24(6): 6021-6033.

[106] BOLMATOV D, ZHERNENKOV M, ZAV'YALOV D, et al. Terasonic excitations in 2D gold nanoparticle arrays in a water matrix as revealed by atomistic simulations [J]. Journal of Physical Chemistry C, 2016, 120(35): 19896-19903.

[107] ROCKSTUHL C, LEDERER F, ETRICH C, et al. Design of an artificial three-dimensional composite metamaterial with magnetic resonances in the visible range of the electromagnetic spectrum [J]. Physical Review Letters, 2007, 99(1): 017401.

[108] DINTINGER J, MUHLIG S, ROCKSTUHL C, et al. A bottom-up approach to fabricate optical metamaterials by self-assembled metallic nanoparticles [J]. Optical Materials Express, 2012, 2(3): 269-278.

[109] SHEIKHOLESLAMI S N, ALAEIAN H, KOH A L, et al. A metafluid exhibiting strong optical magnetism [J]. Nano Letters, 2013, 13(9): 4137-4141.

[110] YANG S, NI X J, YIN X B, et al. Feedback-driven self-assembly of symmetry-breaking optical metamaterials in solution [J]. Nature Nanotechnology, 2014, 9(12): 1002-1006.

[111] SHALAGINOV M Y, NAIK G V, ISHII S, et al. Characterization of nanodiamonds for metamaterial applications [J]. Applied Physics B-Lasers and Optics, 2011, 105(2): 191-195.

[112] MEDEROS-HENRY F, PICHON B P, YAGANG Y T, et al. Decoration of nanocarbon solids with magnetite nanoparticles: Towards microwave metamaterial absorbers [J]. Journal of Materials Chemistry C, 2016, 4(15): 3290-3303.

[113] PENDRY J B, HOLDEN A J, ROBBINS D J, et al. Low frequency plasmons in thin-wire structures [J]. Journal of Physics-Condensed Matter, 1998, 10(22): 4785-4809.

[114] LIU L D, KATKO A R, LI D, et al. Broadband electromagnetic metamaterials with reconfigurable fluid channels [J]. Physical Review B, 2014, 89(24): 245132.

[115] RYBIN M V, FILONOV D S, SAMUSEV K B, et al. Phase diagram for the transition from photonic crystals to dielectric metamaterials [J]. Nature Communications, 2015, 6: 10102.

[116] ANDRYIEUSKI A, KUZNETSOVA S M, ZHUKOVSKY S V, et al. Water: Promising opportunities for tunable all-dielectric electromagnetic metamaterials [J]. Scientific Reports, 2015, 5: 13535.

[117] ODIT M, KAPITANOVA P, ANDRYIEUSKI A, et al. Experimental demonstration of water based tunable metasurface [J]. Applied Physics Letters, 2016, 109(1): 011901.

[118] SONG Q H, ZHANG W, WU P C, et al. Water-resonator-based metasurface: An ultrabroadband and near-unity absorption [J]. Advanced Optical Materials, 2017, 5(8): 1601103.

[119] ZHU W M, DONG B, SONG Q H, et al. Tunable meta-fluidic-materials base on multilayered microfluidic system[C]. Proceedings of the 27th IEEE International Conference on Micro Electro Mechanical Systems(MEMS), San Francisco, CA, 2014.

[120] YOO Y J, JU S, PARK S Y, et al. Metamaterial absorber for electromagnetic waves in periodic water droplets [J]. Scientific Reports, 2015, 5: 14018.

[121] FENG M D, TIAN X Y, WANG J F, et al. Broadband abnormal reflection based on a metal-backed gradient index liquid slab: an alternative to metasurfaces [J]. Journal of Physics D-Applied Physics, 2015, 48(24): 245501.

[122] KASIRGA T S, ERTAS Y N, BAYINDIR M. Microfluidics for reconfigurable electromagnetic metamaterials [J]. Applied Physics Letters, 2009, 95(21): 214102.

[123] LIU P, YANG S M, JAIN A, et al. Tunable meta-atom using liquid metal embedded in stretchable polymer [J]. Journal of Applied Physics, 2015, 118(1): 014504.

[124] LING K, KIM K, LIM S. Flexible liquid metal-filled metamaterial absorber on polydimethylsiloxane(pdms)[J]. Optics Express, 2015, 23(16): 21375-21383.

[125] YANG S F, YEH C B, CHOU Y E, et al. Serpin peptidase inhibitor(serpinb5)haplotypes are associated with susceptibility to hepatocellular carcinoma [J]. Scientific Reports, 2016, 6: 26605.

[126] KIM H K, LEE D, LIM S. Wideband-switchable metamaterial absorber using injected liquid metal [J]. Scientific Reports, 2016, 6: 31823.

[127] WANG J Q, LIU S C, VARDENY Z V, et al. Liquid metal-based plasmonics [J]. Optics Express, 2012, 20(3): 2346-2353.

[128] WANG J Q, LIU S C, GURUSWAMY S, et al. Reconfigurable terahertz metamaterial device with pressure memory [J]. Optics Express, 2014, 22(4): 4065-4074.

[129] YAN L B, ZHU W M, WU P C, et al. Adaptable metasurface for dynamic anomalous reflection [J]. Applied Physics Letters, 2017, 110(20): 201904.

[130] WANG J Q, LIU S C, GURUSWAMY S, et al. Injection molding of free-standing, three-dimensional, all-metal terahertz metamaterials [J]. Advanced Optical Materials, 2014, 2(7): 663-669.

[131] WANG J Q, APPUSAMY K, GURUSWAMY S, et al. Electrolytic reduction of liquid metal oxides and its application to reconfigurable structured devices [J]. Scientific Reports, 2015, 5: 8637.

[132] DIEBOLD A V, WATSON A M, HOLCOMB S, et al. Electrowetting-actuated liquid metal for RF applications [J]. Journal of Micromechanics and Microengineering, 2017, 27(2): 025010.

[133] WU P C, ZHU W M, SHEN Z X, et al. Broadband wide-angle multifunctional polarization converter via liquid-metal-based metasurface [J]. Advanced Optical Materials, 2017, 5(7): 1600938.

[134] SONG Q H, ZHU W M, WU P C, et al. Liquid-metal-based metasurface for terahertz absorption material: Frequency-agile and wide-angle [J]. APL Materials, 2017, 5(6): 066103.

[135] ZHU W M, SONG Q H, YAN L B, et al. A flat lens with tunable phase gradient by using random access reconfigurable metamaterial [J]. Advanced Materials, 2015, 27(32): 4739-4743.

第5章 微机械可调谐超材料

5.1 概 述

本章将介绍微机械可调谐超材料(micromachined tunable metamaterials)，其中调谐能力源于晶格和超材料单元几何形状的机械重构。本章主要关注通过结构重构实现可调谐超材料的可行性。微机械可重构微结构不仅为超材料提供了一种新的不受组成材料非线性的限制的调谐方法，而且还实现了由机械驱动的可重构超材料器件。随着纳米加工技术的发展，更多的结构上可重构的超材料被开发出来，具有更快的调谐速度，更高的集成密度和更灵活的工作频率选择等优势。

超材料是具有合理设计的亚波长结构的人造材料，例如开口环谐振器(SRR)[1-3]、亚波长导线阵列[4-6]、渔网结构[7-10]等。这些亚波长结构可以设计成通过入射电磁波的电分量和/或磁分量表现出强耦合，可能引入特殊的性质，例如负折射率[11,12]、完美吸收[13]、亚波长聚焦[14,15]等。超材料是理想的功能材料，应用前景广阔，例如光学隐身[16,17]、完美吸收器[13,18]、超透镜[15]等[19,20]。然而，超材料的许多应用受到调谐能力的缺乏和有限的工作带宽的限制，这些不足主要由亚波长结构的谐振性质引起。对可调谐超材料[21]的研究还包括通过外部激发控制超材料的光学性质[22]，以实现超材料器件，其中可调谐超材料的结构单元实现了可调谐、可切换或产生非线性的功能和响应。

可调谐超材料是指对入射电磁波具有可调响应的超材料。可调谐超材料通过控制与入射电磁波之间的相互作用，可以根据需要调谐入射波的透射、反射和吸收。实现可调超材料的方法有很多，例如改变基板的电磁特性、调整超材料的晶格和改变超材料结构单元的几何形状等。一般来说，可调谐超材料可分为两大类。一类是通过谐振器[23-31]或基板[21,22,32-39]中的各种非线性效应改变有效电磁特性。另一类是基于结构重构，例如改变晶格[40,41]、重塑结构单元[42,43]、旋转单元[44-46]、弯曲基板或晶格等方法[47-51]。超材料微结构的几何变化通常是由超材料的机械位移或形变所引起的。基于非线性介质的可调谐超材料依赖组成材料的调谐或周围介质的变化来实现，这高度取决于其组成材料的非线性特性。例如，液晶[52,53]、相变材料[54]、Ⅲ-Ⅴ半导体[55]等非线性材料已经在实验室条件下得到应用，其中一些材料可能用于实现可调谐超材料的大规模制造。结构上可重构的超材料的调谐能力源于结构重构，其中一些与成熟的互补金属-氧化物-半导体(CMOS)制造技术兼容[42,43]。

超材料的机械调谐需要亚波长结构的可控驱动,并且通常会导致响应时间慢。例如,典型的微机械结构的尺寸为 1～100 μm,驱动时间超过 100 μs,这意味着可调谐超材料的工作频率在太赫兹(THz)范围内,响应时间为亚毫秒级[56]。非线性介质激发的响应时间可以达到亚皮秒级,例如自由载流子引起的折射率变化[57]。本章介绍了微机械超材料的最新进展,按调谐机制对其进行了分类,然后讨论它们的优点和限制,最后总结了微机械可调谐超材料并阐述了其前景。

5.2　电动机械可调谐超材料

静电力指电场施加到任何带电的静止或缓慢移动的物体上的力。静电力是非接触式调控的理想选择,然而,非接触式调控很少用于移动体块材料。静电效应的主要问题之一是作用力随着两个带电体之间距离的平方而减小。但是在微观尺度上,因为带电物体之间的距离非常小(低至几微米),这反而会成为一个巨大优点。因此,静电力被广泛应用于微机械驱动,也适用于在吉赫兹和太赫兹范围内工作的可调谐超材料。

5.2.1　吉赫兹电动机械可调谐超材料

使用静电力进行调谐的最直接方法是将电压施加到两个平行的电极上,这已被广泛用于实现吉赫兹可重构器件[58-63]。在超材料的前沿研究中,现代微波系统中最常用的是将电动机械驱动应用于右/左手传输线(right/left handed transmission line, CRLH-TL)结构,以实现其调谐能力[62,63]。与依赖于几何结构(如渔网结构和分体环谐振器)谐振的超材料相比,CRLH-TL 是一种固有的宽带结构,可用于宽带移相[64]。CRLH-TL 在超材料研究的早期阶段得到了充分的研究,基于这一原理的不同一维器件也得到了展示,如用于天线阵列串联馈电网络中的漏波天线[65,66],和紧凑型双频耦合器[67]等。

将静电力施加到超表面上也可实现超表面的调谐[68,69]。参考文献[68]报道了近期对用于毫米波束控制的可调高阻抗超材料表面的研究。可调谐宽带波束控制结构具有潜在的应用,例如 76～81GHz 汽车雷达、94 GHz 至超过 100 GHz 的可重构点对点通信链路等。这些高阻抗表面阵列将会使通过单个反射芯片工作的射频自由空间器件的广泛应用成为可能,例如功率分配器、振荡器、移相器线性阵列、天线阵列等。

5.2.2　太赫兹电动机械可调谐超材料

基于理论分析和实验表征,一些文章已经深入讨论了超材料的电磁性质与单元几何形状的相关性。然而，超材料在被制造出来后，就很难通过调整超材料结构单元的几何形状来实现可调谐的超材料。硅基微机械结构可以作为控制超材料结构单元的相对位置的平台[42,43,70]，这使得将单元几何形状从一个转换到另一个成为可能。超材料结构单元是超材料的基本组成部分。如图 5.1(a)所示，通过重塑超材料结构单元，实验证明了超材料磁响应的实时调谐[42]。使用硅微加工技术制造了 400×400 个分裂环形谐振器阵列。在实验中，谐振频率在 2.05 THz 时，测量到有效磁透率从负(−0.1)变化到正(0.5)。可微机械重构超材料结构单元不同于先前可调谐的非线性或可调谐超材料结构单元，后者仅显示由于外部激励引起的谐振频移。结构上可重构的超材料结构单元可以从一个几何形状转换为另一个几何形状，例如在参考文献[42]中，从"[]"形状转换为"I"形状可以移除现有的谐振模式，并提高对电磁性质的调节能力。

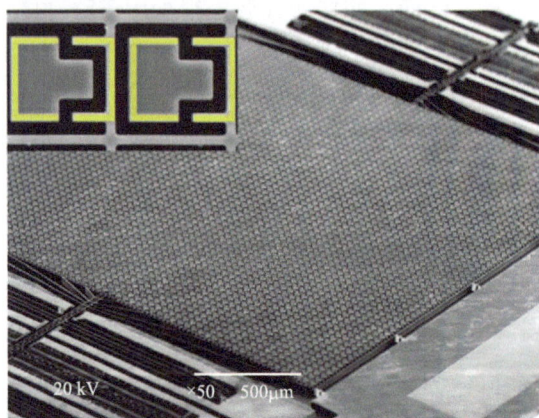

(a)

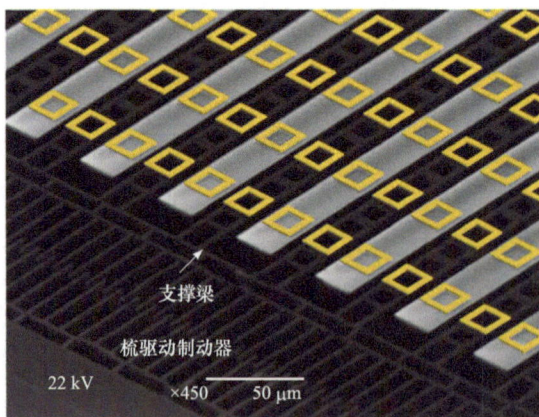

(b)

图 5.1　具有可重构分体环超材料结构单元(a)[42]和晶格重构(b)[70]的太赫兹可调谐超材料的示意图

除了超材料单元的结构重构外，我们还可以通过改变微观结构的晶格常数来实现对超材料的调谐。图 5.1(b)展示了一种可调谐超材料，此太赫兹超材料实现了从偏振相关状态到偏振无关状态的转换[7,70]。这种偏振相关关系的转换是通过使用微机械调控器将超材料的晶格结构从两倍旋转对称重构为四倍旋转对称来实现的。在实验中测量到 TE 和 TM 偏振入射的谐振频率分别出现了 25.8% 和 12.1%的偏移。还演示了单频至双频段的开关。与之前报道的可调谐超材料相比，晶格重构不仅实现了较大的调谐范围，而且还改变了电磁波的偏振，可用于传感器、光学开关和滤光片等光子器件。其在太赫兹范围内显示出具有较大调谐能力的光学各向异性。

当单元不是完全的亚波长尺度时，任何结构调谐都会引发严重的近场效应[71]。具体而言，微机械超材料的调谐能力源于机械调控改变超材料结构单元之间的近场相互作用。微机械超材料结构的典型单元周期是数十个微米。因此，这种可调谐超材料的工作频率在太赫兹波段内。超材料的响应时间通常为数百微秒，这可以应用于许多不需要高速调制的可调器件。随着纳米电动机械系统的发展，可调谐超材料的周期可以缩小到数百纳米[72]。到目前为止，还没有一种电动机械可调谐超材料被证明可以用于光学波段，这是由于受到热和电不稳定性的限制，难以实现纳米级电动机械调控。

5.3　热机械可调谐超材料

所有固体材料都对温度敏感。当其温度升高时，大多数固体材料的尺寸往往会膨胀。该特性可用于设计微机械器件，以驱动可调谐超材料。受大多数固体材料的热膨胀系数的限制，热机械调控一般不会大于数百微米。考虑到如果只需要几微米或更小的驱动就可以实现可调谐功能，加热无疑是既简单又高效的方法，这保证了在太赫兹范围或更高频率下工作的热机械可调超材料的应用价值。

5.3.1　太赫兹热机械可调谐超材料

图 5.2 介绍了一个对太赫兹热机械可调谐超材料的研究[48,73]，其中每个单元由一个 SRR 组成，位于一个独立的 400 nm 厚的氮化硅层上，并通过两个二元材料悬臂连接到支撑衬底。当 SRR 位于基板平面时，可调谐超材料对垂直入射的太赫兹波不会产生谐振响应。但是，随着温度的升高，悬臂向上弯曲。磁场可以穿透 SRR 并引起磁谐振。插图展示了已生产出的二元材料悬臂超材料的扫描电子显微镜图像，这些超材料位于平面内并在不同温度下向介质平面外弯曲。从平面法线方向的透射和反射光谱中可以明显看出强烈的磁谐振。这些结果显示出用可重构超材料实现动态可逆折射率结构或热探测器等的可行性。

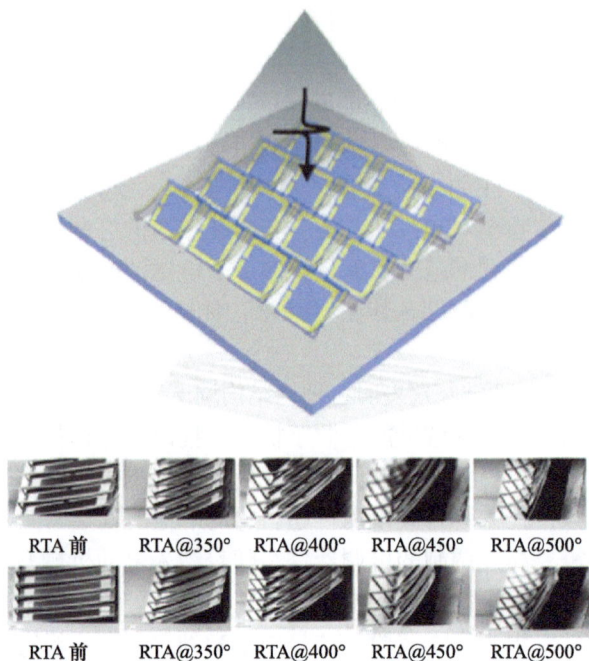

图 5.2　超材料的示意图，这些超材料通过超材料结构单元的热机械弯曲进行太赫兹可调。插图显示了不同温度下的扫描电子显微镜图[48]

5.3.2　光子热机械可调谐超材料

在光谱中的可见光和近红外部分工作的可重构光子超材料(RPM)通过使用工作在几十纳米尺度上的组件和热机械调控器来实现[47]。图 5.3 展示了使用二元材

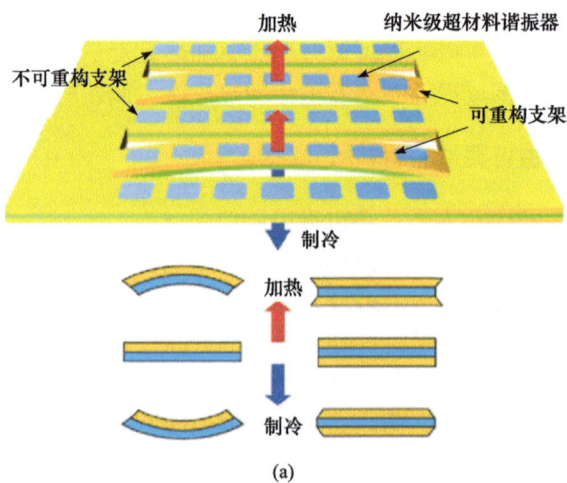

(a)

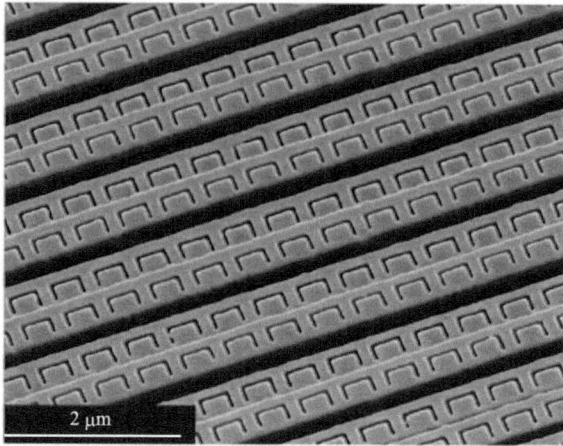

(b)

图 5.3　具有弯曲基板的可重构光子超材料的示意图(a)和扫描电子显微镜图(b)[47]

料热调控的可重构光子超材料的原理图及扫描电子显微镜图。基于纳米金属介电薄膜的可重构光子热机械可调谐超材料为实现在红外波长下工作的超材料的大范围连续可逆调谐提供了一个通用平台。超材料结构单元之间的耦合导致超材料在红外频段下的透射率可以实现高达 50%的可重构变化，这是通过将超材料结构单元放置在热可重构的二元材料支架上来实现的。

5.4　其他机械调谐方法

本节讨论了其他潜在的可用于可调谐超材料的机械调谐方法，如磁机械调谐和光机械调谐。此外，还讨论了柔性超材料，这也是具有结构重构的可调超材料。

5.4.1　磁机械调谐

参考文献[74]给出了磁机械可调谐超材料结构单元工作的最新理论工作。在太赫兹波段中，用于调谐超材料的微机械悬臂由外部场在由磁性材料涂层包裹的表面上产生的力调控。所提出的可调谐超材料具有磁场产生的非线性，这可以利用目前的技术实现。在微机械器件中单端固定悬臂的磁调控已经有所研究[75,76]。除了平移之外，磁机械调控器还可用于微机械结构的旋转[77,78]。这可能有助于制造具有旋转超材料结构单元的微机械可调谐超材料。

5.4.2　通过光学力进行光机械调谐

由静电力驱动的硅基调控器广泛用于微尺度调控，其对于在太赫兹域或以下工作中的微机械可调谐超材料具有足够的分辨率。然而，电动机械调控器在实现纳米级位移控制、分辨率和调谐速度等方面具有局限性[79,80]。同时，在那些电动机械调控器(例如，平行板-板和梳状驱动调控器)中，调控力与连接到电极的两个板之间的电容大小成正比。当板的尺寸从微米级缩小到纳米尺度时，板的重叠面积将大大减少，并将导致静电力不足以驱动调控器。此外，电子和热噪声可能会降低静电力的效果，从而导致调控的不稳定。因此，使用电动机械调控器进行纳米调控是很困难的。然而，光学力具有纳米颗粒捕获和操纵[81-83]以及驱动纳米结

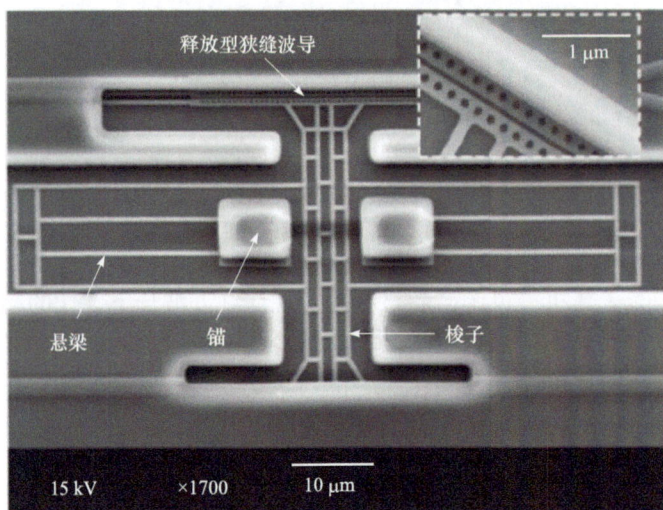

(a)

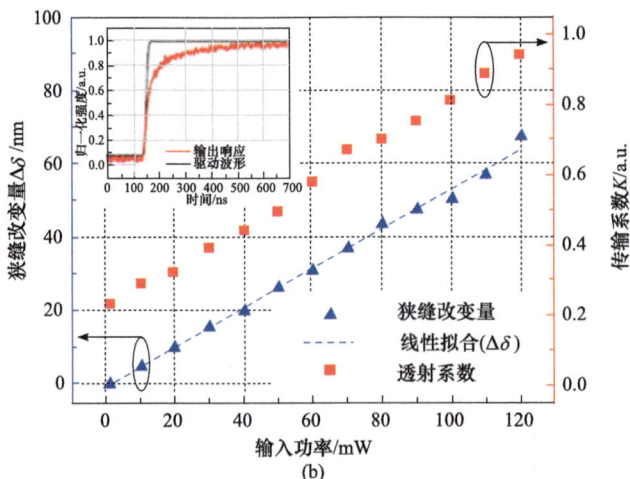

(b)

图 5.4 (a)由光学梯度力驱动的光机械调控器的扫描电子显微镜图；(b)调控距离 $\Delta\delta$ 和传输系数 K 与输入光功率的函数[72]

构[84-87]的应用潜力。图 5.4(a)显示了光机械调控器的扫描电子显微镜图,它由光学梯度力驱动。调控距离Δδ 和传输系数 K 随着输入功率的变化如图 5.4(b)所示[72]。这项工作证明利用光束能够实现距离 200 nm 的驱动,表明将可调谐超材料结构单元缩小到几百纳米的可能性。可以预期,在不久的将来,光机械驱动方式将展示在可见光范围内工作的光机械可调谐超材料中。

5.4.3　柔性基质超材料

在柔性基板中将具有复杂形状的结构植入微尺度的电子设备的工作已大量出现。然而,大部分工作在柔性基板上的微电子器件的专注点在于如何实现具有与传统半导体工艺相同的电性能的集成电路,还要能变形成任意形状。图 5.5(a)显

(a)

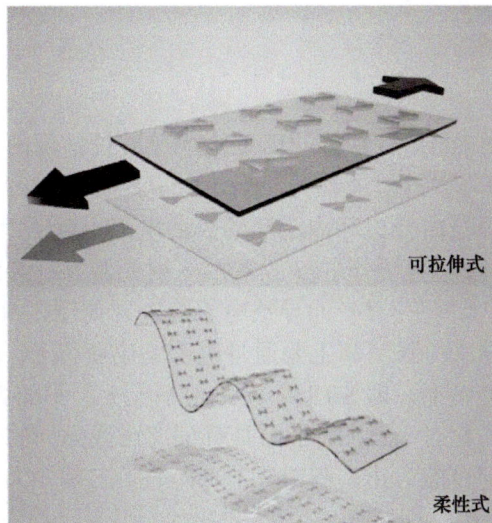

(b)

图 5.5　(a)PDMS 柔性衬底表面上硅基电路网的扫描电子显微镜图[88];(b)文献[89]报道的具有可拉伸和柔性 PDMS 基板的可调谐超材料的示意图

示了聚二甲基硅氧烷(polydimethylsiloxane，PDMS)柔性衬底表面上硅基电路网的扫描电子显微镜图。由软基板引起的弯曲效应可通过相邻微电子设备之间的软连接而降低[88]。

将柔性基板应用到可调谐的超材料上，就可以通过扭曲超材料结构单元来实现大的调谐能力[49-51]。弹性基板的机械变形已被用于诱导纳米光子结构(如纳米颗粒和光栅)中的谐振频移。图 5.5(b)显示了使用纳米拉伸光刻在 PDMS 衬底上图案化的可调谐超材料的示例，该光刻能够在柔性衬底上进行纳米图案制造[89]。近年来，具有柔性基板的可调谐超材料得到了大量报道，所应用的技术不仅可用于大规模、透明和便携式光子器件，也可用于应力变化和化学生物传感，还可以应用于薄膜涂层技术。

5.5　机械可调超材料的制造——以三维热可调开口环谐振器为例

在本节中，我们展示了一种用于制造三维(3D)超材料的自组装策略。该策略给出了由具有适当薄膜参数的金属应力竖立的开口环谐振器(SRR)的所需3D 弯曲插脚。通过有限元法(FEM)计算对应于每个共振模式的透射光谱和场模式。SRR 的本征模式可以通过偏振态平行于竖立的 SRR 的正常光照来激发，这与平面 SRR 的情况不同。该方法为应用可调 3D SRR 开辟了一个有前途的制造工艺。

5.5.1　简介

开口环谐振器(SRR)是最常见的用于构建亚波长结构的超分子[90,91]。特别是单个 SRR 的行为可以近似地视为一个 LC 电路，其中电容器由开口附近积累的电荷贡献，电感器由开口环内流动的表面电流贡献[92-94]。LC 谐振可以由具有平行于 SRR 间隙的电场分量($E // \hat{x}$)的入射光激发，导致电容响应，或磁场分量在 SRR 平面上振荡($H // \hat{y}$)导致电感响应，如图 5.6(c)所示。在以前的工作中，由于制造方法的限制和主要通过电容响应获得 LC 谐振，大多数 SRR结构都集中在平面类型上，即 SRR 平面位于基板上。平面 SRR 中的感应响应只能在施加的外部光相对于 SRR 平面具有偏离法线方向的情况下执行，从而降低了耦合效率。到目前为止，制造 3D SRR 的工艺是一大难题，一些工作已经对其进行了报道[1,95-98]。

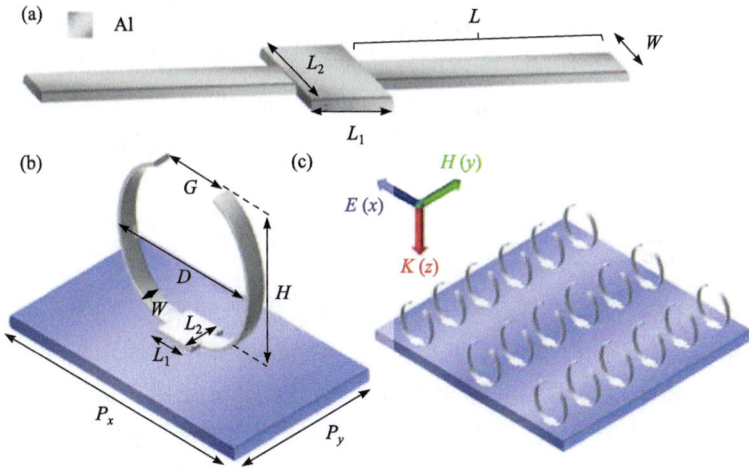

图 5.6　干法蚀刻从衬底上释放 3D SRR 前(a)和后(b)的特征尺寸示意图。我们设计的 SRR 的参数分别为 $L_1 = 250$ nm, $L_2 = 300$ nm, $W = 125$ nm, $H = 2$ μm, $D = 2$ μm, $G = 600$ nm, $P_x = 8$ μm 和 $P_y = 3$ μm。(c)制造的样品受 x 偏振光垂直照射

另一方面，已经证明利用残余薄膜应力的自组装方法可以形成 3D 器件，尤其是弯曲结构[99-102]。薄膜中的本征应力是晶格失配、晶界、热膨胀系数差异、薄膜中的杂质以及薄膜沉积过程中的沉积方法造成的。可以通过合理安排沉积薄膜的材料和尺寸来构建 3D 结构。

在接下来的内容中，我们展示了一种相对简单的方法，即采用金属应力驱动的组装策略来制造 3D SRR。这一方法简单地将电子束光刻(EBL)和反应离子蚀刻(RIE)工艺相结合，为 3D SRR 的应用提供了一种具有前景的方法。

5.5.2　制造流程

标准 EBL(设备来源：Raith 50, Raith GmbH)工艺用于在熔融石英基板上以 200 μm × 200 μm 的总面积在 3D SRR 的二维(2D)模板上进行图案化。图 5.6(a)表示厚度为 15 nm 的 2D 模板的晶胞尺寸。臂长 L 和宽度 W 分别为 3 μm 和 125 nm。连接焊盘的长度(L_1)和宽度(L_2)分别为 250 nm 和 300 nm。请注意，连接焊盘作为 3D SRR 与基板之间的连接点，用于防止 SRR 在干法蚀刻后成为独立结构，如图 5.6(b)所示。为了避免电子束曝光过程中的充电问题，可在 PMMA-950K 层上方旋涂 Espacer(设备来源：Kokusai Eisei Co., Showa Denso Group, Japan)。电子束曝光后，用去离子水冲洗样品以去除 Espacer，然后在 MIBK：IPA = 1：3 的甲基异丁基酮(MIBK)和异丙醇(IPA)溶液中显影 75 s，然后在 IPA 中浸没 25 s。

通过热蒸发(DMC 500, Dah Young Vacuum Technical Co., Ltd)将铝膜沉积在抗蚀剂构成的图案上。沉积铝膜的厚度由 ULVAC MDEL CRTM-6000 石英晶体沉积

控制器监控，沉积速率约为 0.5 Å/s，稳定压力为 5×10^{-5} torr(1 torr=1.33322×10^2 Pa)。在剥离过程之后，将带有 2D 模板的样品转移到干蚀刻机(Plasmalab System 100-ICP 380, Oxford Instruments Plasma Technology)以蚀刻臂下方的熔融石英，然后将臂从基板上释放。随着 2D 模板的臂从基板上释放，内在应力同时拉起 3D SRR 的臂，如图 5.6(c)所示。

5.5.3　结果与讨论

我们实验中的弯曲结果取决于臂尺寸和薄膜厚度。因此，在第一阶段，我们制造并研究了具有不同臂宽 W 和长度 L 的二维臂，以阐明对应于相同厚度金属膜的几何因素的影响。2D 臂图案的定义和蚀刻如图 5.7(a)所示。请注意，为了获得连续的铝膜，本文中所有 2D 图案的厚度首先沉积为 15 nm。左右栏分别对应于 W = 125 nm 和 W = 250 nm 的情况。臂长 L 在 3 μm 到 9 μm 之间变化，步长为 2 μm。图 5.7(b)所示的弯曲结果表明，在相同的 L 下，曲率半径随着 W 的增加而增加。相反，在相同的 W 下，弯曲结构表现出相似的曲率半径。

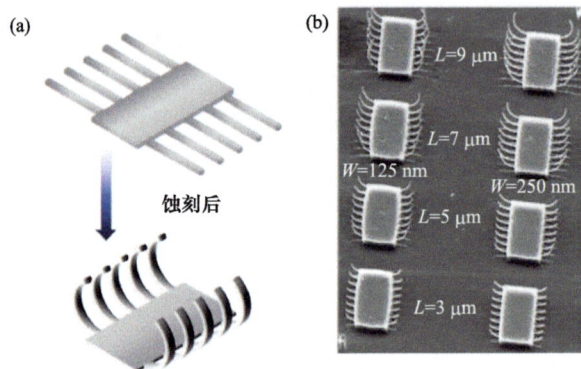

图 5.7　(a)干法蚀刻前后测试臂示意图；(b)测试臂倾斜角为 40°的 SEM 照片的斜视图，该图案专为四种臂长设计，分别具有两种不同的臂宽

基于上述现象，我们因此将注意力转向薄膜厚度对弯曲的影响。在图 5.8 中，通过改变薄膜的厚度来研究弯曲效应。曲率半径强烈依赖于薄膜厚度。二维晶胞的设计参数分别为 L = 2 μm 和 L = 3 μm，对应于相同的宽度 W = 125 nm，在 C_4F_8 干法蚀刻工艺之后，将臂从基板上释放出来。图 5.8(a)和(d)分别显示了臂长 L = 2 μm 和 L = 3 μm 与相同的 8 nm 厚的铝膜。通过比较熔融石英和铝之间的蚀刻速率来估计厚度。然后我们用 Ar 等离子体轻轻刻蚀铝以获得更薄的铝膜。图 5.8(b)和(e)分别显示了在间隙 G = 500 nm，L = 2 μm 和 G = 400 nm，L = 3 μm 情况下，估计薄膜厚度约为 5 nm 的 SRR。如图 5.8(c)和(f)所示，在 4 nm 厚的 Al 膜情况下，观察到对应于 L = 2 μm 和 L = 3 μm 的较小 G 约为 250 nm 和 50 nm。此外，

关于金属薄膜的热膨胀，我们还进行了 SEM 的实时成像，如插图所示，这表明 SRR 的间隙可以通过响应电子束扫描的温度变化的热膨胀来调整。该结果表明，制造的应力驱动的 SRR 可能是用于温度控制的可重构超材料的绝佳候选者。

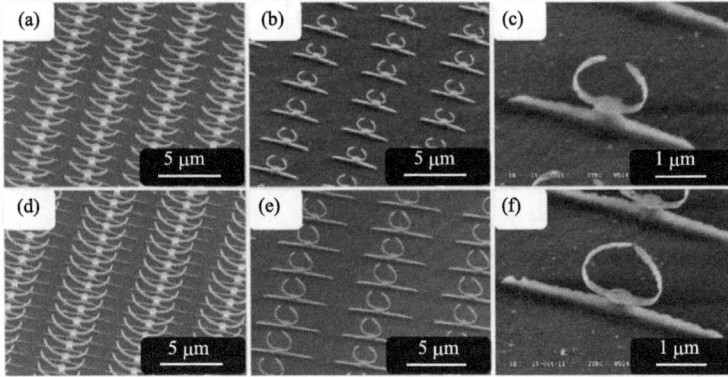

图 5.8　3D SRR 倾斜角为 40°的 SEM 照片的斜视图。(a)~(c)分别显示了具有相同臂长 2 μm 但具有不同 Al 膜厚度的 SRR。金属厚度分别为(a), (d) 8 nm；(b), (e) 5 nm；(c), (f) 4 nm。(d)、(e)和(f)是臂长为 3 μm 的 SRR。请注意，基板上的条形表示金属膜下方残留的熔融石英材料，这是蚀刻过程的阴影效应造成的

为了说明制造的<u>竖立</u> SRR 的电磁共振模式，我们使用 COMSOL Multiphysics，通过基于有限元法求解 3D 麦克斯韦方程来计算不同共振模式的透射光谱和场模式。模拟晶胞的尺寸如图 5.6(b)所示，并且具有与制造样品相同的几何参数。为了模拟 SRR 阵列，在晶胞的边界处使用周期性条件。铝在近红外和中红外区域的光学参数取自光学手册[103]，基板的折射率设置为 1.4584。

SRR 阵列的透射光谱如图 5.9(a)所示。法向入射波($k \mathbin{/\mkern-5mu/} \hat{z}$)的电场分别沿 x 和 y 方向偏振。对于 y 偏振情况，透射光谱几乎是平坦的，因为既不能激发电共振模式也不能激发磁共振模式。相反，对于 x 偏振情况，三种共振模式分别出现在约 20.8 THz、39.0 THz 和 62.8 THz 处。考虑到间隙宽度可以通过许多实验方法(例如电子束激发或调整环境温度)来控制，可以相应地控制 SRR 的电磁响应。为了证明这些可重构特性，我们模拟了具有不同间隙宽度的 SRR 阵列：$G = 250$ nm、600 nm、1200 nm 和 2000 nm。在这四种情况下，SRR 的总臂长保持不变，但参数 D 和 H 不同。为了清楚地说明光谱变化，模式 1 的透射光谱如图 5.9(b)所示。显然，"模式 1"在间隙宽度增加的同时向高频区域移动。可以在等效 LC 电路模型图中定性理解。SRR 的总长度保持不变意味着有效电感几乎没有变化。但是当间隙宽度变大时，等效电路的电容肯定会减小。考虑到谐振频率与 $1/\sqrt{L_{\text{eff}}C_{\text{eff}}}$ 成正比(其中 L_{eff} 为等效电感，C_{eff} 为等效电容)，随着间隙宽度的增加，谐振模式

自然会出现蓝移的结果。

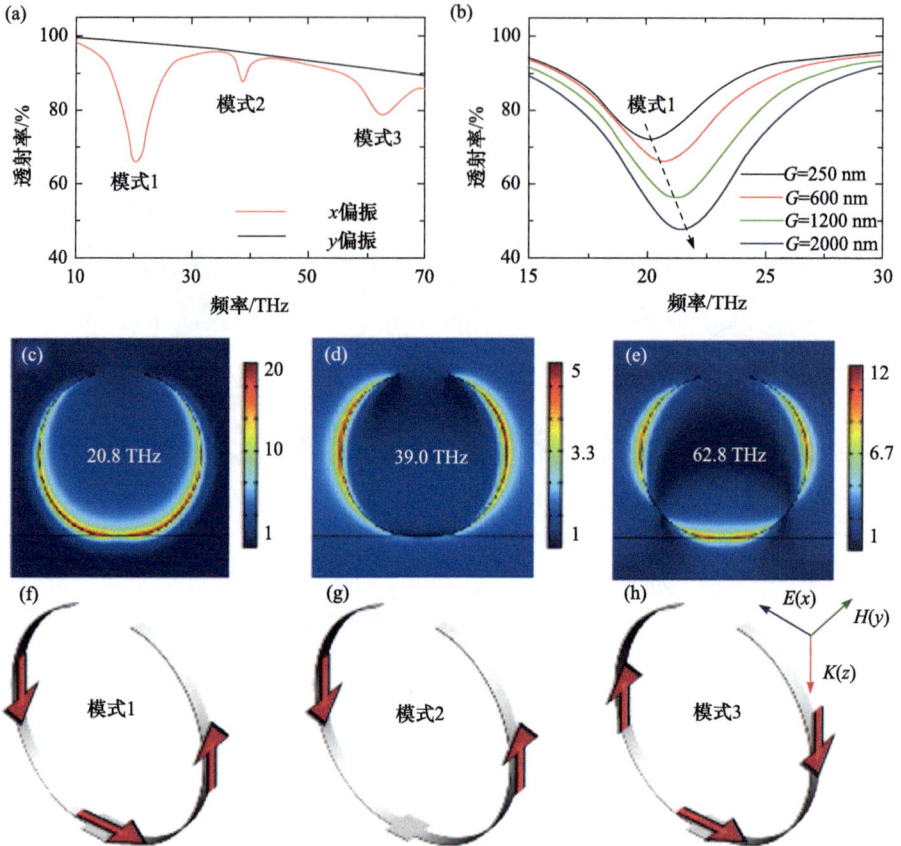

图 5.9　几何形状相同(a)和总长度相同但间隙宽度不同(b)(G = 250 nm、600 nm、1200 nm、2000 nm)的 SRR 阵列的模拟透射光谱图。在(a)中，对于 x 偏振情况，在大约 20.8 THz、39.0 THz 和 62.8 THz 处存在三个传输下降。在 G = 600 nm 的情况下，三种共振模式的磁场图案和感应电流分布(红色箭头)分别显示在(c)～(e)和(f)～(h)中。这里光谱和场模式都归一化为入射波

三种共振模式的磁场模式如图 5.9(c)～(e)所示。强度归一化为入射磁场大小的倍数。对于环单个 SRR，Zhou 等已经仔细研究了其特征态[104]。SRR 的不同本征态可以在几种偏振情况下被激发(即 $k // \hat{z}$，$E // \hat{x}$；$k // \hat{y}$，$E // \hat{z}$；$k // \hat{x}$，$E // \hat{z}$)。这里"模式 1"和"模式 3"的磁场增强效果大于 10 倍，而"模式 2"只有 5 倍的增强。为了理解它，我们需要分析三种模式的感应电流分布，这可以通过模拟来证明，就像图 5.9(f)～(h)中所示的情况一样。对于"模式 1"，感应电流的磁响应是平行的，因此磁场强度非常强，传输倾角最深。对于"模式 2"，感应电流的磁响应在环内是相抵消的，在环外则是叠加的。沿 x 方向的电响应由气隙引

入。对于"模式 3",它也同时具有电和磁响应。最后,我们需要强调的是,当金属膜变得非常薄时,它对入射电磁波的响应会显著下降,这可能会降低 SRR 的共振。

5.6 总 结

在本章中,介绍了微加工可调谐超材料的最新进展。微加工技术是一种很有前途的方法,可用于太赫兹及以下的可调谐超材料,以实现不需要高速调制的大范围调谐能力。据报道,没有微机械可调谐超材料能在红外和更高频率区域工作,这主要是因为亚波长驱动难以实现。最近对纳米级光机械驱动的研究显示出可能的突破,可用于进一步缩小微加工可调谐超材料并提高调谐速度。微加工可调谐超材料可能在变换光学器件、传感器、智能探测器、可调谐频率选择表面、光谱滤波器和其他可调谐光子器件中找到潜在应用。

参 考 文 献

[1] SHELBY R A, SMITH D R, SCHULTZ S. Experimental verification of a negative index of refraction [J]. Science, 2001, 292(5514): 77-79.

[2] SMITH D R, PADILLA W J, VIER D C, et al. Composite medium with simultaneously negative permeability and permittivity [J]. Physical Review Letters, 2000, 84(18): 4184-4187.

[3] ZHAROV A A, SHADRIVOV I V, KIVSHAR Y S. Nonlinear properties of left-handed metamaterials [J]. Physical Review Letters, 2003, 91(3): 037401.

[4] PENDRY J B, HOLDEN A J, STEWART W J, et al. Extremely low frequency plasmons in metallic mesostructures [J]. Physical Review Letters, 1996, 76(25): 4773-4776.

[5] BELOV P A, SIMOVSKI C R, TRETYAKOV S A. Two-dimensional electromagnetic crystals formed by reactively loaded wires [J]. Physical Review E, 2002, 66(3): 036610.

[6] PRADARUTTI B, RAU C, TOROSYAN G, et al. Plasmonic response in a one-dimensional periodic structure of metallic rods [J]. Applied Physics Letters, 2005, 87(20): 204105.

[7] VALENTINE J, ZHANG S, ZENTGRAF T, et al. Three-dimensional optical metamaterial with a negative refractive index [J]. Nature, 2008, 455(7211): 376-379.

[8] KAFESAKI M, TSIAPA I, KATSARAKIS N, et al. Left-handed metamaterials: The fishnet structure and its variations [J]. Physical Review B, 2007, 75(23): 235114.

[9] MARY A, RODRIGO S G, GARCIA-VIDAL F J, et al. Theory of negative-refractive-index response of double-fishnet structures [J]. Physical Review Letters, 2008, 101(10): 103902.

[10] ROCKSTUHL C, MENZEL C, PAUL T, et al. Light propagation in a fishnet metamaterial [J]. Physical Review B, 2008, 78(15): 155102.

[11] SMITH D R, PENDRY J B, WILTSHIRE M C K. Metamaterials and negative refractive index [J]. Science, 2004, 305(5685): 788-792.

[12] SHALAEV V M. Optical negative-index metamaterials [J]. Nature Photonics, 2007, 1(1): 41-48.

[13] LANDY N I, SAJUYIGBE S, MOCK J J, et al. Perfect metamaterial absorber [J]. Physical Review Letters, 2008, 100(20): 207402.

[14] LEE J, LEE K, PARK H, et al. Tunable subwavelength focusing with dispersion-engineered metamaterials in the terahertz regime [J]. Optics Letters, 2010, 35(13): 2254-2256.

[15] ZHANG X, LIU Z W. Superlenses to overcome the diffraction limit [J]. Nature Materials, 2008, 7(6): 435-441.

[16] PENDRY J B, SCHURIG D, SMITH D R. Controlling electromagnetic fields [J]. Science, 2006, 312(5781): 1780-1782.

[17] CAI W S, CHETTIAR U K, KILDISHEV A V, et al. Optical cloaking with metamaterials [J]. Nature Photonics, 2007, 1(4): 224-227.

[18] HAO J M, WANG J, LIU X L, et al. High performance optical absorber based on a plasmonic metamaterial [J]. Applied Physics Letters, 2010, 96(25): 251104.

[19] ZHOU Q L, SHI Y L, WANG A H, et al. Ultrafast optical modulation of terahertz metamaterials [J]. Journal of Optics, 2011, 13(12): 125102.

[20] PRYCE I M, KELAITA Y A, AYDIN K, et al. Compliant metamaterials for resonantly enhanced infrared absorption spectroscopy and refractive index sensing [J]. ACS Nano, 2011, 5(10): 8167-8174.

[21] BOARDMAN A D, GRIMALSKY V V, KIVSHAR Y S, et al. Active and tunable metamaterials [J]. Laser & Photonics Reviews, 2011, 5(2): 287-307.

[22] CHEN H T, O'HARA J F, AZAD A K, et al. Experimental demonstration of frequency-agile terahertz metamaterials [J]. Nature Photonics, 2008, 2(5): 295-298.

[23] KAPITANOVA P V, MASLOVSKI S I, SHADRIVOV I V, et al. Controlling split-ring resonators with light [J]. Applied Physics Letters, 2011, 99(25): 251914.

[24] SHADRIVOV I V, KOZYREV A B, VAN DER WEIDE D, et al. Nonlinear magnetic metamaterials [J]. Optics Express, 2008, 16(25): 20266-20271.

[25] GORKUNOV M, LAPINE M. Tuning of a nonlinear metamaterial band gap by an external magnetic field [J]. Physical Review B, 2004, 70(23): 235109.

[26] SHADRIVOV I V, KOZYREV A B, VAN DER WEIDE D W, et al. Tunable transmission and harmonic generation in nonlinear metamaterials [J]. Applied Physics Letters, 2008, 93(16): 161903.

[27] WANG Y F, YIN J C, YUAN G S, et al. Tunable i-shaped metamaterial by loading varactor diode for reconfigurable antenna [J]. Applied Physics A-Materials Science & Processing, 2011, 104(4): 1243-1247.

[28] SHREKENHAMER D, ROUT S, STRIKWERDA A C, et al. High speed terahertz modulation from metamaterials with embedded high electron mobility transistors [J]. Optics Express, 2011, 19(10): 9968-9975.

[29] GIL I, BONACHE J, GARCIA-GARCIA J, et al. Tunable metamaterial transmission lines based on varactor-loaded split-ring resonators [J]. IEEE Transactions on Microwave Theory and Techniques, 2006, 54(6): 2665-2674.

[30] WANG Z Y, LUO Y, PENG L, et al. Second-harmonic generation and spectrum modulation by an

active nonlinear metamaterial [J]. Applied Physics Letters, 2009, 94(13): 134102.

[31] POWELL D A, SHADRIVOV I V, KIVSHAR Y S, et al. Self-tuning mechanisms of nonlinear split-ring resonators [J]. Applied Physics Letters, 2007, 91(14): 144107.

[32] MITTLEMAN D. Metamaterials—a tunable terahertz response [J]. Nature Photonics, 2008, 2(5): 267-268.

[33] ZHAO Q, KANG L, DU B, et al. Electrically tunable negative permeability metamaterials based on nematic liquid crystals [J]. Applied Physics Letters, 2007, 90(1): 011112.

[34] WERNER D H, KWON D H, KHOO I C. Liquid crystal clad near-infrared metamaterials with tunable negative-zero-positive refractive indices [J]. Optics Express, 2007, 15(6): 3342-3347.

[35] PRATIBHA R, PARK K, SMALYUKH I I, et al. Tunable optical metamaterial based on liquid crystal-gold nanosphere composite [J]. Optics Express, 2009, 17(22): 19459-19469.

[36] POO Y, WU R X, HE G H, et al. Experimental verification of a tunable left-handed material by bias magnetic fields [J]. Applied Physics Letters, 2010, 96(16): 161902.

[37] HE G H, WU R X, POO Y, et al. Magnetically tunable double-negative material composed of ferrite-dielectric and metallic mesh [J]. Journal of Applied Physics, 2010, 107(9): 093522.

[38] HAN J G, LAKHTAKIA A, QIU C W. Terahertz metamaterials with semiconductor split-ring resonators for magnetostatic tunability [J]. Optics Express, 2008, 16(19): 14390-14396.

[39] DICKEN M J, AYDIN K, PRYCE I M, et al. Frequency tunable near-infrared metamaterials based on VO2 phase transition [J]. Optics Express, 2009, 17(20): 18330-18339.

[40] LAPINE M, POWELL D, GORKUNOV M, et al. Structural tunability in metamaterials [J]. Applied Physics Letters, 2009, 95(8): 084105.

[41] LAPINE M, SHADRIVOV I V, POWELL D A, et al. Magnetoelastic metamaterials [J]. Nature Materials, 2012, 11(1): 30-33.

[42] ZHU W M, LIU A Q, ZHANG X M, et al. Switchable magnetic metamaterials using micromachining processes [J]. Advanced Materials, 2011, 23(15): 1792-1796.

[43] FU Y H, LIU A Q, ZHU W M, et al. A micromachined reconfigurable metamaterial via reconfiguration of asymmetric split-ring resonators [J]. Advanced Functional Materials, 2011, 21(18): 3589-3594.

[44] POWELL D A, HANNAM K, SHADRIVOV I V, et al. Near-field interaction of twisted split-ring resonators [J]. Physical Review B, 2011, 83(23): 235420.

[45] LIU H, LIU Y M, LI T, et al. Coupled magnetic plasmons in metamaterials [J]. Physica Status Solidi B-Basic Solid State Physics, 2009, 246(7): 1397-1406.

[46] HESMER F, TATARTSCHUK E, ZHUROMSKYY O, et al. Coupling mechanisms for split ring resonators: Theory and experiment [J]. Physica Status Solidi B-Basic Solid State Physics, 2007, 244(4): 1170-1175.

[47] OU J Y, PLUM E, JIANG L, et al. Reconfigurable photonic metamaterials [J]. Nano Letters, 2011, 11(5): 2142-2144.

[48] TAO H, STRIKWERDA A C, FAN K, et al. Reconfigurable terahertz metamaterials [J]. Physical Review Letters, 2009, 103(14): 147401.

[49] PERALTA X G, WANKE M C, ARRINGTON C L, et al. Large-area metamaterials on thin

membranes for multilayer and curved applications at terahertz and higher frequencies [J]. Applied Physics Letters, 2009, 94(16): 161113.

[50] TAO H, STRIKWERDA A C, FAN K, et al. Terahertz metamaterials on free-standing highly-flexible polyimide substrates [J]. Journal of Physics D-Applied Physics, 2008, 41(23): 232004.

[51] KHODASEVYCH I E, SHAH C M, SRIRAM S, et al. Elastomeric silicone substrates for terahertz fishnet metamaterials [J]. Applied Physics Letters, 2012, 100(6): 061101.

[52] OSIPOV M A, GORKUNOV M V. Ferroelectric ordering in chiral smectic-c* liquid crystals determined by nonchiral intermolecular interactions [J]. Physical Review E, 2008, 77(3): 031701.

[53] XIAO S M, CHETTIAR U K, KILDISHEV A V, et al. Tunable magnetic response of metamaterials [J]. Applied Physics Letters, 2009, 95(3): 033115.

[54] CAVALLERI A, DEKORSY T, CHONG H H W, et al. Evidence for a structurally-driven insulator-to-metal transition in VO$_2$: A view from the ultrafast timescale [J]. Physical Review B, 2004, 70(16): 161102.

[55] AMBACHER O. Growth and applications of group Ⅲ nitrides [J]. Journal of Physics D-Applied Physics, 1998, 31(20): 2653-2710.

[56] LIU A Q, ZHANG X M. A review of mems external-cavity tunable lasers[J]. Journal of Micromechanics and Microengineering, 2007, 17(1): R1-R13.

[57] LIU Y H, HU X Y, TIAN J, et al. Ultrafast all-optical switching in two-dimensional organic photonic crystal [J]. Applied Physics Letters, 2005, 86(12): 121102.

[58] GIL I, MARTIN F, ROTTENBERG X, et al. Tunable stop-band filter at q-band based on RF-mems metamaterials [J]. Electronics Letters, 2007, 43(21): 1153-1154.

[59] GIL I, MORATA M, FERNANDEZ-GARCIA R, et al. Reconfigurable RF-mems metamaterials filters[C]. Proceedings of the Progress in Electromagnetics Research Symposium(PIERS), Marrakesh, MOROCCO, F Mar 20-23, 2011. Electromagnetics Acad: CAMBRIDGE, 2011.

[60] PERRUISSEAU-CARRIER J, LISEC T, SKRIVERVIK A K. Circuit model and design of silicon-integrated crlh-tls analogically controlled by mems [J]. Microwave and Optical Technology Letters, 2006, 48(12): 2496-2499.

[61] PERRUISSEAU-CARRIER J, TOPALLI K, AKIN T. Low-loss ku-band artificial transmission line with mems tuning capability [J]. IEEE Microwave and Wireless Components Letters, 2009, 19(6): 377-379.

[62] KARIM M F, LIU A Q, ALPHONES A, et al. A tunable bandstop filter via the capacitance change of micromachined switches [J]. Journal of Micromechanics and Microengineering, 2006, 16(4): 851-861.

[63] KARIM M F, LIU A Q, YU A B, et al. Micromachined tunable filter using fractal electromagnetic bandgap(ebg)structures [J]. Sensors and Actuators A-Physical, 2007, 133(2): 355-362.

[64] KHOLODNYAK D, SEREBRYAKOVA E, VENDIK I, et al. Broadband digital phase shifter based on switchable right- and left-handed transmission line sections [J]. IEEE Microwave and Wireless Components Letters, 2006, 16(5): 258-260.

[65] ANTONIADES M A, ELEFTHERIADES G V. Compact linear lead/lag metamaterial phase shifters for broadband applications [J]. IEEE Antennas and Wireless Propagation Letters, 2003, 2:

103-106.

[66] QI Z, ZHONGXIANG Z, SHANJIA X, et al. Millimeter wave microstrip array design with crlhtl as feeding line[C]. Proceedings of the IEEE Antennas and Propagation Society Symposium, 2004.

[67] LIN I H, DEVINCENTIS M, CALOZ C, et al. Arbitrary duad-band components using composite right/left-handed transmission lines [J]. IEEE Transactions on Microwave Theory and Techniques, 2004, 52(4): 1142-1149.

[68] STERNER M, CHICHERIN D, RAISENEN A V, et al. RF mems high-impedance tuneable metamaterials for millimeter-wave beam steering[C]. Proceedings of the 22nd International Conference on Micro Electro Mechanical Systems(MEMS), Sorrento, ITALY, IEEE: NEW YORK, 2009.

[69] CHICHERIN D, STERNER M, DUDOROV S, et al. Mems tunable metamaterials surfaces and their applications[C]. Proceedings of the 22nd Asia-Pacific Microwave Conference(APMC), Yokohama, JAPAN, IEEE: NEW YORK, 2010.

[70] ZHU W M, LIU A Q, ZHANG W, et al. Polarization dependent state to polarization independent state change in thz metamaterials [J]. Applied Physics Letters, 2011, 99(22): 221102.

[71] POWELL D A, LAPINE M, GORKUNOV M V, et al. Metamaterial tuning by manipulation of near-field interaction [J]. Physical Review B, 2010, 82(15): 155128.

[72] CAI H, XU K J, LIU A Q, et al. Nano-opto-mechanical actuator driven by gradient optical force [J]. Applied Physics Letters, 2012, 100(1): 013108.

[73] TAO H, STRIKWERDA A C, FAN K B, et al. Mems based structurally tunable metamaterials at terahertz frequencies [J]. Journal of Infrared Millimeter and Terahertz Waves, 2011, 32(5): 580-595.

[74] OZBEY B, AKTAS O. Continuously tunable terahertz metamaterial employing magnetically actuated cantilevers [J]. Optics Express, 2011, 19(7): 5741-5752.

[75] LIU C, YI Y W. Micromachined magnetic actuators using electroplated permalloy[J]. IEEE Transactions on Magnetics, 1999, 35(3): 1976-1985.

[76] TAYLOR W P, BRAND O, ALLEN M G. Fully integrated magnetically actuated micromachined relays [J]. Journal of Microelectromechanical Systems, 1998, 7(2): 181-191.

[77] AHN C H, KIM Y J, ALLEN M G. A planar variable reluctance magnetic micromotor with fully integrated stator and coils [J]. Journal of Microelectromechanical Systems, 1993, 2(4): 165-173.

[78] CHIOU C H, LEE G B. A micromachined DNA manipulation platform for the stretching and rotation of a single DNA molecule [J]. Journal of Micromechanics and Microengineering, 2005, 15(1): 109-117.

[79] OH M C, KIM J W, KIM K J, et al. Optical pressure sensors based on vertical directional coupling with flexible polymer waveguides [J]. IEEE Photonics Technology Letters, 2009, 21(8): 501-503.

[80] LEGTENBERG R, GROENEVELD A W, ELWENSPOEK M. Comb-drive actuators for large displacements [J]. Journal of Micromechanics and Microengineering, 1996, 6(3): 320-329.

[81] ASHKIN A. Acceleration and trapping of particles by radiation pressure [J]. Physical Review Letters, 1970, 24(4): 156.

[82] CHU S. Laser manipulation of atoms and particles [J]. Science, 1991, 253(5022): 861-866.

[83] YANG A H J, MOORE S D, SCHMIDT B S, et al. Optical manipulation of nanoparticles and biomolecules in sub-wavelength slot waveguides [J]. Nature, 2009, 457(7225): 71-75.

[84] EICHENFIELD M, CAMACHO R, CHAN J, et al. A picogram and nanometre-scale photonic-crystal optomechanical cavity [J]. Nature, 2009, 459(7246): 550-555.

[85] WIEDERHECKER G S, CHEN L, GONDARENKO A, et al. Controlling photonic structures using optical forces [J]. Nature, 2009, 462(7273): 633-636.

[86] van THOURHOUT D, ROELS J. Optomechanical device actuation through the optical gradient force [J]. Nature Photonics, 2010, 4(4): 211-217.

[87] KIPPENBERG T J, VAHALA K J. Cavity optomechanics: back-action at the mesoscale [J]. Science, 2008, 321(5893): 1172-1176.

[88] KO H C, SHIN G, WANG S D, et al. Curvilinear electronics formed using silicon membrane circuits and elastomeric transfer elements [J]. Small, 2009, 5(23): 2703-2709.

[89] AKSU S, HUANG M, ARTAR A, et al. Flexible plasmonics on unconventional and nonplanar substrates [J]. Advanced Materials, 2011, 23(38): 4422-4430.

[90] ROCKSTUHL C, ZENTGRAF T, PSHENAY-SEVERIN E, et al. The origin of magnetic polarizability in metamaterials at optical frequencies-an electrodynamic approach [J]. Optics Express, 2007, 15(14): 8871-8883.

[91] LIU N, LIU H, ZHU S, et al. Stereometamaterials [J]. Nature Photonics, 2009, 3(3): 157-162.

[92] ZHOU J, KOSCHNY T, KAFESAKI M, et al. Saturation of the magnetic response of split-ring resonators at optical frequencies [J]. Physical Review Letters, 2005, 95(22): 223902.

[93] LAHIRI B, MCMEEKIN S G, KHOKHAR A Z, et al. Magnetic response of split ring resonators(srrs)at visible frequencies [J]. Optics Express, 2010, 18(3): 3210-3218.

[94] LINDEN S, ENKRICH C, WEGENER M, et al. Magnetic response of metamaterials at 100 terahertz [J]. Science, 2004, 306(5700): 1351-1353.

[95] BURCKEL D B, WENDT J R, TEN EYCK G A, et al. Micrometer‐scale cubic unit cell 3D metamaterial layers [J]. Advanced Materials, 2010, 22(44): 5053-5057.

[96] SOUKOULIS C M, WEGENER M. Optical metamaterials—more bulky and less lossy [J]. Science, 2010, 330(6011): 1633-1634.

[97] CHEN W T, CHEN C J, WU P C, et al. Optical magnetic response in three-dimensional metamaterial of upright plasmonic meta-molecules [J]. Optics Express, 2011, 19(13): 12837-12842.

[98] FAN K, STRIKWERDA A C, TAO H, et al. Stand-up magnetic metamaterials at terahertz frequencies [J]. Optics Express, 2011, 19(13): 12619-12627.

[99] HOFFMAN R. Stresses in thin films: the relevance of grain boundaries and impurities [J]. Thin Solid Films, 1976, 34(2): 185-190.

[100] SCHMIDT O G, EBERL K. Thin solid films roll up into nanotubes [J]. Nature, 2001, 410(6825): 168.

[101] HO Y P, WU M, LIN H Y, et al. A robust and reliable stress-induced self-assembly supporting mechanism for optical devices [J]. Microsystem Technologies, 2005, 11(2): 214-220.

[102] NASTAUSHEV Y V, PRINZ V Y, SVITASHEVA S. A technique for fabricating Au/Ti micro-

and nanotubes [J]. Nanotechnology, 2005, 16(6): 908.

[103] FLEMING J W, WEBER M J, DAY G W, et al. Handbook of optical materials[M]. Boca Raton: CRC Press, 2018.

[104] ZHOU L, CHUI S. Eigenmodes of metallic ring systems: A rigorous approach [J]. Physical Review B, 2006, 74(3): 035419.

第6章 超构表面的基本应用

6.1 概　述

随着超构表面(又称超表面, metasurface)的发展, 它逐渐被广泛应用于不同奇异的光学现象的演示和各种光学器件功能的实现。基于超构表面的许多应用是传统光学器件无法实现的, 因为超构表面具有超薄、轻质和极其紧凑等传统光学器件不具备的优点。超构表面提供了超越传统光学器件限制的可行方法, 且可以将多种功能集成在一个器件内[1]。在 6.2 节中, 我们将讨论基于超构表面的偏振控制和波束操纵的最新进展(图 6.1)。

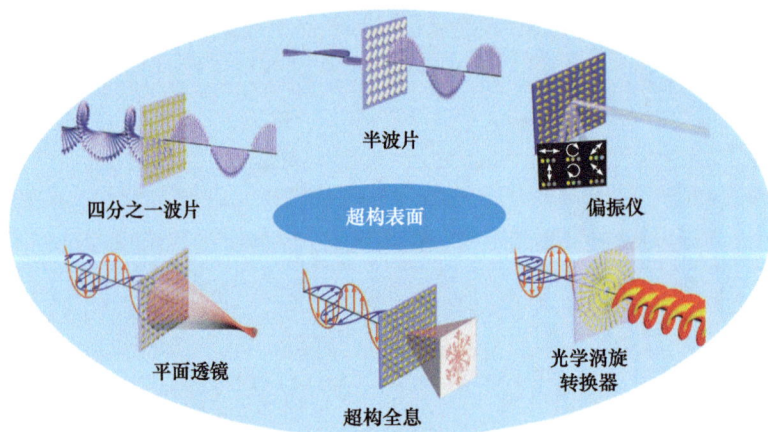

图 6.1　基于超构表面的技术在偏振控制和波束操纵中的应用

6.2　偏振操作与检测

6.2.1　四分之一波片

传统上, 光的偏振状态可以通过晶体的双折射特性来调制, 其中两个正交偏振分量之间所需的相位延迟是通过光的传播积累的。因此, 偏振控制设施通常体积庞大, 并受到一些限制, 如狭窄的操作带宽和有限的材料选择。这些问题推动了在不同频率条件下工作的超构表面波片的发展。图 6.2 显示了几个基于超薄超构表面设计的四分之一波片(QWP)的例子。电磁波偏振状态的操纵可以通过将入射光分解成两个正交的分量，并控制它们之间所需的相位延迟来实现。例如，Yu等制作了一个宽频带和无背景散射光的四分之一波片，在宽波长范围(λ=5~12 μm)内可以产生椭圆度大于 0.97 的高质量圆偏振光，如图 6.2(a)所示[2]。利用上面讨论的 V 形天线，他们设计了两个天线方向不同的子单元，使每个子单元中对应的$2\beta-\alpha$ 偏振散射光满足$(2\beta_1-\alpha)-(2\beta_2-\alpha)$=90°的关系，这就保证入射光分裂成两个正交偏振状态。空间相位梯度允许散射光偏离入射光束的传播方向而弯曲，从而产生无背景散射的输出光束。这些正交分量之间所需的相位延迟通过子单元之间的偏移距离来控制。

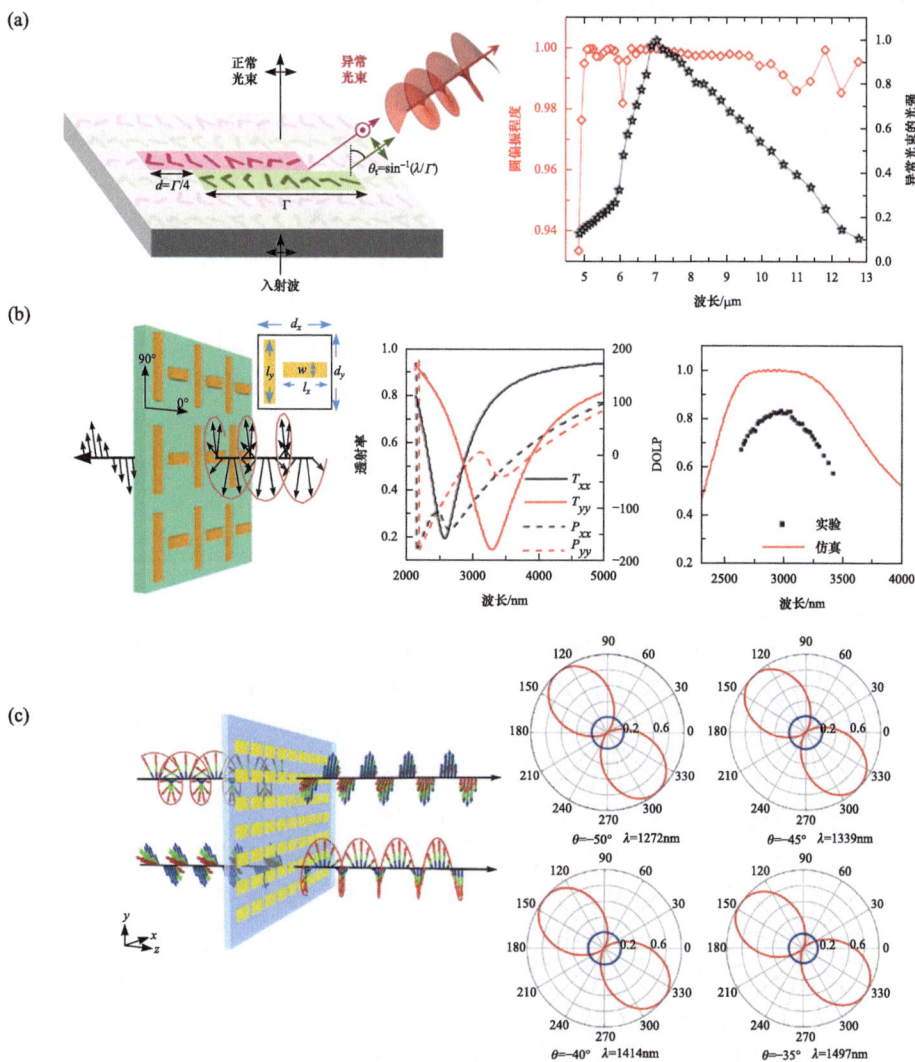

(a)

(b)

(c)

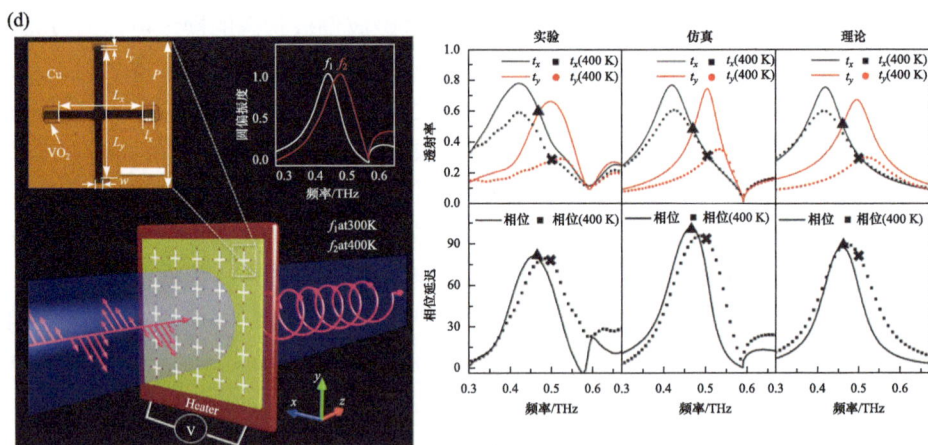

图 6.2　(a)左图：一个无背散射光的基于超构表面的四分之一波片(QWP)图，该 QWP 由两个 V 形天线子单元组成，线偏振入射时，产生两个同向传播的波，两者具有正交的线偏振，振幅相等且相位差为 π/2。右图：圆偏振度和特殊光束强度的全波模拟[2]。(b)左图：一个圆偏振-线性偏振(CTL)转换器的示意图，插图显示了一个由两个纳米棒组成 T 形图案的单元格。中间图：计算出 x 和 y 偏振激励下的透射率(实心曲线)和相位(虚线曲线)光谱。右图：CP 输入光的测量线偏振度(黑点)和计算的(红色曲线)随波长的变化[3]。(c)左图：使用纳米棒阵列的圆偏振向线偏振转换和线偏振向圆偏振转换的转换器示意图。右图：线偏振输入光的理论计算，产生转换的圆偏振的输出光(蓝色曲线)[4]。(d)左图：可切换的太赫兹四分之一波片，由十字形的孔阵列组成，将 45°偏振光转换为圆偏振光，工作频率可以通过电阻加热器控制的二氧化钒相变进行切换。右图：通过实验测量、数值模拟和理论计算得到的 300 K(实线)和 400 K 时的 x 和 y 偏振的入射的透射光谱(上)和相位差图(下)[5]

　　非对称形状纳米天线的各向异性光学响应也可应用于超构表面功能器件。例如，Zhao 和 Alu[6]以及 Chen 等[3]利用两个不同尺寸的正交纳米棒的失谐等离激元共振，分别在可见光和近中红外区域进行从圆偏振到线偏振(CTL)的偏振转换。在水平和垂直线偏振(LP)光的光照下，可以发现两个明显的共振下降，分别对应于 x 向和 y 向纳米棒的偶极共振。通过在共振之间的非共振状态下工作，x 偏振光和 y 偏振光之间的透射系数表现出接近 90°的相位差($\Delta\Phi = \Phi_{xx} - \Phi_{yy}$)，以及与波长相关的透射振幅比($T_{yy}/T_{xx}$)(图 6.2(b))。因此，该器件可以将圆偏振输入光转换为测量的线偏振度大于 80%且具有波长相关的偏振角的透射线偏振光。要实现反向操作，即从线性到圆形偏振(LTC)的转换，需要注意材料的色散会造成的振幅比的偏差，所以，入射线偏振光的偏振角要小心调控，才能保证透射光两个正交分量沿样品的主轴具有相等的振幅。Li 等没有使用两个正交图案的纳米棒，而是利用单个纳米棒的正交光学谐振模式，从理论上证明了线偏振光和圆偏振光的偏振相互转换(图 6.2(c))[4]。在 1100~2000 nm 的波长范围内，从圆偏振到线偏振转换的透射率达到 40%以上(模拟结果)。通过精确处理每个采样波长的入射电场偏振角，在 1170～1590 nm 范围内，线偏振向圆偏振转换的透射率可达到 30%以上。

Wang 等通过将二氧化钒(VO$_2$)插入不对称交叉孔阵列，制造了可切换的太赫兹(THz)四分之一波片(图 6.2(d))[5]。正交槽的长度设计为在正交线偏振光的激发下具有 90°的相移[7]。通过电阻式加热器控制二氧化钒在不同温度下的相变，可以改变谐振器的有效长度，从而改变四分之一波片的工作频率。

6.2.2　半波片

另一种偏振转换超构表面工作为半波片(HWP)，可以用来旋转线偏振光的偏振方向[7-9]。图 6.3(a)所示是一个例子，它由一个 45°旋转的砖形纳米天线阵列、介电间隔片和一个连续的金属薄膜组成。在 x 偏振光照射下，E_i 可以分解为两个垂直分量(E_{ui} 和 E_{vi})，并分别沿纳米砖的两个主轴激发正交电偶极子。当失谐的长轴和短轴谐振的反射系数达到相等幅度且相位差为 π 时，x 偏振入射光可以在反射中转变为 y 偏振光[7]。基于这一原理，Grady 等证明了在 0.73～1.8 THz 之间测量的交叉偏振反射率高达 80%的 HWP[8]。这种高效率是因为法布里-珀罗样腔内部分交叉偏振反射场的构造干涉，在大的入射角范围内仍然有效。Ding 等通过为交叉偏振反射波设计一个空间相位梯度为 0～2π 的超晶格，进一步证明了超表面可以产生近红外范围内的无背景散射光半波片(图 6.3(a))[7]。

基于超构表面的半波片也可以在透射模式下工作。例如 Grady 等所示，在一个 45°旋转的纳米砖阵列的顶部和底部引入了两个正交的金属光栅[7]，如图 6.3(b)所示。后光栅允许垂直偏振光束的透射，同时阻挡同偏振光束。前光栅反射垂直偏振光，而不阻挡入射光的同偏振分量。多次反射过程在这种复合结构中继续进行，这导致了一个增强干涉，使得从 0.52～1.82 THz 的交叉偏振透射率超过 50%。

Jiang 等利用具有定制长宽比的强耦合纳米棒阵列构建了一个反射性半波片[10](图 6.3(c))。在宽视场(FOV)，高达 ±40°的情况下，测量到的偏振转换率和反射率均高于 92%。

Fan 等通过使用具有三种可旋转金属光栅的三层超构表面，演示了一种自由可调谐的偏振旋转器[13](图 6.3(d))。在该三光栅结构中，由于多波干涉，输入线偏振光的偏振角可以自由改变。通过几何设计的最优化，如三个光栅的厚度、周期和分离距离，可以实现多个横向磁波的干涉叠加，最终实现近乎完美的偏振转换。在宽带内，测量的交叉偏振的透射率达到 90%(图 6.3(d))。除了 90°的偏振转换外，通过简单地旋转三个复合光栅层，可以实现从-90°～90°的范围内自由调整。随着旋转角度的减小，工作带宽增加，而转换效率略有降低(图 6.3(d))。

(a)

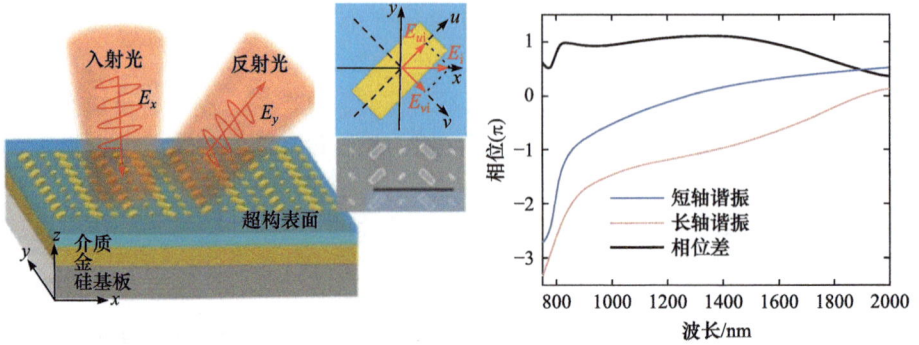

(b)

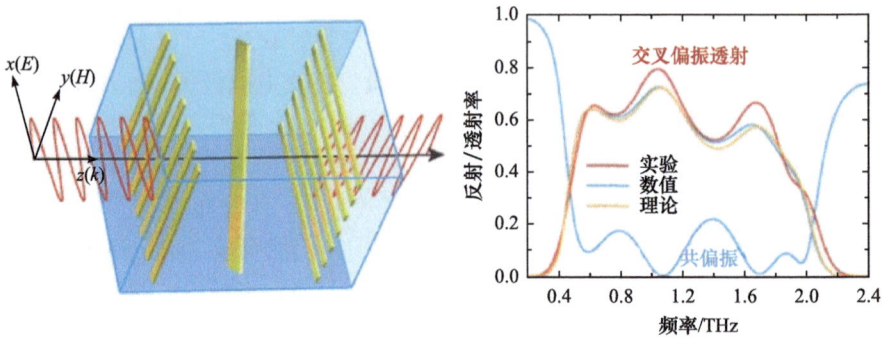

(c)

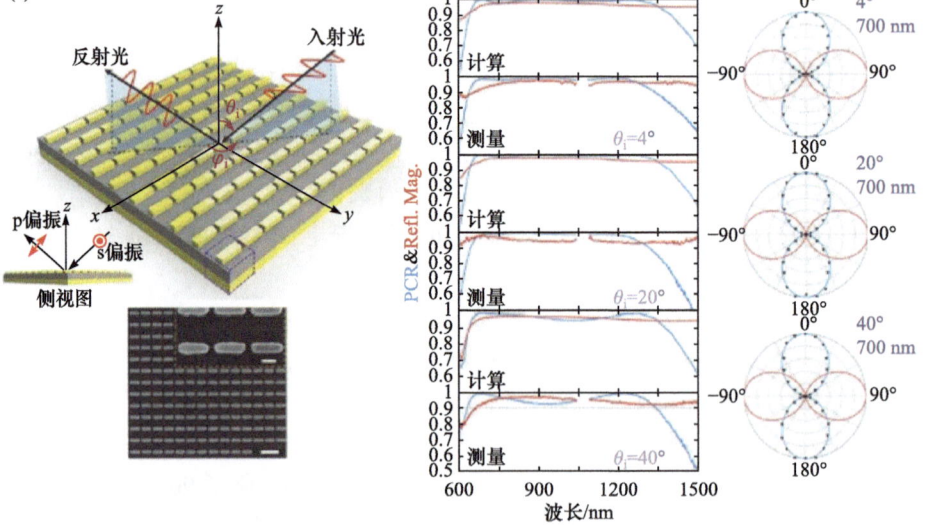

(d)

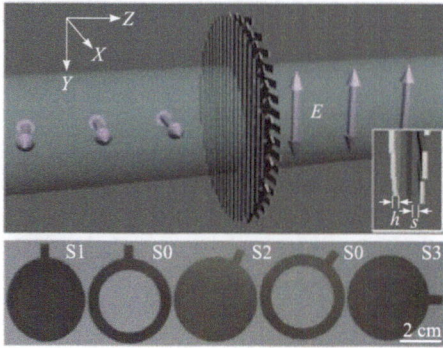

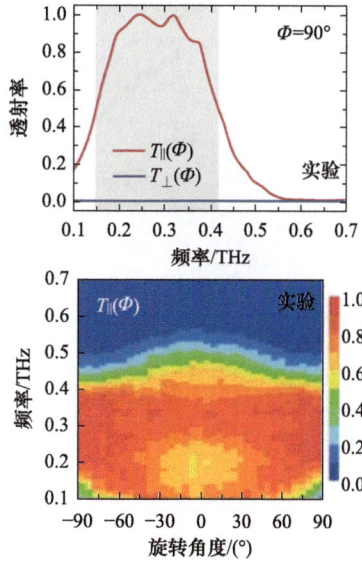

(e)

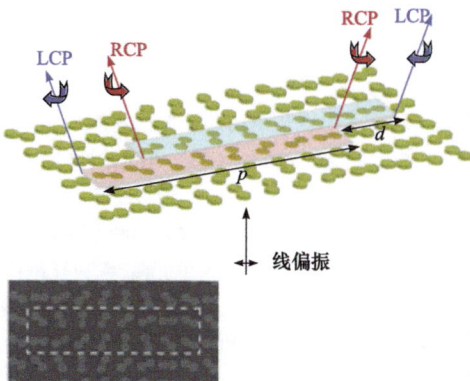

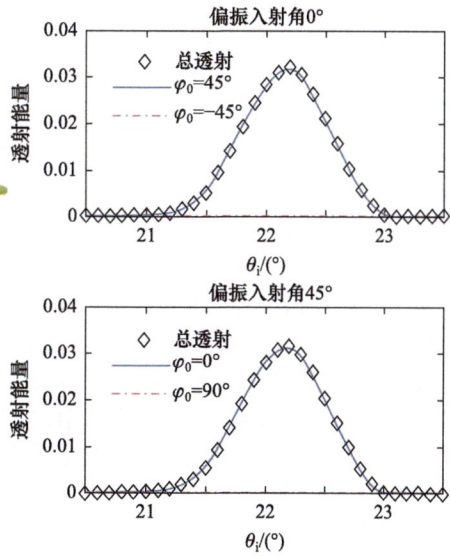

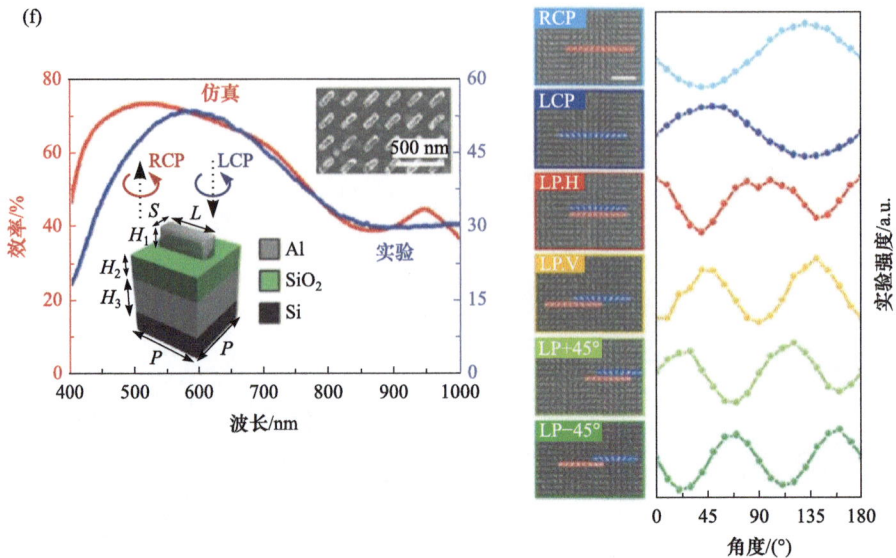

图 6.3　(a)左图：无背景散射光反射的半波片的几何形状。插图：基本构建单元格的坐标和几何形状。一部分超构表面的扫描电子显微镜图像，它表示超晶格单元。右图：入射光分别沿 u 轴和 v 轴偏振时的反射相位谱，以及它们之间对应的相位差[7]。(b)左图：透射半波片的单元格草图。右图：通过实验测量、数值模拟和分析计算获得的交叉偏振光的透射率[8]。(c)左图：利用纳米棒天线的强近场耦合实现宽带的偏振旋转。插图显示了所制备的样品的扫描电子显微镜图像。中图：计算和测量的不同入射斜角下的偏振转换率(蓝色曲线)和反射光谱(红色曲线)。右图：4°、20°、40°三个斜入射角在 700 nm 处入射波和反射波的偏振状态[10]。(d)左图：一个由三光栅层结构组成的自由可调谐的太赫兹偏振旋转器的示意图，其插图显示了部分横向视图。下面的部分显示了偏振旋转器的五个组成部分的照片。右图：当 Φ 设计为 90°(上)时，测量器件平行偏振透射分量($T_{//}$)和垂直偏振透射分量($T_\perp$)的光谱。当 Φ 从 -90°到 $+90$°(下)变化时，测量的 $T_{//}$。(e)左图：使用两个向相反方向旋转的 P-B 相位的子单元(蓝色和红色)偏振控制超构表面示意图。插图显示了制作样品的扫描电子显微镜图像，超晶格用虚线矩形突出显示。右图：实验结果显示线偏振光旋转了 45°[11]。(f)左图：计算和测量的反射铝超构表面的转换效率，插图显示了制备样品的扫描电子显微镜图像。右图：测量了六种偏振的散射强度。插图显示了制作样品的相应扫描电子显微镜图像，每个超晶格用颜色突出显示[12]

　　Shaltout 和合作者应用几何相位(P-B 相位)超构表面，在近红外波段实现将线偏振光旋转 45°的功能[9,11](图 6.3(e))。对于方向角度从 0 到 π 的天线阵列，当入射圆偏振光转换为相反螺旋度时，获得从 $0\sim2\pi(-2\pi)$ 的额外 P-B 相位。由于转换后的左旋偏振和右旋偏振光束获得相反的 P-B 相位，它们将向相反的方向散射(图 6.4(a))[14]。这种对不同圆偏振态的空间分离被称为光子自旋霍尔效应(PSHE)[9,15]。由于线偏振光可以看作左旋偏振分量和右旋偏振分量的叠加，一个由两个亚单元(分别向相反方向旋转的天线阵列的)组成的超构表面可以在线偏振光照明下,同时产生两个手性转换后的左、右旋偏振光(图 6.3(e))。这两个圆偏振光可以有效地重新获得一个线偏振的输出光束,其偏振角取决于亚单元之间的空间偏移量。Wu 等采用了由六种具有不同偏移量的超单体组成的反射铝(Al)超构表面,在一次 LP 照明下同时产生 6 个偏振光束(2 个圆偏振和 4 个线偏振)(图 6.3(f))[12]。

6.2.3 偏振测定

超构表面对偏振的控制推动了偏振测量装置的发展,以测量偏振状态或确定任意光源的 Stokes 参数。例如,Shaltout 等[9]和 Wen 等[16]利用自旋霍尔效应演示了偏振传感和光谱器件,分别在反射型和透射型 P-B 相超构表面上对左、右旋偏振光进行空间分离(图 6.4(a), (b))。两种圆偏振态的散射强度比值可以作为确定入射光的椭圆度和螺旋度的指标[16](图 6.4(c))。

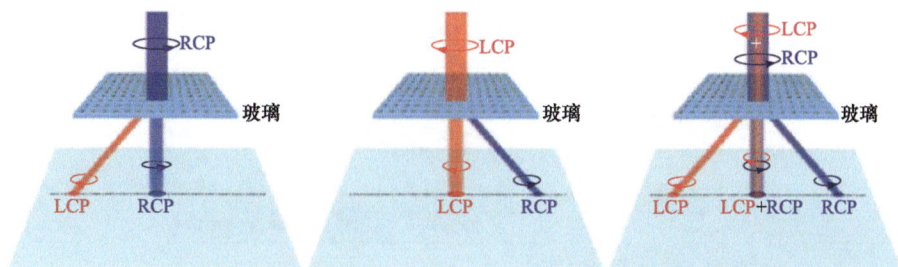

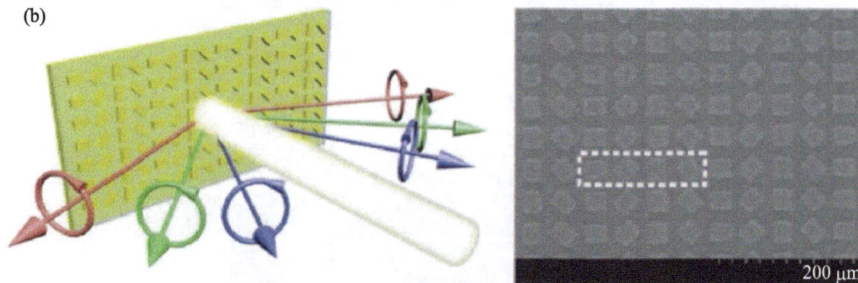

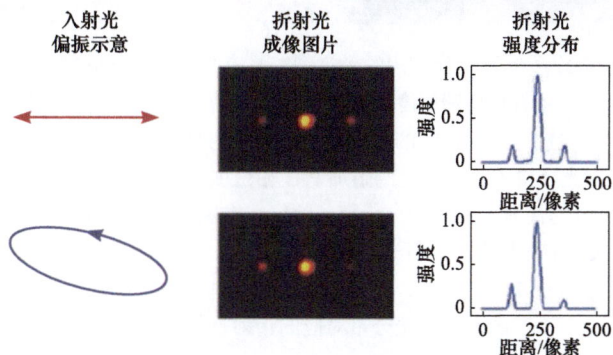

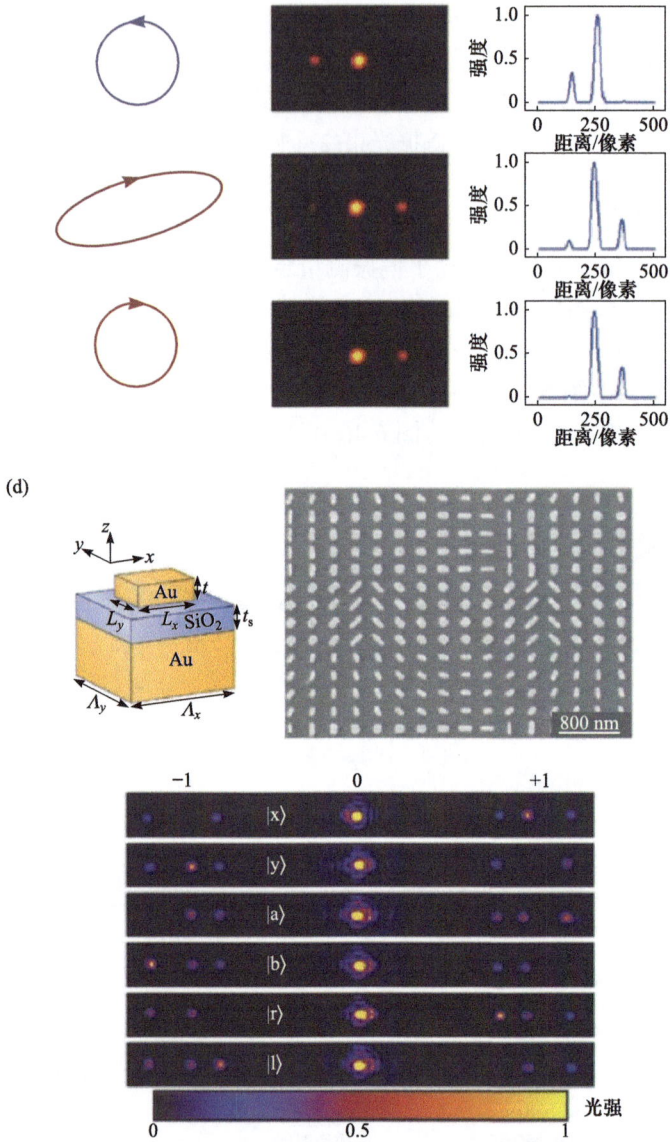

图 6.4　(a)光子自旋霍尔效应(PSHE)的示意图。具有与入射波相同螺旋度的透射圆偏振光沿常规的方向传播，而具有相反螺旋度的转换圆偏振光获得一个额外的 P-B 相位项，从而折射到异常方向。由于线性或椭圆偏振的入射波可以看作两个左、右旋偏振光分量的叠加，转换后的右、左旋偏振光获得了一个相反的附加 P-B 相位项，并向相反的方向散射[16]。(b)左图：由 P-B 相超构表面反射性显示的光子自旋霍尔效应。右图：一个制作的样品的扫描电子显微镜图像[9]。(c)不同入射偏振状态下折射光点的 CCD 图像。(d)上图：超构光栅的扫描电子显微镜图像，可以同时确定 Stokes 的参数，左侧插图显示其基本构建单元。下图：用于确定 Stokes 参数的 6 个偏振分量对应的衍射点的实验光学图像[17]

Pors 等使用复合等离激元超构光栅来同时测定入射光束的 Stokes 参数[17]。由于光偏振状态的测定需要在(0°，90°)、(45°，−45°)和(LCP，RCP)三个标准正交偏振基中测定光的强度[18]，三组纳米超构单体通过交织排列集成到设计的超构表面中(图 6.4(d))。因此，入射光束可以同时与三个基相互作用，并分裂成相关的两个正交态，从而确定偏振状态。

6.2.4　光学手性

包含 3D 手性结构的超构表面在手性光学元件和传感等手性光学应用中显示出巨大的潜力。目前，主要挑战在于纳米加工和有限的操作带宽。尚未实现均匀和局部宽带近场光学手性增强。在这里，展示了一种有效的纳米加工方法来创建具有远场和近场宽带手性光学特性的 3D 手性超构表面。聚焦离子束用于将纳米线从堆叠薄膜切割和拉伸成 3D 阿基米德螺线。3D 阿基米德螺线是一种对光的手性敏感的自相似手性分形结构。螺旋表现出从 2～8 μm 的远场和近场宽带手性响应。使用圆偏振光(CPL)，螺旋显示出卓越的远场传输不对称性和依赖于手性的近场定位。使用线性偏振激发，在螺旋内的稳定局部位置产生均匀且高度增强的宽带近场光学手性。有效而直接的制造方式让我们可以轻松制造具有出色宽带远场手性响应以及强烈增强和稳定定位的宽带近场光学手性的 3D 手性结构。所报道的方法和手性超构表面可应用于宽带手性光学和手性传感。手性等离激元纳米结构[19-26]和手性超构表面[27-32]，尤其是具有 3D 结构的那一种会具有独特的手性特性[33-36]。它们在手性光学[19,20,23,37-43]、手性传感[44-49]、手性粒子操控等方面有着广泛的应用[50-53]。到目前为止，3D 等离激元纳米结构和超构表面的制造仍然具有挑战性和复杂性[54-57]，成为实际应用的主要技术障碍。3D 手性纳米结构或超构表面的最先进制造方法包括聚焦离子/电子束沉积[58-62]、多步电子束光刻[63]、直接激光写入[39,64]、掠射角沉积[65,66]、化学合成手性模板[67-69]或圆偏振辅助曝光[70]。然而，这些方法通常很复杂，涉及多个制造步骤。到目前为止，还没有有效的方法来制造具有均匀和宽带手性响应的 3D 手性纳米结构。手性纳米结构的另一个挑战是有限的带宽。特别是，尚未证明存在大范围宽频的近场手性光学效应。大多数手性等离激元纳米结构基于局部表面等离激元共振提供增强的光学手性。因此，手性响应的操作光谱窗口受限于共振带宽。甚至有几项工作已经证明了具有宽带远场手性响应的超构表面[39,41,60,64,71]都没能实现增强、局部和宽带近场光学手性。为了增强手性光与物质的相互作用，增强的近场光学手性的均匀性和空间定位与带宽一样重要[72,73]。因此，理想的结构应该在稳定的局部开放区域提供高度增强的宽带光学手性，增强目标物质与工程近场相互作用。为此，3D 结构明显优于平面结构，因为后者仅在结构表面附近提供有限的带宽和不均匀的光学手性增强[34]。目前存在的一些 3D 手性结构提供均匀的光学手性增强[33,34]，但工作带宽有限

(<100 nm)[33]。迄今为止，设计和实现具有高度增强、空间均匀和局部宽带近场光学手性的 3D 手性超构表面仍然是手性光-物质相互作用研究领域的主要难题。为了解决这些问题，我们提出了一种有效的纳米加工方法来创建由 3D 阿基米德螺旋阵列组成的超构表面。该制造方法基于在独立式金属/电介质薄膜上应用聚焦离子束蚀刻。报道的 3D 超构表面在透射中表现出很强的手性不对称性，并提供高度增强、空间均匀、稳定局部的近场光学手性。这些特征源于 3D 螺旋的手性分形形态[74,75]，并且具有宽带增强手性光和物质相互作用的巨大潜力。

图 6.5(a)说明了在这项工作中设计和生产的手性超构表面的形态。纳米加工方法直接应用镓聚焦离子束(FIB)将阿基米德螺旋图案刻蚀在独立的 Au/Si₃N₄ 双层膜上(Au 层：50 nm；Si₃N₄：50 nm)，如图 6.5(b)，(c)所示。手性超构表面由排列在平面方形晶格中的 3D 阿基米德螺旋阵列组成。这里使用的阿基米德螺旋图案表达式为 $r(\theta)=160\times\theta$，其中 r 是到螺旋中心的距离，θ 是面内方位角(本段

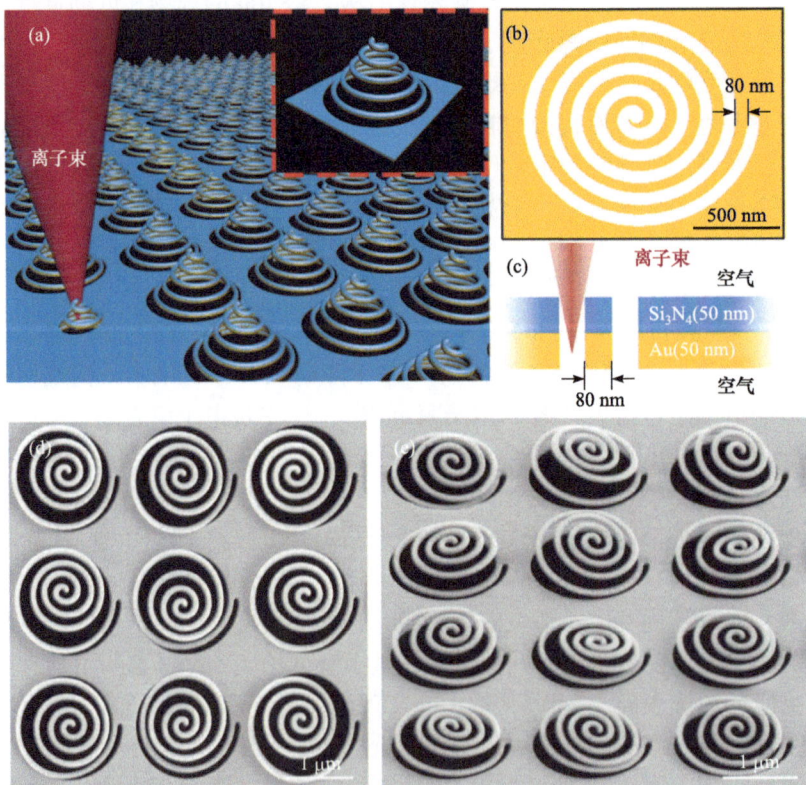

图 6.5 (a)3D 阿基米德螺旋手性超构表面的制造过程示意图；(b)镓聚焦离子束铣削的阿基米德螺旋图案和离子束从 Si₃N₄ 侧撞击薄膜；(c)独立式 Au/Si₃N₄ 双层薄膜的横截面；(d)顶视图和(e)制成的超构表面的倾斜 SEM 图像

中范围从 $0 \sim 6\pi$)。由于 FIB 引入的应力和缺陷，新刻蚀的平面螺旋立即从平面向 Si_3N_4 侧伸展，形成 3D 螺旋[76,77]。在顶视图和倾斜视图中制造的手性超构表面的扫描电子显微镜(SEM)图像分别显示在图 6.5(d), (e)中。制造的 3D 螺旋的面外高度约为 800 nm。值得注意的是，应力引起的变形以及 3D 结构的最终形态很大程度上取决于材料、层厚、入射方向、刻蚀顺序和离子束条件。在这里，使用了高应力 Au/Si_3N_4 双层，阿基米德螺旋的刻蚀顺序必须从螺旋中心开始。基板的细节在实验部分给出。

通过使用微傅里叶变换红外光谱仪(μ-FTIR)测量圆偏振光(CPL)的透射来表征制造的 3D 手性超构表面的远场光学响应。将带有线性偏振器的消色差宽带 IR 四分之一波片放置在光源和样品之间，以控制入射光的圆偏振。图 6.6(a)显示了手性超构表面在右手圆偏振(RCP)和左手圆偏振(LCP)照明下的透射光谱。CPL 通常从阵列顶部入射(图 6.6(a)的插图)。在 $2 \sim 8\,\mu m$ 的光谱范围内观察到明显的手性响应，如传输 g_T 的不对称因子[78]所示，定义为 $g_T = 2\dfrac{T_L - T_R}{T_L + T_R}$，其中 T_R 和 T_L 分别是 RCP 或 LCP 激发的传输。图 6.6 为手性超构表面的传输不对称因子的实验和模拟光谱。实验不对称因子的绝对值在波长 $2.2\,\mu m$ 处达到 0.7，表明手性超构表面可以用作该波长下的有效薄膜手性滤光片。透射不对称因子的仿真光谱(图 6.6(b)中的黑色曲线)与实验结果(图 6.6(b)中的红色曲线)非常吻合。与相应的实验峰相比，不对称因子模拟光谱中的峰显示出轻微但普遍的蓝移，这可能与已知的折射率的微小变化有关，这取决于不同的制备条件[79-81]或结构的缺陷和在制造过程中由于离子注入引起的材料特性的变化。有关叶尖几何形状和螺距长度对不对称因子的影响有待进一步探讨。

为了进一步了解 3D 螺旋的共振特性，研究团队对 3D 螺旋上的强度分布进行了模拟并在各种波长下绘制，如图 6.7 所示。有趣的是，在 LCP 照明下，在第一个 3D 阿基米德螺旋的转角附近电场最强。在 $2 \sim 5\,\mu m$ 的宽光谱带内可以观察到这种稳定的场分布。相反，在 RCP 激发下，随着波长从 $2\,\mu m$ 增加到 $5\,\mu m$，发现近场电场聚焦点逐渐从螺旋的顶部(小半径)向底部(大半径)移动。这种与手性相关的场分布是因为 3D 阿基米德螺旋具有不同大小的自相似手性部分的手性分形结构。已知分形结构表现出宽带响应和自动场定位[74,82-87]。根据 CPL 的旋向性，系统的总拓扑荷，即圆形光的自旋角动量和拓扑荷 3D 螺旋是不同的[22]。由总拓扑荷决定，3D 阿基米德螺旋既可以用作宽带喇叭天线，也可以简单地表示一组不同大小的离散环。在我们的案例中，LCP 照明下的左手 3D 阿基米德螺旋线用作红外喇叭天线，它对电磁波表现出宽带响应并将近场限制在喇叭的尖端。对于 RCP，照明的手性与 3D 螺旋结构的手性不匹配，从而使该结构本质上是一组断

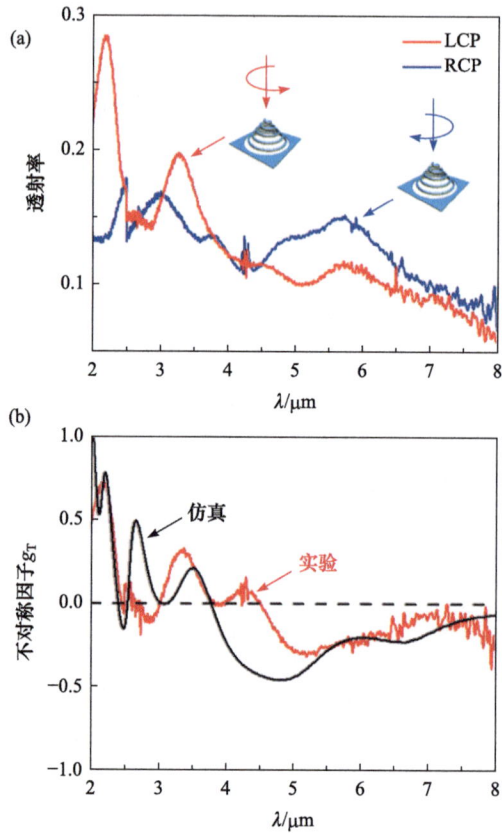

图 6.6　(a)3D 阿基米德螺旋样品在 RCP 和 LCP 照明下的透射光谱；(b)3D 阿基米德超构表面的实验(红色曲线)和仿真(黑色曲线)不对称因子(g_T)光谱

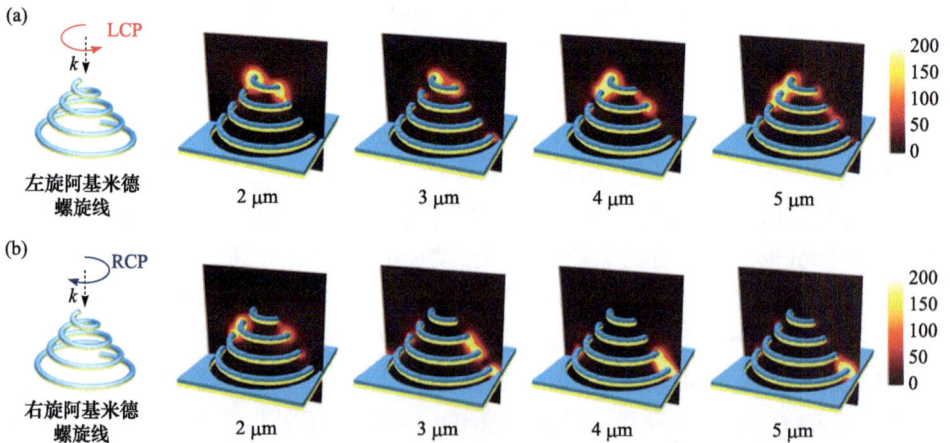

图 6.7　在左旋(a)和右旋(b)圆偏振光下以各种波长绘制的左旋 3D 阿基米德螺旋线的电近场强度分布

开的"交错"开口环谐振器(SRR)[88-90]，即单圈弹簧，按半径大小依次堆叠。结果，谐振波长随着交错 SRR 的大小增加而增加，导致波长相关的热点向更大的交错 SRR 移动。手性相关的光学响应使我们的 3D 螺旋手性超构表面具有双重功能，该功能可以通过改变入射光性质进行选择。

接下来，研究了 3D 阿基米德螺旋的近场光学手性增强。为了量化近场区域的手性光-物质相互作用，我们评估了光学手性[73,91]C: $C = -\dfrac{\varepsilon_0 \omega}{2} \mathrm{Im}\left(\tilde{E}^* \cdot \tilde{B}\right)$，其中 $\tilde{E}$ 和 $\tilde{B}$ 分别是复电场和磁场，ω 是角频率，ε_0 是真空的介电常量。光学手性的增强定义为

$$\mathrm{OC}^{\pm} = \frac{C^{\pm}}{\left|C_{\mathrm{cpl}}^{\pm}\right|} \tag{6-1}$$

其中+和–分别表示 LCP 和 RCP。$C_{\mathrm{cpl}}^{\pm}$ 是圆偏振平面波的光学手性值。在这里，一个左手 3D 阿基米德螺旋被法向入射的线偏振光激发，如图 6.8(a)所示。图中绘制了沿 3D 阿基米德螺旋线的中心轴(图 6.8(a)中用黑线标记)的近场光学手性增强(右侧为图例)。还模拟了由在螺旋半径范围内具有三个半径的相同材料制成的圆柱形螺旋中的光学手性增强以进行比较。可以看出，3D 阿基米德螺旋在螺旋内表现出高度增强(增强因子高达 20)、稳定定位(围绕第一圈)和宽带(2～8 μm)近场光学手性。不同大小的圆柱形螺旋在螺旋内也表现出光学手性增强，但光学手性增强要弱得多(增强因子仅≈5)并且带宽有限。图 6.8(b)总结了 3D 螺旋和在 $z = $ 700 nm 处记录的螺旋及圆柱形螺旋中心的三个圆柱形螺旋中的光学手性增强。显然，3D 阿基米德螺旋在增强因子、宽带宽和稳定的空间定位方面表现出优异性能。宽带光学手性增强源于 3D 阿基米德螺旋线用作喇叭天线这一事实，它表现出宽带光学响应，近场自聚焦到螺旋顶部[92]。其他照明方案，例如从侧面照明，也显示了类似的结果。然而，由于产生的 3D 螺旋的方向，侧面照明的实验实施是不可能的。如果使用圆偏振照明，可以通过控制圆偏振的旋向性来选择性地开启或关闭宽带超手性近场。

总之，我们已经证明了一种设计由 3D 阿基米德螺线组成的手性超表面的有效方法。超构表面在红外区域的透射和宽带近场光学手性增强中表现出非凡的手性不对称性。观察和理论上研究了限制在螺旋元原子内的宽带和均匀的光学手性增强。这种特性有望实现宽带手性传感，并可能在振动圆二色光谱中找到应用。由于该结构是双层的，原则上可以扭曲螺旋，从而通过利用各层物理特性的差异(例如机械强度或热膨胀)来改变其光学响应[93,94]。这可能会应用在有源可调平面光学和手性光机械传感器中。

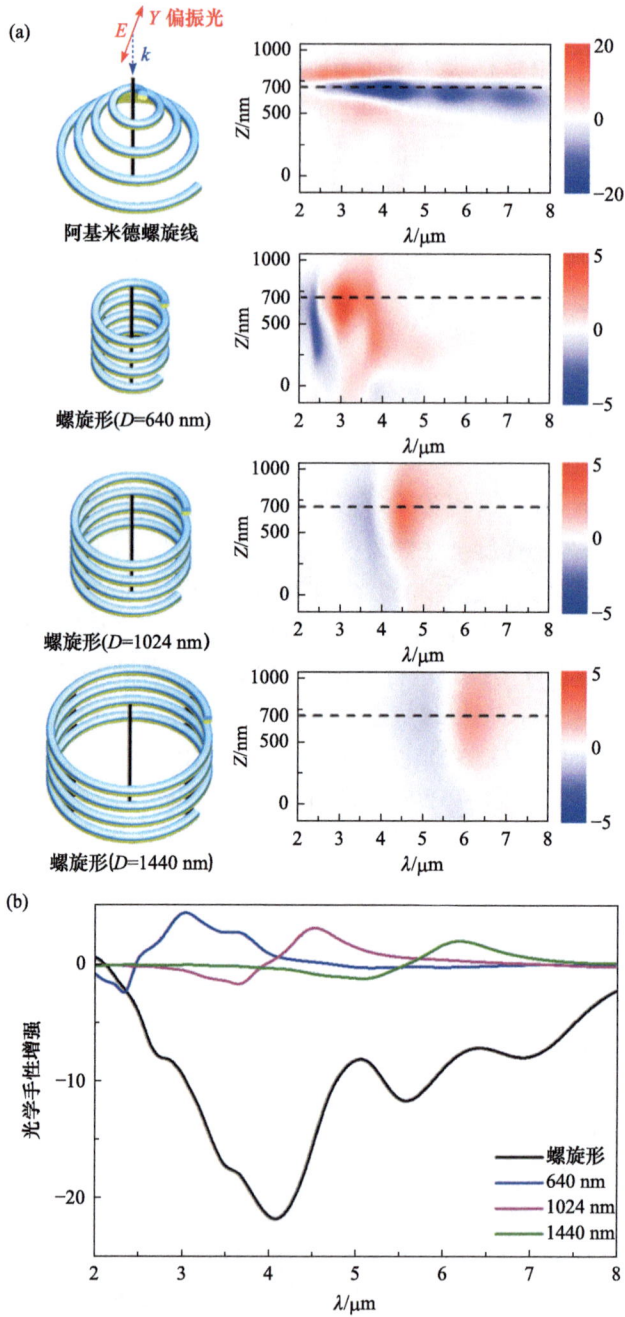

图 6.8　(a)3D 阿基米德螺旋的三个圆柱螺旋的示意图(左)和光学手性增强光谱(右)；(b)3D 阿基米德螺旋和三个圆柱螺旋的光学手性增强光谱照射正常入射的线偏振光

6.3 波束操纵

6.3.1 平面超构透镜

传统折射透镜的波前控制是基于光学透明介质的表面形貌或空间折射率的变化。在这种框架下，光在通过这些透镜器件的过程会根据沿光路的相位积累来改变光束轮廓。为了实现与传统透镜相同的相位轮廓，超构表面应施加以下相位轮廓，将入射的平面波面转换为球形波面[95-97]

$$\varphi(x,y) = -\frac{2\pi}{\lambda}\left(\sqrt{x^2 + y^2 + f^2} - f\right) \tag{6-2}$$

其中，λ 为自由空间中的波长，f 为透镜的焦距。平面超构表面透镜，即所谓的超透镜，已经被实验证明可以在电信波段上使用 V 形天线来实现[97]。然而，由于与单层等离激元天线的弱光耦合，并且只聚焦交叉偏振散射分量，因此这些金属的效率相对较低。互补的 V 形孔也被用于制造可见光的平面透镜[98]。此外，纳米棒[72]和 U 形孔[99]被用于构造基于 P-B 相技术的平面透镜，当圆偏振的入射光转换为其相反的螺旋度的另一个圆偏振光时，可以获得所需的相位轮廓。最近，Capasso 的研究小组通过使用具有 P-B 相旋转形态的高纵横比二氧化钛(TiO₂)纳米天线，实现了突破衍射极限的超构透镜，其效率高达 86%[100](图 6.9(a))。设计波长的焦点比商业镜头的焦点小大约 1.5 倍。二氧化钛构建单元可以被进一步用于构建两个交错阵列，将螺旋度相反的入射光束聚焦成两个不同的焦点，展示了一个手性可区分的成像系统[101]。

传统的透镜在传播过程中由于光积累的相位的色散而产生严重的色差，许多超构表面设计的透镜，由于谐振器固有的色散行为，也面临着同样的问题，从而降低了成像系统的性能。为了消除色差[102,105]，我们需要赋予与波长相关的相位贡献，通过光的传播来补偿色散积累的相位。研究人员利用耦合矩形介质谐振器的非周期排列，实现了一种在电信波长下工作的消色差超构透镜[102](图 6.9(b))。这种设计允许入射近红外光在三个设计波长为 1300 nm、1550 nm 和 1800 nm 处具有相同的焦长。

Wang 等在相变材料(Ge₂Sb₂Te₅, GST)上将二维灰度或二进制图案写入、擦除，他们演示了随机可重构的超构表面器件[106](图 6.9(c))。他们通过在 GST 薄膜中书写二元和灰度菲涅耳区板图案，证明了波长选择性和色差校正透镜。通过仔细控制飞秒激光器的能量和重复率，可以实现 GST 的可逆折射率相变，可用于执行菲涅耳区域板图案的写-擦除-写可重构循环。

Faraon 的小组在理论和实验上证明了偏振不敏感和高数值孔径透镜，在电信波长下测量的聚焦效率高达 82%[103](图 6.9(d), (e))。这些超构透镜是基于高对比度的超构表面，由放置在玻璃基板上的高折射率的非晶硅(a-Si)纳米孔组成。尽管有平面基底，这种高透射率阵列也可以应用于任意非平面形状的物体，并极大地改变它们原来的光学特性。如图 6.9(f), (g)所示，通过用设计的超构表面覆盖圆柱形透镜，证明其功能化为非球面透镜，在近红外环境中显示出超过 50% 的聚焦效率[104]。

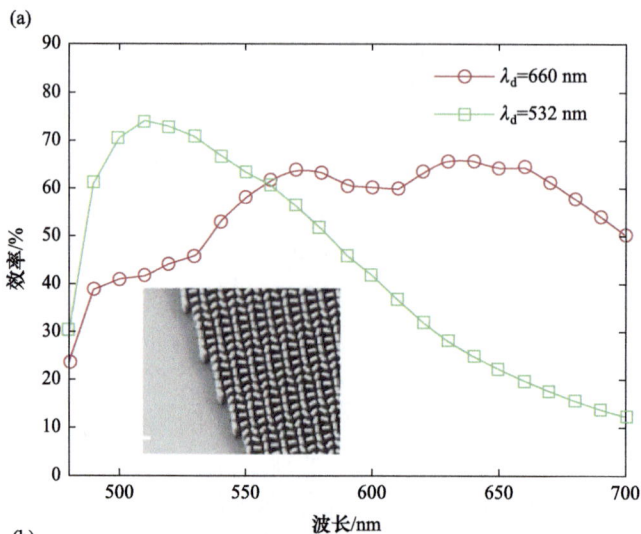

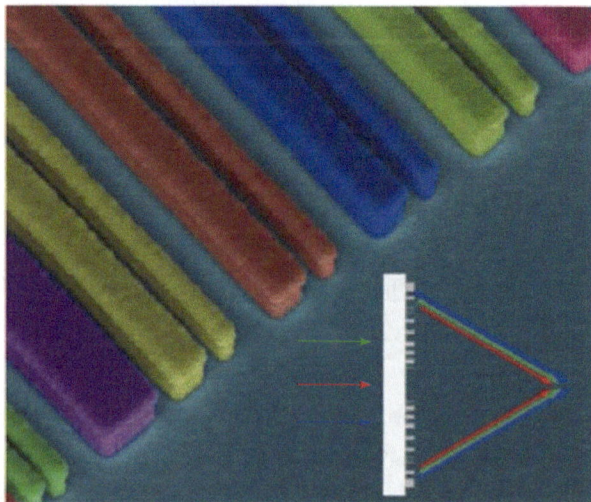

(c)

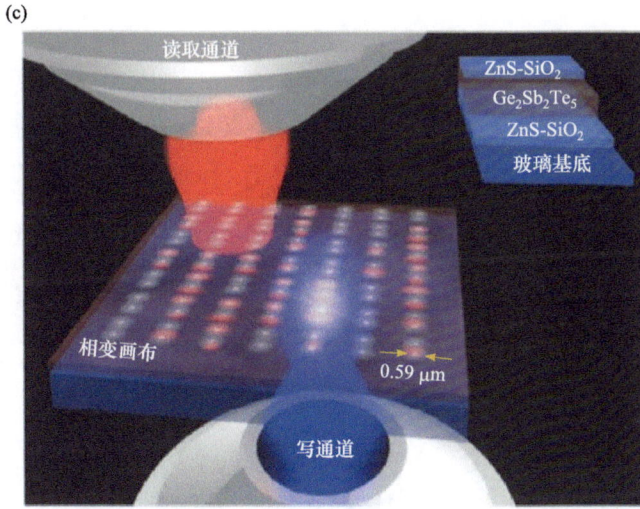

ZnS-SiO₂
Ge₂Sb₂Te₅
ZnS-SiO₂
玻璃基底

读取通道

相变画布

0.59 μm

写通道

(d)

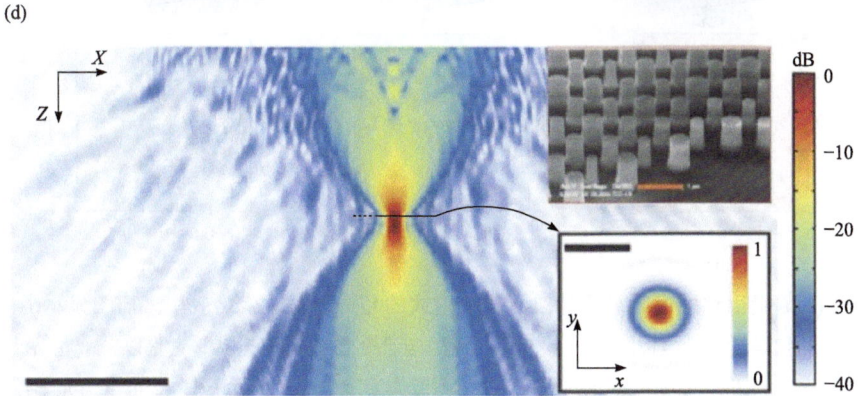

(e)

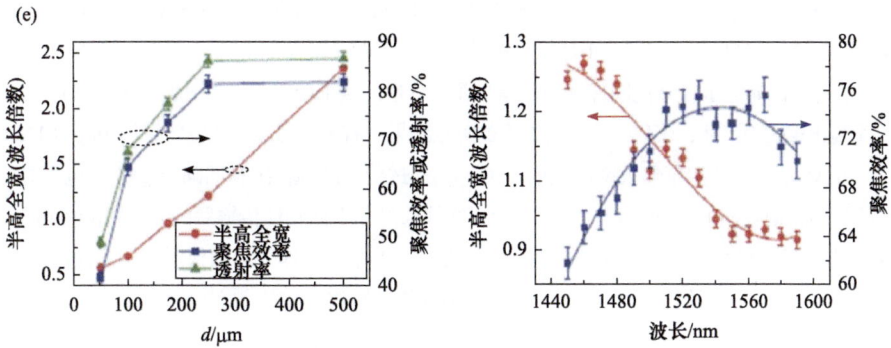

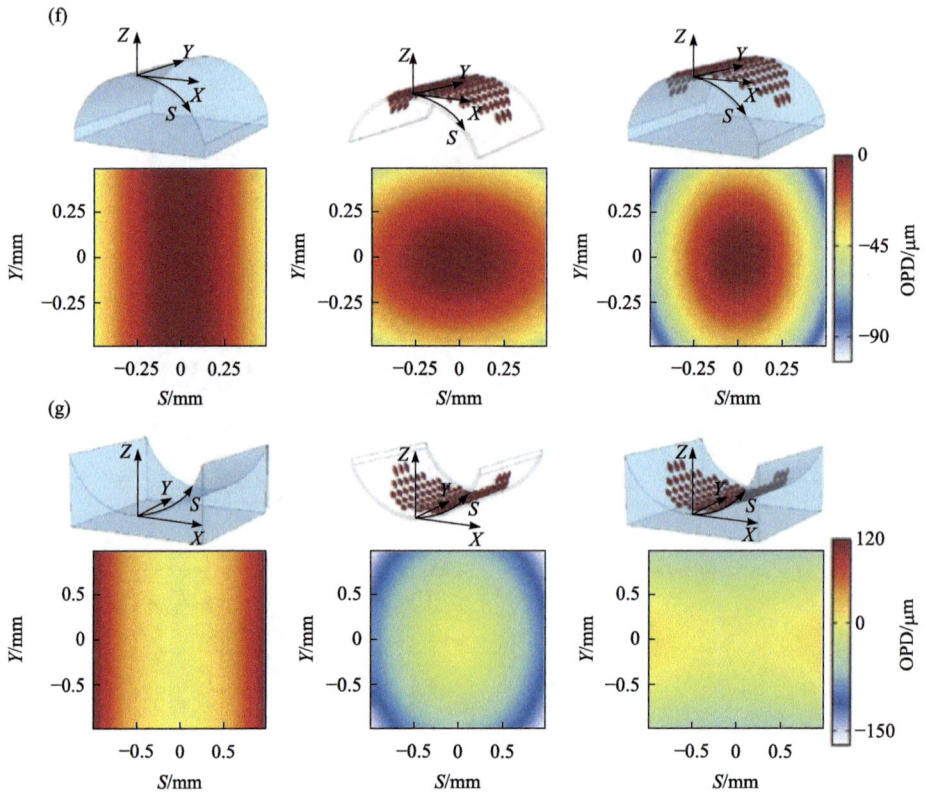

图 6.9 (a)测量得到的由高纵横比二氧化钛组成的超构透镜的聚焦效率。插图显示了部分制作样品的扫描电子显微镜图像[100]。(b)使用两个矩形的非晶硅谐振器，它是以一个通信波段消色差超构透镜的假彩色侧视图扫描电子显微镜图像作为基本构件单元[102]。(c)可重构光学器件的原理图。通过对飞秒脉冲序列的操纵，相变材料(GST)的复折射率从非晶态转变为晶体态，并且GST 薄膜的写入精度较高[103]。(d)计算模拟结果：一个微透镜在 xz 平面上的电能强度。插图：a-Si 柱(上)的扫描电子显微镜图像和坡印亭矢量 z 分量的实部(下)。(e)左图超构透镜聚焦光斑的半高全宽(FWHM)尺寸，聚焦效率和透射率的测量结果。右图：当超构透镜的聚焦距离为 175 μm时，FWHM 光斑尺寸和聚焦效率的光谱。(f)、(g)通过使用凸圆柱(f)和凹圆柱(g)作为包裹对象来演示的保形超构表面的设计过程。左图显示了光线通过非平面物体传输后的光路差(OPD)的计算结果。右图显示沿物体表面所需的光程差。因此，在非平面物体表面的保形超构表面可以根据原始轮廓和期望的轮廓(中图)之间的相位差来设计[104]

6.3.2 超构全息

6.3.2.1 超构全息的发展历程

另一个利用超构表面平台的有趣应用是实现计算全息图(CGH)，这需要对局部相位、振幅和偏振响应进行精细的控制，以获得高质量的图像。利用互补的 V 形结构，引入了八级相位和二级振幅分布，在可见光下重建全息图像，效率为 10%[107]。P-B 相超构表面(或几何超构表面)由于其优越的相位控制能力而被人们广泛用于超构表面全息图的设计[14,108,109]。例如，3D 光学全息术[108,110]已被证明可以投影一个轴上的 3D 射流形图像，其宽视场角的大小大约为 ±40°(图 6.10(a))，这种设计所需的相位轮廓是通过亚波长金纳米棒的旋转角度来获得的。为了提高图像转换效率，Zhang 的团队进一步采用了多层设计，在 P-B 相超构表面上的背面引入了一个金属平面反射镜[109]。与基于超构表面的反射半波板的概念类似，每个纳米棒的快轴和慢轴共振被设计为具有 π 的相位延迟，这可以优化两种圆偏振态之间的转换效率。重建的 16 级相位计算全息图在 630~1050 nm 的宽带宽内可达到超过 50%的衍射效率，在 825 nm 处最大值可达 80%(图 6.10(b))[109]。

近年来，这种高效的宽带反射型结构被进一步应用于螺旋多路复用超构全息图。Wen 等使用两组反射 P-B 相位超构表面独立采样，分别为两个全息图模式进行采样，其中 16 个相位分级投射到入射的圆偏振光束的左右两侧。这两个超构全息图然后通过交错排列的纳米棒阵列组合在一起。如图 6.10(c)所示，可以通过改变输入波的旋向性，重建对称离轴全息图像的位置[14]。该工作在 620~1020 nm 的转换效率可达到 40%以上。另一方面，Khoraninejad 等制造了一种在每个像素中包含两组不同旋转的硅纳米鳍阵列的超构表面，它们在切换入射圆偏振光束的螺旋度时，沿同一方向投射不同的字母(图 6.10(d))[111]。

除了螺旋性多路复用全息图外，人们还演示了在线偏振光入射下工作的多路偏振复用全息图。例如，Montelongo 等利用垂直和水平方向的 L 形银纳米棒来显示偏振可切换的超构全息图(图 6.10(e))[112]。Tsai 的团队制作了尺寸变化的十字形金纳米棒，构建了一个四相级计算全息，当正交线偏振光入射时，显示出两种不同的图像(图 6.10(f))[113]。Li 等通过非热光还原过程使用石墨烯氧化物，编写了携带偏振敏感信息的三维矢量超构全息图所需的相位变化(图 6.10(g))[110]。最近的发展还包括偏振不敏感全息图。例如，Huang 等制作了一个随机分布在铬薄膜中的超高密度纳米孔，以制造出一个衍射效率高达 47%的超全息图[126](图 6.10(h))。Kivshar 的团队使用具有不同晶格周期的高折射率硅纳米天线构建了一个四级相位掩模，生成了一个视觉上相同的"hv"全息图像，对近红外水平和垂直偏振的成像效率为 40% [114](图 6.10(i))。他们最近的工作进一步开发了具有 36 个不同半径的硅纳米柱，展示了两种全息图案，在 1600 nm 处测量的透射效率高达 90%，衍射效率超过 99% [115](图 6.10(j))。

最近发展的另一个方面将是操纵双波长或三波长[116,117]的相位来实现全色全息图。例如，Tsai 的小组展示了一个多色全息图，利用不同尺寸的铝纳米棒在三

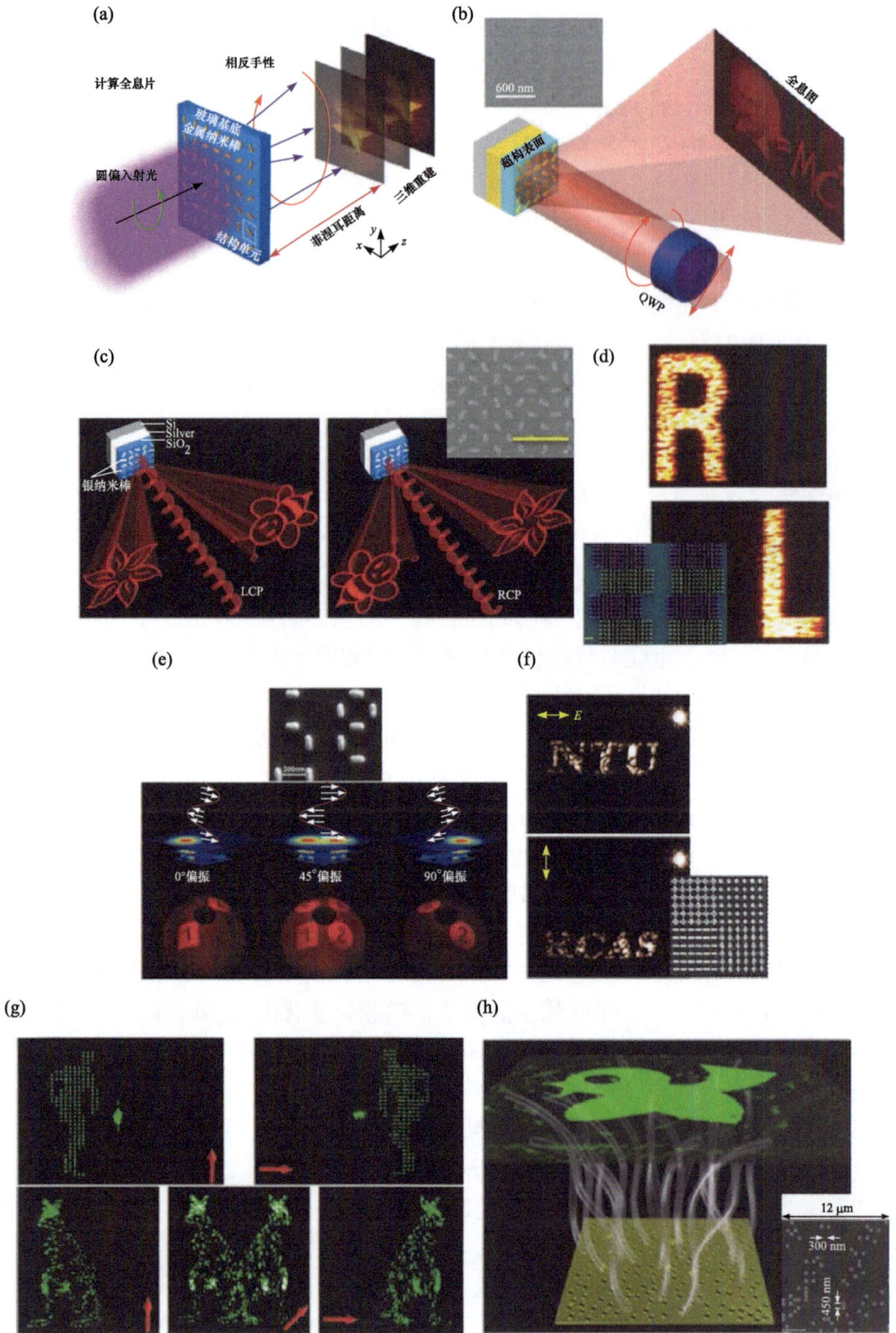

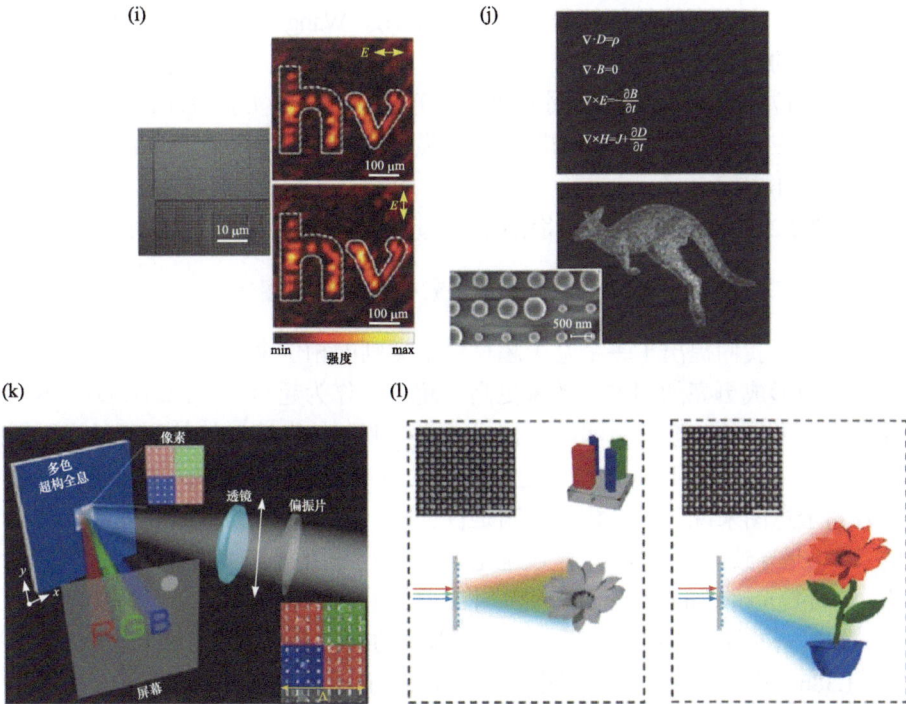

图 6.10　(a)由具有空间变化方向的亚波长金属纳米棒组成的三维全息技术，在圆偏振光正常入射时生成轴上射流图像[108]。(b)采用 P-B 相超构表面与背面金属平面结合的高效反射全息图的工作原理示意图。插图显示了所制作的超构表面的扫描电子显微镜图像[109]。(c)由反射型 P-B 相超构表面实现的螺旋-多路全息图示意图[14]。插图显示了部分制备样品的扫描电子显微镜图像。(d)螺旋多路复用超全息图分别在左、右旋偏振(LCP 和 RCP)光入射下，分别显示 "R" 和 "L" 字母。插图显示了由两部分(绿色和紫色)组成的制作样品(部分)的伪彩色扫描电子显微镜图像[111]。(e)显示在 0° 和 90°线偏振时的两个独立模式。插图显示了由水平和垂直指向的 L 形纳米棒组成的超构表面的扫描电子显微镜图像[112]。(f)在水平和垂直偏振角下产生的偏振多路全息图的两个不同的重建图像。插图：由十字形纳米天线组成的样品的扫描电子显微镜图像[113]。(g)基于热光还原石墨烯氧化物的三维矢量波前重建[110]。(h)一种由超高容量非周期纳米孔组成的偏振不敏感超构全息图。插图：部分制作样品的扫描电子显微镜图像。(i)由水平和垂直偏振光产生的全息图像在视觉上是相同的。插图：部分制作的介电介质惠更斯超构表面的扫描电子显微镜图像[114]。(j)高透射和衍射效率的超构表面全息图，插图显示了所制的硅纳米柱阵列的扫描电子显微镜图像[115]。(k)以 Al 纳米棒为基本构件单元的多色全息图示意图。插图：全息图中一个像素的扫描电子显微镜图像，彩色区域表示四个子像素[116]。(l)左图：消色差超构全息图生成三种原色的相同图像。左右插图：部分制备样品的扫描电子显微镜图像，以及分别由三个不同尺寸的硅纳米块组成的平面内 P-B 相取向的基本构件单元。右图：一个有强色散的超构全息图，显示了一个红色的花，一个绿色的花梗，和一个蓝色的花盆。插图显示了部分制备样品的扫描电子显微镜图像[117]

种原色下形成一个两阶相位调制[116](图 6.10(k))。Wang 等使用了三种不同尺寸的亚波长间距的硅纳米块，并改变了每个纳米块的摆放方向，以实现对红、绿和蓝波长的全相位控制[117]。两种不同的功能彩色全息图也被实验验证，其中消色差全息图是所有三个波长生成相同的图像，而强色散的超全息图在不同波长投影不同的图像(图 6.10(l))。

在 6.3.2.2 节和 6.3.2.3 节中将给出两种超构全息的具体设计说明。

6.3.2.2　具有偏振控制双图像的高效宽带超构全息图

在这里，我们提出了一个基于超材料子类别的相位全息图，即超表面，在可见光范围内形成更亮的图像，效率更高。超表面作为超材料的二维(2D)版本，由各种尺寸和形状的亚波长金属结构构成，能够调制从微波、红外到可见光区域的电磁波[127-130]。虽然可以通过调整超表面的几何参数来调制光的相位和幅度，但对于高效超全息图来说，只有相位调制是首选的，因为幅度的调制通常是金属吸收的结果，总是导致低衍射效率，应该避免。与依赖于折射率空间变化的传统光学器件相比，等离激元超表面的厚度和像素尺寸或单位单元都比入射波长小得多。例如，人眼是一种典型的梯度折射率元素，其中心部分的折射率为 $n \sim 1.406$，边缘的折射率为 $n \sim 1.386$。由于折射率变化很小 $\Delta n \sim 0.02$，因此它需要足够的厚度(~ 5 mm)来进行相位累积，以形成具有良好分辨率并聚焦在人视网膜上的图像[131]。光栅和菲涅耳透镜等衍射光学器件的厚度通常与入射波的波长相当。已用于全息数据存储和显示的空间光调制器(SLM)通常具有大约 10 μm 的像素大小。此外，相对于那些 3D 多层超材料，超构表面通过调整 2D 金属纳米结构阵列的尺寸和方向实现以控制透射或反射光的相位，减少了金属的吸收。尤其是对那些基于大量光进入超材料的应用来说，例如反射式全息，超构表面的优势会更显著。将等离激元超表面引入全息术消除了对传统其至更近的数字全息图的限制，这些全息图基于乳剂或光聚合物作为记录介质，通常将用于图像重建的光源限制在单一波长，因为金属纳米结构能够调控很宽的频率范围内入射波的相位。这里展示的高效全息图是使用超表面作为相位调制器来生成的反射全息图(图 6.11)，而不是通过四层金属结构传播的光形成的透射图像[132]。我们通过先进的电子束光刻技术，金属结构的特征尺寸已大大减小，以使我们的设备能够在可见光范围内工作。超表面简单地用相同厚度和宽度但长度不同的金属纳米棒构造。利用金属棒对光偏振的局部表面等离激元(LSP)共振选择性，我们能够在同一个超表面上同时编码两个全息图，并且每个图像都用偏振垂直于另一个的入射光重建。

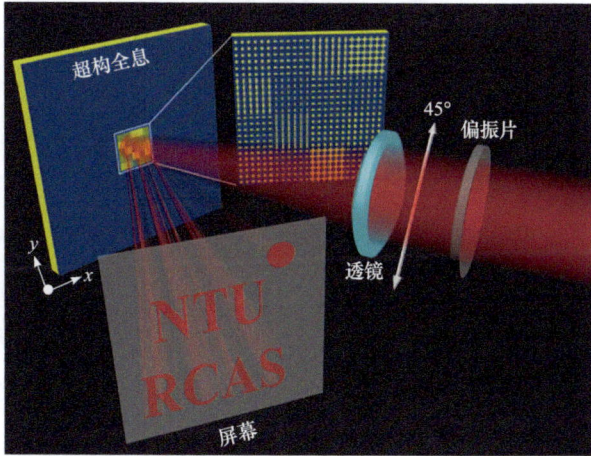

图 6.11　我们设计的 45°线偏振照明下的超构全息图。通过电子束光刻在超构全息图样本上，记录了 RCAS 和 NTU 这两个图像的相位分布。在溅射在金镜上的 50 nm 厚 MaF$_2$间隔板上图案化了各种尺寸的 6×6 金十字纳米天线的像素。图像 NTU 和 RCAS 可以分别通过沿 x 或 y 方向的线偏振光在宽入射角上使用宽带光源重建

　　图 6.11 显示了我们在 45°线偏振照明下重建全息图像 "NTU" 和 "RCAS" 的超构全息图的示意图。我们使用计算全息图(CGH)方法的原理设计了超表面[133]。超表面上的基本元素是不同长度的金纳米棒，但都具有相同的 50 nm 厚和 60 nm 宽度(图 6.12(a)中的插图)，将 130 nm 厚金镜上生长的 50 nm 厚 MgF$_2$ 顶部图案化。每个纳米棒都充当纳米天线，它们的长轴与入射波偏振方向对齐；在光照下，通过纳米天线和金镜上的反平行电流振荡激发强烈的 LSP 共振以及反射电磁波的显著相位调制，其中反射波的相位可以通过改变纳米棒的长度来独立设计。我们进行了有限差分时域(FDTD)模拟来计算周期性金纳米棒的相位调制和反射率，结果如图 6.12(a)所示，在 $\lambda = 780$ nm 平面波的法向入射下作为棒长度的函数沿棒的长轴偏振，其中每个纳米棒占据 250 nm × 250 nm 的正方形(图 6.12(a)中的插图)。可以看出，长度约为 110 nm 的纳米棒在 $\lambda = 780$ nm 处具有 LSP 共振。从相位调制曲线中，我们选择了对应于相隔 90°的反射相位的四个长度值($L = 60$ nm、105 nm、125 nm 和 209 nm)来设计 4 级相位等离激元超构全息图。虽然全息图像是通过像素与像素之间不同尺寸的金属条引起的相位调制来重建的，但相同的尺寸变化也会导致意外的幅度调制。考虑到金属的欧姆损失，四个选定纳米棒的平均反射率约为 80%，这就是我们观察到高效全息图像的原因。我们通过对图像 NTU 和 RCAS 进行迭代傅里叶变换来获得相位分布。然后用相位像素对相位分布进行数字化，每个像素占据 1500 nm × 1500 nm 的总面积，由 6×6 固定长度的金纳米棒构成，近似于特定图像的 2D 超表面上所需的相位。为了用具有垂直偏振的入射波

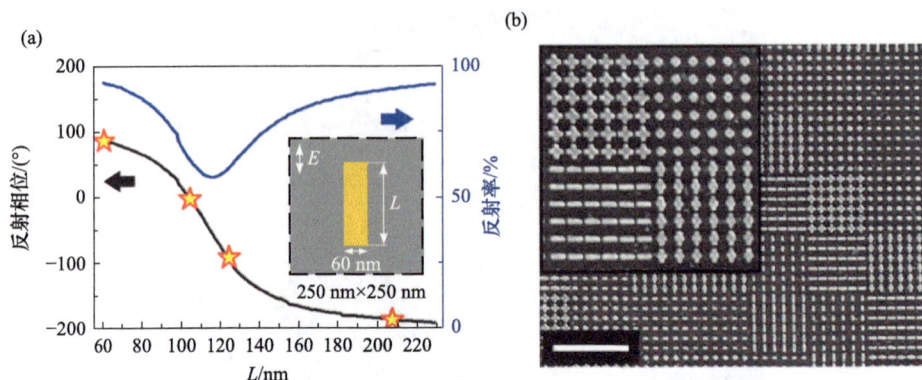

图 6.12　(a)在 780 nm 光照射下溅射在 130 nm Au 接地板上的 50 nm MgF$_2$ 间隔物顶部的 250 nm × 250 nm 晶胞中，周期性排列的 Au 纳米棒的反射相位与反射率的关系，垂直入射时沿纳米棒长度方向偏振。选择相位分离为 $\pi/2$ 的四种纳米棒长度(L = 60 nm、105 nm、125 nm 和 209 nm)来构建超构全息图样品的相位像素。(b)超构全息图样品的 SEM 图像和插图放大倍数更高。比例尺为 2 μm

重建它们，两个图像的像素阵列彼此旋转 90°。因此，不同图像的像素空间重叠形成 6 nm × 6 nm 交叉(图 6.12(b))。由于每个图像有 4 个不同长度的金纳米棒的 16 种组合，因此超构全息图样本上分布有 16 个不同的纳米交叉像素。超构全息图样本是用标准电子束光刻技术制造的，由 100 × 100 像素组成。图 6.12(b)显示了制造样品的一小部分区域的扫描电子显微镜(SEM)图像。

　　图 6.13(a)中所示的光学测量装置用于表征制造的超构全息图的性能。我们使用了几种光源来表征等离子超构全息图性能，包括发射不同波长(780 nm、640 nm、632.8 nm、488 nm 和 405 nm)的激光二极管和带或不带滤光片的灯。超构全息图样品安装在旋转台上，允许调整入射角。图 6.13(b)～(d)显示了使用 780 nm 激光二极管在 x、45°和 y 偏振入射下，θ = 15°的超构全息图的三个远场衍射图像。当激光束偏振从 x 方向旋转到 y 方向时，投影图案从 NTU 平滑过渡到 RCAS，并且两个不重叠图案的强度会根据 x 偏振和 y 偏振分量之间的比值而发生变化，这与我们的设计非常一致。在 x 偏振照明的情况下，测得的偏振对比度约为 18 是字符 NTU 区域中的平均强度与 RCAS 的平均强度之比，证实了我们设备的偏振选择能力。此外，作为一级衍射图案收集的图像可以在与右上角的零级衍射点相同的显示屏上清晰地分辨，表明反射式超全息图的高效率。我们将使用效率定义为

$$\text{Efficiency} = \frac{P_{\text{NTU}}}{P_{\text{laser}}}$$

其中 P_{NTU} 是一阶 NTU 图像的平均光功率(在聚焦透镜 L$_2$ 之前测量)，P_{laser} 是 x 偏振入射光束的平均光功率(在聚焦透镜 L$_1$ 之前测量)。我们通过在图像位置放置一

个透镜以将衍射光聚焦到光电二极管中来测量一阶 NTU 图像的功率。使用 780 nm 激光二极管在入射角 θ = 15°时记录到了 18% 的衍射效率。

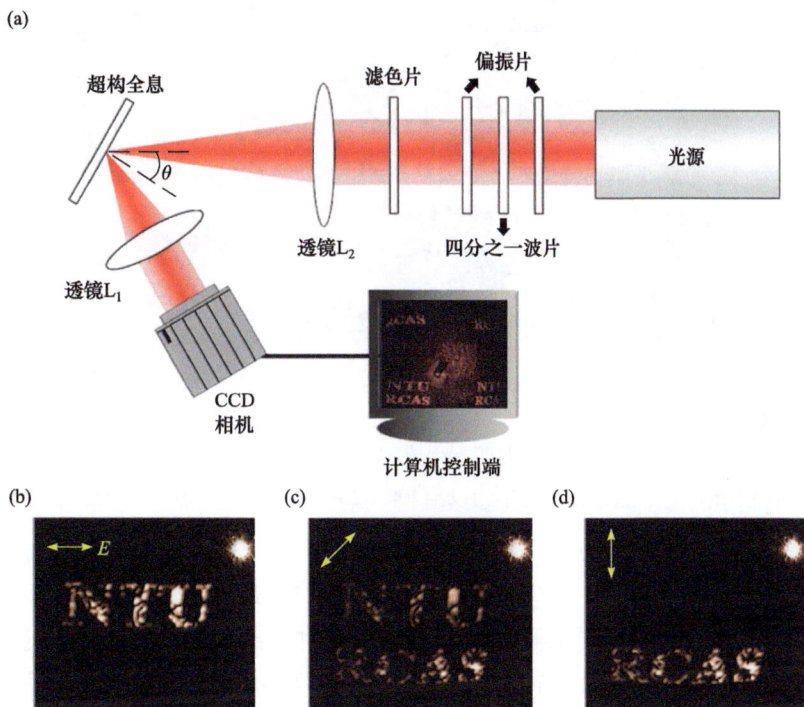

图 6.13 (a)全息图像重建的测量装置。有选择地使用滤光片、偏振器和 $\lambda/4$ 波片。使用入射角 θ = 15°的 780 nm 激光在(b)x 偏振、(c)45°偏振和(d)y 偏振下的重建图像

虽然超构全息图设计为在 780 nm 波长下运行，但我们还使用宽带非相干源测量了它的功能，因为 LSP 共振通常表现出宽光谱特征。事实上，图像 NTU 和图像 RCAS 的强度调节可以通过对宽带非相干光源(来自 ENERGETIQ, LDLS EQ-99FC)与多模光纤(海洋光学，1 mm 芯径 P1000-2-VIS-NIR)，配备准直透镜(海洋光学，74 UV)。图 6.14(a), (b)分别显示了 CCD 相机(sCMOS pco.edge)在 x 和 y 偏振非相干光照明下拍摄的 NTU 和 RCAS 图像，使用伽马校正 γ = 0.7 以获得最佳视觉清晰度。与相干激光束产生的图像不同，这里重建的字母没有散斑，但由于是宽带光源引起的色散，投影图案更加模糊。图 6.14(c)~(e)是通过应用带通滤波器获得的 "NTU" 图像，通过区域分别在 λ =(700 ± 20) nm、(600 ± 20) nm 和 (550 ± 20) nm，以便仔细检查用照明重建的图像在特定的波长。在图 6.14(e)中使用(550 ± 20) nm 带通滤波器获得的图像似乎具有最低的效率，因为在这个较短的波长范围内金的吸收损失较高。尽管如此，超构全息图的宽带功能还是被清楚地证明了。

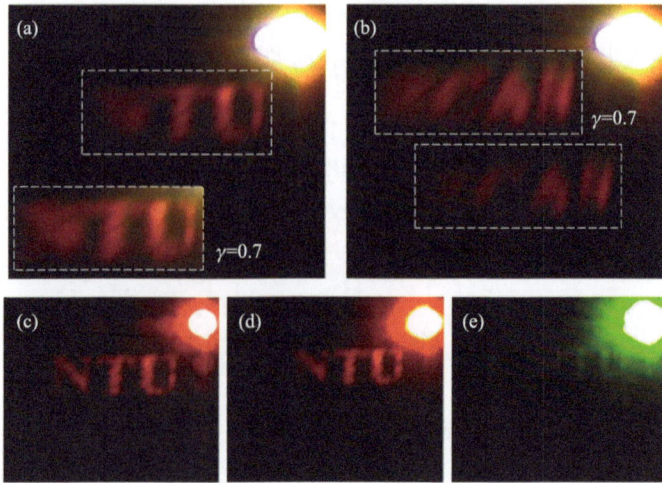

图 6.14　使用宽带非相干光源在入射角 θ = 15°时跨越可见光和近红外光谱范围的超构全息图重建图像。(a), (b)分别在 x 和 y 偏振照明下生成的图像。(c)～(e)通过应用带通滤波器获得的 x 偏振照明下的图像，通过区域分别为 λ =(700 ± 20) nm、(600 ± 20) nm 和(550 ± 20) nm

　　我们还使用双波长激光二极管系统(488 nm 和 640 nm)进行了图像重建，使我们能够在不同波长的照明下重建图像，而无须重新调整光学设置。图 6.15(a)显示了由两个同轴激光束(λ= 488 nm 和 λ=640 nm)同时照射的图像，这两个激光束均产生 45°线偏振光，从而重建了 NTU 和 RCAS。488 nm 和 640 nm 二极管激光器的功率分别衰减到 0.1 mW 和 0.02 mW 左右。可以清楚地观察到，488 nm 处的蓝色图案更靠近位于右上角的零级衍射点，并且与 640 nm 处的红色图案相比，其尺度更小。此外，由于该区域的金吸收损失较大，488 nm 激光重构图案的效率显著降低。图 6.15(b), (c)分别显示了由 488 nm 和 640 nm 激光器单独重建的图像。

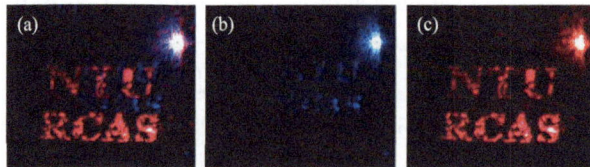

图 6.15　使用双波长(488 nm 和 640 nm)激光二极管系统在 45°偏振和入射角 θ= 15°下重建的超构全息图像。两束激光在样品上的同一点同轴照射，激光功率分别为 0.1 mW 和 0.02 mW，波长分别为 488 nm 和 640 nm。这些图像是在(a)488 nm 和 640 nm 激光束、(b)仅 488 nm 激光和(c)仅 640 nm 激光下产生的

　　我们随后研究了全息图的效率作为照明入射角的函数。我们通过改变入射角

θ 实验测量了三个激光二极管在 $\lambda = 780$ nm、632.8 nm 和 405 nm 产生的超构全息图的效率，结果如图 6.16 所示。使用 780 nm 激光获得的效率在整个测量的入射角范围内是最高的，因为超构全息图样品是经过设计的，因此在该波长下得到了更好的优化。在 15° 入射时，780 nm 照明的效率达到 18%，而 632.8 nm 的效率降低到 10%，并且由于金属损耗显著，对于 405 nm 照明基本上无法测量。随着入射角的增加，780 nm 和 632.8 nm 的效率均呈现下降趋势，而 405 nm 情况下的效率始终保持在 0.1% 左右的低水平。应该指出的是，在 45° 入射角下，对于 780 nm 和 632.8 nm 照明，效率仅分别下降到 8.5% 和 5.1%。

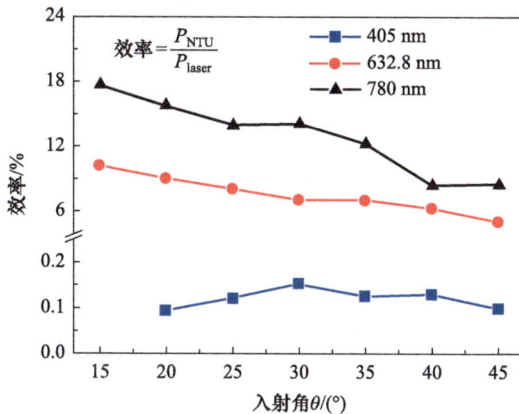

图 6.16　780 nm、632.8 nm 和 405 nm 入射波长处的超全息图效率与入射角 θ 的关系，其定义为图像功率除以激光束在通过聚焦透镜之前的功率之比

　　与之前的等离子超材料方法相比，我们采用反射率重建图像的超全息方案效率更高。我们的最佳效率达到了 18%，而理论或实验获得的效率低于 1%[132,134,135]。根据我们的数值和理论计算，我们的超构全息图还表现出带宽约为 880 nm 的宽带特性。此外，在倾斜非相干照明下工作时，我们的超构全息图仍然显示出比使用介电材料(如 Si 纳米天线[136]、SiO$_2$ 亚波长结构[137]和碳纳米管[138])更高的效率和更大的偏振对比度。

　　总而言之，我们提出并展示了等离激元超全息图，其效率明显高于当时使用超材料设计和实现的效率。反射全息图方法使我们能够将等离激元超表面用作二维结构，该结构具有许多优点，例如制造工艺简单、金属吸收低、工作光谱范围广，以及对入射角变化和光不相干性的更大耐受性。超构全息图样本由 16 种不同形状的 6×6 交叉纳米天线组成的像素组成，用于相位调制，产生偏振控制的双图像。电子束光刻已经被分为四阶段设计，以对这些交叉纳米天线进行图案化。我们相信通过增加超构全息图的相位水平可以进一步提高效率，即对更多相位使用更多不同长度的金纳米棒。超构全息图的偏振控制双图像在执行无玻璃 3D 成像[139]和数据存储方面具有潜在应用[140-142]。最后，通过与可调谐超材料技术相结合[143]，超全息图可以潜在地用于实现在任意频率下工作的有源全息图。

6.3.2.3　铝等离激元多色超构全息

在这里，我们提出了一种基于光学薄反射超表面的相位调制多色超构全息图，该超表面能够形成三基色的偏振相关图像。图 6.17(a)显示了多色超构全息图在 y 偏振白光照明(由 405 nm、532 nm 和 658 nm 激光束组成)下的示意图设置，其重建图像"R"为红色，"G"为绿色，"B"为蓝色。多色超构全息图由 180×180 像素组成，每个像素由 4 个子像素组成：一个用于蓝色，一个用于绿色，两个用于红色以补偿红色的较低反射率。每个像素中具有图案化纳米棒阵列的超表面产生由迭代傅里叶变换算法(IFTA)设计的计算全息图(CGH)所需的相位分布[133]。每个子像素具有 4×4 铝纳米棒，图案在 30 nm 厚的 SiO_2 间隔层顶部，该间隔层溅射在 130 nm 厚的铝镜上。为了简化制造过程，所有纳米棒都设计为具有相同的 50 nm 宽度和相同的 25 nm 厚度，只有它们的长度发生变化以产生所需的相位和反射率(图 6.18(a)中的插图)。以三种原色(红色 R、绿色 G 和蓝色 B)设计的三个理想图像如图 6.17(b)所示。为了补偿由衍射角的波长依赖性引起的重建图像的色散，我们对字母的大小进行了归一化，以便图像以相同大小的正确空间顺序出现。

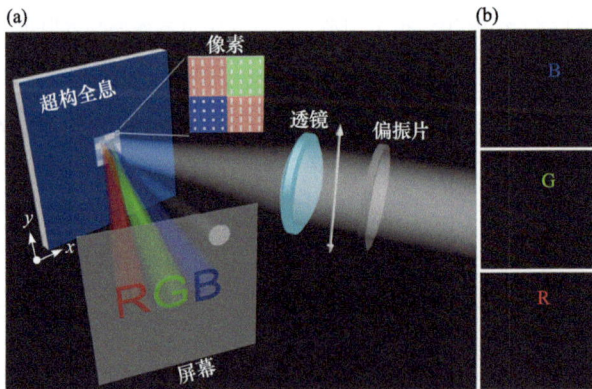

图 6.17　(a)线性偏振照明下设计的多色超构全息图示意图。多色超构全息图结构由一个由铝纳米棒组成的像素阵列组成，这些铝纳米棒分别在 405 nm、532 nm 和 658 nm 产生图像 R、G 和 B。像素在铝镜上溅射的 30 nm 厚 SiO_2 间隔板上形成图案。(b)三幅图像 R、G 和 B 对应于位于图像屏幕右上角的零级光点的大小和位置，旨在使重建图像按照正确的空间顺序，形成大小相等的外观

使用有限差分时域(FDTD)方法(CST Microwave Studio)，我们模拟了在 y 偏振

光的正常照明下周期性图案化铝纳米棒的反射率和相位调制。图 6.18(a)的插图显示了一个单元格及其尺寸。图 6.18(a)和(b)显示了作为棒长度函数的反射光谱和相位。随着棒长度从 50～150 nm 的增加，共振从 375 nm 转移到 800 nm，覆盖了整个可见光谱。一种由金纳米棒/MgF$_2$/金镜制成的类似结构，能够获得反射的大相位调制，之前已将其应用于具有守恒线性偏振[113,132]和异常圆偏振波[109]的宽带相位全息图，但没能在可见光谱中产生颜色复用。在这里，我们使用铝纳米棒/SiO$_2$/铝镜结构将共振光谱范围一直扩大到 375 nm，从而使超构全息图能够生成可见光谱中任何颜色的图像。图 6.18(c)显示了在 $\lambda = 405$ nm、532 nm 和 658 nm 处三种基色的反射率和相位调制对纳米棒长度的依赖性。超构全息图的多色操作面临的两个挑战是效率和串扰。纳米棒的窄共振通常有利于最小化不同颜色图像之间的串扰，但这也意味着入射波长范围的可用范围减小，导致重建图像的效率降低。我们的多色超构全息图设计同时考虑了两级相位调制方案。这种方案只需要两种不同长度的纳米棒，每种颜色具有两种不同的共振。对于三色演示，我们在可见范围内有六个共振。与其他更高相位级别的方案相比，例如，四级相位调制将在可见光范围内产生 12 个共振，多色超构全息图中采用的两级设计不仅更容易制造，而且在最小化串扰方面更有效。为每个波长(颜色)选择两种不同的棒长度，使得它们产生 π 的相位差，同时保持大致相同的反射率。多色超构全息图的结构由许多像素组成。每个像素依次具有四个由 4×4 铝纳米棒制成的子像素。其中，一为蓝色，一为绿色，二为红色。在每个子像素内，所有纳米棒都具有相同的尺寸，但来自不同像素的子像素可以具有不同的尺寸，以产生给定颜色的 0 或 π 相位。位于像素内部的子像素中特定尺寸的纳米棒的排列由要重建的图像字母(图 6.17(b))的迭代傅里叶变换算法(IFTA)获得的相位要求确定。因此，需要六种不同类型的子像素，对应于三个工作波长的两个相位电平。图 6.18(a)～(c)中显示的蓝色圆圈、绿色三角形和红色方块表示三种波长下 55 nm、70 nm、84 nm、104 nm、113 nm 和 128 nm 的棒长度，我们选择了相应的反射率和相位调制来实现多色超构全息图。

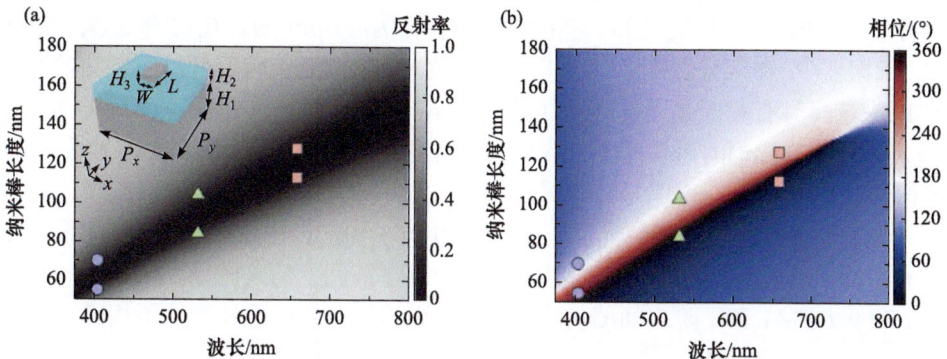

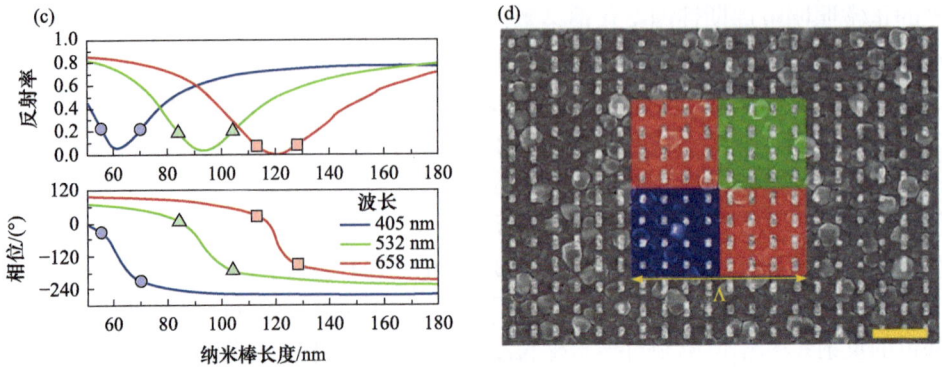

图 6.18　仿真的反射率(a)和相位分布(b)作为铝纳米棒(插图)的波长和长度的函数。晶胞尺寸：周期性 $P_x = P_y = 200$ nm，铝镜厚度 $H_1 = 130$ nm，SiO_2 厚度 $H_2 = 30$ nm，纳米棒厚度 $H_3 = 25$ nm，纳米棒宽度 $W = 50$ nm。(c)波长 405 nm、532 nm 和 658 nm 的模拟反射率与纳米棒长度及其相位。(a)～(c)中的两个蓝色圆圈表示产生 π 相分离的两个纳米棒长度，我们选择它来构建多色超构全息图的蓝色部分。同样，两个绿色三角形和两个红色正方形分别代表像素的绿色和红色部分。(d)多色超构全息图样品的 SEM 图像。彩色区域形成一个具有四个子像素的像素。比例尺为 500 nm，每个像素 λ 的大小为 1600 nm

　　多色超构全息图采用标准电子束光刻技术制造。图 6.18(d)显示了制造样品的一小部分区域的扫描电子显微镜(SEM)图像。二元相的相应杆长度用于形成子像素；它们每个占据 800 nm × 800 nm 的面积，由 4 × 4 相同尺寸的铝纳米棒组成。四个这样的子像素(两个红色，一个绿色，一个蓝色)组成一个像素。根据我们的模拟，λ = 405 nm、532 nm 和 658 nm 的反射率分别为 22%、19% 和 7.3%，这就是使用红色的两个子像素来补偿其低反射率的原因。多色超构全息图样品的总面积为 288 μm × 288 μm，由 180 × 180 像素组成。

　　图 6.19 显示了用于表征制造结构的光学测量设置。我们使用了三个激光二极管，发射波长分别为 405 nm、532 nm 和 658 nm。来自三个激光二极管的激光束与两个分色镜组合在一起。使用两个透镜(焦距分别为 15.8 nm 和 125 mm)来控制组合激光束的光斑尺寸。插入空间滤波器(直径为 20 μm 的针孔)以修改激光束轮廓。偏振器(P_1)和四分之一波片(λ/4)用于使激光束圆偏振。然后可以通过旋转偏振器 P_2 来选择具有相同强度的任何线性偏振角的激光束。将多色全息图投影到透镜 L_3(焦距为 150 mm)的焦平面上，入射角为 $\theta_i = 12°$，其中重建图像由 CCD 相机直接记录。

　　为了预测实验中三基色光照下多色超构全息图的重建图像，我们利用设计结构的相位和反射率在基于快速傅里叶变换的重建平面上仿真图像。图 6.20(a)显示了 x 和 y 方向−1 和 1 阶之间的仿真图像。2 级相位全息图设计产生了相同字母的

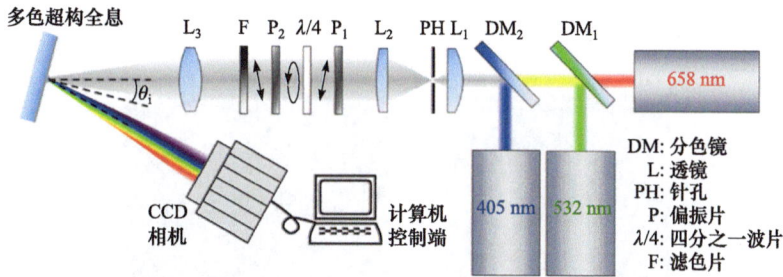

图 6.19 多色超构全息图实验的测量设置。使用两个分色镜(DM1 和 DM2)，可以将三个激光束 (405 nm、532 nm 和 658 nm)组合在一起。使用焦距分别为 15.8 nm 和 125 mm 的两个透镜(L1 和 L2)和一个直径为 20 μm 的针孔(PH)作为空间滤波器来修改激光束的光斑。激光束的偏振可以通过偏振片 P1 和四分之一波片 λ/4 变为圆偏振，通过旋转另一个偏振片 P2 可以选择任意角度的线偏振，激光束强度的调节由滤光片 F 完成。多色全息图放置在透镜 L3(焦距为 150 mm)的焦平面上，入射角 $\theta_i = 12°$，由 CCD 相机直接记录

两个图像：一个在其预期位置，而另一个倒置在位于图 6.20(a)中心的零级点的另一侧。任何一个子像素(周期为 λ/2)的重建图像是两个字母和狄拉克梳函数(周期为 2/λ)之间的卷积。三基色的四个子像素组合在一个像素中，使结构的周期(λ)增加一倍，从而得到狄拉克梳函数的半周期和四倍的图像。因此，如图 6.20(a)所示，在图像平面上总共可以观察到蓝色 B 和绿色 G 的八个字母图像。请注意，红色 R 共有四个字母图像，因为一个像素中有两个(左上和右下)子像素用于红色。字母图像在特定位置的外观取决于其重建图像的波长，因为其衍射角随波长而变化。零阶和一阶图像之间的距离(图像平面上的半周期)与 $\lambda/(\lambda^2-\lambda^2)^{1/2}$ 成正比，其中 λ 是入射光的波长，λ 是像素阵列的周期(图 6.18(d))。利用这种波长依赖性，我们设计了字母 R、G 和 B 的大小及其到零阶的距离，归一化因子为$(\lambda^2-\lambda^2)^{1/2}/\lambda$，以使重建图像落入正确的位置具有相同大小的外观。归一化因子的作用是对设计对象进行预色散，以补偿重建图像的色散。当用混合三基色获得的白光源照射全息图时，每种颜色都重构出相似大小的图像，从而可以很容易地消除色彩模糊。图 6.20(b)显示了图 6.20(a)中虚线框内的放大区域。三个不同颜色和大小相同的字母的图像很好地排成一排。

在 $\lambda = 405$ nm、532 nm 和 658 nm 的 γ 偏振照明下重建图像的 CCD 记录分别如图 6.20(c)~(e)所示。用三种混合激光器获得的重建图像如图 6.20(f)所示，与模拟结果非常吻合(图 6.20(b))。应该指出的是，在红色的 R 位置附近，在图 6.20(c)和(f)中，由于字母 R 和 G 的子像素之间的共振重叠，当多色超构全息图以红色照亮时，出现了一个意外的红色字母 G。效率定义为字母图像与入射光的强度比。模拟结果表明，B、G 和 R 的效率分别为 0.59%、0.54% 和 0.69%，而 G 的测量结果约为 0.3%。由于在可见光范围内铝的损失要高得多并且需要采用两级相位调制减少串扰以实现色彩复用，故这些效率明显低于在近红外中具有多级相位调制

的单色金基反射超构全息[109,113,144]。

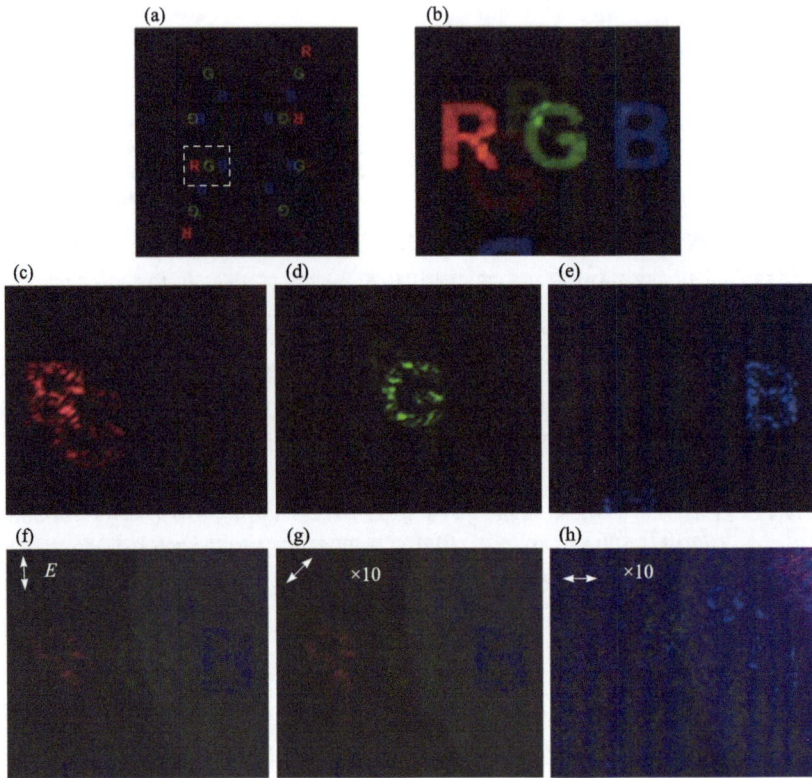

图 6.20　(a)重建平面上 x 和 y 方向 −1 阶和 1 阶之间的模拟图像。虚线框表示 CCD 相机在测量中记录的区域。(b)(a)中所选区域的放大图像，用于与测量结果进行比较。在(c)红色(658 nm)、(d)绿色(532 nm)和(e)蓝色(405 nm)照明下使用 y 偏振激光束记录的图像。通过(f) y 偏振、(g)45°偏振和(h) x 偏振三色激光束获得的图像

　　图 6.20(f)～(h)显示了在 y、45°和 x 偏振照明下从多色超构全息图样品收集的重建图像，显示出它们对光偏振的敏感性。随着激光束偏振从 y 方向旋转到 x 方向，记录的图像逐渐消失。通过在 y 和 x 偏振入射光下整合投影字母图像的区域，我们已经确定红色 R 的消光比为 16.7，绿色 G 和蓝色 B 的消光比为 8.5。实际上，该消光比足以用于偏振复用显示器。

　　上面演示的三基色当然可以导致使用混色的全彩色应用。为了进一步探索用于多色超构全息图的铝纳米棒的颜色调节能力，我们展示了在可见光谱范围内颜色的连续调节。为此，我们制造了六个由不同长度铝棒阵列组成的样品，长度变化范围为 55～128 nm。这些纳米棒阵列沉积在 30 nm 厚的 SiO_2 上，总面积为 $48 \times 48 \ \mu m^2$。（与实现多色超构全息图的单元结构相同）。图 6.21(a)和(b)显示

了它们的反射光谱的模拟和测量结果，它们的 SEM 图像和光学反射图像分别如图 6.21(c)和(d)所示。随着其杆长度的增加，磁共振不断地向更长的波长移动，导致反射颜色从黄色到橙色和蓝色变为青色，如图 6.21(d)所示，对应于从蓝色到红色的每个等离激元带的互补色。模拟和实验之间共振峰位置和展宽的微小差异是由于铝纳米棒的氧化[145]。

综上，在本小节中我们首次展示了相位调制的全彩色超构全息图，它使用铝纳米棒在可见光范围内的红色、绿色和蓝色中产生共振，它是偏振相关的。使用适当的材料组合和纳米棒的像素阵列，我们获得了相对于文献中报道的先前工作的窄带宽超构全息图，使我们能够实现具有三基色的多色方案。考虑到衍射角的波长依赖性，我们可以将图像重建到具有预定尺寸的特定位置。我们还通过调整构成像素阵列的铝纳米棒的尺寸，展示了从蓝色到红色的连续颜色变化。铝和二氧化硅的低成本材料使多色超构全息图可大规模生产。这里介绍了可以产生双图像的偏振可调全息图，其有两组相互垂直的铝棒组成，每组用于产生特定偏振的一个图像。该设计可用于偏振分析仪、无玻璃 3D 成像和数据存储。

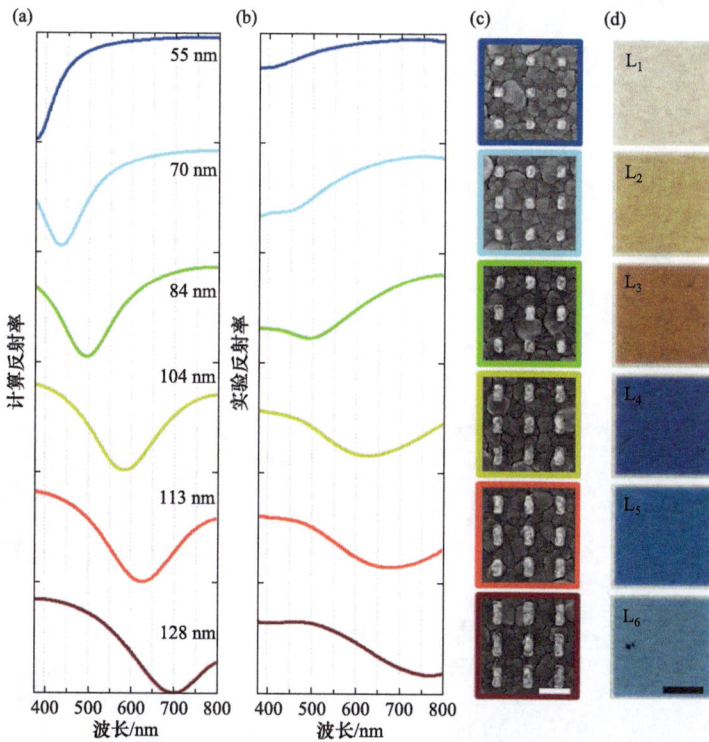

图 6.21 (a)L = 55 nm、70 nm、84 nm、104 nm、113 nm 和 128 nm 的单个纳米棒反射光谱的 FDTD 模拟。(b)相应的实验反射光谱。(c)SEM 图像和(d)制造的纳米棒样品的光学反射图像。比例尺在(c)中为 200 nm，在(d)中为 20 μm

6.3.3　光学涡流产生

涡旋光束由于其在高分辨率显微镜、光镊、经典和量子通信技术方面的广泛应用前景而引起了人们极大的兴趣[146,147]。多种等离激元纳米结构(如等离激元阿基米德的螺旋[146-150]和等离激元环[151-153])已被证明可以产生具有任意轨道角动量(OAM)值的矢量或标量涡旋光束。另一方面，由围绕原点的具有旋转的纳米天线组成的 P-B 相位超构表面也可以用于光学涡旋的产生，其中纳米天线跨越一个周长的旋转速率决定了结构的拓扑电荷[154-157]。例如，一个由纳米天线组成的超构表面，围绕着原点有一个 360° 的完全旋转，对应于一个 $q=1$ 的拓扑结构(图 6.22(a))。由于其旋转不变的性质，该超构表面不与光场交换角动量。然而，由于输入光束和输出光束的手性并不相同，角动量守恒表明，自旋角动量的变化必须转化为轨道角动量的变化。因此，通过该装置的光产生了 $l=\pm 2q\hbar$ 的轨道角动量[154,155]。

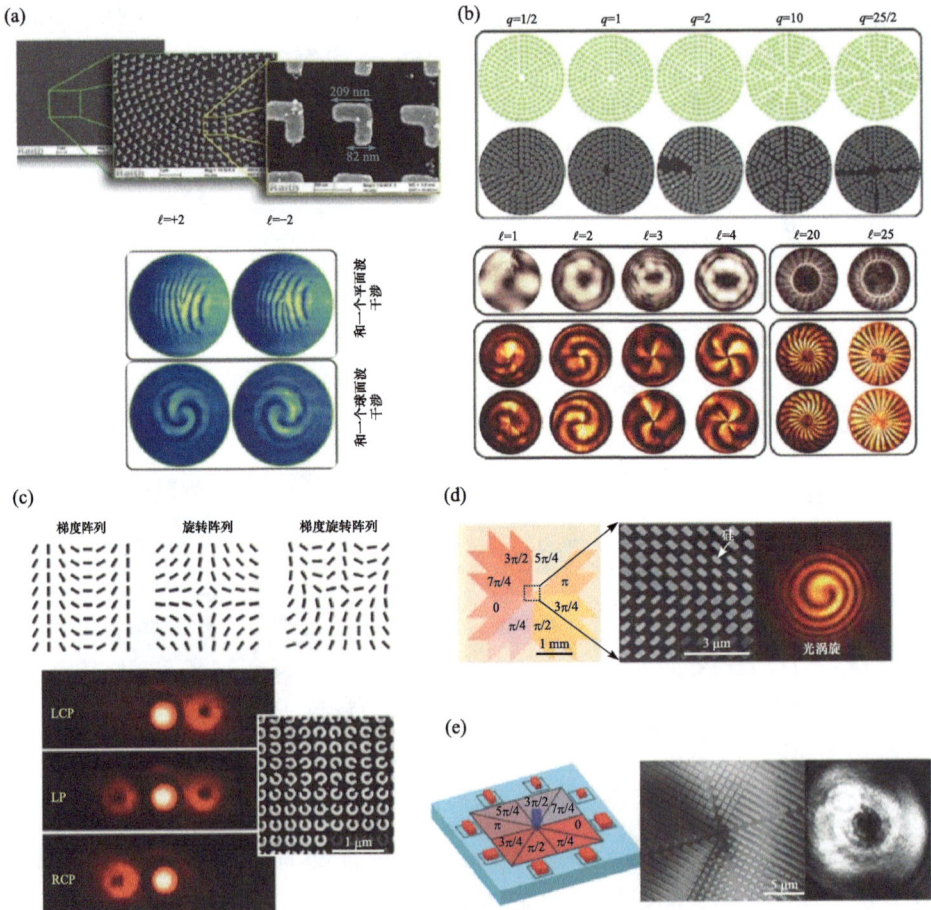

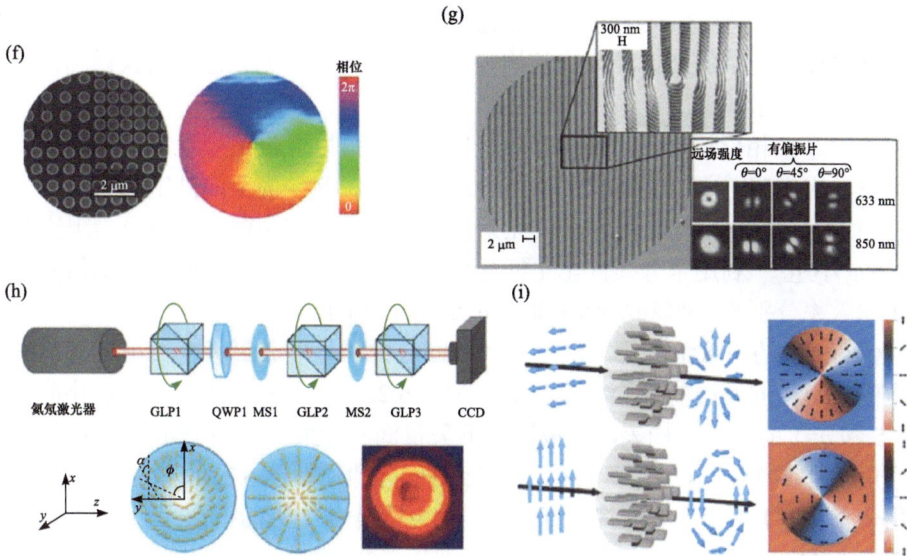

图 6.22　(a)上图：拓扑荷为 1 的超构表面的扫描电子显微镜图像。下图：带平面波(上)和球面波(下)的转换涡旋波束干涉图[118]。(b)上图：设计纳米天线的空间排列及其相应的扫描电子显微镜图像，用于产生 OAM 值为 ±1、±2、±4、±20、±25 的输出光束[119]。下图：物体光束的强度轮廓及其与球面波的干涉图案。(c)上图：分别实现梯度相、旋转相和梯度旋转相的纳米棒阵列方向分布示意图。梯度旋转相是线性梯度相和旋转螺旋相的叠加。下图：测量的梯度旋转阵列的透射衍射图像，表明转换后的涡旋光束在圆偏振光照明下被弯曲到设计的衍射角度。插图：由开口环天线组成的梯度旋转阵列的扫描电子显微镜图像[120]。(d)具有螺旋相位轮廓范围为 0∼2π 的介电元反射射线的光学显微镜图像。左图：8 个硅切线谐振器的扫描电子显微镜图像，该图像显示了不同区域在沿方位角方向有恒定相位差 ΔΦ=π/4。右图：所产生的涡旋光束与高斯光束的干涉图样[121]。(e)基于介质惠更斯超构表面的螺旋相位板的示意图(左图)和扫描电子显微镜图像(中图)。右图：测量的输出光束的强度分布[122]。(f)左图：基于介质惠更斯超构表面制备的偏振无关光涡旋光束转换器的扫描电子显微镜图像。右图：所产生的涡旋光束的重建相位[122]。(g)左图：产生矢量光束的全息界面的扫描电子显微镜显微图，插图显示更高的放大倍数的细节图。右图：测量了在 633 nm 和 850 nm 处的远场强度分布。线性偏振器的不同旋转角度的不同特征显示了径向偏振特性[123]。(h)由两个级联超构表面产生矢量光束的实验装置。底部的插图分别显示了 q=0.5 和 q=1 的超构表面示意图，以及生成的矢量光束的强度分布[124]。(i)基于介质惠更斯超构表面的高传输矢量涡流转换器示意图及其输出光束的偏振分布。上图：线偏振(水平方向)向径向偏振的转换。下图：线偏振(垂直偏振)向方位偏振的转换[125]

　　旋转对称不是自旋角动量向轨道角动量转换的要求，Boyd 小组制作的超构表面能够产生拓扑荷数从−25 到 25 的 OAM，在 760∼790 nm 处转换效率为 9%[155]

(图 6.22(b))。最近，Zeng 等进一步制作了一个包含线性-梯度相位和旋转-螺旋叠加的梯度旋转相位的开口环天线超构表面，在较宽的可见光范围内获得高模式纯度的无散射背景的涡旋光束[120](图 6.22(c))。

除了 P-B 相位超构表面外，螺旋相位分布也可以通过适当地设计纳米天线的几何形状来实现[121]。Varntay 的小组使用放置在银基平面上的硅纳米天线，实现了从 1500～1600 nm 的高效涡波光束产生[121](图 6.22(d))。Shalaev 等[122,158]和 Kivshar 小组[158]利用全介质硅惠更斯超构表面来实现涡旋转换器，在电信波长下的传输效率分别为 45%和 70%，如图 6.22(e), (f)所示。

Capasso 的团队结合了叉状全息图和同心圆环，形成了一个在可见光范围内宽带的具有径向偏振的螺旋相位波前[123](图 6.22(g))。Yi 等使用两个拓扑荷数为 $q=0.5$ 和 $q=1$ 的级联超构表面生成圆柱形矢量涡旋光束。第一个元件被用作自旋-轨道角动量转换器，第二个元件被用于操纵局部偏振[124](图 6.22(h))。最近，Kruk 等利用全介质惠更斯超构表面将垂直线偏振光束转换为方位偏振光，将水平线偏振光束转换为径向偏振光，偏振转换效率高达 99%，透射效率为 90%(图 6.22(i))[125]。

6.3.4 可调波束操纵

在本节，我们通过实验证明了一种栅极可调的超表面，可以对从超表面反射的平面波的相位和幅度进行动态电控制。可调谐性来自于导电氧化物层的复合折射率的场效应调制，这些导电氧化物层并入超表面天线元件中，这些天线元件以反射阵列几何形状配置。我们通过施加 2.5 V 栅极偏压来测量 180°的相移和 30%的反射率变化。此外，我们还表明调制频率可以超过 10 MHz，以及通过对超表面结构单元进行电控制来实现 ±1 阶衍射光束的切换。原则上，电门控相位和幅度控制允许对单个超表面元素进行电寻址，并为用于成像和传感技术的超薄光学组件开辟了道路，例如可重构光束转向装置、动态全息图、可调谐超薄透镜、纳米投影仪和纳米级空间光调制器。

6.3.4.1 设计原理

无源超表面已在从可见光到微波频率的光谱区域中得到证明。该领域尚未实现的一个里程碑是通过制造后的电调制来实现一个主动可调的超表面，并通过对单个天线元件的相位和幅度进行任意控制。这将使薄平面光学设备中的动态波前控制成为可能，例如动态光束转向、可重构成像、可调谐超薄透镜和大容量数据存储。以前，已经报道了使用各种物理机理对整体超表面振幅响应进行主动控制[159-169]。然而，要实现单个超表面元素相位的动态可调控制是必需的。迄今为止，还没有对波相位和振幅的动态控制的全面的实验验证，无论是在来自构成超表面的各个相位元件的光频率下的反射还是透射中。在这里，我们通过实验证明了超表面元素的独立电寻址能力。这实现了 ±1 级衍射光束的电切换。这种电门可调结构允许寻址单个超表面元素并完成与电子设备的集成。

在复杂折射率调制的各种物理机理中，场效应调制是一种非常有吸引力的方法，因为它具有大量单个超表面元素的高速调制和极低功耗的综合优势。场效应调制在半导体电子中无处不在，并且是当代低功率集成电路性能的基本原理。基于在掺杂半导体(例如，金属氧化物半导体场效应晶体管和薄膜晶体管)中形成电荷耗尽或积累区域，场效应调制可以在重掺杂半导体中提供足够大的载流子密度变化或导电氧化物，这导致其在电荷积累或耗尽区域的复折射率变化很大[170,171]。这种现象已被用于演示金属氧化物半导体(MOS)配置中的电控等离激元振幅调制器，其中调制器输出功率与波导的耦合由金属半导体场上的电偏置控制效果通道[170-172]。透明导电氧化物(TCO)材料[173,174]，例如氧化铟锡(ITO)也已被用作有源半导体层[170,172,175-178]。这些研究报告的结果表明，在金属和 ITO 之间施加电偏置会改变 ε_r^{ITO} 的符号，即积累层中 ITO 介电常量的实部从正变为负。当$|\varepsilon_r^{ITO}|$ 在 ε 近零(epsilon-near-zero, ENZ)区域，即 $-1 < \varepsilon_r^{ITO} < 1$ 时，在近红外波长的积累层中出现大的电场增强[179,180]，提供了一种高调制速度和低功耗电调制纳米光子器件的光学特性的有效方法。

在这里，我们将场效应可调谐材料与超表面集成在一起，以展示动态可调谐超表面，该超表面首次允许在近红外波长处主动控制反射光相位和幅度。我们研究的超表面(贴片天线几何形状)由一个金背板、一个 ITO 层和一个氧化铝层组成，我们在氧化铝层上绘制了一个金条天线阵列(图 6.23(a))。相同的天线连接到右侧或左侧外部金电极以创建电子门。与之前利用天线几何形状或方向的变化对每个天线单元施加不同相移的光频超表面不同，我们这里研究的超表面是周期性的，通过向相邻天线电极施加偏置电压的方式来实现对每个超表面单元的相移的动态控制。每个超表面天线元件实际上是一个 MOS 电容器，金天线用作栅极，ITO 用作场效应通道(图 6.23(a)的插图)。当在天线栅极和底层接地平面之间施加电偏置时，Al_2O_3/ITO 界面处的载流子浓度分别通过形成电荷积累或耗尽层而增加或减少。这导致了 ITO 的复介电常量的调制，从而改变了入射光与天线的相互作用并调制了来自表面的反射。当 ITO 积累层中介电常量的实部将其符号从正变为负时，每个天线元件的反射相位和幅度的变化被放大(图 6.23(b))。

为了获得我们设备中包含的 ITO 层的物理参数，我们制造了额外的二氧化硅上 ITO 样品用于霍尔测量和硅上 ITO 样品用于椭偏测量。在我们的计算中，我们假设 ITO 载流子浓度为 $N_0 = 2.8 \times 10^{20}$ cm^{-3}。我们的静电计算表明，载流子浓度 $N_0 = 2.8 \times 10^{20}$ 的 ITO 的功函数为 4.4 eV，低于金的逸出功($W_f^{Au} = 5.1$ eV)。这导致在施加电压 $V = 0$ 时，Al_2O_3/ITO 界面处的电子耗尽和 ITO 中的能带弯曲。当在天

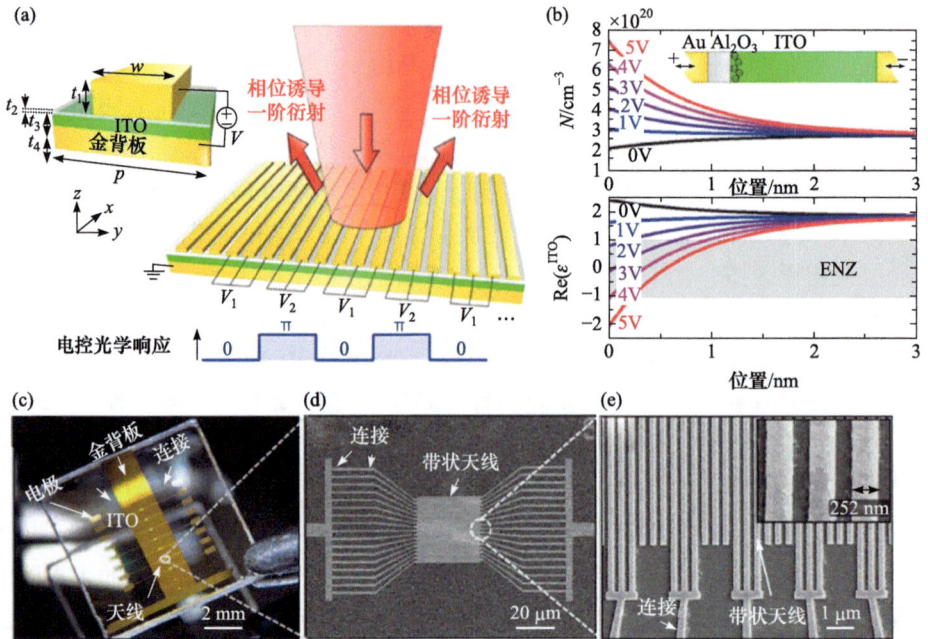

图 6.23　栅极可调超表面。(a)可调超表面示意图。该结构由石英基板、金背板和薄 ITO 薄膜
　　　组成，然后是薄氧化铝薄膜，我们在其上图案化连接的金条纳米天线阵列。在条状天线和底
　　　部金之间施加电压，导致在 Al$_2$O$_3$/ITO 界面处形成电荷积累。晶胞尺寸选择如下：条形天线宽
　　　度 $w = 250$ nm，条形天线厚度、Al$_2$O$_3$、ITO 和 Au 背板分别为 $t_1 = 50$ nm，$t_2 = 5$ nm，$t_3 = 20$ nm，
　　　$t_4 = 80$ nm。晶胞的周期是 $p = 400$ nm。(b)可调超表面的工作原理基于 MOS 场效应动力学。
　　　当施加的电压足够高时，在 ITO 中的 Al$_2$O$_3$/ITO 界面(插图)处形成电子积累区。(上图)不同施
　　　加电压下载流子浓度 N 的空间分布。(下图)ITO　ε_r^{ITO} 在波长为 1500 nm 的介电常量的实部作
　　　为与不同施加电压的 Al$_2$O$_3$/ITO 界面距离的函数。灰色区域突出显示　ε_r^{ITO} 获取 1 和 –1 之间
　　　的值的空间区域，代表 ENZ 区域。(c)制造结构的照片图像。对于栅极偏置，条形天线连接到
　　　　　　　电极。(d),(e)分别为条状天线和连接的扫描电子显微镜图像的特写

线和 ITO 之间施加的电偏置大于 1 V 时，在 ITO 中形成电子积累层 Al$_2$O$_3$/ITO 界
面。图 6.23(b)(底部)显示了在 1550 nm 工作波长下，不同施加偏压下，计算得出
的 ε_r^{ITO} 与距 Al$_2$O$_3$/ITO 界面距离的函数。由于积累层的形成，ITO 的介电常量在
Al$_2$O$_3$/ITO 界面约 2 nm 范围内的区域内发生显著变化。灰色区域突出显示了 ITO
的 ENZ 区域，其中 ε_r^{ITO} 获得介于 1 和 –1 之间的值。在正偏压下，Al$_2$O$_3$/ITO 界
面处的 ε_r^{ITO} 值减小，在 2.9 V 的外加偏压下达到 ENZ 条件。此外，在 5 V 的外加
偏压下，ENZ 区域的厚度可以估计为 0.9 nm。重要的是，当 ENZ 条件成立时，
ITO 的积累层会产生很大的电场增强。从边界条件可以很容易地理解这一点，在

场效应电介质/通道界面处电位移法向分量是连续的[172,179,180]。

通过多层沉积和电子束光刻制造的最终器件的摄影图像如图 6.23(c)所示。人们可以在视觉上区分 Au 背板、ITO、电气连接和电极。条形天线结构的扫描电子显微镜图像如图 6.23(d), (e)所示。相邻的条形天线以三个为一组进行电气连接，以便每组连接到不同的外部金电极。电极通过导线连接到紧凑的芯片载体和电路板上，用于电门控。

6.3.4.2　可调超表面的特性

在具有横向磁(TM)偏振(沿条纹的 H 场)的正入射照明下的周期性图案化天线结构。我们考虑一个 $w = 250$ nm 宽和 $t_1 = 50$ nm 厚的 Au 带状天线阵列，其周期性排列为 $p = 400$ nm。条形天线阵列位于 20 nm 厚 ITO 层和 80 nm 厚 Au 背板上的 5 nm 厚 Al_2O_3 层之上(图 6.23(a))。图 6.24(a), (b)显示了作为施加电压函数的反射率和相移光谱。相移光谱是通过简单地取带和不带偏置的反射场相位之间的差异来计算的。虚线表示在 Al_2O_3/ITO 界面处 ITO 积累层中的 ENZ 区域，绿色虚线表示对应于磁偶极子等离激元共振的反射率下降的位置。随着栅极偏压的增加，磁偶极子等离激元共振耦合到 ITO 积累层中的 ENZ 区域，从而改变共振并引起反射中的显著相移。

可以看出，有两种不同的方案描述了天线等离激元共振与 ITO 中的 ENZ 区域的耦合。对于从 0 V 到大约 3 V 的增加的偏置，由于载流子浓度的增加和 ε_r^{ITO} 的减少，天线等离激元共振转移到更短的波长。随着共振蓝移(在从 0~3 V 的施加偏置下)，1550 nm 处的相移显著增加。从图 6.24(c)可以看出，作为 1550 nm 处施加的偏压函数的计算相移显示在 3.0 V 时接近 180°相移，在 4.6 V 时有 225°相移。在施加大约 3 V 偏压的情况下，ε_r^{ITO} 变为零。施加更高的电压(> 3 V)，等离激元共振转移到更长的波长。通过观察 ITO 层的光学特性的行为，可以直观地理解谐振波长偏移符号的这种变化。随着大于 3 V 的偏压增加，ITO 中 Al_2O_3/ITO 界面处的载流子浓度增加，并且该积累层在光学上起到金属的作用($\varepsilon_r^{ITO} < 0$)，从而缩小了介电间隔层(Al_2O_3 和 ITO)的有效厚度层，并将磁共振转移到更长的波长[181]。

我们的仿真表明，即使 ITO 介电常量仅在界面处的 2 nm 厚层内进行调制，这种变化也会在 4.6 V 的施加偏压下引入约 19 nm 的共振波长和 225°的相移(图 6.24(c))。不同施加电压下的电磁场分布如图 6.24(d), (e)所示。在 0 V 时，ITO 在光学上表现为电介质($\varepsilon_r^{ITO} > 0$)，在谐振时，我们观察了 Au 天线和 Au 背板之间的磁偶极子的反平行电场特性。对于大于 1.8 V 的施加偏置值，当 ENZ 条件在 ITO 的积累层中成立时，观察到积累层中电场(E_z)z 分量的增强(参见图 6.24(e)中的第二个和第三个图像)由于两种介质界面处的电位移法向分量($\varepsilon_\perp E_\perp$)的连续性。

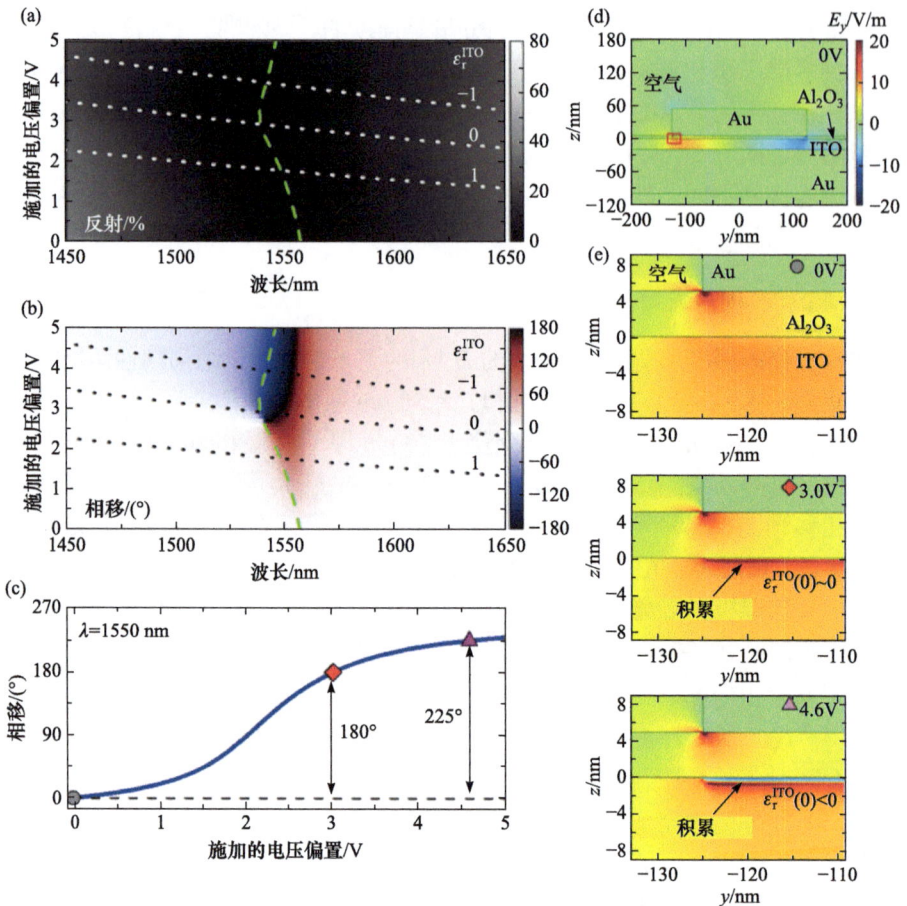

图 6.24 基于磁等离激元共振和 ITO 中 ENZ 区域之间相互作用的栅极可调超表面。模拟的(a)反射率和(b)由于选通导致的相移作为波长和施加电压的函数。在没有施加电压的情况下，相对于来自超表面的反射相位绘制相移。虚线表示 V-λ 参数空间中的点，ITO 的介电常量在 Al_2O_3/ITO 界面处等于 −1、0 或 1，表示积累层中的 ENZ 区域。绿色虚线标记了对应于磁偶极子共振的反射率下降的位置。(c)仿真相移作为在 1550 nm 波长处施加的偏压的函数。(d)电场 E_z 的 z 分量的空间分布。(e)Al_2O_3/ITO 界面附近的放大区域，在 $\lambda = 1550$ nm 波长下施加 0 V、3.0 V 和 4.6 V 的偏压

在施加电压为 3.0 V 的情况下，累积层中的 $\varepsilon_r^{ITO} \sim 0$，$E_z$ 在与 Al_2O_3 和块状 ITO 中的场平行的方向上增强(图 6.24(e)中的第二个图像)。相反，对于 4.6 V 的施加电压(图 6.24(e)中的第三幅图像)，由于 ITO 在积累层的某些区域中的介电常量为负(类金属)，因此 E_z 分量与 Al_2O_3 和体中的场反平行 ITO 层。由于耦合到 ENZ 区域，增强的平行和反平行 E_z 进一步改变了磁偶极子的强度和相移曲线，如图 6.24(e)所示，通过电门控产生大的相位调制。

如图 6.25 所示，针对不同的应用偏置测量反射光谱和相移。在图 6.25(a)中，我们通过实验观察到，当电压从 0 V 增加到 2.5 V 时，实验共振向波长较短的方向偏移约 17 nm。共振倾角最小值处的波长和反射率值与模拟结果非常匹配(参见图 6.25(a)和 6.24(a))，随着施加的偏置波长偏移也是如此。反射率变化(归一化为没有施加电压的反射率，$\Delta R/R = [R(V) - R(0)]/R(0)$ 在接近谐振的工作波长达到最小值，在施加 2.5 V 偏置的情况下高达 28.9%(图 6.25(b))，表明栅极驱动的超表面能够进行反射幅度调制。为了测量相移，使用迈克耳孙(Michelson)干涉仪观察干涉条纹，其中入射光束位于超表面边缘，使得部分光束从超表面反射，部分从 Al_2O_3 的平面多层堆叠反射/ITO/Au 背板，用作内置相位自参考。请注意，这种自参考相位干涉测量配置允许精确的相位测量，消除由振动或不稳定性引起的误差，

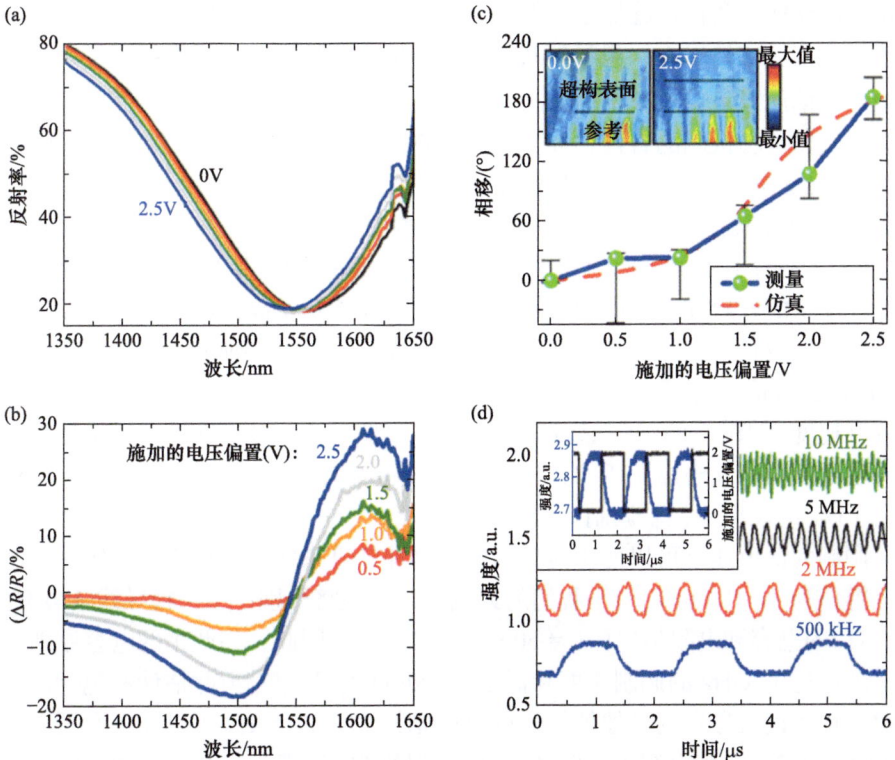

图 6.25　可调超表面中 π 相位调制和幅度调制的实验演示。(a)测量的反射光谱和(b)不同施加电压下超表面的相对反射率变化。相对反射率变化定义为由于施加偏置($\Delta R = R(V)-R(0)$)引起的反射率变化与没有施加偏置时的反射率($R(0)$)之比。(c)测量和模拟相移作为施加电压在 0～2.5 V 的函数。插图：施加偏置 0 V 和 2.5 V 的干涉条纹。黑线显示用于分析相位的横截面。(d)测量调制频率从 500 kHz～10 MHz 的高速反射调制。插图：在 500 kHz 的操作速度下测得的交流调制反射率

因为参考和测量相位是在同一时间和位置捕获的。相移测量在 $\lambda = 1573$ nm 的波长下进行。图 6.25(c)的插图显示了在施加零偏压和施加 2.5 V 偏压时从样品反射的光形成的典型干涉条纹图像。与参考条纹相比，来自样本图案化区域的条纹向左移动了大约半个周期。通过拟合和分析干涉条纹的幅度(在图 6.25(c)的插图中以黑线显示)，在不同的施加电压下检索相移，结果如图 6.25(c)所示。很明显，相移(带有蓝线的绿色圆圈作为眼睛的指南)随着施加的偏置而增加。在 2.5 V 的施加偏置下观察到 184° 的相位变化，这与仿真结果(红色虚线)非常一致。绿色圆圈上的误差条表示与模拟合理一致的相移误差。请注意，获得的相移与仿真结果非常匹配。需要注意的是，工作波长从 1550 nm(图 6.24(c))到 1573 nm(图 6.25(c))略有变化，因为样品中心和边缘之间的结构不均匀性很小(条纹宽度从 252 nm 到 258 nm)。与正偏压相比，我们还施加了负偏压，进一步耗尽了 Al_2O_3/ITO 界面处的 ITO。在施加负偏压的情况下，观察到共振反射率最小值的红移，表明我们可以分别通过施加正偏压或负偏压来增加或减少 Al_2O_3/ITO 界面附近的 ε_r^{ITO}。这不包括对观察到的共振位移机制的替代解释，包括但不限于热(焦耳)加热。我们注意到 5 nm Al_2O_3 层在 2.5～3 V 左右表现出电击穿。

为了表征我们的可调谐超表面的频率响应，将频率范围为 0.5～10 MHz 的 2 V 偏置应用于样品，并使用高速 InGaAs 检测器来检测时间超表面反射率。为了确保在测量的开启和关闭周期中反射光强度的比率足够高，即高 $\Delta R/R$，我们选择了非谐振波长来执行调制带宽测量。如图 6.25(d)的插图所示，通过应用 2 V 的 500 kHz 交流信号(蓝色曲线)观察到高速反射调制。此外，还展示了高达 10 MHz 的调制速度(见图 6.25(d))。请注意，由于检测器带宽，波形在最高频率处失真。还研究了针对不同施加偏压的 2 MHz 频率的超表面，并在施加 2 V 的电压下获得了约 15% 的反射率幅度调制。

调制的最大速度可以使用简单的器件物理计算来估算，计算得出每单位面积的电容值为 14 fF/μm^2。对于我们的天线阵列，这将分别产生每根导线 140 fF 和 100 Ω 的电容和电阻值(面积 $= 50$ $\mu m \times 0.2$ μm)。因此，如此小的电容原则上可以实现高达 11 GHz 的调制速度和低至 0.7 pJ/bit 的开关能量(此估计不包括由布线和射频探头连接导致的其他信号延迟源)。请注意，单个天线可以在具有更小尺寸(0.2 $\mu m \times 0.2$ μm)和电容(0.5 fF)的二维天线阵列中实现。每个像素的电阻为 100 Ω，这将实现每比特 2.5 fJ 的开关能量和高达 3 THz 的调制速度(尽管速度可能会受到当前速度值高达 ～100 GHz 的互连的限制)[182]。

6.3.4.3　动态相位光栅的演示

如实验和仿真结果所示，可以实现大的相变(～184°)。我们进一步采用可调谐相移来开发电驱动动态相位光栅。模拟了具有 48 个晶胞的超表面相位光栅的电压相关远场强度分布，这些晶胞由 Al_2O_3/ITO/Au 平面层上的相同条形天线组成。图 6.26(a)显示了 2 级相位光栅的远场衍射光束轮廓，其周期性为 $\lambda = 2.4\ \mu m$，工作波长为 1550 nm。在施加 0 V 的偏置时，衍射光束显示出来自样品的定向反射(仅零级衍射光束)。在施加 3.0 V 的偏压下，由于结构的空间对称性，2 级相位光栅产生了两个对称的一级衍射光束，在大约 −40 和 40°的角度处具有最大强度，而零级衍射光束几乎消失。在 1550 nm 波长下工作的实验测量的远场衍射光束强度如图 6.26(b)所示。可以看出，正负一级衍射光束出现在施加电压约大于 1.5 V时，而零级衍射光束强度随着电压的增加而降低，与模拟结果一致(图 6.26(a))。这些结果证明了反射相位在条形天线水平上的电可调谐性，这为可调谐光学相控阵超表面奠定了基础。请注意，仿真结果和测量结果之间衍射角和光束宽度的细微差异可归因于来自高 NA 物镜的非平行入射光激发和样品的轻微不均匀性。重要的是，还可以通过选用具有不同周期 λ 的多个天线来改变衍射波束角度，以控制衍射波束角度(图 6.26(c)～(e))。如图 6.26(c)所示，周期性地选通 4、3 和 2 根天线将分别产生 3.2 μm、2.4 μm 和 1.6 μm 的光栅周期(相邻天线中心之间的距离为400 nm)，从而能够控制衍射光束角度(参见图 6.26(c), (d)中的示意图)。为了证明一级衍射角的可调性，我们在施加的 3.0 V 偏置下模拟了不同光栅周期的一级衍射光束的远场强度(图 6.26(e))。通过选通 4、3、2 根天线的子组，可以在宽范围

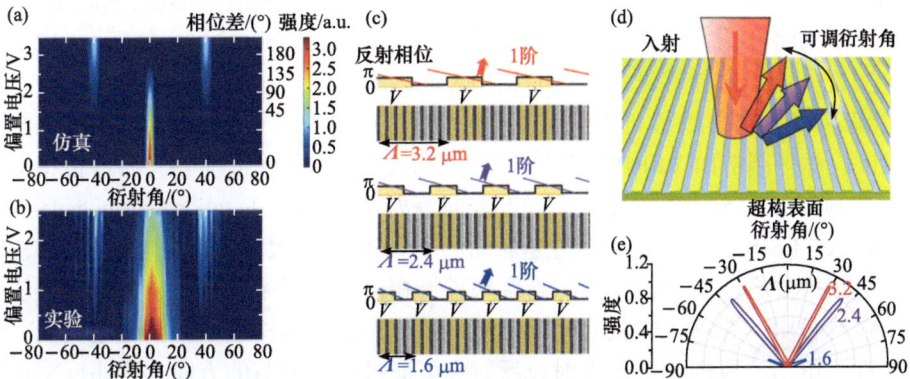

图 6.26　具有宽角度可调性的动态相位光栅。(a)衍射光束的模拟远场强度分布与施加的偏置。彩色图显示了从超表面反射的光束的远场强度，它是垂直入射的衍射角和施加电压(以及通过天线上不同电压的电门控产生的相应相位差)的函数。(b)实验测量的远场强度分布(使用0.75 NA 物镜检测角度高达 ～50°)。(c), (d)通过不同数量天线的电门控控制衍射波束角度的示意图，显示具有高分辨率的宽角波束控制。4、3、2 根天线的周期性选通有效地分别产生3.2 μm、2.4 μm、1.6 μm 的光栅周期。(e)在 3.0 V 栅极偏置下，从超表面反射的光束的模拟远场强度作为 3.2 μm、2.4 μm、1.6 μm 周期性的衍射角的函数。该器件展示了大范围的有效光束转向具有 2～4 个周期性门控纳米天线的角度(>40°)

的角度(>40°)上有效地控制衍射光束。因此，设计的结构用作纳米级光束控制装置。为了获得更窄的波束宽度，我们可以增加天线单元的总数。原则上，通过与每个天线的单独电气连接，可以进一步修改相位光栅以实现衍射光束的连续转向或合成动态全息图像。这些高效的广角电子可调光束转向元件对于开发下一代超薄片上成像和传感设备具有相当大的潜力，例如高分辨率激光雷达(lidar)和纳米级空间光调制器。

　　总之，此节报告了近红外波长区域中可调谐超表面的实验和模拟演示。我们通过门可调场效应动态介电常量调制来控制反射光的相位和幅度。通过施加2.5 V栅极偏压测量了184°的相移和约30%的反射率变化。还展示了高达10 MHz的调制速度(理论调制速度高达11 GHz)和正负一阶衍射光束的电子光束控制。除了可调谐超表面的基本兴趣之外，这些结构对于未来的超薄光学元件还有许多潜在的应用，例如动态全息图、可调谐超薄透镜、可重构光束控制装置、纳米投影仪和纳米级空间光调制器等。

6.3.5　3D 超构表面——以基于垂直开口环谐振器的异常光束操纵为例

　　在之前章节中所介绍到的超构表面均为 2D 超构表面，即超构表面的光学响应是通过调节组成超表面的纳米微粒的长宽来调整的。实际上，通过将不同厚度，相同长宽的纳米结构组合在一起，同样可以实现对光的响应的操纵，即 3D 超构表面。下文将介绍一种基于垂直开口环谐振器(vertical split-ring resonators, VSRR)的，实现高消光比异常光束操纵的超构表面。

　　编者的研究小组最近开发了一种高精度对准技术，使我们能够通过控制VSRR 尺寸来制造由 VSRR[88,183,184]制成的超表面，该超表面能够同时进行相位和反射调制。与 2D SRR 相比，其中局部表面等离子体共振(localized surface plasmon resonance，LSPR) 的调谐是通过超表面的 xy 平面中的尺寸变化来实现的，VSRR允许通过沿 z 方向改变其尖头的高度来进行相位和反射率调制，有效地提供了额外的设计自由。在这里，我们建议使用 LSPR 作为基本构建块来构建超表面，该超表面将电信波段内的正常入射光反射到可通过设计调节的方向，这违反了传统的斯涅尔定律。超表面采用周期性单位单元进行图案化，其中每个单元由六个 AuVSRR 组成，具有梯度插脚长度，位于固定底座上。晶胞周期决定了光在超表面上入射时的反射角。这项研究是通过数值模拟进行的，我们使用了周期性边界条件。结果表明，在 $\lambda = 1548$ nm 处，半峰全宽角为 2.9°，可以实现高度定向反射，相对于正常反射异常反射信号显示出 31 的消光比。与由 2D 金属纳米棒制成的超表面相比，其 LSPR 用棒的长度进行调制，我们的 3D-VSRR 设计具有调整叉高度的优点，即用更高密度的金属结构覆盖表面积，这有助于缩减用于集成光子学应用的超表面器件尺寸。

如图 6.27(a)所示的基本构建块是一个 Au VSRR，它由一个基棒和两个竖立在其两端的尖头组成。VSRR 沉积在金镜上方的 SiO$_2$ 层(G = 70 nm)上。薄 SiO$_2$ 间隔物对于 VSRR 和底部 Au 镜之间的耦合是必要的，以实现 LSPR 的强激发[185]和更广泛的相位调制[186]。每个 VSRR 的基棒固定尺寸为 L = 170 nm，W = 60 nm 和 H_1 = 30 nm，而尖头的高度(H_2)可以改变，以获得所需的相位调制。每个 VSRR 占用的面为 120 nm × 250 nm。基于有限差分时域(FDTD)的商业软件 CST 用于模拟此类 VSRR 的二维阵列的反射率和相移。VSRR 由沿 VSRR 基长度(图 6.27(a)中标记的 y 方向)偏振的光源激发。反射率和相移与 VSRR 插脚高度(H_2)和激发波长(λ)的关系分别如图 6.27(b), (c)所示，其中我们可以看到反射率变化远比相移变化小得多，对于保持其强度的光束控制应用来说，这是一个理想的场景。这在图 6.27(d)中在 λ = 1548 nm 的单个波长下得到了更好的观察，对于产生 2π 相位调制的尖头高度 H_2 的范围，反射率仅在 0.45 到 0.75 之间变化。图 6.27(d)中计算的相位调制曲线需要在超表面上实现光束控制时进行数字化。对于均匀反射假设

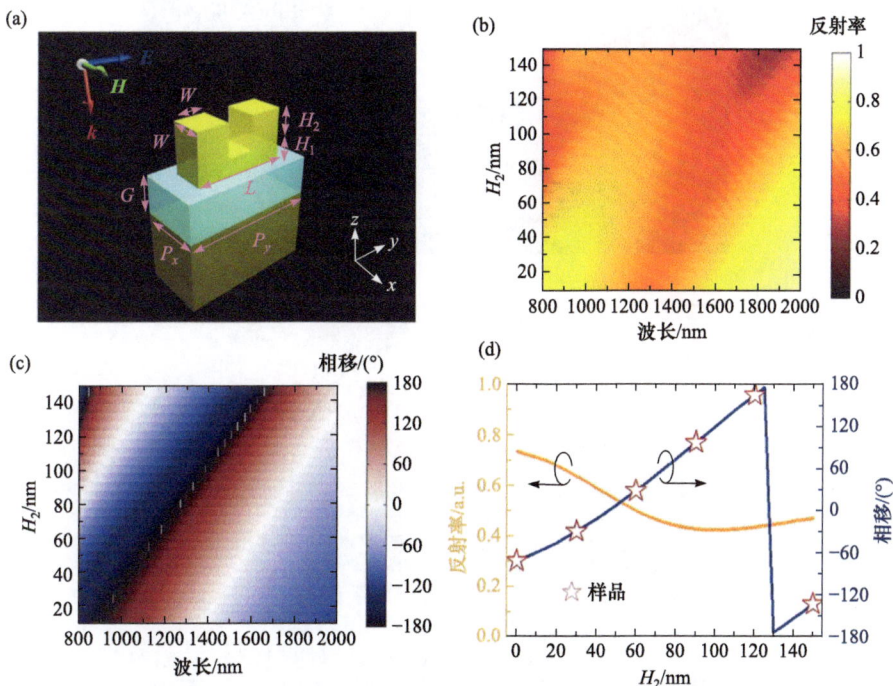

图 6.27　隔离 VSRR 结构中的反射率和相移。(a)结构参数的 VSRR 示意图：L = 170 nm，W = 60 nm，H_1 = 30 nm，P_x = 120 m，P_y = 250 nm，G = 70 nm 和尖头高 H_2。在不同波长的 y 偏振法线照明下，模拟(b)反射率和(c)不同 H_2 的相移。(d)在 λ = 1548 nm 处作为 H_2 函数的反射率和相移。红色星号表示选择的 VSRR 插脚高度 H_2 值将在单元格中实现

下的波前重建，具有恒定相位梯度的 2π 相位调制很重要。我们选择使用六个等间距的相位调制点，相隔 60°，对应于 H_2 = 30 nm, 60 nm, 90 nm, 120 nm, 150 nm 和 0 nm 的插脚高度，如图 6.27(d)所示。我们本可以设计更精细的相位调制步骤，具有更小的 VSRR 高度变化，但这将对未来制造这种超表面提出重大挑战。

随后，我们使用这六种不同高度的 VSRR 来构建具有必要周期的晶胞，以将特定波长的法向入射光束引导到预定角度。图 6.28(a)显示了基于 VSRR 的晶胞的示意图，其面积为 $L_x \times L_y$ = 2160 nm × 250 nm。这种晶胞沿 x 和 y 方向重复以形成功能超表面，其中选择 2160 nm 的长周期为 λ = 1548 nm 的法向入射光产生 45°的

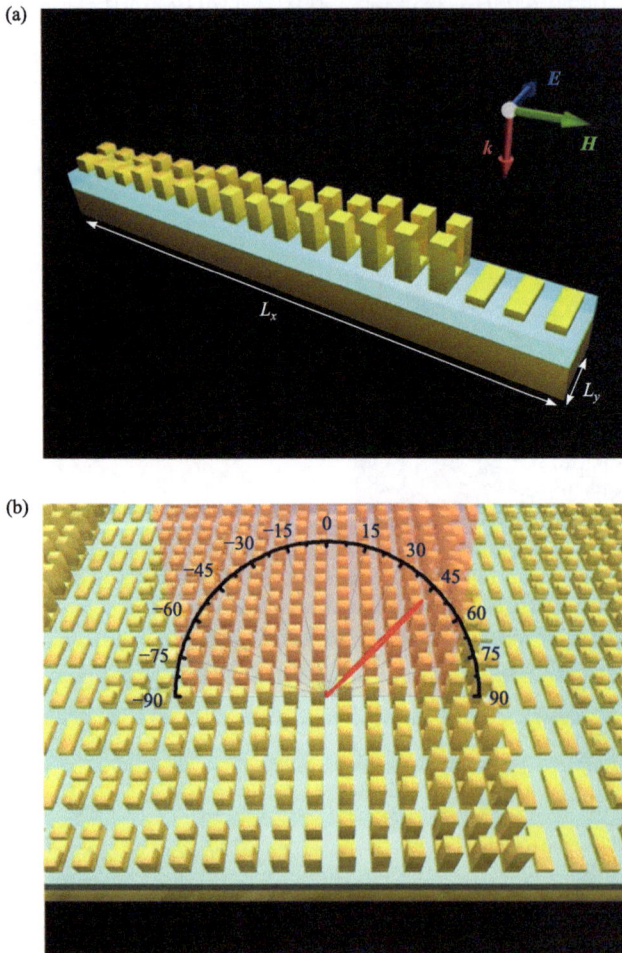

图 6.28　基于 VSRR 的超表面示意图。(a)由 18 个 VSRR 相同底座但六个不同叉高度：30 nm、60 nm、90 nm、120 nm、150 nm 和 0 nm 以及三个相同尺寸的 VSRR 组成的晶胞示意图。每个晶胞占据 L_x = 2160 nm 和 L_y = 250 nm。(b)基于 VSRR 的超表面光束转向示意图

转向角，如图 6.28(b)所示。需要 18 个 VSRR 才能填满一个单位单元(图 6.28(a))，其中排列了六组相同高度的三个 VSRR，以获得图 6.27(d)中的相位调制。为了根据广义斯涅尔定律将法向入射光束重定向到 45°(图 6.28(b))，需要由超表面提供的面内波矢量的量为 $\zeta = 2\pi / L_x$，其中 $k_0 = 2\pi / \lambda$ 是自由空间中的波矢量。因此，这样的超表面还将根据 $\theta_r = \arcsin(\sin\theta_i + \zeta / k_0)$ 将具有任意入射角 θ_i 的光引导到反射角 θ_r。

图 6.29(a)显示了在不同入射角($= 0°$、$5°$、$10°$、$15°$和 $20°$)下 1548 nm 处的归一化反射场强。随着入射角从 $0°$变化到 $15°$，反射角从 $45°$增加到 $77°$，这与我们的设计参数一致。由于未经调制，在 $\theta_r < 40°$区域内可以看到少量散射光。对于法向入射，在 $45°$的反射角附近获得了 $2.9°$的 FWHM 角，$45°$处的反射强度是法向反射的 31 倍，这表明基于 VSRR 的超表面能够实现良好的消光比。图 6.29(b)表明 FDTD 模拟结果与广义斯涅尔定律 $\theta_r = \arcsin(\sin\theta_i + \zeta / k_0)$ 非常吻合。对于法向入射，沿 $45°$传播的反射波前的模拟结果如图 6.29(c)所示。当入射角增加到 $20°$时，如图 6.29(a)所示，没有观察到反射，因为入射光被衍射成表面波，其波前垂直于超表面，如图 6.29(d)所示。

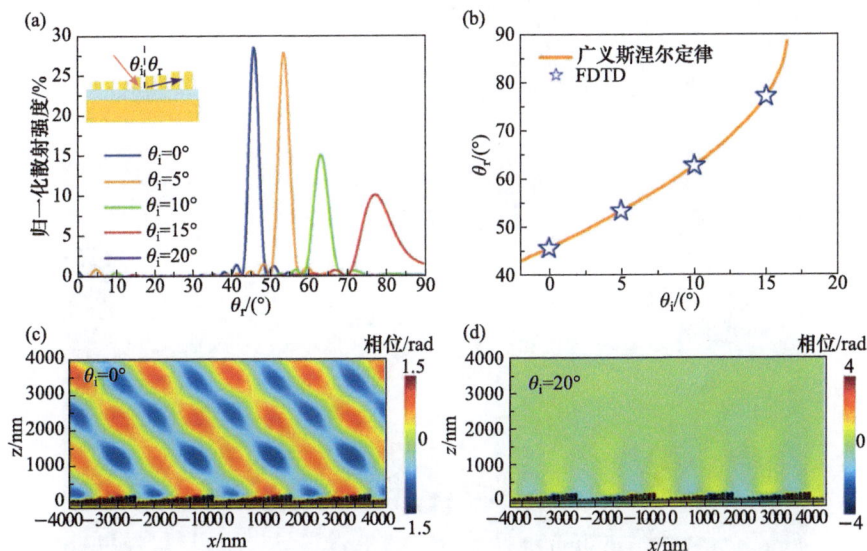

图 6.29 基于 VSRR 的超构表面的散射场。(a)在 $\lambda = 1548$ nm 的各种入射角下反射场强度的角度依赖性。(b)FDTD 结果(蓝线)和广义斯涅尔定律(橙线)。针对入射角(c) $\theta_i = 0°$和(d)20°在 xz 平面上绘制的波前模拟(电场的 y 分量)

与由最简单的金属纳米结构(如金纳米棒)制成的超表面相比，VSRR 需要更小的占地面积来执行相同的功能(参考 1.2.2.2 节)。为了说明这一点，我们在

$\lambda = 1548$ nm 处模拟了由 Au 纳米棒在 70 nm 厚的同一 SiO$_2$ 层上图案化的 2D 阵列的光学响应，该 SiO$_2$ 层位于 Au 镜顶部。如图 6.30(a)所示，每根 Au 纳米棒具有固定的宽度 $W = 60$ nm 和厚度 $H_1 = 30$ nm，占据的面积为 $P_{rx} \times P_{ry} = 120$ nm × 480 nm。图 6.30(b)显示了获得 2π 相移所需的纳米棒长度 L_r 的范围。与我们的 VSRR 设计类似，我们可以再次选择使用六个等间距的相位调制点(图 6.30(b)中的橙色点)，相隔 60°，对应于 $L_r = 60$ nm、240 nm、270 nm、288 nm 的纳米棒长度，314 nm 和 400 nm 用于 1548 nm 的光束转向。为了获得相同的转向性能，单元电池需要相同的长周期 2160 nm。这种由 18 个纳米棒(六组相同长度的三个纳米棒)组成的晶胞与图 6.30(c)中的 VSRR 晶胞并排显示。可以看出，虽然两种结构具有相同的 2160 nm 长周期以实现相同的转向，但纳米棒晶胞需要沿 y 方向更长的短

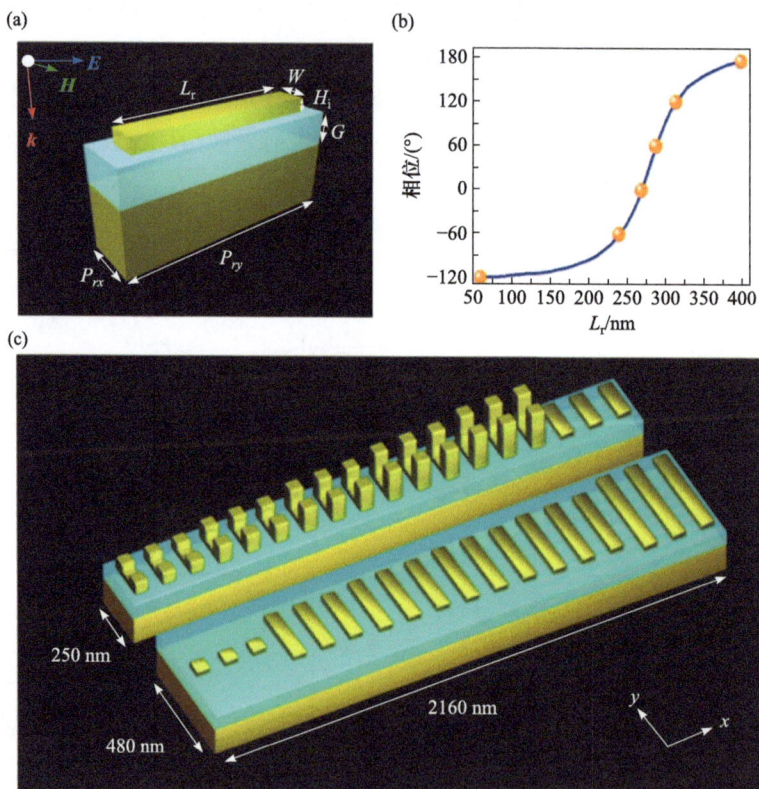

图 6.30　结构比较。(a)金纳米棒的示意图，作为超表面的基本构件，尺寸为 $W = 60$ nm，$H_1 = 30$ nm，长度为 L_r，位于金镜上 $G = 70$ nm 的 SiO$_2$ 层上。每根纳米棒的面积为 $P_{rx} \times P_{ry} = 120$ nm × 480 nm。(b)在 1548 nm 波长处作为棒长度 L_r 函数的相移。橙色点表示纳米棒的选定长度，用于在超表面晶胞中进行光束控制。(c)基于 VSRR(顶部)和纳米棒(底部)的超表面的图示，用于比较它们的结构

周期(480 nm)以适应比 VSRR(250 nm)更长的纳米棒。可以确定 VSRR 晶胞的占地面积大约是纳米棒的一半,从而可以为一系列基于超表面的应用实现高密度配置。

总之,我们通过 VSRR 超表面对反射率和相移进行了 FDTD 模拟,用于光束控制。固定 VSRR 的基本尺寸,我们改变它们的插脚高度以获得 2π 相位调制。我们随后使用六级相位调制设计来构建 VSRR 单元。仿真结果表明,基于 VSRR 的超表面能够在电信波长 $\lambda = 1548$ nm 的正入射下实现定向和高消光比光束转向。此外,当其入射角接近临界角时,超表面还将入射光衍射成表面波。与由具有相同光束控制功能的纳米棒制成的超表面相比,VSRR 晶胞可以用大约一半的占用面积制成,从而实现金属纳米结构的高密度集成。

参 考 文 献

[1] WEN D D, CHEN S M, YUE F Y, et al. Metasurface device with helicity-dependent functionality [J]. Advanced Optical Materials, 2016, 4(2): 321-327.

[2] YU N, AIETA F, GENEVET P, et al. A broadband, background-free quarter-wave plate based on plasmonic metasurfaces [J]. Nano Letters, 2012, 12(12): 6328-6333.

[3] CHEN W, TYMCHENKO M, GOPALAN P, et al. Large-area nanoimprinted colloidal au nanocrystal-based nanoantennas for ultrathin polarizing plasmonic metasurfaces [J]. Nano Letters, 2015, 15(8): 5254-5260.

[4] LI Z, LIU W, CHENG H, et al. Realizing broadband and invertible linear-to-circular polarization converter with ultrathin single-layer metasurface [J]. Scientific Report, 2015, 5: 18106.

[5] WANG D, ZHANG L, GU Y, et al. Switchable ultrathin quarter-wave plate in terahertz using active phase-change metasurface [J]. Scientific Report, 2015, 5: 15020.

[6] ZHAO Y, ALU A. Tailoring the dispersion of plasmonic nanorods to realize broadband optical meta-waveplates [J]. Nano Letters, 2013, 13(3): 1086-1091.

[7] DING F, WANG Z, HE S, et al. Broadband high-efficiency half-wave plate: a supercell-based plasmonic metasurface approach [J]. ACS Nano, 2015, 9(4): 4111-4119.

[8] GRADY N K, HEYES J E, CHOWDHURY D R, et al. Terahertz metamaterials for linear polarization conversion and anomalous refraction [J]. Science, 2013, 340(6138): 1304-1307.

[9] SHALTOUT A, LIU J J, KILDISHEV A, et al. Photonic spin hall effect in gap-plasmon metasurfaces for on-chip chiroptical spectroscopy [J]. Optica, 2015, 2(10): 860-863.

[10] JIANG Z H, LIN L, MA D, et al. Broadband and wide field-of-view plasmonic metasurface-enabled waveplates [J]. Scientific Report, 2014, 4: 7511.

[11] SHALTOUT A, LIU J, SHALAEV V M, et al. Optically active metasurface with non-chiral plasmonic nanoantennas [J]. Nano Letters, 2014, 14(8): 4426-4431.

[12] WU P C, TSAI W Y, CHEN W T, et al. Versatile polarization generation with an aluminum plasmonic metasurface [J]. Nano Letters, 2017, 17(1): 445-452.

[13] FAN R H, ZHOU Y, REN X P, et al. Freely tunable broadband polarization rotator for terahertz waves [J]. Advanced Materials, 2015, 27(7): 1201-1206.

[14] WEN D, YUE F, LI G, et al. Helicity multiplexed broadband metasurface holograms [J]. Nature

Communications, 2015, 6: 8241.

[15] LIU Y, LING X, YI X, et al. Photonic spin hall effect in dielectric metasurfaces with rotational symmetry breaking [J]. Optics Letters, 2015, 40(5): 756-759.

[16] WEN D, YUE F, KUMAR S, et al. Metasurface for characterization of the polarization state of light [J]. Optics Express, 2015, 23(8): 10272-10281.

[17] PORS A, NIELSEN M G, BOZHEVOLNYI S I. Plasmonic metagratings for simultaneous determination of stokes parameters [J]. Optica, 2015, 2(8): 716-723.

[18] CHEN W T, TOROK P, FOREMAN M R, et al. Integrated plasmonic metasurfaces for spectropolarimetry [J]. Nanotechnology, 2016, 27(22): 224002.

[19] VALEV V K, BAUMBERG J J, SIBILIA C, et al. Chirality and chiroptical effects in plasmonic nanostructures: Fundamentals, recent progress, and outlook [J]. Advanced Materials, 2013, 25(18): 2517-2534.

[20] HENTSCHEL M, SCHAFERLING M, DUAN X, et al. Chiral plasmonics [J]. Science Advanced, 2017, 3(5): e1602735.

[21] HAN T Y, ZU S, LI Z W, et al. Reveal and control of chiral cathodoluminescence at subnanoscale [J]. Nano Letters, 2018, 18(1): 567-572.

[22] TSAI W Y, HUANG J S, HUANG C B. Selective trapping or rotation of isotropic dielectric microparticles by optical near field in a plasmonic archimedes spiral [J]. Nano Letters, 2014, 14(2): 547-552.

[23] KASCHKE J, WEGENER M. Optical and infrared helical metamaterials [J]. Nanophotonics, 2016, 5(4): 510-523.

[24] VAZQUEZ-GUARDADO A, CHANDA D. Superchiral light generation on degenerate achiral surfaces [J]. Physical Review Letters, 2018, 120(13): 137601.

[25] LI W, COPPENS Z J, BESTEIRO L V, et al. Circularly polarized light detection with hot electrons in chiral plasmonic metamaterials [J]. Nature Communications, 2015, 6(1): 8379.

[26] LI Z, LIU C, RONG X, et al. Tailoring mos2 valley-polarized photoluminescence with super chiral near-field [J]. Advanced Materials, 2018, 30(34): e1801908.

[27] WU C, ARJU N, KELP G, et al. Spectrally selective chiral silicon metasurfaces based on infrared fano resonances [J]. Nature Communications, 2014, 5(1): 3892.

[28] ZHANG S, ZHOU J, PARK Y S, et al. Photoinduced handedness switching in terahertz chiral metamolecules [J]. Nature Communications, 2012, 3(1): 942.

[29] ZHU W M, LIU A Q, BOUROUINA T, et al. Microelectromechanical maltese-cross metamaterial with tunable terahertz anisotropy [J]. Nature Communications, 2012, 3(1): 1274.

[30] ZHU A Y, CHEN W T, ZAIDI A, et al. Giant intrinsic chiro-optical activity in planar dielectric nanostructures [J]. Light-Science & Applications, 2018, 7(2): 17158.

[31] PLUM E, LIU X X, FEDOTOV V A, et al. Metamaterials: Optical activity without chirality [J]. Physical Review Letters, 2009, 102(11): 113902.

[32] SCHNELL M, SARRIUGARTE P, NEUMAN T, et al. Real-space mapping of the chiral near-field distributions in spiral antennas and planar metasurfaces [J]. Nano Letters, 2016, 16(1): 663-670.

[33] SCHÄFERLING M, YIN X, ENGHETA N, et al. Helical plasmonic nanostructures as prototypical

chiral near-field sources [J]. ACS Photonics, 2014, 1(6): 530-537.

[34] SCHäFERLING M, DREGELY D, HENTSCHEL M, et al. Tailoring enhanced optical chirality: Design principles for chiral plasmonic nanostructures [J]. Physical Review X, 2012, 2(3): 031010.

[35] WU J F, NG B H, TURAGA S P, et al. Free-standing terahertz chiral meta-foils exhibiting strong optical activity and negative refractive index [J]. Applied Physics Letters, 2013, 103(14): 141106.

[36] KAN T, ISOZAKI A, KANDA N, et al. Enantiomeric switching of chiral metamaterial for terahertz polarization modulation employing vertically deformable mems spirals [J]. Nature Communications, 2015, 6(1): 8422.

[37] LIU Z, DU H, LI J, et al. Nano-kirigami with giant optical chirality [J]. Science Advanced, 2018, 4(7): eaat4436.

[38] QIU M, ZHANG L, TANG Z X, et al. 3D metaphotonic nanostructures with intrinsic chirality [J]. Advanced Functional Materials, 2018, 28(45): 1803147.

[39] GANSEL J K, THIEL M, RILL M S, et al. Gold helix photonic metamaterial as broadband circular polarizer [J]. Science, 2009, 325(5947): 1513-1515.

[40] YAN C, WANG X L, RAZIMAN T V, et al. Twisting fluorescence through extrinsic chiral antennas [J]. Nano Letters, 2017, 17(4): 2265-2272.

[41] JI R N, WANG S W, LIU X X, et al. Hybrid helix metamaterials for giant and ultrawide circular dichroism [J]. ACS Photonics, 2016, 3(12): 2368-2374.

[42] CHEN Y, YANG X, GAO J. Spin-controlled wavefront shaping with plasmonic chiral geometric metasurfaces [J]. Light-Science & Applications, 2018, 7(1): 84.

[43] CHEN Y, GAO J, YANG X. Chiral metamaterials of plasmonic slanted nanoapertures with symmetry breaking [J]. Nano Letters, 2018, 18(1): 520-527.

[44] HENDRY E, CARPY T, JOHNSTON J, et al. Ultrasensitive detection and characterization of biomolecules using superchiral fields [J]. Nature Nanotechnologies, 2010, 5(11): 783-787.

[45] LU F, TIAN Y, LIU M, et al. Discrete nanocubes as plasmonic reporters of molecular chirality [J]. Nano Letters, 2013, 13(7): 3145-3151.

[46] DUAN X, KAMIN S, STERL F, et al. Hydrogen-regulated chiral nanoplasmonics [J]. Nano Letters, 2016, 16(2): 1462-1466.

[47] JEONG H H, MARK A G, LEE T C, et al. Active nanorheology with plasmonics [J]. Nano Letters, 2016, 16(8): 4887-4894.

[48] JACK C, KARIMULLAH A S, LEYMAN R, et al. Biomacromolecular stereostructure mediates mode hybridization in chiral plasmonic nanostructures [J]. Nano Letters, 2016, 16(9): 5806-5814.

[49] GARCIA-GUIRADO J, SVEDENDAHL M, PUIGDOLLERS J, et al. Enantiomer-selective molecular sensing using racemic nanoplasmonic arrays [J]. Nano Letters, 2018, 18(10): 6279-6285.

[50] ZHAO Y, SALEH A A E, VAN DE HAAR M A, et al. Nanoscopic control and quantification of enantioselective optical forces [J]. Nature Nanotechnologies, 2017, 12(11): 1055-1059.

[51] ZHAO Y, SALEH A A E, DIONNE J A. Enantioselective optical trapping of chiral nanoparticles with plasmonic tweezers [J]. ACS Photonics, 2016, 3(3): 304-309.

[52] ALIZADEH M H, REINHARD B M. Transverse chiral optical forces by chiral surface plasmon

polaritons [J]. ACS Photonics, 2015, 2(12): 1780-1788.

[53] SOLOMON M L, HU J, LAWRENCE M, et al. Enantiospecific optical enhancement of chiral sensing and separation with dielectric metasurfaces [J]. ACS Photonics, 2019, 6(1): 43-49.

[54] CHEN C C, ISHIKAWA A, TANG Y H, et al. Uniaxial-isotropic metamaterials by three-dimensional split-ring resonators [J]. Advanced Optical Materials, 2015, 3(1): 44-48.

[55] BURCKEL D B, WENDT J R, TEN EYCK G A, et al. Micrometer-scale cubic unit cell 3D metamaterial layers [J]. Advanced Materials, 2010, 22(44): 5053-5057.

[56] LIU N, HENTSCHEL M, WEISS T, et al. Three-dimensional plasmon rulers [J]. Science, 2011, 332(6036): 1407-1410.

[57] SOUKOULIS C M, WEGENER M. Past achievements and future challenges in the development of three-dimensional photonic metamaterials [J]. Nature Photonics, 2011, 5(9): 523-530.

[58] ESPOSITO M, TASCO V, TODISCO F, et al. Three dimensional chiral metamaterial nanospirals in the visible range by vertically compensated focused ion beam induced-deposition [J]. Advanced Optical Materials, 2014, 2(2): 154-161.

[59] ESPOSITO M, TASCO V, TODISCO F, et al. Tailoring chiro-optical effects by helical nanowire arrangement [J]. Nanoscale, 2015, 7(43): 18081-18088.

[60] ESPOSITO M, TASCO V, TODISCO F, et al. Triple-helical nanowires by tomographic rotatory growth for chiral photonics [J]. Nature Communications, 2015, 6(1): 6484.

[61] ESPOSITO M, TASCO V, CUSCUNA M, et al. Nanoscale 3D chiral plasmonic helices with circular dichroism at visible frequencies [J]. ACS Photonics, 2015, 2(1): 105-114.

[62] ESPOSITO M, TASCO V, TODISCO F, et al. Programmable extreme chirality in the visible by helix-shaped metamaterial platform [J]. Nano Letters, 2016, 16(9): 5823-5828.

[63] LIU N, LIU H, ZHU S, et al. Stereometamaterials [J]. Nature Photonics, 2009, 3(3): 157-162.

[64] GANSEL J K, LATZEL M, FROLICH A, et al. Tapered gold-helix metamaterials as improved circular polarizers [J]. Applied Physics Letters, 2012, 100(10): 101109.

[65] MARK A G, GIBBS J G, LEE T C, et al. Hybrid nanocolloids with programmed three-dimensional shape and material composition [J]. Nature Materials, 2013, 12(9): 802-807.

[66] GIBBS J G, MARK A G, LEE T C, et al. Nanohelices by shadow growth [J]. Nanoscale, 2014, 6(16): 9457-9466.

[67] LAI N C, LIOU S C, HUANG W C, et al. Functional helical silica nanofibers with coaxial mixed mesostructures for the fabrication of ptco nanowires that display unique geometry-dependent magnetism [J]. NPG Asia Materials, 2015, 7(5): e181.

[68] LEE H E, AHN H Y, MUN J, et al. Amino-acid- and peptide-directed synthesis of chiral plasmonic gold nanoparticles [J]. Nature, 2018, 556(7701): 360-365.

[69] LAN X, LIU T, WANG Z, et al. DNA-guided plasmonic helix with switchable chirality [J]. Journal of American Chemistry Society, 2018, 140(37): 11763-11770.

[70] SAITO K, TATSUMA T. Chiral plasmonic nanostructures fabricated by circularly polarized light [J]. Nano Letters, 2018, 18(5): 3209-3212.

[71] YANG Z Y, ZHAO M, LU P X, et al. Ultrabroadband optical circular polarizers consisting of double-helical nanowire structures [J]. Optics Letters, 2010, 35(15): 2588-2590.

[72] LIN D, FAN P, HASMAN E, et al. Dielectric gradient metasurface optical elements [J]. Science, 2014, 345(6194): 298-302.

[73] TANG Y, COHEN A E. Optical chirality and its interaction with matter [J]. Physical Review Letters, 2010, 104(16): 163901.

[74] TSAI D P, KOVACS J, WANG Z, et al. Photon scanning tunneling microscopy images of optical excitations of fractal metal colloid clusters [J]. Physical Review Letters, 1994, 72(26): 4149-4152.

[75] STOCKMAN M I. Nanofocusing of optical energy in tapered plasmonic waveguides [J]. Physical Review Letters, 2004, 93(13): 137404.

[76] ARORA W J, SMITH H I, BARBASTATHIS G. Membrane folding by ion implantation induced stress to fabricate three-dimensional nanostructures [J]. Microelectronic Engineering, 2007, 84(5-8): 1454-1458.

[77] SAMAYOA M J, HAQUE M A, COHEN P H. Focused ion beam irradiation effects on nanoscale freestanding thin films [J]. Journal of Micromechanics and Microengineering, 2008, 18(9): 095005.

[78] LIN D, HUANG J S. Slant-gap plasmonic nanoantennas for optical chirality engineering and circular dichroism enhancement [J]. Optics Express, 2014, 22(7): 7434-7445.

[79] LUKE K, OKAWACHI Y, LAMONT M R, et al. Broadband mid-infrared frequency comb generation in a Si_3N_4 microresonator [J]. Optics Letters, 2015, 40(21): 4823-4826.

[80] KISCHKAT J, PETERS S, GRUSKA B, et al. Mid-infrared optical properties of thin films of aluminum oxide, titanium dioxide, silicon dioxide, aluminum nitride, and silicon nitride [J]. Applied Optics, 2012, 51(28): 6789-6798.

[81] NGUYEN V S, BURTON S, PAN P. The variation of physical-properties of plasma-deposited silicon-nitride and oxynitride with their compositions [J]. Journal of the Electrochemical Society, 1984, 131(10): 2348-2358.

[82] STOCKMAN M, PANDEY L, MURATOV L, et al. Comment on "photon scanning tunneling microscopy images of optical excitations of fractal metal colloid clusters" [J]. Physical Review letters, 1995, 75(12): 2450.

[83] GOTTHEIM S, ZHANG H, GOVOROV A O, et al. Fractal nanoparticle plasmonics: The cayley tree [J]. ACS Nano, 2015, 9(3): 3284-3292.

[84] DHAR S, PATRA K, GHATAK R, et al. A dielectric resonator-loaded minkowski fractal-shaped slot loop heptaband antenna [J]. IEEE Transactions on Antennas and Propagation, 2015, 63(4): 1521-1529.

[85] LI K R, STOCKMAN M I, BERGMAN D J. Self-similar chain of metal nanospheres as an efficient nanolens [J]. Physical Review Letters, 2003, 91(22): 227402.

[86] HOPPENER C, LAPIN Z J, BHARADWAJ P, et al. Self-similar gold-nanoparticle antennas for a cascaded enhancement of the optical field [J]. Physical Review Letters, 2012, 109(1): 017402.

[87] LLOYD J A, NG S H, LIU A C Y, et al. Plasmonic nanolenses: Electrostatic self-assembly of hierarchical nanoparticle trimers and their response to optical and electron beam stimuli [J]. ACS Nano, 2017, 11(2): 1604-1612.

[88] CHEN W T, CHEN C J, WU P C, et al. Optical magnetic response in three-dimensional

metamaterial of upright plasmonic meta-molecules [J]. Optics Express, 2011, 19(13): 12837-12842.

[89] ENKRICH C, WEGENER M, LINDEN S, et al. Magnetic metamaterials at telecommunication and visible frequencies [J]. Physical Review Letters, 2005, 95(20): 203901.

[90] YEN T J, PADILLA W J, FANG N, et al. Terahertz magnetic response from artificial materials [J]. Science, 2004, 303(5663): 1494-1496.

[91] YANG N, TANG Y Q, COHEN A E. Spectroscopy in sculpted fields [J]. Nano Today, 2009, 4(3): 269-279.

[92] ZAGHLOUL A I, ANTHONY T K, COBURN W O K. A study on conical spiral antennas for uhf satcom terminals[C]. Proceedings of the Proceedings of the 2012 IEEE International Symposium on Antennas and Propagation, 2012.

[93] OU J Y, PLUM E, JIANG L, et al. Reconfigurable photonic metamaterials [J]. Nano Letters, 2011, 11(5): 2142-2144.

[94] ZHELUDEV N I, KIVSHAR Y S. From metamaterials to metadevices [J]. Nature Materials, 2012, 11(11): 917-924.

[95] VO S, FATTAL D, SORIN W V, et al. Sub-wavelength grating lenses with a twist [J]. IEEE Photonics Technology Letters, 2014, 26(13): 1375-1378.

[96] NANFANG Y, GENEVET P, AIETA F, et al. Flat optics: Controlling wavefronts with optical antenna metasurfaces [J]. IEEE Journal of Selected Topics in Quantum Electronics, 2013, 19(3): 4700423.

[97] AIETA F, GENEVET P, KATS M A, et al. Aberration-free ultrathin flat lenses and axicons at telecom wavelengths based on plasmonic metasurfaces [J]. Nano Letters, 2012, 12(9): 4932-4936.

[98] ISHII S, SHALAEV V M, KILDISHEV A V. Holey-metal lenses: Sieving single modes with proper phases [J]. Nano Letters, 2013, 13(1): 159-163.

[99] KANG M, FENG T, WANG H T, et al. Wave front engineering from an array of thin aperture antennas [J]. Optics Express, 2012, 20(14): 15882-15890.

[100] KHORASANINEJAD M, CHEN W T, DEVLIN R C, et al. Metalenses at visible wavelengths: Diffraction-limited focusing and subwavelength resolution imaging [J]. Science, 2016, 352(6290): 1190-1194.

[101] KHORASANINEJAD M, CHEN W T, ZHU A Y, et al. Multispectral chiral imaging with a metalens [J]. Nano Letters, 2016, 16(7): 4595-4600.

[102] KHORASANINEJAD M, AIETA F, KANHAIYA P, et al. Achromatic metasurface lens at telecommunication wavelengths [J]. Nano Letters, 2015, 15(8): 5358-5362.

[103] ARBABI A, HORIE Y, BALL A J, et al. Subwavelength-thick lenses with high numerical apertures and large efficiency based on high-contrast transmitarrays [J]. Nature Communications, 2015, 6: 7069.

[104] KAMALI S M, ARBABI A, ARBABI E, et al. Decoupling optical function and geometrical form using conformal flexible dielectric metasurfaces [J]. Nature Communications, 2016, 7: 11618.

[105] AIETA F, KATS M A, GENEVET P, et al. Applied optics. multiwavelength achromatic metasurfaces by dispersive phase compensation [J]. Science, 2015, 347(6228): 1342-1345.

[106] WANG Q, ROGERS E T F, GHOLIPOUR B, et al. Optically reconfigurable metasurfaces and photonic devices based on phase change materials [J]. Nature Photonics, 2016, 10(1): 60-75.

[107] NI X J, ISHII S, KILDISHEV A V, et al. Ultra-thin, planar, babinet-inverted plasmonic metalenses [J]. Light-Science & Applications, 2013, 2: e72.

[108] HUANG L, CHEN X, MUHLENBERND H, et al. Dispersionless phase discontinuities for controlling light propagation [J]. Nano Letters, 2012, 12(11): 5750-5755.

[109] ZHENG G, MUHLENBERND H, KENNEY M, et al. Metasurface holograms reaching 80% efficiency [J]. Nature Nanotechnologies, 2015, 10(4): 308-312.

[110] LI X, REN H, CHEN X, et al. Athermally photoreduced graphene oxides for three-dimensional holographic images [J]. Nature Communications, 2015, 6: 6984.

[111] KHORASANINEJAD M, AMBROSIO A, KANHAIYA P, et al. Broadband and chiral binary dielectric meta-holograms [J]. Science Advanced, 2016, 2(5): e1501258.

[112] MONTELONGO Y, TENORIO-PEARL J O, MILNE W I, et al. Polarization switchable diffraction based on subwavelength plasmonic nanoantennas [J]. Nano Letters, 2014, 14(1): 294-298.

[113] CHEN W T, YANG K Y, WANG C M, et al. High-efficiency broadband meta-hologram with polarization-controlled dual images [J]. Nano Letters, 2014, 14(1): 225-230.

[114] CHONG K E, WANG L, STAUDE I, et al. Efficient polarization-insensitive complex wavefront control using huygens' metasurfaces based on dielectric resonant meta-atoms [J]. ACS Photonics, 2016, 3(4): 514-519.

[115] WANG L, KRUK S, TANG H Z, et al. Grayscale transparent metasurface holograms [J]. Optica, 2016, 3(12): 1504-1505.

[116] HUANG Y W, CHEN W T, TSAI W Y, et al. Aluminum plasmonic multicolor meta-hologram [J]. Nano Letters, 2015, 15(5): 3122-3127.

[117] WANG B, DONG F, LI Q T, et al. Visible-frequency dielectric metasurfaces for multiwavelength achromatic and highly dispersive holograms [J]. Nano Letters, 2016, 16(8): 5235-5240.

[118] MONTELONGO Y, TENORIO-PEARL J O, WILLIAMS C, et al. Plasmonic nanoparticle scattering for color holograms [J]. Proceedings of the National Academy of Sciences, 2014, 111(35): 12679-12683.

[119] WANG B, QUAN B, HE J, et al. Wavelength de-multiplexing metasurface hologram [J]. Scientific Report, 2016, 6: 35657.

[120] ZENG J, LI L, YANG X, et al. Generating and separating twisted light by gradient-rotation split-ring antenna metasurfaces [J]. Nano Letters, 2016, 16(5): 3101-3108.

[121] YANG Y, WANG W, MOITRA P, et al. Dielectric meta-reflectarray for broadband linear polarization conversion and optical vortex generation [J]. Nano Letters, 2014, 14(3): 1394-1399.

[122] SHALAEV M I, SUN J, TSUKERNIK A, et al. High-efficiency all-dielectric metasurfaces for ultracompact beam manipulation in transmission mode [J]. Nano Letters, 2015, 15(9): 6261-6266.

[123] LIN J, GENEVET P, KATS M A, et al. Nanostructured holograms for broadband manipulation of vector beams [J]. Nano Letters, 2013, 13(9): 4269-4274.

[124] YI X, LING X, ZHANG Z, et al. Generation of cylindrical vector vortex beams by two cascaded metasurfaces [J]. Optics Express, 2014, 22(14): 17207-17215.

[125] KRUK S, HOPKINS B, KRAVCHENKO I I, et al. Invited article: broadband highly efficient dielectric metadevices for polarization control [J]. APL Photonics, 2016, 1(3): 030801.

[126] HUANG K, LIU H, GARCIA-VIDAL F J, et al. Ultrahigh-capacity non-periodic photon sieves operating in visible light [J]. Nature Communications, 2015, 6: 7059.

[127] SUN S L, HE Q, XIAO S Y, et al. Gradient-index meta-surfaces as a bridge linking propagating waves and surface waves [J]. Nature Materials, 2012, 11(5): 426-431.

[128] SUN S, YANG K Y, WANG C M, et al. High-efficiency broadband anomalous reflection by gradient meta-surfaces [J]. Nano Letters, 2012, 12(12): 6223-6229.

[129] NI X, EMANI N K, KILDISHEV A V, et al. Broadband light bending with plasmonic nanoantennas [J]. Science, 2012, 335(6067): 427.

[130] YU N, GENEVET P, KATS M A, et al. Light propagation with phase discontinuities: Generalized laws of reflection and refraction [J]. Science, 2011, 334(6054): 333-337.

[131] Hecht E. Optics, 5e[M]. Pearson Education India, 2002.

[132] LAROUCHE S, TSAI Y J, TYLER T, et al. Infrared metamaterial phase holograms [J]. Nature Materials, 2012, 11(5): 450-454.

[133] WYROWSKI F, BRYNGDAHL O. Iterative fourier-transform algorithm applied to computer holography [J]. Journal of the Optical Society of America a-Optics Image Science and Vision, 1988, 5(7): 1058-1065.

[134] WALTHER B, HELGERT C, ROCKSTUHL C, et al. Spatial and spectral light shaping with metamaterials [J]. Advanced Materials, 2012, 24(47): 6300-6304.

[135] ZHOU F, LIU Y, CAI W. Plasmonic holographic imaging with v-shaped nanoantenna array [J]. Optics Express, 2013, 21(4): 4348-4354.

[136] SUN J, TIMURDOGAN E, YAACOBI A, et al. Large-scale nanophotonic phased array [J]. Nature, 2013, 493(7431): 195-199.

[137] YU W, KONISHI T, HAMAMOTO T, et al. Polarization-multiplexed diffractive optical elements fabricated by subwavelength structures [J]. Applied Optics, 2002, 41(1): 96-100.

[138] BUTT H, MONTELONGO Y, BUTLER T, et al. Carbon nanotube based high resolution holograms [J]. Advanced Materials, 2012, 24(44): 331-336.

[139] DODGSON N A. Optical devices 3D without the glasses [J]. Nature, 2013, 495(7441): 316-317.

[140] GRAHAM-ROWE D. The drive for holography [J]. Nature Photonics, 2007, 1(4): 197-200.

[141] BUSE K, ADIBI A, PSALTIS D. Non-volatile holographic storage in doubly doped lithium niobate crystals [J]. Nature, 1998, 393(6686): 665-668.

[142] HEANUE J F, BASHAW M C, HESSELINK L. Volume holographic storage and retrieval of digital data [J]. Science, 1994, 265(5173): 749-752.

[143] OU J Y, PLUM E, ZHANG J, et al. An electromechanically reconfigurable plasmonic metamaterial operating in the near-infrared[J]. Nature Nanotechnologies, 2013, 8(4): 252-255.

[144] YIFAT Y, EITAN M, ILUZ Z, et al. Highly efficient and broadband wide-angle holography using patch-dipole nanoantenna reflectarrays [J]. Nano Letters, 2014, 14(5): 2485-2490.

[145] KNIGHT M W, KING N S, LIU L, et al. Aluminum for plasmonics [J]. ACS Nano, 2014, 8(1): 834-840.

[146] RUI G H, ZHAN Q W. Tailoring optical complex fields with nano-metallic surfaces [J]. Nanophotonics, 2015, 4(1): 2-25.

[147] SPEKTOR G, DAVID A, GJONAJ B, et al. Metafocusing by a metaspiral plasmonic lens [J]. Nano Letters, 2015, 15(9): 5739-5743.

[148] CHEN C F, KU C T, TAI Y H, et al. Creating optical near-field orbital angular momentum in a gold metasurface [J]. Nano Letters, 2015, 15(4): 2746-2750.

[149] CHEN W, ABEYSINGHE D C, NELSON R L, et al. Experimental confirmation of miniature spiral plasmonic lens as a circular polarization analyzer [J]. Nano Letters, 2010, 10(6): 2075-2079.

[150] GORODETSKI Y, NIV A, KLEINER V, et al. Observation of the spin-based plasmonic effect in nanoscale structures [J]. Physical Review Letters, 2008, 101(4): 043903.

[151] SHITRIT N, BRETNER I, GORODETSKI Y, et al. Optical spin hall effects in plasmonic chains [J]. Nano Letters, 2011, 11(5): 2038-2042.

[152] KIM H, PARK J, CHO S W, et al. Synthesis and dynamic switching of surface plasmon vortices with plasmonic vortex lens [J]. Nano Letters, 2010, 10(2): 529-536.

[153] LIU A, RUI G, REN X, et al. Encoding photonic angular momentum information onto surface plasmon polaritons with plasmonic lens [J]. Optics Express, 2012, 20(22): 24151-24159.

[154] KARIMI E, SCHULZ S A, DE LEON I, et al. Generating optical orbital angular momentum at visible wavelengths using a plasmonic metasurface [J]. Light-Science & Applications, 2014, 3: e167.

[155] BOUCHARD F, DE LEON I, SCHULZ S A, et al. Optical spin-to-orbital angular momentum conversion in ultra-thin metasurfaces with arbitrary topological charges [J]. Applied Physics Letters, 2014, 105(10): 101905.

[156] LI G, KANG M, CHEN S, et al. Spin-enabled plasmonic metasurfaces for manipulating orbital angular momentum of light [J]. Nano Letters, 2013, 13(9): 4148-4151.

[157] MAGUID E, YULEVICH I, VEKSLER D, et al. Photonic spin-controlled multifunctional shared-aperture antenna array [J]. Science, 2016, 352(6290): 1202-1206.

[158] CHONG K E, STAUDE I, JAMES A, et al. Polarization-independent silicon metadevices for efficient optical wavefront control [J]. Nano Letters, 2015, 15(8): 5369-5374.

[159] SAUTTER J, STAUDE I, DECKER M, et al. Active tuning of all-dielectric metasurfaces [J]. ACS Nano, 2015, 9(4): 4308-4315.

[160] BUCHNEV O, PODOLIAK N, KACZMAREK M, et al. Electrically controlled nanostructured metasurface loaded with liquid crystal: Toward multifunctional photonic switch[J]. Advanced Optical Materials, 2015, 3(5): 674-679.

[161] LEE J, JUNG S, CHEN P Y, et al. Ultrafast electrically tunable polaritonic metasurfaces [J]. Advanced Optical Materials, 2014, 2(11): 1057-1063.

[162] YAO Y, SHANKAR R, KATS M A, et al. Electrically tunable metasurface perfect absorbers for ultrathin mid-infrared optical modulators [J]. Nano Letters, 2014, 14(11): 6526-6532.

[163] DECKER M, KREMERS C, MINOVICH A, et al. Electro-optical switching by liquid-crystal controlled metasurfaces [J]. Optics Express, 2013, 21(7): 8879-8885.

[164] WATERS R F, HOBSON P A, MACDONALD K F, et al. Optically switchable photonic metasurfaces [J]. Applied Physics Letters, 2015, 107(8): 081102.

[165] GOLDFLAM M D, LIU M K, CHAPLER B C, et al. Voltage switching of a VO_2 memory metasurface using ionic gel [J]. Applied Physics Letters, 2014, 105(4): 041117.

[166] DABIDIAN N, KHOLMANOV I, KHANIKAEV A B, et al. Electrical switching of infrared light using graphene integration with plasmonic fano resonant metasurfaces [J]. ACS Photonics, 2015, 2(2): 216-227.

[167] PARK J, KANG J H, LIU X, et al. Electrically tunable epsilon-near-zero(enz)metafilm absorbers [J]. Scientific Report, 2015, 5(1): 15754.

[168] OLIVIERI A, CHEN C, HASSAN S, et al. Plasmonic nanostructured metal-oxide-semiconductor reflection modulators [J]. Nano Letters, 2015, 15(4): 2304-2311.

[169] JUN Y C, RENO J, RIBAUDO T, et al. Epsilon-near-zero strong coupling in metamaterial-semiconductor hybrid structures [J]. Nano Letters, 2013, 13(11): 5391-5396.

[170] FEIGENBAUM E, DIEST K, ATWATER H A. Unity-order index change in transparent conducting oxides at visible frequencies [J]. Nano Letters, 2010, 10(6): 2111-2116.

[171] DIONNE J A, DIEST K, SWEATLOCK L A, et al. Plasmostor: A metal-oxide-si field effect plasmonic modulator [J]. Nano Letters, 2009, 9(2): 897-902.

[172] LEE H W, PAPADAKIS G, BURGOS S P, et al. Nanoscale conducting oxide plasmostor [J]. Nano Letters, 2014, 14(11): 6463-6468.

[173] NAIK G V, KIM J, BOLTASSEVA A. Oxides and nitrides as alternative plasmonic materials in the optical range [invited] [J]. Optical Materials Express, 2011, 1(6): 1090-1099.

[174] BOLTASSEVA A, ATWATER H A. Materials science. Low-loss plasmonic metamaterials [J]. Science, 2011, 331(6015): 290-291.

[175] MELIKYAN A, LINDENMANN N, WALHEIM S, et al. Surface plasmon polariton absorption modulator [J]. Optics Express, 2011, 19(9): 8855-8869.

[176] SORGER V J, LANZILLOTTI-KIMURA N D, MA R M, et al. Ultra-compact silicon nanophotonic modulator with broadband response [J]. Nanophotonics, 2012, 1(1): 17-22.

[177] YI F, SHIM E, ZHU A Y, et al. Voltage tuning of plasmonic absorbers by indium tin oxide [J]. Applied Physics Letters, 2013, 102(22): 221102.

[178] SHI K, HAQUE R R, ZHAO B, et al. Broadband electro-optical modulator based on transparent conducting oxide [J]. Optics Letters, 2014, 39(17): 4978-4981.

[179] LU Z L, ZHAO W S, SHI K F. Ultracompact electroabsorption modulators based on tunable epsilon-near-zero-slot waveguides [J]. IEEE Photonics Journal, 2012, 4(3): 735-740.

[180] VASUDEV A P, KANG J H, PARK J, et al. Electro-optical modulation of a silicon waveguide with an "epsilon-near-zero" material [J]. Optics Express, 2013, 21(22): 26387-26397.

[181] DOLLING G, ENKRICH C, WEGENER M, et al. Cut-wire pairs and plate pairs as magnetic atoms for optical metamaterials [J]. Optics Letters, 2005, 30(23): 3198-3200.

[182] CHEN G Q, CHEN H, HAURYLAU M, et al. Predictions of cmos compatible on-chip optical

interconnect [J]. Integration-the VLSI Journal, 2007, 40(4): 434-446.

[183] WU P C, CHEN W T, YANG K Y, et al. Magnetic plasmon induced transparency in three-dimensional metamolecules [J]. Nanophotonics, 2012, 1(2): 131-138.

[184] WU P C, SUN G, CHEN W T, et al. Vertical split-ring resonator based nanoplasmonic sensor [J]. Applied Physics Letters, 2014, 105(3): 033105.

[185] CATTONI A, GHENUCHE P, HAGHIRI-GOSNET A M, et al. Lambda(3)/1000 plasmonic nanocavities for biosensing fabricated by soft uv nanoimprint lithography [J]. Nano Letters, 2011, 11(9): 3557-3563.

[186] HAO J M, ZHOU L, CHAN C T. An effective-medium model for high-impedance surfaces [J]. Applied Physics A-Materials Science & Processing, 2007, 87(2): 281-284.

第7章 超构透镜

7.1 概　述

　　超构透镜(meta-lens)是一种由人工天线组成的平面光学设备。通过对人工天线的结构及排列方式进行设计，超构透镜可以实现对入射光的振幅、相位和偏振的操纵，以满足不同应用的要求。超构透镜可以实现衍射极限聚焦、高聚焦效率、像差相关等多种功能，具有广阔的应用场景。本章将重点介绍对超构透镜研究的最新进展，涵盖基础理论到具体应用上的创新。我们总结了该领域的优秀工作，并对未来的发展进行了展望。希望本章能帮助读者，实现对超构透镜的全面了解，并激发读者的灵感，为各种潜在应用设计出新型高性能超构透镜。

　　超构表面技术是近年来备受平面光学领域关注的一个前沿课题。超构表面的基本原理、设计、制造和应用已经得到了广泛的研究。超构表面上的人造天线阵列可以操纵光学响应，例如电磁波的振幅、相位和偏振。除了拥有这些独特的控制能力外，超构表面还具有平坦、超薄、轻巧和紧凑的优点。很多应用都可以基于光子学来实现，例如，光束控制[1,2]、全息[3-5]、偏振控制和分析[6-9]、非线性生成[10-13]、激光[14]、彩色显示器[15]、可调超构器件[16,17]、超构透镜及其他新型超构器件。本章按图 7.1 所示方式进行组织，展开对超构透镜进展的介绍。首先，简要介绍超构透镜背后的基本物理原理。超构透镜根据其材料组成可分为两种类型：等离子体超构透镜和介电超构透镜。不同的材料构成的超构透镜背后的工作原理不同。随后，我们介绍了用于评估和优化超构透镜功能的关键指标，包括聚焦效率、数值孔径(NA)、像差校正和可调谐性等。超构透镜在多种场景下的应用已经得到了验证，如偏振成像系统、相位成像系统、光场相机和其他多功能应用等。在本章末尾，我们会分析这一领域目前所遇到的挑战，并对未来发展提出了我们的看法。

7.2　超构透镜的工作原理

7.2.1　等离子体超构透镜

　　在 20 世纪末，研究人员在探索亚波长金属孔径的光学性质时观察到了异常

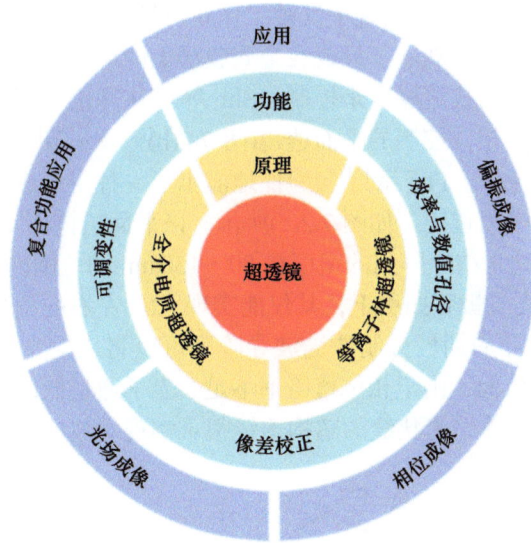

图 7.1　本章组织结构

的零阶透射光谱[18]。这一发现开启了对等离子体的广泛研究。等离子体平面透镜是其中一种最常见和最实用的等离子体器件，由于其具有传统光学器件所没有的技术优势而受到广泛关注。

7.2.1.1　基于纳米狭缝的超构透镜

等离子体纳米狭缝结构具有金属-绝缘体-金属(metal-insulator-metal, MIM)这样的典型波导结构，电磁能量以表面等离激元(surface plasmon polaritons，SPP)的形式在其中传输。图 7.2(a)说明通过改变波导中 SPP 的传播常数可以引入相位延迟，即实现传播相位调制。在给定适当的边界条件下，通过求解麦克斯韦方程组就能获得相应的传播常数[19]：

$$\tan h\left(\frac{w\sqrt{\beta^2 - \varepsilon_d k_0^2}}{2}\right) = -\frac{\varepsilon_d \sqrt{\beta^2 - \varepsilon_m k_0^2}}{\varepsilon_m \sqrt{\beta^2 - \varepsilon_d k_0^2}} \tag{7-1}$$

其中 β 是 SPP 传播常数，k_0 是自由空间中的光波向量，w 和 h 分别代表纳米狭缝的宽度和厚度，ε_d 和 ε_m 分别是相关介质和金属的介电常量。通过改变 w 或 h 可以直接改变 β。相位延迟 Φ 定义为

$$\begin{aligned}
\Phi &= \beta d + \alpha \\
&= \mathrm{Re}(\beta d) + \arg\left[1 - \left(\frac{1 - \beta / k_0}{1 + \beta / k_0}\right)^2\right]\exp(\mathrm{i}2\beta d)
\end{aligned} \tag{7-2}$$

其中 α 是发生在入射和出射界面之间的多重 SPP 反射所引入的系数[20]。

基于上述概念,目前已经出现了几种工作在可见光区域的等离子体平面透镜。例如,Sun 等[21]从理论上展示了形成在金属膜层上的纳米狭缝阵列可以实现波束整形,其中相位延迟由狭缝厚度来控制。Shi 等[22]从理论上证明,调整纳米狭缝的宽度可以实现基于相位控制的平面透镜(图 7.2(b))。Xu 等[23]证明,纳米狭缝阵列可以实现亚波长成像。Fan 等[24]实验性地演示了一种由形成于金制薄膜上的纳米狭缝阵列组成的平面透镜,如图 7.2(c)所示。该平面透镜由 400 nm 厚的金属薄膜构成,其中表面纳米狭缝阵列的宽度在 80～150 nm 的范围内变化;然而,在波长为 637 nm 的激光二极管照射下,其仅能实现 0.6π 左右的相位覆盖范围。他们还在仿真上证明,非周期性金制狭缝波导阵列可以将入射光束聚焦到尺寸小至 $\lambda/100$ 的点上[25]。然而,由于相位覆盖率不足、光子通量低以及复杂设计中的制造挑战,基于等离子体纳米狭缝的超构透镜很难实现对波前的完全控制。

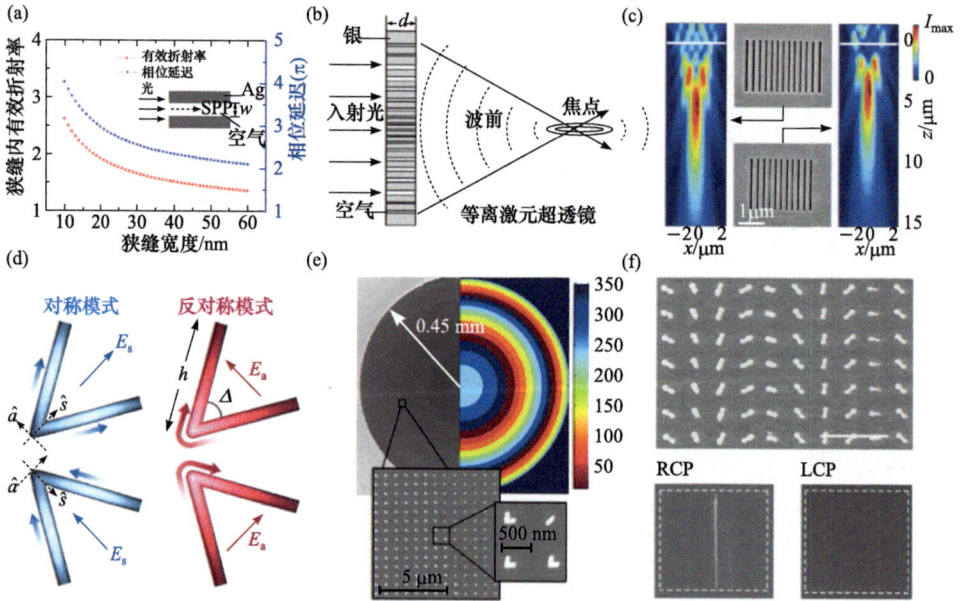

图 7.2 等离子体超构透镜:(a)传播常数对狭缝宽度的依赖性;插图:沿狭缝传播的表面等离子体偏振子(SPP)[23]。版权所有 2008,美国光学学会。(b)基于狭缝的超构透镜[22]。版权所有 2005,美国光学学会。(c)基于狭缝的超构透镜,由 400 nm 厚的金膜组成,狭缝宽度为 80～150 nm[24]。版权所有 2009,美国化学学会。(d)具有对称和反对称模式的 V 形天线[26]。版权所有 2011,美国科学促进会。(e)基于天线的元镜头[27]。版权所有 2012,美国化学学会。(f)等离子体超构透镜扫描电子显微镜(SEM)(顶部)几何相位和(底部)实验结果[28]。版权所有 2012,施普林格自然

7.2.1.2　基于纳米天线的超构透镜

在金属纳米天线的表面，光波在自由电子的集体振荡下而发生散射的现象被称为局部表面等离子体共振(LSPR)。LSPR 是一种电子-电磁相互作用，可以使用包括辐射和内部阻尼的简单振荡器模型来描述。假设一理想点电荷 q 位于弹簧质量 m 且弹簧系数为 κ 的位置 $x(t)$，受到谐波频率为 ω 的输入电场驱动[29]，则电荷会受阻尼系数为 Γ_a 的内部阻尼的作用，即

$$m\frac{\mathrm{d}^2x}{\mathrm{d}t^2} + \Gamma_a\frac{\mathrm{d}x}{\mathrm{d}t} + \kappa x = qE_0\mathrm{e}^{\mathrm{i}\omega t} + \Gamma_s\frac{\mathrm{d}^3x}{\mathrm{d}t^3} \tag{7-3}$$

内阻尼力与位置的一阶导数 $\dfrac{\mathrm{d}x}{\mathrm{d}t}$ 成正比，电荷同时因辐射反应而受到额外的力 $\Gamma_s\dfrac{\mathrm{d}^3x}{\mathrm{d}t^3}$，即亚伯拉罕-洛伦兹力(Abraham-Lorentz force)[30]。假设一个简单的谐波运动 $x(\omega,t)=x_0\mathrm{e}^{\mathrm{i}\omega t}$，式(7-3)的稳态解可以表示为

$$x(\omega,t) = \frac{\left(\dfrac{q}{m}\right)E_0}{\left(\omega_0^2-\omega^2\right)+\mathrm{i}\dfrac{\omega}{m}\left(\Gamma_a+\omega^2\Gamma_s\right)}\mathrm{e}^{\mathrm{i}\omega t} = x_0(\omega)\mathrm{e}^{\mathrm{i}\omega t} \tag{7-4}$$

其中 $x_0(\omega)$ 描述了振荡器的电磁响应，$\omega_0=\sqrt{\dfrac{k}{m}}$。式(7-4)表明，单个纳米天线的谐振产生的散射相位调制范围不能超过 π。

与纳米狭缝阵列相比，基于天线的等离子体超构表面具有显著的优势，其不仅具有超薄的特点(远小于波长)，并且易于制造。但是，它们也不适合用于完全波前操纵。将相移调制范围扩大到 2π 是实现高效透射超构透镜的关键。

Yu 等[26]提出了超构表面反射和折射的广义定律，并证明了透射光束的任意操纵可以通过改变界面的相位梯度实现。由于 V 形纳米天线具有对称和反对称等离子体模两种模式，通过设计具有合适几何形状和方向的 V 形纳米天线阵列即可实现 2π 的相位覆盖范围，如图 7.2(d)所示。这样的超构表面可以看作由几何相位(Pancharatnam-Berry 相位)和共振相位组合调制产生的混合器件[31-34]。选择四根不同尺寸的 V 形天线，分别提供 $\pi/4$ 谐振相移，再将这些天线旋转 $90°$，以便为交叉偏振散射光提供 π 几何相移。由此，源于四个初始天线的一组天线(共八根)完成了 2π 的相位覆盖。基于这种策略，Verslegers 等[27]使用 V 形天线实现了工作在波长 $\lambda=1.55\ \mu\mathrm{m}$ 的无球面像差的平面透镜(图 7.2(e))。此外，应用巴比涅原理(Babinet's principle)可以在可见光区域实现 V 状孔径组成的平面透镜[35]。

实现全相位覆盖的另一种方法是调制几何相位[4,28,36-40]。几何相位超构表面的

最新发展主要受到哈斯曼小组早期工作的启发[41-43]。他们通过实验证明，在 10.6 μm 的波长下，亚波长光栅可以用于实现偏振相关平面透镜。几何相位调制与单元的尺寸、结构共振模式和固有材料特性无关。琼斯矩阵(Jones matrix)可用于描述几何相位调制。通常，具有空间变化快速轴的各向异性单元可以表示为

$$T = R(-\theta)\begin{bmatrix} t_x & 0 \\ 0 & t_y \end{bmatrix} R(\theta) \tag{7-5}$$

其中单元会给入射光施加复振幅 t_x 和 t_y。入射光是沿两个相对参考坐标系旋转 θ 的主轴偏振的线偏振光，$R(\theta)$ 是旋转矩阵。当圆偏振光穿过纳米结构时，透射电场的琼斯矩阵[40]可以描述为

$$\begin{bmatrix} E_x \\ E_y \end{bmatrix} = \frac{t_x + t_y}{2}\begin{bmatrix} 1 \\ \pm i \end{bmatrix} + \frac{t_x - t_y}{2}\exp(\pm i2\theta)\begin{bmatrix} 1 \\ \mp i \end{bmatrix} \tag{7-6}$$

输出的光场包括两个正交的圆偏振分量。第一项表明输出的圆偏振具有与入射光相同的手性偏振旋向，没有额外的相位延迟，第二项意味着输出圆偏振具有相反的手性，并拥有额外的几何相位 $\pm i2\theta$。上述等式中的 + 和 − 分别表示左圆偏振入射光和右圆偏振入射光。因此，如果各向异性纳米结构从 0° 旋转到 180°，几何相位实现了整个 2π 的覆盖范围。在这种方法中，所有纳米结构具有相同的尺寸，可以保证透射光的均匀振幅和特定相移。为了实现高偏振转换效率和几何相位的高纯净度，通常需要选择质量较好的亚波长半波片来组成单元。

基于几何相位调制的等离子体平面透镜已经分别用 U 形孔径[40]和矩形纳米天线[28]进行了理论和实验证明。图 7.2(f)给出了一种双偏振工作等离子体超构透镜的实验结果，该透镜是基于可见光波长下的几何相位设计的[28]。但是聚焦效率仍有待提高。Sun 等[1,5,44]实验证明，由透明介质层隔开的等离子体天线和金属镜组成的反射阵列表现出高效率的异常反射，从而提高了超构表面的操纵效率。在近红外[45,46]和中红外区域[47]中，也已经证明了使用这种方法可以获得高效反射平面透镜。最近，Luo 等[48,49]提出了一种由悬链线结构组成的平面透镜，可产生连续的几何相位。由于消除了离散单元之间的共振效应，基于悬链线的器件的效率接近单层等离子体超构表面的理论边界(25%)。虽然等离子体超构表面已经得到了显著的进步，但它们在传输过程中表现出的低效率限制了其在实际中的应用。

7.2.2 介电超构透镜

惠更斯超构表面是由 Pfeiffer 等提出的，用于调谐阻抗并提高波前操纵的效率[50,51]。通过同时激发相同幅度的电偶极子和磁偶极子谐振可以实现反射的完全消除。尽管基于该原理的几种器件已经成功地在较低频率上得到实现，但由于材

料损耗和制造困难，工作在近红外或可见光区域的器件仍面临许多问题。介电惠更斯超构表面可以容纳光谱重叠的电偶极矩和磁偶极矩，从而克服材料损耗[52]。通过调整结构尺寸，可以实现完整的 2π 相位覆盖。

Zhang 等[53]实验证明，惠更斯超构透镜可以在透射模式下实现衍射极限聚焦和成像。如图 7.3(a)所示，其结构单元厚度约为自由空间波长的 1/8，线性偏振光的聚焦效率高达 75%。然而，为实现实际应用，仍有几个问题尚待解决。由于这种类型的超构表面只能在相对狭窄的带宽内实现完整的 2π 相位覆盖，且相邻纳米结构之间存在相当大的谐振模式耦合。当超构透镜的设计 NA 值较大时，由于边缘处的相位梯度较大，在以上两种因素的影响下，透镜的性能会显著下降[54]。

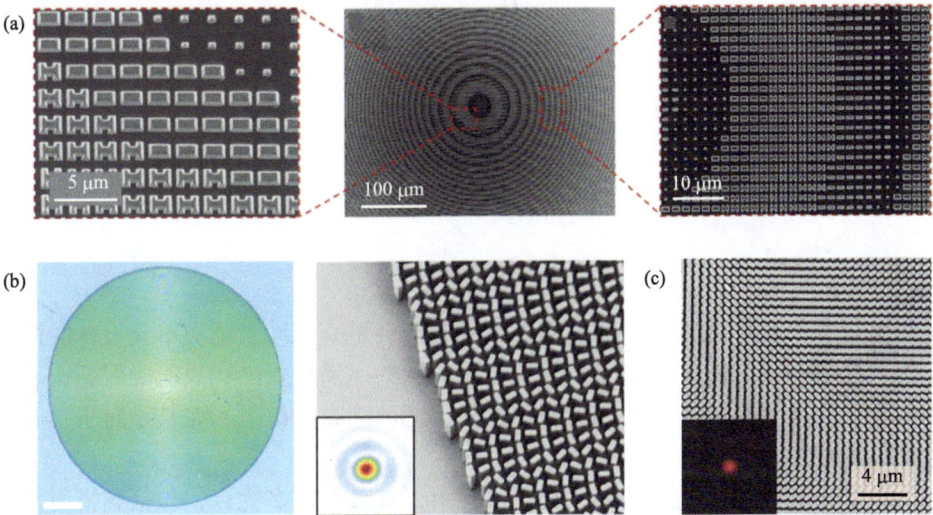

图 7.3　介电超构透镜：(a)加工的中红外惠更斯超构透镜的俯视 SEM 图[53]。版权所有 2018，施普林格自然。(b)基于二氧化钛的超构透镜(左)数字和(右)扫描电子显微镜图像；插图：532 nm 处的测量强度分布[55]。版权所有 2016，美国科学促进会。(c)基于氮化镓的超构透镜扫描电子显微镜；插图：在 633 nm 处测得的强度分布[56]。版权所有 2017，美国化学会

高对比度透射阵列(high-contrast transmission arrays，HCTA)或高对比度反射阵列可以克服惠更斯超构表面的缺点[57-63]，同时保持足够的波前调控能力。HCTA 的结构特征类似于闪耀二元衍射元件，这是在 20 世纪末提出的[64-66]。通常，HCTA 包括位于低折射率基底上的高折射率结构单元[57]，其构建块的厚度与目标波长相当(即 $0.5\lambda \sim 1.0\lambda$)。介电单元结构可以被认为是截断的波导，它将光波限制在材料吸收可忽略不计的亚波长结构内。这样的亚波长结构可以看作一组具有弱耦合低品质因子的谐振器[67]。因为波导末端的阻抗不匹配，不可避免地会受法布里-珀罗效应(Fabry-Perot effects)的影响。因此，传播相位受到耦合、辐射和传播模式的共

同作用。所有这些影响都可以通过使用严格的电磁仿真来估计。Khorasaninejad 等[68]证明，波导模式是实现传播相位的主导物理机理。对于单个波导，光波通过高度为 H 的结构单元所产生的传播相位 φ_{wg} 定义为

$$\varphi_{wg} = \frac{2\pi}{\lambda} n_{eff} H \tag{7-7}$$

其中 λ 是自由空间波长，n_{eff} 是有效折射率，可以通过改变结构尺寸来定制，例如，改变纳米柱的宽度 W 和高度 H。为了在最大和最小填充因子的结构单元之间实现 $\Delta\varphi_{wg} = 2\pi$ 的相位全覆盖，应满足以下条件：

$$H = \frac{\lambda}{\Delta n_{eff}} \tag{7-8}$$

其中 $\Delta n_{eff} = n-1$，n 是介电材料的折射率。折射率大于 2 的介电材料，即 $\Delta n_{eff} > 1$ 便可以在亚波长高度的范围内获得 2π 的相位覆盖。

对于所选的 NA 和工作波长，阵列周期 P 必须足够小以满足奈奎斯特采样准则：

$$P < \frac{\lambda}{2NA} \tag{7-9}$$

因此，高频率或大 NA 的超构透镜的制造会更有难度。结构单元设计的最大填充因子和单元的最小特征受到加工技术的制约。满足式(7-9)只能确保超构表面可以为每个阵列位置产生精确的相移，但不能消除高阶衍射，尤其是对于具有低 NA 的超构透镜来说。

硅是近红外电介质超构表面的首选材料，其具有许多优点，包括高折射率、低吸收损耗和成熟的制造技术[67,69-73]。Arbabi 等提出了一种在透射模式下能够实现高效率和近衍射极限聚焦的硅基超构透镜[67]。聚焦效率随着 NA 的增加而衰减，这是由超构表面边缘的相位降低造成的。硅基超构透镜也以类似的性能在中红外和长波长红外区域[74,75]中得到实现。然而，由于光学吸收损耗，基于硅的超构透镜在可见光下性能会迅速下降，尤其是对短工作波长($\lambda<500$ nm)来说。

在可见光区域，许多类型的介电材料可以用作设计超构透镜的材料，包括氮化镓(GaN)、氮化硅(Si₃N₄)和二氧化钛(TiO₂)。这些材料的折射率范围为 2.0～2.5。因此，纳米结构设计长宽比必须足够高才能实现全波前操作。Khorasaninejad 等[55]设计了一种具有高长宽比的二氧化钛超构透镜，具有较大的 NA，在 405 nm，532 nm 和 660 nm 处效率分别高达 86%，73%和 66%。超构透镜是利用电子束光刻和原子层沉积制造的，如图 7.3(b)所示。在可见光区域工作的高效基于 GaN 的超构透镜也可用于多路频率复用路由，如图 7.3(c)所示[56]。这项工作表现出与半导体制造工艺的出色兼容性。超构表面所表现出的与偏振相关的光学响应与超构表面纳

米柱的各向异性横截面有关。这种独特的光学响应源于沿纳米柱不同主轴偏振的传播模式的有效折射率不同。研究人员已经实现了许多偏振相关的超构透镜[75-77]，为开发多功能光子器件打下了良好的基础。

7.3　功　　能

聚焦效率通常用于表征超构透镜的聚焦能力，其定义为来自相应聚焦光束的功率与来自入射光束的功率之比。对入射光束相位和振幅的精确操纵才能确保高聚焦效率。原则上，理想的超构透镜可以作为完美的转换光学器件，以最小的损耗操纵所有入射光并将其聚焦到指定的空间位置。由透镜的直径和焦距决定入射光的光线走向。透镜的 NA 由以上两个参数确定。NA 是传统光学透镜的重要参数之一，同样也是设计超构透镜的结构单元所需要的参数之一。

纳米天线实际在超构表面上充当超构原子和二次光源的角色，其通常在固定窄带频段内发生谐振。这种固有特性是超构透镜在聚焦过程中产生色差的主要原因。对于单波长超构透镜的聚焦和成像，超构透镜的设计相对简单。然而，对于 400~700 nm 可见光波长范围内的全彩色宽波段成像，需要精确地消色差聚焦以及衍射极限空间分辨率。为了实现这一点，Hsiao 等引入了集成共振单元(IRU)和微分相位(DP)方程[78,79]。集成共振单元是由多个谐振器组成的单元，通过多谐振调谐来确定其功能。集成谐振单元库可以提供一系列线性和平滑的相位补偿，以设计波长连续工作带中的相位分布。DP 方程是从聚焦透镜的相位方程推导出来的，用于确定在相同焦距条件下波长的特定工作带的额外相位要求。集成谐振单元可以完成相位补偿，以实现超构透镜的消色差聚焦。这种设计原理可用于实现全彩色宽带消色差超构透镜，用于在可见光波长区域进行聚焦和成像。成像质量可以从对比度、调制传递函数和空间分辨率等方面进行评估。

此外，对可调超构透镜的需求也很大。可调性可以通过多种方式实现，无论是固有的还是外部的。以下各节将详细讨论以上提到的超构透镜功能的各项方面。

7.3.1　聚焦效率和数值孔径

在成像和传感应用中，效率是衡量超构透镜性能的关键指标。通过抑制：① 由尺寸可与波长相比拟的结构所引起的散射；② 由阻抗不匹配所引起的反射；③ 由材料损耗造成的吸收；可以提高超构透镜的效率。谐振、几何和传播相位三种机制可用于增强聚焦性能。Pors 等[46]通过使用 MIM 配置产生等离子体谐振相位调制，实现了反射式超构透镜的宽带聚焦，如图 7.4(a)所示。通过改变纳米单元的横向尺寸所得到的八个不同尺寸的结构单元，可以产生沿任一所需方向上呈双曲线型分布的相位曲线。以此为基础所构建的反射式超构透镜可以在 800 nm

的波长下以 78%的效率聚焦线性偏振光，如图 7.4(b)所示。然而，在这种情况下，反射式超构透镜的聚焦效率受到反射区域面积大小的限制。

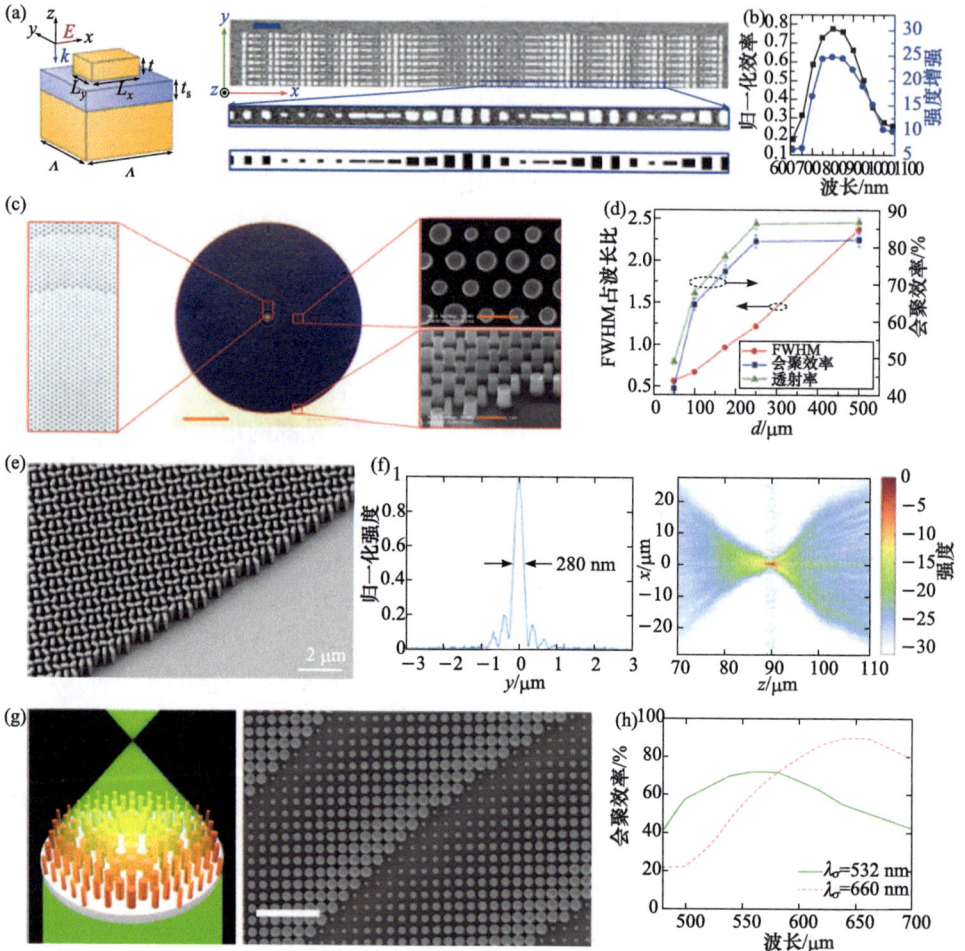

图 7.4　高效成像：(a)金–玻璃–金结构单元的示意图，以及设计用于 800 nm 波长的部分金纳米砖的 SEM 图像(棒长度为 1 μm)[46]。(b)聚焦灵活性和强度增强[46]。版权所有 2013，美国化学学会。(c)非周期性高对比度透射阵列、自制的 HCTA 透镜光学显微镜和扫描电子显微镜图像[67]；(d)在焦平面上测量光斑尺寸的半高全宽(FWHM)最大值，以及 HCTA 微透镜相对于聚焦距离的透射和聚焦效率[67]。版权所有 2015，施普林格自然。(e)人造超构透镜倾斜边缘视图的 SEM 显微照片[55]；(f)在 405 nm 处的超构透镜焦点中的相应垂直切割，具有 FWHM=280 nm[55]。版权所有 2016，美国科学促进会。(g)在透射模式下运行的超构透镜和超构透镜边缘俯视图的 SEM 图像[68]；(h)对于设计波长为 532 nm 和 660 nm 且 NA=0.6 的超构透镜，相对于波长测量的聚焦效率[68]。版权所有 2016，美国化学学会

Faraon 等实现了一种由 HCTA 平面衍射单元组成的投射式超构透镜，其工作波长为 1550 nm[67]。采用电子束光刻和硬掩模辅助蚀刻工艺制备了六角形排列的不同直径的硅纳米柱，形成偏振无关的超构透镜，如图 7.4(c)所示。通过逐渐改变纳米柱的尺寸，可以最大限度地减少非周期 HCTA 的散射，并且由于纳米柱之间的弱耦合，可以精确地获得所需的相位。使用这种设计，可以实现高达 82%的聚焦效率，如图 7.4(d)所示。Capasso 等基于几何相位调制造了高纵横比的超构透镜。该超构透镜由具有矩形横截面的二氧化钛纳米柱组成，如图 7.4(e)[55]所示。在 450 nm 波长处具有 86%的聚焦效率和衍射极限聚焦光斑，如图 7.4(f)所示。Khorasaninejad 等提出了基于传播相位调制的介电超构透镜，该透镜由具有圆形横截面的纳米柱组成，如图 7.4(g)所示[68]。通过改变纳米柱直径可以修改相位分布。这种超构透镜可以在660 nm 的波长下以90%的效率将光聚焦到大小约为0.64λ的光斑，如图 7.4(h)所示。还出现了基于惠更斯超构表面的非球面超构透镜，实现高达 75%的聚焦效率，其中结构厚度约为自由空间波长的 1/8[53]。Capasso 等[80]提出了一种固体浸入式透射超构透镜，其中 GaSb 纳米柱直接制造在 GaSb 衬底上。固体浸入式超构透镜对偏振不敏感，可实现高达 80%的聚焦效率。

对于传统镜头，NA 定义为

$$NA = n\sin\theta \tag{7-10}$$

其中 n 是成像透镜所在的媒介环境的折射率，θ 是超构透镜边缘处的最大偏转角。一般来说，超构透镜的 NA 与背景折射率、聚焦相位的调制范围，以及衍射能量的分布[55,62,67,81-84]有关。

背景折射率可以通过将成像系统浸入液体(如拥有高 n 的油)中来调节，这适用于传统透镜和超构透镜。例如，Chen 等展示了一个浸入油中的平面超构透镜，在 532 nm 的波长下 NA 为 1.1 [81]。Liang 等展示了一种晶体硅基超构透镜，在油中的 NA 为1.48[82]。通过控制镜头形态可以调整聚焦相位。传统透镜在不同径向位置设计的透镜厚度不同，这样不同光径产生的相位积累就不同。若要具有较大的 NA，则具有特定直径的透镜应在边缘具有快速相变。也就是说，边缘应该具有非常大的厚度变化斜率，这在实际中难以做到。相比之下，超构透镜可以克服这一限制[83]。快速相变可以通过紧凑排列的构建块来实现，以产生任意相位[55,67]。

改变结构单元排布可以调节光的衍射分布，从而将能量集中到特定位置。传统镜头无法实现这种先进的调节方式。Kuznetsov 等[62]展示了一种基于衍射能量再分配的超构透镜，其 NA 接近 1，如图 7.5(a)所示。他们利用来自纳米天线的非对称散射，其中衍射阶数和相应角度通过调整单元结构的周期来确定，如图 7.5(b)和(c)所示。

7.3.2　像差校正

在成像系统中，从物体的某个点发出的光可能不会聚焦在单一的像素上，这样就会出现像差。这一现象在单色或宽谱情形中都会存在。单色像差是由单色入射光的非同轴效应引起的，而色差是由多色入射光的结构色散引起的。这两种效应都会导致图像质量严重下降。因此，像差校正是实现高质量成像的关键。

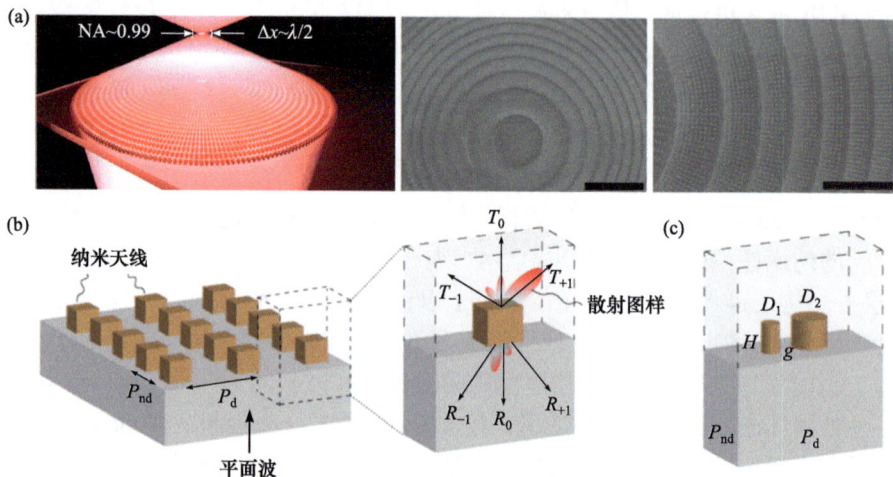

图 7.5　NA 成像：(a)制造样品和制造样品的扫描电子显微镜图像：低放大度中心和小角度弯曲部件。(b)在支持的分次序之间具有受控能量分布的纳米天线阵列。(c)不对称二聚体阵列，产生能量集中至 T_{+1} 衍射阶，将从基板一侧垂直入射的 715 nm 平面光偏转至 82°处[62]。版权所有 2018，美国化学学会

7.3.2.1　单色像差校正

理想的镜头应拥有足够大的视场，可以实现高分辨率成像。然而，传统透镜受到单色像差的限制，包括球差、彗差、像散和场曲。当来自轴上的点穿过透镜中心和边缘区域的光线聚焦在不同的图像平面上时，就会发生球面像差。当来自离轴点的光线聚焦在理想图像平面的不同焦点处时，就会发生彗差，形成类似彗星的图案。彗差通常通过扩大视野来增加。当来自离轴物体点发出的子午光束和矢状光束不能聚焦在相同位置时就会发生散光。若要实现高质量的成像，则需要全面解决以上所有的单色像差。

对于传统透镜，单色像差的校正是通过级联多个透镜来实现的，这种策略也适用于小型化的超构透镜。两个超构表面可以集成到单个基板的对侧，形成双层超构透镜。Faraon 等[85]构建了一个由浸入 SU-8 聚合物中的硅纳米柱组成的双层超构透镜(图 7.6(a))，并使用光线追踪优化了超构表面的相位分布。图 7.6(b)表明，双层超构透镜在近红外波段 30°以下的入射角范围内能提供单色像差校正。图 7.6(c)显示了基于 Chevalier-Landscape 透镜原理的在可见光区域内工作的超构双透镜，在二氧化硅基板的两个表面上分别包含光圈和聚焦超构透镜图案。该方

案实现了波长为 532 nm 的无像差透镜，NA=0.44，视野为 50°。图 7.6(d)显示了由该超构双透镜拍摄的角度分辨图像[86]。

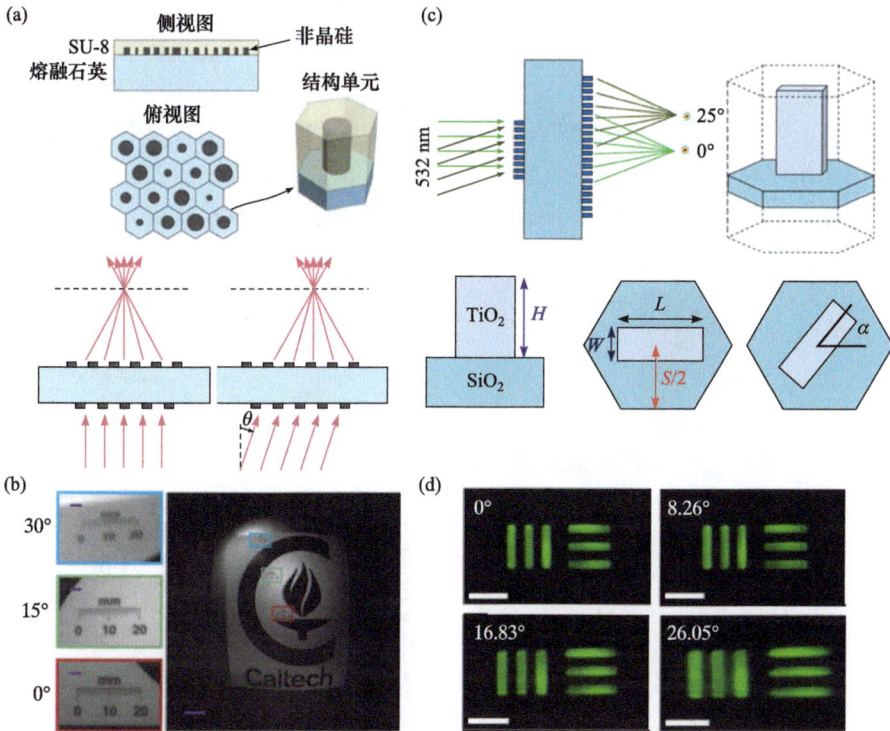

图 7.6 单色像差校正。(a)超构透镜双透镜(顶部)单侧超构表面构型：非晶硅纳米柱阵列浸入 SU-8 聚合物中，(底部)光路用于轴上入射和离轴入射。(b)在不同视角下使用超构透镜双倍体的图像(比例尺=100 μm)[85]。版权所有 2016，施普林格自然。(c)由不同入射角的二氧化钛纳米柱组成的超构透镜双层。(d)使用具有不同入射角的超构透镜双倍镜头的图像(比例尺= 11 μm)[86]。版权所有 2017，美国化学会

7.3.2.2 色差校正

全彩色成像中必须消除由结构和材料色散引起的色差。不同波长的光倾向于聚焦在不同的空间位置，这会显著降低图像质量。超构透镜的色差校正已得到广泛研究。超构透镜的工作波长已逐渐从单波长扩展到多个波长，并进一步扩展到宽带范围。根据入射光的性质，消色差超构透镜可分为偏振相关超构透镜和偏振无关超构透镜。前者通常通过使用各向异性亚波长构建块调整几何相位来实现，这提供了更高的设计自由度，后者则通过使用各向同性亚波长构建块调整传播相位来实现。

第一个出现的在离散波长下工作的消色差超构透镜是一个由低损耗耦合矩形

介电谐振器组成的超构表面如图 7.7(a)所示。校正遵循色散相位补偿的机制，即人为地调整超构表面的相位分布并进一步补偿色散引起的相位差，可以将不同特定波长的光聚焦在同一位置。图 7.7(b)表明所提出的消色差超构透镜可以使 1300 nm、1550 nm 和 1800 nm 的光聚焦在相同的焦距[87]。另一种校正偏振相关的多波长色差的方法使用类似于全息的机制。可以使用具有空间变化椭圆纳米孔径的等离子体超构表面将不同波长的相位信息编码到单个超构表面中。基于自旋-轨道相互作用和几何相位(图 7.7(c)和(d))，Zhao 等在 532 nm、632.8 nm 和 785 nm 波长处得到了焦点强度曲线[88]。两种超构透镜由于其各向异性构建块而依赖于偏振。

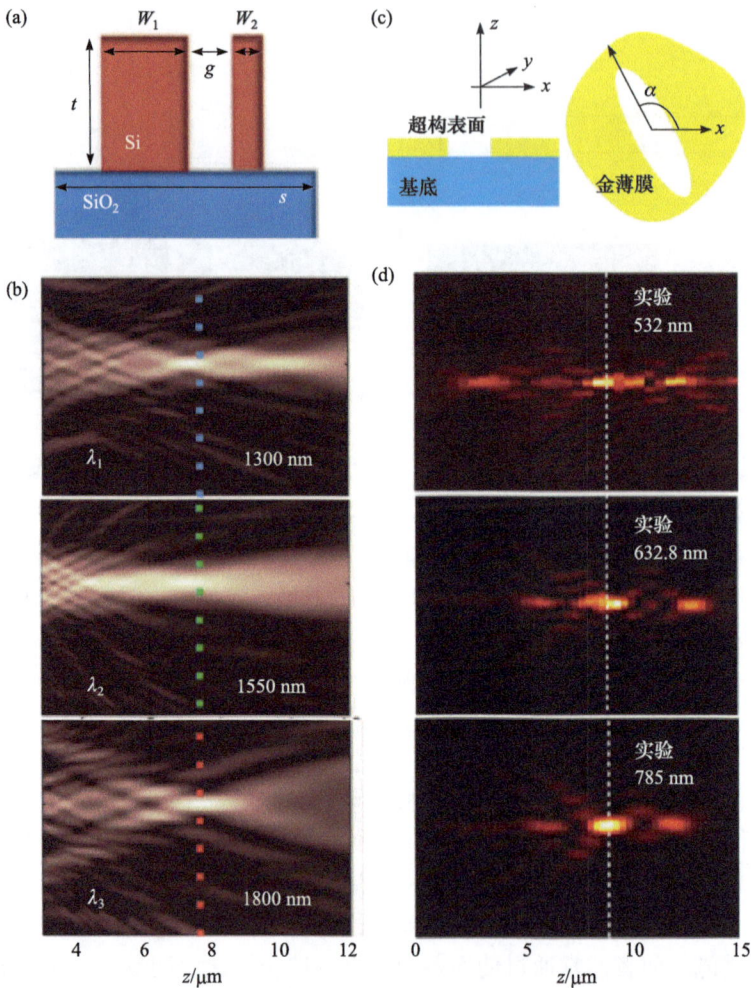

(e)

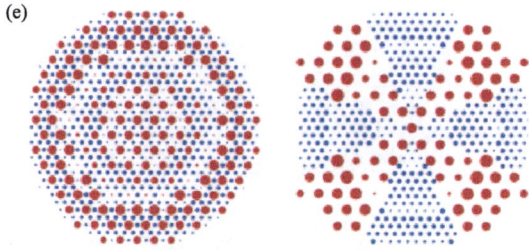

(f)

分布样品的测量结果

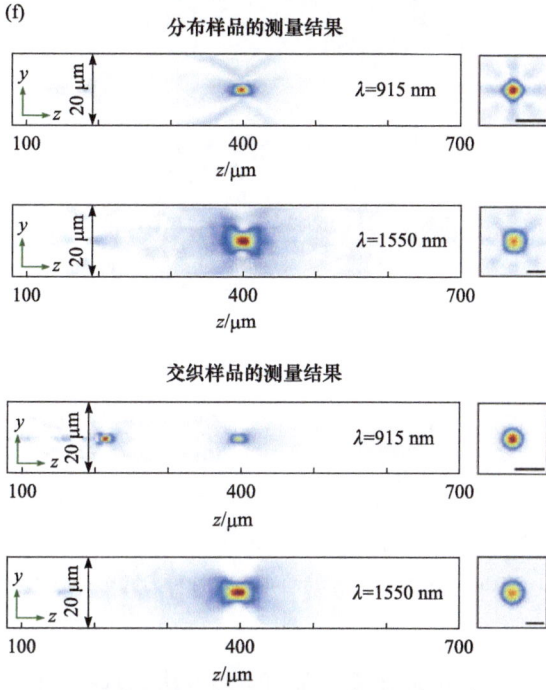

(g)

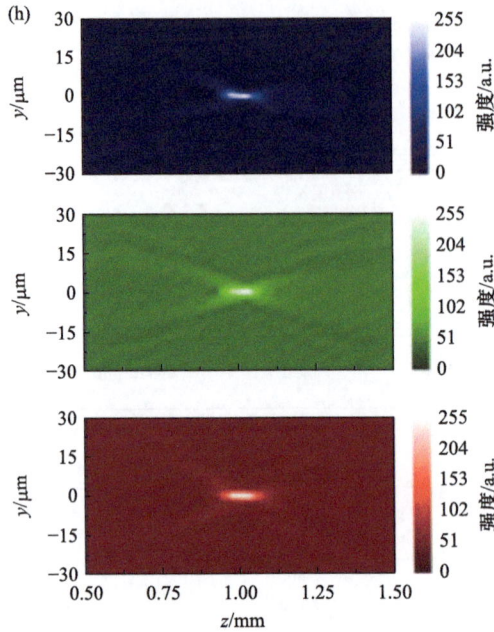

图 7.7 多波长消色差超构透镜。(a)基于低损耗耦合矩形介质谐振器的超构透镜构建块和(b)不同入射波长的强度曲线[87]。版权所有 2015，美国科学促进会。基于纳米孔径的超构透镜：(c)构建块和(d)不同入射波长的强度曲线[88]。版权所有 2015，施普林格自然。(e)两种空间多路复用方法(左)结构单元交错和(右)大规模分割[89]。版权所有 2016，施普林格自然。(f)*yz*(左)和焦平面(右)上不同波长的消色差超构透镜空间多路复用强度分布图[89]；三个不同超构透镜的(g)垂直堆叠和(h)*yz* 平面中红光、绿光和蓝光的超构透镜强度分布[90]。版权所有 2017，施普林格自然

空间多路复用也是校正多波长色差的实用方法。具有不同工作波长的各种超构表面组合在一个表面上，为多个入射波长提供相同的焦距。Faraon 等[91]制造了由非晶硅纳米柱组成的高折射率介电超构表面，并提出了两种不同的多路复用方法：大面积分割[89]和超构原子交错，如图 7.7(e)所示。前者将超构表面孔径划分为几个大尺寸区域，其中每个区域为其特定的工作波长提供相同的焦点位置。后者意味着在同一区域内相互交错不同的结构单元群组，其中每个群组提供具有其特定工作波长的相同焦点位置。图 7.7(f)所示的实验结果表明，结构单元交错的超构透镜能产生更清晰的圆形焦点。工作波长为 915 nm 和 1550 nm，NA 为 0.46。与传统透镜的级联策略类似，具有不同工作波长的超构透镜可以垂直堆叠以形成多层消色差超构透镜组件。每个超构透镜独立于入射波长工作，透镜之间的光谱串扰最小，从而实现相同的焦点位置。例如，图 7.7(g)给出了由不同尺寸和材料的圆盘形纳米颗粒组成的等离子体消色差超构透镜组件[90]，其能将红光、绿光和蓝

光会聚到同一焦点(图 7.7(h))。虽然概念上该方法很简单,但存在效率低和对准精确要求高的缺点。

由于工作波长是离散的,多波长校正可能无法满足各种应用日益严格的要求。在成像应用中,对具有连续工作波长的消色差超构透镜的需求量很大。已经由研究人员提出了几种窄带消色差超构透镜[92],消色差的功能通过优化结构单元的结构参数来同时调整相位和色散来实现。如图 7.8(a)所示的超构表面由二氧化钛纳米柱组成,在介质基底之上的介质间隔层上具有方形结构单元。通过改变纳米柱的宽度可以提供从 0 到 2π 的相位。使用优化算法选择同时在特定波长下提供相同相位但不同色散的几种宽度。图 7.8(b)表明最终的超构透镜在 490~550 nm 范围内表现出良好的消色差,其中 NA=0.2,效率为 15%。Arbabi 等[93]展示了一种窄带消色差超构透镜,其由非晶硅纳米柱组成,其下有一层铝反射镜以及一层二氧化硅充当间隔层,如图 7.8(c)所示。该器件的工作机制与之前的超构透镜类似,用于近红外(NIR)区域(1450~1590 nm),NA=0.28,效率为 50%,如图 7.8(d)所示。

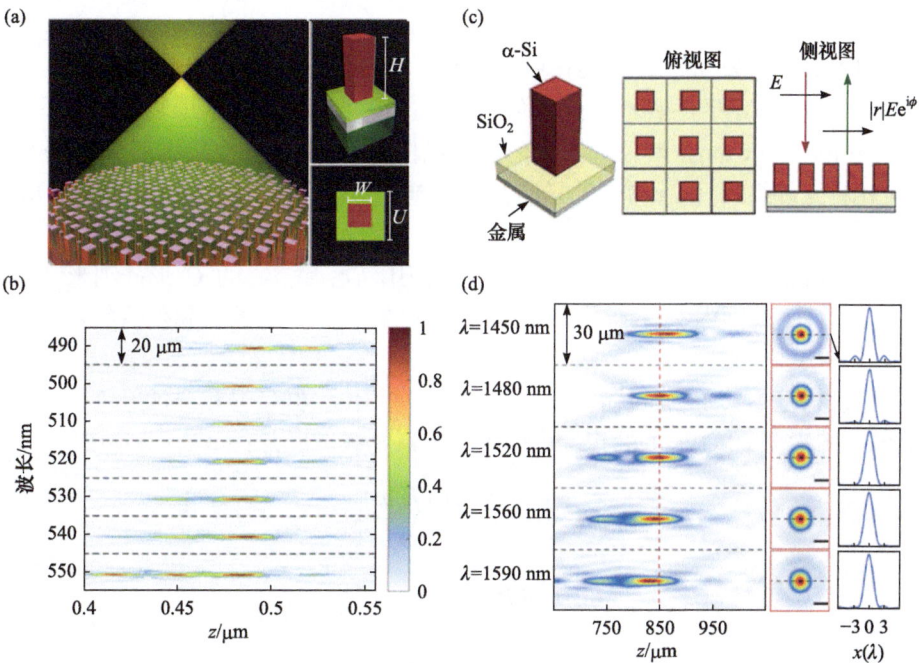

图 7.8 窄带消色差超构透镜:(a)二氧化钛纳米柱和(b)xz 平面中不同入射波长的强度曲线[92]。版权所有 2017,美国光学学会。(c)非晶硅纳米柱和(d)焦平面 xz(左)和焦平面(右)中不同波长的强度曲线(比例尺=2λ)[93]。版权所有 2017,美国化学学会

只有进一步提高超构透镜的消色差带宽,才能实现可行的全彩色成像应用。这可以通过引入适当的相位补偿来实现。通常,超构透镜相位分布可以表示为

$$\varphi(R,\lambda) = -2\pi\left(\sqrt{R^2+f^2}-f\right)\frac{1}{\lambda} \tag{7-11}$$

其中 R 是径向坐标，λ 是自由空间中的工作波长，f 是设计焦距。我们可以将式(7-11)表示为微分相位(DP)方程[78]：

$$\varphi_{\text{lens}}(R,\lambda) = \varphi(R,\lambda_{\max}) + \Delta\varphi(R,\lambda) \tag{7-12}$$

对于工作波长为$(\lambda_{\min},\lambda_{\max})$的消色差超构透镜，$\varphi(R,\lambda_{\max})$是聚焦相位，仅与纳米结构的指向有关，$\Delta\varphi(R,\lambda) = -2\pi\left(\sqrt{R^2+f^2}-f\right)\left(\dfrac{1}{\lambda}-\dfrac{1}{\lambda_{\max}}\right)$是相色散位。对于所选的 $\lambda_{\max}$，$\Delta\varphi(R,\lambda)$是与 $\dfrac{1}{\lambda}$ 线性相关的集成共振相位，线性度保证了连续的消色差。

Tsai 等[78]开发了一种通过将集成共振相位响应(波长相关)与几何相位(色散较小)合并来实现宽带消色差的策略。该策略是通过制造金属集成共振单元，在实验中实现了可见光(420～650 nm)和近红外(1200～1680 nm)区域内的反射式宽带消色差超构透镜，分别如图 7.9(a)和(b)所示。

图 7.9(c)显示了一种透射式消色差超构透镜，其工作带宽几乎覆盖整个可见光波段(400～660 nm)，其原理与以前的透镜相似。超构透镜由固体和基于 GaN 的逆向 IRU 元件组成。优化得到的样品在消色差全彩色成像方面的平均效率为40%，NA 为 0.106。

这种策略也适用于太赫兹域。Li 等[95]使用实心和空心的 C 形硅纳米结构在 0.3～0.8 THz 范围内实现了 NA=0.385 和峰值效率为 68%的太赫兹消色差超构透镜(图 7.9(d))。

色差校正的其中一种优化策略是同时控制相位、群延迟和群延迟色散。给定围绕 ω_{d} 的带宽，式(7-11)的相位可以表示为泰勒级数展开：

$$\varphi(R,\omega) = \varphi(R,\omega_{\text{d}}) + \left.\frac{\partial\varphi(R,\omega)}{\partial\omega}\right|_{\omega=\omega_{\text{d}}}(\omega-\omega_{\text{d}})$$
$$+ \left.\frac{\partial^2\varphi(R,\omega)}{2\partial\omega^2}\right|_{\omega=\omega_{\text{d}}}(\omega-\omega_{\text{d}})^2 + \cdots \tag{7-13}$$

其中 φ、ω 和 R 分别是相位、角频率和径向坐标，这三个项分别表示相位、群延迟和群延迟色散。

在可见光范围内，群延迟和群延迟色散是飞秒(fs)和平方飞秒(fs²)的量级，传统的衍射镜片通常可忽略这两个参数，但依然会存在色差的问题。当满足以下条件时，以上三项都可以使用超构透镜进行人工调节：

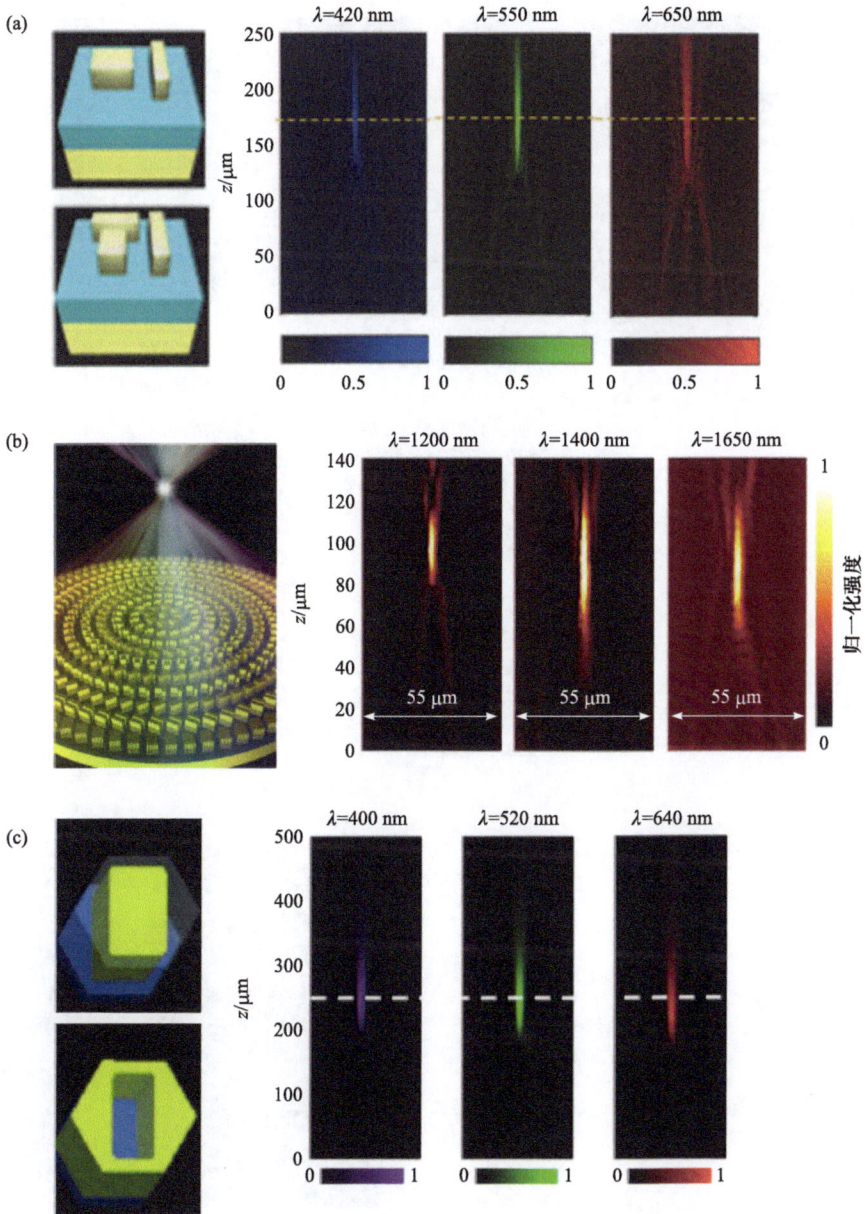

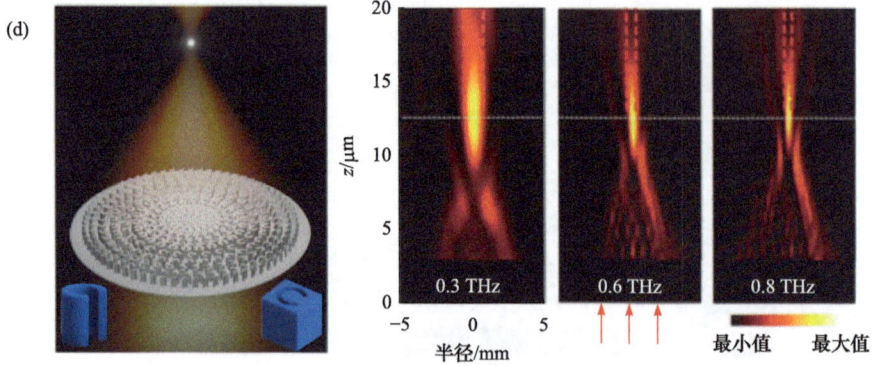

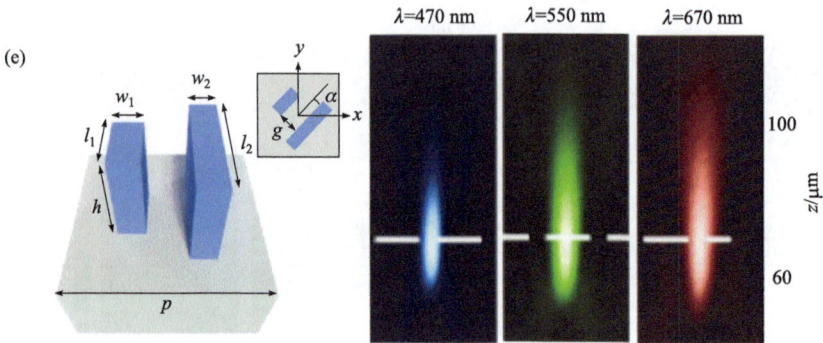

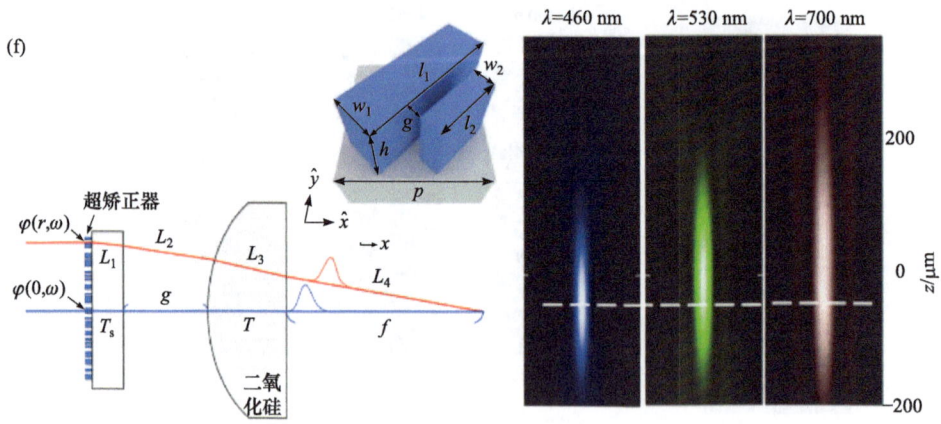

(g)

生成单元

$\lambda=1200$ nm $\lambda=1400$ nm $\lambda=1650$ nm

(h)

$\lambda=460$ nm $\lambda=550$ nm $\lambda=700$ nm

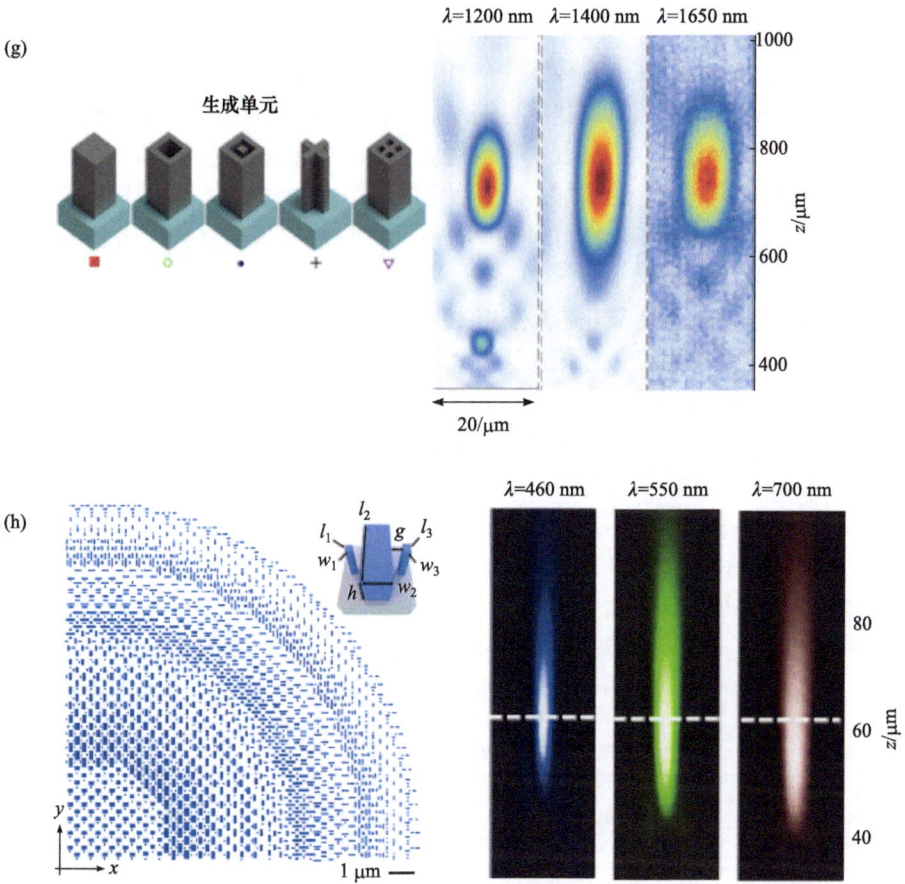

图 7.9 (a)宽带消色差超构透镜铝集成谐振单元的结构单元和强度曲线，可见光范围(400～667 nm)[78]。版权所有 2018，Wiley-VCH。(b)金集成谐振单元，近红外范围(1200～680 nm)[79]。版权所有 2017，施普林格自然。(c)氮化镓集成谐振单元，可见光范围(400～667 nm)[94]。版权所有 2018，施普林格自然。(d)C 形单位元件，太赫兹范围(0.3～0.8 THz)[95]。版权所有 2019，爱思唯尔。(e)耦合的二氧化钛纳米结构，可见光范围(470～670 nm)[96]。版权所有 2018，施普林格自然。(f)耦合的二氧化钛纳米结构(混合透镜)，可见光范围(460～700 nm)[96]。版权所有 2018，美国化学学会。(g)非晶硅纳米柱，近红外(1200～1650 nm)[97]。版权所有 2018，施普林格自然。(h)各向异性二氧化钛纳米结构，可见光范围(460～700 nm)[98]。版权所有 2019，由施普林格自然

(1) 调谐相位 $\varphi(R, \omega_d)$ 以产生球面波前；

(2) 利用群延迟补偿不同波形及到达焦点处的时间；

(3) 群延迟色散保证了相同的传出波集。

Chen 等[99]实现了透射式消色差超构透镜，其中的耦合相移单元由相邻纳米柱

组成。其工作波长范围为 470～670 nm，在 500 nm 波长下效率约为 20%，如图 7.9(e)所示。超构透镜实现衍射极限聚焦和消色差成像的范围覆盖大部分的可见光域。然而，透镜的尺寸受到大群延迟的限制，仅达到约 100 μm，这可能与普通光学系统的尺寸不匹配。为了克服这个问题，他们将超构表面与传统的折射光学元件相结合，实现透镜尺寸的增加。色差使用附加可调相位结构和人工色散超构表面(超构表面校正器)进行校正，如图 7.9(f)所示。最终实现的复合超构表面折射光学器件的尺寸为 1.5 mm[96]。

上述宽带连续消色差校正是偏振相关的。对于偏振无关的应用，Shrestha 等[97]通过调节传播相位提出了一种偏振无关的消色差超构透镜。所提出的非晶硅纳米结构同时具有旋转对称性和四阶对称性，在不牺牲偏振无关的性质的情况下提供更多的几何自由度。他们随后还制造了消色差偏振不敏感的超构透镜，在 1200～1650 nm 的连续宽带宽内，在传输模式下实现高达 50%的聚焦效率，如图 7.9(g)所示。Chen 等[98]还报告了一种偏振无关的超构透镜，该透镜通过使用各向异性纳米鳍来控制相位、群延迟和群延迟色散，工作波长范围为 460～700 nm。它们实现了 35%的聚焦效率，如图 7.9(h)所示。

表 7.1 列出了各种宽带消色差超构透镜的结果，包括其组件材料、工作波长带宽、直径(D)、NA、效率(Eff.)、入射光的偏振(Pol.)以及相应的参考文献。

表 7.1　已出现的消色差超构透镜性能

材料	波长	带宽	直径	NA	效率	偏振	文献
TiO$_2$	490～550 nm	60 nm/11.5%	200 μm	0.2	15%	圆偏	[92]
Si	1450～1590 nm	140 nm/9.2%	500 μm	0.28	50%	圆偏	[93]
Al	420～650 nm	230 nm/50%	41.86 μm	0.124	20%	圆偏	[78]
Au	1200～1680 nm	480 nm/33.3%	55.55 μm	0.217	8.4%	圆偏	[79]
Au	1200～1680 nm	480 nm/33.3%	55.55 μm	0.268	12.44%	圆偏	[79]
Au	1200～1680 nm	480 nm/33.3%	55.55 μm	0.324	8.56%	圆偏	[79]
GaN	400～660 nm	240 nm/ 49%	25 μm	0.106	40%	圆偏	[94]
GaN	400～660 nm	240 nm/ 49%	25 μm	0.125	30%	圆偏	[94]
GaN	400～660 nm	240 nm/ 49%	25 μm	0.15	25%	圆偏	[94]
Si	375～1000 μm	0.5 THz/ 91%	10 mm	0.385	68%	圆偏	[95]
TiO$_2$	470～670 nm	200 nm/35%	25 μm	0.2	20%	圆偏	[99]
TiO$_2$	470～700 nm	230 nm/ 40%	1.5 mm	0.075	35%	圆偏	[96]
Si	1200～1650 nm	450 nm/32%	200 μm	0.13	32%	线偏	[97]
TiO$_2$	460～700 nm	240 nm/40%	26.4 μm	0.2	35%	线偏	[98]

7.3.3　可调节的超构透镜

可调性是评估超构透镜的另一个重要指标。高可调性有助于将超构透镜应用在新型光学系统中。例如，实现动态调整焦距对变焦设备来说非常重要，如相机、显微镜、望远镜和内窥镜等设备都需要变焦功能[100,101]。在传统的光学系统中，变焦是通过将多个镜头组合并改变它们之间的轴向距离来实现的，这使得系统规模变大，需要复杂的集成技术。超构透镜则可以克服这一问题。焦距调节可以通过使用单个动态可调谐超构透镜来实现，体积小且易于集成。

根据工作原理可将可调超构透镜分为两类：固有调节和外部调节。固有调节是由超构透镜固有结构的可重构变化或通过可逆变动超构透镜固有材料的折射率产生的。外部调节由超构透镜对不同外部入射偏振的选择性响应或一组超构透镜的不同响应产生的，其中每个超构透镜的空间排列都可以动态变化。即固有调节基于改变每个超构透镜的光学特性，而外部调节基于改变入射到每个超构透镜上的外部光场。

7.3.3.1　固有调节

可调谐器件性能可以通过调整结构单元的位置或形态来实现。对于前者，每个结构单元都提供一个恒定相位。改变位置的含义是重新排列结构单元以产生可变相位分布。改变形态是指调整每个结构单元的生成相位，而这些单元固定在恒定位置。这两种情况都导致了超构透镜功能的可调。

聚二甲基硅氧烷(PDMS)是使用最广泛的可伸缩材料之一，可用于制作可调的超构透镜。结构单元的位置调整是通过机械力实现的[102]。例如，Ee 等[103]提出了一种波长为 632.8 nm 的机械可调谐超构表面，其可充当一种超薄平面变焦镜头，如图 7.10(a)所示。其中的等离子体 Au 纳米棒的相对位置可以通过拉伸基板连续改变，从而调整波前形状。图 7.10(b)显示了在 PDMS 上制造的平面超构透镜，实现 150~250 μm 的变化焦距，相应的光学变焦约为 1.7。该项工作实现了嵌入弹性基板中的纳米散射体的可调透镜[103]。

Kamali 等[104]展示了一种由封装在 PDMS 中的亚波长厚硅纳米柱组成的可调介电超构透镜，如图 7.10(c)所示。纳米柱之间的弱光学耦合允许可调谐超构透镜通过径向应变在 915 nm 的波长下工作，提供约 50%的效率，焦距的调谐范围为 600~1400 μm，同时对偏振不敏感，如图 7.10(d)所示。Cheng 等[107]采用了类似的方法，实现了第一个基于表面等离子体谐振器的在 670 nm 波长下工作的反射机械可调谐超构透镜。通过 20%的横向 PDMS 拉伸，焦距可以连续调整高达 45%，同时保持高聚焦性能[104]。虽然基于柔性基板的超构透镜可以支持焦距调谐，但大多数报道的工作[103,104]中所提到的外部拉伸机制需要具有较长响应时间。

将超构表面光学元件和介电弹性体致动器(dielectric elastomer actuators，DEA，也被称为人造肌肉)结合可以实现可调谐超构透镜系统[105,108]。DEA 是一种电活性聚合物，可形成顺应的可伸缩平行板电容器，通过施加外部电场或电压进行控制[108,109]。She 等设计了一种电可调的超构透镜[105]，将超构表面与 DEA 黏合，将超构透镜轮廓与电压诱导的拉伸耦合，如图 7.10(e)所示。由人造肌肉控制的大面积可调谐超构透镜系统可以同时提供焦距调谐(>100%)(图 7.10(f))、动态像散和图像偏移校正[105]。基于 DEA 的可调谐超构透镜集成方法有广阔的应用前景，尤其

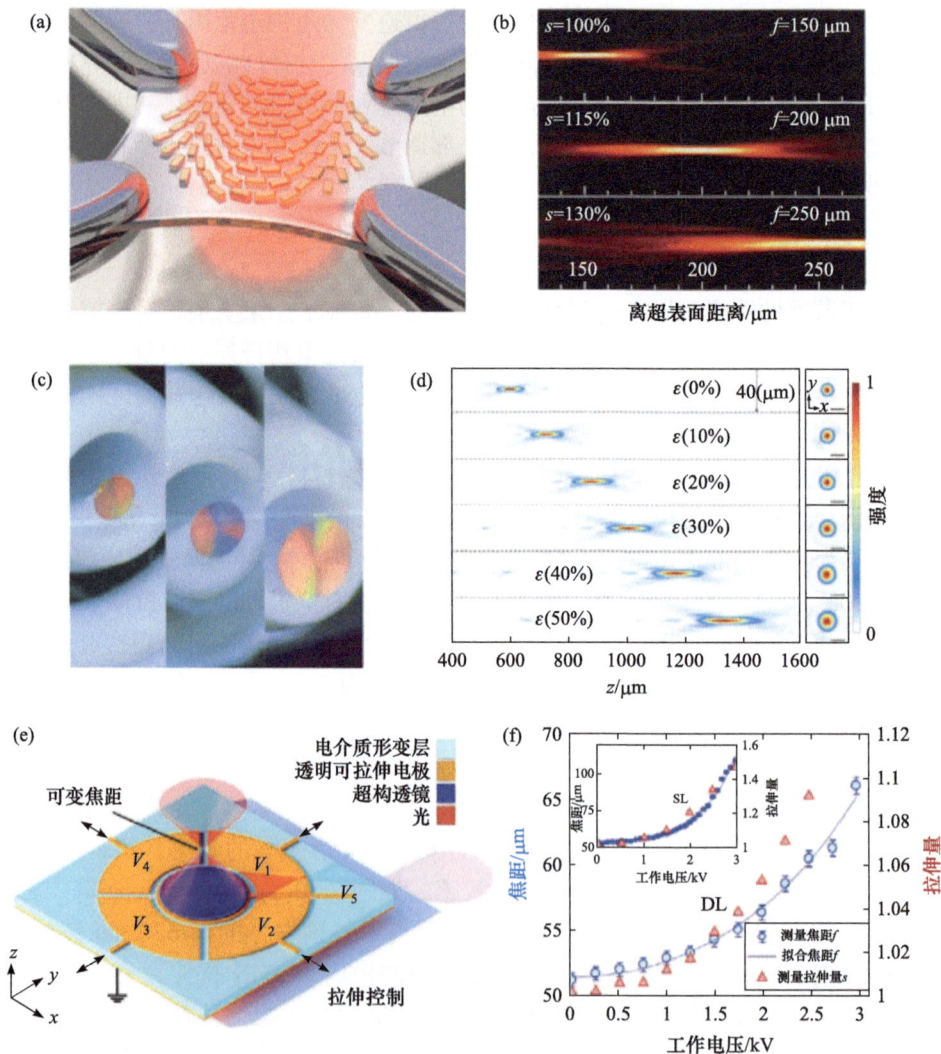

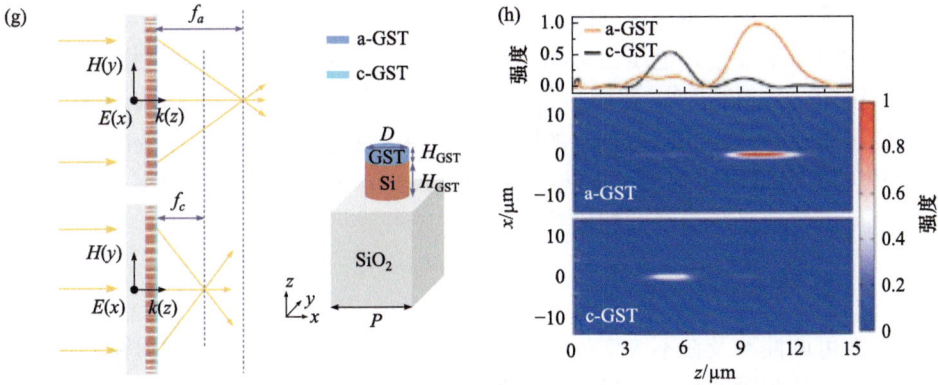

图 7.10 固有的可调性。(a)可伸缩聚二甲基硅氧烷(PDMS)基板上的可调性超构表面[103]。(b)从扁平变焦镜头透射面产生的纵向光束，$s=100\%$(顶部)，115%(中间)和130%(底部)[103]。版权所有 2016，美国化学学会。(c)高度可调的弹性介电超构表面透镜[104]。(d)轴向平面(左)和焦平面(右)中径向应变超构表面微透镜($\varepsilon=0\%$至50%)的光学强度分布(比例尺=5 μm)的测量光强度曲线[104]。版权所有 2016，Wiley-VCH。(e)具有五个可寻址电极的超构透镜和介电弹性体致动器(DEA)，用于电控制超构表面应变场[105]。(f)对双层和单层(插图)器件使用中心电极 V_s 测量焦距，蓝圈表示相对于施加的电压进行光学测量的器件焦距。根据知识共享署名非商业性许可协议 4.0(CCBY-NC)的条款复制[105]。版权所有 2018，保留部分权利；独家许可美国科学促进会。(g)双焦点超构透镜将光会聚到两个不同的焦距，用于无定形锗锑(a-GST)或结晶锗碲(c-GST)和单个单元[106]。(h)在 xz 平面上模拟 a-GST 和 c-GST 强度分布[106]。版权所有 2019，IOP 出版社

对于需要全自动操作的未来光学显微镜和需要散光及图像偏移调整的基于超构表面的光学系统来说。然而，由于该调谐机制需要电容静电力才能实现压缩弹性体，故系统需要高电压(千伏范围)才能实现[110,111]。

改变结构单元的形态是另一种实现可调的可行方法。Zhu 等实现了平面随机存取可重构超材料(random access reconfigurable metamaterial，RARM)的概念验证，其中单个劈裂环的谐振性能可以通过改变金属填充率来实现连续控制。基于RARM 的超构透镜通过调整空间相位梯度来实现可调焦距。

另一种固有调谐超构透镜性能的方法是使用可逆材料，这类材料的折射率可在热或电激励下进行动态变化。每个纳米天线结构产生的相位调制都会发生改变，以实现超构透镜功能的集成变化。相变材料是一种热响应材料，其晶体状态随温度转变，因此折射率受温度的影响。它可用于构成可逆可调的超构透镜[17,106,112-114]。Li 等[106]提出了一种由锗-锑-碲化物/硅混合纳米柱组成的全介电超构表面，以实现近红外中的双焦点超构透镜，如图 7.10(g)所示。得到的两种不同的焦距如图 7.10(h)所示。

石墨烯是单层六角形排列的碳原子，是一种电响应材料。其光学特性可以通过施加的电压来改变，电压会影响其费米能级。从理论上讲，其是制造可逆可调超构透镜的合适材料[115]。然而，在实验中，基于石墨烯的可调谐超构透镜的制造仍面临困难，并且受到制造技术的限制。已经出现基于电热光学系统的变焦超构透镜[116,117]。电控电阻螺旋可在热响应材料(如 PDMS)中引起热折射率变化。热光学效应可以实现光学系统的精确控制。

7.3.3.2　外部调节

外部可调性涉及在不改变任何超构透镜功能的情况下控制超构透镜或超构透镜组件对外部刺激的响应。最直接的刺激方式是改变入射偏振。一些各向异性超构透镜对可逆偏振变化提供不同的响应，故可以用作可调谐器件。

最基本的可调性是在两种响应状态之间进行交替切换。例如，Zheng 等提出了一种双视场步进变焦超构透镜，通过控制偏振状态实现可重构的光学变焦，而无须改变焦平面[118]。Fan 等展示了一种基于各向异性介质波导移相器的单层、全介电、偏振复用超构透镜[55]。通过简单地改变入射光的线偏振方向，焦距即可在两个焦平面之间来回切换，如图 7.11(a)所示。焦距的连续变化同样重要，Aiello 等[119]展示了通过旋转入射光的线偏振方向实现的变焦超构透镜，如图 7.11(b)所示。焦距可在 220～550 μm 之间调谐。此外，偏振敏感超构透镜可以与偏振片集成，在单个小型化器件内实现入射偏振调制和可调谐聚焦的综合功能。例如，由扭曲向列的液晶组成的偏振片可以与各向异性超构透镜级联，如图 7.11(c)所示[120,121]。

特定聚焦响应的空间排列可以通过调整光束到镜头或镜头到镜头的距离来实现。对于单个超构透镜，可以更改镜头的位置或方向角度以更改焦点。对于多个超构透镜组，可以调整每个超构透镜的位置以调整内部光场。

微机电系统(MEMS)是一种操纵超构透镜的有效平台，具有精确和快速移动的明显优势。Roy 等展示了一种用于聚焦中红外光的单片 MEMS 集成超构透镜[122]。超构透镜的方向角可以沿两个正交轴以±9°进行电控，保持约 83%的聚焦效率，如图 7.11(d)所示。Arbabi 等[123]还展示了一种集成了 MEMS 的超构透镜系统。他们制造了一种双超构透镜组，由工作在波长为 915 nm 的收敛和发散超构透镜组成，如图 7.11(e)所示。它们通过驱动两个超构透镜之间的轴向间隔并产生超过 60 μm 焦距变化(即从 565～629 μm)，从而在实验上证明了可调谐透镜的光功率变化可超过 180 个屈光度。MEMS 集成的超构透镜系统有望用于实时应用，如快速扫描内窥镜、投影成像和激光雷达扫描仪等[126,127]。

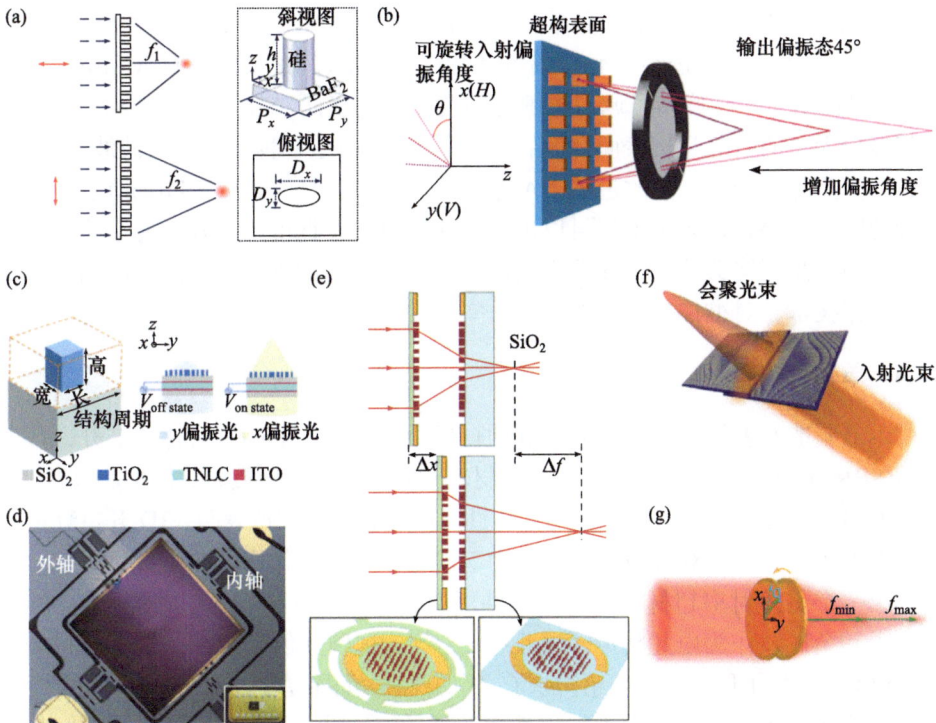

图 7.11 外部可调性。(a)偏振多路复用超构透镜原理：超构透镜将垂直或水平偏振光聚焦到独立的焦平面上。由位于 BaF₂ 衬底上的椭圆形非晶硅纳米柱形成的超构透镜单元的透视和俯视图[75]。版权所有 2018，美国光学学会。(b)工作原理：线性偏振光穿过超构透镜和 45° 方向的输出偏振镜。焦距随着输入偏振镜的旋转而变化[119]。版权所有 2019，美国化学学会。(c)用于电调制超构透镜与扭曲向列液晶(twisted nematic liquid crystal, TNLC)相结合的单元单结构单元[121]。版权所有 2020，美国光学学会。(d)微机电系统(MEMS)扫描仪，带有顶部平面透镜(光学显微镜图像)，指示旋转轴，嵌入：设备安装在双列直插式封装上，准备进行静电驱动。根据知识共享署名(CCBY)许可条款复制[122]。版权所有 2018，美国物理研究所。(e)拟议的可调晶片，包括基板上的固定透镜和膜上的移动透镜[123]。版权所有 2018，施普林格自然。(f)拟议的可调谐超构透镜系统，由两个横向驱动的立方超构表面相板组成[124]。版权所有 2018，美国光学学会。(g)变焦超构透镜，由相互旋转的组合超构表面组成[125]。版权所有 2019，AIP 出版

    Alvarez 原理被广泛用于传统的透镜系统中，以产生可变焦距。Alvarez 系统包含两个相对的平行透镜，其中焦深的增加、相位分布由三次函数定义，可以引起由横向位移导致的焦距变化[128-130]，这种方法也适用于超构透镜。Zhan 等[131]利用氮化硅纳米柱子组成的 Alvarez 超构透镜，用于概念验证。它是一种大面积设备，变焦长度为 2.5 mm。该系统的孔径随后扩大到 1 cm，以实现高达 6.62 cm 的变焦长度，如图 7.11(f)所示[124]。Alvarez 透镜有希望应用在大光圈和大焦距中，

例如眼镜、混合现实显示器、显微镜和平面相机[132,133]。还介绍了 Alvarez 系统的衍生产品，其中两个透镜共轴旋转而不是平行移动，其灵感来自 Moiré 透镜。Cui 等[134]提出了一种旋转可调偏振敏感的变焦超构表面，Yilmaz 等[135]则展示了一种与偏振无关的变焦超构表面。随后，Guo 等[125]制造了一种工作在微波波段的 3.5 倍连续变焦超构透镜，其改进的 NA 范围从 0.56～0.92，如图 7.11(g)所示。平移和旋转版本的 Alvarez 系统都可以进行直接操纵，并保证了良好的光学响应可调性。然而，当超构透镜的尺寸缩小到微观尺度时，这两种系统都需要高精度的对准和操作技术，对准偏差会降低聚焦效率和成像质量。

7.3.4　单轴各向同性超材料

本节制造并表征了由金属应力驱动自折叠方法形成的四重对称 3D 开口环谐振器(SRR)组成的单轴各向同性红外超材料。对于任何横向旋转、偏振和高达 40° 的入射角，都展示了明确的各向同性特性。相应的数值模拟表明，3D 开口环谐振器的电磁相互作用在双各向异性响应中起着至关重要的作用。

第一个负折射率超材料在微波条件下通过采用开环谐振器(SRR)作为磁性超构原子和金属线作为电超构原子来证明[136,137]。这项开创性的工作将超材料概念变为现实并产生了形态各异的超构原子，例如杆对、渔网结构和封闭的纳米环[138-141]。尽管这些元原子是为了产生光学磁性而开发的[142-146]，天线理论解释了它们与光的 EM 相互作用。由于实际上不存在理想的各向同性天线，它们的耦合特性本质上是不对称的，超材料的最终光学响应不可避免地是各向异性的，严重限制了它们的实际应用。

相比之下，从天然材料的结构中吸取的教训可以表明，即使它们的元素结构是各向异性的，整体各向同性响应也将有效地从元素的随机排列中产生。例如，玻璃中的水作为光的各向同性材料，尽管水分子本身具有不对称和各向异性的结构。水的各向同性特性源于水分子的随机和对称取向。同样，各向同性超材料可以通过 3D 超原子的高度对称排列来实现。迄今为止，根据这一概念，通过采用超原子的对称 3D 排列，已经在微波频率下实现了超材料的各向同性响应。然而，在光学领域，由于 3D 纳米结构制造的挑战，这种各向同性的超材料一直难以捉摸[147-150]。据报道，在光学频率下制造 3D SRR 的技术很少，而且制造过程相对复杂[151-159]。各向同性超材料仍然是一个理论预测[147-150]。

在这里，我们报告了由四重对称 3D SRR 组成的各向同性 IR 超材料的首次演示。我们开发了一种金属应力驱动的自折叠方法，它使我们能够大规模生产 3D 金属纳米结构(图 7.12(a))[160]。我们技术的最大优势是组装的 3D 立体结构可以直接从 2D 模板通过由预应力薄膜自发驱动的自折叠过程进行[161-163]。这一基本原理与其他方法完全不同[153,154]，能够制造用于各向同性响应的电隔离 3D 结构。我们采用 Ni/Au(10 nm/60 nm)作为双层金属，并通过改变臂尺寸进行一系列应力测试，以确定我们的 2D 模板的相应尺寸。SRR 的 2D 模板由两个臂和一个连接垫组成，首先使用电子束光刻、Ni/Au 沉积和剥离技术制造。连接焊盘经过精心设计，其宽度比臂的宽度稍大，在自折叠过程中用作基板的黏合区域。请注意，在压力测试之后，我们设计了宽度为 200 nm、长度为 2.5 μm 的臂，以预期直径为 2.4 μm 的 3D SRR。然后通过对 Si 衬底进行 CF₄ 等离子体干法蚀刻完成样品，其中臂的折叠是由双层残余应力自发引起的。当臂从 Si 基板上释放时，顶部 Au 膜显示出比背面 Ni 膜更高的拉伸应力，从而将臂折叠到远离基板的位置[164,165]。图 7.12(b) 显示了扫描电子显微镜(SEM)图像制造的各向同性超材料的总样品面积为 4 mm ×4 mm。由于折叠力完全由沉积条件和结构设计控制，因此制造的结构在样品区域上非常均匀。与之前的报道不同[160,165]，我们基于双层金属 2D 模板的技术展示了一种实现大规模 3D 超材料的稳健方法。

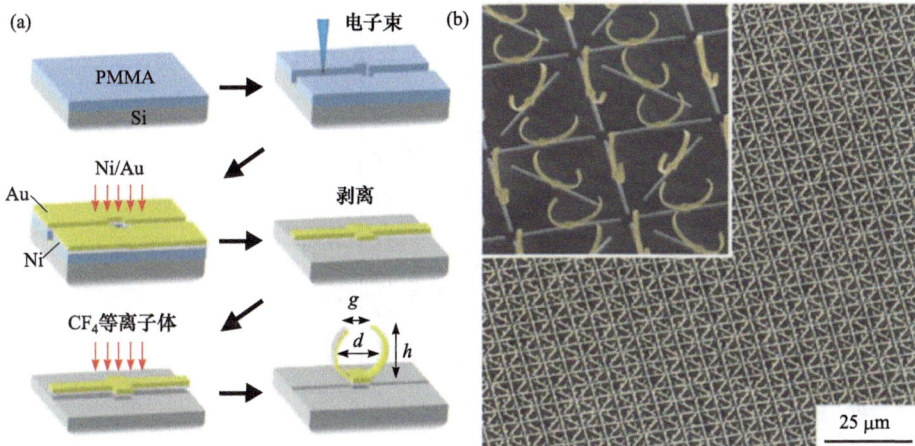

图 7.12 (a)3D SRR 的制造过程： 旋涂抗蚀剂、电子束光刻、Ni/Au(10 nm/60 nm)沉积、剥离、CF₄ 等离子体干法蚀刻和自折叠(按顺序)。SRR 直径 d、高度 h 和间隙尺寸 g 分别为 2.2 μm、1.8 μm 和 1.5 μm。请注意，干蚀刻工艺中臂的阴影效应在最后两个步骤中会在臂下方产生突出的 Si 部分。(b)由四重对称 3D SRR 组成的制造的各向同性超材料的 SEM 图像。插图显示了放大的图像，总样品面积为 4 mm×4 mm

我们首先通过使用傅里叶变换红外分光光度法(FTIR)测量 SRR 的矩形阵列，即各向异性超材料来表征 3D SRR 元件的基本光学特性。不同样品旋转(θ)的法向入射透射光谱如图 7.13(a)所示。每个光谱都通过裸基板的光谱进行归一化，以仅讨论超材料响应的 θ 依赖性。在 $\theta = 0°$ 时，入射电场平行于 SRR 间隙，在 27.52 THz 处可以清楚地观察到典型的谐振倾角。随着 θ 的增加，共振倾角按照相应的透射率关系逐渐减小，即 $T(\theta) = 1 - (1 - T\theta = 0°) \times |\cos 2\theta|$，并在 $\theta = 90°$ 处完

全消失。为了确定这些元原子的共振行为，对 $\theta = 0°$ 和 $90°$ 的配置进行了一组数值模拟。计算得到的透射光谱如图 7.13(b)所示，与实验结果吻合良好。光谱倾角位置的微小差异是由于实验和模拟之间 SRR 的尺寸偏差；模拟模型的尺寸由 SEM 观察确定。3D SRR 的最终结构比原始设计略小，有几个百分点的偏差。图 7.13(b) 的插图显示了沿 z 轴(J_z)的电流分布，揭示了谐振倾角的模式分布。两个臂之间的异相电流在 SRR 中形成一个圆形电流，从而产生一个垂直于环的强磁偶极矩。基于这些结果，我们将 27.52 THz 的谐振倾角指定为 3D SRR 的基本(第一)模式。

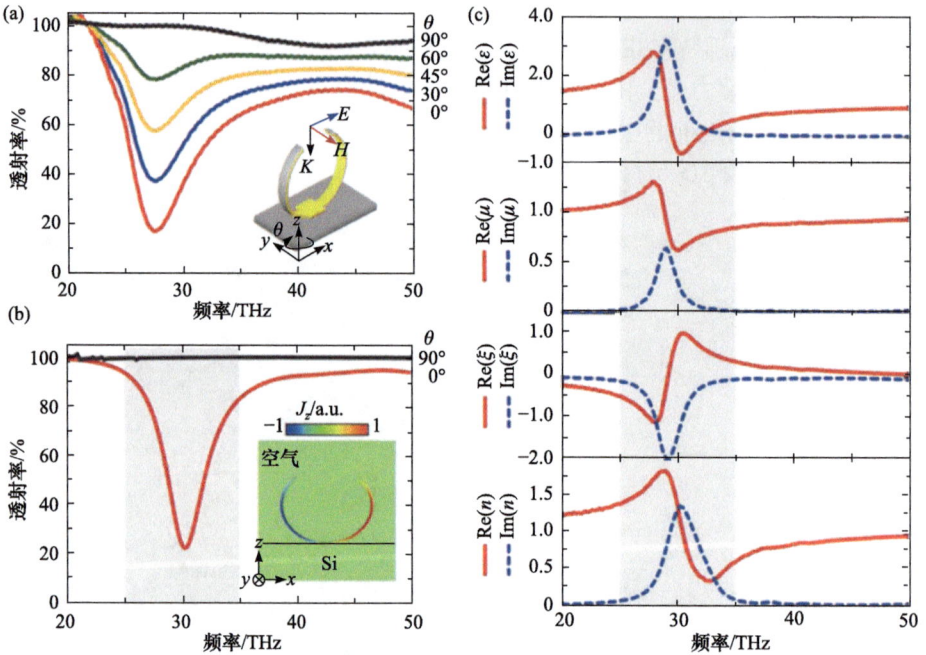

图 7.13　(a)测量的不同样品旋转 θ 的法向入射透射光谱。插图显示了 $\theta = 0°$ 处的示例配置，其中入射电场平行于 SRR 间隙。(b) $\theta = 0°$ 和 $90°$ 处的数值模拟透射光谱。插图显示了谐振 $f = 30.2\text{THz}$ 处 3D SRR 中相应的 J_z 分布。(c)检索到的 3D SRR 有效参数的实部和虚部；介电常量 ε、磁导率 μ、双各向异性参数 ξ 和折射率 n

　　由于 3D SRR 具有单个间隙，因此反转对称性沿传播方向被破坏。因此，SRR 阵列表现为双各向异性超材料，其中结构中的电(磁)偶极子被入射光的磁场和电场(电场和磁场)激发[166,167]。对于最简单的情况，$\theta = 0°$，麦克斯韦方程的相关电磁场之间的关系由式(7-14)描述：

$$\begin{pmatrix} D \\ B \end{pmatrix} = \begin{pmatrix} \varepsilon_0\varepsilon & -\mathrm{i}\xi c_0 \\ \mathrm{i}\xi c_0 & \mu_0\mu \end{pmatrix} \begin{pmatrix} E \\ H \end{pmatrix} \tag{7-14}$$

其中 $\varepsilon_0(\mu_0)$ 是真空介电常量(磁导率)，$\varepsilon(\mu)$ 是有效介电常量(磁导率)，c_0 是光速，ξ 是描述磁电偶极子激发的双各向异性参数场，反之亦然。这里，ε、μ、ξ 和复折射率 n 满足关系：$n^2 = \varepsilon\mu - \xi^2$。仔细注意这种双各向异性响应，从模拟的复透射率和反射系数中检索出 3D SRR 阵列的有效参数 ε、μ、ξ 和 n[167]。结果如图 7.13(c) 所示。在共振时，在 ε 和 μ 中观察到典型的类洛伦兹响应；ε 在一定频率范围内达到负值，而 μ 也显示远离 1.0 的值。尽管有抑制折射率振荡的双各向异性(ξ)的影响，但折射率的实部在中红外频率下显示出从 0.35～1.86 的大摆动。

我们现在转向各向同性超材料，即四重对称结构，其晶胞由总共 12 个 SRR 组成。为了彻底评估其各向同性特性，我们系统地改变了样品旋转(θ)、入射角(φ)和 p 或 s 偏振，如图 7.14(a)的实验设置所示。图 7.14(b)显示了测量的各向同性超材料的透射率图，它是垂直入射的频率和样品旋转的函数($\varphi = 0°$时的横向电磁(TEM))。令人惊讶的是，透射光谱没有表现出 θ 依赖性和第一模式的完全各向同性响应，证明了我们实现各向同性 IR 超材料的主要目标。请注意，与矩形

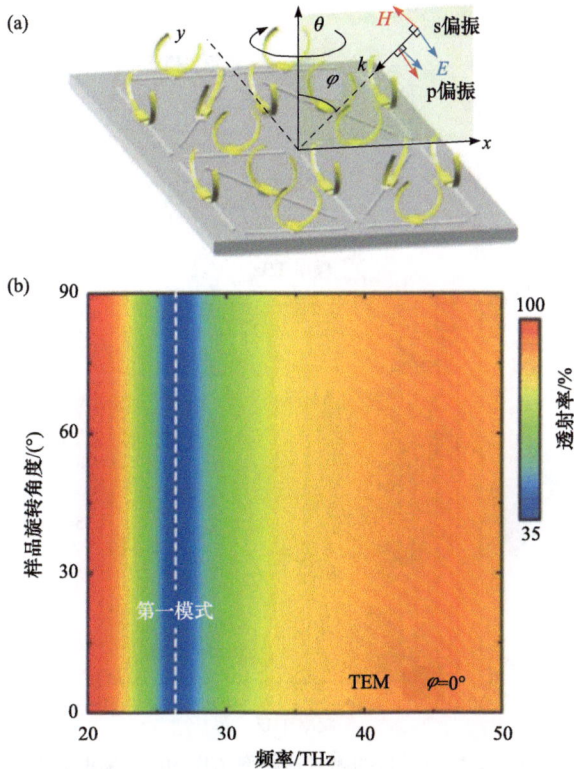

图 7.14 (a)测量装置示意图。使用三个变量指定照明条件；样品旋转 θ、入射角 φ 和 p 偏振或 s 偏振。(b)测量的各向同性超材料的透射率图作为频率和垂直入射样品旋转的函数(TEM 在 $\varphi = 0°$)。第一模式的谐振倾角位置由白色虚线表示

SRR 阵列相比，光谱倾角位置和强度略有偏移和降低(图 7.13(a))。这是由于周期性的不同，给出了不同的有效电容和密度，从而影响了谐振行为。

由于我们的各向同性超材料仅具有平面内对称性，因此对于倾斜入射可能没有完全的各向同性响应。然而，我们发现超材料中的 3D 立体结构有效地改善了沿 z 轴的对称性破坏，并且确实表现出准 3 轴各向同性响应，即使对于倾斜入射也是如此。这种情况如图 7.15 所示，对于 p 偏振和 s 偏振，第一模式在 $\varphi = 40°$时几乎保持不变。值得注意的是，由于各向同性超材料的透射光谱与模拟 SRR 阵列的透射光谱几乎相同(图 7.13(a))，因此其折射率应该具有相似的值。对于 p 偏振(图 7.15(a))，在两个臂之间具有同相电流的第二模式也在大入射角下被激

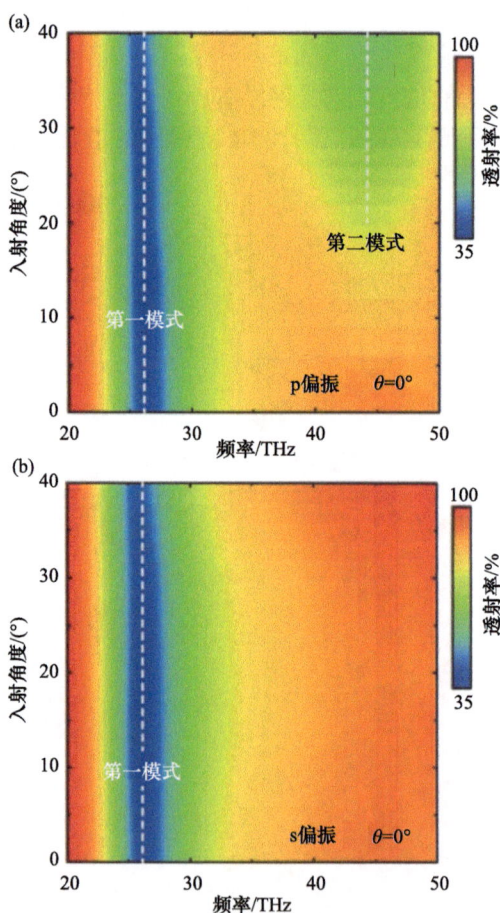

图 7.15 在 $\theta = 0°$时，各向同性超材料的测量透射率图作为(a)p 偏振和(b)s 偏振的频率和入射角的函数。即使对于样品旋转，准各向同性响应也是稳健的。第一和第二模式的谐振倾角位置由白色虚线表示

发[168]。由于这种模式只有沿 z 轴的电偶极矩，因此随着入射角 φ 的增加，共振倾角变得更加显著。另一方面，由于沿 z 轴没有电场，因此没有观察到 s 偏振的第二模式的激发(图 7.15(b))。请注意，即使样品旋转，这种准各向同性响应也非常稳定。因此，我们得出结论，我们由 3D SRR 制成的超材料对于任何横向旋转、偏振和高达 40°的入射角都是完全各向同性的。

总之，我们已经制造并表征了由金属应力驱动的自折叠方法形成的四重对称 3D SRR 组成的各向同性 IR 超材料。对于垂直入射时的任何横向旋转和偏振，都证明了明确的各向同性特性。尽管超材料的第三维缺乏对称性，但对于高达 40° 的入射角，这种各向同性的响应仍然保持不变。相应的数值模拟很好地再现了实验结果，揭示了 3D SRR 的电和磁相互作用对双各向异性响应起着至关重要的作用。这里介绍的制造技术原则上可以通过沉积多应力金属层和/或结合平坦化工艺扩展到堆叠的多层，从而允许构建更复杂的 3D 元原子以实现更多光学功能[169]。定制的光学响应也可以通过调整 2D 模板的尺寸来实现。此外，通过适当的光刻技术，例如光刻、电子束光刻或纳米压印，人们可以制造所需的光谱带超材料以用于大规模生产。因此，它可能具有实现 3D 光学超材料实际应用的巨大潜力。

7.4 超构透镜的应用

7.4.1 偏振成像系统

传统的偏振成像系统通常包括棱镜和波片等光学元件。这些系统通常设置复杂，且偏振对比度较低。超构透镜中纳米天线的偏振相关特性为偏振成像应用提供了巨大的内在优势。使用超构透镜能提供高偏振对比度的偏振成像应用[6,8]。

图 7.16(a)是基于几何相位设计的介电超构透镜，可以同时捕获同一视场内生物标本的两个光谱分辨图像[76]。因为几何相位是手性敏感的，所以在整个可见光谱内可以仅使用单个超构透镜与相机实现对生物标本的圆形二色性的探测。因此，超构表面的偏振设计中，允许在一对正交偏振态上施加两个任意且独立的相位分布[57,170-172]。该方法除了几何相位外，同时还利用了传播相位进行调制。

图 7.16(b)展示了一种由三个不同的超构透镜组成的小型超构器件。该器件可将光分割并聚焦在图像传感器的六个不同像素上，对应三种不同的偏振态[173]。该设备可用来捕获复杂偏振物体的图像，因此可用作近红外域的全斯托克斯偏振相机。Yang 等[175]已经使用类似的方法演示了 1550 nm 波长下的广义 Hartmann-Shack 偏振光束分析器，该方法允许同时测量光束的相位和空间偏振曲线。该超构表面阵列是硅基的，可以使用互补的金属氧化物半导体(CMOS)兼容工艺进行批量生产。

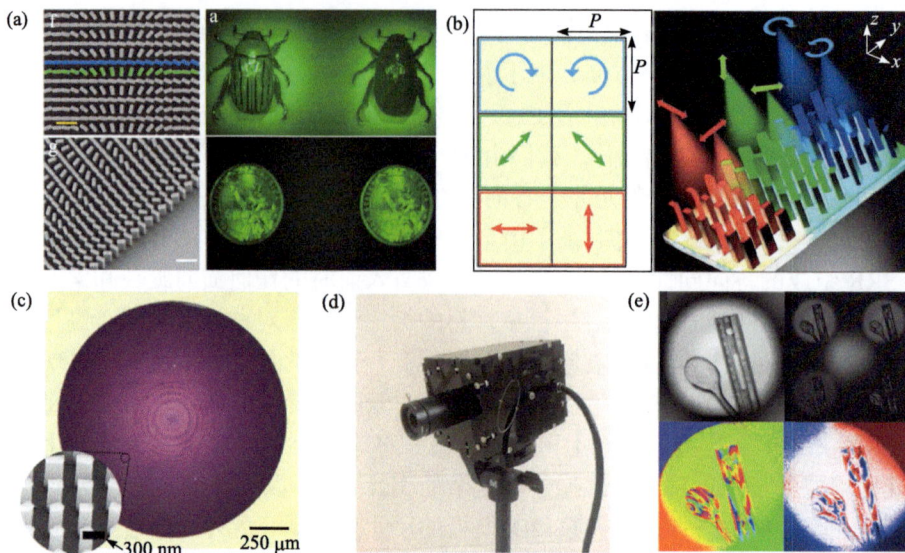

图 7.16　多光谱手性超构透镜。(a)顶部和侧面视图的扫描电子显微镜图像(左)，以及从甲虫(顶部)和一美元(底部)硬币的彩色相机捕获的图像(右)，其中左和右图像分别由左圆偏振和右圆偏振反射光形成[76]。版权所有 2016，美国化学会。(b)用于偏振相机的像素单元：选择三对独立的偏振基来测量每个像素单元阵列的斯托克斯参数(左)，三维像素单元分割并将不同偏振状态聚焦到不同的位置(右)[173]。版权所有 2018，美国化学会。(c)基于超构表面的光栅光学显微镜图像，插图：SEM 双折射二氧化钛纳米柱。(d)成像系统。(e)用偏振相机拍摄的塑料尺子和勺子[174]。版权所有 2019，美国科学促进会

　　Rubin 等[176]提出了一种矩阵傅里叶光学的概念，用于设计能实现任意偏振分析的超构表面光栅。基于这种超构表面光栅构建了一个小型全斯托克斯偏振相机。该系统没有额外的光学元件，同时提供了出色的偏振成像，如图 7.16(c)～(e)所示。在中红外域内，用全介电超构表面[174]和垂直堆叠等离子体超构表面[177]也实现了偏振成像。

7.4.2　相位成像系统

　　透明物体的相位成像是生物学研究和医学诊断中重要的光学成像方法。生物结构的细节可以通过相位对比揭示。边缘增强是一种相位成像技术，可以通过使用基于多个镜头和滤光片的空间微分或傅里叶变换来实现。结果表明，超构表面非常适合用于该应用。图 7.17(a)为用于直接微分图像的硅基超构表面[178]。超构表面微分器是 Si 纳米柱光子晶体，可以将来自物体的电磁波转换为其二阶导数，即 $E_{out} \propto \nabla^2 E_{in}$，允许直接边缘检测。这种新方法大大降低了光学系统的尺寸要求。

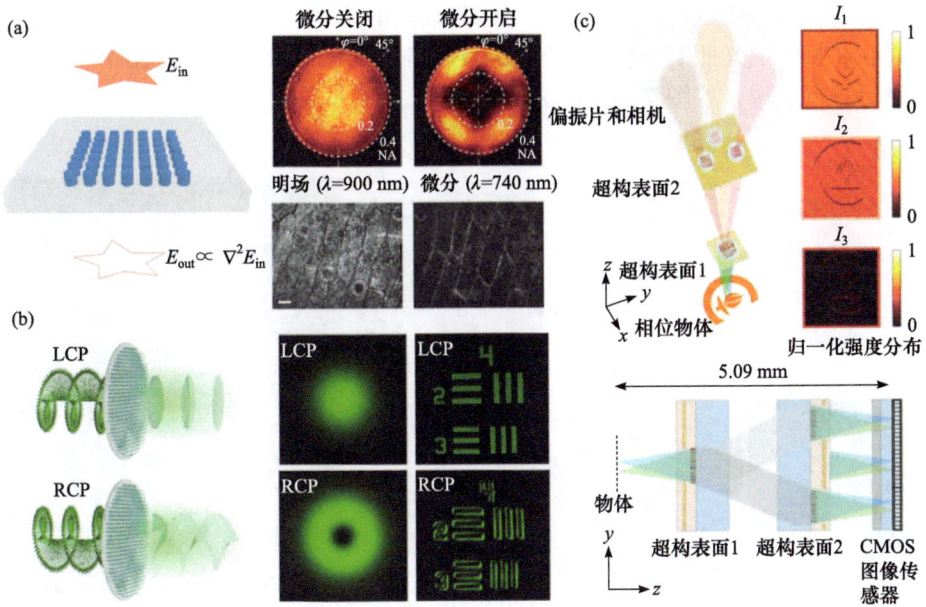

图 7.17 二维光子晶体器件。(a)器件(左)充当拉普拉斯算子(右)，用于测量后焦平面(上)和洋葱表皮细胞样品(下)图像[178]。版权所有 2020，施普林格自然。(b)自旋多路复用超构表面概念(左)，明场和相差成像模式之间的模拟和实验转换(右)[179]。版权所有 2020，美国化学学会。(c)定量相位显微镜(左上)三张微分干涉对比图，两层超构表面(右上)，小型化光学系统(下图)[180]。版权所有 2020，施普林格自然

图 7.17(b)显示了最近提出的一种基于自旋多路复用的超构表面成像系统，可实现螺旋相差成像[179]。该系统可以根据入射光的手性在明场和相差成像模式之间切换。定量相位成像可以提供准确的相位表征。传统光学中，实现这些功能需要一个复杂而笨重的光学干涉系统。图 7.17(c)所示为基于两个介电超构表面层和经典微分干涉对比方法的小型化定量相位显微镜[180]。基于该特定介电超构表面的多功能性，该显微镜可以同时获得三张微分干涉对比图像以形成定量相位梯度图像。光学成像系统的体积尺寸约为 1 mm³，这在生物医学成像和机器视觉的应用中非常有用。

7.4.3 光场相机

光场成像获取光场的高维出射信息。理想情况下，图像可以提供物体的位置、速度和光谱信息的空间坐标。图 7.18(a)所示为一种全彩色光场成像系统，该系统可以使用 GaN 消色差超构透镜阵列捕获多维光场信息(详情见 8.3.2 节)[181,182]。在传感平面捕获的多个图像提供了渲染图像的深度，如图 7.18(a)所示。通过光场成

像获得的物体深度也提供了物体在时间范围内的速度。这种全彩色光场光学系统可以在非相干白光照明下以约 1.95 μm 的衍射极限分辨率对 1951USAF 分辨率测试目标进行成像，如图 7.18(b)所示[181]。

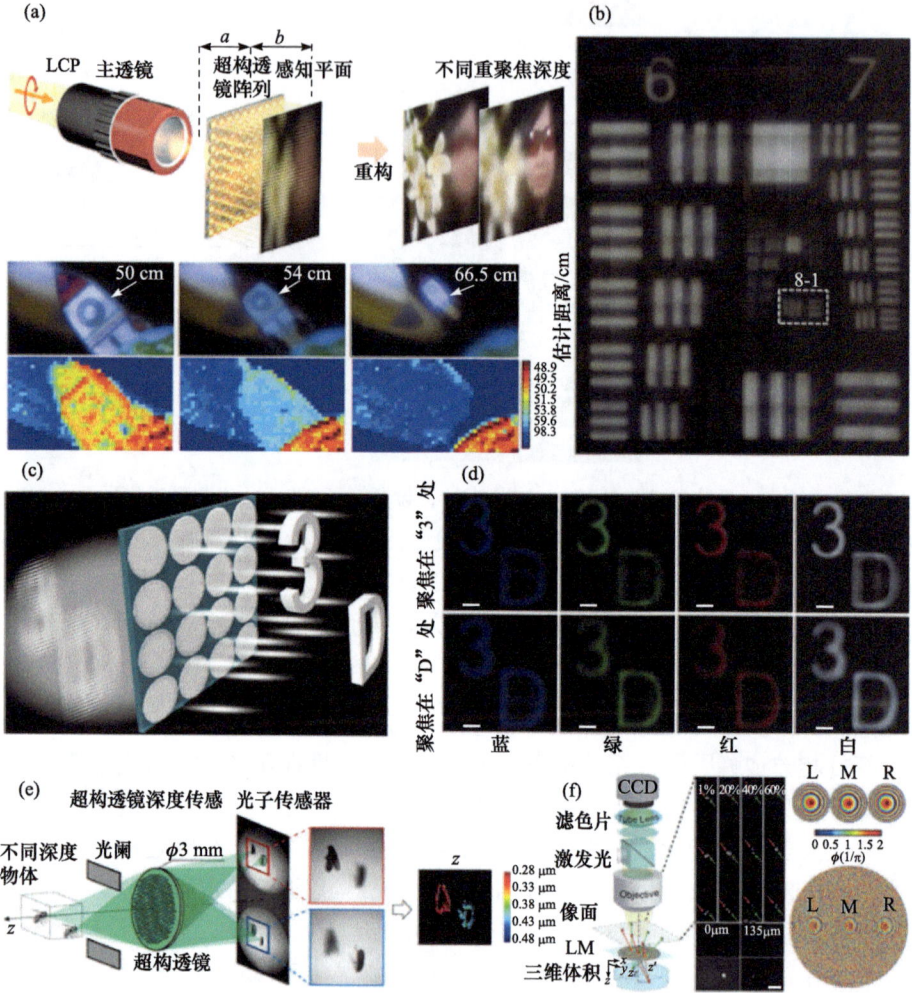

图 7.18　超构透镜光场应用：(a)光场成像和渲染图像(上)，聚焦于不同深度火箭的渲染图像(中)，相应的估计深度图(底部)；(b)由具有入射白光的消色差超构透镜阵列形成的渲染图像[181]。版权所有 2018，施普林格自然。(c)使用射入白光的消色差超构透镜阵列进行整体成像。(d)具有不同深度平面的重建图像[183]。版权所有 2019，施普林格自然。(e)深度传感器估计过程。[184]版权所有 2019，美国国家科学院出版。(f)光场超构表面成像不同(x, y, z)位置的两颗珠子[185]。版权所有 2019，美国化学学会

Fan 等[183]提出了用于捕获和重建光场信息的整体成像。其工作流程原理与光

场相机相反。如图 7.18(c)所示，积分成像使用计算算法对三维场景进行编码，并在自由空间中重建光学图像。偏振无关的氮化硅消色差超构透镜阵列用于可见光区域的重建，以渲染三维场景。这种超构透镜阵列可以实现衍射极限聚焦和白光积分成像，如图 7.18(d)所示。

Guo 等[184]提出了一种受蜘蛛复眼启发的深度感知方法。他们设计了一种超构透镜深度传感器，其中超构透镜通过光圈将光线分开，并从单个平面光电传感器的两半形成一对不同的散焦图像。然后采用一种有效的算法来计算这些图像的深度，如图 7.18(e)所示。这种方法在单次拍摄中可以捕获两个不同的图像，而不是按顺序捕获，并且需要相对较少的计算。

Holsteen 等[185]还提出了一种用于高分辨率单粒子跟踪的光场超构表面。表面集成三个超构透镜，在单个图像中实现三种不同的视角，并且可以通过测量两个外层颗粒图像之间的横向距离来获得深度信息(图 7.18(f))。这种方法可以实现同步三维成像，而无须对常规显微镜进行实质性修改，并且只需要在样品顶部添加图案盖玻片。

7.4.4 生物成像

对生物体细胞组织进行成像是实现对疾病的诊断、医药、细胞生物学等研究的重要一环。光学超构透镜有望应用到显微成像、激光治疗等应用中，替代由传统透镜组成的医疗、手术设备，实现上述设备的小型化。Tsai 的研究小组[186]提出了一种用于光学切片荧光显微镜的可变焦超构透镜，能提供生物医学研究的高对比度多平面图像。而利用集成纳米光子超构透镜可以为光片荧光显微镜(lightsheet fluorescent microscopy, LSFM)提供照明[187]。同时，Tsai 等[188]还设计了一种能产生突然自动对焦(abrupt autofocusing, AAF)光束的纳米光子超表面，能选择性地将光束能量传递到指定位置，展示了其应用在微型激光手术器械的巨大潜力。

7.4.4.1 用于光学切片荧光显微镜的变焦超构透镜

宽视场荧光显微镜是研究用于各种成像应用的生物样本的结构细节的基本技术[189-191]。然而，宽视场显微镜的图像对比度较差，因为离焦背景噪声会降低图像质量。已经引入了各种光学切片方法来获得具有高对比度的三维荧光图像[192-195]。在光学切片显微镜中，共聚焦显微镜[196,197]是最常用的，但存在逐点扫描的局限性[198]。作为共聚焦显微镜的替代技术，光学切片可以使用结构化照明成像计算实现[192,199,200]。在宽视场检测中实现精细光学切片能力的一种简单有效的方法是通过 HiLo 成像[201-203]。HiLo 显微镜是一种结构化照明技术，其中光学切片图像是从成对图像中计算获取的[204-206]。虽然 HiLo 显微镜可以提供高对比度的多平面图像，但它仍然需要在轴向扫描样本。然而，在长扫描范围内保持高对比度并非易事。显微镜中的可调谐透镜提供远程聚焦以避免移位干扰并提高轴向扫描速度[207]。通常，为了在光学系统中保持恒定的放大倍率，已使用传统变焦镜头的轴向位移。由于需要复杂的波前补偿以减少像差，因此变焦镜头的小型化是困难的。基于不同的物理机理，已经提出了一些可调焦透镜(TFL)[208,209]。最近使用的 TFL 包括液晶和弹性膜透镜。前者具有非即时响应、球面像差和非理想球面轮廓失真的局限性[210]。后者不仅具有上述限制，而且由于重力作用，在垂直方向上几乎不能使用。空间光调制器(SLM)和可变形反射镜等动态器件体积庞大，其像素化结构会导致低分辨率和不需要的衍射级。

　　Bernet 等提出了一种由两个具有互补相位分布的成对相位板组成的摩尔透镜[211-213]。两个板的组合相位相当于一个聚焦透镜，其焦距可以通过调整相互角而不是横向或轴向偏移来调整。传统光学通过在传播路径中的相位累积来塑造光波前，这不可避免地导致厚的光学元件和庞大的光学系统。因此利用超构透镜是克服这样缺陷的一种方法。在下文中，我们介绍了一种由两个互补的平面 GaN 超表面相位板组成的介电摩尔超构透镜，在可见光区域进行荧光生物成像中应用。由于其在可见光谱中具有低损耗和高折射率的天然材料特性[214,215]，GaN 适用于制造超构透镜。不同直径的圆柱形纳米柱用于构建摩尔超构透镜，以提供完整的 2π 相位要求，而不依赖于偏振。通过改变两个相位板之间的相互角，我们的超构透镜的焦距可以从～10 mm 调整到～125 mm，平均效率为～40%，波长为 532 nm。此外，我们通过 HiLo 显微镜，基于远心设计以及可变焦超构透镜，实验性地展示了离体小鼠绒毛组织样本的光学切片多平面图像。据我们所知，这是关于可变焦超构透镜在光学切片荧光显微镜中的应用第一份报道。我们的方法提供的具有恒定放大倍率的广泛可调性将有助于各种生物样品的多平面生物成像。

　　由一对平面超表面组成的摩尔超构透镜示意图如图 7.19(a)所示。摩尔超构透镜的焦距可以通过改变成对的超表面之间的相对角度来调整。超表面的相位分布是通过摩尔透镜方法的原理设计的[216]。不同直径的 GaN 纳米柱排列在蓝宝石表面以满足相位要求。在摩尔透镜方法的基础上，两个相同的超表面被设计并面对面放置，使得一个相对于另一个倒置[216]。超表面的相位分布如图 7.19(b)所示，根据以下方程：

$$\Phi_{\text{integral}}\left(r,\theta_0\right) = \text{round}\left(\frac{1}{\lambda \cdot F_0}r^2\right)\theta_0 \tag{7-15}$$

其中 λ 是工作波长，F_0 是参考焦距，r 是表面上的径向坐标，θ_0 是参考旋转角。round($\bullet$)函数将操作数的值转换为最接近的整数，以避免扇形效应[216]。通过成对超表面的相位调制光可以描述为

$$\Phi_{\text{integral}} = \Phi\left(r,\theta_0\right) + \left(-\Phi\left(r,\theta_0-\theta\right)\right) = ar^2\theta \tag{7-16}$$

其中 a 是一个常数，θ 表示成对的超表面之间的相对角度。为实现聚焦透镜的相位要求，可采用 a 为 $1/(\lambda F_0)$。在这里，我们设置 $a = 100$ mm^{-2}。可调焦距(f_θ)和相对角度(θ)之间的关系可以写为

$$f_\theta = \pi / (a\theta\lambda) \tag{7-17}$$

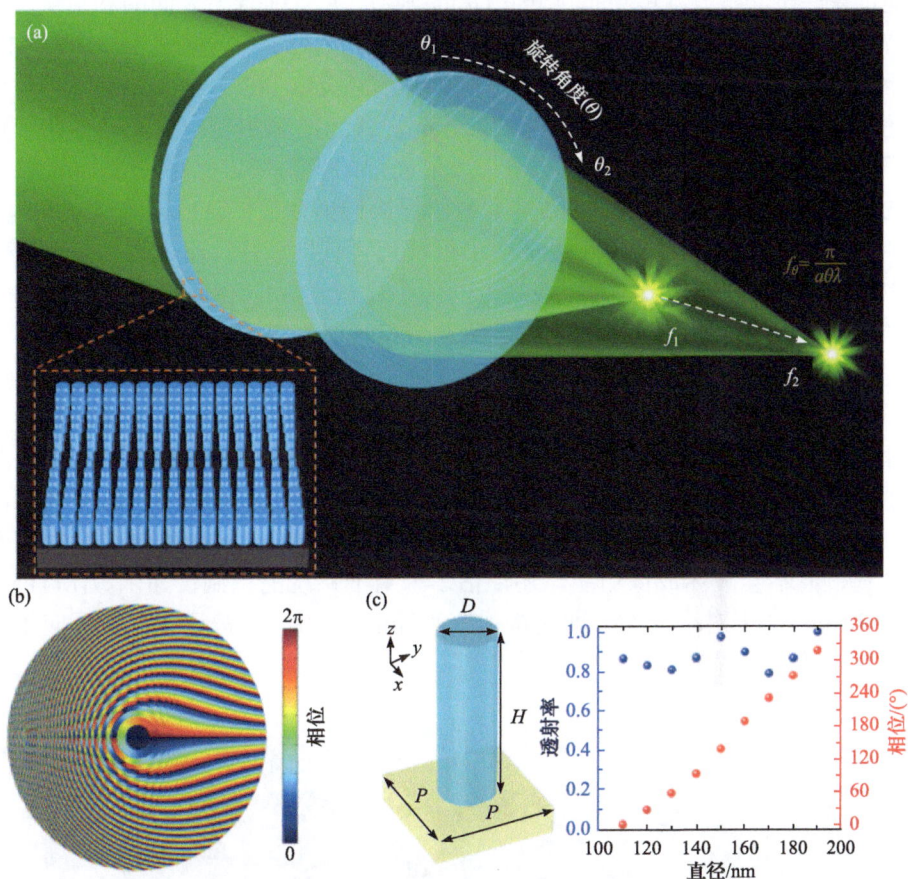

图 7.19　可变焦摩尔金属透镜的设计原理。(a)摩尔超构透镜示意图。焦距(f_θ)可以通过改变成对的超表面的相对角度来调整。(b)变焦透镜设计的超表面的相位分布。(c)在蓝宝石衬底上由高度为 800 nm(H)和周期为 250 nm(P)的 GaN 纳米柱组成的晶胞。不同直径 GaN 纳米柱的相应透射率和相位

　　在图 7.19(c)中，GaN 纳米柱的高度和每个晶胞的周期分别为 800 nm 和 250 nm。GaN 纳米柱的不同直径(D)，范围从 110～190 nm，可提供各种不同的相位和高达 80% 的高透射率。

　　我们利用电子束光刻(EBL)、等离子体增强化学气相沉积(PECVD)和电感耦

合等离子体反应离子蚀刻(ICP-RIE)来制造超表面[215]。制造的超表面的 SEM 图像如图 7.20(a)所示。超表面的直径为 1.6 mm。我们通过实验证明了在 532 nm 波长下成对超表面之间具有不同相对角度的摩尔超构透镜的性能。图 7.20(b)显示了在不同旋转角(θ=180°~350°)下以 30°的步长测量的摩尔超构透镜沿传播方向的聚焦光束轮廓。焦距是旋转角(θ)的函数，并且随着超表面的相对旋转角的增加而减小。点扩散函数的形状在 xz 平面上呈现拉长的椭球体。在图 7.20(c)中，焦距显示为旋转角度的函数，这与理论预测定性一致。在 λ = 532 nm 时，我们的超构透镜的可调焦距范围为 10~125 mm。我们的摩尔超构透镜的平均聚焦效率(定义为焦点区域的入射光功率与入射光源的光功率之比)在 532 nm 波长处约为 35%。此外，我们分别测量了摩尔超构透镜在 λ = 633 nm 和 491 nm 处的聚焦行为。通过焦点强度测量证明了可调焦距特性，并且还观察到了可见光谱中点扩散函数的负色散特性(即红光的焦距比蓝光短)。由于摩尔透镜是一个级联光学系统，在组装过程中不可避免地会出现对准偏差，因此必须考虑对准公差。先前研究了摩尔透镜在不同程度的横向错位下的透射函数变形[211]。证明了具有 2% 偏心且没有高像素间匹配水平的两个相位板仍然可以保持具有合理精度的聚焦功能。此外，摩尔透镜的点扩散函数在大错位下分裂[216]。为了量化未对准对我们系统的影响，我们在两个相位板的不同横向位移下对标准 1951 年美国空军(USAF)分辨率图进行了成像。事实上，轻微的错位会导致图像失真，但不会破坏成像功能。还评估了未对准系统的调制传递函数(MTF)。大约 70 μm 的未对准公差，即超构透镜直径的 4.4%，已被证明在实际应用中是可以接受的。

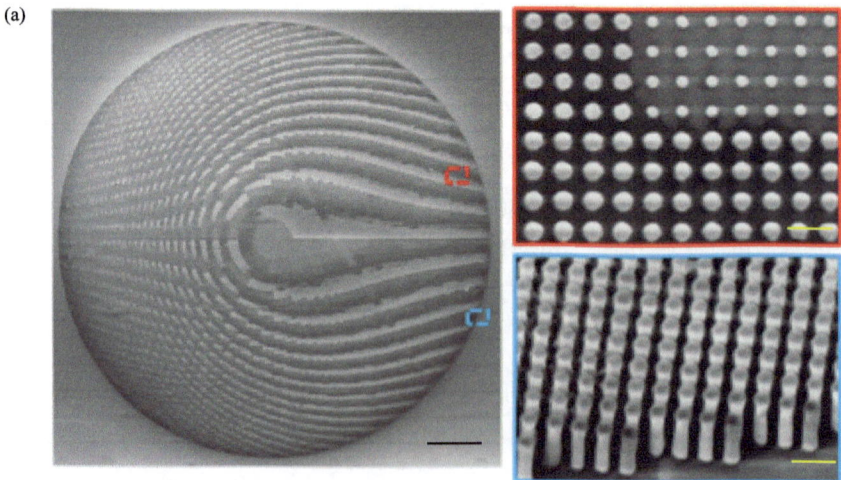

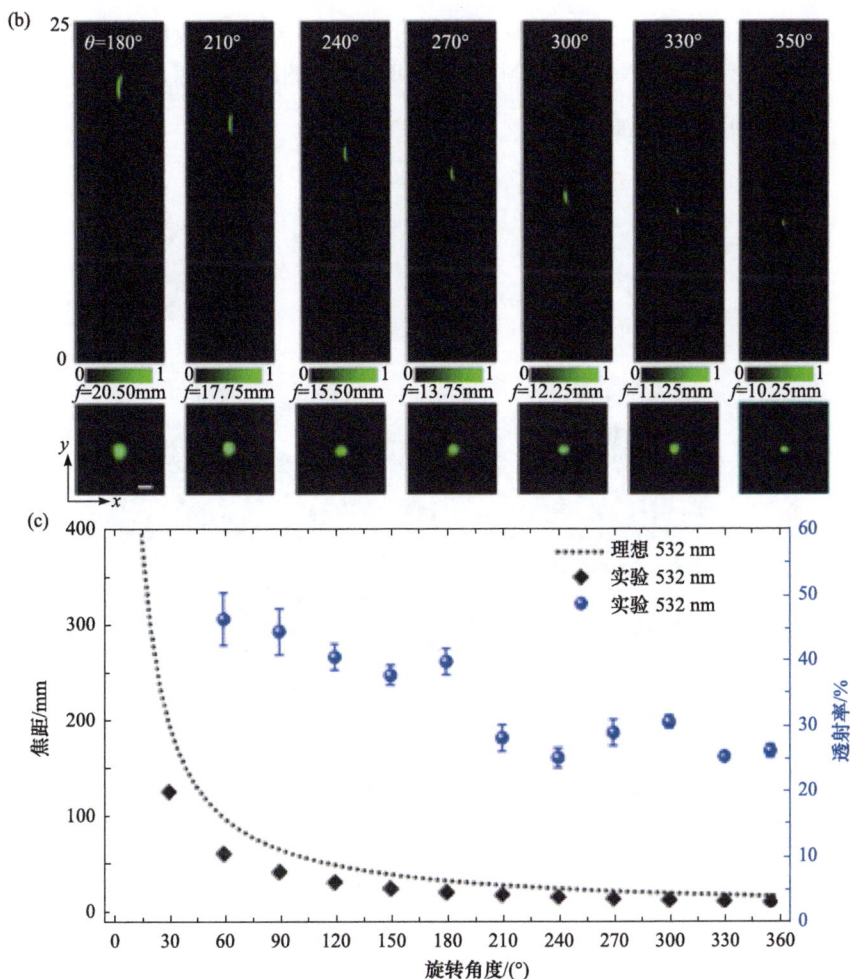

图 7.20 摩尔超构透镜的光学特性。(a)直径为 1.6 mm 制造的超表面的 SEM 图像。比例尺：200 μm。超表面晶胞的顶视图(红色方块)和平铺视图(蓝色方块)放大的 SEM 图像。比例尺：1 μm。(b)在 $\lambda = 532$ nm 的成对超表面的不同相对旋转角($\theta = 180° \sim 350°$)下，实验测量的摩尔超构透镜和相应焦点(底部图像)的聚焦行为。比例尺：100 μm。(c)在不同相对旋转角度($\theta = 30° \sim 350°$)下，摩尔超构透镜($\lambda = 532$ nm)的实验及理论焦距及测量效率

远心设计是基于图像的光学计量的一项重要技术，因为它具有无视差成像的优点[217]。为了获得生物样本的高质量图像，均匀的放大倍率和照明是必不可少的。显微镜系统中远心配置的直接好处是它提供了扩展的轴向扫描范围，在整个焦深范围内具有均匀的放大倍率和图像对比度[207,218]。图 7.21 显示了我们设计的基于摩尔超构透镜的显微镜在远心配置中。如图 7.21(a)所示，透射光由物镜(Mitutoyo, BD Plan Apo 20 ×，NA = 0.42)收集并通过设置的 4f 中继透镜。摩尔超构透镜位于

前物镜的傅里叶平面上，用于调整系统中的焦距。通过管透镜(Mitutoyo，BD Plan Apo 5×，NA = 0.14)收集具有均匀放大率和对比度的所得图像，并投影到电荷耦

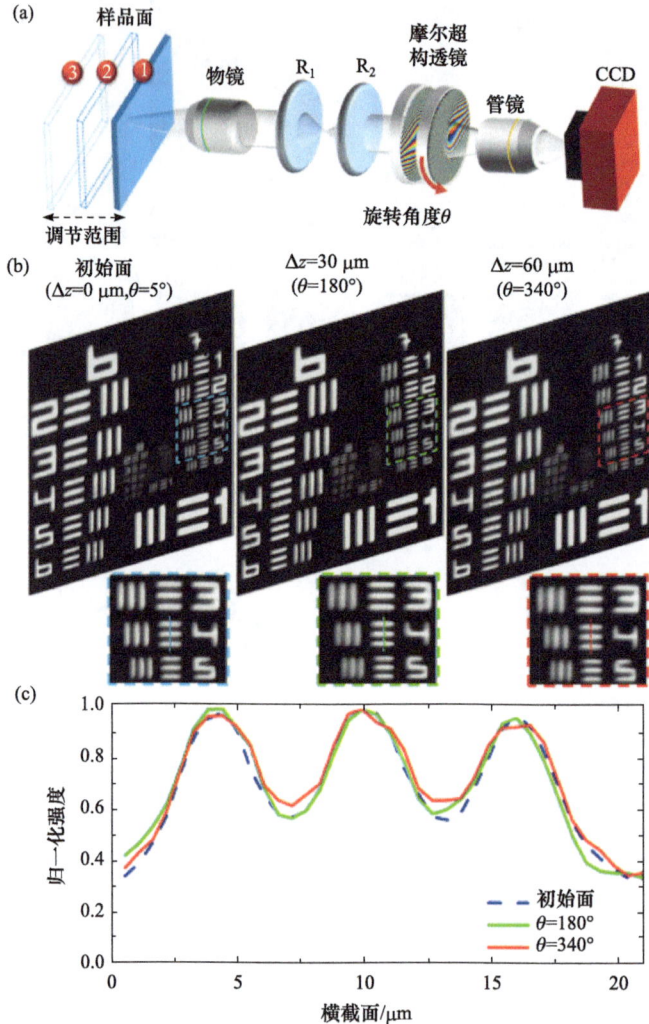

图 7.21　基于摩尔超构透镜的显微镜中的不变放大图像，采用远心设计。(a)焦点调整期间不变放大率成像的实验装置。在远心设置中，我们的摩尔超构透镜位于物镜的傅里叶平面上，以获得均匀的放大率和对比度图像。(b)1951 年美国空军分辨率图在不同焦平面($\Delta z = 0\ \mu m$、$30\ \mu m$ 和 $60\ \mu m$)处的三个对焦图像，通过调整摩尔超构透镜的相对角度。(c)分别在 $\Delta z = 0\ \mu m$(左)，$\Delta z = 30\ \mu m$(中)和 $\Delta z = 60\ \mu m$(右)处沿虚线的横截面的归一化强度。蓝色、绿色和红色曲线的 MTF 定义为$(I_{max} - I_{min})/(I_{max} + I_{min})$，分别为 0.28、0.28 和 0.23。$I_{max}(I_{min})$是沿横截面轮廓的最大(最小)强度

合器件(CCD，Prosilica GE1650)上。通过摩尔超构透镜在远心设计中的物平面偏移距离可以写为

$$\Delta z = \frac{n}{M^2} \frac{f_r^2}{f_\theta} \tag{7-18}$$

其中 n 表示样品空间的折射率，M 是前物镜和第一中继透镜(R_1)(Thorlabs，消色差双合透镜，$f = 100$ mm)的有效放大倍率，f_r 表示第二中继透镜(R_2)的等效焦距，f_θ 是我们的摩尔超构透镜的可调焦距。由于摩尔超构透镜位于傅里叶平面，R_2 和摩尔超构透镜的组合可以被认为是一个复合透镜，其焦距相当于中继透镜(R_2)的焦距[207]。根据式(7-17)，物平面的扫描范围可描述为

$$\Delta s = \Delta z_{max} - \Delta z_{min} = \frac{n}{M^2} \frac{f_r^2 a\lambda}{\pi}(\theta_{max} - \theta_{min}) \tag{7-19}$$

扫描范围(Δs)和相对旋转角度($\Delta \theta$)之间的关系是线性的。使用绿色激光光源($\lambda = 532$ nm)对 USAF 分辨率目标分辨率图表进行成像，以测试基于摩尔超构透镜的显微镜的成像性能。在图 7.21 中可以很好地观察到分辨率目标上第 7 组元素 6 处 2.19 μm 的最小特征。在该实验中，焦平面的位移与摩尔超构透镜的旋转角呈线性比例。为了在整个轴向扫描期间检查系统的恒定放大倍率，在图 7.21(b)中比较了相同的感兴趣区域，该区域还显示了美国空军分辨率目标(第 7 组的元素 3～5)在不同位置的放大对焦图像从 $\Delta z = 0$ μm 到 $\Delta z = 60$ μm 的深度(对应于从 5°～340°的旋转角)。单元 4 的归一化强度分布绘制在图 7.21(c)中，这表明我们的成像系统的图像质量(放大率和对比度)在轴向扫描期间保持不变。

在我们的实验中，我们应用了 HiLo 成像过程来获取光学切片图像。对焦点对准的 Hi 和 Lo 图像都获得了光学切片图像 i_{os}，如下所示：

$$i_{os} = Hi(x, y) + \eta Lo(x, y) \tag{7-20}$$

其中 η 是组合 Hi 和 Lo 图像的缩放常数。我们实验中 η 的典型值在 0.6～1.5 范围内。

构建了基于摩尔超构透镜的远心照明荧光显微镜，如图 7.22(a)所示。摩尔超构透镜位于傅里叶平面上，并通过数字反射镜设备(digital mirror device, DMD)生成结构化照明。荧光微球(Fluoresbrite YG 微球，直径 45 μm，Polysciences)在均匀和结构化照明(不同空间频率为 34 lp/ mm 和 13.5 lp/mm 分别由 DMD 产生)，如图 7.22(b)所示。如图 7.22(c)所示，在聚焦微球处可以很好地观察到投影的网格图案。我们的显微镜在结构化照明下的实验测量光学切片能力如图 7.22(d)所示。对于对应的空间频率为 34 lp/mm 和 13.5 lp/mm 的两个网格图案，光学切片能力的半高全宽(full width at half-maximum, FWHM)分别为 ～7.5 μm 和 29.25 μm。注意到更高的空间频率提供了更精细的光学切片能力。图 7.22(e)显示了通过 HiLo 原理使用空间频率为 34 lp/mm 的网格图案获得的光学切片荧光图像。图 7.22(f)显示

了均匀(即宽场)和 HiLo 处理图像之间沿虚线的强度分布的比较。在 HiLo 成像过程中，离焦背景噪声得到显著抑制，微球的焦距光学切片图像清晰可见。

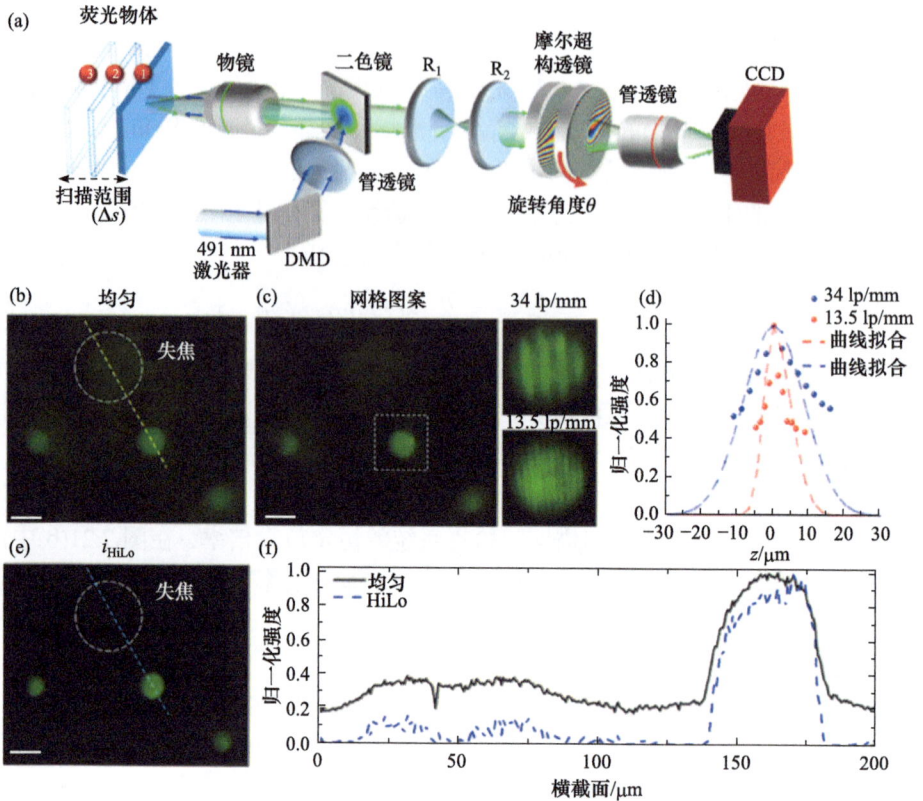

图 7.22 使用基于 Moiré 超构透镜的显微镜和 HiLo 原理的微球荧光图像。(a)基于具有可变焦点摩尔超构透镜的远心照明荧光显微镜的实验装置。(b)均匀照明和(c)结构化照明下 45 μm 微球的荧光图像。比例尺：45 μm。插图显示了使用 34 lp/mm(顶部)和 13.5 lp/mm(底部)的网格图案的荧光微球的放大图像。(d)显微镜对 34 lp/mm(红色标记)和 13.5 lp/mm(蓝色标记)两种网格图案的光学切片能力。(e)使用 34 lp/mm 的网格图案通过结构化照明获得的荧光微球的 HiLo 处理图像。比例尺：45 μm。(f)均匀(b)和 HiLo 图像(e)之间沿虚线的强度分布比较

我们通过对荧光标记的小鼠肠道组织样本进行成像来评估我们基于 Moiré 金属透镜的显微镜分辨体积样本的性能。图 7.23(a)显示了在三个不同深度的均匀照明下肠道样本绒毛的离体图像。通过将摩尔超构透镜的旋转角度从 5°改变到 340°，可以获得三种不同的焦深，最大可调焦距约为 75 μm。由于均匀照明下厚样品的性质，雾度明显可见。图 7.23(b)显示了雾度的显著去除，并且通过 HiLo 成像过程获得了绒毛的光学切片图像。离焦背景噪声被显著抑制，同时清晰地观察

到绒毛的聚焦精细结构。为了定量分析，我们测量了不同深度的均匀照明和 HiLo 处理图像的强度横截面，如图 7.23(c)所示。得到的图像中的详细结构具有良好的信背景比。

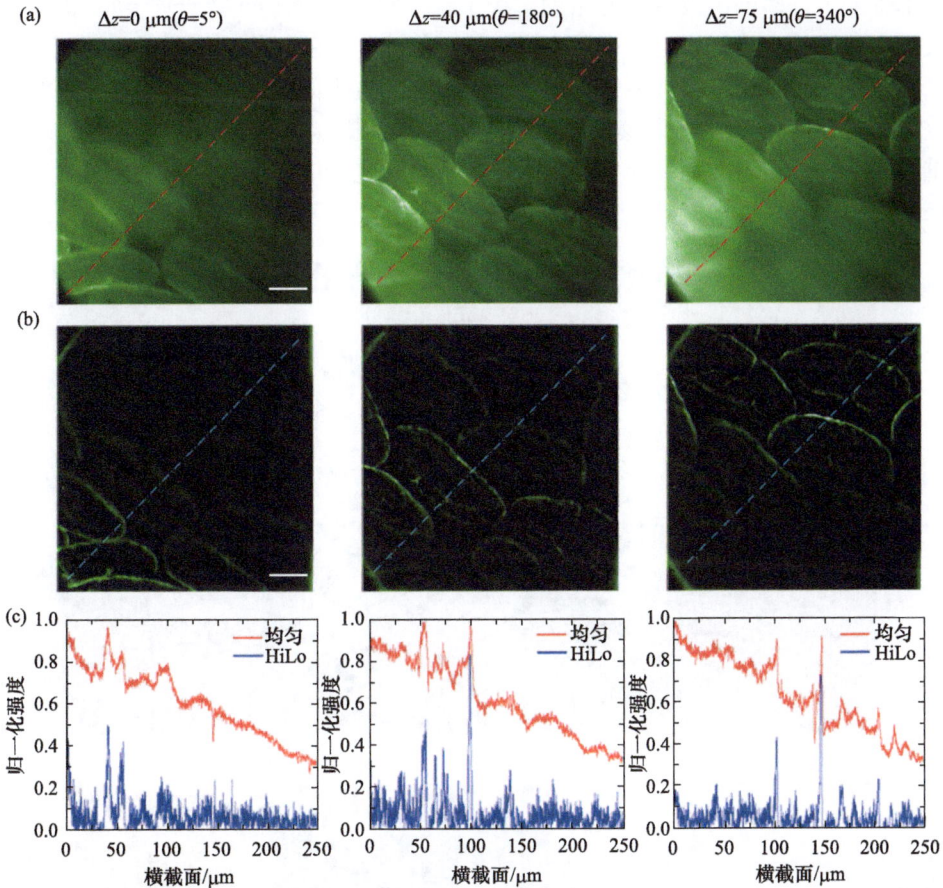

图 7.23　不同深度肠道组织样本的离体图像。(a)通过旋转超表面之间的相对角度获得在三个不同深度($\Delta z = 0$ μm，$\Delta z = 40$ μm 和 $\Delta z = 75$ μm)的均匀照明下的绒毛荧光图像。(b)HiLo 处理了三个相应深度的绒毛图像。比例尺：25 μm。(c)均匀照明图像(红线)和 HiLo 处理图像(蓝线)中沿虚线的强度横截面，Δz 分别为 0 μm、40 μm 和 75 μm

7.4.4.2　用于活体成像的超构透镜光片荧光显微镜

活体标本中精细结构的荧光成像为了解生物学和临床应用中的细胞和亚细胞动力学提供了一种强有力的方法。在当前的显微成像系统中，光片荧光显微镜(LSFM)[219-224]已成为近年来用于此目的的领先技术。在使用 LSFM [219-221]进行测量时，通常使用薄光片对样品进行侧面照明，束腰小于目标样品的特征尺寸，以

高速方式提供光学切片能力。然后可以沿着与光片激发平面正交的检测轴观察来
自照明部分的荧光图像。由于激发和收集之间独特的正交方案，LSFM 具有多种
优势，包括宽视场(FOV)、高图像分辨率和低光损伤[221,222,225,226]。这种高效的成像
技术带来了许多前沿发现，并帮助解决了各个领域的许多问题[222,226-228]。然而，
LSFM 独特的实验配置也带来了许多挑战。构建先进的成像系统通常需要庞大的
光学元件，而对于构建微型 LSFM 系统[229-231]，这个问题更为严重。这是因为笨
重的激发/成像光学组件以及样品架需要在非常有限的空间内集成在一起。这也严
重限制了放置和追踪生物样本的空间。有效解决这个问题的一个有希望的途径是
在系统中引入超表面光子学[33,94,181,232-242]。

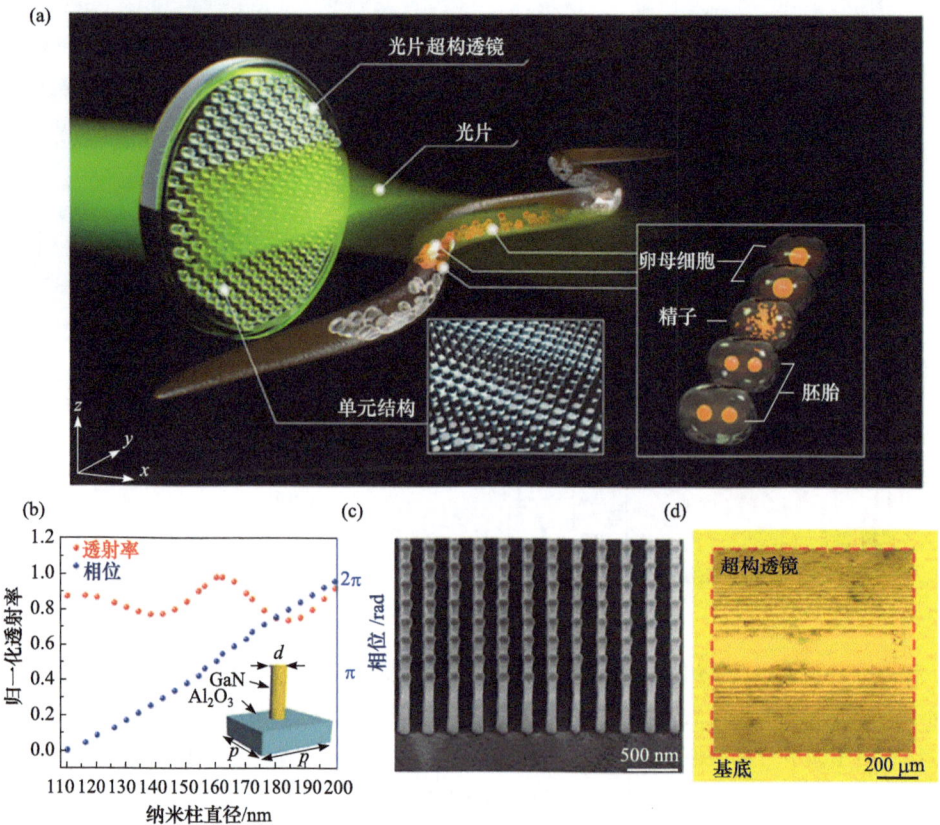

图 7.24　用于光片荧光显微镜(LSFM)的超构透镜。(a)用于线虫荧光成像的 LSFM 示意图。超
　　　构透镜由 800 nm 介电纳米柱组成，用于局部调制相位。插图显示了秀丽隐杆线虫中卵母细
　　　胞、精子和胚胎的荧光图像示意图。(b)不同直径纳米柱的相位调制(蓝点)和传输(红点)的模拟
　　　结果。插图：纳米柱的几何参数。d：直径。p：晶胞的周期，300 nm。纳米柱的高度为 800 nm。
　　　　(c)光片超构透镜中纳米柱的标题扫描 SEM 图像。(d)光片超构透镜的光学显微镜图像

在这里，我们证明了通过集成光片超表面透镜(称为光片超构透镜)来对活的秀丽隐杆线虫(Caenorhabditis elegans)进行成像，可以显著降低 LSFM 系统的复杂性，如图 7.24(a)所示。我们开发了一种超薄超构透镜，可将 LSFM 中照明臂的尺寸从几十厘米显著缩小到工作波长。我们还证明，通过精心制作的纳米光子超构透镜，光片显微镜可以具有非常紧凑的尺寸，并且具有与其传统对应物相当的成像能力。

如图 7.24 所示，光片超构透镜由光刻定义的 GaN 纳米柱组成，作为亚波长谐振器，可以局部调制光学相位。为了证明配备提出的光片超构透镜的 LSFM 系统的成像能力，对活的秀丽隐杆线虫中的细胞结构进行了荧光成像(图 7.24(a))。秀丽隐杆线虫是人类疾病研究[243,244]、药物发现[245]和发育生物学[246]研究中的重要模式生物。除了较短的生命周期和简单的身体计划外，透明的身体还可以直接观察带有荧光标签的亚细胞动态。然而，由于长宽比大(可以大于 200)，在整个动物上创建光学切片的适当照明具有挑战性。因此，尽管 LSFM 已成功用于追踪快速胚胎发育[247]和整个动物的运动[248,249]，但使用高分辨率活体秀丽隐杆线虫亚细胞动力学的体内成像紧凑的 LSFM 系统可能要求很高。因此，设计良好的光片对于实现良好的光学切片以及低离焦噪声至关重要。另一个问题与实现能够有效修复、识别和跟踪微小 C. elegans 的 LSFM 系统的难度有关。由于超表面光学在纳米尺度上设计光学功能的自由度很大，因此生产具有光片参数的超构透镜是可行的。此外，光片超构透镜的超紧凑尺寸为系统设计提供了灵活性，该系统具有适当的空间来跟踪和修复小型秀丽隐杆线虫。通过这种方式，超构透镜能够在适当的照明条件下对活的秀丽隐杆线虫进行成像。成熟的秀丽隐杆线虫通常长约 1 mm，宽约 50 μm。感兴趣的结构，例如卵母细胞和胚胎，只有几十微米。因此，为了提供合适的照明条件，超构透镜的长度、束腰和 FOV 分别设计为 1 mm、6 μm 和 105 μm。

为了实现所提出的具有纳米级厚度的光片超构透镜，设计一组可以覆盖整个 2π 相位范围的 GaN 纳米柱是关键问题。商用 FDTD 软件 CST 用于模拟不同直径的 800 nm GaN 纳米柱的特性。在光照下，纳米柱中诱导的类波导模式可以有效地调制输出光的相位。通过改变纳米柱的直径，成功实现了纳米柱的全 2π 相位调制范围(图 7.24(b)中的蓝色数据点)和高透射率(>73%，图 7.24(b)中的红色数据点)。值得注意的是，与我们之前设计中使用的晶胞不同[79,94,233]，纳米柱是圆对称的，因此它们在正常光照下对偏振态不敏感。纳米柱的偏振无关特性确保光片超构透镜不需要任何额外的偏振分量。在光片超构透镜的设计中，相位分布是通过数值计算的。超构透镜包含超过 1000 万个不同直径的纳米柱，根据相位分布沿基板表面排列。得到的光片超构透镜长 1 mm，使用电子束光刻技术制造，然后在 800 nm GaN 薄膜上进行蚀刻工艺[56]。光片超构透镜中 GaN 纳米柱的扫描电子显微镜(SEM)图像和光片超构透镜的光学显微镜图像分别如图 7.24(c)和(d)所示。

我们通过使用嵌入琼脂中的荧光珠，对为体积样品准备的配备超构透镜的

LSFM 的成像能力进行了测试。荧光珠被广泛用于测量系统性能以及光学切片能力。在我们的实验测量中，使用 532 nm 激光进行激发。图 7.25(a)和(b)分别显示了使用和不使用光片超构透镜拍摄的荧光图像的比较。在图 7.25(a)中，通过超构透镜产生的光片，只有一个珠子(直径：15 μm，Fluoresbrite® YG 微球，Polysciences)被激发并观察到。相反，在去除超构透镜后，观察到离焦珠的离焦背景噪声(图 7.25(b)中以橙色圆圈突出显示)，表明在没有光片照明的情况下光学切片能力较差。为展示系统的 3D 扫描能力，样品架沿轴向(即 z 轴)进行扫描，并相应记录不同深度的珠子的荧光图像。如图 7.25(c)所示，在沿 z 轴扫描光片时，可以看到三个单独

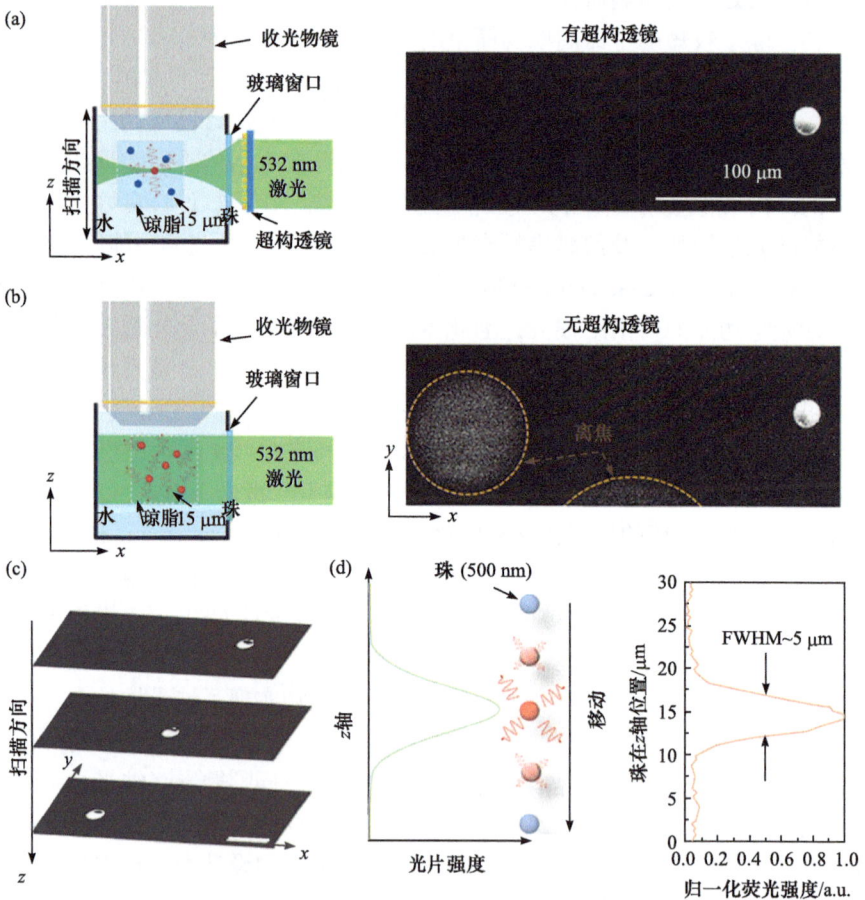

图 7.25　配备超镜头的 LSFM 系统的表征。使用 15 μm 荧光珠(a)带和(b)不带超构透镜的成像性能比较。(a)和(b)中的左侧面板是设置的示意图，相应的荧光图像显示在右侧面板中。(c)光片沿 z 轴扫描(使用超构透镜)，可以在三个不同的层观察到三个单独的珠子，没有任何明显的离焦背景。(d)使用 0.5 μm 荧光珠进行光学切片能力测试。左图：测量示意图。右图：不同位置对应的荧光强度分布

的荧光珠没有任何离焦背景的不同图层。此外，琼脂中的 0.5 μm 荧光珠用于通过沿 z 轴逐渐扫描来测量我们的 LSFM 系统的光学切片能力(轴向分辨率)。沿轴向扫描的荧光强度示意图和实验测量如图 7.25(d)所示。在图中观察到类似高斯的强度分布，曲线的半高全宽(FWHM)约为 5 μm。因此，我们总结了该系统显示一般 LSFM 系统的本质优势，它可以用于荧光标本的成像。

　　为了证明该系统在细胞水平上对活体动物进行荧光成像的能力，我们通过检查活的秀丽隐杆线虫的种系来证明对发育过程的观察。秀丽隐杆线虫种系在不同发育阶段表现出一系列生殖细胞核，如图 7.26(a)所示。将麻醉的线虫固定在一块琼脂上，然后转移到配备超构透镜的 LSFM 装置下进行观察。详细的蠕虫操作程序可以在方法部分找到。为了检查我们的 LSFM 系统对活的秀丽隐杆线虫成像的性能，在不同的荧光下，使用 mCherry[250]或绿色荧光蛋白(GFP)[249]标记的组蛋白来标记生殖细胞核，如图 7.26 和图 7.27 所示。在实验中，mCherry 和 GFP 的激发波长分别为 532 nm 和 491 nm。在明场下，观察活蠕虫的种系通常会被旁边延伸的其他内部器官所阻碍，主要是肠道(图 7.26(c))。此外，由于肠道细胞经常产生自发荧光信号，因此当肠道位于性腺和目标之间时，对生殖细胞核荧光的观察通常会受到干扰。在 LSFM 图像中，即使将蠕虫放置在这样的方向(图 7.26(b)、(d)和 7.27(b)、(e))，也可以清楚地区分单个生殖细胞核以及发育胚胎中的细胞核。图 7.27(a)显示了活的秀丽隐杆线虫的明场图像。从超构透镜 LSFM 获得的高对比度胚胎图像如图 7.27(b)所示，而宽视场荧光图像如图 7.27(c)所示。图 7.27(d)～(f)显示了与图 7.27(a)～(c)中所示的虚线框区域相应的放大图像。因此，具有超构透镜的 LSFM 可以有效地为光学切片提供适当的照明。即使使用低量级目标(20×，NA：0.5)，也可以清楚地识别单个卵母细胞直径约 8 μm 的细胞核(图 7.26(d))。结果还表明，该系统显示了秀丽隐杆线虫的单细胞规模分辨率。沿图 7.26(b)和(c)中绘制的线的强度横截面分布如图 7.26(e)所示。明场图像的强度分布没有显示出特定的特征。然而，LSFM 的强度分布显示了卵母细胞的清晰分布。这种比较证实了我们的系统具有实时观察具有细胞分辨率的秀丽隐杆线虫体内图像的良好能力。此外，如图 7.27(b)所示，在 LSFM 图像中可以清楚地区分线虫晚期胚胎中的单个细胞核。

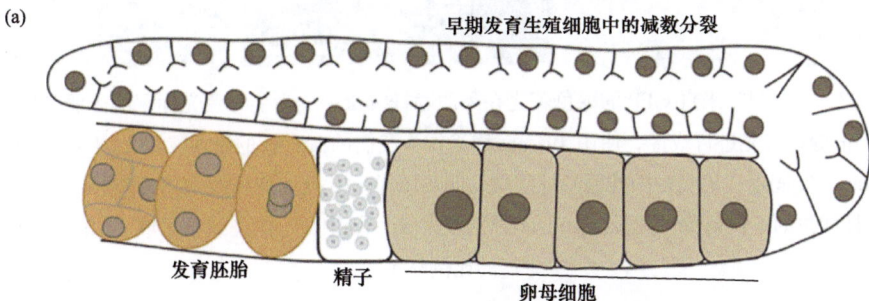

(a)

早期发育生殖细胞中的减数分裂

发育胚胎　　　精子　　　卵母细胞

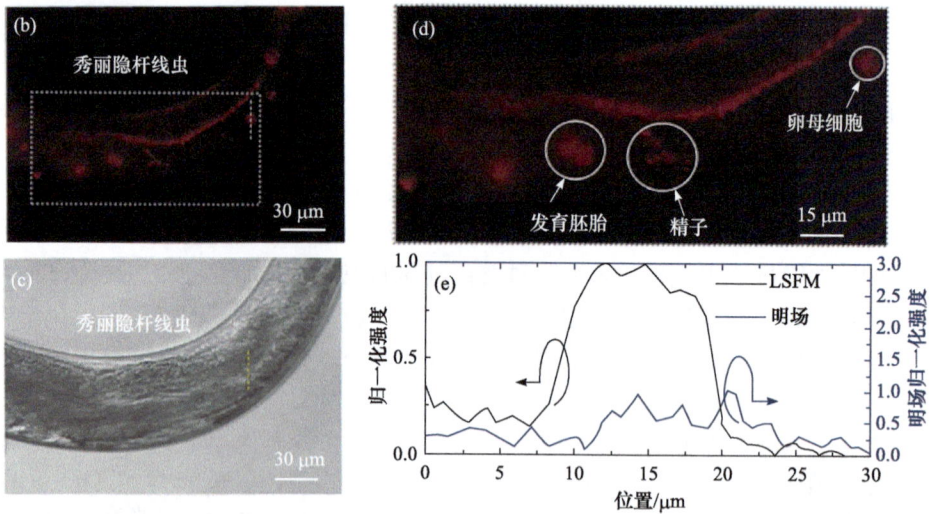

图 7.26　秀丽隐杆线虫中 mCherry 标记的卵囊和胚胎的体内荧光图像。(a)秀丽隐杆线虫的示意图。(b)固定在琼脂中的秀丽隐杆线虫的 LSFM 图像。(c)秀丽隐杆线虫的明场图像。(d)相应的放大 LSFM 图像。(e)分别沿着(b)和(c)中绘制的线的强度横截面。(b)和(c)以相同的比例显示

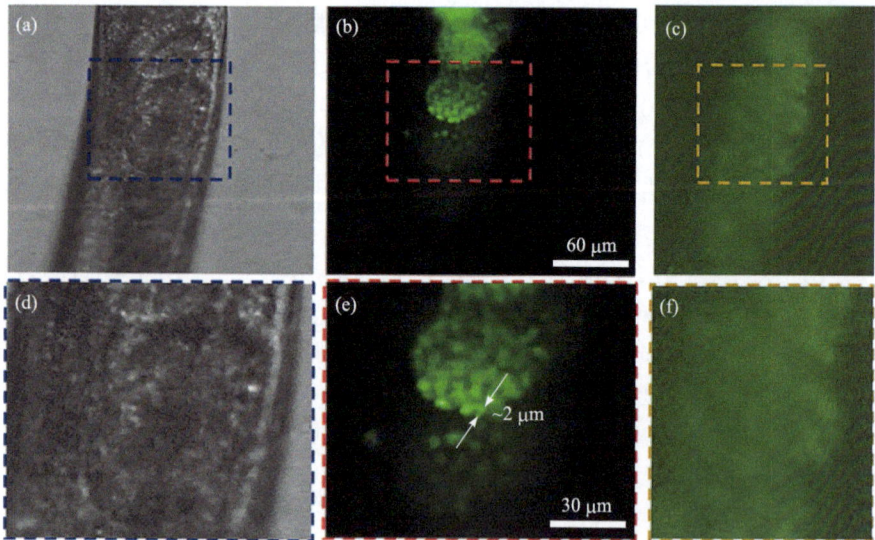

图 7.27　体内观察来自 GFP 的绿色荧光在秀丽隐杆线虫中。为了对荧光标记的秀丽隐杆线虫发出的绿色荧光进行成像，使用 491 nm 激光作为我们的 LSFM 的激发。荧光的峰值波长为517 nm。(a)固定在琼脂中的秀丽隐杆线虫的明场图像。(b)秀丽隐杆线虫的 LSFM 图像。(c)秀丽隐杆线虫的宽视场荧光图像。(d)~(f)分别放大(a)~(c)中所示的虚线框区域。(d)~(f)以相同的比例显示

此外，为了研究移动物体的光学切片能力，我们检查了我们的系统以观察晚期秀丽隐杆线虫胚胎，它们在卵内表现出持续的抽搐和旋转，如图 7.28 所示。晚期胚胎(图 7.28(a))在单个细胞核之间显示出低对比度和差的区别。相反，具有超构透镜的 LSFM 以图 7.28(b)中的良好对比度捕获胚胎运动。图 7.28(c)显示了将信号与背景及宽视场荧光显微镜和我们的 LSFM 系统的强度横截面，并进行比较。在体内晚期秀丽隐杆线虫胚胎成像的延时动画中，可以清楚地观察到在 200s 内持续抽搐和旋转的结构变化(详情可参考 https://doi.org/10.1515/nanoph-2021-0748 中的补充视频材料)。总之，实验结果进一步证实了我们配备超构透镜的 LSFM 系统在多色成像应用中的能力，这对各种生物医学研究领域具有根本意义[247]。值得注意的是，我们配备超构透镜的 LSFM 系统显示出与传统 LSFM 相当的图像能力，传统 LSFM 使用物镜和传统柱面透镜的组合作为照明臂。与传统 LSFM 中使用的照明臂的长度相比，超构透镜的厚度明显更薄。因此，整个 LSFM 系统可以显著小型化，同时对目标生物样本保持类似的成像能力。

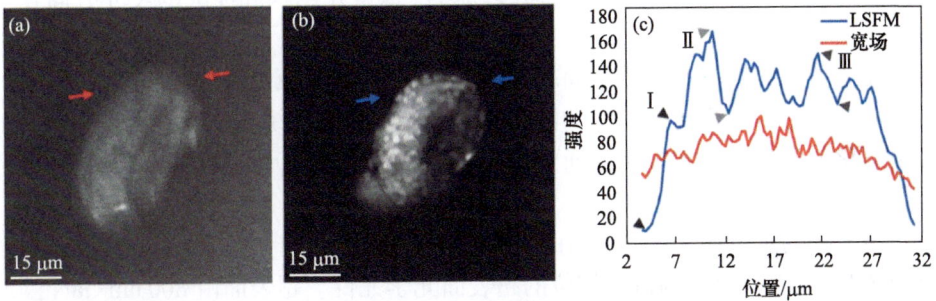

图 7.28 发育中胚胎的体内荧光图像。(a)胚胎的宽视场荧光图像。(b)固定在琼脂中的胚胎的 LSFM 图像。(c)分别沿着(a)和(b)中绘制的线的强度横截面。Ⅰ、Ⅱ和Ⅲ表示胚胎内部的三个不同位置，使用配备超构透镜的 LSFM 的对比度值分别为 77%、24% 和 15%，而使用宽视场荧光显微镜的对应值分别为 14%、6%和6%。(a)和(b)以相同的比例显示

目前，该超构透镜仅用于照明；然而，通过进一步的实验，可以实现使用超构透镜进行检测和激发的 LSFM 系统。这项工作中讨论的减小仪器尺寸的技术不仅有利于研究级显微镜，而且有利于教学和工业用途的紧凑型显微镜，例如用于并行成像的多头显微镜。

7.4.4.3 用于生物医学应用的超表面产生的突然自动聚焦光束

光束在医学科学的各种应用中发挥着重要作用，包括治疗、诊断、荧光引导成像和手术[251]。近年来，激光手术已成为眼科和皮肤科的主要临床方式[251-254]。激光对亚细胞结构的解剖或操作需要纳米级的精度，焦点的大小、形状和位置起

着至关重要的作用。由于工作距离小和焦点区域小，因此光的高数值孔径聚焦不能深入组织。创建远离光源的高强度热点的一种可能方法是通过空间光学模式的结构和传播特性。大多数当前使用的激光手术设备的限制之一是它们无法改变输出空间模式。在具有非衍射特性的初始平面和焦平面之间产生高强度对比度的光束非常重要。圆柱对称形式的艾里光束被称为 AAF 光束[255-257]。与其他非衍射光束相比，它提供了额外的传播和聚焦特性。在自由空间传播过程中，AAF 光束在没有任何聚焦光学元件的情况下自然聚焦，焦平面处的光强可以达到几个数量级，高于输入平面。焦平面处光强的突然增加是最显著的特征，与质子束中的布拉格效应非常相似[258]。它可以在激光-组织相互作用方面提供显著优势。这种突然聚焦现象背后的物理原因是圆形对称高阶焦散的形成[255,259]。这些光束是特殊的，具有两组完全不同的传播区域，如图 7.29 所示。在第一个区域，波束保持具有强环形主瓣和多个弱旁瓣的空心波束形状。而在第二个区域，焦点区域波束呈现所谓的伪贝塞尔波束形状，中心有强主瓣，外边有多个弱旁瓣。通常，AAF 光束可以由空间光调制器产生，其在功率处理能力、像素化结构和庞大的尺寸方面存在限制。

在这里，我们通过使用平面超表面演示了 AAF 光束的生成和生物医学应用。超表面技术可以成为传统光学的潜在替代品，能克服传统光学器件在激光手术工具小型化上所遇的基本限制。通过正确选择组成共振单元细胞的几何参数来设计在可见光上工作的介电超表面。

该系统的示意图如图 7.29(a)所示。在图 7.29(b)中，计算机生成的相位掩模对应于 AAF 光束，旨在制造仅相位的超表面光学元件。超表面由 800 nm GaN 圆形纳米柱组成，其直径范围为 110~200 nm，以精确控制输出光的局部相位。它用作相位掩模，通过沿基板仔细排列谐振单元将高斯输入光束转换为输出 AAF 光束而设计。超表面的直径为 800 μm，使用电子束光刻技术制成，然后在蓝宝石衬底上进行多次蚀刻工艺[94]。所得超表面的光学和相应的 SEM 图像如图 7.29(c)~(e)所示。在实验中，将 Mitutoyo 物镜(BD Plan Apo 5×，NA = 0.14)放置在超表面附近，对相位掩模的衍射场进行光学傅里叶变换，并使用 Cannon 电荷耦合器件(CCD)记录强度分布。图 7.29(f), (g)分别显示了 AAF 光束从超表面传播的模拟和相应的实验结果，工作波长为 532 nm。总体而言，实验结果与理论预测非常吻合。在传播过程中，最初会产生具有一个主瓣和多个弱旁瓣的同心圆。环的传播遵循艾里光束的抛物线轨迹以圆对称的方式传播，并获得漏斗形强度分布。AAF 光束尺寸逐渐缩小并在焦平面处变成锐聚焦贝塞尔图案。光束大小和强度分布的突然变化在初始平面和焦平面之间产生了显著的高强度对比。值得注意的是，对于超表面，系统的有效焦距约为 5 cm，而光斑尺寸远小于来自同一物镜(即没有超表面)的高斯光束的聚焦光斑。我们系统的有效焦距约为 40 mm，没有超表面装置，这取决于显微物镜的焦距(Mitutoyo 物镜 BD Plan Apo 5×，NA＝0.14，f＝40 mm)。

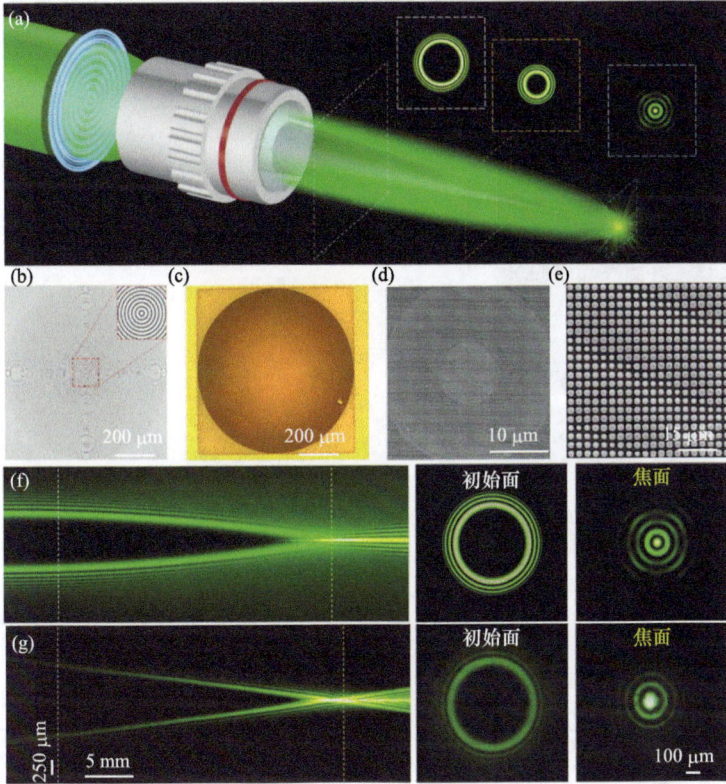

图 7.29　AAF 光束的超表面。(a)使用纳米光子超表面生成 AAF 光束的示意图。(b)设计的相位掩模。(c)超表面的光学显微图像。(d)超表面的放大 SEM 图像。(e)超表面中心的 SEM 图像。(f)AAF 光束传播动力学的模拟强度分布，以及对应于虚线的初始和焦平面处的强度。(g)实验获得的 AAF 光束传播动力学的强度分布，以及对应于虚线的初始和焦平面处的强度。对于主瓣，初始平面和焦平面之间的强度对比度约为 100

　　AAF 光束具有一些可用于激光治疗的有趣特征。作为一种非衍射光束，AAF 光束在传播过程中由于其独特的能量流而显示出自愈特性。即使在光束传播过程中不透明的障碍物阻挡了光路，AAF 光束的聚焦结构也会固有地保留下来。为了测试来自超表面的 AAF 光束的自我修复，使用不同尺寸的不透明光束屏障在其焦平面之前部分阻挡光束。在实验中，一个额外的 4f 光学继电器和 20 倍物镜被放置在超表面/物镜组合的前面。如图 7.30(a)所示，最初观察到一个环艾里图案，然后逐渐缩小，变成贝塞尔状聚焦图案。当不透明屏障部分阻挡了四分之一的初始环艾里图案时，聚焦轮廓仍然存在，如图 7.30(b)所示。尽管周围的旁瓣环部分不完整，但中心焦点保持紧密聚焦且轴对称，这显示了 AAF 自愈光束特性的大量证据。虽然环形艾里图案的一半被不透明屏障进一步阻挡，但 AAF 光束仍然可以克服不透明光束屏障，从而观察到类似的结果(即中心焦点保持紧密聚焦和轴对称，见图 7.30(c))。

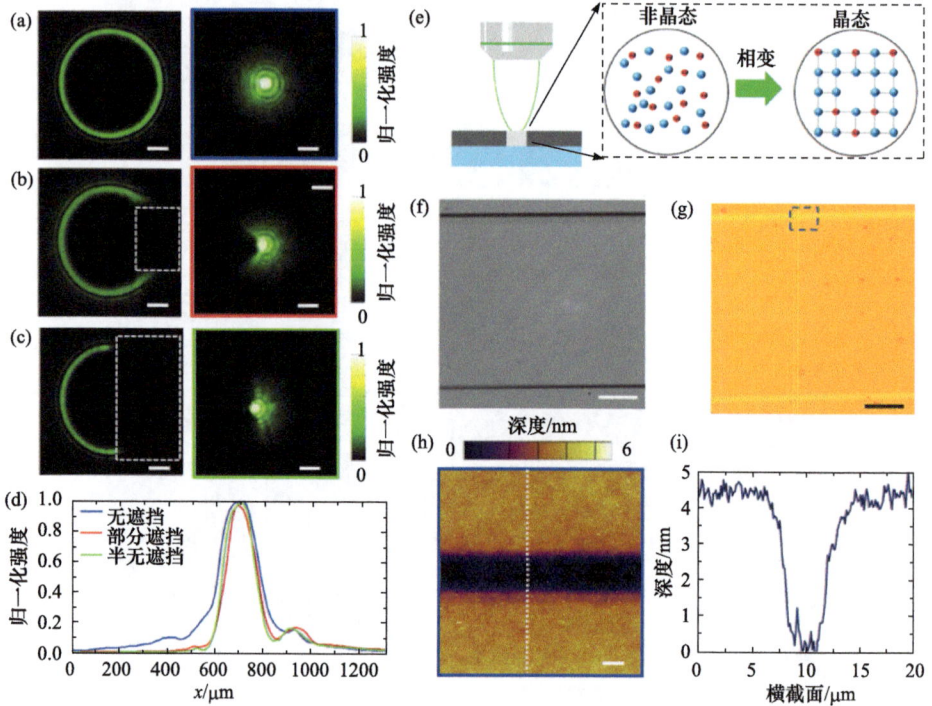

图 7.30　超表面生成的 AAF 光束的自愈和锐聚焦。(a)～(c)AAF 光束传播动力学的强度分布以及初始和焦平面的强度。左图：CCD 捕获的初始环形图案的图像。右图：CCD 捕获的聚焦点图像。AAF 光束自我修复的实验结果分别为：(a)没有光束障碍物；(b)右侧放置较小的光束障碍物；(c)环中心有较大的光束障碍物。(b)和(c)中的白色虚线表示障碍物的位置。比例尺：100 μm。(d)AAF 聚焦点沿环中心轴的强度分布，分别以蓝色、绿色和红色突出显示。(e)使用相变材料 GST 的 AAF 光束聚焦特性测试示意图。(f)AAF 光束产生的结晶线的光学透射和(g)反射图像。比例尺：50 μm。(h)GST 薄膜上结晶线的 AFM 图像。比例尺：2 μm。(i)沿(h)中虚线的相应横截面

　　上述三种不同条件下沿环中心轴的相应强度分布如图 7.30(d)所示，通过这三条曲线可以观察到突然的自动聚焦特性。AAF 光束的另一个突出特性是它的锐聚焦。为了证明这一点，我们选择了一种著名的相变材料 $Ge_2Sb_2Te_5$(GST)薄膜进行研究。GST 已广泛应用于各种技术，包括光学数据存储[260,261]和可重构的纳米光子器件[112,236,262]。它显示出其非晶态和晶态之间的光学特性的巨大变化。如图 7.30(e)的示意图所示，在激光照射下，当温度达到相变温度(≈150℃)时，可以

诱导材料从非晶态到晶态的相变[261]。材料的温度变化会导致 GST 样品的照明区域的物理特性发生永久性变化，可以使用各种微观方法对其进行准确分析。在我们的实验中，在 BK7 玻璃基板上溅射了 50 nm 的非晶 GST 薄膜。工作波长为 532 nm(200 mW)的 AAF 光束的焦点用于扫描 GST 薄膜的表面。由于激光曝光，在表面上产生了结晶线。如图 7.30(f), (g)所示，在 GST 薄膜上观察到两条在光学图像中具有显著较低(较高)透射(反射)的线，其中光学特性的变化与照明区域的结晶有关[263]。原子力显微仪(atomic force microscopy，AFM)图像和相应的线轮廓分别显示在图 7.30(h), (i)中。由于高功率密度，形成了结晶线，宽度约为 4 μm。暴露后 GST 的形态变化[263]如图 7.30(i)所示。为了进行比较，使用标准高斯光束进行相同的程序，发现结晶线的宽度约为 50 μm，这验证了 AAF 光束的锐聚焦特性。

通过成形光束对荧光标本进行激光治疗和成像可以提供许多临床和生物医学应用，包括眼科、皮肤科、内窥镜激光手术、肿瘤消融和解剖、发育和遗传生物学[264-268]。我们展示了超表面-产生用于处理荧光标记样品的 AAF 光束。首先，用 532 nm 的绿色激光源(Cobolt Samba 1500)和一个屏障滤光片(MF530-43，Thorlabs)在成像过程中被放置在相机前面。在实验中，微球最初位于 AAF 光束的焦平面上。如图 7.31(a)所示，在激发下，红色荧光被激发，观察到微球。值得注意的是，由于独特的传播轨迹，AAF 光束沿传播轴绕过障碍物并自动聚焦到目标区域。为了证明这种绕过特性，在 AAF 光束路径的中间放置了一个尺寸略小于 AAF 光束主瓣直径的障碍物。

如图 7.31(b)所示，隐藏在障碍物后面的微球发出的荧光仍然被激发，呈红色荧光，强度没有变化。相反，在图 7.31(c)中，使用标准高斯光束进行测量(即从设置中移除了超表面)。相比之下，在光束路径中固定障碍物的情况下，障碍物后面的荧光微球没有被激发，因为高斯光束由于其形状而被障碍物阻挡。因此，在这种情况下，相机无法捕捉到珠子的荧光图像。接下来，使用夹在两个玻璃片之间的绿色荧光标记的小鼠心脏切片(10 μm 厚)。心脏切片用带通滤波器(MF530-43，Thorlabs)在 491 nm 的蓝色光源(Calypso, Colbot Inc.)激发。心脏切片的明场和相应的宽场荧光图像如图 7.31(d), (e)所示。使用荧光标记的切片再次证明了 AAF 光束的绕过特性。

图 7.31(f)显示了在不同位置没有和有障碍物的情况下捕获的荧光图像的比较。在图 7.31(f)(中部)中，由于障碍物部分阻挡了光束的主瓣，得到的荧光图像变得更弱。当障碍物位于 AAF 光束的黑暗区域内时，如图 7.31(f)(底部)所示，荧光图像再次变强。这显示了 AAF 旁路特性在激发荧光标记的心脏切片方面的优势。AAF 光束进一步用于具有更高功率密度的目标区域(图 7.31(d), (e)中所示的红色虚线框)的荧光引导激光治疗。当切片放置在 AAF 光束的焦平面上时，焦斑处的荧光如预期被激发，在荧光图像中可以观察到切片的组织结构，如图 7.31(g)的顶

部插图所示。在被 AAF 光束长时间曝光(≈10 min)后，观察到荧光信号的强度水平随时间降低，最终荧光完全漂白，如图 7.31(g)的底部插图所示。强度分布如图 7.31(g)所示(沿着插入中的线绘制)，进一步证实了荧光被 AAF 光束局部漂白，并且在组织表面产生了永久性物理变化。

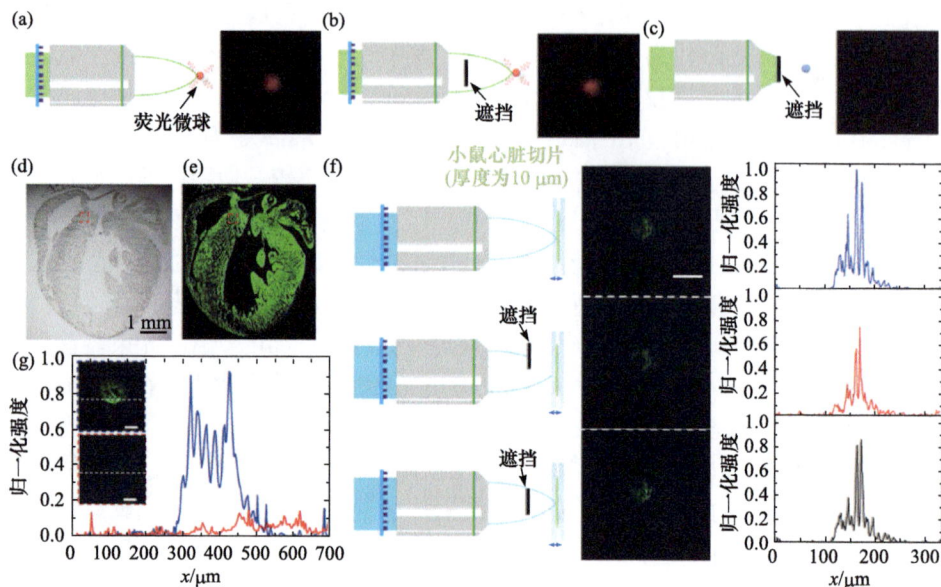

图 7.31 使用 AAF 光束的荧光成像。(a)～(c)使用 25 μm 荧光微球比较 AAF 光束和标准高斯光束之间的光束特性。在 CCD 上捕获激发微球的荧光图像，(a)没有和(b)路径中存在不透明的光束障碍。(c)去除超表面后，来自光束障碍物后面的微球的荧光不能被激发，使用标准高斯。比例尺：25 μm。(d)荧光标记的小鼠心脏切片(10 μm 厚度)的明场和(e)宽场(荧光)图像。比例尺：1 mm。(f)使用荧光标记的小鼠心脏切片来展示 AAF 光束的自愈和旁路特性。被照亮的心脏切片的荧光图像是在相机上捕获的，没有任何障碍物(顶部)，障碍物部分阻挡了光束路径(中部)，障碍物位于光束路径的黑暗区域内(底部)。比例尺：100 μm。(g)(e)中突出显示的红色虚线框的放大荧光图像。使用 AAF 光束在激光曝光开始和 10 min 后的荧光强度分布。红色和蓝色的轮廓都沿着插入中的线绘制。比例尺：50 μm

为了进一步验证 AAF 光束的锐聚焦特性，沿 AAF 光束的传播轴扫描切片(图 7.32(a))，并记录相应的荧光图像。心脏切片上的初始环艾里图案和聚焦图案如图 7.32(b)所示，而沿传播轴不同位置的心脏切片的顺序激发荧光图像如图 7.32(c)所示。在扫描过程中，激发功率和相机设置保持不变。请注意，当切片远离 AAF 焦平面时，CCD 上几乎没有观察到荧光信号；然而，当切片位于 AAF 焦平面附近时，标记的心脏结构的荧光信号会突然被激发。AAF 光束的自我修复特性进一步有助于在组织内传播并聚焦在目标平面上。为了证明这一特性，在目标切片和目标切片之间放置了一个额外的小鼠心脏切片(图 7.32(d))。从图 7.32(e)中可以看出，即使聚焦模式变得嘈杂，与图 7.32(b)中的模式相比，来自目标切片的荧光仍然被有效激发。小鼠心脏组织的这些结果说明了 AAF 光束在生物样品内的目标平面上的荧光激发的显著优势。即使在生物组织样本中传播后，自动聚焦点仍保持独特的结构特性，相隔为几个毫米。

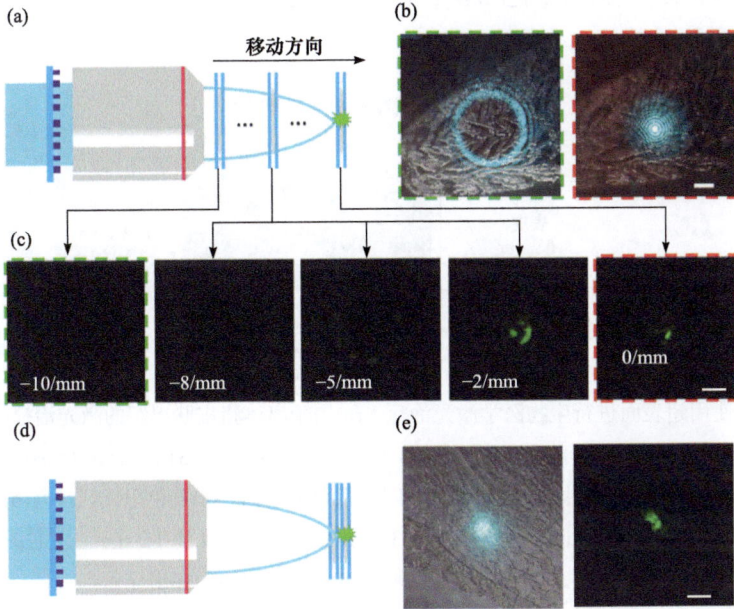

图 7.32　用于散射心脏组织样本的锐利聚焦和自愈特性。(a)实验装置示意图。小鼠切片沿 AAF 光束的传播方向移动，以观察不同轴向位置的荧光激发。(b)AAF 光束在距焦平面(左图)和焦平面(右图)10 mm 处的切片样品上的图像。比例尺：100 μm。(c)不同位置切片的荧光图像。比例尺：100 μm。(d)AAF 光束通过两个堆叠心脏切片的自愈效果示意图。在目标切片和物镜之间放置一个额外的心脏切片，用作散射层。(e)聚焦在第二个切片上的 AAF 光束焦点图像(左)和相应的荧光图像(右)。比例尺：100 μm

　　小鼠心脏切片的实验是组织样本较薄的情况。然而，在实践中，生物医学激光治疗过程通常涉及体积条件下的高度散射样品。在这里，我们利用离体猪皮肤组织来展示从 AAF 光束的焦点获得的光凝效果(图 7.33(a))。实验结果通过光学相干断层扫描(OCT)[269-272]进行检查，这是一种光学切片成像技术，可在高散射环境中获取组织结构的亚表面图像。

　　图 7.33(b)显示了厚猪皮的 OCT 图像，皮肤层之间有清晰的边界。图像的纵向尺寸约为 3 mm(336 像素)，横向尺寸为 6.6 mm(B 扫描)，使用轴向(深度)扫描速率为 400 kHz 且中心波长为 1310 nm 的激光进行扫描。图 7.33(b)突出显示了真

皮和皮下组织层的光凝效应导致的结构变化,这些变化在红色虚线曲线内观察到。图 7.33(c)显示了在组织表面下方不同深度处生成的正面 OCT 图像。AAF 光束成功地使光凝深度超过 1.2 mm,而表皮和部分真皮层的皮肤组织保持完整。AAF 光束的激光在激光与组织的相互作用中直接吸收会导致温度升高,这主要受激光功率、光斑尺寸和激光的曝光时间等激光参数控制。在我们的例子中,激光源处于连续波模式,功率水平为几百毫瓦(mW);在离体猪皮肤组织中仅观察到光凝现象。

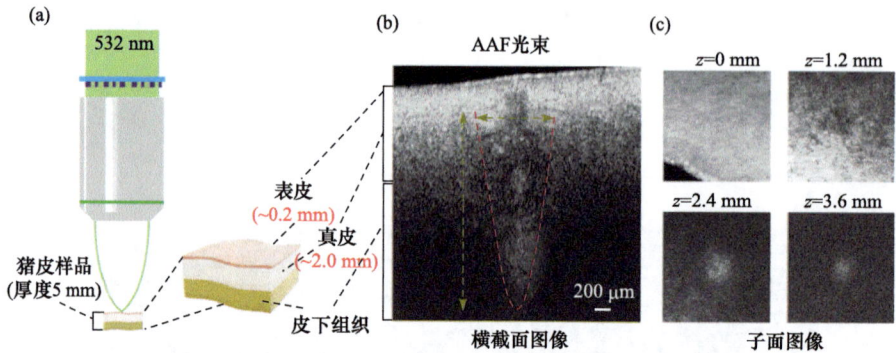

图 7.33　使用超表面进行生物医学激光治疗。(a)用于离体猪皮肤组织的激光治疗的实验装置。(b)和(c)用 AAF 光束曝光后皮肤样本的 OCT 图像。(b)使用 1310 nm OCT 系统对具有不同表皮、真皮和皮下组织亚层的皮肤进行 B 扫描(横截面图像)。(c)黄色虚线区域内(b)的正面(地下)部分(横向尺寸为 0.91 mm,垂直尺寸为 3.08 mm)。深度分离为 1.2 mm。左右图中的比例尺均为 200 μm。光凝区域在红色虚线曲线中突出显示

焦点处的 AAF 光束表现出与贝塞尔光束相似的特性,但由于它们的传播行为、聚焦特性和光束结构,这两种光束属于不同类别的光束。贝塞尔光束具有锥形波阵面,而环形艾里光束具有立方体形波阵面。环形艾里光束遵循抛物线路径并将其行为从空心光束变为焦点处的伪贝塞尔光束。贝塞尔光束在其整个传播过程中保持其结构,并且在生成区域具有统一的焦点大小。在 AAF 光束的情况下,从环艾里到贝塞尔的过渡是最重要的,因此初始和焦平面都提供了有用的属性。还值得注意的是,AAF 是一种具有抛物线路径的自加速、非衍射光束,而贝塞尔光束仅现出非衍射。贝塞尔光束的结构在生成区保持不变,非常靠近产生贝塞尔光束的光学元件的区域以及远场区域对该贝塞尔光束的影响较小[273,274]。

7.4.5　其他多功能应用

7.4.5.1　多种应用场景中的超构透镜

多功能超构透镜光学系统的应用正在经历蓬勃发展。超构透镜光学系统可用于内窥镜成像,获取用于临床应用的高分辨率光学图像。Pahlevaninezhad 等[275]将

硅基超构透镜集成到内窥镜光学相干断层扫描(Endoscopic OCT)导管中。该光学系统无须复杂的组件排布，便可实现近衍射极限的成像，如图 7.34 所示。他们能够使用该内窥镜拍摄果肉的放大图像，如图 7.34(a)右图所示。从图像中可以很容易地分辨不同细胞，细胞壁结构清晰可见。

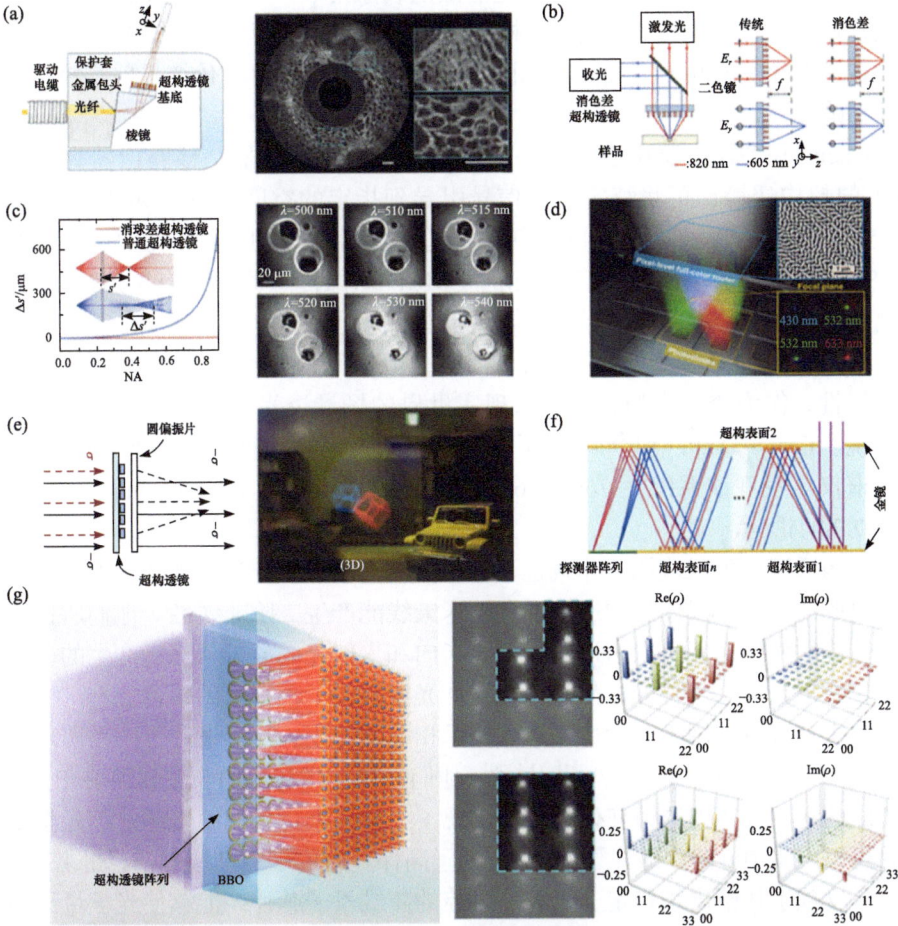

图 7.34　(a)纳米光学内窥镜：设备细节(左)，相干断层扫描图像(右)[275]。版权所有 2018，施普林格自然。(b)双光子显微镜，带双波长超构透镜(DW-ML)物镜[194]。版权所有 2018，美国化学学会。(c)用于三维断层成像的非平面超构透镜，球面像差($\Delta s'$)对 NA 的依赖性(左)，插图：NA=0.78 的透镜的相应光线追踪结果，不同波长的层析成像图像(右)[276]。版权所有 2019，施普林格自然。(d)CMOS 图像传感器中的多路复用光路由器[56]。版权所有 2017，美国化学会。(e)透视超构(左)透镜全彩色增强现实成像结果(右)[277]。版权所有 2018，施普林格自然。(f)折叠式紧凑型光谱仪[278]。版权所有 2018，施普林格自然。(g)通过超构透镜阵列实现的高维量子光源[279]。版权所有 2020，美国科学促进会

　　传统的断层扫描成像通常通过使用笨重的机械部件进行扫描来实现。图 7.34(c)为最近报道的具有强色散的消球差超构透镜，用于实现高分辨率光谱断层扫描成像，而无须额外的机械组件[276]。消球差设计可实现具有高横向和纵向分辨率的成像。

　　双光子显微镜是一种重要的荧光显微镜成像技术，可提供卓越的组织成像性能。图 7.34(b)为一种基于双波长超构透镜的新型双光子荧光显微镜技术[194]。超构透镜在激发和发射频率方面具有相同的焦距。这些图像可与传统折射物镜拍摄的图像相媲美。

　　Chen 等[56]在实验中演示了一种多路复用色彩路由器，该路由器具有基于 GaN 的超构透镜，可将特定波长信号引导到指定的空间位置，如图 7.34(d)所示。光路由器在 R、G1、B 和 G2 颜色通道上的效率分别达到 27.56%、37.86%、15.9%和 38.33%。该技术对于实际的 CMOS 图像传感器非常有用。Lee 等[277]提出了一种基于各向异性纳米结构的新型超构透镜显示技术，以实现具有宽视场的增强现实的紧凑型近眼显示，如图 7.34(e)所示。他们的超构透镜具有多功能的特性，作为透明介质，用于从现实世界的场景透光，并同时作为虚拟世界的目镜。Faraji-Dana 等[278]提出了一种由折叠式超构表面光学系统制成的小型化光谱仪。发现该系统在 760～860 nm 的波长范围内具有约 1.2 nm 的分辨率，如图 7.34(f)所示。

　　超构透镜也可以应用于非线性光学。Schlickriede 等[280]实现了一种由金纳米天线组成的超薄非线性超构透镜。金纳米天线能产生二阶非线性。他们所提出的超构透镜的相位剖面可以通过改变天线指向和入射光的偏振状态所产生的非线性几何相位来获得。这种方法为操纵非线性光波提供了一个新的平台。

　　超构透镜也被用于光学量子信息技术相关的应用。Li 等设计了一种实现高维纠缠和多光子状态产生的光学芯片[279]。他们通过使用与薄的 β 硼酸钡(BaB$_2$O$_4$)晶体集成的10×10 超构透镜阵列芯片，实现了一种高维量子纠缠光源。该光学量子芯片可以产生 100 路纠缠光子对，并实现了高保真度的多维断层扫描，如图 7.34(g)所示。这项工作给出了稳定、紧凑、可控的高维量子芯片，能够使光学量子信息应用在室温下实现[279]。

　　下面以多路复用色彩路由器与高维和多光子量子源为例，详细介绍其设计过程。

7.4.5.2　可见光下的像素级全色路由 GaN 超构透镜

　　在本小节中，我们通过数值和实验证明了高效的介电超构透镜，其焦点可以被动控制以在自由空间中任意定位。介电超构透镜是使用氮化镓(GaN)构建的，以实现在可见光下的高工作效率。选择电介质 GaN 是因为它的带隙约为 3.4 eV(等于 364.67 nm 的波长)[281-283]；在整个可见光谱中没有发生带间跃迁，因此排除了感兴趣波长的损耗。为了概念验证，使用 GaN 超构表面演示了平面内和平面外聚焦超构透镜。对于蓝色(λ = 430 nm)、绿色(λ = 532 nm)和红色(λ = 633 nm)入射光，工作效率可以通过实验实现分别高达 87%、91.6% 和 50.6%。此外，我们表明，与平面外超构透镜的集成功能带来了具有小型化尺寸的 CMOS 图像传感器应用的前景。由于相移由 Pancharatnam-Berry(P-B)相位法控制[36]，因此提出的面外聚焦超构透镜的工作波长可以在结构优化后灵活改变。高效率、低成本和半导体代工兼容的超构透镜对于多路彩色路由器、波长多路复用等的发展很有前景。

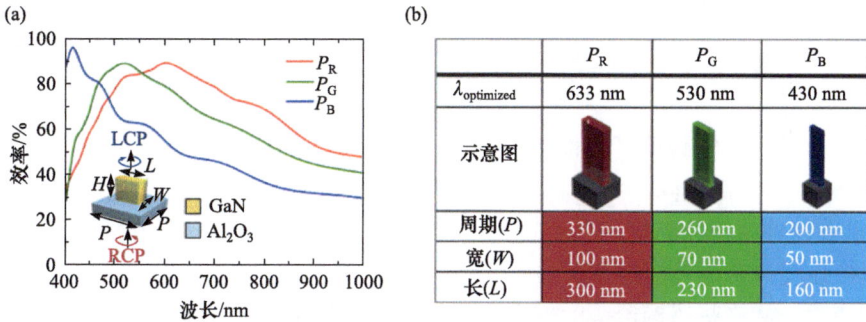

图 7.35　(a)优化的 GaN 纳米柱在可见光谱中三种初步颜色的圆偏振转换效率。(b)标记为 P_R、P_G 和 P_B 的三种不同 GaN 纳米柱的几何尺寸，分别用于实现红色、绿色和蓝色的最高工作效率。GaN 的厚度固定为 600 nm

如图 7.35 所示，三个经过数值优化的 GaN 纳米柱被用作超构透镜的构建块，这些超构透镜以红色、绿色和蓝色三种基色工作。图 7.35(a)显示了右手圆偏振到左手圆偏振(三个 GaN 纳米柱的 RCP 到 LCP)的转换效率，而图 7.35(b)显示了相应的优化结构参数。每个优化后的纳米柱负责一种原色以达到最高的工作效率，即 P_B 代表蓝光，P_G 代表绿光，P_R 代表红光。可以发现，当工作波长蓝移时，GaN 纳米柱的特征尺寸更小。它主要有两部分：①为了避免衍射效应，每个纳米柱的周期必须小于主工作波长的一半；②特征尺寸越小，超构表面的共振波长越短[284]。通常，对于能够将光会聚在入射平面外而形成会聚光斑的超构透镜，必须在其表面上提供必要的相移：

$$\Phi_{\text{metalens}}\left(r_p, \varphi_p\right) = \frac{2\pi}{\lambda_d}\left(\left|\overrightarrow{FO}\right| - \left|\overrightarrow{BF}\right|\right) \tag{7-21}$$

其中 λ_d 是入射波长，$\overrightarrow{FO}$ 和 $\overrightarrow{BF}$ 分别是从自由空间 $F(f, \theta_f, \varphi_f)$ 中的焦点到超构透镜 O 的中心和超构透镜表面 $B(r_p, \varphi_p)$ 的任意位置到焦点的矢量。由于使用了 P-B 相

法，只需旋转单位纳米柱即可在相应位置产生所需的相移：

$$\Phi_{\text{metalens}}\left(r_{\text{p}}, \varphi_{\text{p}}\right) = 2\theta_{\text{p}}\left(r_{\text{p}}, \varphi_{\text{p}}\right) \tag{7-22}$$

其中θ_{p}是纳米柱长轴相对于x轴的角度。因此，超构透镜表面上每个纳米柱的方向必须遵循：

$$\theta_{\text{p}}\left(r_{\text{p}}, \varphi_{\text{p}}\right) = \frac{\pi}{\lambda_{\text{d}}}\left(f - \sqrt{f^2 + r_{\text{p}}^2 - 2r_{\text{p}}f\sin\theta_{\text{f}}\cos\left(\varphi_{\text{f}} - \varphi_{\text{p}}\right)}\right) \tag{7-23}$$

因此，可以获得超构透镜的相位分布，它能够通过组合式(7-22)和式(7-23)将光会聚到自由空间中的任意位置：

$$\Phi_{\text{metalens}}\left(r_{\text{p}}, \varphi_{\text{p}}\right) = \frac{2\pi}{\lambda_{\text{d}}}\left(f - \sqrt{f^2 + r_{\text{p}}^2 - 2r_{\text{p}}f\sin\theta_{\text{f}}\cos\left(\varphi_{\text{f}} - \varphi_{\text{p}}\right)}\right) \tag{7-24}$$

图 7.36(a)，(e)说明了平面内($\varphi_{\text{f}} = 0°$，即焦点位于入射平面上)超构透镜分别具有($\theta_{\text{f}} = 0°$)和离轴($\theta_{\text{f}} = 8°$)聚焦特性。这里，轴上(离轴)聚焦特性表示焦点位于(不)沿着超构透镜的光轴。图 7.36(b)~(d)、(f)~(h)中所示的轴上和离轴聚焦特性的模拟强度分布与我们的理论预测非常匹配，验证了使用式(7-18)实现的面内聚焦超构透镜。从这些超构透镜的模拟强度分布中获得半高全宽(FWHM)显示了三个入射波长的近衍射极限焦点。然而，离轴聚焦超构透镜(具有非零极角θ_{f})提供的FWHM 比轴上的稍大(参见图 7.36(f)~(h))。这主要是由于观察到平面垂直于z轴，导致投影方案中光斑的收集面积更大。为了进一步验证设计原理，随后模拟了面外聚焦超构透镜。正如人们可以观察到的那样，超构透镜在入射平面外的聚焦方式中也表现出很强的光会聚能力。值得一提的是，这里我们提出了方形尺寸为 6 μm × 6 μm 的小型化单器件，目的是实现像素级聚焦超构透镜在成像传感器中的应用(见本节最后部分)。

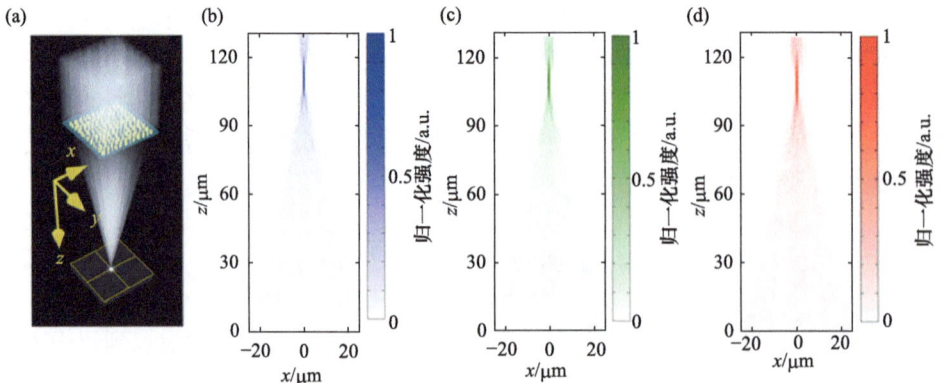

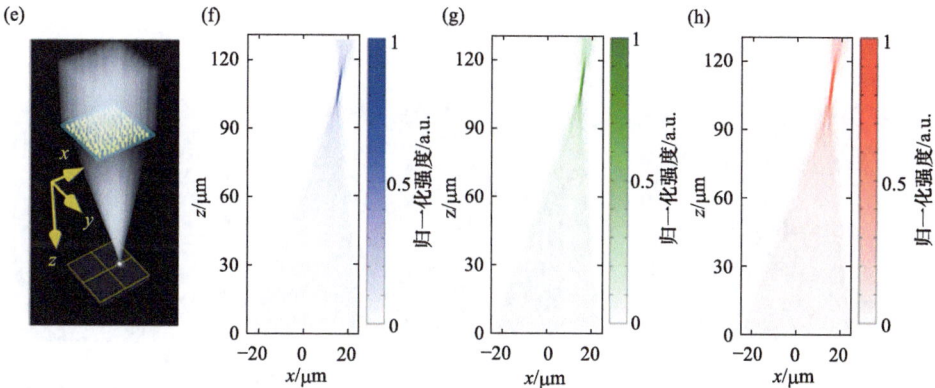

图 7.36 六个不同超构透镜的模拟聚焦特性，分别由红色(R)、绿色(G)和蓝色(B)的单个 P_R、P_G 和 P_B 纳米柱阵列组成。(a)和(e)平面内和在轴(a)和离轴(e)聚焦超构透镜的示意图。(b)～(d)平面内、轴上聚焦超构透镜的电场强度分布，平方尺寸为 50 μm×50 μm，焦距为 110 μm，NA=0.22，固定入射波长为 λ_{in}=(b)430 nm、(c)532 nm 和(d)633 nm。(f)和(h)平面内，离轴聚焦超构透镜的电场强度分布，极角 θ_f=8°。在 y=0 nm 处提取所有强度分布

图 7.37 显示了三个不同的平面内同轴(θ_f=0°，φ_f=0°)超构透镜，其优化的入射波长 λ_d 分别为 430nm、532nm 和 633 nm。所有这些超构透镜都具有相同的 100 μm 直径和 300 μm 焦距，产生的数值孔径 NA=0.164。图 7.37(a)～(c)显示了来自制造的超构透镜的 SEM 图像。为了在光学上表征制造样品的性能，使用与超连续谱激光器和声光可调谐滤波器相结合的电动平移台来捕获相应焦平面上的焦斑。图 7.37(d)～(f)显示了在相应优化波长下照射的三个不同超构透镜的测量焦点。所有结果都显示出完美的对称轮廓，揭示了 GaN 基超构透镜在可见光谱上的良好聚焦能力。为了清楚地识别制造超构透镜的性能，提供了每个焦点的横截面切割(图 7.37(g)～(i))，并与使用艾里函数的拟合曲线进行了比较。在设计的蓝色、绿色和红色波长处测得的超构透镜的 FWHM 分别为 1790 nm、1960 nm 和 2390 nm。它们接近由艾里函数预测的理论限制，实验验证了光收敛的出色性能。三种颜色的测量效率分别为 87%(λ=430 nm)、91.6%(λ=532 nm)和 50.6%(λ=633 nm)。效率定义为聚焦光束的光功率与入射光束的光功率之比[55]。入射光束被科学的互补金属氧化物半导体(sCMOS)相机捕获，因为光线穿过具有相同区域超构透镜的 Al_2O_3 衬底(其中不存在超构表面结构)。由于 GaN 的带间跃迁在 364.67 nm 左右，蓝光(430 nm)的吸收损失可以忽略不计。因此，为蓝光设计的 GaN 超构透镜也可以高效运行。与先前报道的可见超构透镜工作相比，我们的结果显示聚焦效率显著提高，有利于实际应用。设计的超构透镜在红光下工作的较低效率可归因于 GaN 中的辐射复合[285]以及优化的纳米柱的缺陷。前者可以通过先进的外延生长工艺提高 GaN 薄膜的质量来解决，而后者可以通过进一步优化结构设计和制造工

艺来解决。

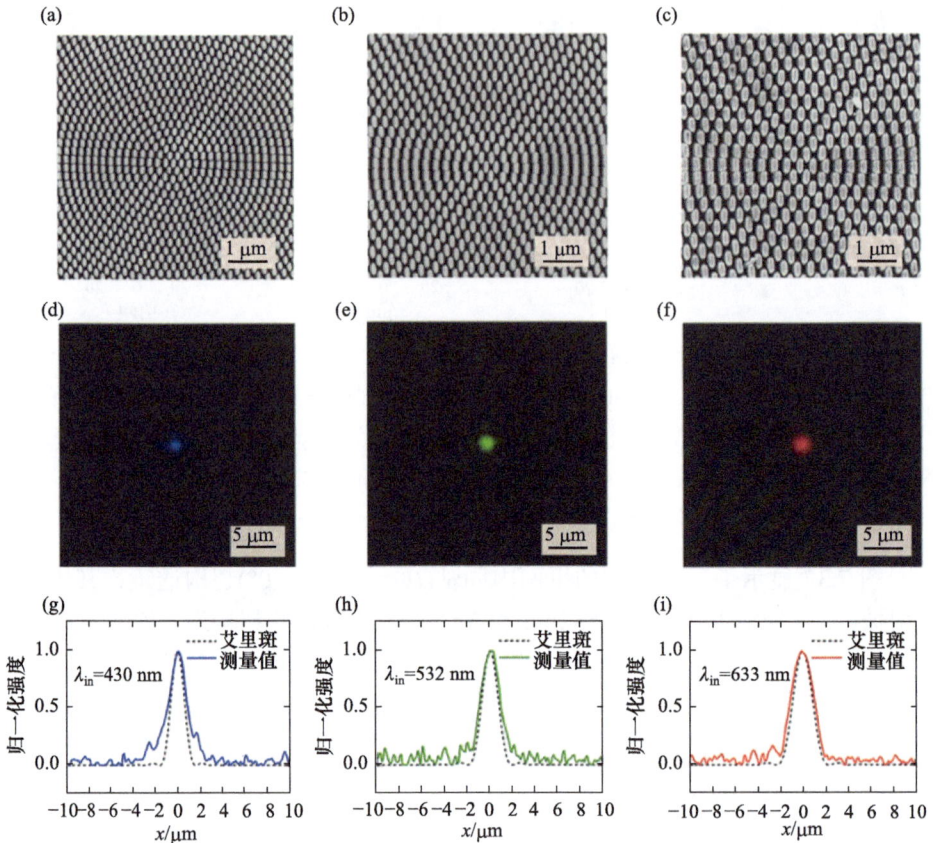

图 7.37　(a)～(c)三个不同的轴上聚焦超构透镜的 SEM 图像。(d)～(f)在相应焦平面上测量的强度分布。(g)～(i)从相应的 sCMOS 相机图像中切割的归一化横截面强度，并与艾里函数进行比较。所有超构透镜的设计直径为 100 μm，焦距为 300 μm

对于面外聚焦超构透镜，它们被设计为在与上述相同的波长 $\lambda_d = 430$ nm、532 nm 和 633 nm 下工作。图 7.38 显示了每个平面外聚焦超构透镜的 SEM 图像，这些超构透镜与其光学测量的光学特性相关。三种超构透镜的实测 FWHM 分别为 1540 nm($\lambda = 430$ nm)、1670 nm($\lambda = 532$ nm)和 2040 nm($\lambda = 633$ nm)，相应的效率分别为 61.2%、71.3% 和 36%。这些 FWHM 略大于使用 sinc 函数的拟合曲线(参见图 7.38(g)～(i))。与面内聚焦超构透镜相比，效率下降可归因于具有面外聚焦特性的超构透镜上的不对称相位分布。尽管如此，它们仍然远高于先前报道的非介电基超构透镜。

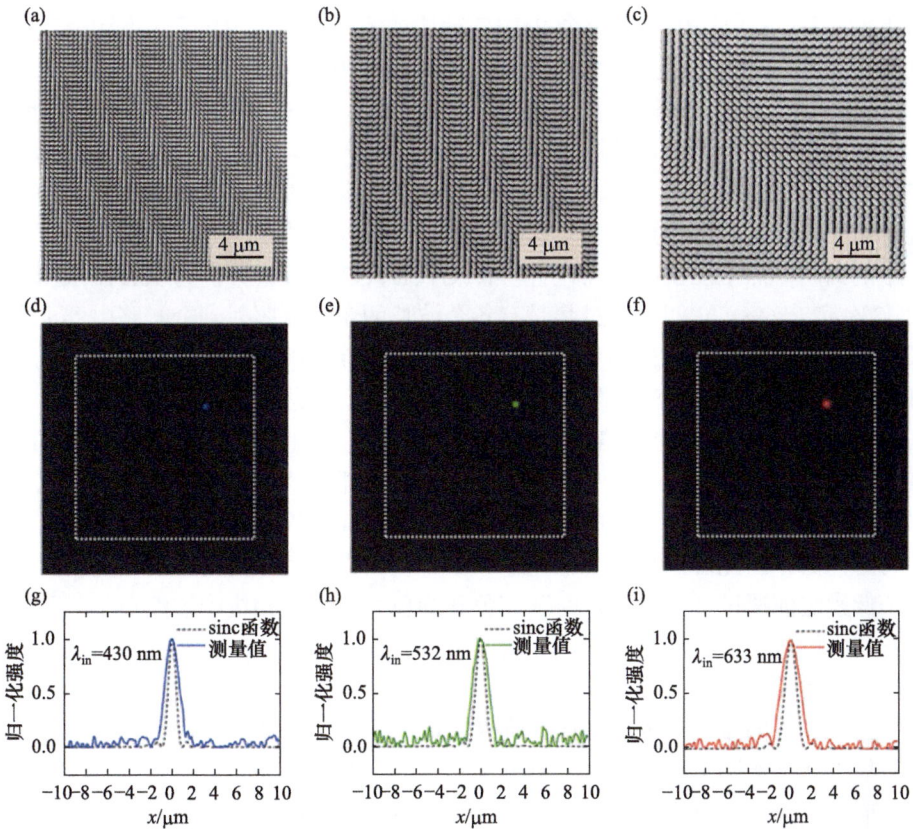

图 7.38 (a)~(c)用于路由 B(430 nm)、G(532 nm)和 R(633 nm)颜色的制造超构透镜的 SEM 图
像,具有最高的工作效率。(d)~(f)在 xy 焦点平面处测量的强度分布。白色虚线描绘了超构透
镜的边界。(g)~(i)从相应的 sCMOS 相机图像切割的归一化横截面强度,并与 sinc 函数曲线
进行比较。所有面外聚焦超构透镜均设计为正方形尺寸 50 μm × 50 μm,焦距 110 μm,极角
$\theta_f = 8°$,方位角 $\varphi_f = 45°$

大多数成像系统都放置在强度传感器上,以从自由空间重建收集的图像。对
于 CMOS 图像传感器(CIS),由于光电二极管无法区分颜色,因此图像传感器通常
由两部分组成:滤色片和微透镜。前者负责分散不同波长的光,而后者是提高光
收集效率所必需的。图 7.39(a)的左图显示了传统 CMOS 图像传感器的示意图,其
中微透镜与彩色滤光片相结合的尺寸远大于工作波长,这导致了器件体积庞大。
为了解决这个问题,我们提出的具有高操作效率和窄带宽的面外聚焦超构透镜可
以成为候选之一(图 7.39(a)中的右图)。全色路由通过将四个超构透镜(负责将三种
颜色引导到相应的所需空间位置)集成到一个样本中来体现,如图 7.39(b)所示。集
成是通过将 4 × 4 空间多重纳米柱引入复杂的晶胞中来实现的,如图 7.39(b)的右

图所示。多路彩色路由器由单个 RGBG 超构透镜中的红色(R)、第一绿色(G1)、蓝色(B)和第二绿色(G2)组成，就像排列在 CIS 芯片中的拜耳图案一样。在这种情况下，同时实现了四个不同波长的焦点的空间位置。R-G1-B-G2 彩色路由器设计为正方形尺寸 50 μm × 50 μm，焦距 110 μm，极角 $\theta_f = 8°$，方位角 $\varphi_{f,R} = 45°$，$\varphi_{f,G1} = 135°$，$\varphi_{f,B} = 225°$，$\varphi_{f,G2} = 315°$。如图 7.39(c)所示，通过同时照射不同波长获得具有不同横向位置的多焦点光斑。这些结果再次与我们的预测非常吻合：将每种颜色路由到同一焦平面上的所需位置。R、G1、B、G2 的效率分别为 15.9%、37.86%、38.33%、27.56%。它们是通过将具有各个波长的激光束照射到全彩路由器上来测量的。这里，在评估每种颜色的工作效率时，排除了串扰效应。蓝光的最低效率可归因于它们在全彩路由器中的最小有效面积，这是 P-B 周期较小所致。为了缩小成像传感器应用的多路色彩路由器，还数值实现了方形尺寸为 11.55 μm × 11.55 μm、焦距为 4 μm 的 R-G1-B-G2 色彩路由器。值得一提的是，由于红色、绿色和蓝色通道在空间上本质上是分开的，并且我们提出的颜色路由器中没有单独的滤色器，因此可以显著增加光电二极管上的光亮度。同时，当白光在到达红色子像素之前通过红色滤光片时，蓝色和绿色光在传统相机中被浪费了。我们的全彩路由设备不仅从滤光片和镜头的集成中获得了效率，而且还从更大的白光收集区域获得了效率。

当三种不同波长的入射光照射到 RGBG 超构透镜上时，我们可以看到原色在同一焦平面上的四个空间位置上是分开的，如图 7.39(c)所示。特别地，绿色可以被分成两个焦点，可以作为由聚焦透镜、滤色器和分束器组成的集成部件来发挥作用。虽然观察到不同颜色之间的串扰影响很小，这主要来自超构透镜的色散特性，但由于每个面外聚焦的窄工作带宽，这不会影响我们的颜色路由能力的性能超构透镜。因此，我们通过评估敏感区域中串扰颜色与主要颜色的强度比来验证这一点，与每个焦点中 FWHM 的大小相同。当红色对第二个绿色位置产生串扰时，它们的最大强度比约为 0.15，而其他颜色的强度比非常低。这一优势为光电二极管提供了一种通过最小化组件收集特定颜色并从其他组件中排除光强度的有希望的方法。事实上，串扰可能来自纳米柱的分散。人们可以通过优化结构配置来进一步减少这种现象，以实现具有更高品质因数的谐振模式。

总之，在本节中，我们展示了在可见光传输方案中具有极高工作效率的 GaN 超构透镜。由于优化的 GaN 纳米柱与窄工作带宽和基于 P-B 相的超构表面的无色散特性相结合，将四个面外聚焦超构透镜集成到一个样品中以实现多路复用彩色路由器并非易事，有利于 CIS 芯片的可行应用。与传统的 CIS 相比，我们的多路彩色路由器显示出光学薄尺寸，这也有望实现平面光学器件和像素级光操纵。随着颜色路由的验证，具有面外聚焦特性的 GaN 超构透镜为平面光电电路的开发提供了一种途径，并能够扩展纳米技术的范围。

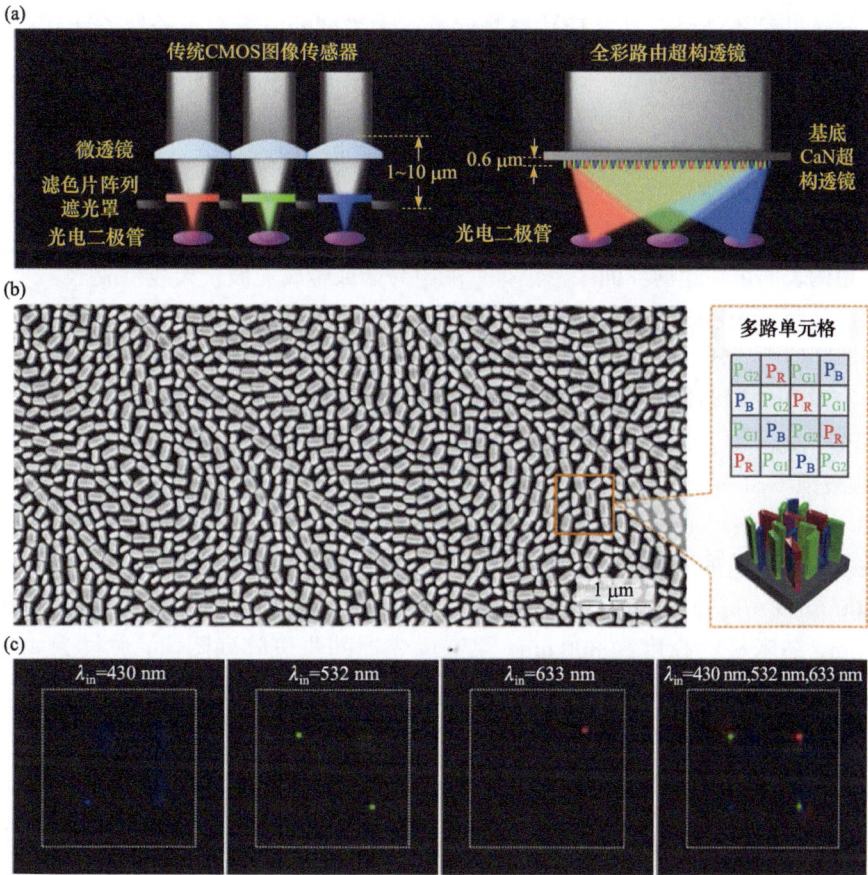

图 7.39 (a)多路彩色路由器 R-G1-B-G2 示意图及其在 CMOS 图像传感器中的可行应用。左图：背照式 CMOS 图像传感器与微透镜和 RGB 彩色滤光片相结合的示意图。右图：具有两种功能的超构表面颜色路由器示意图：光会聚和颜色过滤。(b)SEM 图像(左)和 R-G1-B-G2 多重晶胞的示意图(右)。(c)焦平面处的测量结果(xy 平面上的横截面)。当超构透镜被不同的颜色照射时，焦点在 xy 平面上横向移动，显示出良好的颜色路由特性。白色虚线描绘了 50 μm × 50 μm 的超构透镜尺寸的边界

7.4.5.3 基于超构透镜阵列的高维和多光子量子源

量子光学系统具有光子的速度快、相干时间长、可控性强、信息容量大等优点，是研究量子信息处理最具吸引力的物理系统之一。它们广泛用于量子通信[286-289]、量子计算和模拟[290-293] 以及量子计量和传感[294,295]。随着量子技术的发展，对纠缠维数和光子数的要求越来越高，需要大规模、可控、稳定的量子光子源[296,297]。例如，量子通信和成像需要具有高维纠缠的光子，这可以通过使用不同的光子自由度来实现，包括轨道角动量(OAM)、时间-bin、能量-时间、频率模式和光路。

然而，这些都不能满足实际应用对高保真、大维度的要求。光子量子计算和计量依赖于多光子状态，可以通过非线性材料中的自发参量过程或通过时分复用量子点的自发发射来合成多个单光子源，但最大光子数仅限于~20[298]。尽管量子点在产生单光子方面表现出优异的性能，但自发参量过程仍然是产生高维和/或多光子纠缠态的主要方法。基于这种过程的集成光子系统的最新进展为大规模量子光源提供了理想的平台[299]。

　　超构表面由在超薄界面中密集排列的电介质或金属亚波长天线组成[26]。通过控制相位分布，超构表面已被广泛用于操纵光场的波前[55,57,79,94,181,241,300]。超构表面也在非经典区域中找到了应用[301-304]。然而，基于超构表面的量子光子源尚未得到证实。

　　在这里，通过使用超构透镜阵列，我们展示了一个 100 路径自发参量下转换(SPDC)光子源。100 路径 SPDC 光子源是通过将超构透镜阵列与 0.5 mm Ⅱ型 β-硼酸钡(BBO)晶体相结合来实现的(图 7.40(a)~(d))。超构透镜阵列由 100 个设计的超构透镜(排列成 10×10 阵列)组成，由通过电子束光刻(EBL)、干法蚀刻和抗蚀剂去除制造的 GaN 纳米柱组成。每个超构透镜设计为在 404 nm 的工作波长和 100 μm × 100 μm 的面积下具有 f = 1.1 mm 的均匀焦距。单位元素的周期为 200 nm，纳米柱的高度为 800 nm。泵浦激光器的焦斑阵列图像，波长为 404 nm (图 7.40(e))，通过精确制造，表明每个超构透镜的测量聚焦效率具有(56.0 ± 6.6)% 的均匀值。

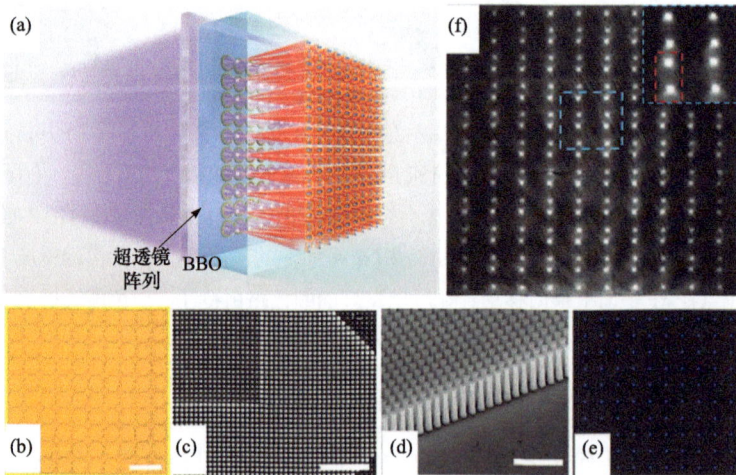

图 7.40　量子超构透镜阵列的示意图和表征。(a)基于超构透镜阵列的量子源示意图。(b)超构透镜阵列的显微镜图像。(c)顶视图和(d)侧视图中 GaN 超构透镜的扫描电子显微镜图像。(e)泵浦光焦平面的显微镜图像。(f)EMCCD 记录的 SPDC 光子对阵列的图像。插图：蓝色虚线框表示区域的放大图像。红色虚线框显示了由一个超构透镜产生的一对光子。比例尺：(b)200 μm、(c)2 μm、(d)1 μm

当泵浦激光入射到超构透镜阵列上时，在 BBO 晶体内部会形成一个 10×10 的焦点阵列。每个点都可以触发 SPDC 过程并以概率方式产生一对光子。BBO 晶体的相位匹配条件旨在确保每个光子对具有两个明确定义的光束状空间模式[305]。这些焦点的均匀强度和空间分布使高维纠缠和多光子量子光子源的进一步实现成为可能。作为初步测试，垂直偏振二极管激光器(404 nm，100 mW)入射到 metalens-BBO 系统上。使用电子倍增电荷耦合器件(EMCCD)观察到具有几乎相等强度的 10×10 SPDC 光子对阵列(图 7.40(f))。

首先，演示了路径编码的量子纠缠。系统中的每个超构透镜以一对共轭空间模式产生一对光子。这些模式对于信号光子(垂直偏振)定义为 s_0 到 s_{99}，对于闲散光子(水平偏振)定义为 i_0 到 i_{99}。在源只产生一对光子的情况下，不知道光子是从哪个元产生的，双光子态可写为 $\frac{1}{10}(|0,0\rangle + |1,1\rangle + |2,2\rangle + \cdots + |99,99\rangle)$，其中数字代表之前定义的路径。该状态是 100 维路径编码的量子纠缠态。作为演示，我们通过用量子态断层扫描(QST)测量重建还原的量子态来验证二维、三维和四维的量子纠缠，并讨论补充材料中的高维纠缠测量。

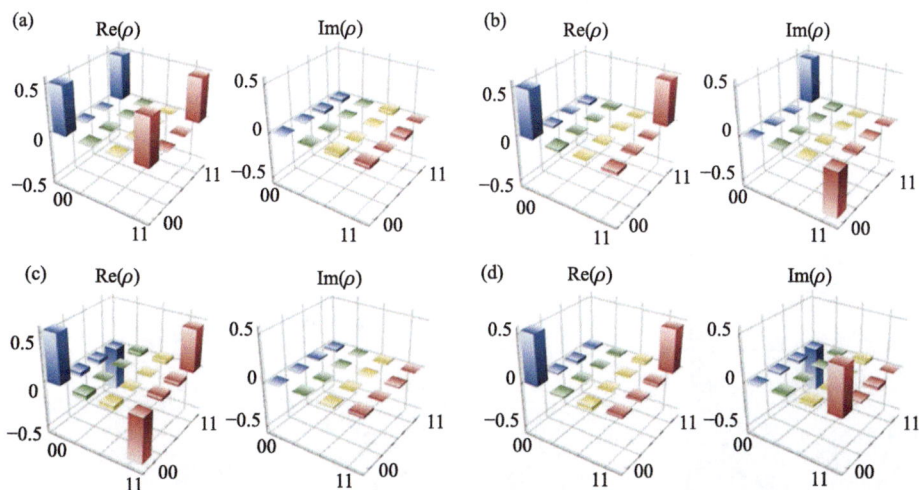

图 7.41　纠缠量子态的表征。(a)～(d)通过 QST 测量的典型重建密度矩阵，超构透镜相位差分别为 $\Delta\varphi = 0$、$\pi/2$、π 和 $3\pi/2$。对于最大纠缠态，量子态保真度分别为 0.985、0.987、0.987 和 0.984

使用由两个超构透镜产生的光子对分析二维(2D)纠缠态，包括相邻的和不相邻的。执行 QST 测量，并通过最大似然估计(MLE)方法准确重建相应的密度矩阵。图 7.41(a)显示了 $(|00\rangle + |11\rangle)/\sqrt{2}$ 的最大 2D 路径纠缠态的实验结果。重构态与理想最大纠缠态的保真度高达 0.985，证明产生态与理想态非常接近。除了聚焦泵浦

光之外，超构透镜还能够对其相位进行编码，从而控制所产生量子态的不同项之间的相对相位。我们设计了两个相邻超构透镜之间具有不同相位差 $(\Delta\varphi = \pi/2, \pi, 3\pi/2)$ 的超构透镜，并分析了它们产生的 2D 纠缠态。图 7.41(b)~(d) 是准备状态的重建密度矩阵，相位差分别为 $(\Delta\varphi = \pi/2, \pi, 3\pi/2)$。所有这些密度矩阵都可以写成 $(|00\rangle + i|11\rangle)/\sqrt{2}$、$(|00\rangle - |11\rangle)/\sqrt{2}$ 和 $(|00\rangle - i|11\rangle)/\sqrt{2}$。在不失一般性的情况下，我们针对每个相位差测量了六个 2D 纠缠态，相对于随机位置的相邻超构透镜对，并通过 QST 测量来估计它们。所有结果都显示出对于最大纠缠态的高保真度，平均值为 0.979，对于最接近的纯纠缠态的保真度为 0.984。对于最大纠缠态的保真度均高于 0.96。这些高保真度证实了我们可以通过超纳米结构可靠地控制生成的状态。

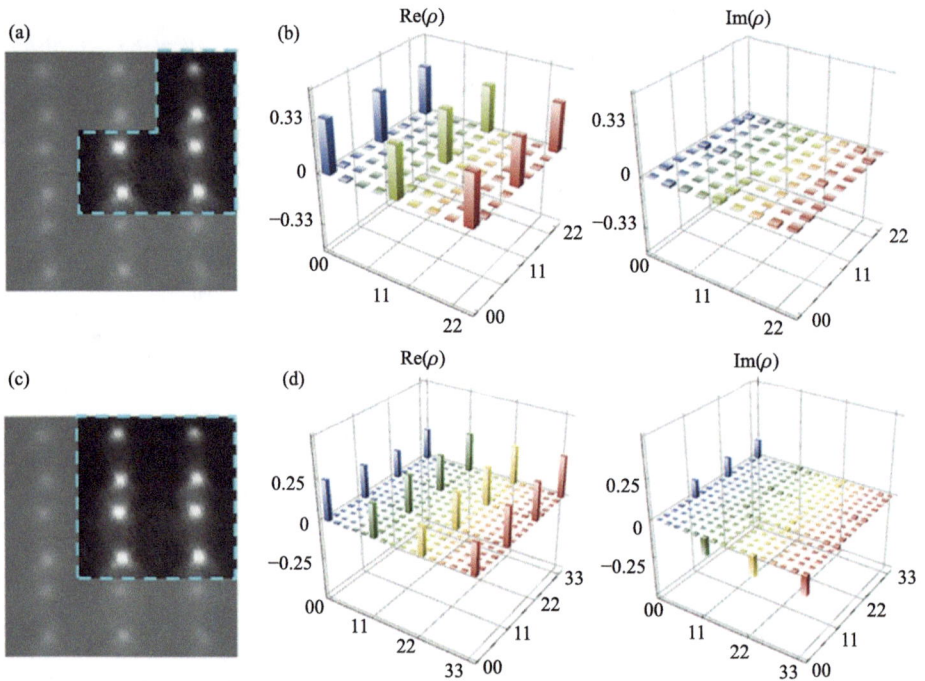

图 7.42　高维量子纠缠态表征。(a)~(d)通过 QST 测量重建 3D(b)和 4D(b)量子态的密度矩阵，分别对应于(a)和(c)中蓝色虚线框中的光子对

　　具有更高维度的量子纠缠态被进一步表征。图 7.42(b)和(d)是通过 QST 测量重建的典型 3D 和 4D 量子态的密度矩阵，分别对应于图 7.42(a)和(c)虚线框中的光子对源的配置。在这些高维情况下，基于光束置换器(BD)的测量设置变得相当复杂。没有足够的自由度来平衡由基于 BD 的空间模式组合和分析系统

引入的实验波动的额外积累。重建最大纠缠态的理想密度矩阵是一项挑战。在这里，重建的结果显示出对纯量子态的非常高的保真度。对于 3D 纠缠态(图 7.42(b))和 4D 纠缠态(图 7.42(d))，估计纯态的保真度为 0.966，对最大纠缠态的保真度分别为 0.965 和 0.911。这些结果显示，纠缠保真度高于 0.94，非常接近纯态，表现了基于超构透镜阵列的量子源的高维纠缠态的高质量。测量保真度的下降主要是由于高维纠缠态的 QST 测量时间过长，其中测量系统的漂移不容忽视。因此，在更高维度上对纠缠的表征可能需要求助于集成设备的开发[306]。

此外，还对基于超构透镜阵列系统的多光子源进行了表征。与一般的基于 SPDC 的多光子源不同，其中需要多个非线性晶体和长期稳定的复杂光学设置[298]，我们的源只需要一个非线性晶体，并且设置更加紧凑和稳定。在实验设置中引入了 415 nm 飞秒脉冲激光作为泵浦光，以增加产生多光子的可能性。在这里，我们使用与图 7.40 相同的超构透镜阵列样品和为 415 nm 泵浦激光器设计的 BBO 晶体。因为每个超构透镜可能同时产生一个光子对，我们可以在这 100 个超构透镜阵列中获得多光子对源。作为演示，我们分别描述了来自两个和三个相邻超构透镜的四光子和六光子源的性能。图 7.43(a)和(b)分别显示了四光子和六光子重合计数的泵浦功率相关性。四光子和六光子重合计数的理想功率依赖性分别遵循二次和三次关系，如图 7.43(a)和(b)中的红色虚线所示。蓝色圆圈中显示的测量数据，与理想趋势非常吻合，表明一个可行的多光子源。

我们进一步进行了 Hong-Ou-Mandel(HOM)干涉，以测试不同超构透镜产生的光子的纯度和不可区分性。两个独立的光子对由两个相邻的超构透镜产生(图 7.43(c))。每对中的一个光子用作触发器(预告)，两个预告光子在 50∶50 光纤分束器上干涉。HOM 干涉是通过记录四重符合作为预示光子之间的相对延迟的函数来观察的。图 7.43(d)为实测 HOM 干扰结果，HOM 倾角可见度为 86.3%。这清楚地验证了多光子量子源的性能，并表明这种超构透镜阵列可以成功地为多光子源的制备提供一个紧凑的平台。

在超构透镜阵列的基础上，本节展示了一个紧凑、稳定、可控的高维纠缠和多光子量子光源平台，扩展了集成路径编码量子源的空间配置和纠缠维度。我们的研究结果表明，超构表面结构可以为复杂量子态的产生和控制提供途径，不仅增加了量子系统的维数，而且还允许对多个光子进行相干控制，从而为先进的开发提供了一个紧凑而实用的平台，可用于实现片上量子光子信息处理。

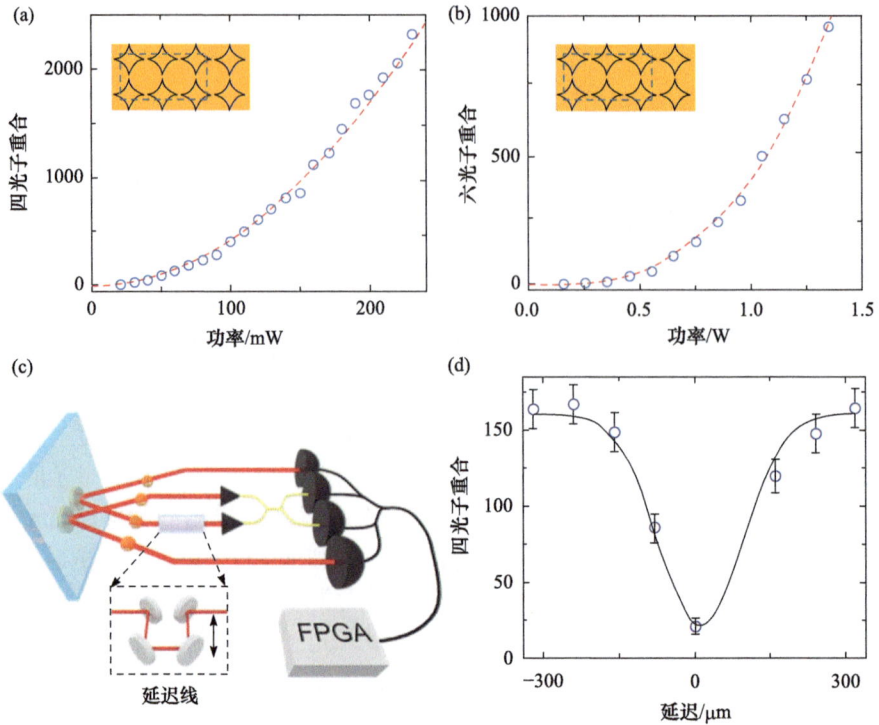

图 7.43　基于超构透镜阵列的多光子量子源。(a)四光子和(b)六光子重合对泵浦功率的依赖性。红色虚线是二次(四光子)和三次(六光子)趋势的理论估计。插图显示了相应测试中涉及的超构透镜。HOM 干扰测量的示意图(c)和边缘(d)

7.5　超构透镜的前景

　　我们从高效率、新颖的功能、更好的性能、紧凑的尺寸、可定制性、低能耗、可扩展性、平坦度和 CMOS 批量生产工艺兼容性等方面考虑了超构透镜的未来前景。超构透镜直径小的优点是小光圈提供了大景深。超构透镜人造纳米天线的内在优势包括共振波长、偏振、角动量、非线性、自发参数上/下转换等特性。光学光场、偏振和相位成像方面的开创性工作只是开始。优化算法可用于设计光学成像系统，用于设计、优化和信号处理。最近的结果表明，通过使用优化算法，超构透镜的前所未有的功能可以进一步增强[307]。

　　具有新功能的超构透镜可以集成到许多现有的光学系统中，以实现新功能和更紧凑的配置。例如，超构透镜可用于光学扩散、滤波、光束整形和/或分割、图案生成、多维光场操作等，通过特定的多个集成共振单元的组合。各种集成共振单元的光学性质被收集到一个大型的超构透镜纳米结构数据库中。超构透镜的复杂纳米天线阵列布局可以通过人工智能辅助设计优雅高效地生成。目前先进的半导体微电子批量生产技术和设备已经建立起来，可以生产具有足够大尺寸的纳米结构超构透镜以用于新应用。

超构透镜在内窥镜、光场光学成像、虚拟和增强现实、高维量子纠缠光学芯片等中的应用，显示出其在未来的巨大潜力，如微型无人机的机器视觉、自动驾驶汽车以及农业、生物医学、医疗保健和量子信息技术的人工智能机器人。我们相信，用于操纵电子的人造纳米结构也将广泛用于光子的控制，从而开创光学超构器件(光学超芯片)的新时代。

参 考 文 献

[1] SUN S L, YANG K Y, WANG C M, et al. High-efficiency broadband anomalous reflection by gradient meta-surfaces [J]. Nano Letters, 2012, 12(12): 6223-6229.

[2] HSU W L, WU P C, CHEN J W, et al. Vertical split-ring resonator based anomalous beam steering with high extinction ratio [J]. Scientific Reports, 2015, 5: 11226.

[3] WANG H C, BAO Z, TSAI H Y, et al. Perovskite quantum dots and their application in light-emitting diodes [J]. Small, 2018, 14(1): 1702433.

[4] HUANG Y W, CHEN W T, TSAI W Y, et al. Aluminum plasmonic multicolor meta-hologram [J]. Nano Letters, 2015, 15(5): 3122-3127.

[5] CHEN W T, YANG K Y, WANG C M, et al. High-efficiency broadband meta-hologram with polarization-controlled dual images [J]. Nano Letters, 2014, 14(1): 225-230.

[6] WU P C, CHEN J W, YIN C W, et al. Visible metasurfaces for on-chip polarimetry [J]. ACS Photonics, 2018, 5(7): 2568-2573.

[7] WU P C, ZHU W M, SHEN Z X, et al. Broadband wide-angle multifunctional polarization converter via liquid-metal-based metasurface [J]. Advanced Optical Materials, 2017, 5(7): 1600938.

[8] WU P C, TSAI W Y, CHEN W T, et al. Versatile polarization generation with an aluminum plasmonic metasurface [J]. Nano Letters, 2017, 17(1): 445-452.

[9] CHEN W T, TOROK P, FOREMAN M R, et al. Integrated plasmonic metasurfaces for spectropolarimetry [J]. Nanotechnology, 2016, 27(22): 224002.

[10] TSAI W Y, CHUNG T L, HSIAO H H, et al. Second harmonic light manipulation with vertical split ring resonators [J]. Advanced Materials, 2019, 31(7): e1806479.

[11] SHEN K C, HUANG Y T, CHUNG T L, et al. Giant efficiency of visible second-harmonic light by an all-dielectric multiple-quantum-well metasurface [J]. Physical Review Applied, 2019, 12(6): 064056.

[12] SEMMLINGER M, ZHANG M, TSENG M L, et al. Generating third harmonic vacuum ultraviolet light with a TiO_2 metasurface [J]. Nano Letters, 2019, 19(12): 8972-8978.

[13] SEMMLINGER M, TSENG M L, YANG J, et al. Vacuum ultraviolet light-generating metasurface [J]. Nano Letters, 2018, 18(9): 5738-5743.

[14] SHEN K C, KU C T, HSIEH C, et al. Deep-ultraviolet hyperbolic metacavity laser [J]. Advanced

Materials, 2018, 30(21): e1706918.

[15] YANG W H, XIAO S M, SONG Q H, et al. All-dielectric metasurface for high-performance structural color [J]. Nature Communications, 2020, 11(1): 1864.

[16] HUANG Y W, LEE H W H, SOKHOYAN R, et al. Gate-tunable conducting oxide metasurfaces [J]. Nano Letters, 2016, 16(9): 5319-5325.

[17] CHU C H, TSENG M L, CHEN J, et al. Active dielectric metasurface based on phase-change medium [J]. Laser Photonics Rev, 2016, 10(6): 986-994.

[18] EBBESEN T W, LEZEC H J, GHAEMI H F, et al. Extraordinary optical transmission through sub-wavelength hole arrays [J]. Nature, 1998, 391(6668): 667-669.

[19] MAIER S A. Plasmonics: Fundamentals and Applications [M]. New Youk: Springer, 2007.

[20] LUO X G, TSAI D P, GU M, et al. Subwavelength interference of light on structured surfaces [J]. Advances in Optics and Photonics, 2018, 10(4): 757-842.

[21] SUN Z J, KIM H K. Refractive transmission of light and beam shaping with metallic nano-optic lenses [J]. Applied Physics Letters, 2004, 85(4): 642-644.

[22] SHI H F, WANG C T, DU C L, et al. Beam manipulating by metallic nano-slits with variant widths [J]. Optics Express, 2005, 13(18): 6815-6820.

[23] XU T, WANG C T, DU C L, et al. Plasmonic beam deflector [J]. Optics Express, 2008, 16(7): 4753-4759.

[24] VERSLEGERS L, CATRYSSE P B, YU Z F, et al. Planar lenses based on nanoscale slit arrays in a metallic film [J]. Nano Letters, 2009, 9(1): 235-238.

[25] VERSLEGERS L, CATRYSSE P B, YU Z F, et al. Deep-subwavelength focusing and steering of light in an aperiodic metallic waveguide array [J]. Physical Review Letters, 2009, 103(3): 033902.

[26] YU N F, GENEVET P, KATS M A, et al. Light propagation with phase discontinuities: Generalized laws of reflection and refraction [J]. Science, 2011, 334(6054): 333-337.

[27] AIETA F, GENEVET P, KATS M A, et al. Aberration-free ultrathin flat lenses and axicons at telecom wavelengths based on plasmonic metasurfaces [J]. Nano Letters, 2012, 12(9): 4932-4936.

[28] CHEN X Z, HUANG L L, MUHLENBERND H, et al. Dual-polarity plasmonic metalens for visible light [J]. Nature Communications, 2012, 3: 1198.

[29] KATS M A, YU N F, GENEVET P, et al. Effect of radiation damping on the spectral response of plasmonic components [J]. Optics Express, 2011, 19(22): 21748-21753.

[30] JACKSON J D. Classical electrodynamics [Z]. American Association of Physics Teachers. 1999.

[31] YU N F, AIETA F, GENEVET P, et al. A broadband, background-free quarter-wave plate based on plasmonic metasurfaces [J]. Nano Letters, 2012, 12(12): 6328-6333.

[32] GENEVET P, YU N F, AIETA F, et al. Ultra-thin plasmonic optical vortex plate based on phase discontinuities [J]. Applied Physics Letters, 2012, 100(1): 013101.

[33] KILDISHEV A V, BOLTASSEVA A, SHALAEV V M. Planar photonics with metasurfaces [J]. Science, 2013, 339(6125): 1232009.

[34] YU N F, CAPASSO F. Flat optics with designer metasurfaces [J]. Nature Materials, 2014, 13(2): 139-150.

[35] NI X J, ISHII S, KILDISHEV A V, et al. Ultra-thin, planar, babinet-inverted plasmonic metalenses [J].

Light: Science & Applications, 2013, 2: e72.

[36] HUANG L L, CHEN X Z, MUHLENBERND H, et al. Dispersionless phase discontinuities for controlling light propagation [J]. Nano Letters, 2012, 12(11): 5750-5755.

[37] HUANG L L, CHEN X Z, MUHLENBERND H, et al. Three-dimensional optical holography using a plasmonic metasurface [J]. Nature Communications, 2013, 4: 2808.

[38] YIN X B, YE Z L, RHO J, et al. Photonic spin hall effect at metasurfaces [J]. Science, 2013, 339(6126): 1405-1407.

[39] LI X, CHEN L W, LI Y, et al. Multicolor 3D meta-holography by broadband plasmonic modulation [J]. Science Advances, 2016, 2(11): e1601102.

[40] KANG M, FENG T H, WANG H T, et al. Wave front engineering from an array of thin aperture antennas [J]. Optics Express, 2012, 20(14): 15882-15890.

[41] BOMZON Z, BIENER G, KLEINER V, et al. Space-variant pancharatnam-berry phase optical elements with computer-generated subwavelength gratings [J]. Optics Letters, 2002, 27(13): 1141-1143.

[42] HASMAN E, KLEINER V, BIENER G, et al. Polarization dependent focusing lens by use of quantized pancharatnam-berry phase diffractive optics [J]. Applied Physics Letters, 2003, 82(3): 328-330.

[43] NIV A, BIENER G, KLEINER V, et al. Propagation-invariant vectorial bessel beams obtained by use of quantized pancharatnam-berry phase optical elements [J]. Optics Letters, 2004, 29(3): 238-240.

[44] SUN S L, HE Q, XIAO S Y, et al. Gradient-index meta-surfaces as a bridge linking propagating waves and surface waves [J]. Nature Materials, 2012, 11(5): 426-431.

[45] MA W, JIA D L, YU X M, et al. Reflective gradient metasurfaces for polarization-independent light focusing at normal or oblique incidence [J]. Applied Physics Letters, 2016, 108(7): 071111.

[46] PORS A, NIELSEN M G, ERIKSEN R L, et al. Broadband focusing flat mirrors based on plasmonic gradient metasurfaces [J]. Nano Letters, 2013, 13(2): 829-834.

[47] ZHANG S Y, KIM M H, AIETA F, et al. High efficiency near diffraction-limited mid-infrared flat lenses based on metasurface reflectarrays [J]. Optics Express, 2016, 24(16): 18024-18034.

[48] PU M B, LI X, MA X L, et al. Catenary optics for achromatic generation of perfect optical angular momentum [J]. Science Advances, 2015, 1(9): e1500396.

[49] GUO Y H, MA X L, PU M B, et al. High-efficiency and wide-angle beam steering based on catenary optical fields in ultrathin metalens [J]. Advanced Optical Materials, 2018, 6(19): 1800592.

[50] PFEIFFER C, GRBIC A. Metamaterial huygens' surfaces: tailoring wave fronts with reflectionless sheets [J]. Physical Review Letters, 2013, 110(19): 197401.

[51] PFEIFFER C, EMANI N K, SHALTOUT A M, et al. Efficient light bending with isotropic metamaterial huygens' surfaces [J]. Nano Letters, 2014, 14(5): 2491-2497.

[52] DECKER M, STAUDE I, FALKNER M, et al. High-efficiency dielectric huygens' surfaces [J]. Advanced Optical Materials, 2015, 3(6): 813-820.

[53] ZHANG L, DING J, ZHENG H Y, et al. Ultra-thin high-efficiency mid-infrared transmissive

huygens meta-optics [J]. Nature Communications, 2018, 9: 1481.

[54] YU Y F, ZHU A Y, PANIAGUA-DOMINGUEZ R, et al. High-transmission dielectric metasurface with 2 phase control at visible wavelengths [J]. Laser Photonics Rev, 2015, 9(4): 412-418.

[55] KHORASANINEJAD M, CHEN W T, DEVLIN R C, et al. Metalenses at visible wavelengths: Diffraction-limited focusing and subwavelength resolution imaging [J]. Science, 2016, 352(6290): 1190-1194.

[56] CHEN B H, WU P C, SU V C, et al. Gan metalens for pixel-level full-color routing at visible light [J]. Nano Letters, 2017, 17(10): 6345-6352.

[57] ARBABI A, HORIE Y, BAGHERI M, et al. Dielectric metasurfaces for complete control of phase and polarization with subwavelength spatial resolution and high transmission [J]. Nature Nanotechnology, 2015, 10(11): 937-943.

[58] VO S, FATTAL D, SORIN W V, et al. Sub-wavelength grating lenses with a twist [J]. IEEE Photonics Technology Letters, 2014, 26(13): 1375-1378.

[59] ARBABI A, BRIGGS R M, HORIE Y, et al. Efficient dielectric metasurface collimating lenses for mid-infrared quantum cascade lasers [J]. Optics Express, 2015, 23(26): 33310-33317.

[60] ZHAN A, COLBURN S, TRIVEDI R, et al. Low-contrast dielectric metasurface optics [J]. ACS Photonics, 2016, 3(2): 209-214.

[61] KRUK S, HOPKINS B, KRAVCHENKO, I I, et al. Invited article: broadband highly efficient dielectric metadevices for polarization control [J]. APL Photonics, 2016, 1(3): 030801.

[62] PANIAGUA-DOMINGUEZ R, YU Y F, KHAIDAROV E, et al. A metalens with a near-unity numerical aperture [J]. Nano Letters, 2018, 18(3): 2124-2132.

[63] ASTILEAN S, LALANNE P, CHAVEL P, et al. High-efficiency subwavelength diffractive element patterned in a high-refractive-index material for 633 nm [J]. Optics Letters, 1998, 23(7): 552-554.

[64] LALANNE P, ASTILEAN S, CHAVEL P, et al. Blazed binary subwavelength gratings with efficiencies larger than those of conventional echelette gratings [J]. Optics Letters, 1998, 23(14): 1081-1083.

[65] LALANNE P. Waveguiding in blazed-binary diffractive elements [J]. Journal of the Optical Society of America A-Optics Image Science and Vision, 1999, 16(10): 2517-2520.

[66] LALANNE P, ASTILEAN S, CHAVEL P, et al. Design and fabrication of blazed binary diffractive elements with sampling periods smaller than the structural cutoff [J]. Journal of the Optical Society of America A-Optics Image Science and Vision, 1999, 16(5): 1143-1156.

[67] ARBABI A, HORIE Y, BALL A J, et al. Subwavelength-thick lenses with high numerical apertures and large efficiency based on high-contrast transmitarrays [J]. Nature Communications, 2015, 6: 7069.

[68] KHORASANINEJAD M, ZHUIT A Y, ROQUES-CARMES C, et al. Polarization-insensitive metalenses at visible wavelengths [J]. Nano Letters, 2016, 16(11): 7229-7234.

[69] LIN D M, FAN P Y, HASMAN E, et al. Dielectric gradient metasurface optical elements [J]. Science, 2014, 345(6194): 298-302.

[70] LU F L, SEDGWICK F G, KARAGODSKY V, et al. Planar high-numerical-aperture low-loss

focusing reflectors and lenses using subwavelength high contrast gratings [J]. Optics Express, 2010, 18(12): 12606-12614.

[71] FATTAL D, LI J J, PENG Z, et al. Flat dielectric grating reflectors with focusing abilities [J]. Nature Photonics, 2010, 4(7): 466-470.

[72] WEST P R, STEWART J L, KILDISHEV A V, et al. All-dielectric subwavelength metasurface focusing lens [J]. Optics Express, 2014, 22(21): 26212-26221.

[73] KHORASANINEJAD M, CROZIER K B. Silicon nanofin grating as a miniature chirality-distinguishing beam-splitter [J]. Nature Communications, 2014, 5: 5386.

[74] FAN Q B, LIU M Z, YANG C, et al. A high numerical aperture, polarization-insensitive metalens for long-wavelength infrared imaging [J]. Applied Physics Letters, 2018, 113(20): 201104.

[75] FAN Q B, WANG Y L, LIU M Z, et al. High-efficiency, linear-polarization-multiplexing metalens for long-wavelength infrared light [J]. Optics Letters, 2018, 43(24): 6005-6008.

[76] KHORASANINEJAD M, CHEN W T, ZHU A Y, et al. Multispectral chiral imaging with a metalens [J]. Nano Letters, 2016, 16(7): 4595-4600.

[77] GROEVER B, RUBIN N A, MUELLER J P B, et al. High-efficiency chiral meta-lens [J]. Scientific Reports, 2018, 8: 7240.

[78] HSIAO H H, CHEN Y H, LIN R J, et al. Integrated resonant unit of metasurfaces for broadband efficiency and phase manipulation [J]. Advanced Optical Materials, 2018, 6(12): 1800031.

[79] WANG S M, WU P C, SU V C, et al. Broadband achromatic optical metasurface devices [J]. Nature Communications, 2017, 8: 187.

[80] ZHANG S Y, SOIBEL A, KEO S A, et al. Solid-immersion metalenses for infrared focal plane arrays [J]. Applied Physics Letters, 2018, 113(11): 111104.

[81] CHEN W T, ZHU A Y, KHORASANINEJAD M, et al. Immersion meta-lenses at visible wavelengths for nanoscale imaging [J]. Nano Letters, 2017, 17(5): 3188-3194.

[82] LIANG H W, LIN Q L, XIE X S, et al. Ultrahigh numerical aperture metalens at visible wavelengths [J]. Nano Letters, 2018, 18(7): 4460-4466.

[83] KLEMM A B, STELLINGA D, MARTINS E R, et al. Experimental high numerical aperture focusing with high contrast gratings [J]. Optics Letters, 2013, 38(17): 3410-3413.

[84] FAN Z B, SHAO Z K, XIE M Y, et al. Silicon nitride metalenses for close-to-one numerical aperture and wide-angle visible imaging [J]. Physical Review Applied, 2018, 10(1): 014005.

[85] ARBABI A, ARBABI E, KAMALI S M, et al. Miniature optical planar camera based on a wide-angle metasurface doublet corrected for monochromatic aberrations [J]. Nature Communications, 2016, 7: 13682.

[86] GROEVER B, CHEN W T, CAPASSO F. Meta-lens doublet in the visible region [J]. Nano Letters, 2017, 17(8): 4902-4907.

[87] AIETA F, KATS M A, GENEVET P, et al. Multiwavelength achromatic metasurfaces by dispersive phase compensation [J]. Science, 2015, 347(6228): 1342-1345.

[88] ZHAO Z Y, PU M B, GAO H, et al. Multispectral optical metasurfaces enabled by achromatic phase transition [J]. Scientific Reports, 2015, 5: 15781.

[89] ARBABI E, ARBABI A, KAMALI S M, et al. Multiwavelength metasurfaces through spatial

multiplexing [J]. Scientific Reports, 2016, 6: 32803.

[90] AVAYU O, ALMEIDA E, PRIOR Y, et al. Composite functional metasurfaces for multispectral achromatic optics [J]. Nature Communications, 2017, 8: 14992.

[91] ARBABI E, ARBABI A, KAMALI S M, et al. Multiwavelength polarization-insensitive lenses based on dielectric metasurfaces with meta-molecules [J]. Optica, 2016, 3(6): 628-633.

[92] KHORASANINEJAD M, SHI Z, ZHU A Y, et al. Achromatic metalens over 60 nm bandwidth in the visible and metalens with reverse chromatic dispersion [J]. Nano Letters, 2017, 17(3): 1819-1824.

[93] ARBABI E, ARBABI A, KAMALI S M, et al. Controlling the sign of chromatic dispersion in diffractive optics with dielectric metasurfaces [J]. Optica, 2017, 4(6): 625-632.

[94] WANG S M, WU P C, SU V C, et al. A broadband achromatic metalens in the visible [J]. Nature Nanotechnology, 2018, 13(3): 227-232.

[95] CHENG Q Q, MA M L, YU D, et al. Broadband achromatic metalens in terahertz regime [J]. Science Bulletin, 2019, 64(20): 1525-1531.

[96] CHEN W T, ZHU A Y, SISLER J, et al. Broadband achromatic metasurface-refractive optics [J]. Nano Letters, 2018, 18(12): 7801-7808.

[97] SHRESTHA S, OVERVIG A C, LU M, et al. Broadband achromatic dielectric metalenses [J]. Light: Science & Applications, 2018, 7: 85.

[98] CHEN W T, ZHU A Y, SISLER J, et al. A broadband achromatic polarization-insensitive metalens consisting of anisotropic nanostructures [J]. Nature Communications, 2019, 10: 355.

[99] CHEN W T, ZHU A Y, SANJEEV V, et al. A broadband achromatic metalens for focusing and imaging in the visible [J]. Nature Nanotechnology, 2018, 13(3): 220-226.

[100] GUTRUF P, ZOU C J, WITHAYACHUMNANKUL W, et al. Mechanically tunable dielectric resonator metasurfaces at visible frequencies [J]. ACS Nano, 2016, 10(1): 133-141.

[101] ZHELUDEV N I, KIVSHAR Y S. From metamaterials to metadevices [J]. Nature Materials, 2012, 11(11): 917-924.

[102] SONG S C, MA X L, PU M B, et al. Actively tunable structural color rendering with tensile substrate [J]. Advanced Optical Materials, 2017, 5(9): 1600829.

[103] EE H S, AGARWAL R. Tunable metasurface and flat optical zoom lens on a stretchable substrate [J]. Nano Letters, 2016, 16(4): 2818-2823.

[104] KAMALI S M, ARBABI E, ARBABI A, et al. Highly tunable elastic dielectric metasurface lenses [J]. Laser Photonics Rev, 2016, 10(6): 1002-1008.

[105] SHE A, ZHANG S Y, SHIAN S, et al. Adaptive metalenses with simultaneous electrical control of focal length, astigmatism, and shift [J]. Science Advances, 2018, 4(2): eaap9957.

[106] LI S Y, ZHOU C B, BAN G X, et al. Active all-dielectric bifocal metalens assisted by germanium antimony telluride [J]. Journal of Physics D-Applied Physics, 2019, 52(9): 095106.

[107] CHENG F, QIU L Y, NIKOLOV D, et al. Mechanically tunable focusing metamirror in the visible [J]. Optics Express, 2019, 27(11): 15194-15204.

[108] O'HALLORAN A, O'MALLEY F, MCHUGH P. A review on dielectric elastomer actuators, technology, applications, and challenges [J]. Journal of Applied Physics, 2008, 104(7): 071101.

[109] BROCHU P, PEI Q B. Advances in dielectric elastomers for actuators and artificial muscles [J]. Macromolecular Rapid Communications, 2010, 31(1): 10-36.

[110] HUANG J S, LI T F, FOO C C, et al. Giant, voltage-actuated deformation of a dielectric elastomer under dead load [J]. Applied Physics Letters, 2012, 100(4): 041911.

[111] KOH S J A, LI T F, ZHOU J X, et al. Mechanisms of large actuation strain in dielectric elastomers [J]. Journal of Polymer Science Part B-Polymer Physics, 2011, 49(7): 504-515.

[112] WANG Q, ROGERS E T F, GHOLIPOUR B, et al. Optically reconfigurable metasurfaces and photonic devices based on phase change materials [J]. Nature Photonics, 2016, 10(1): 60-65.

[113] CHEN Y G, LI X, SONNEFRAUD Y, et al. Engineering the phase front of light with phase-change material based planar lenses [J]. Scientific Reports, 2015, 5: 8660.

[114] BAI W, YANG P, WANG S, et al. Tunable duplex metalens based on phase-change materials in communication range [J]. Nanomaterials, 2019, 9(7): 993.

[115] HUANG Z D, HU B, LIU W G, et al. Dynamical tuning of terahertz meta-lens assisted by graphene [J]. Journal of the Optical Society of America B-Optical Physics, 2017, 34(9): 1848-1854.

[116] BERTO P, PHILIPPET L, OSMOND J, et al. Tunable and free-form planar optics [J]. Nature Photonics, 2019, 13(9): 649-656.

[117] AFRIDI A, CANET-FERRER J, PHILIPPET L, et al. Electrically driven varifocal silicon metalens [J]. ACS Photonics, 2018, 5(11): 4497-4503.

[118] ZHENG G X, WU W B A, LI Z L, et al. Dual field-of-view step-zoom metalens [J]. Optics Letters, 2017, 42(7): 1261-1264.

[119] AIELLO M D, BACKER A S, SAPON A J, et al. Achromatic varifocal metalens for the visible spectrum [J]. ACS Photonics, 2019, 6(10): 2432-2440.

[120] ZHONG J W, AN N, YI N B, et al. Broadband and tunable-focus flat lens with dielectric metasurface [J]. Plasmonics, 2016, 11(2): 537-541.

[121] FAN C Y, CHUANG T J, WU K H, et al. Electrically modulated varifocal metalens combined with twisted nematic liquid crystals [J]. Optics Express, 2020, 28(7): 10609-10617.

[122] ROY T, ZHANG S, JUNG I W, et al. Dynamic metasurface lens based on mems technology [J]. APL Photonics, 2018, 3(2): 021302.

[123] ARBABI E, ARBABI A, KAMALI S M, et al. Mems-tunable dielectric metasurface lens [J]. Nature Communications, 2018, 9: 812.

[124] COLBURN S, ZHAN A, MAJUMDAR A. Varifocal zoom imaging with large area focal length adjustable metalenses [J]. Optica, 2018, 5(7): 825-831.

[125] GUO Y H, PU M B, MA X L, et al. Experimental demonstration of a continuous varifocal metalens with large zoom range and high imaging resolution [J]. Applied Physics Letters, 2019, 115(16): 163103.

[126] SHIMOYAMA I. Scaling in microrobots[C]. Proceedings of the 1995 IEEE/RSJ International Conference on Intelligent Robots and Systems - Human Robot Interaction and Cooperative Robots, Pittsburgh, Pa, 1995.

[127] FEARING R S. Survey of sticking effects for micro parts handling[C]. Proceedings of the 1995

IEEE/RSJ International Conference on Intelligent Robots and Systems-Human Robot Interaction and Cooperative Robots, Pittsburgh, Pa 1995.

[128] DOWSKI E R, CATHEY W T. Extended depth of field through wave-front coding [J]. Applied Optics, 1995, 34(11): 1859-1866.

[129] BRADBURN S, CATHEY W T, DOWSKI E R. Realizations of focus invariance in optical-digital systems with wave-front coding [J]. Applied Optics, 1997, 36(35): 9157-9166.

[130] BARBERO S. The alvarez and lohmann refractive lenses revisited [J]. Optics Express, 2009, 17(11): 9376-9390.

[131] ZHAN A, COLBURN S, DODSON C M, et al. Metasurface freeform nanophotonics [J]. Scientific Reports, 2017, 7: 1673.

[132] HONG C, COLBURN S, MAJUMDAR A. Flat metaform near-eye visor [J]. Applied Optics, 2017, 56(31): 8822-8827.

[133] LIN D, MELLI M, POLIAKOV E, et al. Optical metasurfaces for high angle steering at visible wavelengths [J]. Scientific Reports, 2017, 7: 2286.

[134] CUI Y, ZHENG G X, CHEN M, et al. Reconfigurable continuous-zoom metalens in visible band [J]. Chinese Optics Letters, 2019, 17(11): 111603.

[135] YILMAZ N, OZDEMIR A, OZER A, et al. Rotationally tunable polarization-insensitive single and multifocal metasurface [J]. Journal of Optics, 2019, 21(4): 045105.

[136] SMITH D R, PADILLA W J, VIER D C, et al. Composite medium with simultaneously negative permeability and permittivity [J]. Physical Review Letters, 2000, 84(18): 4184-4187.

[137] SHELBY R A, SMITH D R, SCHULTZ S. Experimental verification of a negative index of refraction [J]. Science, 2001, 292(5514): 77-79.

[138] SHALAEV V M, CAI W, CHETTIAR U K, et al. Negative index of refraction in optical metamaterials [J]. Optics Letters, 2005, 30(24): 3356-3358.

[139] DOLLING G, WEGENER M, SOUKOULIS C M, et al. Negative-index metamaterial at 780 nm wavelength [J]. Optics Letters, 2007, 32(1): 53-55.

[140] VALENTINE J, ZHANG S, ZENTGRAF T, et al. Three-dimensional optical metamaterial with a negative refractive index [J]. Nature, 2008, 455(7211): 376-379.

[141] KANTE B, PARK Y S, O'BRIEN K, et al. Symmetry breaking and optical negative index of closed nanorings [J]. Nature Communications, 2012, 3(1): 1180.

[142] PENDRY J B, HOLDEN A J, ROBBINS D J, et al. Magnetism from conductors and enhanced nonlinear phenomena [J]. Ieee T Microw Theory, 1999, 47(11): 2075-2084.

[143] YEN T J, PADILLA W J, FANG N, et al. Terahertz magnetic response from artificial materials [J]. Science, 2004, 303(5663): 1494-1496.

[144] LINDEN S, ENKRICH C, WEGENER M, et al. Magnetic response of metamaterials at 100 terahertz [J]. Science, 2004, 306(5700): 1351-1353.

[145] ISHIKAWA A, TANAKA T, KAWATA S. Negative magnetic permeability in the visible light region [J]. Physical Review Letters, 2005, 95(23): 237401.

[146] LIU N, LIU H, ZHU S, et al. Stereometamaterials [J]. Nature Photonics, 2009, 3(3): 157-162.

[147] KOSCHNY T, ZHANG L, SOUKOULIS C M. Isotropic three-dimensional left-handed

metamaterials [J]. Phys Rev B, 2005, 71(12): 121103.

[148] BAENA J D, JELINEK L, MARQUES R. Towards a systematic design of isotropic bulk magnetic metamaterials using the cubic point groups of symmetry [J]. Phys Rev B, 2007, 76(24): 245115.

[149] GUNEY D O, KOSCHNY T, KAFESAKI M, et al. Connected bulk negative index photonic metamaterials [J]. Optics Letters, 2009, 34(4): 506-508.

[150] GUNEY D O, KOSCHNY T, SOUKOULIS C M. Intra-connected three-dimensionally isotropic bulk negative index photonic metamaterial [J]. Optics Express, 2010, 18(12): 12348-12353.

[151] ZHANG S, FAN W, MINHAS B K, et al. Midinfrared resonant magnetic nanostructures exhibiting a negative permeability [J]. Physical Review Letters, 2005, 94(3): 037402.

[152] TANAKA T, ISHIKAWA A, KAWATA S. Two-photon-induced reduction of metal ions for fabricating three-dimensional electrically conductive metallic microstructure [J]. Applied Physics Letters, 2006, 88(8): 081107.

[153] RILL M S, PLET C, THIEL M, et al. Photonic metamaterials by direct laser writing and silver chemical vapour deposition [J]. Nature Materials, 2008, 7(7): 543-546.

[154] GANSEL J K, THIEL M, RILL M S, et al. Gold helix photonic metamaterial as broadband circular polarizer [J]. Science, 2009, 325(5947): 1513-1515.

[155] BURCKEL D B, WENDT J R, TEN EYCK G A, et al. Micrometer-scale cubic unit cell 3D metamaterial layers [J]. Advanced Materials, 2010, 22(44): 5053-5057.

[156] FAN K, STRIKWERDA A C, TAO H, et al. Stand-up magnetic metamaterials at terahertz frequencies [J]. Optics Express, 2011, 19(13): 12619-12627.

[157] CHEN W T, CHEN C J, WU P C, et al. Optical magnetic response in three-dimensional metamaterial of upright plasmonic meta-molecules [J]. Optics Express, 2011, 19(13): 12837-12842.

[158] SOUKOULIS C M, WEGENER M. Past achievements and future challenges in the development of three-dimensional photonic metamaterials [J]. Nature Photonics, 2011, 5(9): 523-530.

[159] RADKE A, GISSIBL T, KLOTZBUCHER T, et al. Three-dimensional bichiral plasmonic crystals fabricated by direct laser writing and electroless silver plating [J]. Advanced Materials, 2011, 23(27): 3018-3021.

[160] CHEN C C, HSIAO C T, SUN S, et al. Fabrication of three dimensional split ring resonators by stress-driven assembly method [J]. Optics Express, 2012, 20(9): 9415-9420.

[161] SMITH E J, LIU Z, MEI Y, et al. Combined surface plasmon and classical waveguiding through metamaterial fiber design [J]. Nano Letters, 2010, 10(1): 1-5.

[162] SMITH E J, LIU Z, MEI Y F, et al. System investigation of a rolled-up metamaterial optical hyperlens structure [J]. Applied Physics Letters, 2009, 95(8): 083104.

[163] MEI Y F, HUANG G S, SOLOVEV A A, et al. Versatile approach for integrative and functionalized tubes by strain engineering of nanomembranes on polymers [J]. Advanced Materials, 2008, 20(21): 4085-4090.

[164] D'HEURLE F, HARPER J. Note on the origin of intrinsic stresses in films deposited via evaporation and sputtering [J]. Thin Solid Films, 1989, 171(1): 81-92.

[165] NASTAUSHEV Y V, PRINZ V Y, SVITASHEVA S N. A technique for fabricating au/ti micro- and nanotubes [J]. Nanotechnology, 2005, 16(6): 908-912.

[166] MARQUéS R, MEDINA F, RAFII-EL-IDRISSI R. Role of bianisotropy in negative permeability and left-handed metamaterials [J]. Phys Rev B, 2002, 65(14): 144440.

[167] KRIEGLER C E, RILL M S, LINDEN S, et al. Bianisotropic photonic metamaterials [J]. IEEE Journal of Selected Topics in Quantum Electronics, 2009, 16(2): 367-375.

[168] ZEL'DOVICH I B. Electromagnetic interaction with parity violation [J]. Soviet Physics : JETP, 1958, 6(6): 1184-1186.

[169] LIU N, GUO H, FU L, et al. Three-dimensional photonic metamaterials at optical frequencies [J]. Nature Materials, 2008, 7(1): 31-37.

[170] MUELLER J P B, RUBIN N A, DEVLIN R C, et al. Metasurface polarization optics: Independent phase control of arbitrary orthogonal states of polarization [J]. Physical Review Letters, 2017, 118(11): 113901.

[171] DEVLIN R C, AMBROSIO A, RUBIN N A, et al. Arbitrary spin-to-orbital angular momentum conversion of light [J]. Science, 2017, 358(6365): 896-901.

[172] FAN Q B, ZHU W Q, LIANG Y Z, et al. Broadband generation of photonic spin-controlled arbitrary accelerating light beams in the visible [J]. Nano Letters, 2019, 19(2): 1158-1165.

[173] ARBABI E, KAMALI S M, ARBABI A, et al. Full-stokes imaging polarimetry using dielectric metasurfaces [J]. ACS Photonics, 2018, 5(8): 3132-3140.

[174] YAN C, LI X, PU M B, et al. Midinfrared real-time polarization imaging with all-dielectric metasurfaces [J]. Applied Physics Letters, 2019, 114(16): 161904.

[175] YANG Z Y, WANG Z K, WANG Y X, et al. Generalized hartmann-shack array of dielectric metalens sub-arrays for polarimetric beam profiling [J]. Nature Communications, 2018, 9: 4607.

[176] RUBIN N A, D'AVERSA G, CHEVALIER P, et al. Matrix fourier optics enables a compact full-stokes polarization camera [J]. Science, 2019, 365(6448): eaax1839.

[177] BAI J, WANG C, CHEN X H, et al. Chip-integrated plasmonic flat optics for mid-infrared full-stokes polarization detection [J]. Photonics Research, 2019, 7(9): 1051-1060.

[178] ZHOU Y, ZHENG H Y, KRAVCHENKO I I, et al. Flat optics for image differentiation [J]. Nature Photonics, 2020, 14(5): 316-323.

[179] HUO P C, ZHANG C, ZHU W Q, et al. Photonic spin-multiplexing metasurface for switchable spiral phase contrast imaging [J]. Nano Letters, 2020, 20(4): 2791-2798.

[180] KWON H, ARBABI E, KAMALI S M, et al. Single-shot quantitative phase gradient microscopy using a system of multifunctional metasurfaces [J]. Nature Photonics, 2020, 14(2): 109-114.

[181] LIN R J, SU V C, WANG S M, et al. Achromatic metalens array for full-colour light-field imaging [J]. Nature Nanotechnology, 2019, 14(3): 227-231.

[182] CHEN M K, CHU C H, LIN R J, et al. Optical meta-devices: advances and applications [J]. Japanese Journal of Applied Physics, 2019, 58: SK0801.

[183] FAN Z B, QIU H Y, ZHANG H L, et al. A broadband achromatic metalens array for integral imaging in the visible [J]. Light: Science & Applications, 2019, 8: 67.

[184] GUO Q, SHI Z J, HUANG Y W, et al. Compact single-shot metalens depth sensors inspired by

eyes of jumping spiders [J]. Proceedings of the National Academy of Sciences of the United States of America, 2019, 116(46): 22959-22965.

[185] HOLSTEEN A L, LIN D M, KAUVAR I, et al. A light-field metasurface for high-resolution single-particle tracking [J]. Nano Letters, 2019, 19(4): 2267-2271.

[186] LUO Y, CHU C H, VYAS S, et al. Varifocal metalens for optical sectioning fluorescence microscopy [J]. Nano Letters, 2021, 21(12): 5133-5142.

[187] LUO Y, TSENG M L, VYAS S, et al. Meta-lens light-sheet fluorescence microscopy for in vivo imaging [J]. Nanophotonics, 2022, 11(9): 1949-1959.

[188] LUO Y, TSENG M L, VYAS S, et al. Metasurface - based abrupt autofocusing beam for biomedical applications [J]. Small Methods, 2022, 6(4): 2101228.

[189] DIXIT R, CYR R. Cell damage and reactive oxygen species production induced by fluorescence microscopy: Effect on mitosis and guidelines for non-invasive fluorescence microscopy [J]. The Plant Journal, 2003, 36(2): 280-290.

[190] STEMMER A, BECK M, FIOLKA R. Widefield fluorescence microscopy with extended resolution [J]. Histochemistry and cell biology, 2008, 130(5): 807-817.

[191] SCHERMELLEH L, HEINTZMANN R, LEONHARDT H. A guide to super-resolution fluorescence microscopy [J]. Journal of Cell Biology, 2010, 190(2): 165-175.

[192] GUSTAFSSON M G. Nonlinear structured-illumination microscopy: Wide-field fluorescence imaging with theoretically unlimited resolution [J]. Proceedings of the National Academy of Sciences of the United States of America, 2005, 102(37): 13081-13086.

[193] JI N. Adaptive optical fluorescence microscopy [J]. Nature Methods, 2017, 14(4): 374-380.

[194] ARBABI E, LI J, HUTCHINS R J, et al. Two-photon microscopy with a double-wavelength metasurface objective lens [J]. Nano Letters, 2018, 18(8): 4943-4948.

[195] BEAULIEU D R, DAVISON I G, KıLıç K, et al. Simultaneous multiplane imaging with reverberation two-photon microscopy [J]. Nature Methods, 2020, 17(3): 283-286.

[196] FINE A, AMOS W, DURBIN R, et al. Confocal microscopy: Applications in neurobiology [J]. Trends in Neurosciences, 1988, 11(8): 346-351.

[197] SHOTTON D M. Confocal scanning optical microscopy and its applications for biological specimens [J]. Journal of Cell Science, 1989, 94(2): 175-206.

[198] BADON A, BENSUSSEN S, GRITTON H J, et al. Video-rate large-scale imaging with multi-z confocal microscopy [J]. Optica, 2019, 6(4): 389-395.

[199] GUSTAFSSON M G, SHAO L, CARLTON P M, et al. Three-dimensional resolution doubling in wide-field fluorescence microscopy by structured illumination [J]. Biophysical Journal, 2008, 94(12): 4957-4970.

[200] KARADAGLIĆ D, WILSON T. Image formation in structured illumination wide-field fluorescence microscopy [J]. Micron, 2008, 39(7): 808-818.

[201] LIM D, FORD T N, CHU K K, et al. Optically sectioned in vivo imaging with speckle illumination hilo microscopy [J]. Journal of Biomedical Optics, 2011, 16(1): 016014.

[202] SCHNIETE J, FRANSSEN A, DEMPSTER J, et al. Fast optical sectioning for widefield fluorescence mesoscopy with the mesolens based on hilo microscopy [J]. Scientific Reports,

2018, 8(1): 16259.

[203] ZHANG H, VYAS K, YANG G Z. Line scanning, fiber bundle fluorescence hilo endomicroscopy with confocal slit detection [J]. Journal of Biomedical Optics, 2019, 24(11): 116501.

[204] LIM D, CHU K K, MERTZ J. Wide-field fluorescence sectioning with hybrid speckle and uniform-illumination microscopy [J]. Optics Letters, 2008, 33(16): 1819-1821.

[205] MERTZ J. Optical sectioning microscopy with planar or structured illumination [J]. Nature Methods, 2011, 8(10): 811-819.

[206] SHI R, JIN C, XIE H, et al. Multi-plane, wide-field fluorescent microscopy for biodynamic imaging in vivo [J]. Biomedical Optics Express, 2019, 10(12): 6625-6635.

[207] HSIAO H, LIN C Y, VYAS S, et al. Telecentric design for digital-scanning-based hilo optical sectioning endomicroscopy with an electrically tunable lens [J]. Journal of Biophotonics, 2021, 14(2): e202000335.

[208] REN H, WU S T. Variable-focus liquid lens [J]. Optics Express, 2007, 15(10): 5931-5936.

[209] YE M, WANG B, TAKAHASHI T, et al. Properties of variable-focus liquid crystal lens and its application in focusing system [J]. Optical Review, 2007, 14(4): 173-175.

[210] LIEBETRAUT P, PETSCH S, LIEBESKIND J, et al. Elastomeric lenses with tunable astigmatism [J]. Light: Science & Applications, 2013, 2(9): e98.

[211] BERNET S, RITSCH-MARTE M. Adjustable refractive power from diffractive moiré elements [J]. Applied Optics, 2008, 47(21): 3722-3730.

[212] BURCH J, WILLIAMS D. Varifocal moiré zone plates for straightness measurement [J]. Applied Optics, 1977, 16(9): 2445-2450.

[213] BAWART M, MAY M A, OETTL T, et al. Diffractive tunable lens for remote focusing in high-na optical systems [J]. Optics Express, 2020, 28(18): 26336-26347.

[214] BARKER J R A, ILEGEMS M. Infrared lattice vibrations and free-electron dispersion in gan [J]. Phys Rev B, 1973, 7(2): 743-750.

[215] SU V C, CHU C H, SUN G, et al. Advances in optical metasurfaces: Fabrication and applications [J]. Optics Express, 2018, 26(10): 13148-13182.

[216] BERNET S, HARM W, RITSCH-MARTE M. Demonstration of focus-tunable diffractive moiré-lenses [J]. Optics express, 2013, 21(6): 6955-6966.

[217] KIM J S, KANADE T. Multiaperture telecentric lens for 3D reconstruction [J]. Optics Letters, 2011, 36(7): 1050-1052.

[218] LIN C Y, LIN W H, CHIEN J H, et al. In vivo volumetric fluorescence sectioning microscopy with mechanical-scan-free hybrid illumination imaging [J]. Biomedical Optics Express, 2016, 7(10): 3968-3978.

[219] POWER R M, HUISKEN J. A guide to light-sheet fluorescence microscopy for multiscale imaging [J]. Nature Methods, 2017, 14(4): 360-373.

[220] OLARTE O E, ANDILLA J, GUALDA E J, et al. Light-sheet microscopy: A tutorial [J]. Advances in Optics and Photonics, 2018, 10(1): 111-179.

[221] STELZER E H. Light-sheet fluorescence microscopy for quantitative biology [J]. Nature Methods, 2015, 12(1): 23-26.

[222] KELLER P J, SCHMIDT A D, WITTBRODT J, et al. Reconstruction of zebrafish early embryonic development by scanned light sheet microscopy [J]. Science, 2008, 322(5904): 1065-1069.

[223] CHEN B C, LEGANT W R, WANG K, et al. Lattice light-sheet microscopy: Imaging molecules to embryos at high spatiotemporal resolution [J]. Science, 2014, 346(6208): 1257998.

[224] GUSTAVSSON A K, PETROV P N, MOERNER W. Light sheet approaches for improved precision in 3D localization-based super-resolution imaging in mammalian cells [J]. Optics express, 2018, 26(10): 13122-13147.

[225] STELZER E H. S09-02 light sheet based fluorescence microscopes(lsfm, spim, dslm)reduce phototoxic effects by several orders of magnitude [J]. Mechanisms of Development, 2009, (126): S36.

[226] HUISKEN J, SWOGER J, DEL BENE F, et al. Optical sectioning deep inside live embryos by selective plane illumination microscopy [J]. Science, 2004, 305(5686): 1007-1009.

[227] KELLER P J, AHRENS M B. Visualizing whole-brain activity and development at the single-cell level using light-sheet microscopy [J]. Neuron, 2015, 85(3): 462-483.

[228] GAO L, SHAO L, HIGGINS C D, et al. Noninvasive imaging beyond the diffraction limit of 3D dynamics in thickly fluorescent specimens [J]. Cell, 2012, 151(6): 1370-1385.

[229] GUAN Z, LEE J, JIANG H, et al. Compact plane illumination plugin device to enable light sheet fluorescence imaging of multi-cellular organisms on an inverted wide-field microscope [J]. Biomedical Optics Express, 2016, 7(1): 194-208.

[230] ALBERT-SMET I, MARCOS-VIDAL A, VAQUERO J J, et al. Applications of light-sheet microscopy in microdevices [J]. Frontiers in Neuroanatomy, 2019, 13: 1.

[231] KASHEKODI A B, MEINERT T, MICHIELS R, et al. Miniature scanning light-sheet illumination implemented in a conventional microscope [J]. Biomedical Optics Express, 2018, 9(9): 4263-4274.

[232] LEE G Y, SUNG J, LEE B. Metasurface optics for imaging applications [J]. MRS Bulletin, 2020, 45(3): 202-209.

[233] TSENG M L, HSIAO H H, CHU C H, et al. Metalenses: Advances and applications [J]. Advanced Optical Materials, 2018, 6(18): 1800554.

[234] HSIAO H H, CHU C H, TSAI D P. Fundamentals and applications of metasurfaces [J]. Small Methods, 2017, 1(4): 1600064.

[235] CHEN M K, WU Y, FENG L, et al. Principles, functions, and applications of optical meta-lens [J]. Advanced Optical Materials, 2021, 9(4): 2001414.

[236] KUZNETSOV A I, MIROSHNICHENKO A E, BRONGERSMA M L, et al. Optically resonant dielectric nanostructures [J]. Science, 2016, 354(6314): aag2472.

[237] HU J, WANG D, BHOWMIK D, et al. Lattice-resonance metalenses for fully reconfigurable imaging [J]. ACS Nano, 2019, 13(4): 4613-4620.

[238] SARTORELLO G, OLIVIER N, ZHANG J, et al. Ultrafast optical modulation of second-and third-harmonic generation from cut-disk-based metasurfaces [J]. ACS Photonics, 2016, 3(8): 1517-1522.

[239] WOOD B, PENDRY J, TSAI D. Directed subwavelength imaging using a layered metal-dielectric system [J]. Phys Rev B, 2006, 74(11): 115116.

[240] WEST J L, HALAS N J. Engineered nanomaterials for biophotonics applications: Improving sensing, imaging, and therapeutics [J]. Annual Review of Biomedical Engineering, 2003, 5(1): 285-292.

[241] YU N, CAPASSO F. Flat optics with designer metasurfaces [J]. Nature Materials, 2014, 13(2): 139-150.

[242] YUAN G H, ZHELUDEV N I. Detecting nanometric displacements with optical ruler metrology [J]. Science, 2019, 364(6442): 771-775.

[243] JOHNSON S C, RABINOVITCH P S, KAEBERLEIN M. Mtor is a key modulator of ageing and age-related disease [J]. Nature, 2013, 493(7432): 338-345.

[244] LEUNG M C, WILLIAMS P L, BENEDETTO A, et al. Caenorhabditis elegans: An emerging model in biomedical and environmental toxicology [J]. Toxicological Sciences, 2008, 106(1): 5-28.

[245] KALETTA T, HENGARTNER M O. Finding function in novel targets: C. Elegans as a model organism [J]. Nature Reviews Drug Discovery, 2006, 5(5): 387-398.

[246] BRENNER S. The genetics of caenorhabditis elegans [J]. Genetics, 1974, 77(1): 71-94.

[247] WU Y, GHITANI A, CHRISTENSEN R, et al. Inverted selective plane illumination microscopy(i spim)enables coupled cell identity lineaging and neurodevelopmental imaging in caenorhabditis elegans [J]. Proceedings of the National Academy of Sciences of the United States of America, 2011, 108(43): 17708-17713.

[248] RIECKHER M, KYPARISSIDIS-KOKKINIDIS I, ZACHAROPOULOS A, et al. A customized light sheet microscope to measure spatio-temporal protein dynamics in small model organisms [J]. PLOS One, 2015, 10(5): e0127869.

[249] BREIMANN L, PREUSSER F, PREIBISCH S. Light-microscopy methods in C. elegans research [J]. Current Opinion in Systems Biology, 2019, 13: 82-92.

[250] SHU X, SHANER N C, YARBROUGH C A, et al. Novel chromophores and buried charges control color in mfruits [J]. Biochemistry, 2006, 45(32): 9639-9647.

[251] YUN S H, KWOK S J. Light in diagnosis, therapy and surgery [J]. Nature Biomedical Engineering, 2017, 1(1): 1-16.

[252] MIGNON C, RODRIGUEZ A H, PALERO J A, et al. Fractional laser photothermolysis using bessel beams [J]. Biomedical Optics Express, 2016, 7(12): 4974-4981.

[253] ANDERSON R R, PARRISH J A. Selective photothermolysis: Precise microsurgery by selective absorption of pulsed radiation [J]. Science, 1983, 220(4596): 524-527.

[254] PAPADAVID E, KATSAMBAS A. Lasers for facial rejuvenation: A review [J]. International Journal of Dermatology, 2003, 42(6): 480-487.

[255] EFREMIDIS N K, CHRISTODOULIDES D N. Abruptly autofocusing waves [J]. Optics Letters, 2010, 35(23): 4045-4047.

[256] PAPAZOGLOU D G, EFREMIDIS N K, CHRISTODOULIDES D N, et al. Observation of abruptly autofocusing waves [J]. Optics Letters, 2011, 36(10): 1842-1844.

[257] EFREMIDIS N K, CHEN Z, SEGEV M, et al. Airy beams and accelerating waves: An overview of recent advances [J]. Optica, 2019, 6(5): 686-701.

[258] BORTFELD T, PAGANETTI H, KOOY H. Mo-a-t-6b-01: Proton beam radiotherapy—the state of the art [J]. Medical Physics, 2005, 32(6Part13): 2048-2049.

[259] CHREMMOS I, EFREMIDIS N K, CHRISTODOULIDES D N. Pre-engineered abruptly autofocusing beams [J]. Optics Letters, 2011, 36(10): 1890-1892.

[260] CHU C H, DA SHIUE C, CHENG H W, et al. Laser-induced phase transitions of $Ge_2Sb_2Te_5$ thin films used in optical and electronic data storage and in thermal lithography [J]. Optics Express, 2010, 18(17): 18383-18393.

[261] YAMADA N, OHNO E, AKAHIRA N, et al. High speed overwritable phase change optical disk material [J]. Japanese Journal of Applied Physics, 1987, 26(S4): 61.

[262] LI P, YANG X, MASS T W, et al. Reversible optical switching of highly confined phonon—polaritons with an ultrathin phase-change material [J]. Nature Materials, 2016, 15(8): 870-875.

[263] CHANG C M, CHU C H, TSENG M L, et al. Local electrical characterization of laser-recorded phase-change marks on amorphous $Ge_2Sb_2Te_5$ thin films [J]. Optics Express, 2011, 19(10): 9492-9504.

[264] RICHARDSON C E, SHEN K. Neurite development and repair in worms and flies [J]. Annual Review of Neuroscience, 2019, 42: 209-226.

[265] SINGHAL A, SHAHAM S. Infrared laser-induced gene expression for tracking development and function of single C. elegans embryonic neurons [J]. Nature Communications, 2017, 8(1): 14100.

[266] WU Z, GHOSH-ROY A, YANIK M F, et al. Caenorhabditis elegans neuronal regeneration is influenced by life stage, ephrin signaling, and synaptic branching [J]. Proceedings of the National Academy of Sciences of the United States of America, 2007, 104(38): 15132-15137.

[267] ABAY Z C, WONG M Y Y, TEOH J S, et al. Phosphatidylserine save-me signals drive functional recovery of severed axons in caenorhabditis elegans [J]. Proceedings of the National Academy of Sciences of the United States of America, 2017, 114(47): E10196-E10205.

[268] LAZARIDES A L, WHITLEY M J, STRASFELD D B, et al. A fluorescence-guided laser ablation system for removal of residual cancer in a mouse model of soft tissue sarcoma [J]. Theranostics, 2016, 6(2): 155-166.

[269] HUANG D, SWANSON E A, LIN C P, et al. Optical coherence tomography [J]. Science, 1991, 254(5035): 1178-1181.

[270] LUO Y, ARAUZ L J, CASTILLO J E, et al. Parallel optical coherence tomography system [J]. Applied Optics, 2007, 46(34): 8291-8297.

[271] ZHOU C, TSAI T H, LEE H C, et al. Characterization of buried glands before and after radiofrequency ablation by using 3-dimensional optical coherence tomography(with videos)[J]. Gastrointestinal Endoscopy, 2012, 76(1): 32-40.

[272] TEARNEY G J, BREZINSKI M E, BOUMA B E, et al. In vivo endoscopic optical biopsy with optical coherence tomography [J]. Science, 1997, 276(5321): 2037-2039.

[273] MANOUSIDAKI M, PAPAZOGLOU D G, FARSARI M, et al. Abruptly autofocusing beams

enable advanced multiscale photo-polymerization [J]. Optica, 2016, 3(5): 525-530.

[274] DAVIS J A, COTTRELL D M, SAND D. Abruptly autofocusing vortex beams [J]. Optics Express, 2012, 20(12): 13302-13310.

[275] PAHLEVANINEZHAD H, KHORASANINEJAD M, HUANG Y W, et al. Nano-optic endoscope for high-resolution optical coherence tomography in vivo [J]. Nature Photonics, 2018, 12(9): 540-547.

[276] CHEN C, SONG W E, CHEN J W, et al. Spectral tomographic imaging with aplanatic metalens [J]. Light: Science & Applications, 2019, 8: 99.

[277] LEE G Y, HONG J Y, HWANG S, et al. Metasurface eyepiece for augmented reality [J]. Nature Communications, 2018, 9: 4562.

[278] FARAJI-DANA M, ARBABI E, ARBABI A, et al. Compact folded metasurface spectrometer [J]. Nature Communications, 2018, 9: 4196.

[279] LI L, LIU Z X, REN X F, et al. Metalens-array-based high-dimensional and multiphoton quantum source [J]. Science, 2020, 368(6498): 1487-1490.

[280] SCHLICKRIEDE C, WATERMAN N, REINEKE B, et al. Imaging through nonlinear metalens using second harmonic generation [J]. Advanced Materials, 2018, 30(8): 1703843.

[281] KHODAEE M, BANAKERMANI M, BAGHBAN H. Gan-based metamaterial terahertz bandpass filter design: Tunability and ultra-broad passband attainment [J]. Applied Optics, 2015, 54(29): 8617-8624.

[282] WANG Z, HE S, LIU Q, et al. Visible light metasurfaces based on gallium nitride high contrast gratings [J]. Optics Communications, 2016, 367: 144-148.

[283] YE M, YI Y S. Subwavelength grating microlens with taper-resistant characteristics [J]. Optics Letters, 2017, 42(6): 1031-1034.

[284] WANG B, DONG F, LI Q T, et al. Visible-frequency dielectric metasurfaces for multiwavelength achromatic and highly dispersive holograms [J]. Nano Letters, 2016, 16(8): 5235-5240.

[285] GOLDYS E, GODLEWSKI M, LANGER R, et al. Analysis of the red optical emission in cubic gan grown by molecular-beam epitaxy [J]. Phys Rev B, 1999, 60(8): 5464-5469.

[286] GISIN N, RIBORDY G, TITTEL W, et al. Quantum cryptography [J]. Reviews of Modern Physics, 2002, 74(1): 145-195.

[287] GISIN N, THEW R. Quantum communication [J]. Nature Photonics, 2007, 1(3): 165-171.

[288] SCARANI V, BECHMANN-PASQUINUCCI H, CERF N J, et al. The security of practical quantum key distribution [J]. Reviews of Modern Physics, 2009, 81(3): 1301-1350.

[289] LO H K, CURTY M, TAMAKI K. Secure quantum key distribution [J]. Nature Photonics, 2014, 8(8): 595-604.

[290] KNILL E, LAFLAMME R, MILBURN G J. A scheme for efficient quantum computation with linear optics [J]. Nature, 2001, 409(6816): 46-52.

[291] O'BRIEN J L. Optical quantum computing [J]. Science, 2007, 318(5856): 1567-1570.

[292] ASPURU-GUZIK A, WALTHER P. Photonic quantum simulators [J]. Nature Physics, 2012, 8(4): 285-291.

[293] GEORGESCU I M, ASHHAB S, NORI F. Quantum simulation [J]. Reviews of Modern Physics,

2014, 86(1): 153-185.

[294] GIOVANNETTI V, LLOYD S, MACCONE L. Advances in quantum metrology [J]. Nature Photonics, 2011, 5(4): 222-229.

[295] PIRANDOLA S, BARDHAN B R, GEHRING T, et al. Advances in photonic quantum sensing [J]. Nature Photonics, 2018, 12(12): 724-733.

[296] KHASMINSKAYA S, PYATKOV F, SŁOWIK K, et al. Fully integrated quantum photonic circuit with an electrically driven light source [J]. Nature Photonics, 2016, 10(11): 727-732.

[297] MALIK M, ERHARD M, HUBER M, et al. Multi-photon entanglement in high dimensions [J]. Nature Photonics, 2016, 10(4): 248-252.

[298] WANG H, QIN J, DING X, et al. Boson sampling with 20 input photons and a 60-mode interferometer in a 1 0 14-dimensional hilbert space [J]. Physical Review Letters, 2019, 123(25): 250503.

[299] WANG J, PAESANI S, DING Y, et al. Multidimensional quantum entanglement with large-scale integrated optics [J]. Science, 2018, 360(6386): 285-291.

[300] ZHENG G, MüHLENBERND H, KENNEY M, et al. Metasurface holograms reaching 80% efficiency [J]. Nature Nanotechnology, 2015, 10(4): 308-312.

[301] JHA P K, NI X, WU C, et al. Metasurface-enabled remote quantum interference [J]. Physical Review Letters, 2015, 115(2): 025501.

[302] WANG K, TITCHENER J G, KRUK S S, et al. Quantum metasurface for multiphoton interference and state reconstruction [J]. Science, 2018, 361(6407): 1104-1108.

[303] STAV T, FAERMAN A, MAGUID E, et al. Quantum entanglement of the spin and orbital angular momentum of photons using metamaterials [J]. Science, 2018, 361(6407): 1101-1104.

[304] GEORGI P, MASSARO M, LUO K H, et al. Metasurface interferometry toward quantum sensors [J]. Light: Science & Applications, 2019, 8(1): 70.

[305] NIU X L, HUANG Y F, XIANG G Y, et al. Beamlike high-brightness source of polarization-entangled photon pairs [J]. Optics Letters, 2008, 33(9): 968-970.

[306] TANG H, LIN X F, FENG Z, et al. Experimental two-dimensional quantum walk on a photonic chip [J]. Science Advances, 2018, 4(5): eaat3174.

[307] LI W Z, QI J R, SIHVOLA A. Meta-imaging: from non-computational to computational [J]. Advanced Optical Materials, 2020, 8(23): 2001000.

第 8 章　超构器件的发展与应用

本章介绍了光学超构器件设计的一般原理和方法。展示了两个最新的先进光学超构器件的设计。一种为可见光宽带消色差光学超构透镜，另一种为 60×60 消色差超构透镜阵列。GaN 消色差超构透镜以高效率(最大 67%，平均约 40%)实现了可见波长(400~660 nm)的全彩色消色差成像。60×60 GaN 消色差超构透镜阵列的设计受自然现象的启发，其中单个超构透镜的直径为 21.65 μm，焦距为 49 μm，数值孔径(NA)为 0.2157，用于高维光场成像，采集成像对象的深度和速度。超构透镜阵列中的纳米天线总数超过 3300 万个，覆盖面积为 1.2 mm × 1.2 mm。结果表明用于平面光学的光学超构器件的重要优势是体积小、重量轻、效率高、能耗低、可通过半导体工艺大规模生产。

8.1　概　　述

由人工纳米结构制成的超构原子或超构分子组成的超材料[1-3]的新特性最近引起了很多关注。然而，实际上，超构表面的制造比超材料更实用和可行[4-6]。在入射电磁波与超构表面相互作用后，界面处的超原子或超分子可以表现得像二次辐射源。基于超构表面特定设计的各种光学器件称为光学超构器件[7]。超构器件的巨大优势是新特性、重量更轻、体积小、效率高、性能更好、宽带、能耗更低，以及与大规模生产兼容的互补金属氧化物半导体(CMOS)。基于光子学的要求，许多用于入射光应用和控制的光学超构器件被迅速开发用于光束偏转和反射[8-10]、偏振控制[11-13]和分析[14,15]、全息图[16-18]、二次谐波产生[19,20]、激光[21-23]、可调谐性[24-27]、成像[28-30]、吸收[31]、光聚焦[7,32-35]、多路彩色路由器[36]和光场传感[37]等。如图 8.1 所示，超构表面应用的起点源于梯度超构表面，其中包含金纳米天线、MgF$_2$ 间隔物和镜面金层[8]。与纳米天线和镜层的耦合产生 2π 相位调制。该设计规则支持法向入射的高效反常反射，以遵循广义斯涅耳定律。可调谐超构器件实现了平面波的相位和幅度的动态电气控制。场效应调制并入超构表面天线单元的导电氧化物层的复折射率[24]。此外，偏振控制能力使超构器件能够同时测量和生成六个偏振状态[14,15]。结合操纵光相位的能力，超构全息图可以利用纳米棒在可见光范围的红、绿、蓝共振中重建全彩色图像[17]。依靠超构表面优异的光控能力，可以通过集成谐振单元实现消色差聚焦。单独满足工作波长范围的聚焦相位要求。根据所用金属的带隙，我们可以分别实现由 Al[38]制成的在可见光下工作的宽带消色差超构透镜和由 Au[34]制成的在近红外光下工作的宽带消色差超构透镜。在本章中，我们将报告光学超构器件设计及其应用的最新和有用的方法与原理。

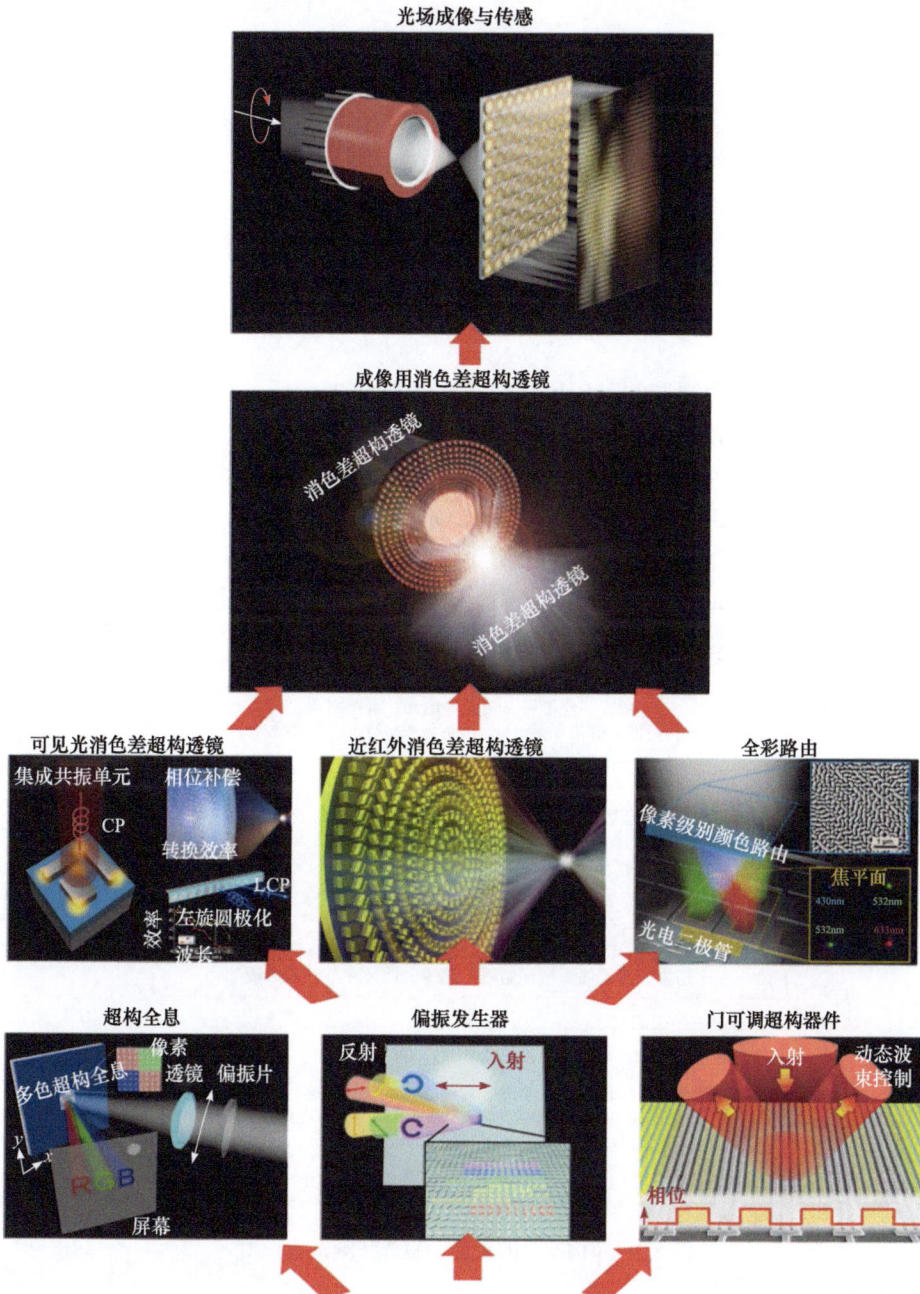

光场成像与传感

成像用消色差超构透镜

可见光消色差超构透镜　　近红外消色差超构透镜　　全彩路由

超构全息　　　　偏振发生器　　　门可调超构器件

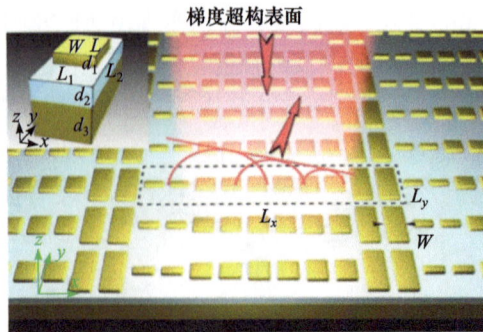

图 8.1　超构表面的应用

8.2　方法和原理

超构器件设计和制造的一般原理和方法如图 8.2 所示。构成超构表面的纳米结构的特性主要由其几何形状和配置决定[39]。需确定用于制造纳米结构的材料的介电常量、磁导率和折射率等，以通过计算仿真得到该结构的色散函数等基本参数。使用商业软件 CST®、Lumerical® 和 COMSOL Multiphysics® 等辅助对透射或反射光谱进行仿真计算。通过这样的手段，可以获取各种结构的超构原子(meta-atom)或超构分子(meta-molecule)的色散函数、效率、相位和偏振的数据库[38]。随后，根据所设计的超构表面的功能，获取实现该功能所需要的表面相位、振幅或

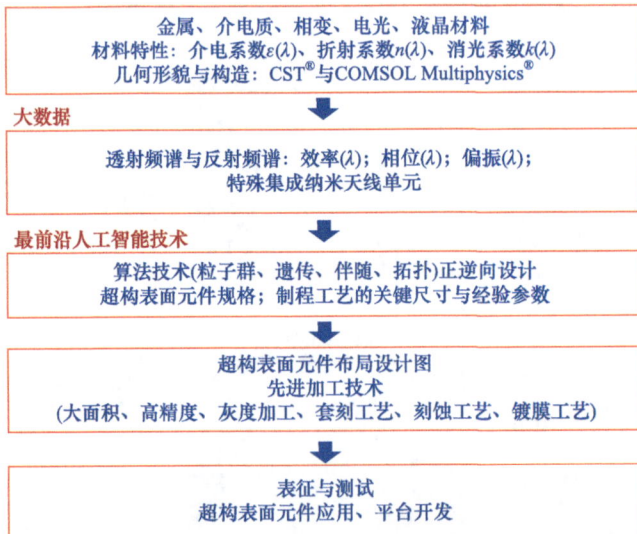

图 8.2　超构器件的设计、制造和测试流程图

偏振分布。根据该分布，我们可以从以上数据库中快速选取与之相匹配的结构单元，以满足所需要的相位、振幅或偏振分布。对要求苛刻的光学超构器件来说，还需要将规格和制造的限制在计算和设计中予以考虑。半导体大规模生产过程的临界尺寸和经验参数可以帮助确定光学超构器件设计的可行性。在对以上数据和信息获得充分理解之后，才能生成电子束光刻所用的布局或用于大规模纳米制造的光刻掩模。使用微米或纳米光学光谱的实验光谱测量可以帮助对超构原子或超构分子的实际功能进行验证。可以使用透射电子显微镜(TEM)、扫描电子显微镜(SEM)、原子力显微仪(AFM)和近场扫描光学显微镜(NSOM)等实现对纳米结构、超构表面和超构器件的表征。此外，使用光学测试和测量以检查超构器件的参数也是重要的一步。

8.3　结果与讨论

为了进一步解释和演示超构器件的设计、制造、测试和应用，本文介绍了两种最新和最先进的超构器件。

8.3.1　光学宽带消色差超构透镜

在传统的成像过程中，需使用庞大而笨重的复合透镜组来补偿色散。而超构表面和超构器件的出现极大地推动了消色差超构透镜的发展。可见光宽带消色差超构透镜的示意图如图 8.3(a)所示。超构透镜表面的纳米结构如同一个个可以操纵入射光的超构原子，并充当二级波源，产生特殊设计的、可聚焦的波源。

对于超构原子，在图 8.3(b)中解释了超构透镜不同位置的各种波长的色散相位。式(8-1)表示了各波长 λ 、位置 R 与所需的相位补偿之间的函数关系。

$$\varphi(R,\lambda) = -\left[2\pi\left(\sqrt{R^2+f^2}-f\right)\right]\frac{1}{\lambda}, \quad \lambda \in \{\lambda_{\min}, \lambda_{\max}\} \tag{8-1}$$

考虑到最大波长($\lambda_{\max}$)和最小波长($\lambda_{\min}$)之间的相位差，编者的团队引入了一个重要且创新的概念，如式(8-2)和图 8.3(b)所示。式(8-2)是微分相位(DP)方程：

$$\varphi_{\text{Lens}}(R,\lambda) = \varphi(R,\lambda_{\max}) + \Delta\varphi(R,\lambda) \tag{8-2}$$

我们将式(8-1)中所示的相位分为两个部分。一个是主要相位，即几何相位(图 8.3(c)中所示的 Pancharatnam-Berry 相位)，可以通过以特定角度(θ)旋转间原子来控制 2θ 相变。另一个是相位差 $\Delta\varphi(R,\lambda)$，如图 8.3(b)所示。图 8.3(d)显示使用式(8-3)精心设计的超构原子的集成共振单元(IRU)，可以准确地补偿各种聚焦波长的相位差。

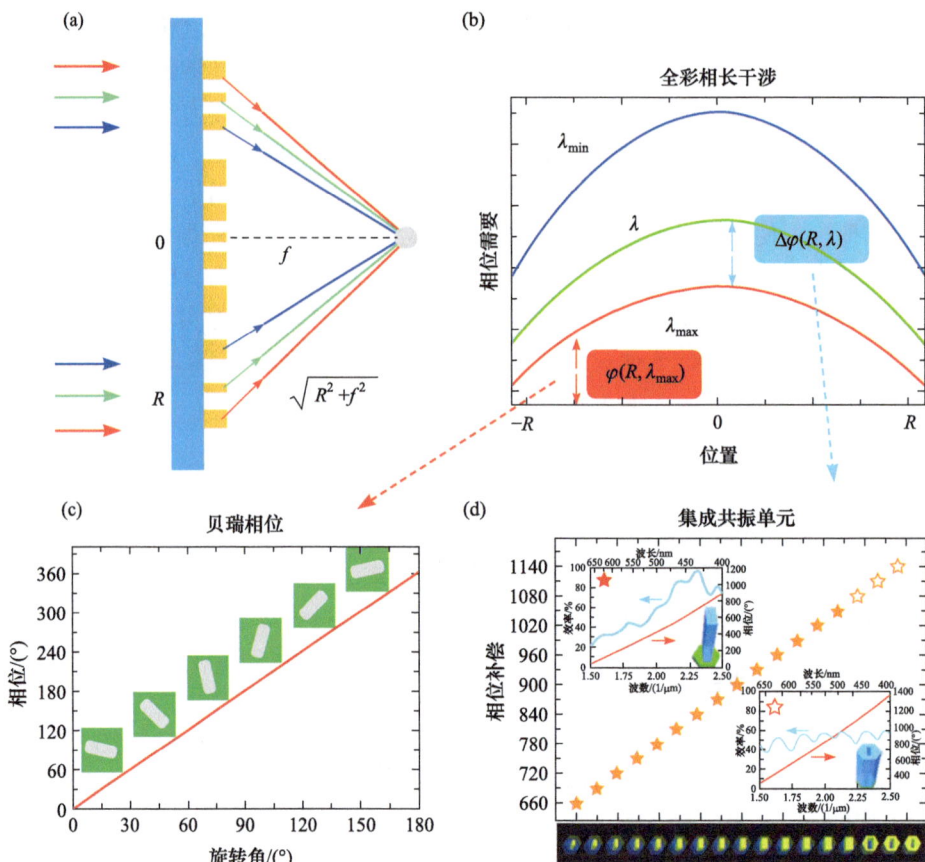

图 8.3　宽带消色差超构透镜的设计原则。(a)消色差超构透镜示意图。(b)宽带消色差超构透镜在不同波长下的位移相位分布。(c)Pancharatnam-Berry 阶段的概念。方位角 θ 将导致 2θ 相位变化。(d)用于在连续和宽带宽上实现各种相位补偿的 IRU

$$\Delta\varphi\left(R,\lambda\right)=-\left[2\pi\left(\sqrt{R^2+f^2}-f\right)\right]\left(\frac{1}{\lambda}-\frac{1}{\lambda_{\max}}\right)+\frac{a}{\lambda}+b \tag{8-3}$$

其中　$a=\delta\dfrac{\lambda_{\max}\lambda_{\min}}{\lambda_{\max}-\lambda_{\min}}$ ，$b=-\delta\dfrac{\lambda_{\min}}{\lambda_{\max}-\lambda_{\min}}$ 。δ 表示超构透镜中心的相移。使用 8.2 节所述的方法和原理，制作了如图 8.4 所示的基于 GaN 的消色差超构透镜。图 8.4(a)中所示的 GaN 消色差超构透镜的光学图像清楚地显示了不同位置处光学反应的变化。

　　图 8.4(b)、(c)和(d)是图 8.4(a)所示蓝色、红色和绿色框区域的扫描电子显微镜(SEM)图像。图 8.4(b)显示了个体不同方向的纳米柱和反向结构的俯视图。图 8.4(c)和(d)显示了 GaN 消色差超构透镜边缘两个不同位置处纳米柱的倾斜 SEM 图像。

GaN 纳米柱的高度为 800 nm。

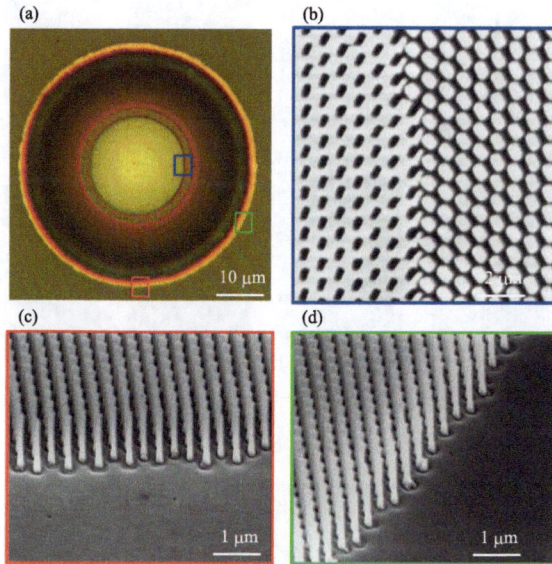

图 8.4 (a)GaN 消色差超构透镜的光学图像；(b)GaN 消色差超构透镜在纳米柱和反向结构之间边界处的 SEM 图像；(c)和(d)GaN 消色差超构透镜边缘的倾斜 SEM 图像

消色差表征的结果如图 8.5 所示。聚焦长度测量的实验装置如图 8.5(a)所示。图 8.5(b)和(c)中从 400～660 nm 的测量焦距表现出消色差特性。测得的焦距 f = 235 μm 和不同入射波长的聚焦点处的衍射限制光强度分布显然表明这是一种出色的宽带消色差超构透镜。

对于成像的实际应用，整个可见光谱范围内的工作效率是一个关键因素。消色差超构透镜的聚焦效率定义为聚焦圆偏振光束的光功率与具有相反螺旋度的入射光束的光功率之比。在本例中[33]，最高效率可高达 67%，而在 400～660 nm 的整个工作带宽内，平均效率约为 40%。

我们通过收集如图 8.6(a)和(b)所示的瓢虫和知更鸟的全彩图像，成功地证明了消色差超构透镜在成像中的实际用途。原始图像如图 8.6(c)和(d)所示，以供参考。

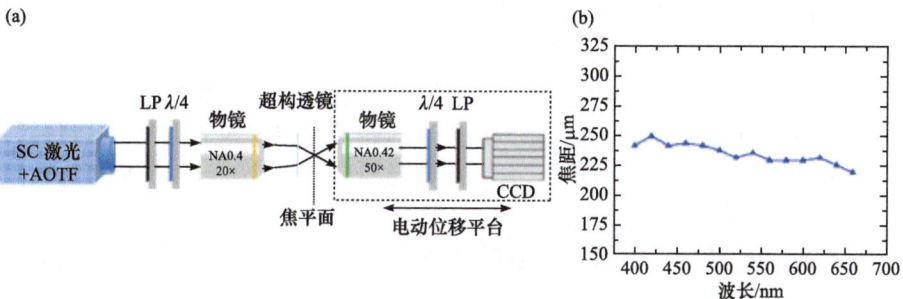

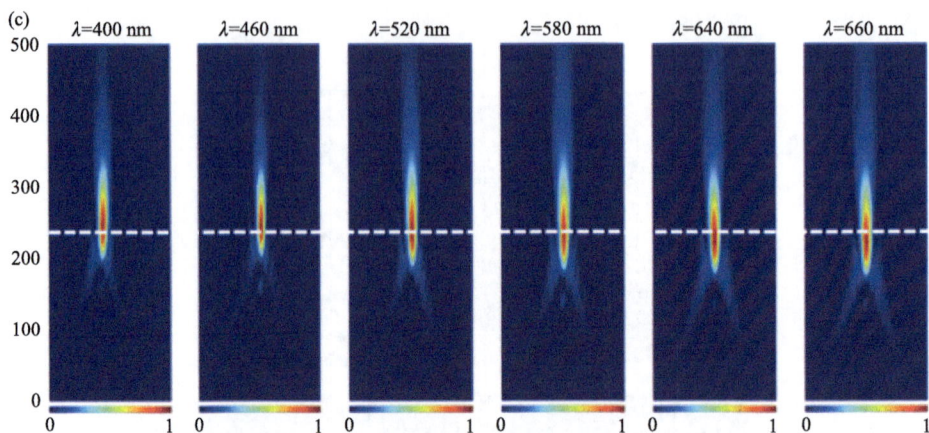

图 8.5　(a)聚焦行为表征的实验装置；(b)在各种入射波长处测量的焦距；(c)在各种入射波长下测量的光强度分布

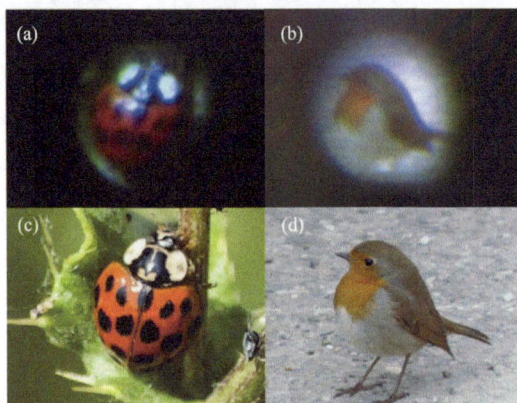

图 8.6　(a)和(b)分别是由消色差超构镜头捕获的瓢虫和知更鸟的全彩图像；(c)和(d)是对应的原始图片

8.3.2　用于光场成像和传感的超构透镜阵列

昆虫超强的成像和传感能力使蚊子和苍蝇难以被人类徒手捕获。其中关键因素之一是昆虫的复眼为光场成像和传感提供了多空间通道的光学信息。过去人们非常努力地利用微透镜阵列相机来模拟复眼光学系统；然而，大口径的镜头光圈、球面像差、固有色差以及市售微透镜的缺陷严重阻碍了这一追求。8.3.1 节已介绍了如何制造并演示一种可见光范围内的光学宽带消色差超构透镜[33]，其直径与昆虫复眼的透镜尺寸相似。超构器件体积小、重量轻、量产等巨大优势有力地推动了多超构透镜光学系统的发展。

光场成像是超构透镜应用中最近取得的惊人进步之一[37]。不同焦深的消色差全彩图像可以通过光场摄影获得图 8.7 所示的 60×60 超构透镜阵列。图 8.8 显示了焦距为 49 μm 的 GaN 60×60 消色差超构透镜阵列的俯视图(图 8.8(a))和放大的倾斜 SEM 图像(图 8.8(b))，单个超构透镜直径为 21.65 μm，数值孔径为 0.2157，用于收集如图 8.9 所示的高维光场图。60×60 的超构透镜阵列总面积为 1.2 mm × 1.2 mm，包含超过 3300 万根 GaN 纳米天线。

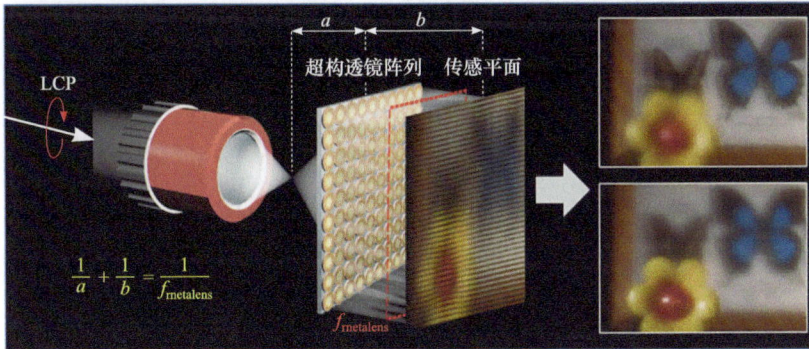

图 8.7　具有消色差超构透镜阵列的光场成像和不同焦深的渲染图像

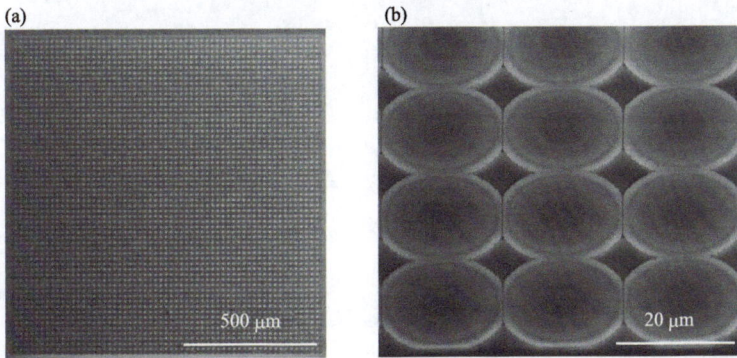

图 8.8　(a)60×60 GaN 消色差超构透镜阵列的 SEM 图像；(b)消色差超构透镜阵列的放大倾斜 SEM 图像

根据高斯透镜公式(式(8-4))，高维光场信息由超构透镜阵列收集并记录在商用相机传感器上。

$$\frac{1}{a} + \frac{1}{b} = \frac{1}{f_{\mathrm{metalens}}} \tag{8-4}$$

其中 a、b 和 f_{metalens} 分别是主透镜图像到超构透镜阵列的距离、超构透镜阵列到传感平面的距离和消色差超构透镜的焦距。

图 8.9(a)显示了捕获的三个字母 "N"、"T"、"U" 的原始全色光场图像，它们被卤素灯的非相干光照亮。每个单独的超构透镜的图像显示了场景部分的倒置图

像。使用聚焦光场渲染算法，我们可以通过拼接不同大小的像素块来重建聚焦在任意景深的图像。图 8.9(b)、(c)和(d)分别显示了聚焦在 51.5 cm、67.6 cm 和 98.3 cm 深度处的渲染图像。场景的深度信息可以通过单个超构镜头的相邻图像之间的差异来评估。较小的差异意味着较大的深度，反之亦然。获得深度信息后，我们可以优化补丁大小以重建图 8.9(f)所示的全焦点图像。

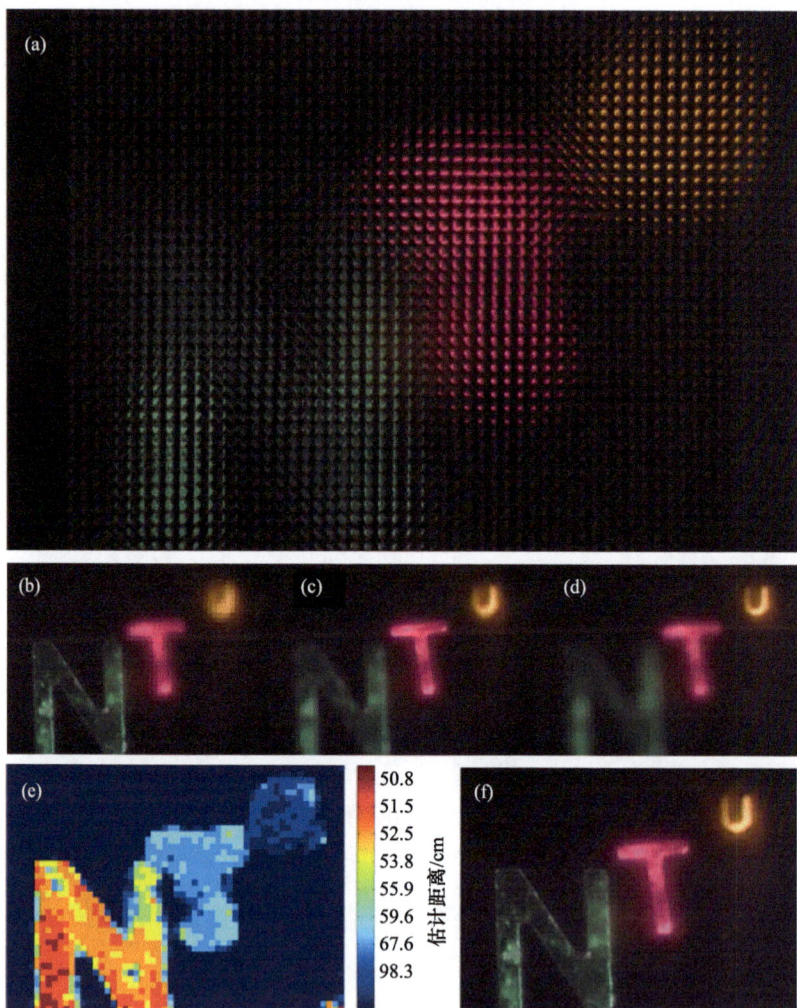

图 8.9　(a)三个字母"N"、"T"和"U"的原始全色光场图像，由 60×60 消色差超构透镜阵列捕获；(b)~(d)不同焦深的渲染图像；(e)估计的深度图；(f)渲染的全焦点图像

8.3.3　讨论

根据上述的方法和原理，可以成功研制出单个消色差超构透镜。为 IRU 和超

构原子专门设计的纳米结构可以提供宽带(400～660 nm)全色超构透镜的可见光成像功能。半导体工艺量产的巨大优势使得可以制造出高精度、小尺寸、重量轻、效率高的光学超构器件。由超过 3300 万个 GaN 谐振纳米天线组成的 60×60 消色差超构透镜阵列的新颖设计和制造清楚地展示了消色差光场成像和传感的全色宽带宽光学成像。可以通过重新组织来自每个单独超构透镜的光场图像块来重建光场。可以通过计算相邻超构透镜的视差来获得对象的深度信息。我们的消色差超构透镜阵列系统可以在时间尺度上相应地确定运动物体的速度。使用多个超构透镜，也可以实现更好的衍射限制图像空间分辨率[37]。

8.4 结 论

本章首先介绍超构器件的发展及其设计原理和方法的简短历史。根据这个一般原理，通过计算机模拟、数值计算和实验测量收集到的包括材料的介电常量和磁导率、各种纳米结构的色散函数以及各种超构原子或超构分子的效率、相位和极化的大数据库，可以为超构表面和超构器件的 IRU[38] 设计提供非常有效的途径。制造的关键尺寸和经验参数也与设计的光学超构器件的规格密切相关。重要的是生成电子束光刻或光刻掩模的最终版图布局，并考虑到大规模生产超构器件过程中的关键细节。实验表征和测量对于在制造过程中检查超构原子和超构表面的实际功能至关重要。验证超构器件的新规范是新光学应用的基本和最终目标。

随后我们展示了使用编者研究团队的设计方法和原理设计并制造的两个最新和最先进的光学超构器件，一个 GaN 宽带消色差超构透镜和一个 60×60 GaN 消色差超构透镜阵列。为了克服消色散，我们首先引入差分相位(DP)方程，它将不同波长的相位分为两项，即主相位和相位差。主相位和相位差可以通过 Pancharatnam-Berry(P-B)相位和超构原子的集成共振单元(IRU)来控制和管理。制造并演示了用于全色成像的宽频带(从 400～660 nm)和高效率(最大 67%，平均 40%)焦距为 235 μm 的 GaN 超构透镜。与体积庞大的传统消色差光学透镜相比，GaN 消色差超构透镜具有重量轻、体积小、能耗低、耗时短、兼容 CMOS、可通过半导体工艺量产等优点。

还设计和制造了由 3600 个 GaN 消色差超构透镜组成的受自然现象启发的超构透镜阵列光场成像和传感。为了打开消色差光场传感的强制通道，我们设计并制造了由超过 3300 万个 GaN 谐振纳米天线组成的消色差超构透镜阵列，用于 60×60 全色宽带宽消色差超构透镜阵列。可以通过重新组织光场图像的补丁来重建光场。可以通过计算相邻超构透镜的视差来获得物体的深度信息。成功实现了可见光范围内的高质量光场成像，并获得了全焦图像。我们的消色差超构透镜阵列系统可以很容易地在时间尺度上确定物体的移动速度。多个超构透镜的不同位置的超构透镜阵列也可以更好地提高超构透镜图像的衍射极限空间分辨率。我们相信这是超构表面和超构透镜研究的一个重要里程碑，并为光学超器件在微型机器人视觉、非人类车辆传感、虚拟和增强现实(VR 和 AR)、无人机和微型个人安全系统等方面的未来应用开辟了道路。

参 考 文 献

[1] KAELBERER T, FEDOTOV V, PAPASIMAKIS N, et al. Toroidal dipolar response in a metamaterial [J]. Science, 2010, 330(6010): 1510-1512.

[2] PLUM E, LIU X X, FEDOTOV V, et al. Metamaterials: Optical activity without chirality [J]. Physical Review Letters, 2009, 102(11): 113902.

[3] WU P C, HSU W L, CHEN W T, et al. Plasmon coupling in vertical split-ring resonator metamolecules [J]. Scientific Reports, 2015, 5(1): 9726.

[4] SU V C, CHU C H, SUN G, et al. Advances in optical metasurfaces: Fabrication and applications [J]. Optics Express, 2018, 26(10): 13148-13182.

[5] HSIAO H H, CHU C H, TSAI D P. Fundamentals and applications of metasurfaces [J]. Small Methods, 2017, 1(4): 1600064.

[6] TSENG M L, CHANG C M, CHEN B H, et al. Fabrication of plasmonic devices using femtosecond laser-induced forward transfer technique [J]. Nanotechnology, 2012, 23(44): 444013.

[7] TSENG M L, HSIAO H H, CHU C H, et al. Metalenses: Advances and applications [J]. Advanced Optical Materials, 2018, 6(18): 1800554.

[8] SUN S, YANG K Y, WANG C M, et al. High-efficiency broadband anomalous reflection by gradient meta-surfaces [J]. Nano Letters, 2012, 12(12): 6223-6229.

[9] HSU W L, WU P C, CHEN J W, et al. Vertical split-ring resonator based anomalous beam steering with high extinction ratio [J]. Scientific Reports, 2015, 5(1): 11226.

[10] YAN L, ZHU W, WU P, et al. Adaptable metasurface for dynamic anomalous reflection [J]. Applied Physics Letters, 2017, 110(20): 201904.

[11] WU P C, TSAI W Y, CHEN W T, et al. Versatile polarization generation with an aluminum plasmonic metasurface [J]. Nano Letters, 2017, 17(1): 445-452.

[12] YAN L, ZHU W, KARIM M F, et al. Arbitrary and independent polarization control in situ via a single metasurface [J]. Advanced Optical Materials, 2018, 6(21): 1800728.

[13] WU P C, ZHU W, SHEN Z X, et al. Broadband wide-angle multifunctional polarization converter via liquid-metal-based metasurface [J]. Advanced Optical Materials, 2017, 5(7): 1600938.

[14] WU P C, CHEN J W, YIN C W, et al. Visible metasurfaces for on-chip polarimetry [J]. ACS Photonics, 2017, 5(7): 2568-2573.

[15] CHEN W T, TöRöK P, FOREMAN M R, et al. Integrated plasmonic metasurfaces for spectropolarimetry [J]. Nanotechnology, 2016, 27(22): 224002.

[16] CHEN W T, YANG K Y, WANG C M, et al. High-efficiency broadband meta-hologram with polarization-controlled dual images [J]. Nano Letters, 2014, 14(1): 225-230.

[17] HUANG Y W, CHEN W T, TSAI W Y, et al. Aluminum plasmonic multicolor meta-hologram [J].

Nano Letters, 2015, 15(5): 3122-3127.

[18] WANG H C, CHU C H, WU P C, et al. Ultrathin planar cavity metasurfaces [J]. Small, 2018, 14(17): 1703920.

[19] TSAI W Y, CHUNG T L, HSIAO H H, et al. Second harmonic light manipulation with vertical split ring resonators [J]. Advanced Materials, 2019, 31(7): 1806479.

[20] SEMMLINGER M, TSENG M L, YANG J, et al. Vacuum ultraviolet light-generating metasurface [J]. Nano Letters, 2018, 18(9): 5738-5743.

[21] SHEN K C, KU C T, HSIEH C, et al. Deep-ultraviolet hyperbolic metacavity laser [J]. Advanced Materials, 2018, 30(21): 1706918.

[22] HUANG Y W, CHEN W T, WU P C, et al. Toroidal lasing spaser [J]. Scientific Reports, 2013, 3(1): 1237.

[23] PLUM E, FEDOTOV V, KUO P, et al. Towards the lasing spaser: Controlling metamaterial optical response with semiconductor quantum dots [J]. Optics Express, 2009, 17(10): 8548-8551.

[24] HUANG Y W, LEE H W H, SOKHOYAN R, et al. Gate-tunable conducting oxide metasurfaces [J]. Nano Letters, 2016, 16(9): 5319-5325.

[25] CHU C H, TSENG M L, CHEN J, et al. Active dielectric metasurface based on phase-change medium [J]. Laser & Photonics Reviews, 2016, 10(6): 986-994.

[26] ZHU W, LIU A, BOUROUINA T, et al. Microelectromechanical maltese-cross metamaterial with tunable terahertz anisotropy [J]. Nature Communications, 2012, 3(1): 1274.

[27] FU Y H, LIU A Q, ZHU W M, et al. A micromachined reconfigurable metamaterial via reconfiguration of asymmetric split-ring resonators [J]. Advanced Functional Materials, 2011, 21(18): 3589-3594.

[28] WU P C, PAPASIMAKIS N, TSAI D P. Self-affine graphene metasurfaces for tunable broadband absorption [J]. Physical Review Applied, 2016, 6(4): 044019.

[29] CHENG B H, HO Y Z, LAN Y C, et al. Optical hybrid-superlens hyperlens for superresolution imaging[J]. IEEE Journal of Selected Topics in Quantum Electronics, 2012, 19(3): 4601305-4601305.

[30] CHENG B H, LAN Y C, TSAI D P. Breaking optical diffraction limitation using optical hybrid-super-hyperlens with radially polarized light[J]. Optics Express, 2013, 21(12): 14898-14906.

[31] SONG Q, ZHANG W, WU P C, et al. Water-resonator-based metasurface: an ultrabroadband and near-unity absorption [J]. Advanced Optical Materials, 2017, 5(8): 1601103.

[32] WANG Y T, CHENG B H, HO Y Z, et al. Gain-assisted hybrid-superlens hyperlens for nano imaging [J]. Optics Express, 2012, 20(20): 22953-22960.

[33] WANG S, WU P C, SU V C, et al. A broadband achromatic metalens in the visible [J]. Nature Nanotechnology, 2018, 13(3): 227-232.

[34] WANG S, WU P C, SU V C, et al. Broadband achromatic optical metasurface devices [J]. Nature Communications, 2017, 8(1): 187.

[35] ZHU W, SONG Q, YAN L, et al. A flat lens with tunable phase gradient by using random access reconfigurable metamaterial [J]. Advanced Materials, 2015, 27(32): 4739-4743.

[36] CHEN B H, WU P C, SU V C, et al. Gan metalens for pixel-level full-color routing at visible light [J].

Nano Letters, 2017, 17(10): 6345-6352.

[37] LIN R J, SU V C, WANG S, et al. Achromatic metalens array for full-colour light-field imaging [J]. Nature Nanotechnology, 2019, 14(3): 227-231.

[38] HSIAO H H, CHEN Y H, LIN R J, et al. Integrated resonant unit of metasurfaces for broadband efficiency and phase manipulation [J]. Advanced Optical Materials, 2018, 6(12): 1800031.

[39] HUANG H J, YU C P, CHANG H C, et al. Plasmonic optical properties of a single gold nano-rod [J]. Optics Express, 2007, 15(12): 7132-7139.

第9章 纳米结构中非常光场的应用

9.1 概 述

随着微纳加工技术的飞速发展，近几十年来，用于光场工程的纳米级亚波长结构材料层出不穷。这些亚波长结构材料有三个显著特性：产生超过衍射极限的压缩光场、亚波长尺度上的梯度光场和比入射场大几个数量级的增强光场。这些可控的光学特性激发了工程光学在基础和实践方面的进步。第一个特性催生了仅受亚波长衍射极限限制的成像、光刻和密集数据存储系统。第二个特性导致出现了一些体积更小的薄的平面功能光学器件。第三个特性导致了增强的辐射(例如荧光)、散射(例如拉曼散射)和吸收(例如红外吸收和圆二色性)，为单分子水平的生物化学反应提供了独特的平台。

光的波动性表现在衍射过程中，阻碍了将光捕获并限制在深亚波长体积中的过程。普通的介电透镜无法分辨距离小于$\lambda/(2NA)$的两个物体，其中λ是光的波长，NA 是透镜的数值孔径。当电介质光波导的横向尺寸与波长相比太小时，电介质光波导不能支持光的稳定传播。因此，能够将电磁波限制在微小的结构中的技术将对光学和其他相关科学产生深远的影响[1,2]。

最近的研究表明，金属结构单元透镜和波导的工作原理与其基于介质材料制作的对应物完全不同，基于金属结构单元的透镜可以克服上述限制。当金属结构中的自由电子与入射光子相互作用时，会出现表面波模式，即更广为人知的表面等离激元(SPP)。表面等离激元可以根据金属的结构产生不同的表现形式，从沿金属表面自由传播的电子密度波到金属纳米天线或纳米粒子中的局部电荷振荡[3]。表面等离激元具有与金属表面紧密结合并在自由空间区域迅速衰减的特征，产生的三种光场：超出衍射极限的压缩光场、亚波长尺度的梯度光场和比入射场大几个数量级的增强光场。

金属纳米结构中的光场仅限于表面，因此会引发由欧姆阻尼和带间跃迁导致的巨大能量损失[4]。为了克服这一点，近年来，高折射率电介质重新引起了人们的关注[5,6]。它们具有的相当大的光场束缚能力和低损耗的特性为其带来了广泛的应用，其中一些如平面透镜、传感器和太阳能电池，已经被深入研究。

1998 年研究人员首次报道了非常光传输(EOT)效应，人们开始对能够穿透亚波长尺寸的压缩光场产生兴趣[7]。如图 9.1(a)所示，通过激发表面等离激元，平面波可以被压缩并通过亚波长孔阵列传输，这是单孔无法实现的[8,9]。Ebbesen 等的工作被认为是现代等离激元研究的起点。

共振激发时，自由电子的集体振荡会引起剧烈的局部电场增强[10,11]。局部电场强度在金属表面最大，在远离表面时电场强度以指数形式衰减，这可用于表面增强拉曼散射(SERS)和其他表面增强光谱过程。图 9.1(b)说明了由单个金属球和球形二聚体产生的场增强的比较。与单个球体的局部等离激元共振引起的场增强相比，两个球形耦合单元之间的间隙形成了一个热点，导致了异常场增强(EFE)[12-14]。独立和耦合的球形单元分别被称为第一代和第二代 SERS 热点[15]。虽然单粒子的局部表面等离激元共振(LSPR)和 SERS 波长之间存在很强的相关性，但在许多耦合系统(例如在二聚体和三聚体)中近场 SERS 增强和远场瑞利散射可能是分开的[16]。除了 SERS 以外，增强的光场还有助于提高光伏电池[17-21]、等离激元或金属-半导体结光催化剂[22-25]和其他非线性过程的性能[26-29]。

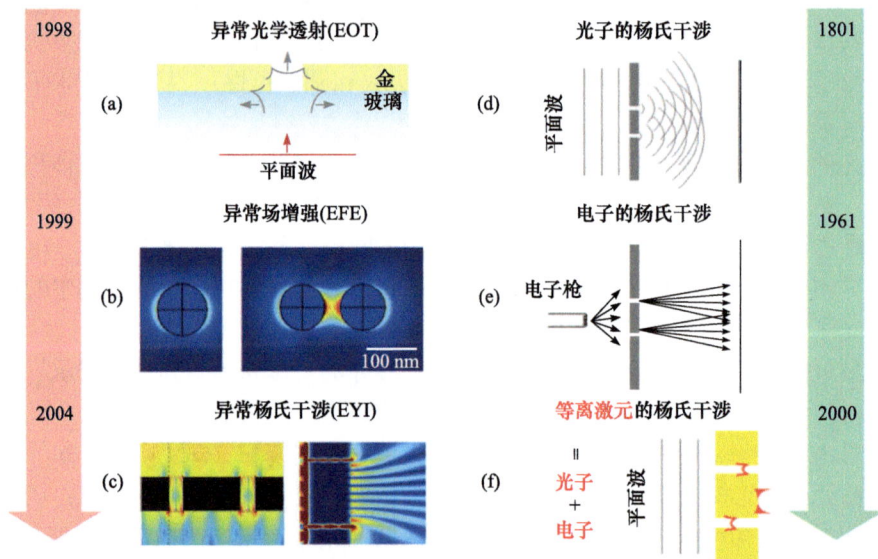

图 9.1　(a)～(c)亚波长结构中的三种特殊效应。(d)～(f)光子、电子和等离激元的杨氏干涉示意图。(a)转载自参考文献[8]。版权所有 2012，麦克米伦出版有限公司。(b)转载自参考文献[14]。版权所有 2011，多学科数字出版机构。(c)左：从参考文献复制[30]。版权所有 2004，美国物理学会。右：从参考文献复制[31]。版权所有 2007，美国光学学会

SPP 与普通光子的区别在于，由于特殊色散曲线，SPP 的波长远小于相同频率下自由空间中的光子[32,33]。Luo 等在 2004 年用亚波长金属狭缝进行的杨氏干涉实验证明了这种特性[30]。由于金属薄膜上干涉条纹的周期可以减少到小于真空波长的四分之一，而不是经典杨氏干涉的一半波长，因此被称为异常杨氏干涉

(EYI)[30,34]，如图 9.1(c) 的左图所示。有趣的是，EYI 与光子和电子的集体激发有关，即 SPP。与其他关注 SPP 对透射光谱影响的工作不同[35]，这里更关注干涉图案，该图案可以通过光刻胶进行记录。在数值模拟中，在使用周期性边界条件的基础上，双缝可以作为等离激元掩模的基本结构。历史上，光子和电子的杨氏干涉为波动光学和量子物理学的发展提供了宝贵的指导[36]。在未来 EYI 效应也可能对亚波长光学和工程光学 2.0 的发展产生重大影响，如图 9.1(d)~(f) 所示[1,2,37-39]。

理论研究表明，通过减小金属膜的厚度，两侧的 SPP 会相互耦合形成悬链状光场，从而 SPP 的有效波长可以进一步缩小到入射角的十分之一以下[33,34]。这种独特的特性意味着耦合的 SPP 可以超越光的衍射极限，实现超分辨率成像[40,41]、纳米光刻[30,42]和高密度数据存储[43-45]等。一些典型应用例如等离子超透镜和腔透镜已经发展成为等离纳米光刻的关键组成部分，这进一步使得特征尺寸小于 22nm 的纳米结构的光学制造成为了可能[33,46,47]。

与等离激元方法类似，高折射率电介质和半导体也提供了一种有效的方法来定位和增强光[6]。一般来说，低损耗介电结构的尺寸与衍射极限相当，因此无法聚焦光斑尺寸低于 $l/(2n_d)$ 的光，其中 n_d 是介电材料的折射率。光子晶体中的腔为在无损介电材料中的超细限制提供了可能[48-50]，其中有效模体积与 $(l/n_d)^3$ 成正比。通过进一步引入槽状结构[51]，人们可以同时增强最大场强，并将场限制在较低折射率区域，大小约为 $0.01\lambda^3$ 的有效模体积。

最近，一种介质蝴蝶结光子晶体结构实现了较深的亚波长限制，它支持与等离子体元素相适应的模体积[52]。由于电磁边界条件，蝴蝶结形亚波长介电结构能够将各个光学模式调整到蝴蝶结的尖端。此外，即使间隔距离小于 $\lambda/2$，硅光波导的串扰也可以通过在密集波导中引入特殊设计的亚波长结构来抑制[53,54]。光子芯片的密度可以借此大大提高。

许多功能性亚波长光学设备中，例如平面透镜和超构全息装置[55-57]，光场是随空间位置变化的，以提供波前的相位变化。在过去的二十年里，等离激元和介电材料的梯度相位都被广泛研究。一方面，SPP 的短波长特性意味着它们具有比在自由空间中的波更大的波矢[58]，这为梯度相位调制开辟了新的视野。即使在亚波长传播距离内，金属狭缝/孔中的 SPP 模式也可以实现巨大的相位变化。亚波长金属狭缝的局部相位控制能力已通过 EYI 实验说明，该实验使用两个具有不同宽度的亚波长金属狭缝(见图 9.1(c) 的右图)[31]，其中 SPP 通过双狭缝产生不同的相位延迟，从而导致干涉图案中心出现一条违反直觉的暗条纹。基于薄界面的局部相位控制能力，可以扩展折射和反射定律[58,59]。传统的笨重和弯曲的光学器件可以被薄而平面的器件取代，从而为亚波长尺度的光学工程开辟新的途径[60,61]。另一方面，具有波长尺度厚度的介电纳米柱也可以用作高效相移元件[62-65]。梯度相位特性通过设计纳米柱的直径同时保持相同的周期性来实现[66,67]，这种方法保证了光学平面透镜的小型化和性能的稳定，能够在很宽的波长范围内有效地控制光[65,68,69]。此外，同时支持电和磁共振的高折射率介电盘也被用于构建惠更斯超表面[70]，同样也可以实现相位梯度。

9.2　用于亚衍射极限成像和光刻的压缩光场

1873 年，Ernst Abbe[71]在光学中发现了一个基本的"衍射极限"：每当物体通过光学系统(例如相机镜头)成像时，分辨率 D 受光波长λ的限制，并且物镜的数值孔径(NA)为 $D=0.61\lambda/(NA)$。其根本原因是包含物体所有精细细节的近场信息随着距离的增加而迅速消失。为了实现超分辨率显微镜，Synge 在 1928 年提出了在物体近场区域检测光学信号的想法[72]，这最终促进了扫描近场光学显微镜(SNOM)的发展[73]。作为迄今为止最流行的显微技术之一，SNOM 通过扫描物体附近的超锐利尖端并逐点收集信号来合成具有高空间分辨率的图像[74-76]。

9.2.1　基于超透镜、腔透镜的超分辨率光刻

1968 年，Victor Veselago[77]提出了一种同时具有负介电常量和负磁导率的材料，被称为左手材料或负折射率超材料(是一种具有自然界不存在的物理特性的人造材料)。虽然由负折射率材料制成的平板能够实现无像差的完美聚焦，但仍被认为受到衍射极限的限制，即图像分辨率受波长和孔径大小的限制。2000 年，John Pendry 提出了超越经典衍射极限的完美成像的超透镜概念[40]，可以通过具有负介电常量的薄金属薄膜简单地实现。实际上，当金属薄膜的厚度降低到 100 nm 以下时，金属薄膜两侧的 SPP 的耦合补偿了倏逝波造成的衰减，有助于实现光学波段超分辨率成像[33,34]。

2004 年，研究者在 436 nm 波长下进行了基于等离激元效应的纳米光刻，并展示了 50 nm($\sim\lambda/9$)半节距光刻图案，如图 9.2(a)$\sim$(c)所示[30]。特征尺寸为 60 nm($\sim$$\lambda/6$)的物体也成功地成像并记录在波长为 365 nm 的光刻胶层上，如图 9.2(d)所示[42]。随后，光刻结构不断优化，以实现更小的关键尺寸和更复杂的干涉图案。根据阿贝成像理论，成像过程由许多干涉图案叠加而成。2013 年的实验证明，通过使用反射板，可以在光刻胶层中构建等离激元以产生更细致的光刻图案[78]。最近，通过等离激元理论，研究人员证明了空间变化模式可以通过结合 EYI 和光子自旋轨道相互作用的效应来进行定义[34]。

由于表面散射和相对较高的材料损耗，实验中超透镜的分辨率与理论预测的分辨率相差甚远(高达$\sim\lambda/20$)。为了克服这个问题，研究人员提出了由 MIM 三层结构构成的等离激元腔透镜，以提高光刻质量，包括分辨率、对比度和曝光深度等因素。在这种配置中，顶部金属膜充当超透镜以放大倏逝波，底部金属膜充当

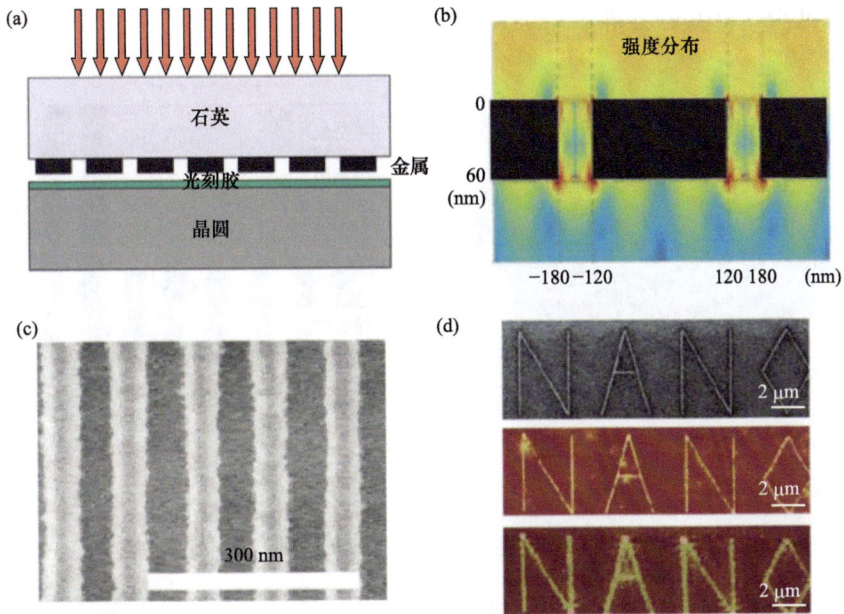

图 9.2　(a)带有穿孔银膜的表面等离子光刻示意图。(b)数值模拟的近场图案。(c)抗蚀剂图案的 SEM 图像。(d)用连续银膜成像光刻。上图：具有 40 nm 线宽的物体的 SEM 图像；中图：具有银超透镜的抗蚀剂层中形貌特征的 AFM 图像；底部：抗蚀剂层中形貌特征的 AFM 图像，其中 35 nm 厚的超透镜被 PMMA 间隔物取代，作为对照实验。(a)～(c)转载自参考文献[30]。版权所有 2004，AIP 出版公司。(d)转载自参考文献[42]。版权所有 2005，美国科学促进会

反射器以进一步增强局部光场。图 9.3(a)说明了基于 Ag-光刻胶-Ag 腔透镜的等离激元光刻系统[79]。当光刻胶层的厚度足够薄时，限制在上下 Ag-光刻胶界面的 SPP 将相互耦合，如图 9.3(b)的插图所示。这种耦合效应导致在光刻胶中形成悬链分布的光场[34]，这可以大大提高成像对比度和曝光深度。此外，耦合模式可以进一步降低 SPP 的有效波长，就像发生在薄金属膜上一样。基于这种独特的特性，具有 22 nm 甚至 16 nm 半间距密集线的抗蚀剂图案已通过实验证明，如图 9.3(b)所示[47,79]。

　　一般来说，单膜型和腔型超透镜都需要匹配介电常量，以实现对倏逝波的宽带增强。这种限制可以通过用亚波长金属介质多层膜取代单一金属板来缓解，亚波长金属介质多层膜可以被视为具有宏观电磁性能的均匀介质，由复合材料的介电率和几何形状决定[80]，例如，Bak 等提出了"量子超材料"(QM)的概念，如图 9.3(c)所示[81]。在这种尺度下，人们可以设计新型材料。例如，研究人员通过利用Ⅲ-Ⅴ半导体多量子阱中受限电子态之间的子带间跃迁，开发了具有任意椭圆等频色散的 QM 超透镜。当各向异性足够强时，即使在高空间频率条件下，等频色散曲线也相当平坦。这意味着光可以通过 QM 以低损耗进行传输。因此，它

可以以低至～$\lambda/10$ 的分辨率成像(图 9.3(d))。

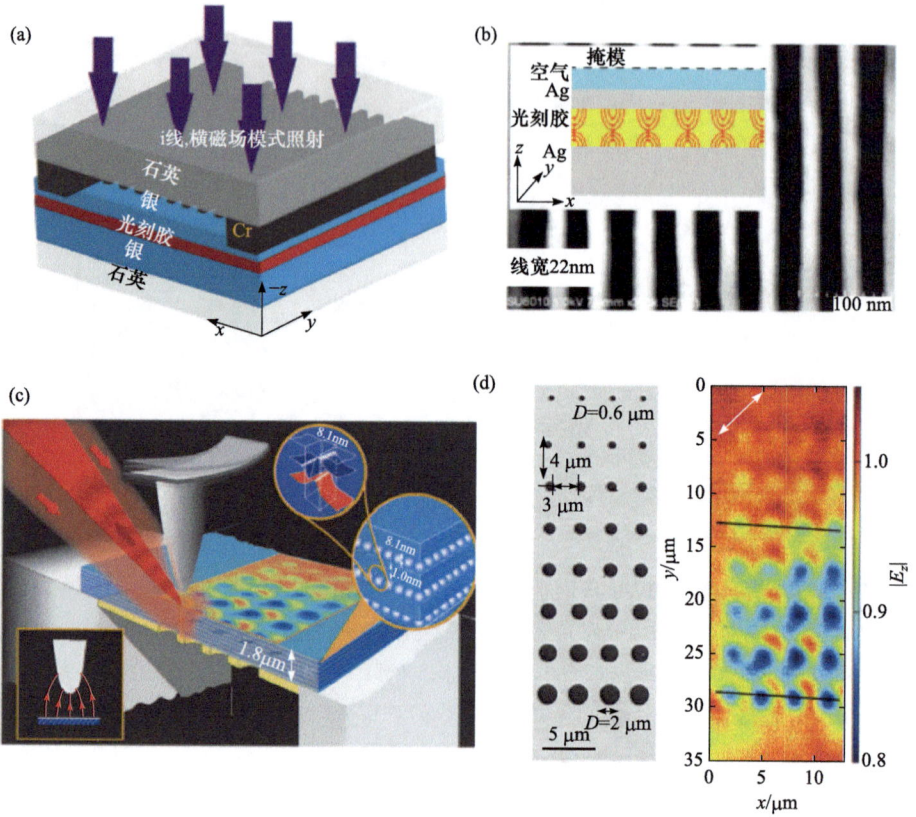

图 9.3　(a)光刻实验装置示意图。(b)22 nm 半间距密集线的抗蚀图案。插图：等离激元腔透镜
　　中的 SPP 耦合。(c)基于 QM 的超透镜示意图。(d)金属掩模的 SEM 图像和掩模的 SNOM 图
　　像，通过 QM 超透镜以反射模式拍摄。(a)和(b)转载自参考文献[79]。版权所有 2015，AIP 出
　　　　版。(c)和(d)转载自参考文献[81]。版权所有 2016，美国化学学会

　　当金属-电介质的各向异性进一步增加时,使得等效介电常量在不同方向上表
现出相反的正负性时, 可以得到双曲线超材料,能够支持倏逝波的传播。基于这
一独特的属性, Jacob 等在 2006 年提出了"倏逝波超透镜"的概念[82]。由于角动
量守恒, 在传播到远场之前, 由低波矢量产生的放大图像最终在弯曲的超透镜的
外边界上形成。然后可以利用传统的显微镜来捕获超透镜的输出, 以实现远场
超分辨率成像。新的二维(2D)材料的出现为构建超透镜提供了另一种方法。如
图 9.4(a)所示,超透镜可以通过紫外波段的石墨烯(GR)层和 h-BN 层来实现[83]。图
9.4(b)中的模拟场分布表明它可以区分距离为 100 nm 的两个源。

　　基于互易定理,通过简单地反转放大超透镜的操作方向,掩模中的衍射极限图案可以通过将最外层到最内层的切向波矢量压缩成像到亚衍射极限的尺寸得到。Liu 等第一次报道了缩小超透镜的实验演示，它可以将物体(掩模)的衍射限制特征压缩为使用紫光记录在光刻胶上的亚波长图案[84]。双曲超透镜由多个 Ag/SiO$_2$ 薄膜组成(图 9.4(c))，允许约 55 nm 线宽的亚衍射极限分辨率，在 365 nm 光波长下实现约 1.8 的缩小因子(图 9.4(d))。此外，同一作者还报道了在 405 nm 下进行的类似实验，分辨率为 170 nm [133]。

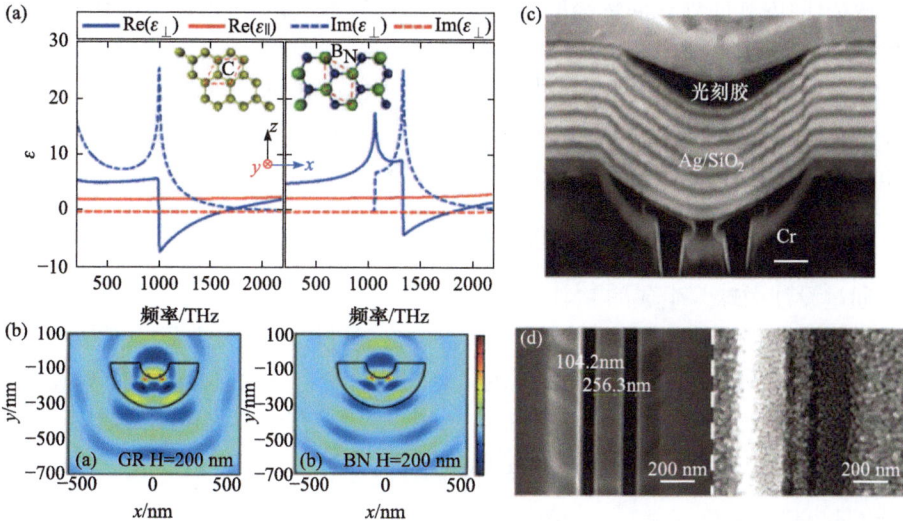

图 9.4　(a)石墨烯(GR)和 h-BN 的各向异性介电常量张量("⊥"代表 x 和 z 分量，"‖"代表 y 分量)。插图显示了用于计算介电常量的石墨烯和 BN 的原子晶胞。(b)超透镜对间隔为 100 nm 的两个源进行成像的模拟场分布。(c)缩小超透镜的横截面的 SEM 图像。(d)左图：具有 100 nm 线宽和 250 nm 中心距的两个狭缝掩模图案。右图：抗蚀图案的光刻结果。(a)和(b)转载自参考文献[83,84]。版权所有 2012，美国化学学会。(c)和(d)转载自参考文献[84]。版权所有 2016，英国皇家化学学会

9.2.2　用于超分辨率成像的微球和微圆柱体

基于超透镜的高性能成像系统与复杂的超分辨率技术不同，具有适当折射率的球面/圆柱形状的介电透镜也可以以远超过经典衍射极限的精度对物体进行成像。这种结构的超分辨率能力源于光子纳米射流(PNJ)非凡的精确聚焦特性。光子纳米射流是一种窄而高强度的电磁光束，从直径大于照明波长的无损介电微球或微圆柱体的阴影侧表面传播到背景介质中。

9.2.2.1　光子纳米喷射

Lecler 等应用米(Mie)理论来分析由平面波照射自由空间中的介电微球产生的

PNJ 的一般三维(3D)矢量特性[85]。他们的工作表明该方法可以从 2λ 到大于 40λ 的各种微球直径 d 生成 PNJ。具体而言，对于 1.3 的微球折射率，PNJ 在最大传播距离为 2λ 时保持亚波长尺寸。最后，PNJ 被证明具有与入射平面波相同的电场极化，但具有不对称的波束宽度分布。

Itagi 和 Challener[86] 为平面波照明无限长的介电圆柱体的情况提供了二维 PNJ 的详细光学分析。他们分析的出发点是亥姆霍兹方程的特征函数解，该解被称为德拜级数(向内和向外径向传播的圆柱波模式的总和，每个模式都可以在圆柱表面进行反射和透射)。结果表明，德拜级数的第一项特别重要。这一项具有简洁的形式，在 PNJ 的物理和几何光学特性之间建立了联系，并使直接的场分析成为可能。总体而言，PNJ 特性被认为是由角谱中的"特征的独特组合"引起的，涉及相位分布以及稳定传播和倏逝空间频率中的有限项。

9.2.2.2　用于 PNJ 修饰的工程微球

通过设计微球，生成的 PNJ 可以以不同的方式被调节。Wu 等[87]提出了关于微球的表面工程设计，例如同心环设计(图 9.5(a))，以增强尖锐聚焦能力并显著降低 PNJ 的 FWHM。与没有修饰过的微球相比，一个 4 个环组成的结构在焦平面处表现为聚焦程度更高的光束，如图 9.5(b)所示。在中心覆盖的微球中，高质量的纵向偏振电磁分量的光束也被证明可以产生[88]。

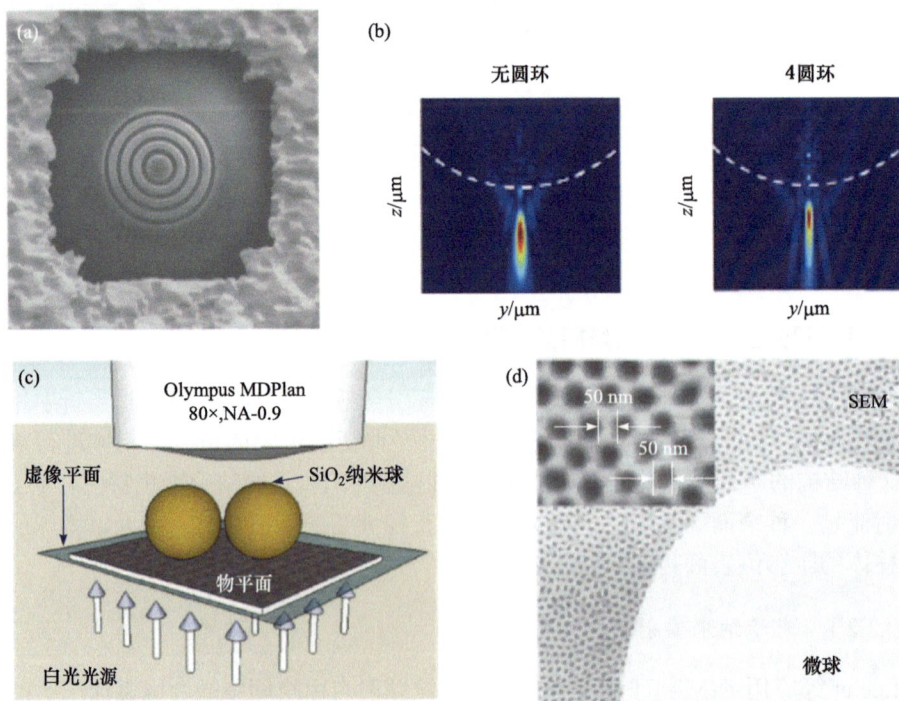

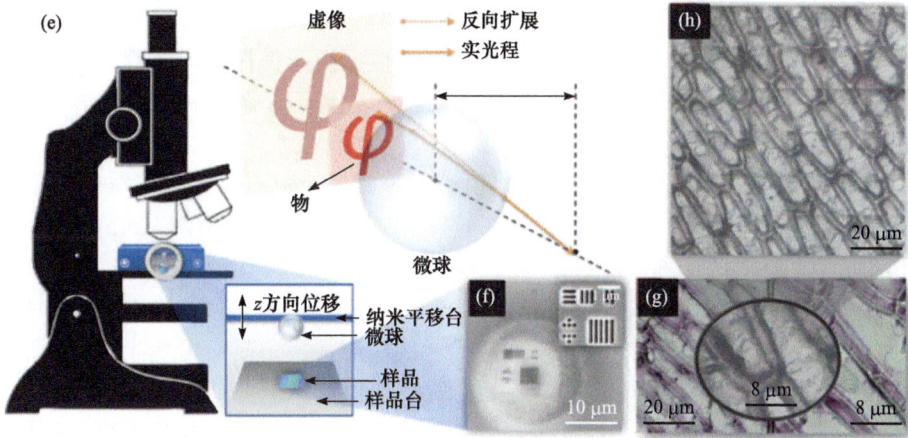

图 9.5 (a)由 4 个环形凹槽修饰的工程介电微球。(b)通过原始光路和工程微球模拟的压缩场。(c)具有经典光学显微镜的透射模式的微球超透镜的示意图。(d)直径和间距为 50 nm 的镀金渔网阳极氧化铝样品的成像结果。(e)用于生成放大虚拟图像的远程模式光学微球设置示意图。(f)该系统采集到的光学图像(样品：半导体测试样品；比例尺：10 μm；由 20 μm 二氧化硅微球成像，传输到具有 100× 物镜的油浸式光学显微镜，NA=1.4)。插图：SEM 图像(比例尺：1 μm)。(g)洋葱细胞的图像和(h)缩放视图(比例尺：20 μm)。(a)和(b)转载自参考文献[87]。版权所有 2015，美国光学学会。(c)和(d)转载自参考文献[89]。版权所有 2011，自然出版集团。(e)~(h) 转载自参考文献[58,90]。版权所有 2018，中国科学院光电研究所

9.3 透镜的梯度光场、定向辐射和颜色过滤

9.3.1 广义斯涅尔定律和可调透镜

虽然突破衍射极限对于高分辨率光学成像至关重要，但传统光学工程经常受到其他问题的困扰，例如光学器件的体积庞大和弯曲轮廓受到经典折射和反射定律的限制等问题。对于紧凑型和大口径光学系统来说，平面和薄型器件是非常理想的。随着纳米技术的飞速发展，最近研究人员提出了一种全新的平面透镜。通过引入空间变化的相移,经典的斯涅尔定律已推广到反射和折射的广义定律[58,91]：

$$n_1 k_0 \sin\theta_i + \nabla\Phi_r = n_1 k_0 \sin\theta_r$$

$$n_1 k_0 \sin\theta_i + \nabla\Phi_t = n_2 k_0 \sin\theta_t$$

其中 $\nabla\Phi$ 是界面中梯度超表面波引起的相位梯度，可以理解为水平波矢量，可以通过外部激励源进行动态调谐；n_1 和 n_2 分别是介质在入射侧和透射侧的折射率；θ_i、θ_r 和 θ_t 分别是入射光、反射光和折射光的角度。

一般来说，用于相位调制的亚波长结构可以根据物理机理分为三种[55]。第一

种是由亚波长狭缝及其变体制成的金属波导阵列[59,92,93]。第二种局部相位调制方案依赖于几何相位，这是一个与频率无关的相位，源于偏振转换过程中的光子自旋轨道的相互作用[68,69,94-97]。第三种相位调制方法基于复杂金属或介电表面结构中的电路谐振[91,98]。

利用一系列不同宽度的狭缝，形成由表面等离激元阻滞引起的特殊相位梯度，可以任意操纵波前。一系列工作证明了这一点，包括异常偏转(图 9.6(a)和(b))[59]、次衍射-有限聚焦(图 9.6(c))[92]和亚波长成像[99]。如图 9.6(d)所示，波长为 637 nm 的 p 偏振波通过等离激元透镜聚焦在 5.3 mm 的焦距处，FWHM 为 0.88 mm[93]。为了实现与偏振无关的二维聚焦，这些纳米狭缝被替换为具有可变半径的圆形或方形等离激元孔，以产生与偏振方向无关的相位调制[100,101]。此外，与具有被调节的宽度的狭缝阵列相比，受悬链线启发的纳米孔径在深亚波长相位操纵方面具有更大的自由度，这对于使用单个超表面进行广角聚焦和成像是必不可少的[102]。

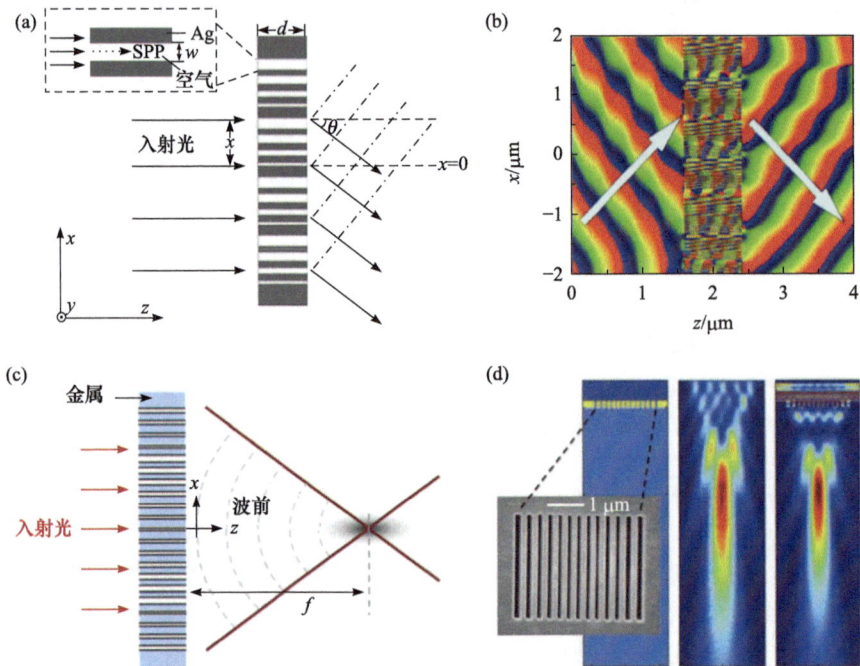

图 9.6　(a)金属光束偏转器示意图。该图描绘了当入射光和金属表面相互作用时 SPP 在纳米狭缝中的激发和传播。(b)计算的电场相位分布。入射角和偏转角分别设计为 30°和-30°。(c)用于光束聚焦的纳米狭缝透镜示意图。(d)基于金属膜中纳米级狭缝阵列的平面透镜以及模拟和测量的聚焦场分布。(a)和(b)转载自参考文献[59]。版权所有 2008，美国光学学会。(c)转载自参考文献[92]。版权所有 2005，美国光学学会。(d)转载自参考文献[93]。版权所有 2009，

美国化学学会

基于纳米狭缝的等离激元透镜可通过用克尔非线性介质填充纳米狭缝来调节。如图 9.7(a)～(c)所示，由于非线性响应，每个狭缝[103]传输由入射光强度控制的特定相位延迟的光。这种新颖的镜头可以通过使相变材料进行相变主动控制偏转角度，例如 $Ge_2Sb_2Te_5$(GST-225)填充到基于纳米狭缝的等离激元透镜中，可以实现主动调谐的功能(图 9.7(d)和(e))。当 GST 晶化程度从 0%～90%时，在 1.55 μm 的工作波长下实现了高达 0.56π 的透射电磁波相位调制[104]。因此，通过设计给不同的狭缝分配不同的 GST 结晶程度，可以构建不同的波阵面。

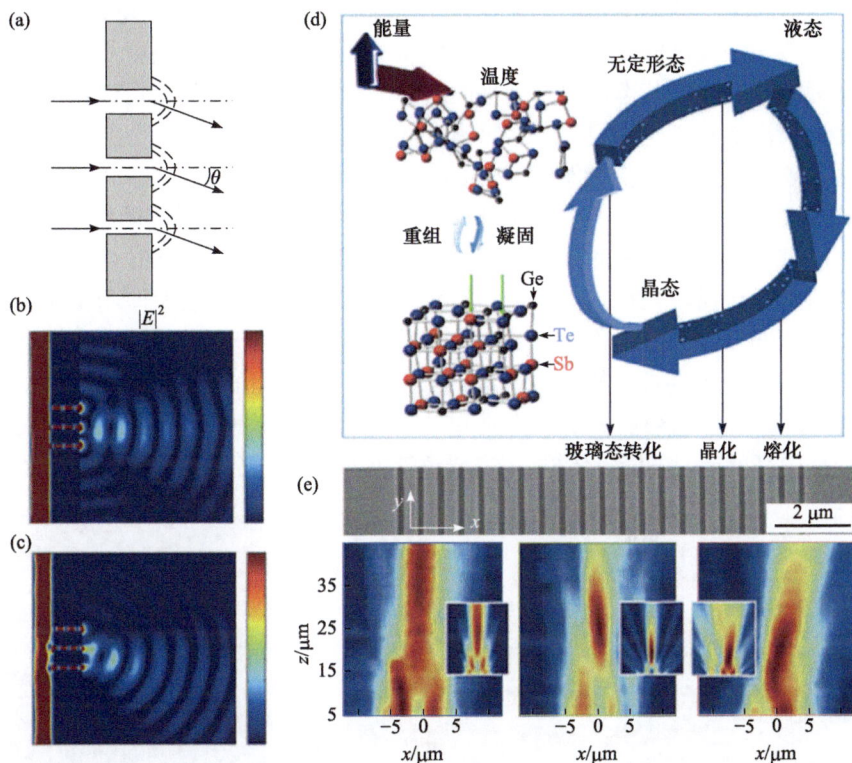

图 9.7 (a)非线性克尔材料填充的三缝结构示意图。(b)和(c)不同入射辐射强度下电场强度分布的 FDTD 模拟：(b)$1×10^8$ V / m 和(c)$2×10^8$ V / m。(d)GST 在非晶相和晶相之间的相变示意图。(e)溅射 GST 前制造平面透镜的 SEM 图像(上图)和通过共聚焦扫描光学显微镜在 xz 平面上测量的不同 GST 状态的聚焦图案(下图)。(a)～(c)转载自参考文献[103]。版权所有 2007，美国光学学会。(d)转载自参考文献[105]。版权所有 2017，多学科数字出版机构。(e)转载自参考文献[104]。版权所有 2015，自然出版集团

9.3.2 纳米结构的定向辐射

拥有引导来自纳米级发射器荧光的能力，例如单分子和单量子点(QD)，在生

物技术、医学诊断和细胞成像的量子光学及荧光团分析中发挥着关键作用。然而，有效的光激发和纳米发射器的检测涉及大立体角，因为它们与自由传播的光的相互作用几乎是全向的。为了克服这个限制，过去几十年开发了一种方法，利用了金属纳米结构表面的倏逝波和传播波之间的耦合模式[106,107]。我们已经知道的是，处于激发态的荧光团会显示出与表面等离激元的相互作用，这可以增加辐射衰减率，改变辐射光场的空间分布，并实现定向辐射。

最近，研究人员提出了一种多层金属介电结构，它允许用垂直于平面的光激发，并在垂直于平面的窄角范围内发射光。内在机制是激发光学 Tamm 态或所谓的 Tamm 等离激元(TPs)，它在金属膜和底层布拉格光栅之间以高度受限的光场捕获电磁模式。Tamm 状态可以以零平面内波矢量分量存在，并且可以在不使用耦合棱镜的情况下被创建。因此，金属膜上的荧光团可以与金属膜下的 Tamm 态相互作用来展示 Tamm 态耦合发射(TSCE)[108]。

图 9.8(a)显示了由多层介质布拉格光栅顶部的薄银膜组成的结构[109]。在图 9.8(b)中呈现的后焦平面(BFP)图像中心上的亮圆盘显示 560 nm 处的 TPCE 垂直于结构表面传播。TSCE 角对波长高度敏感(图 9.8(c))，这表明使用 Tamm 结构能够提供定向发射和波长色散。另一种通过将倏逝波耦合到传播波来定向辐射光的方法是使用由周期性凹槽装饰的亚波长孔径，即所谓的牛眼结构[110-113]。2002年，Lezec 等实验观察到，所谓的牛眼结构可以打破传统的衍射极限，实现具有超高透射率的高度定向的能量传输，称为光束效应[112]。基于这种效应，每个分子的荧

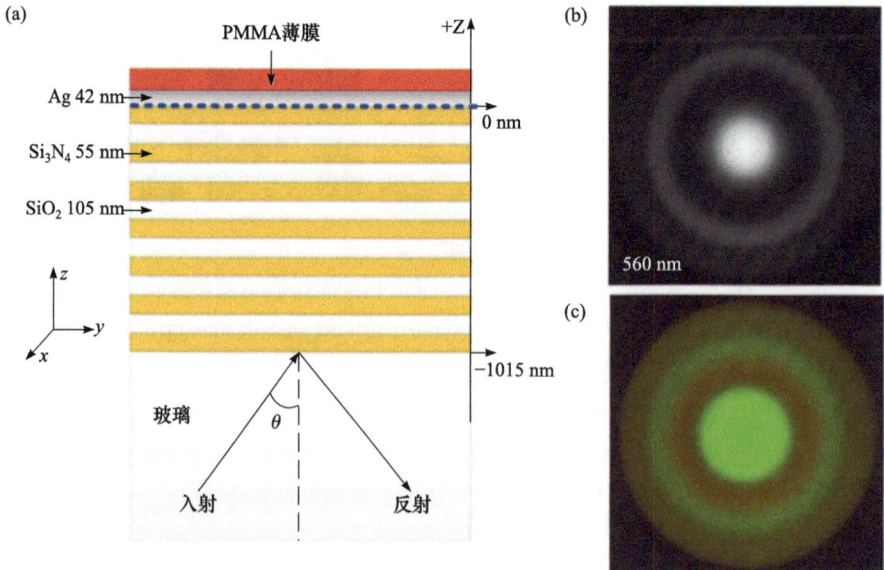

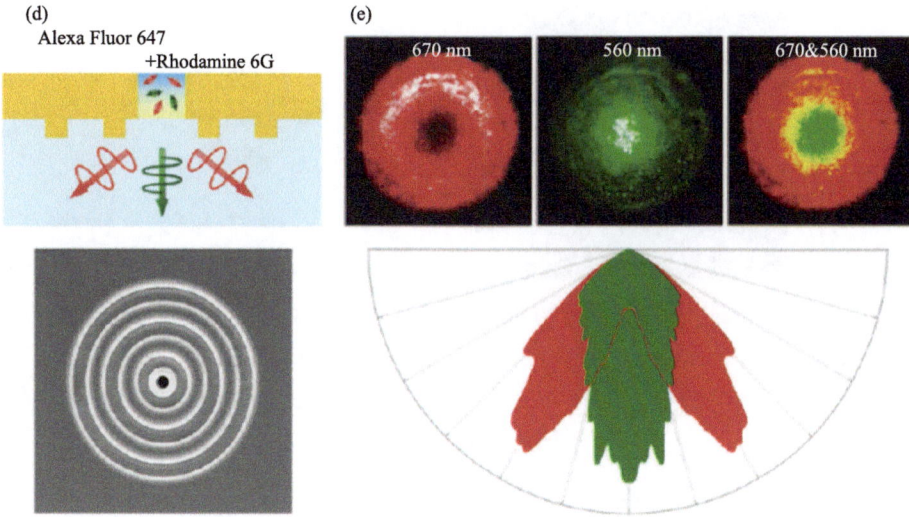

图 9.8　(a)Tamm 结构和层状结构尺寸示意图。$z=0$ 位于金属/布拉格反射器界面处。(b)Tamm 样本上一个点的 BFP 图像。Rhodamine 6G 分子溶解在水溶液中使用了中心波长为 560 nm 的带通滤光片。(c)是从与(b)相同的位置拍摄的彩色 BFP 图像。不同的颜色代表发射到相应角度的不同荧光波长。(d)上图：实验草图；中心孔充满了 Alexa Fluor 647 和 Rhodamine6G 的混合溶液。下图：带有两个凹槽的波纹孔的 SEM 图像。(e)上图：以 670 nm、560 nm 为中心的发射物镜后焦平面中的辐射图案，以及两个彩色图像的组合。下图：荧光辐射模式。(a)～(c)转载自参考文献[109]。版权所有 2014，Wiley-VCH 出版社。(d)和(e)转载自参考文献[110]。版权所有 2011，美国化学学会

光计数率的增强因子增加了高达 120 倍，同时将荧光定向发射到垂直于样品平面的方向上的窄角锥中[110]，如图 9.8(d)和(e)所示。

纳米结构的定向辐射也可以通过纳米天线实现，类似于无线电和微波中定向天线的传统概念。迄今为止，研究人员已开发出单极/偶极[114]和 Yagi-Uda 纳米天线[115,116]来实现分子离子和量子点荧光辐射定向控制的功能。图 9.9(a)显示了一个

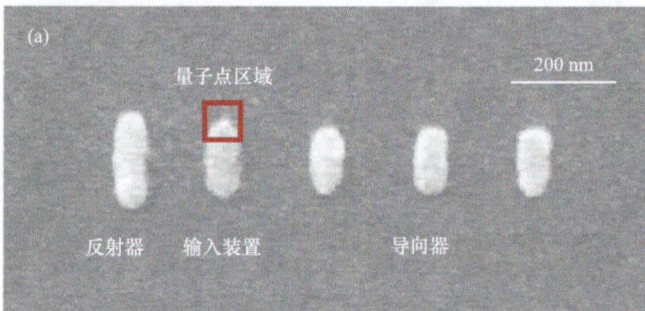

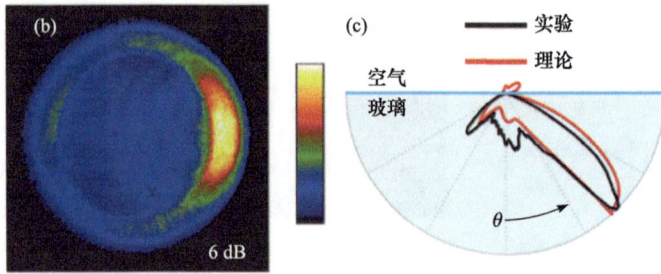

图 9.9　(a)5 单元 Yagi-Uda 纳米天线的 SEM 图像。QD 连接到标记区域内反馈单元的一端。(b)Yagi-Uda 纳米天线的辐射方向图(物镜后焦平面的强度分布)。实验中使用 830 nm 长通滤光片。(c)天线(黑色)的极角(γ)角辐射方向图，与理论预测(红色)非常吻合。转载自参考文献[116]。版权所有 2010，美国科学促进会

Yagi-Uda 纳米天线，它由一个有源驱动的反馈元件组成，该反馈元件被一组作为反射器和导向器的附属元件包围。辐射方向图显示单侧的结果，表明由于耦合到光学天线而导致 QD 的单向发射，如图 9.9(b)中相应的辐射方向图所示。辐射的前后比，定义为具有最大发射功率的点与辐射图中位置完全相反的点之间的辐射强度比，为 6.0 dB(或强度比为 4)。从傅里叶平面图像计算得出的实验角辐射方向图与理论预测非常吻合(图 9.9(c))。

9.3.3　微型和可调颜色选择滤光片

结构色源于光与纳米结构之间的复杂相互作用，广泛存在于自然界中。关于

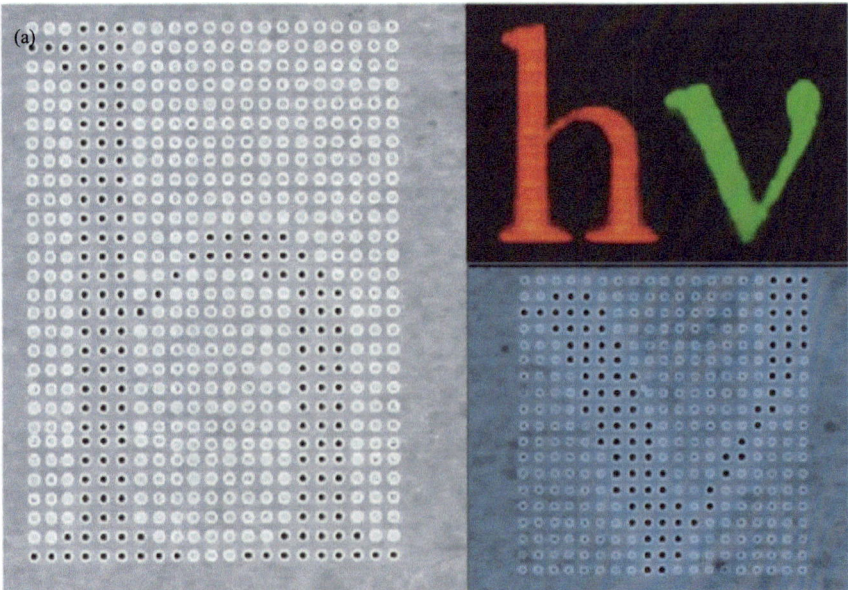

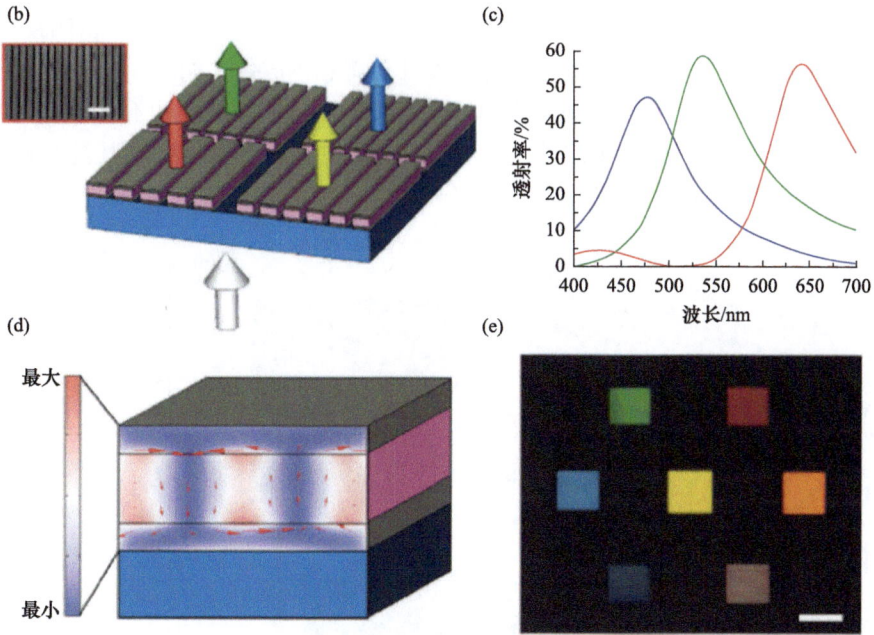

图 9.10 (a)凹坑阵列中的孔在传输中生成字母"hv"。在这种情况下，孔阵列的周期分别选择为 550 nm 和 450 nm，以实现红色和绿色目标的成像。(b)等离激元纳米谐振器的示意图。(c)RGB 滤光片的模拟透射光谱。(d)在 MIM 堆栈内的时间平均磁场强度和电位移分布(红色箭头)的横截面中模拟的电场强度，波长为 650 nm，堆栈周期为 360 nm。(e)由白光照射的七个等离激元滤色器的光学显微镜图像。比例尺：10 mm。(a)转载自参考文献[120]。版权所有 2007，自然出版集团。(b)~(e)转载自参考文献[38]。版权所有 2010，自然出版集团

结构色，研究人员已经用平面人工结构进行了广泛的研究[117,118]。孔阵列的异常光学透射由于其独特的性质和在许多领域的潜在应用，引起了从光学元件到化学和生物学传感器领域的极大关注。孔阵列结构可以利用附近孔之间的表面等离激元耦合成为一个可调谐滤波器。因波长不同可获得不同的颜色阵列传输的特性。如图 9.10(a)所示，当结构被白光照射时，可以得到不同颜色的字母"h"和"v" [119,120]。波长选择性透射也可以在具有被金属凹槽包围的狭缝或孔的结构[121]，以及具有亚波长 MIM 堆叠阵列的等离激元纳米谐振器[38]。利用 MIM 波导中反对称模式的近线性色散，MIM 谐振器滤色器能够将白光过滤成整个可见光谱中的单个颜色(图 9.10(b)~(e))。MIM 谐振器滤色器相对于其他等离激元纳米结构的最显著优势是其高效率和超高空间分辨率(接近衍射极限)，这由高度局部化的 SPP 场造成。

在具有波长选择性反射或吸收的超表面中也发现了结构颜色[122-130]。反射成像是通过混合纳米盘和纳米孔阵列实现的，分辨率为每英寸(in，1in=2.54 cm)100000 个点，如图 9.11(a)~(d)所示[122]。图 9.11(e)显示了结合孔阵列和反射平面的结构[123]，

最初是在完美吸收器中研究的[131]。这种混合结构可以调节局部场分布(图 9.11(f))和反射光谱，并且可以通过适当的几何设计获得彩色成像，如图 9.11(g)所示[123]。高纯度结构颜色是用等离子浅光栅超透镜实现的。与目前的设计不同，超反射镜将圆偏振(CP)光反射到特定波长的共偏振状态，并通过实验证明了其具有高效率(75%)，并且反射光谱的 FWHM 约为 16 nm。

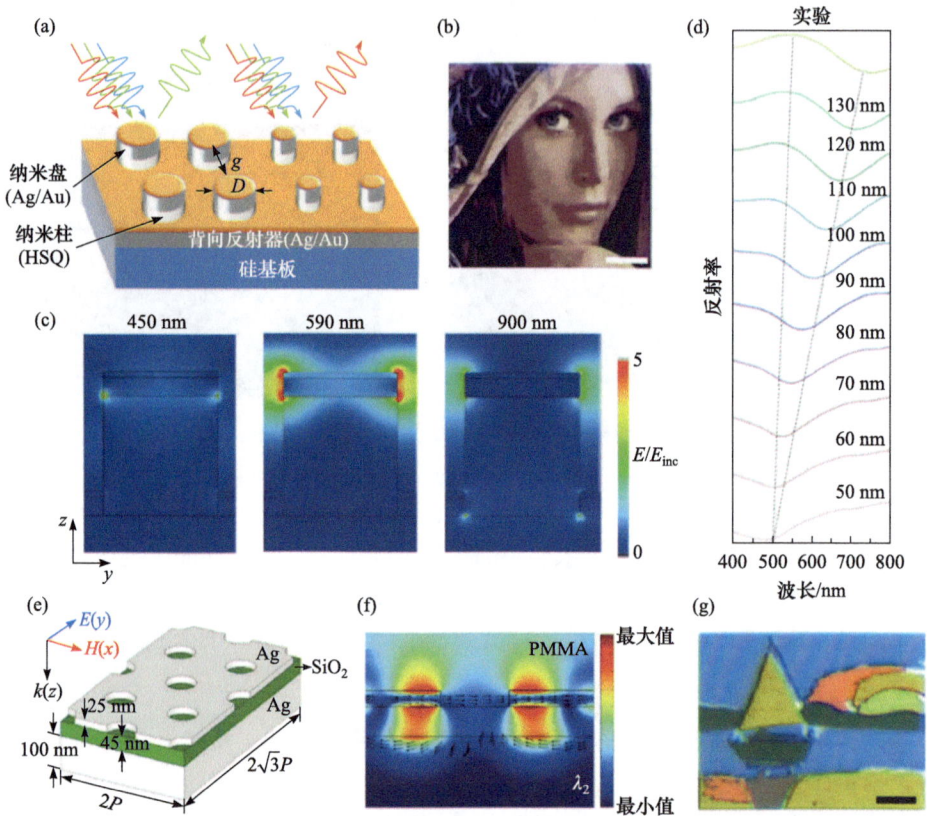

图 9.11　(a)纳米盘的示意图和白光与两个间隔很小的像素的相互作用。(b)Lena 图像的光学显微镜照片。(c)在 450 nm、590 nm 和 900 nm 处的电场分布。(d)不同尺寸直径 D 的纳米盘的实验反射光谱，纳米盘之间的间隙为 g=140 nm。(e)在银-二氧化硅-银三层结构上制造的三角形晶格圆孔阵列的晶胞示意图。(f)在波长 λ_2～570nm 处未涂覆的超表面的时间平均磁场强度(彩色轮廓)和电位移(黑色箭头)分布的横截面图。(g)PMMA 涂层等离子绘画的光学显微镜图像。比例尺：10 mm。(a)～(d)转载自参考文献[122]。版权所有 2012，自然出版集团。(e)～(g)转载自参考文献[123]。版权所有 2015，自然出版集团

　　人们对动态彩色显示器越来越感兴趣，它可以允许对图像进行实时颜色处理[132-136]。机械调制是动态调整超材料或超表面性能的典型方法。将拉伸基材(例

如聚二甲基硅氧烷)作为基材引入常规等离激元结构中可以主动调整结构颜色[133]。该系统可以通过改变机械作用力来调整整个可见光谱中产生的颜色。通过与传播表面等离激元共振(PSPR)和 LSPR 相结合，化学方法也被用于颜色调控。

等离激元图 9.12(a)说明了基于聚苯胺(PANI)的超表面的动态等离激元显示技术[136]。氧化和还原形式的聚苯胺的化学结构如图 9.12(c)所示。首先，通过增强光与狭缝侧壁上涂有电致变色聚合物的金属纳米狭缝的相互作用来实现高对比度电致变色切换，如图 9.12(b)所示。通过控制纳米狭缝的阵列间距，可以实现具有高对比度的全彩色响应。通过使用催化镁超表面也实现了动态颜色调整[134]。在镁纳米颗粒(Mg NPs)的氢化和脱氢过程中，颜色被调整、擦除或恢复，如图 9.12(d)~(f)所示。

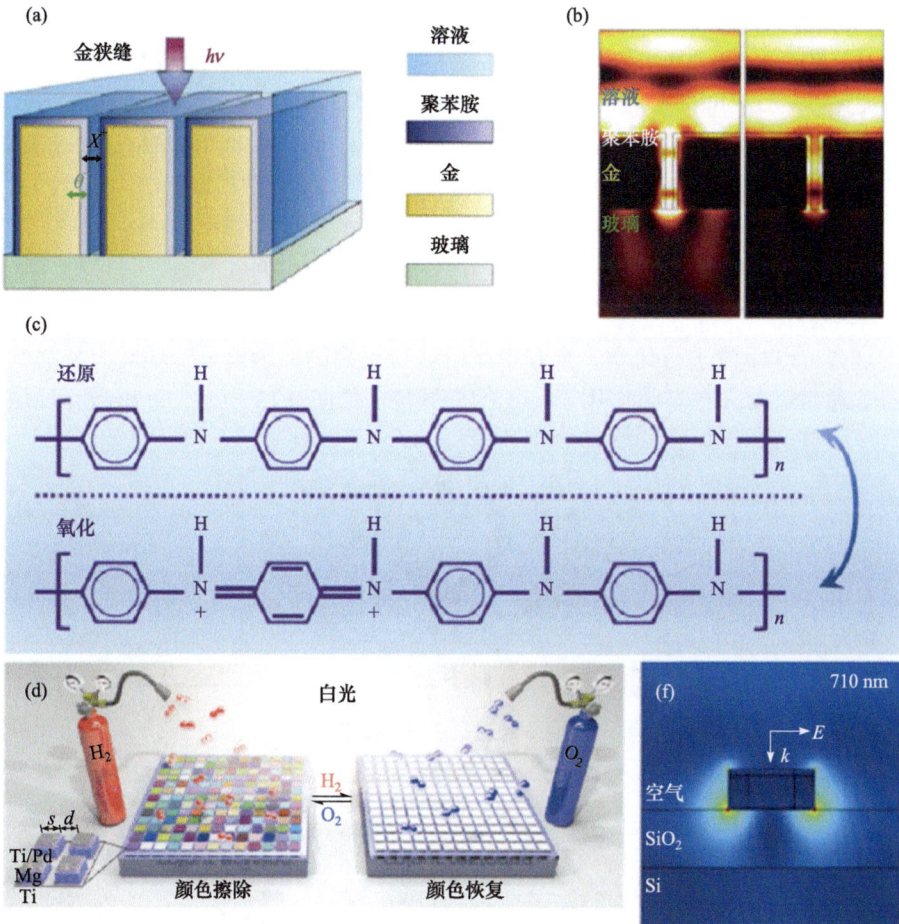

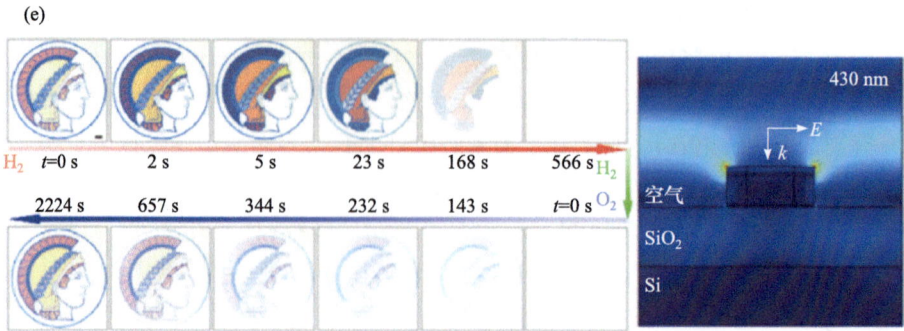

图 9.12　(a)包含 Au 纳米狭缝阵列的等离激元电致变色电极的示意图。(b)FDTD 模拟了具有还原形式(左侧)和氧化形式(右侧)的 PANI 膜的 Au-纳米槽电致变色器件中的电场强度。工作波长为 632.8 nm，PANI 膜厚为 15 nm。(c)电致变色聚合物聚苯胺在还原和氧化反应中的化学结构形式。(d)由与入射白光相互作用的氢响应性 Mg NPs 组成的等离激元超表面示意图。(e)标志在氢化和脱氢过程中的光学显微照片，分别用于颜色擦除和恢复。比例尺：20 mm。(f)710 nm 和 430 nm 处的模拟电场分布。(a)～(c)转载自参考文献[136]。版权所有 2016，自然出版集团。(d)～(f)转载自参考文献[134]。版权所有 2017，自然出版集团

9.4　生化传感的增强光场

通过光学手段进行化学鉴定和探测以获得更高的灵敏度是一项具有挑战性的任务，通常需要大幅增强作用于分子的局域场。如图 9.13 所示，等离激元局域场

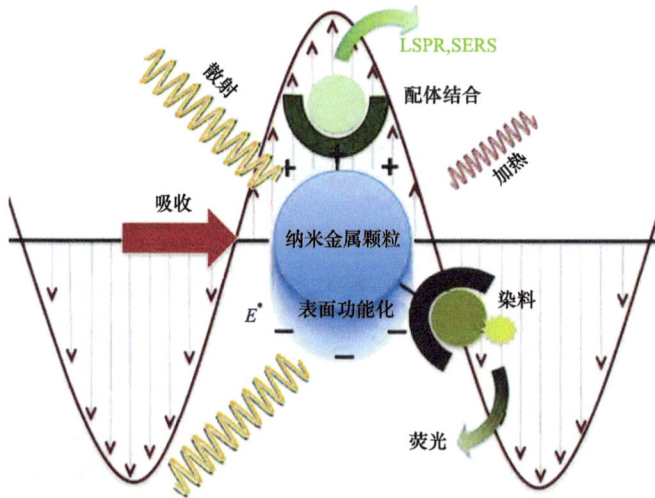

图 9.13　由外部光场引起的金属纳米颗粒表面电荷振荡的示意图以及灵敏生物分子检测的可能光谱响应。经许可转载自文献[137]。版权所有 2012，剑桥大学出版社

增强是改善光与物质相互作用的最有效方法之一,已被广泛用于通过增强的辐射、散射和吸收进行检测及传感,该主题将在以下环节中被详细讨论。

9.4.1　表面等离子共振传感

研制具有高灵敏度、低成本和微型尺寸的生化传感器是表面等离激元传感领域的重要课题[138,139]。PSPR[140]和 LSPR[141]均可用于基于表面的光学传感。与 PSPR 相比,LSPR 传感器具有光学系统简单、消光测量和对温度不敏感的优点。此外,合成和光刻制造技术的进步使研究人员能够通过改变支持表面等离激元的纳米颗粒(NPs)的形状、尺寸和材料来调整整个电磁波光谱中的 LSPR 波长[142-145]。它为设计 LSPR 传感器提供了额外的灵活性。然而,众所周知,与基于 PSPR 的传感器相比,基于 LSPR 的传感器对折射率变化的传感响应至少低一个数量级,并且探测深度小 10 倍[146]。

为了提高灵敏度,由金纳米棒组件组成的等离激元超材料被用来限制在金属膜上的 SPP 的分布[146]。当纳米棒之间的距离小于波长时,等离激元超材料支持具有与光滑金属膜的 SPP 模式类似的共振激发条件的导模。这种超材料棒为两棒之间介质的折射率变化提供了增强的灵敏度(每个折射率单位(refractive index unit, RIU)超过 30000 nm)。

尽管灵敏度是评估 SPP 传感器的重要指标,但检测极限也受到共振光谱宽度的强烈限制。品质因数(FOM)为灵敏度除以谐振线宽度,是评估传感器性能的首选参数。减小 SPP 模式的线宽是提高 FOM 从而提高等离激元模式灵敏度的有效方法。研究人员致力于通过模式耦合实现窄线宽。Cetin 等[147]实验证明了在导电基板上制造的 Fano 谐振不对称环/盘系统能实现优越的折射率灵敏度特性。一方面,这样的平台能够实现每 RIU 高达 648 nm 的高折射率灵敏度;而另一方面,这种腔体系统支持 Fano 型共振,可以表现出光谱尖锐的特征,线宽窄至 9 nm。

对于手性纳米结构,圆二色性(CD)提供了基于消光的传感技术的替代方案。与非手性粒子相比,它们的偏振相关光谱提供了额外且更清晰的光谱特征。这些特性使手性等离激元纳米螺旋具有显著的折射率敏感性(1091 nm/RIU, λ=921 nm)和 FOM(42800/RIU)[148]。提高灵敏度的另一种策略是采用非线性效应。Mesch 等引入非线性等离激元传感以提高 LSPR 传感器的灵敏度[149]。由于在纯水和 8.5 mol/L 乙醇水溶液的三次谐波产生过程中对纳米天线的局部电场的强烈依赖性,因此可以在实验中观察到传感器信号显著增加,这使得可以测量到的折射率变化小至 10^{-3}。

IR 吸收光谱是一种强大的技术,通过测量分子振动指纹光谱,以无损、无标记的方式提供精确的生物化学信息。然而,由于中红外波长(2~6 μm)和生物分子尺寸(约 10 nm)之间的巨大失配,振动吸收信号非常微弱。为了克服这个问题,

Rodrigo 等[150]展示了一种高灵敏度可调谐等离激元生物传感器，用于蛋白质单层的化学特异性无标记检测。如图 9.14 所示，可以动态调整纳米结构石墨烯的 SPR，以选择性地探测不同种类的蛋白质。此外，石墨烯中的极端空间光限制(比金属高两个数量级)与纳米生物分子产生了前所未有的高度重合，从而在检测其折射率和振动指纹时具有卓越的灵敏度。可调谐光谱选择性和石墨烯增强灵敏度的结合为生物传感开辟了令人兴奋的前景。

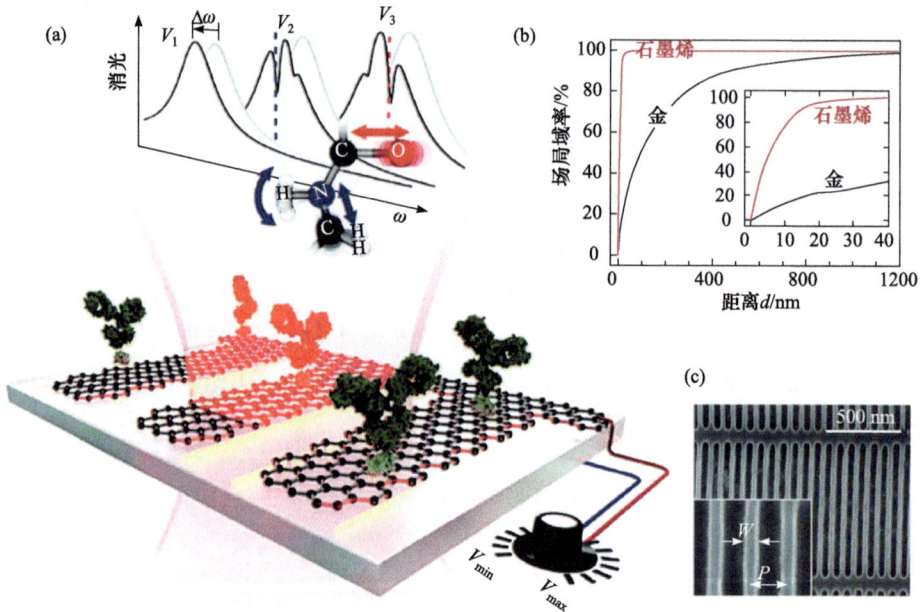

图 9.14　(a)石墨烯生物传感器的概念图。红外光束在石墨烯纳米带上激发等离激元共振。电磁场集中在带状边缘，增强了光与吸附在石墨烯上的蛋白质分子的相互作用。蛋白质传感是通过检测伴随着对应于蛋白质分子振动带的窄倾角的等离子共振光谱位移来实现的。等离激元共振被静电调谐以连续扫描蛋白质振动带。(b)空间整合的近场强度被限制在纳米天线外延伸距离 d 的体积内的百分比。插图显示了 d 在 0～40 nm 的放大效应。(c)石墨烯纳米带阵列的 SEM 图像(宽度 $W = 30$ nm，周期 $P = 80$ nm)。垂直纳米带通过水平条带实现电互联，将石墨烯表面保持均匀电势。经许可转载自文献[150]。版权所有 2015，美国科学促进会

医学诊断中非常需要能够同时检测多种蛋白质的高通量传感技术。Cetin 等[151]展示了一种手持式片上生物传感技术，该技术将等离激元微阵列与无透镜计算成像系统相结合，实现了生物分子相互作用的多路复用和高通量筛选，可以用于即时演算和资源有限的环境。

在过去的几十年里，为了保护环境和工作场所免受有害和有毒气体的侵害，人们也做了很多努力来开发气体传感器。与传统的基于半导体的气体传感器相比，

基于 LSPR 的光学气体传感器具有简单、高可靠性、室温工作和快速响应等优点。通过在金纳米天线的尖端区域附近放置单个钯 NPs，并通过暗场显微镜检测氢暴露后系统的光学特性变化，Liu 等展示了单粒子水平的天线增强氢传感装置(图 9.15)[152]。

最近，一些新型二维材料，如石墨烯、二硫化钼(MoS₂)和黑磷(BP)也已用于基于 LSPR 的气体传感器。通过优化传感参数，与基于金属 LSPR 的传统气体传感器相比，BP 双层传感器的灵敏度提高了 35%，通过添加单层 MoS₂ 可以进一步提高到 73%[153]。

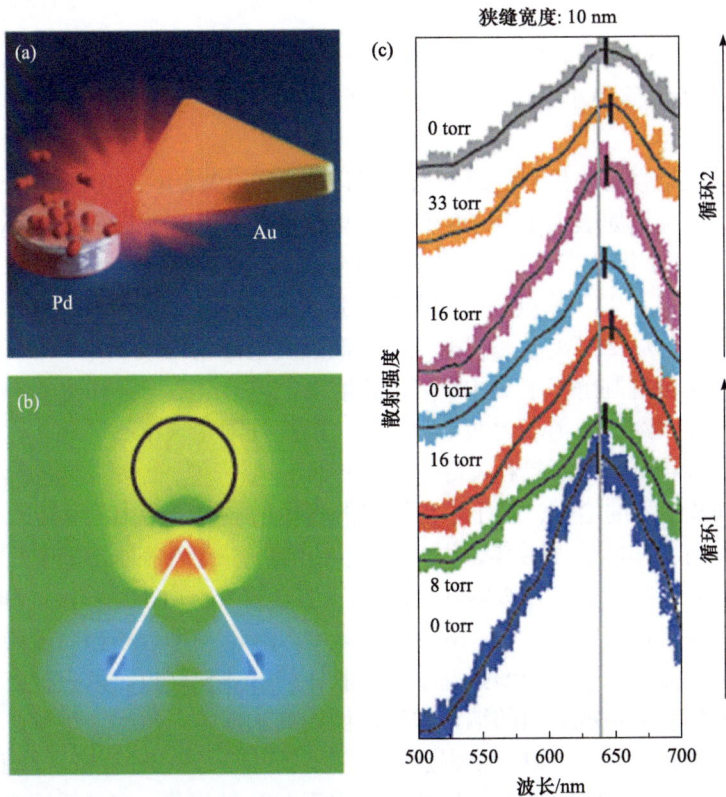

图 9.15　(a)天线增强型单粒子氢传感示意图。(b)局部电场的电磁有限差分时域模拟。(c)当金天线和钯粒子之间的分离 d=10 nm 时，单个钯-金三角形天线在氢环境中暴露时的光学散射测量。转载自参考文献[152]。版权所有 2011，自然出版集团

9.4.2　表面增强拉曼散射

在所有分子光谱中，拉曼光谱是最常用于表征分子振动能级和识别分子基团的一种方法[138,154-157]。然而，由于拉曼过程的检测面积很小，因此很难明确地检测微量分子的振动信号。为了克服小横截面的限制，等离激元金属纳米结构被引

入用于实现 SERS。SERS 的增强因子可以表示为[158,159]

$$\mathrm{EF}_{\mathrm{SERS}}(\omega_v) = \frac{\left|E_{\mathrm{out}}(\omega)^2\right|\left|E_{\mathrm{out}}(\omega-\omega_v)^2\right|}{E_0^4}$$

其中 ω_v 是由分子的振动频率引起的斯托克斯频移。对于球形粒子：

$$E_{\mathrm{out}} = E_0\hat{z} - \left[\frac{\varepsilon_{\mathrm{in}} - \varepsilon_{\mathrm{out}}}{\varepsilon_{\mathrm{in}} + 2\varepsilon_{\mathrm{out}}}\right]a^3 E_0\left[\frac{\hat{z}}{r^3} - \frac{3z}{r^5}(x\hat{x} + y\hat{y} + z\hat{z})\right]$$

其中 $\varepsilon_{\mathrm{in}}$ 是金属 NPs 的介电常量，$\varepsilon_{\mathrm{out}}$ 是外部环境的介电常量，a 是球体的半径。如果斯托克斯位移很小，则 SERS 的增强因子几乎与电场增强比例的四次方成正比。

等离激元增强拉曼散射的研究历史可以追溯到 1974 年，当时 Fleischmann 等首次报道了粗糙金属表面上分子的拉曼散射截面的显著增强[160]，随后 van Duyne 和合作者在 1977 年证实了这一点[138]。20 年后，这种称为 SERS 的技术已经能够检测单个分子[155,161]。"热点"中的电场增强因子已经能达到 $10^{10} \sim 10^{14}$ 范围，这种增强发生在与局部等离激元共振相关的高强度电磁场区域[162]。

通常，两种机制解释了 SERS 信号的增强，包括电磁增强和化学增强[15]。巨大的电磁场，大约比入射场大两个数量级，高度局限于狭窄的区域。这些热点在确定 SERS 信号强度方面起着关键作用[152,153]。一般来说，合理设计的热点可以显著促进 SERS 信号的增强，基于电磁增强的理论增强因子为 $10^{14} \sim 10^{15}$。

SERS 基底最初是金属胶体，例如 Au 或 Ag，可自由悬浮在水溶液中[155,161,163,164]。悬浮液中的分析物分子可以吸附在 NPs 上以增强信号。由于其稳定性和易用性，这种 SERS 检测方法应用广泛。由于单个球形 NPs 的局部近场相对较弱，因此两种主要途径已被广泛应用于增强基于金属胶体的 SERS 基板。第一种方法依赖于明智地合成具有尖角或尖角的纳米颗粒，例如纳米棒、三角形、星形、立方体和枝晶形纳米颗粒，它们可以产生强烈的局部电场[165]。另一种策略是基于 NPs 的聚集，从而产生高密度的热点[166]。然而，由于 NPs 的聚集，在悬浮液中使用 NPs 的 SERS 检测面临挑战，这导致系统的重现性比较差。

为了克服溶液中 NPs 的聚集，进而实现底物重现性，Tian 等在 2010 年提出了壳层分离的 NPs 增强拉曼光谱(SHINERS)(图 9.16)，该系统有几个优点[25,167]。第一，外壳保护可防止 NPs 聚集、氧化和等离激元特性的退化。第二，核-壳纳米粒子的特性可以通过调整核的尺寸、形状和成分以及壳的厚度和成分来灵活调整。第三，裸等离激元纳米颗粒(NPs)的 SERS 测量通常会受到光漂白、振动信息失真甚至金属催化位点反应的影响，但带有壳涂层的贵金属 NPs 可以散布在被分析物吸附的目标表面上，而不会发生在化学相互作用与被探测的分子上。第四，在实际的生物应用中，重要的问题之一在于生物相容性，在这里，核壳纳米粒子能够提高生物相容性。到目前为止，已经有很多材料被用作外壳，例如 SiO_2、TiO_2、Al_2O_3、Fe_3O_4、石墨烯和其聚合物。由于近场的快速衰减，壳的厚度应小心控制，以防 SERS 性能显著降低。

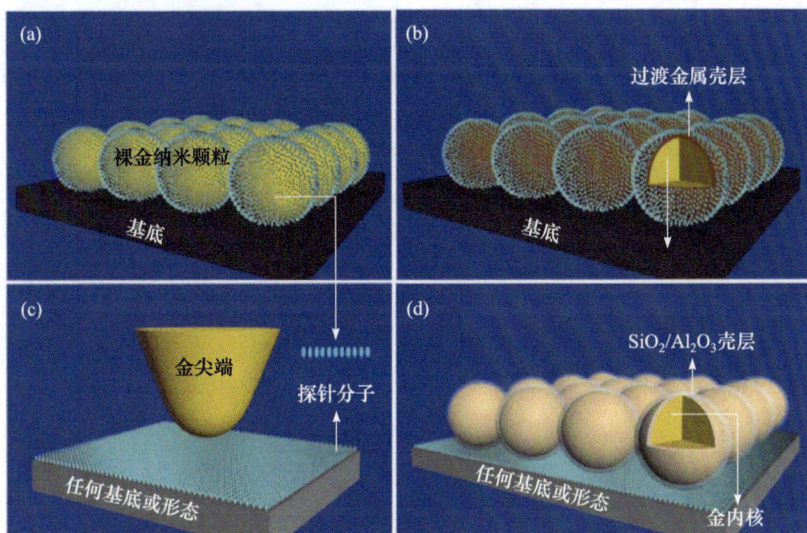

图 9.16　SERS 不同模式的工作原理。接触模式示意图。(a)裸金 NPs：接触模式。(b)被探测分子吸附的金核-过渡金属壳纳米粒子：接触模式。(c)尖端增强拉曼光谱：非接触模式。(d)SHINERS：外壳模式。转载自参考文献[25]。版权所有 2010，自然出版集团

　　总体而言，等离激元核壳纳米粒子的方法提高了 SERS 信号定量检测的重现性和可靠性。为了实现 SERS 信号的更高再现性和均匀性，科学家们倾向于在固体材料上开发 SERS 系统。由于纳米加工技术的快速进步，特别是最先进的光刻方法，可以制造具有一到几纳米间隙的 SERS 活性基板[168]，该基板通常由固体基板支撑，例如硅、石英或金属板[169]。最近，Ag 纳米棒阵列(图 9.17(a)和(b))被制造为 SERS 衬底[170]并显示出高达 10^8 的 SERS 增强。模拟结果表明，"热点"是由于相邻的 Ag 纳米棒之间的强电磁场耦合产生的，在顶端有约为 2 nm 的间隙(图 9.17(c)和(d))。具有良好均匀性(图 9.17(e))和重现性的 SERS 基底可用于同时检测水中的多种微量有机污染物(图 9.17(f))。

　　由于具有灵敏度高、操作简便、免标记、可对多种分析物进行指纹检测等优越特性，SERS 已广泛应用于环境监测、生物医学诊断、国土安全等多个领域[171]。在环境监测方面，SERS 已应用于农药、爆炸物、重金属离子以及挥发性有机物等的检测。在金和银表面，在过去的几十年中，使用 SERS 检测农药污染物引起了很多关注[172]。

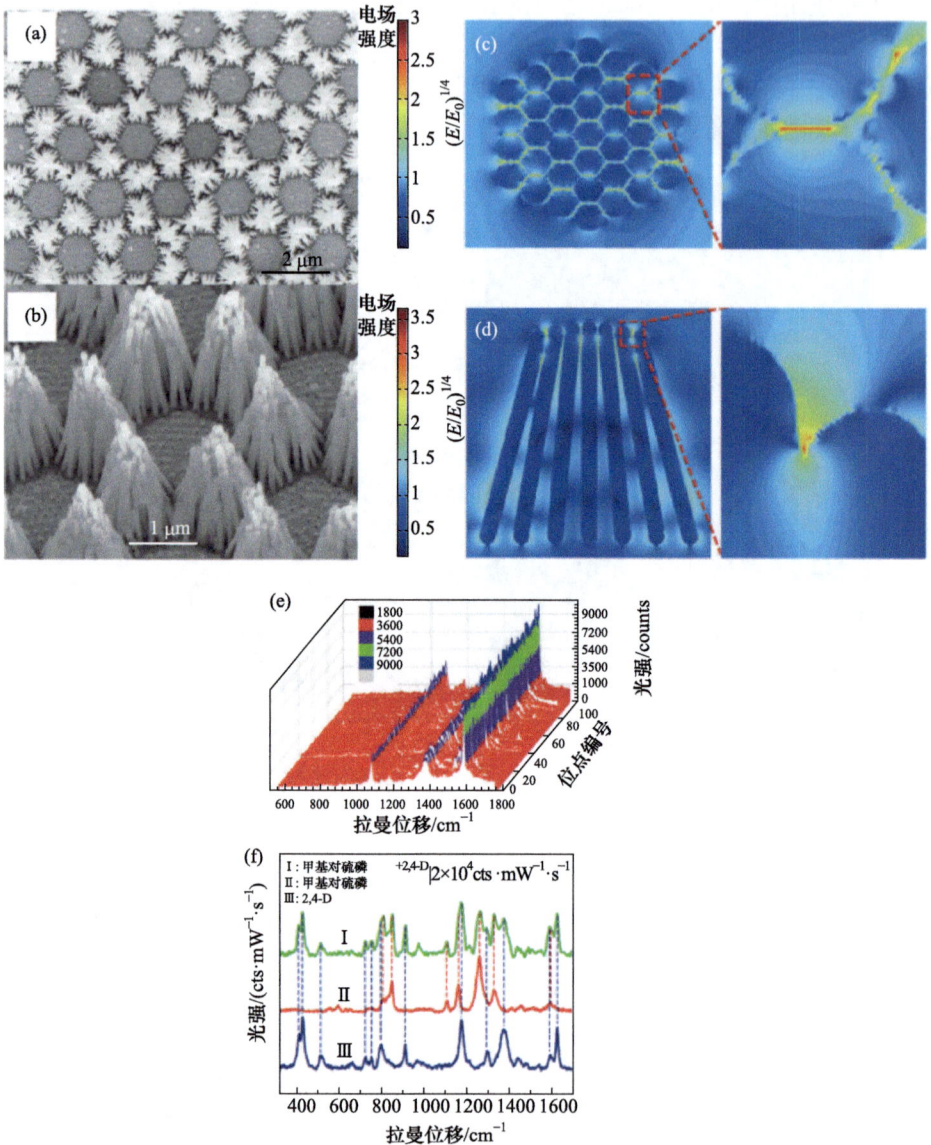

图 9.17　制备的 Ag 纳米棒束阵列的 SEM 图像：(a)俯视图和(b)侧视图。(c)和(d)FDTD 模拟的 EM 场分布在 37 个 Ag 纳米棒束周围，在垂直入射下，波长为 633 nm。发现峰值 EM 场 $(E/E_0)^2$ 为 $3×10^4$。(e)从 SERS 映射中随机选择的 100 个 SERS 光谱。(f)使用所制备的 Ag 纳米棒束阵列对多种痕量有机污染物进行 SERS 检测。曲线Ⅰ：$0.3×10^{-6}$ mol/L 甲基对硫磷和 $0.3×10^{-6}$ mol/L 2, 4-D 混合物的 SERS 光谱；曲线Ⅱ：$0.3×10^{-6}$ md/L 甲基对硫磷；曲线Ⅲ：纯水溶液的 SERS 光谱 $2×10^{-6}$ mol/L 2, 4-D。转载自参考文献[170]。版权所有 2016，Wiley-VCH 出版社

为了实现农药原位检测这一目标，研究人员采用了 9.4.1 节讨论的使用超薄二氧化硅或氧化铝壳包覆的金纳米粒子的 SHINERS 方法[25]。此外，爆炸物的检测因此引起了很多研究关注。迄今为止，SERS 技术已成功检测出多种爆炸物，包括三硝基甲苯、二硝基甲苯、二硝基苯甲醚、三硝基苯及其混合物[173]。由于大多数爆炸物的拉曼截面相对较小，因此有效检测爆炸物需要具有能够检测极低浓度样品的高灵敏度 SERS 活性基质。

SERS 技术的另一个重要应用是生物医学诊断，通常包括无标记检测和多路标记诊断[174]。在过去十年中，科学家们尝试以低至单分子水平的灵敏度获得生物分子(如蛋白质、葡萄糖、核酸和癌细胞)的光谱特征谱。Xu 等通过引入碘化物层克服蛋白质变性以实现可重复的 SERS 信号，这可以防止蛋白质结构的变化，但该方法的可靠性需要检验和改进[175]。至于核酸检测，研究人员开发了一种方法，通过用带正电荷的精胺分子装饰柠檬酸盐稳定的银 NP，产生可靠的 DNA 序列 SERS 光谱，从而有助于带负电荷的 DNA 的黏附和产生稳定的聚集动力学效应[176]，该技术可以从甲基化碱基对中获取有关核苷酸碱基含量以及光谱特征的信息。

9.4.3　表面增强荧光

目前，单分子光谱主要依赖于荧光，它提供了单分子的快速、高对比度和低背景检测。该技术的关键要求是所研究的分子必须具有足够高的光子发射率[145,177,178]。然而，很大一部分强吸收分子，包括许多生物学相关的蛋白质和金属复合物，发出微弱的荧光。等离激元粒子是理想的 SEF 底物。当局部表面等离激元与分子振动的频率共振匹配时，就会实现巨大的增强。金属纳米结构附近的强限制场可以通过以下方式深刻改变附近光学发射器或分子的发光特性：①增加光学激发率；②修改辐射和非辐射衰减率；③改变发射方向性[179]。

过去的几十年中，研究人员已经广泛研究了等离激元 NPs 的荧光增强。Khatua 等证明了弱发射器结晶紫的荧光可以通过在 633 nm 处激发的 SPR 为 629 nm 的单个纳米棒增强 1000 倍以上[180]。这种强烈的增强是大约 130 的激发率增强和大约 9 的有效发射增强系数造成的。随后，研究人员花费了很多精力来制备能够基于金的高局部场增强产生更高荧光增强的纳米结构。通过利用金蝴蝶结观察到的单个分子的荧光增强高达 1340 倍，这为单荧光分子发射应用提供了增强和损耗之间的平衡[145]。

过渡金属二硫属化物(TMDC)的结晶单层是直接带隙二维半导体，有望作为光电应用的光活性材料。尽管 TMDC 在超快和超灵敏的光电探测器中显示出巨大的潜力，但由于其量子效率低和吸收弱，它们的应用受到其低光致发光效率的限制。通过将 WSe$_2$ 薄片悬浮在具有 20 nm 宽沟槽的金基板上(图 9.18(a))，Wang 等报道了约为 20000 倍的巨大光致发光增强[181]。在他们的工作中，共振以横向间隙等离激元的形式出现在沟槽中，电场主要平行于 WSe₂ 的平面，以促进强光的吸收(图 9.18(b))，可以将其调整为通过改变结构的间距来泵浦激光波长的结构。与来自蓝宝石上的 WSe₂ 的发射相比，由等离激元底物增强的珀塞尔(Purcell)因子产生了 37 倍的光致发光(PL)增强(图 9.18(c)和(d))。

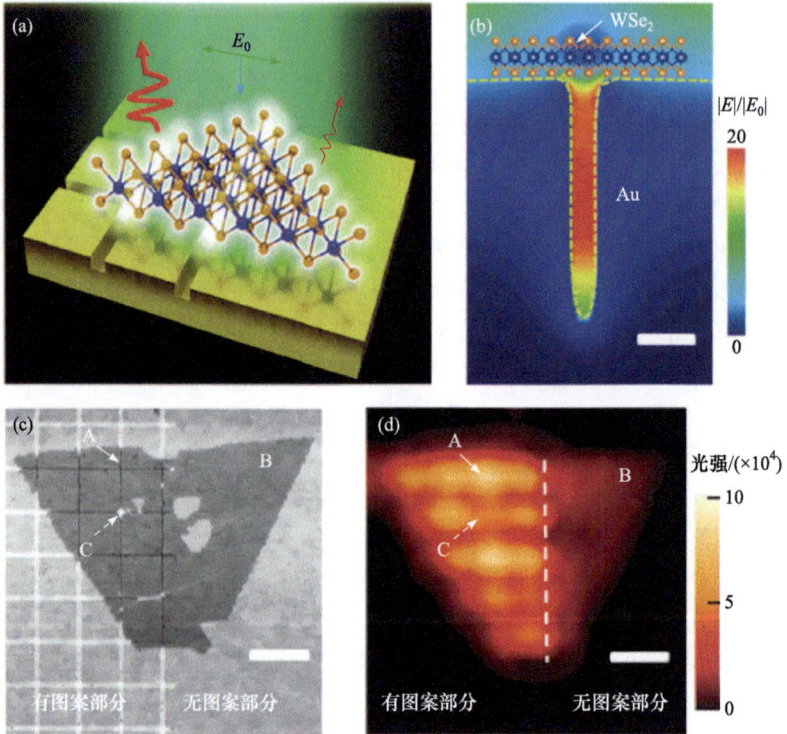

图 9.18 (a)薄片的单晶单层的 PL 发射示意图。三角形薄片的一部分位于由接近 20 nm 宽的沟槽组成的基板的图案化区域上。(b)横向间隙等离激元的电场分布的代表性模拟，其中 WSe₂ 单层薄片悬浮在单个沟槽上。入射激光场的偏振穿过间隙。黄色虚线表示空气和金之间的边界。比例尺：20 nm。(c)结晶 WSe₂ 单层薄片的 SEM 图像，转移到间距为 760 nm 的模板基板上。"A"指向悬浮在两个底层沟槽交叉点上方的 WSe₂ 的一部分，而"B"对应于参考点，即未图案化光滑金上的 WSe₂。"C"表示单层中的断裂缺陷。比例尺：1 mm。(d)WSe₂-金等离激元混合结构上的 PL 强度(I)显示来自图案区域的更大信号和可分辨的强度调制。比例尺：1 mm。每个像素的强度值是通过在 700～820 nm 的光谱窗口上积分 PL 光谱获得的。此处选择 532 nm 泵浦激光器以获得精细的 PL 映射分辨率。转载自参考文献[181]。版权所有 2016，作者

全电介质纳米光子学还可以作为高效单分子检测平台，与等离激元结构相比具有额外的优势。一方面，介电纳米粒子的低欧姆损耗可防止被分析物体的加热。

另一方面，珀塞尔因子的高辐射部分和方向性改善了信号提取质量。Regmi 等利用基于硅二聚体的全电介质纳米天线来增强单分子的荧光检测[182]。优化硅天线设计以将近场强度限制在 20 nm 间隙内，并在 $\lambda^3/1800$ 的纳米级体积中实现 270 倍的荧光增强。如图 9.19(a)所示，当入射极化沿二聚体长轴方向时，在 20 nm 间隙中实现了约 21.5 倍的电场强度增强，并具有典型的电偶极共振空间分布。此外，图 9.19(b)中显示的结果表明，硅天线具有与相似间隙尺寸的金天线非常相似的荧光增强和光限制特性。如果硅 NPs 位于钙钛矿超表面上，它们之间的耦合会导致光致发光强度[183]的 200%增强，如图 9.19(c)和(d)所示。

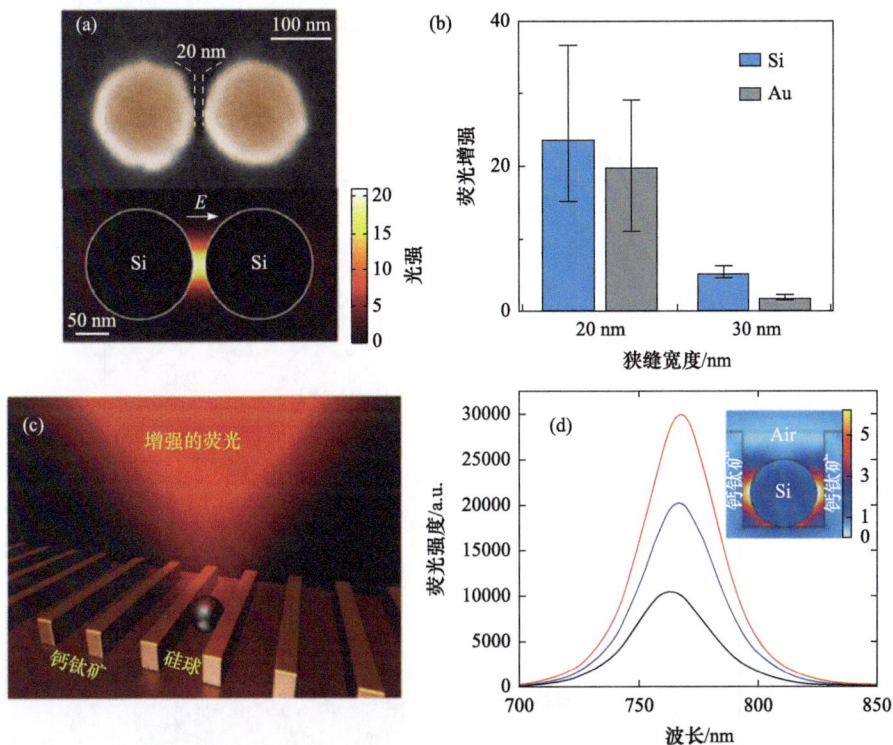

图 9.19　(a)直径为 170 nm，间隙为 20 nm 的硅二聚体的 SEM 图像。硅厚度为 60 nm。FDTD 模拟位于硅二聚体中心高度的平面上的电场强度增强效果。天线通常在距离玻璃基板的 l=633 nm 处被照射，具有平行于二聚体轴极化方向的线性电场。(b)类似间隙尺寸的介电二聚体和金属二聚体之间的荧光增强比较，激发电场平行于二聚体轴。(c)由谐振硅纳米粒子装饰的混合钙钛矿超表面的发光增强示意图。(d)Si NPs 的光致发光调制：来自空白钙钛矿(黑线)、钙钛矿超表面(蓝线)和具有 Si NPs 的钙钛矿超表面(红线)的信号。(a)和(b)转载自参考文献 [182]。版权所有 2016，美国化学学会。(c)和(d)转载自参考文献[183]。版权所有 2017，英国皇家化学学会

9.4.4 表面增强红外吸收

红外光谱是一种特别强大的技术，它直接激发 3～20 mm(3000～500 cm^{-1}) 范围内的振动跃迁，这与大多数有机分子相关，如图 9.20(a)所示[184]。凭借"化学指纹"，红外测量可用于自动组织分类和癌症识别。尽管它们具有潜力，但由于分子的小横截面积，IR 吸收测量从根本上受到限制[185,186]。此外，液态水的强 IR 吸收为在生物分子的原生水环境中进行测量带来了额外的障碍。提高灵敏度的一种有前途的方法是利用与等离激元共振激发相关的电场增强技术(图 9.20(b)和(c))，即所谓的表面增强红外吸收(SEIRA)。IR 振动模式的增强比例与局部的$|E|^2$ 成正比。尽管这是在红外波段首次提出的，但类似的想法已扩展到太赫兹和远红外波段[187]。

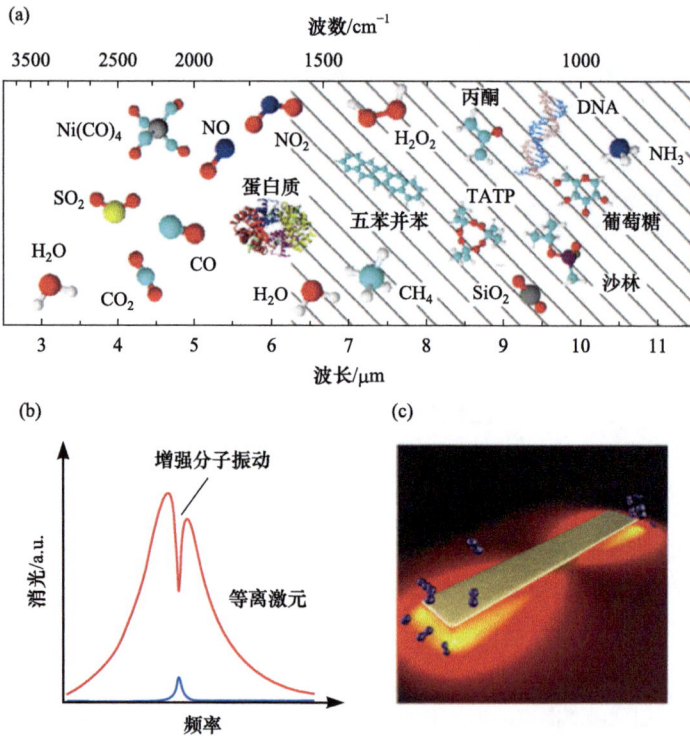

图 9.20 (a)选定分子种类的特征红外振动。包含骨骼振动的指纹区域带有阴影线。(b)和(c)共振 SEIRA 原理：如果等离激元(红色)与分子振动(蓝色)共振匹配，则位于等离激元纳米结构(纳米天线)的增强电磁近场中的分子的红外振动会增强。转载自参考文献[184]。版权所有 2017，英国皇家化学学会

早期的研究主要依赖于金属膜，通过物理气相沉积或化学方法制备[188]。随后

的工作表明，使用等离激元纳米天线是一种非常有前途的方法，具有许多重要优势[189]。谐振频率由金属结构的大小、形状和组成成分决定，可以在电磁频谱的特定频率范围内进行调谐。如果金属天线结构具有与分子振动相同频率的等离激元共振，则金属和分子系统可以耦合，从而产生具有宽能态和窄能态之间耦合的 Fano 线形状特征的光谱特征[184,189]。

纳米棒和纳米狭缝是两种典型的结构。迄今为止研究的许多 SEIRA 天线都是基于杆状几何结构的，该几何结构利用了光谱中红外区域的"避雷针效应"。研究人员已经对等离激元纳米狭缝和纳米棒进行了系统研究[190]。此外，具有纳米级间隙的纳米分裂谐振器在间隙区域内可能提供更大的近场增强，这将导致更高的信号增强。基于这样的结构，Cubukcu 等报道了一种具有 zeptomole 灵敏度的表面增强分子检测技术[191]。

蝴蝶结天线是另一种广泛使用的设计，改善了近场的定位精度。研究人员引入了蝴蝶结天线的变体，即扇形杆天线(图 9.21(a))。这种设计结合了棒状天线和蝴蝶结天线的优点，具有高空间限制能力和增强近场强度的特性。对于略小于四分之一波长的层厚度，实现了最佳增强效果。采用这种方法，近场强度可以提高近一个数量级，从而能够使用单天线结构和标准商用傅里叶变换红外(FTIR)光谱仪检测 10^4 个烷硫醇分子。

Dong 等研究了蝴蝶结等离激元天线设计的 SEIRA 响应性，该设计结合了位于具有 SiO_2 间隔层的 Au 膜上方的约为 3 nm 的间隙(图 9.21(b)～(d))[192]。他们复制了一种自校准技术来制造具有超小间隙的天线，这一般是使用标准电子束光刻方法无法实现的。这种 3D 几何结构将入射的中红外辐射严格限制在其超小结构内，从而产生理论 SEIRA 增强因子超过 10^7 的热点。研究人员使用 4-硝基苯硫酚(4-NTP)和 4-甲氧基硫醇苯酚(4-MTP)的混合单层定量评估了这种天线设

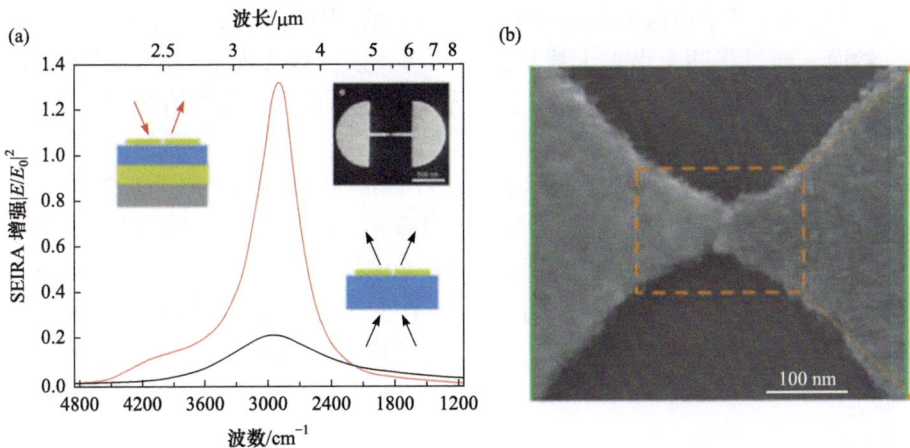

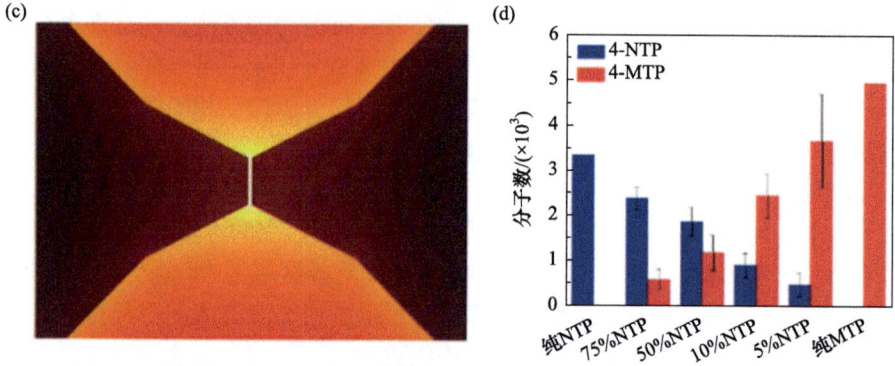

图 9.21　(a)反射基板(红色)和 SiO_2 基板(黑色)上扇形天线的 SEIRA 增强插图：扇形天线的 SEM 图像。(b)领结天线中心纳米间隙的 SEM 图像。(c)峰值场增强的二维图(在 1536 cm 处)。(d)在不同摩尔百分比的混合溶液中功能化后间隙中 Au 表面上的大量 4-NTP(蓝色)和 4-MTP(红色)分子的定量分析。误差棒表示从同一基板上的五个单独天线获得的分子数量的标准偏差。(a)和(b)转载自参考文献[195]。版权所有 2015，美国化学学会。(c)和(d)转载自参考文献[192]。版权所有 2017，美国化学学会

计的红外检测效果。优化的天线结构允许检测少至 500 个 4-NTP 分子和 600 个 4-MTP 分子。

应该注意的是，这些结构中的大多数倾向于被设计为通过入射光的特定偏振来激发。这种偏振敏感结构遭受来自非偏振源的一半入射光能量的损失，因此无法最大化与生物分子相互作用的光子数。为了克服这一限制，Cetin 等提出了一种在介电纳米基座上制造的对偏振不敏感的中红外纳米环天线，以提供与目标生物分子的最大场重叠[193]。利用纳米基座上的工程环 NPs，他们成功地检测到了蛋白质-抗体双层的 Amide-Ⅰ 和 Amide-Ⅱ 振动模式。

一般来说，基于谐振天线的 SEIRA 是窄带的，因此不能覆盖分子的整个振动带。然而，通过将两个谐振天线组合在一起，该设计实现了双波段吸收增强。对数周期梯形光学天线已被用作多频光学天线，用于在几个倍频程的带宽下工作[194]。

Hu 等在 CaF_2 纳米薄膜上展示了混合石墨烯等离激元结构(图 9.22)，从而实现了覆盖整个分子指纹区域的电可调谐等离激元，可以用于分子检测并且具有低至亚单层水平的极高灵敏度[196]。使用 FTIR 光谱仪在纳米尺度上明确识别聚合物中的振动指纹，灵敏度提高了 20 倍。此外，不受干扰且高度受限的石墨烯等离激元提高了检测平面内和平面外振动模式的超高检测灵敏度降至亚单层水平，显著提高了远场中红外光谱的检测极限。

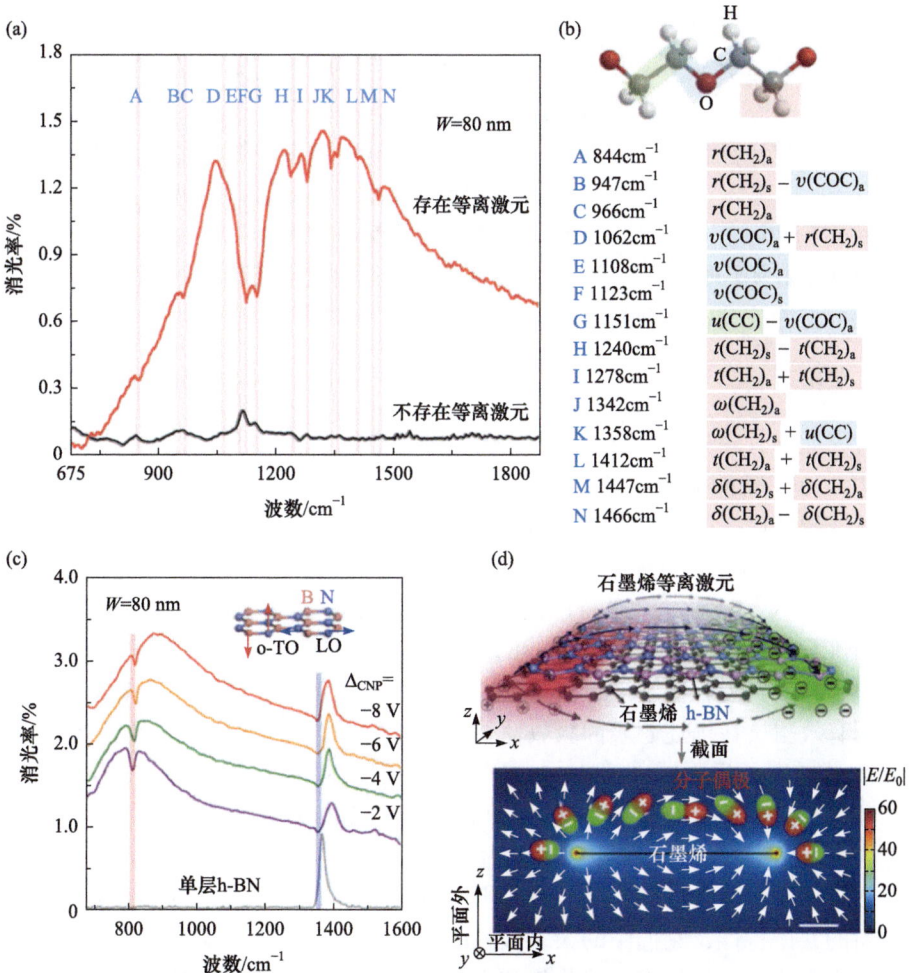

图 9.22 (a)具有(红色曲线)和不具有(黑色曲线)石墨烯等离激元增强的 8 nm 厚聚环氧乙烷(PEO)薄膜的传感结果比较。相应的费米能级为～0.2 eV。红色垂直线表示各种 PEO 分子振动模式。(b)分子指纹区域中的 PEO 振动模式列表及其在(a)中的位置。(c)覆盖有 h-BN 单层的石墨烯等离激元传感器的消光光谱(彩色线)。垂直线表示 h-BN 单层的光学声子模式的位置。(d)石墨烯等离激元的电场与单层 h-BN 结构振动相互作用的示意图。比例尺：20nm。转载自参考文献[196]。版权所有 2016，作者

9.5 宽带吸收和能量转换的增强光场

等离激元能量阻尼过程涉及金属的光吸收和欧姆损耗。一方面，这个过程会产生焦耳热。对于强场局部化，会导致相当集中的温度升高。这种效应构成了新

兴的热等离激元领域的基础[197]。已被用于光学辅助药物输送、癌症治疗、光学开关和热辅助光化学等领域[198,199]。在所有这些应用中，等离激元结构的优化设计对于在指定空间位置产生非常场增强至关重要。另一方面，等离激元结构中的光吸收后，等离激元会衰减，将积累的能量转移到材料导带中的电子上。该过程产生高能电子，也称为"热电子"，它们可以从等离激元纳米结构中逸出并被收集，例如，使等离激元纳米结构与半导体接触，从而形成金属-半导体肖特基结。这种太阳能转换方案为实现新型光伏、光电探测器和光催化设备开辟了一条新途径[200-202]，其性能可与传统设备相媲美。

9.5.1　宽带吸收

研究能够有效吸收宽波长范围内的光的理想吸收体对于从太阳能蒸汽发电和热光伏到光/热检测器的许多应用来说至关重要。

亚波长结构在高效电磁吸收器中得到广泛应用，其中反射和透射同时受到抑制。2008 年，研究人员提出了一种完美的超材料吸收体，其厚度仅为 $\lambda/40$，但吸收峰高达 96%[203]。Landy 等将这种吸收器的原理解释为同时控制电和磁响应，从而使阻抗与自由空间匹配。但是，在如此复杂的结构中定义 ε_{eff} 和 μ_{eff} 是不可取的，因为超材料完美吸收体不能被严格地视为均匀的体介质。与超材料概念相反，研究表明有效阻抗在描述超表面吸收体的电磁特性方面更具物理意义和有益效果。研究人员提出了反射式超镜面的通用等效模型，其中亚波长结构被视为薄阻抗层[204]。根据这一原理，研究人员在 100 THz 和 280 THz 频率下展示了一种与偏振无关的广角双波段吸收器，其吸收率接近 100%。

尽管已经在从微波到光学波段的不同波段实现了近乎完美的吸收体，但由于超材料的共振特性，它们中的大多数只能在窄频带下工作。宽带吸收在许多应用中是非常重要的，例如太阳能收集和光伏器件。作为扩展吸收带宽的一种尝试，研究人员将不同频率的多个谐振结构集成到一个晶胞中。例如，垂直级联超过 20 个尺寸变化缓慢的金属-电介质对，以确保谐振频率彼此接近[205]。当然，扩展吸收带宽的级联方法是以增加器件厚度和制造复杂性为代价的。因此，制造出具有有限厚度的超宽带吸收体是相当具有挑战性的。

能够实现色散的亚波长材料提供了克服上述缺点的有效方法。研究人员通过十字形超表面的频率色散模拟完美匹配了阻抗匹配层的阻抗，实现了宽带红外吸收器[206]。使用一层薄薄的结构化镍铬合金，在大于 1 个倍频程的带宽上用数值证明了一种吸收大于 97% 的偏振无关吸收器。类似地，研究人员已经提出了用于宽带偏振转换的一维[207]和二维[208]色散工程实现策略。

另一种简单但功能强大的基于重硼掺杂的硅光栅的宽带太赫兹吸收器也被发

明[209,210]。通过利用掺杂硅晶片中的零级和一级衍射，实现了大于 100%的相对吸收带宽。此外，这种设计可以很容易地扩展到更高的频率，可以通过改变掺杂浓度来调整掺杂硅的光学特性。最近，研究人员已证明无光刻 CMOS 兼容的 AlCu 合金在选定的波长范围内具有>99%的吸收率，范围从光谱的可见光到近红外区域，具体取决于其厚度[211]。对于高达 70°的倾斜入射角，可以保持接近 1 的吸收率。

需要指出的是，上述大部分吸收剂都是基于贵金属的，存在熔点低的严重问题[212]。相比之下，太阳能热光伏(STPV)通常需要至少 800℃的工作温度，即接近甚至超过块状金和银的熔点。研究人员展示了基于难熔等离激元材料的氮化钛，它是一种宽带吸收剂，在 400～800 nm 范围内平均吸收率为 95%，总厚度为 240 nm[213]。与贵金属光吸收剂相比，TiN 吸收剂在高温下表现良好，并且由于其高熔点特性使其能够承受强光照射。

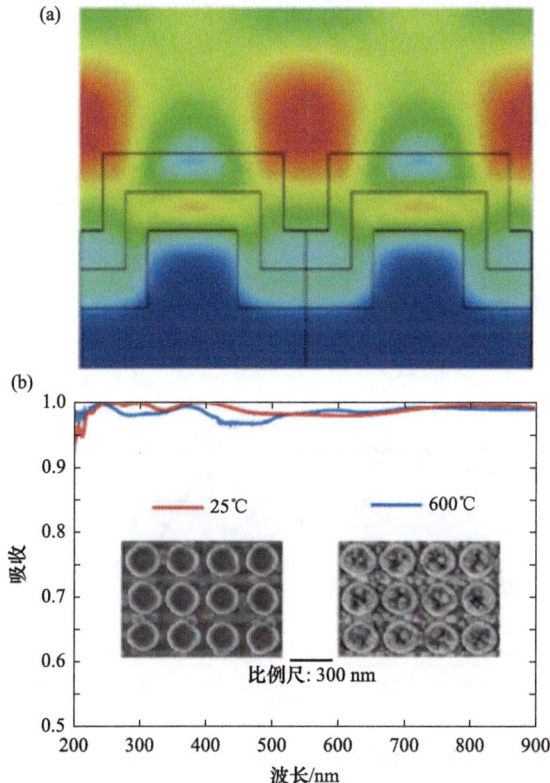

图 9.23 (a)λ=300 nm 处的电场分布。(b)器件在室温和 600℃退火后的吸收光谱与 SEM 图像。退火后吸收性能和纳米结构几乎没有变化，这证明了吸收剂的高温耐受性。转载自参考文献[214]。版权所有 2018，英国皇家化学学会

　　基于衍射/干涉工程，Huang 等提出了一种吸收剂，即使在高工作温度下，其吸收率也超过 95%，覆盖从紫外(UV)(200 nm)到近红外(NIR)(900 nm)的宽频率范围(图 9.23)[214]。与典型的金属-电介质-金属型材不同，这种设计是由介电-半导体-金属三层材料组成，周期小于工作波长。干涉光刻用于生产该纳米结构，配置相对简单，成本效益高，更适合大规模制造。由于采用的吸收材料是耐火材料，因此这种超宽带吸收器可用于太阳能热收集行业和 STPV 应用。

　　Zhou 等报道了通过一步沉积工艺将金属纳米粒子自组装到纳米多孔模板上制造的等离激元吸收体[215]。纳米多孔氧化铝模板用于形成承载金 NPs 的渗透支架，如图 9.24(a)和(b)所示。这种结构可以在整个可见光到中红外区域(400 nm～10 μm)中实现 99%的平均光吸收率(图 9.24(c)和(d))。两个关键因素促成了高效和宽带吸收：①具有随机尺寸和分布的金纳米粒子使高密度的杂化 LSPR 能够有效吸收宽波长范围内的光；②纳米多孔模板为有效减少反射和光学模式的耦合提供了阻抗匹配。由于模板的高效、宽带吸收、独特的多孔性质和广泛分布的热点等特点，这种等离激元吸收结构可直接用于高效的太阳能蒸汽发电。

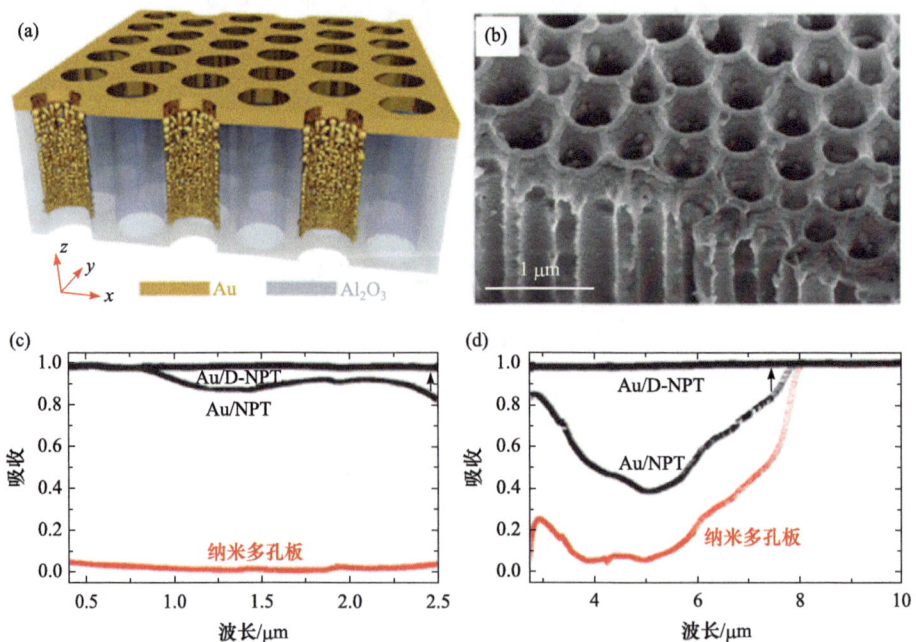

图 9.24　(a)自组装等离激元吸收体的 3D 示意图。(b)典型 Au/NPT 样品的 3D-SEM 图像。(c)在可见光和近红外区域由积分球传感器测量的实验吸收光谱。(d)在中红外区域通过镜面反射测量的实验吸收光谱。转载自参考文献[215]。版权所有 2016，作者

9.5.2 光热疗法

光热加热是由于强烈的光能吸收而产生的固有效应[216]。近年来，人们对使用纳米结构来控制纳米尺度的温度分布越来越感兴趣。在光照下，NPs 具有增强的光吸收能力，使其成为理想的局部纳米热源，可以使用光进行远程控制。这种强大而灵活的光热疗法对于所谓的光热疗法(PTT)中的癌细胞的热疗/热消融特别有效[217-220]。对于肿瘤的热疗，有必要采用良好控制的局部加热，以便在肿瘤中实现显著的温度升高，同时将周围组织的温度保持在正常水平。理想的光热治疗 NPs 应具有以下特点：①近红外吸收在 700～1000 nm，并且对水、血红蛋白、皮肤和其他组织成分的生物分子的吸收和散射也极小；②大吸收截面；③尺寸小于 100 nm，以增强肿瘤吸收并减少网状内皮系统的隔离；④化学成分的低毒性和生物相容性；⑤在生物相容性液体中的良好溶解性[216,220]。最近，金属纳米粒子[221-223]、半导体量子点[220]、碳纳米管[224,225]和单层纳米还原氧化石墨烯[226,227]已被用作光激活加热纳米系统，可以整合到肿瘤治疗中，在肿瘤区域进行高热治疗，并最大限度地减少对周围健康组织的损害。

使用等离激元 NPs 作为高度增强的光吸收剂进行有效的癌症治疗被称为等离激元光热疗法(PPTT)。由于金属纳米粒子的 LSPR 现象，金属纳米粒子可以诱导强烈增强的近红外光吸收效应，与传统的激光光疗剂相比，其强度要高几个数量级。金纳米粒子因其在近红外光谱中的高效吸收、易于表面功能化以及光热加热能力而特别适用于癌症的热破坏。此外，由于其生物相容性和低细胞毒性，金是一种特别合适的材料。

研究人员已经制备了各种尺寸和成分可控的金纳米结构，包括纳米壳、纳米棒、纳米笼、纳米星和纳米套层。这些纳米结构已被证明能够用于 PTT 的深层组织穿透。图 9.25(a)显示了 60 nm 金/二氧化硅纳米壳的情况下，纳米壳等离激元共振波长偏移作为函数的米氏散射图[228]。金纳米壳的光学响应很大程度上取决于 NPs 核的相对大小和金壳的厚度。通过改变核和壳的相对厚度，金纳米壳的颜色可以在近红外光谱区域的广泛范围内变化[229]。Ciceron 等报道了约为 90 nm 直径金纳米壳层结构(Au/SiO$_2$/Au)在小鼠高度侵袭性三阴性乳腺癌(TNBC)肿瘤中的 PTT 功效研究[230]。金纳米壳层结构的示意图和 SEM 图像显示在图 9.25(b)中。研究人员证明金纳米壳层结构是强光吸收剂，吸收效率为 77%。静脉注射金纳米壳层结构，然后单次 NIR 激光剂量 2 W/cm^2 持续 5 min，83%的 TNBC 荷瘤小鼠在 460 天后看起来健康且无肿瘤。金纳米壳层结构的较小尺寸和较大的吸收截面使这种 NPs 对光热癌症治疗起到了效果，这在小鼠治疗实验中得到了证明，如图 9.25(c)所示。

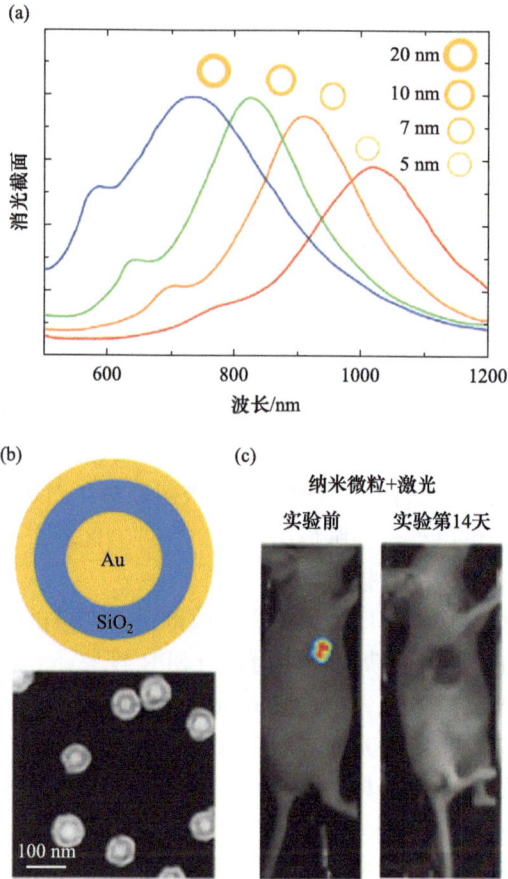

图 9.25　(a)不同壳厚的核(二氧化硅)-壳(金)纳米粒子的消光截面光谱。(b)纳米套娃的示意图和 SEM 图像与尺寸。(c)在第 14 天通过生物发光成像检测对注射了纳米套娃的小鼠进行光热治疗的效果。(a)从参考文献[228]中复制。版权所有 2004，SAGE 出版公司。(b)和(c)转载自参考文献[230]。版权所有 2014，美国化学学会

　　Yang 等还研究了具有聚乙二醇(PEG)涂层的纳米石墨烯片(NGS)的体内 PTT 行为[226]。NGS 在 NIR 区域的强局部光吸收用于体内 PTT，在静脉内给予 NGS 和使用 808 nm 激光对肿瘤进行低功率 NIR 激光照射(接近 2 W/cm²)后实现了超高效的肿瘤消融，如图 9.26 所示。激光诱导的加热效应足够强，可以消除肿瘤。与金纳米材料(如金纳米棒)相比，聚乙二醇化 NGS 在给药途径、注射剂量、近红外激光密度和照射持续时间方面的性能似乎与聚乙二醇化金纳米棒相当。然而，正如该文章的作者强调的，全 sp² 碳原子暴露在其表面上的石墨烯具有超大的表面积，可用于高效的药物负载，并具有独特的高分子负载能力。

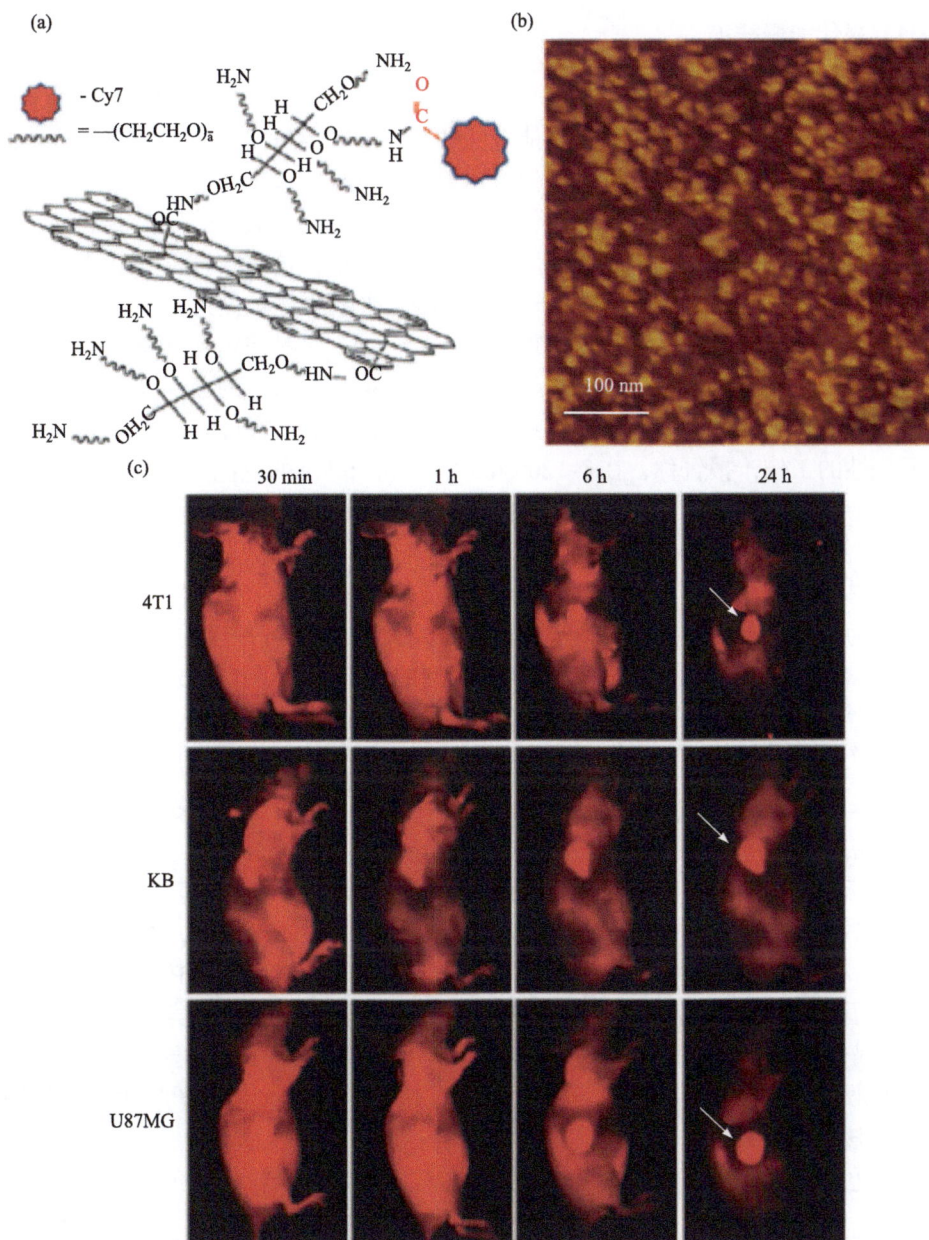

图 9.26 (a)具有 PEG 功能化并被 Cy7 染料标记的 NGS 示意图。(b)NGS-PEG 的 AFM 图像。(c)注射 NGSPEG-Cy7 后不同时间点的 4T1 荷瘤 Balb/c 小鼠、KB 和 U87MG 荷瘤裸鼠的未混合体内荧光图像。在上面的图像中，通过光谱分离去除了小鼠的自发荧光。对于所有三种肿瘤模型，都观察到 NGSPEG-Cy7 的强肿瘤吸收。在荧光成像之前需要去除 Balb/c 小鼠上的毛发。转载自参考文献[226]。版权所有 2010，美国化学学会

9.5.3　光伏能量转换

晶体硅是光伏电池最常用的材料之一,可以有效地将太阳光转化为清洁电能。然而,基于晶体硅晶片的传统太阳能电池通常厚度较大(通常在 180～300 μm 之间)。作为替代方案,薄膜太阳能电池可以通过其低材料成本和加工成本为大规模实施光伏技术提供可行的途径。降低光伏太阳能电池发电成本的一个重要挑战是在不影响其高性能的情况下减小其厚度。从本质上讲,这意味着尽管半导体材料的使用量(厚度)有所减少,但大部分入射光必须被吸收并转化为长寿命的激发电荷载流子。在薄膜太阳能电池中实现光捕获的一种方法是使用支持表面等离激元的金属纳米结构[17-19]。通过对这些金属电介质结构进行适当的工程设计,可以将光集中并挤压到薄的半导体层中,从而增加能量的吸收。Green 的小组完成了一项开创性的工作,报告称,在λ=1200 nm 时,基于晶圆的电池能量吸收增强了 7 倍,在λ=1050 nm 时,对于 1.25 μm 薄的硅基片,他们实现了能量吸收增强高达 16 倍的绝缘体-硅(SOI)材料的电池[19]。

与晶体硅相比,氢化非晶硅(a-Si:H)在整个太阳辐射光谱中提供了更大的吸收系数。为了实现高效的太阳能电池操作,需要大约 500 nm 厚度的 a-Si:H。然而,a-Si:H 薄膜中通常存在的高缺陷密度将典型的少数载流子扩散长度限制为大约 100 nm[18]。Derkacs 等研究人员报道了非晶硅 p-i-n 太阳能电池的短路电流密度和能量转换效率的提高,这种提高是由于 SPP 模式在沉积在非晶硅膜上方的 AuNP 中的前向散射引起的电磁波透射的改善而引发的[18]。对于大约$3.7 \times 10^8 cm^{-2}$ 的 AuNP 密度,短路电流密度增加 8.1%,能量转换效率增加 8.3%。

有三种主要的等离激元光捕获几何形状的方案来提高薄膜太阳能电池的能量转换效率[231]。首先,光从太阳能电池表面的金属纳米粒子上散射并在半导体薄膜中经历多次反射,导致电池中的有效光程增加。其次,激发的 SPP 会在半导体中产生电子-空穴对。最后,金属背面的结构将光耦合到在半导体层平面中传播的 SPP 或光子模式。由于这些光捕获技术,人们可以显著缩小光伏层厚度,同时保持光吸收率恒定。研究人员已经推导出了在超薄膜中最大化光学吸收的最佳条件[20],该条件由外部介质折射率的比率确定。

介电纳米粒子还可以提供足够的散射,尤其是当纳米粒子的介电常量非常高的时候。此外,许多电介质在可见波长处具有非常低的耗散水平。因此,预计介电 NPs 将在太阳能电池性能方面表现出相当甚至更好的增强,如图 9.27 所示[232]。此外,这种纳米结构可以使用类似于用于太阳能电池制造的各种传统沉积技术进行合成。研究者使用周期性二维倒置纳米金字塔表面纹理和后部金属反射器光捕获结构成功制造了 10 μm 厚的晶体硅光伏器件,其峰值效率达到 15.7%[233]。Ha 等提出了一种基于二氧化硅(SiO$_2$)纳米球的抗反射涂层,该涂层通过激发纳米球内的模式将来自自由空间的光耦合到吸收层中来改善太阳能电池的吸收性能。沉积的单层纳米球导致底层半导体内的光吸收显著增加 15%～20%[234]。一种值得注意的单结硅太阳能电池的效率为 25.6%，短路电流为 41.8 mA/cm²。

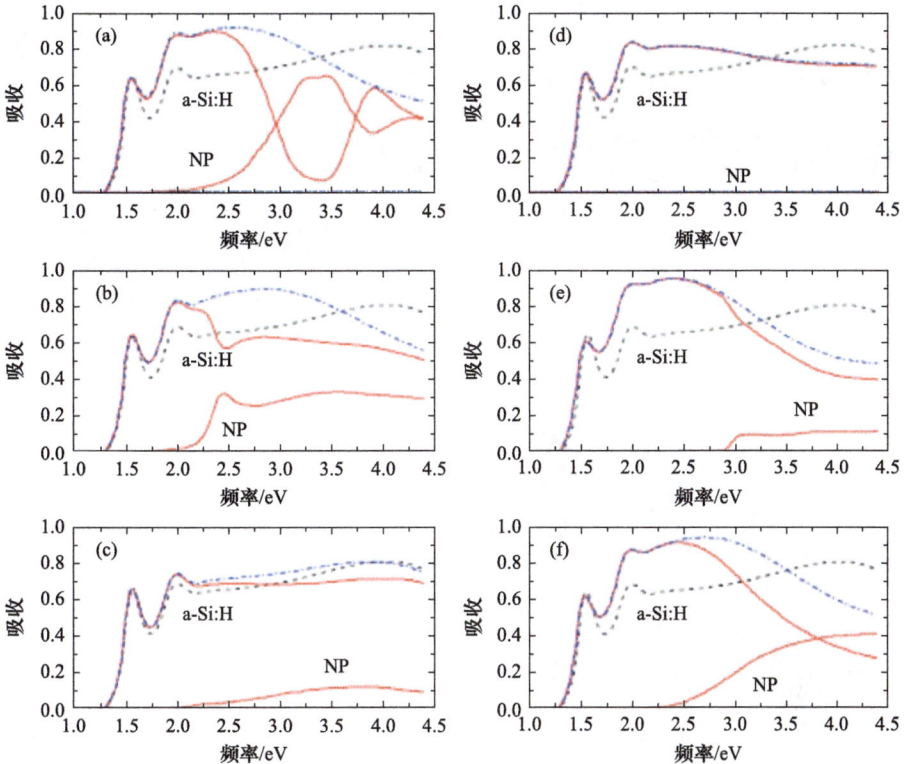

图 9.27　针对(a)Ag、(b)Au、(c)Cu、(d)SiO₂、(e)SiC 和(f)TiO₂纳米颗粒优化的 a-Si:H 层和纳米颗粒阵列(实线)的光谱吸收率。参考细胞响应绘制为虚线；点划线显示了理想非色散材料的情况。转载自参考文献[232]。版权所有 2010，美国物理研究所

　　有机太阳能电池(OSC)因其低成本、易于制造的特性，以及与大面积柔性基板的兼容性而为无机太阳能电池提供了一种有前途的替代品。然而，OSC 的功率转换效率在实际应用中受到严重限制，这主要归因于有机材料的低载流子迁移率。提高薄膜 OSC 效率的一种有效方法是在不增加光敏层厚度的情况下增加有机薄膜的光吸收效率。SPR 增强适用于增加有机半导体的光吸收。

　　图 9.28(a)和(b)显示了基于 MIM 结构的 OSC 的示意图[235]。介电层由有机半导体构成，一个金属层是连续的并充当阴极，另一个是周期性纳米线结构，同时充当半透明阳极并将入射平面波转换为表面等离激元波。MIM 配置存在谐振腔效应，导致有机层中的场强更高。对于 TM 照明，最大场集中在底部和顶部 Ag 电

极的边缘附近，如图 9.28(c)所示。通过如此高的局部场增强，与使用标准 ITO 电极的传统 OSC 相比，观察到功率转换效率提高了约 35%(图 9.28(d))。

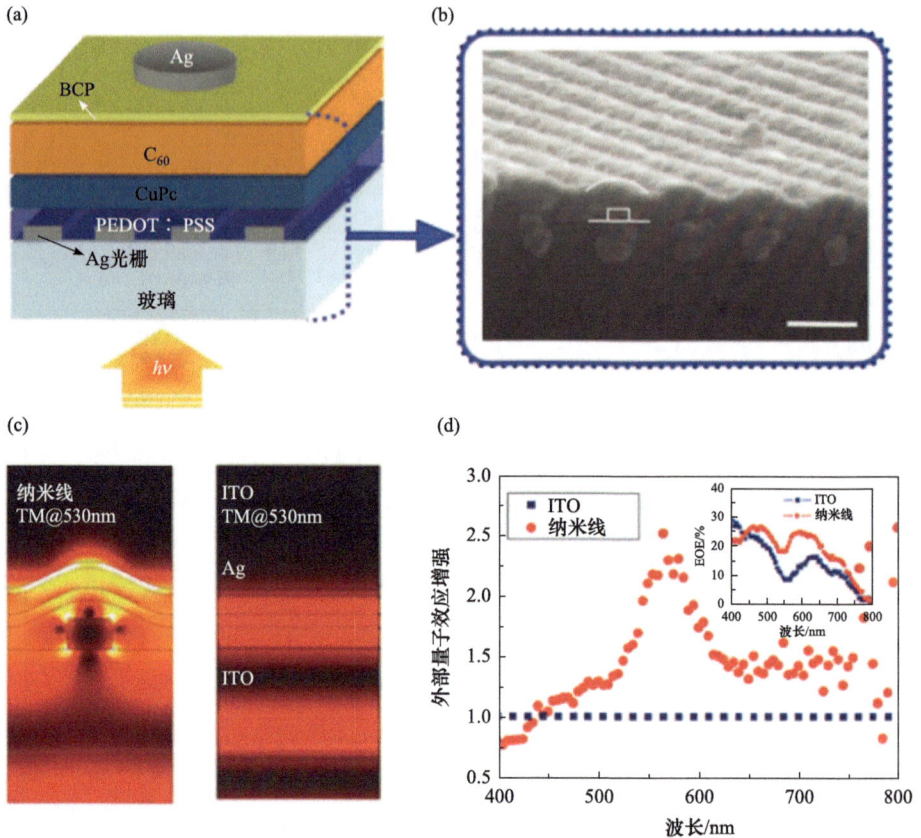

图 9.28　(a)具有 Ag 纳米线阳极的等离激元有机电池示意图。(b)70 nm 厚的顶部 Ag 阴极的制造器件的 SEM 图像(横截面)。比例尺：200 nm。(c)用于 TM 照明的 530 nm 波长的纳米线和 ITO 器件的模拟电场分布。(d)参考 ITO 器件的纳米线器件的外部量子效率(EQE)增强。插图给出了纳米线和 ITO 器件的测量 EQE。转载自参考文献[235]。版权所有 2010，Wiley-VCH 出版社

应该注意的是，金属纳米结构的使用会引起额外的光吸收损耗，这与有源层中的吸收相排斥。此外，结构化有源层可能具有挑战性，因为它是经过溶液处理的，并且必须保持到电触点的短路径特性以有效地提取电荷载流子。Raman 等证明了 1D、2D 和多级 ITO-air 位于 OSC 堆栈顶部的光栅可以使有机太阳能电池的光电流增加 8%～15%[236]。

Le 等从理论上研究并比较了方形银光栅和一维光子晶体(1D PC)基纳米结构对具有薄有源层的 OSC 的光吸收的影响。结果表明，通过将光栅集成到有源层内部，激发的局域表面等离激元模式可能会在光栅和有源层之间的界面处引起场增

强，从而导致高达 23.4%的宽带吸收增强。除了使用银光栅外，他们还表明，在器件顶部对 1D PC 进行图案化也可能导致 18.9%的宽带吸收增强。这种增强是由于 1D PC 的光散射，最终将入射光耦合到 1D PC Bloch 和 SPR 模式[237]。

光伏发电通常只能有效地利用太阳光谱的一部分，因此，对太阳能发电混合技术的需求日益增长[238]。研究人员通过使用热吸收器-发射器将太阳光转换为直接调整到光伏带隙上方的能量的热发射，太阳能热光伏电池由于它们的固态性质拥有许多好处，例如仅通过很小面积就能利用整个太阳光谱的高效率、可扩展性和紧凑性。

太阳能热光伏电池的应用主要包括几个过程：太阳光在吸收器中转化为热量，吸收器温度升高，热量传导到发射器，热发射器向光伏电池热辐射，最终利用辐射来激发电荷载体和发电。根据上述过程，总效率(η_{stpv})可以表示为聚焦太阳光的光学效率(η_o)、将太阳光转换为热量并将其传递到发射器的热效率(η_t)和从热辐射产生电能的效率(η_{tpv})：

$$\eta_{stpv} = \eta_o \eta_t \eta_{tpv}$$

为了提高整体转换效率，Lenert 等提出了一种在同一衬底上集成多壁碳纳米管吸收器和一维 Si/SiO$_2$ 光子晶体发射器的器件，优化了吸收器-发射器区域以调节器件的能量平衡，如图 9.29(a)和(b)所示[238]。纳米管阵列的宽谱吸收率超过 0.99。实

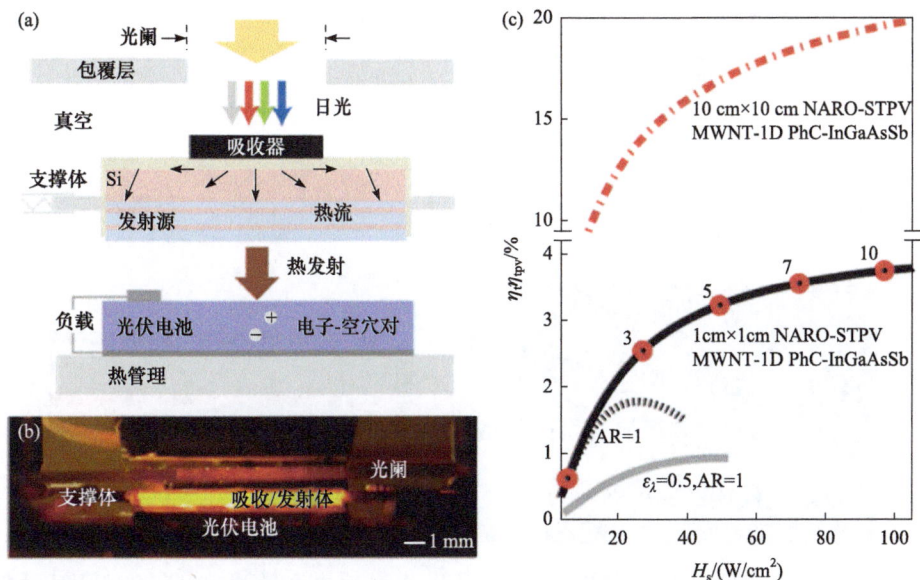

图 9.29 太阳光通过热吸收器-发射器转化为有效的热辐射，最终转化为电能：(a)示意图和(b)光学图像。(c)纳米光子面积比优化的太阳能热光伏电池的效率和近期预测的相对改进效果。转载自参考文献[238]。版权所有 2014，自然出版集团

验结果表明，总能量转换效率能够达到 3.2%。通过使用改进的 InGaAsSb 电池和子带隙光子反射滤光片，太阳能热光伏电池效率在中等光强度下接近 20%(图 9.29(c))。

9.5.4 表面等离激元增强光电探测器

等离激元结构在远低于经典衍射极限的情况下操纵光的能力正在催生无数新的芯片级光子组件。在众多新兴应用中，表面等离激元增强型光电探测器尤为重要。检测器的速度(由其载流子传输时间决定)和功耗分别与设备的长度和体积成正比，因此减小检测器尺寸将使速度提高、噪声降低和功耗降低。

等离激元结构可以将光集中在半导体材料的横向位置和深度位置，因此它们非常适合作为光电探测器。最近研究人员还发明了基于等离激元波导的探测器，该装置能提供宝贵的集成优势。Halas 等在将等离激元天线集成到光电探测器方面做出了开创性的努力[239]。在他们的设计中，集成在 n 型掺杂硅晶片上的金纳米棒天线被用来吸收入射光并产生热电子。这些热电子克服了金属-半导体界面处的肖特基势垒并注入到半导体中，从而产生了可检测的光电流。在这种配置中，光电流的产生不再局限于高于半导体带隙的光子能量，而是高于肖特基势垒高度的光子能量。因此，该设备能够在室温下检测远低于半导体带隙的光，并且无须偏置电压。

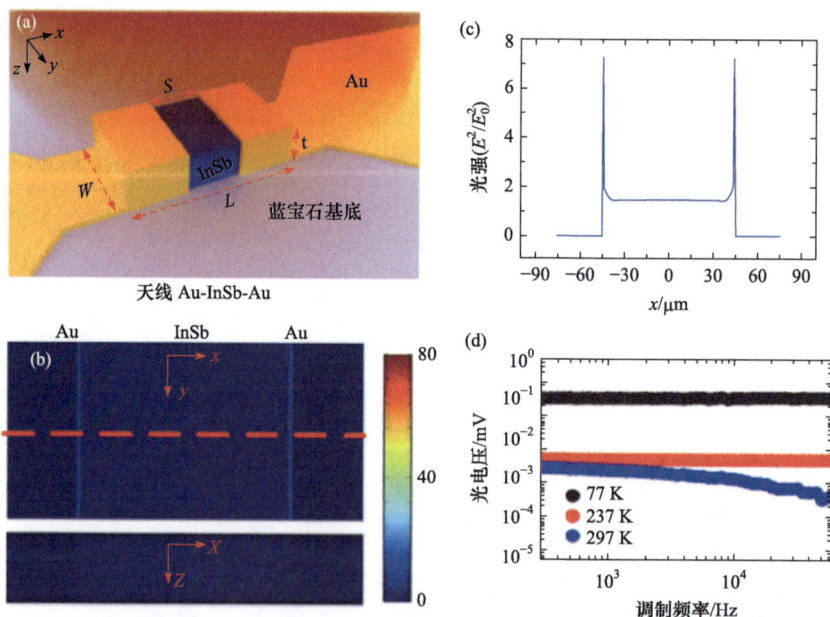

图 9.30 (a)天线辅助的亚波长 OMSM 结构示意图，由金和 InSb 制成，$s=90$ μm。(b)E^2/E_0^2 在 $xy(z=0)$ 和 $xz(y=0)$ 平面中的数值模拟二维分布。(c)沿(b)中的红色虚线检索到的场剖面。(d)三个温度下的光电压-调制频率关系。黑色、红色和蓝色点分别对应 77K、237K 和 297K。转载自参考文献[240]。版权所有 2017，作者

在长波长光子(尤其是毫米波和太赫兹波范围)范围内传统探测器的性能表现不佳。Tong 等提出了一种基于天线辅助亚波长欧姆金属-半导体-金属(OMSM)结构中 LSPR 诱导的非平衡电子直接检测毫米波和太赫兹波光子的新策略(图 9.30)[240]。亚波长 OMSM 结构用于将吸收的光子转换为局部 SPP，然后在结构中诱导非平衡电子，而天线增加了耦合到 OMSM 结构中的光子数量。当结构被电压偏置和照明时，SPP 诱导的非平衡电子的单向流动形成光电流。检测到的光子的能量由结构决定，而不是由半导体的带隙决定。由金和 InSb 制成的器件的仿真和实验结果证实了检测方案的正确性，室温噪声等效功率达到了 1.5×10^{13} W/Hz$^{1/2}$。

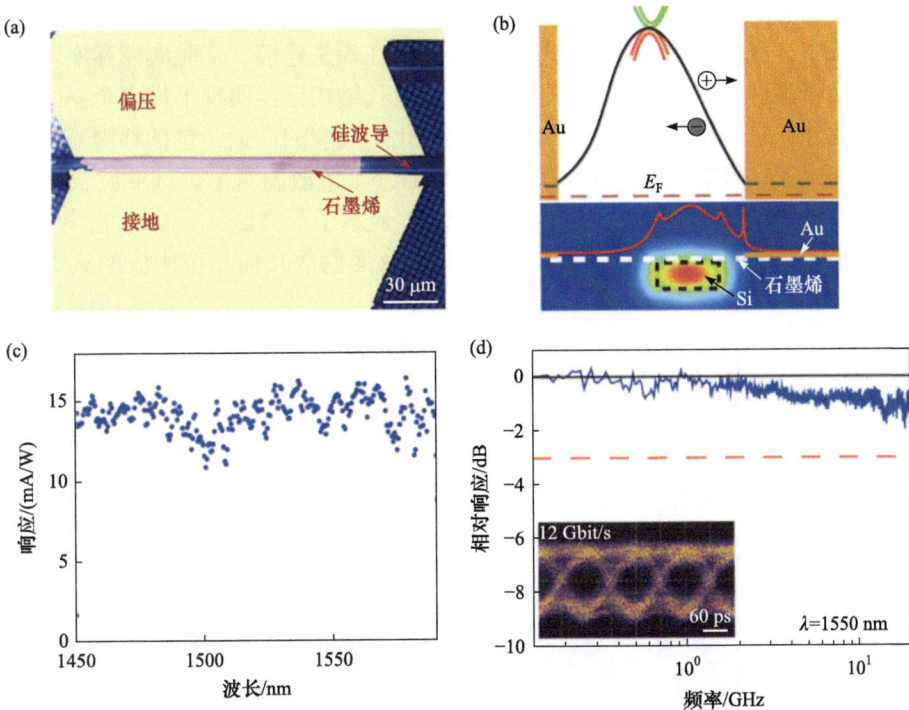

图 9.31　(a)双层石墨烯覆盖波导器件的光学显微俯视图。(b)顶部：石墨烯通道上的电位分布(黑色实线)，图中显示了两个金属电极周围的带弯曲。红色虚线表示费米能级。底部：TE 波导模式的模拟电场。石墨烯位置的场强显示为红线。上图和下图参照波导的相对位置水平对齐；右电极的位置是示意图。(c)在 1450～1590 nm 的波长范围内，零偏压下的宽带均匀响应度。(d)器件的动态光电响应。作为光强度调制频率函数的响应显示了在 20 GHz 频率下信号的约 1 dB 衰减。插图：设备的 12 Gbit/s 光数据链路测试。转载自参考文献[243]。版权所有2013，自然出版集团

基于石墨烯的光电探测器因其卓越的物理特性而引起了研究人员浓厚的兴趣，其中包括在宽谱范围内的超快响应、强电子-电子相互作用和光载流子倍增效

应[241]。然而，石墨烯的弱光吸收限制了其光响应性。为了解决这个问题，石墨烯已被集成到纳米腔[242]、微腔和等离激元共振器中，但这些方法将光电探测限制在窄带。最近，Gan 等展示了一种波导集成石墨烯光电探测器，它同时表现出高响应度、高速和宽光谱带宽，如图 9.31 所示[243]。使用与波导倏逝耦合的金属掺杂石墨烯结，探测器实现了超过 0.1 A/W 的光响应度，以及对 1450～1590 nm 波长的几乎一致的响应。在零偏置电压下，响应速率超过 20 GHz。

9.6　结论与展望

　　本章中，我们总结了非常光场亚波长结构在理论建模、实验实现和实际应用方面的最新进展。由于独特的特性，这些亚波长结构已经实现了许多全新的光学应用。此外，它们可以通过不同的机制提高化学反应的产量，包括利用光子、声子或高能电子。需要注意的是，在大多数情况下，色散图对于设计亚波长结构器件以实现需要的非常光场极为重要。图 9.32 显示了等离激元、介电波导[30,69,93]和洛伦兹型谐振超表面(2D 超材料)[206,244]以及无色散几何相位中波的典型色散曲线[245-247]。

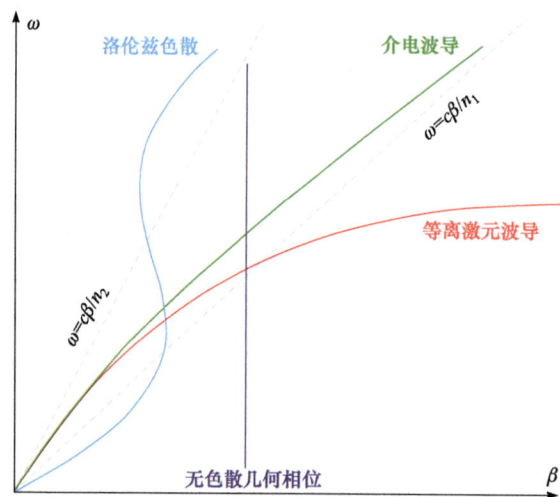

图 9.32　亚波长结构光学系统中的四种典型色散曲线。红色、绿色、蓝色和紫色线分别对应于 SPP、介电波导模式、洛伦兹型色散和无色散几何相位。转载自参考文献[245]。版权所有 2019，Wiley-VCH 出版社

　　等离激元色散最显著的特性是，由于自由电子和光子的集体共振，其传播常数可能比介电主体中的传播常数大得多[248]。这一特性催生了许多实际应用，例如等离纳米光刻、超薄等离平面透镜和彩色滤色片[36,38,49,93]。从基本介电波导模式的

色散曲线中可以看出，传播常数受限于由纤芯和包层材料的折射率定义的区域。因此，介电器件通常需要有比其等离激元对应物更大的厚度才能获得特定的相移。由于电介质在可见光波段通常具有较小的光学损耗，电介质超表面已成为近年来的热门话题[5,6,65,249,250]。值得注意的是，亚波长介电光学元件的研究可追溯到 20世纪 90 年代[333]，许多现有技术可用于设计新型光学器件和系统。

除了等离激元和介电波导模式外，多年来研究人员还深入研究了亚波长结构材料中的洛伦兹型色散。宽带吸收器和偏振转换器都可以被设计为洛伦兹型色散[206-208,244,251,252]。由于洛伦兹色散被用作具有复杂色散的材料的基本构建块，遵循 Kramers-Kronig 关系[253]，它可以推广到几乎所有类型的超表面。此外，利用悬链线色散函数，可以大大提高数值模拟速度。例如，仿真宽带吸收器单元电池所需的时间已从超过 5 min 减少到不到 2 s[254]。偏振转换引起的几何相位也可以绘制在色散图中。与传播相移不同，几何相位与工作频率无关，不随厚度变化[58]。如果这种结构中波的有效传播常数为 β，则色散关系将变为 $\beta=2\sigma\xi/d$，这也与频率无关。该特性有助于实现超薄相位调制器以及广义的反射和折射定律[91,94]。

最后，应该注意的是，由于等离激元在各种应用中的重要性，人们一直在追求以更小尺度和更高增强来定位光场。除了在不损害周围健康组织的情况下获得更高分辨率的成像和光刻以及更精确的癌症光热治疗外，光场的纳米和亚纳米尺度定位对于激发单个分子或单个量子也至关重要，促进了单分子水平[255-257]的检测和单光子源的实现[258-261]。具有非常锋利尖端的等离激元探针是在"超小规模"上构建"超热点"的直接方法。通过显著降低 STM 的热漂移，研究人员抑制超低温下分子的横向运动，实现了空间分辨率为 0.5 nm 的[262]尖端增强拉曼散射成像[257]。值得注意的是，亚纳米分辨率不仅源于等离激元检测体系结构，还包括体系结构与分子之间的相互作用。

此外，得益于新兴材料，特别是二维材料和范德华材料，研究人员已经探索了局部场与材料相互作用的新机制[101,263-265]，从而实现了材料性能的巨大提升。例如，石墨烯-绝缘体-金属异质结构被证明具有低至极限的等离激元限制能力，即一个原子的长度尺度[266]。可以预见，通过将新材料与新型纳米结构中的非常光学模式相结合，可以进一步定位和增强光场[255]。

参 考 文 献

[1] LUO X. Subwavelength artificial structures: Opening a new era for engineering optics [J]. Advanced Materials, 2019, 31(4): e1804680.

[2] LUO X G, TSAI D P, GU M, et al. Subwavelength interference of light on structured surfaces [J]. Advances in Optics and Photonics, 2018, 10(4): 757-842.

[3] MAIER S A. Plasmonics: Fundamentals and Applications [M]. New York: Springer, 2007.

[4] WEST P R, ISHII S, NAIK G V, et al. Searching for better plasmonic materials [J]. Laser &

Photonics Reviews, 2010, 4(6): 795-808.

[5] JAHANI S, JACOB Z. All-dielectric metamaterials [J]. Nature Nanotechnology, 2016, 11(1): 23-36.

[6] KUZNETSOV A I, MIROSHNICHENKO A E, BRONGERSMA M L, et al. Optically resonant dielectric nanostructures [J]. Science, 2016, 354(6314): ag2472.

[7] EBBESEN T W, LEZEC H J, GHAEMI H F, et al. Extraordinary optical transmission through sub-wavelength hole arrays [J]. Nature, 1998, 391(6668): 667-669.

[8] BETHE H A. Theory of diffraction by small holes [J]. Physical Review, 1944, 66(7-8): 163.

[9] VAN BEIJNUM F, RETIF C, SMIET C B, et al. Quasi-cylindrical wave contribution in experiments on extraordinary optical transmission [J]. Nature, 2012, 492(7429): 411-414.

[10] JACKSON J B, HALAS N J. Surface-enhanced Raman scattering on tunable plasmonic nanoparticle substrates [J]. Proceedings of the National Academy of Sciences of the United States of America, 2004, 101(52): 17930-17935.

[11] HAES A J, van DUYNE R P. A unified view of propagating and localized surface plasmon resonance biosensors [J]. Analytical and Bioanalytical Chemistry, 2004, 379(7-8): 920-930.

[12] XU H X, BJERNELD E J, KALL M, et al. Spectroscopy of single hemoglobin molecules by surface enhanced Raman scattering [J]. Physical Review Letters, 1999, 83(21): 4357-4360.

[13] DIERINGER J A, MCFARLAND A D, SHAH N C, et al. Surface enhanced Raman spectroscopy: New materials, concepts, characterization tools, and applications [J]. Faraday Discussions, 2006, 132: 9-26.

[14] CHUNG T, LEE S Y, SONG E Y, et al. Plasmonic nanostructures for nano-scale bio-sensing [J]. Sensors, 2011, 11(11): 10907-10929.

[15] DING S Y, YOU E M, TIAN Z Q, et al. Electromagnetic theories of surface-enhanced Raman spectroscopy [J]. Chemical Society Reviews, 2017, 46(13): 4042-4076.

[16] WUSTHOLZ K L, HENRY A I, MCMAHON J M, et al. Structure-activity relationships in gold nanoparticle dimers and trimers for surface-enhanced Raman spectroscopy [J]. Journal of the American Chemical Society, 2010, 132(31): 10903-10910.

[17] SCHAADT D M, FENG B, YU E T. Enhanced semiconductor optical absorption via surface plasmon excitation in metal nanoparticles [J]. Applied Physics Letters, 2005, 86(6): 063106.

[18] DERKACS D, LIM S H, MATHEU P, et al. Improved performance of amorphous silicon solar cells via scattering from surface plasmon polaritons in nearby metallic nanoparticles [J]. Applied Physics Letters, 2006, 89(9): 093103.

[19] PILLAI S, CATCHPOLE K R, TRUPKE T, et al. Surface plasmon enhanced silicon solar cells [J]. Journal of Applied Physics, 2007, 101(9): 093105.

[20] HAGGLUND C, APELL S P, KASEMO B. Maximized optical absorption in ultrathin films and its application to plasmon-based two-dimensional photovoltaics [J]. Nano Letters, 2010, 10(8): 3135-3141.

[21] CLAVERO C. Plasmon-induced hot-electron generation at nanoparticle/metal-oxide interfaces for photovoltaic and photocatalytic devices [J]. Nature Photonics, 2014, 8(2): 95-103.

[22] AWAZU K, FUJIMAKI M, ROCKSTUHL C, et al. A plasmonic photocatalyst consisting of silver

nanoparticles embedded in titanium dioxide [J]. Journal of the American Chemical Society, 2008, 130(5): 1676-1680.

[23] SEH Z W, LIU S, LOW M, et al. Janus Au-TiO₂ photocatalysts with strong localization of plasmonic near-fields for efficient visible-light hydrogen generation [J]. Advanced Materials, 2012, 24(17): 2310-2314.

[24] TSUKAMOTO D, SHIRAISHI Y, SUGANO Y, et al. Gold nanoparticles located at the interface of anatase/rutile TiO₂ particles as active plasmonic photocatalysts for aerobic oxidation [J]. Journal of the American Chemical Society, 2012, 134(14): 6309-6315.

[25] LI J F, HUANG Y F, DING Y, et al. Shell-isolated nanoparticle-enhanced Raman spectroscopy [J]. Nature, 2010, 464(7287): 392-395.

[26] LEE J, TYMCHENKO M, ARGYROPOULOS C, et al. Giant nonlinear response from plasmonic metasurfaces coupled to intersubband transitions [J]. Nature, 2014, 511(7507): 65-69.

[27] ALABASTRI A, TOMA A, MALERBA M, et al. High temperature nanoplasmonics: The key role of nonlinear effects [J]. ACS Photonics, 2015, 2(1): 115-120.

[28] ALMEIDA E, SHALEM G, PRIOR Y. Subwavelength nonlinear phase control and anomalous phase matching in plasmonic metasurfaces [J]. Nature Communications, 2016, 7: 10367.

[29] RAHMANI M, LEO G, BRENER I, et al. Nonlinear frequency conversion in optical nanoantennas and metasurfaces: materials evolution and fabrication [J]. Opto-Electronic Advances, 2018, 1(10): 180021.

[30] LUO X G, ISHIHARA T. Surface plasmon resonant interference nanolithography technique [J]. Applied Physics Letters, 2004, 84(23): 4780-4782.

[31] SHI H, LUO X, DU C. Young's interference of double metallic nanoslit with different widths [J]. Optics Express, 2007, 15(18): 11321-11327.

[32] RAETHER H. Surface-plasmons on smooth and rough surfaces and on gratings [J]. Springer Tracts in Modern Physics, 1988, 111: 1-133.

[33] LUO X, ISHIHARA T. Subwavelength photolithography based on surface-plasmon polariton resonance [J]. Optics Express, 2004, 12(14): 3055-3065.

[34] PU M B, GUO Y H, LI X, et al. Revisitation of extraordinary young's interference: From catenary optical fields to spin-orbit interaction in metasurfaces [J]. ACS Photonics, 2018, 5(8): 3198-3204.

[35] SCHOUTEN H F, KUZMIN N, DUBOIS G, et al. Plasmon-assisted two-slit transmission: Young's experiment revisited [J]. Physical Review Letters, 2005, 94(5): 053901.

[36] CREASE R P. Edward teller: Friend and foe [J]. Physics World, 2002, 15(6): 19.

[37] ZIA R, BRONGERSMA M L. Surface plasmon polariton analogue to young's double-slit experiment [J]. Nature Nanotechnology, 2007, 2(7): 426-429.

[38] XU T, WU Y K, LUO X, et al. Plasmonic nanoresonators for high-resolution colour filtering and spectral imaging [J]. Nature Communications, 2010, 1: 59.

[39] WELTI R. Light transmission through two slits: The young experiment revisited [J]. Journal of Optics A-Pure and Applied Optics, 2006, 8(6): 606-609.

[40] PENDRY J B. Negative refraction makes a perfect lens [J]. Physical Review Letters, 2000, 85(18): 3966-3969.

[41] LIU Z, LEE H, XIONG Y, et al. Far-field optical hyperlens magnifying sub-diffraction-limited objects [J]. Science, 2007, 315(5819): 1686.

[42] FANG N, LEE H, SUN C, et al. Sub-diffraction-limited optical imaging with a silver superlens [J]. Science, 2005, 308(5721): 534-537.

[43] ZIJLSTRA P, CHON J W, GU M. Five-dimensional optical recording mediated by surface plasmons in gold nanorods [J]. Nature, 2009, 459(7245): 410-413.

[44] GU M, ZHANG Q M, LAMON S. Nanomaterials for optical data storage [J]. Nature Reviews Materials, 2016, 1(12): 16070.

[45] ZHANG Q, XIA Z, CHENG Y B, et al. High-capacity optical long data memory based on enhanced young's modulus in nanoplasmonic hybrid glass composites[J]. Nature Communications, 2018, 9(1): 1183.

[46] PAN L, PARK Y, XIONG Y, et al. Maskless plasmonic lithography at 22 nm resolution [J]. Scientific Reports, 2011, 1: 175.

[47] LUO X G. Plasmonic metalens for nanofabrication [J]. National Science Review, 2018, 5(2): 137-138.

[48] KOENDERINK A F, ALU A, POLMAN A. Nanophotonics: Shrinking light-based technology [J]. Science, 2015, 348(6234): 516-521.

[49] QUAN Q, LONCAR M. Deterministic design of wavelength scale, ultra-high Q photonic crystal nanobeam cavities [J]. Optics Express, 2011, 19(19): 18529-18542.

[50] QUAN Q M, DEOTARE P B, LONCAR M. Photonic crystal nanobeam cavity strongly coupled to the feeding waveguide [J]. Applied Physics Letters, 2010, 96(20): 203102.

[51] SEIDLER P, LISTER K, DRECHSLER U, et al. Slotted photonic crystal nanobeam cavity with an ultrahigh quality factor-to-mode volume ratio [J]. Optics Express, 2013, 21(26): 32468-32483.

[52] HU S, KHATER M, SALAS-MONTIEL R, et al. Experimental realization of deep-subwavelength confinement in dielectric optical resonators [J]. Science Advances, 2018, 4(8): eaat2355.

[53] SHEN B, POLSON R, MENON R. Increasing the density of passive photonic-integrated circuits via nanophotonic cloaking [J]. Nature Communications, 2016, 7: 13126.

[54] JAHANI S, KIM S, ATKINSON J, et al. Controlling evanescent waves using silicon photonic all-dielectric metamaterials for dense integration [J]. Nature Communications, 2018, 9(1): 1893.

[55] XU Y D, FU Y Y, CHEN H Y. Planar gradient metamaterials [J]. Nature Reviews Materials, 2016, 1(12): 16067.

[56] LI X, CHEN L, LI Y, et al. Multicolor 3D meta-holography by broadband plasmonic modulation [J]. Science Advances, 2016, 2(11): e1601102.

[57] CAO G Y, GAN X S, LIN H, et al. An accurate design of graphene oxide ultrathin flat lens based on rayleigh-sommerfeld theory [J]. Opto-Electronic Advances, 2018, 1(7): 180012.

[58] LUO X G. Principles of electromagnetic waves in metasurfaces [J]. Science China-Physics Mechanics & Astronomy, 2015, 58(9): 1-18.

[59] XU T, WANG C, DU C, et al. Plasmonic beam deflector [J]. Optics Express, 2008, 16(7): 4753-4759.

[60] LUO X G. Subwavelength optical engineering with metasurface waves [J]. Advanced Optical

Materials, 2018, 6(7): 1701201.

[61] LUO X G. Engineering optics 2.0: a revolution in optical materials, devices, and systems [J]. ACS Photonics, 2018, 5(12): 4724-4738.

[62] ASTILEAN S, LALANNE P, CHAVEL P, et al. High-efficiency subwavelength diffractive element patterned in a high-refractive-index material for 633 nm [J]. Optics Letters, 1998, 23(7): 552-554.

[63] LALANNE P, ASTILEAN S, CHAVEL P, et al. Blazed binary subwavelength gratings with efficiencies larger than those of conventional echelette gratings [J]. Optics Letters, 1998, 23(14): 1081-1083.

[64] ARBABI A, HORIE Y, BALL A J, et al. Subwavelength-thick lenses with high numerical apertures and large efficiency based on high-contrast transmitarrays[J]. Nature Communications, 2015, 6: 7069.

[65] KHORASANINEJAD M, CHEN W T, DEVLIN R C, et al. Metalenses at visible wavelengths: Diffraction-limited focusing and subwavelength resolution imaging[J]. Science, 2016, 352(6290): 1190-1194.

[66] WEST P R, STEWART J L, KILDISHEV A V, et al. All-dielectric subwavelength metasurface focusing lens [J]. Optics Express, 2014, 22(21): 26212-26221.

[67] CHONG K E, WANG L, STAUDE I, et al. Efficient polarization-insensitive complex wavefront control using huygens' metasurfaces based on dielectric resonant meta-atoms [J]. ACS Photonics, 2016, 3(4): 514-519.

[68] CHEN W T, ZHU A Y, SANJEEV V, et al. A broadband achromatic metalens for focusing and imaging in the visible [J]. Nature Nanotechnology, 2018, 13(3): 220-226.

[69] WANG S, WU P C, SU V C, et al. A broadband achromatic metalens in the visible [J]. Nature Nanotechnology, 2018, 13(3): 227-232.

[70] DECKER M, STAUDE I, FALKNER M, et al. High-efficiency dielectric huygens' surfaces [J]. Advanced Optical Materials, 2015, 3(6): 813-820.

[71] ABBE E. Beiträge zur theorie des mikroskops und der mikroskopischen wahrnehmung [J]. Archiv Für Mikroskopische Anatomie, 1873, 9(1): 413-468.

[72] SYNGE E. Xxxviii. A suggested method for extending microscopic resolution into the ultra-microscopic region [J]. The London, Edinburgh, and Dublin Philosophical Magazine and Journal of Science, 1928, 6(35): 356-362.

[73] BETZIG E, LEWIS A, HAROOTUNIAN A, et al. Near field scanning optical microscopy(nsom): Development and biophysical applications [J]. Biophysical Journal, 1986, 49(1): 269-279.

[74] PARZEFALL M, NOVOTNY L. Light at the end of the tunnel [J]. ACS Photonics, 2018, 5(11): 4195-4202.

[75] GONG C, DIAS M R S, WESSLER G C, et al. Near-field optical properties of fully alloyed noble metal nanoparticles [J]. Advanced Optical Materials, 2017, 5(1): 1600568.

[76] POLLARD B, MAIA F C, RASCHKE M B, et al. Infrared vibrational nanospectroscopy by self-referenced interferometry [J]. Nano Letters, 2016, 16(1): 55-61.

[77] VESELAGO V G. The electrodynamics of substances with simultaneously negative values of img

align= absmiddle alt= ϵ eps/img and μ [J]. Physics-Uspekhi, 1968, 10(4): 509-514.

[78] WANG C, GAO P, ZHAO Z, et al. Deep sub-wavelength imaging lithography by a reflective plasmonic slab [J]. Optics Express, 2013, 21(18): 20683-20691.

[79] GAO P, YAO N, WANG C T, et al. Enhancing aspect profile of half-pitch 32 nm and 22 nm lithography with plasmonic cavity lens [J]. Applied Physics Letters, 2015, 106(9): 093110.

[80] WANG W, XING H, FANG L, et al. Far-field imaging device: planar hyperlens with magnification using multi-layer metamaterial [J]. Optics Express, 2008, 16(25): 21142-21148.

[81] BAK A O, YOXALL E O, SARRIUGARTE P, et al. Harnessing a quantum design approach for making low-loss superlenses [J]. Nano Letters, 2016, 16(3): 1609-1613.

[82] JACOB Z, ALEKSEYEV L V, NARIMANOV E. Optical hyperlens: Far-field imaging beyond the diffraction limit [J]. Optics Express, 2006, 14(18): 8247-8256.

[83] WANG J X, XU Y, CHEN H S, et al. Ultraviolet dielectric hyperlens with layered graphene and boron nitride [J]. Journal of Materials Chemistry, 2012, 22(31): 15863-15868.

[84] LIU L, LIU K P, ZHAO Z Y, et al. Sub-diffraction demagnification imaging lithography by hyperlens with plasmonic reflector layer [J]. Rsc Adv, 2016, 6(98): 95973-95978.

[85] LECLER S, TAKAKURA Y, MEYRUEIS P. Properties of a three-dimensional photonic jet [J]. Optics Letters, 2005, 30(19): 2641-2643.

[86] ITAGI A V, CHALLENER W A. Optics of photonic nanojets [J]. Journal of the Optical Society of America A, 2005, 22(12): 2847-2858.

[87] WU M X, HUANG B J, CHEN R, et al. Modulation of photonic nanojets generated by microspheres decorated with concentric rings[J]. Optics Express, 2015, 23(15): 20096-20103.

[88] WU M, CHEN R, SOH J, et al. Super-focusing of center-covered engineered microsphere [J]. Scientific Reports, 2016, 6: 31637.

[89] WANG Z, GUO W, LI L, et al. Optical virtual imaging at 50 nm lateral resolution with a white-light nanoscope [J]. Nature Communications, 2011, 2: 218.

[90] CHEN L W, ZHOU Y, WU M X, et al. Remote-mode microsphere nano-imaging: New boundaries for optical microscopes [J]. Opto-Electronic Advances, 2018, 1(1): 170001.

[91] YU N, GENEVET P, KATS M A, et al. Light propagation with phase discontinuities: Generalized laws of reflection and refraction [J]. Science, 2011, 334(6054): 333-337.

[92] SHI H, WANG C, DU C, et al. Beam manipulating by metallic nano-slits with variant widths [J]. Optics Express, 2005, 13(18): 6815-6820.

[93] VERSLEGERS L, CATRYSSE P B, YU Z, et al. Planar lenses based on nanoscale slit arrays in a metallic film [J]. Nano Letters, 2009, 9(1): 235-238.

[94] PU M, LI X, MA X, et al. Catenary optics for achromatic generation of perfect optical angular momentum [J]. Science Advances, 2015, 1(9): e1500396.

[95] ZHANG F, PU M B, LI X, et al. All-dielectric metasurfaces for simultaneous giant circular asymmetric transmission and wavefront shaping based on asymmetric photonic spin-orbit interactions [J]. Advanced Functional Materials, 2017, 27(47): 1704295.

[96] XIE X, LI X, PU M B, et al. Plasmonic metasurfaces for simultaneous thermal infrared invisibility and holographic illusion [J]. Advanced Functional Materials, 2018, 28(14): 1706673.

[97] GUO Y H, PU M B, ZHAO Z Y, et al. Merging geometric phase and plasmon retardation phase in continuously shaped metasurfaces for arbitrary orbital angular momentum generation [J]. ACS Photonics, 2016, 3(11): 2022-2029.

[98] DING F, PORS A, BOZHEVOLNYI S I. Gradient metasurfaces: A review of fundamentals and applications [J]. Reports on Progress in Physics, 2018, 81(2): 026401.

[99] XU T, DU C L, WANG C T, et al. Subwavelength imaging by metallic slab lens with nanoslits [J]. Applied Physics Letters, 2007, 91(20): 201501.

[100] ISHII S, SHALAEV V M, KILDISHEV A V. Holey-metal lenses: Sieving single modes with proper phases [J]. Nano Letters, 2013, 13(1): 159-163.

[101] CHEN Y, ZHOU C, LUO X, et al. Structured lens formed by a 2D square hole array in a metallic film [J]. Optics Letters, 2008, 33(7): 753-755.

[102] PU M, LI X, GUO Y, et al. Nanoapertures with ordered rotations: symmetry transformation and wide-angle flat lensing [J]. Optics Express, 2017, 25(25): 31471-31477.

[103] MIN C, WANG P, JIAO X, et al. Beam manipulating by metallic nano-optic lens containing nonlinear media [J]. Optics Express, 2007, 15(15): 9541-9546.

[104] CHEN Y, LI X, SONNEFRAUD Y, et al. Engineering the phase front of light with phase-change material based planar lenses [J]. Scientific Reports, 2015, 5: 8660.

[105] RAEIS-HOSSEINI N, RHO J. Metasurfaces based on phase-change material as a reconfigurable platform for multifunctional devices [J]. Materials, 2017, 10(9): 1046.

[106] LAKOWICZ J R, MALICKA J, GRYCZYNSKI I, et al. Directional surface plasmon-coupled emission: a new method for high sensitivity detection [J]. Biochemical and Biophysical Research Communications, 2003, 307(3): 435-439.

[107] LAKOWICZ J R. Radiative decay engineering 3. surface plasmon-coupled directional emission [J]. Analytical Biochemistry, 2004, 324(2): 153-169.

[108] BADUGU R, DESCROVI E, LAKOWICZ J R. Radiative decay engineering 7: tamm state-coupled emission using a hybrid plasmonic-photonic structure [J]. Analytical Biochemistry, 2014, 445: 1-13.

[109] CHEN Y, ZHANG D, QIU D, et al. Back focal plane imaging of tamm plasmons and their coupled emission [J]. Laser & Photonics Reviews, 2014, 8(6): 933-940.

[110] AOUANI H, MAHBOUB O, DEVAUX E, et al. Plasmonic antennas for directional sorting of fluorescence emission [J]. Nano Letters, 2011, 11(6): 2400-2406.

[111] AOUANI H, MAHBOUB O, BONOD N, et al. Bright unidirectional fluorescence emission of molecules in a nanoaperture with plasmonic corrugations [J]. Nano Letters, 2011, 11(2): 637-644.

[112] LEZEC H J, DEGIRON A, DEVAUX E, et al. Beaming light from a subwavelength aperture [J]. Science, 2002, 297(5582): 820-822.

[113] JUN Y C, HUANG K C, BRONGERSMA M L. Plasmonic beaming and active control over fluorescent emission [J]. Nature Communications, 2011, 2: 283.

[114] TAMINIAU T H, STEFANI F D, SEGERINK F B, et al. Optical antennas direct single-molecule emission [J]. Nature Photonics, 2008, 2(4): 234-237.

[115] KOSAKO T, KADOYA Y, HOFMANN H F. Directional control of light by a nano-optical yagi-uda antenna [J]. Nature Photonics, 2010, 4(5): 312-315.

[116] CURTO A G, VOLPE G, TAMINIAU T H, et al. Unidirectional emission of a quantum dot coupled to a nanoantenna [J]. Science, 2010, 329(5994): 930-933.

[117] KRISTENSEN A, YANG J K W, BOZHEVOLNYI S I, et al. Plasmonic colour generation [J]. Nature Reviews Materials, 2017, 2(1): 16088.

[118] HEDAYATI M K, ELBAHRI M. Review of metasurface plasmonic structural color [J]. Plasmonics, 2017, 12(5): 1463-1479.

[119] MAIER S A, KIK P G, ATWATER H A, et al. Local detection of electromagnetic energy transport below the diffraction limit in metal nanoparticle plasmon waveguides [J]. Nature Materials, 2003, 2(4): 229-232.

[120] GENET C, EBBESEN T W. Light in tiny holes [J]. Nature, 2007, 445(7123): 39-46.

[121] LAUX E, GENET C, SKAULI T, et al. Plasmonic photon sorters for spectral and polarimetric imaging [J]. Nature Photonics, 2008, 2(3): 161-164.

[122] KUMAR K, DUAN H, HEGDE R S, et al. Printing colour at the optical diffraction limit [J]. Nature Nanotechnology, 2012, 7(9): 557-561.

[123] CHENG F, GAO J, LUK T S, et al. Structural color printing based on plasmonic metasurfaces of perfect light absorption [J]. Scientific Reports, 2015, 5: 11045.

[124] GOH X M, ZHENG Y, TAN S J, et al. Three-dimensional plasmonic stereoscopic prints in full colour [J]. Nature Communications, 2014, 5: 5361.

[125] XUE J, ZHOU Z K, WEI Z, et al. Scalable, full-colour and controllable chromotropic plasmonic printing [J]. Nature Communications, 2015, 6: 8906.

[126] JAMES T D, MULVANEY P, ROBERTS A. The plasmonic pixel: Large area, wide gamut color reproduction using aluminum nanostructures [J]. Nano Letters, 2016, 16(6): 3817-3823.

[127] MIYATA M, HATADA H, TAKAHARA J. Full-color subwavelength printing with gap-plasmonic optical antennas [J]. Nano Letters, 2016, 16(5): 3166-3172.

[128] YANG Z M, ZHOU Y M, CHEN Y Q, et al. Reflective color filters and monolithic color printing based on asymmetric fabry-perot cavities using nickel as a broadband absorber [J]. Advanced Optical Materials, 2016, 4(8): 1196-1202.

[129] YUE W, GAO S, LEE S S, et al. Subtractive color filters based on a silicon-aluminum hybrid-nanodisk metasurface enabling enhanced color purity [J]. Scientific Reports, 2016, 6: 29756.

[130] YUE W J, GAO S, LEE S S, et al. Highly reflective subtractive color filters capitalizing on a silicon metasurface integrated with nanostructured aluminum mirrors [J]. Laser & Photonics Reviews, 2017, 11(3): 1600285.

[131] HU C, ZHAO Z, CHEN X, et al. Realizing near-perfect absorption at visible frequencies [J]. Optics Express, 2009, 17(13): 11039-11044.

[132] LIU Y J, SI G Y, LEONG E S, et al. Light-driven plasmonic color filters by overlaying photoresponsive liquid crystals on gold annular aperture arrays [J]. Advanced Materials, 2012, 24(23): OP131-OP1315.

[133] SONG S C, MA X L, PU M B, et al. Actively tunable structural color rendering with tensile

substrate [J]. Advanced Optical Materials, 2017, 5(9): 1600829.

[134] DUAN X, KAMIN S, LIU N. Dynamic plasmonic colour display [J]. Nature Communications, 2017, 8: 14606.

[135] FRANKLIN D, CHEN Y, VAZQUEZ-GUARDADO A, et al. Polarization-independent actively tunable colour generation on imprinted plasmonic surfaces [J]. Nature Communications, 2015, 6: 7337.

[136] XU T, WALTER E C, AGRAWAL A, et al. High-contrast and fast electrochromic switching enabled by plasmonics [J]. Nature Communications, 2016, 7: 10479.

[137] HOPPENER C, NOVOTNY L. Exploiting the light-metal interaction for biomolecular sensing and imaging [J]. Quarterly Reviews of Biophysics, 2012, 45(2): 209-255.

[138] JEANMAIRE D L, VANDUYNE R P. Surface Raman spectroelectrochemistry: Part i. Heterocyclic, aromatic, and aliphatic amines adsorbed on the anodized silver electrode [J]. Journal of Electroanalytical Chemistry, 1977, 84(1): 1-20.

[139] SAHA K, AGASTI S S, KIM C, et al. Gold nanoparticles in chemical and biological sensing [J]. Chemical Reviews, 2012, 112(5): 2739-2779.

[140] HOMOLA J. Surface plasmon resonance sensors for detection of chemical and biological species [J]. Chemical Reviews, 2008, 108(2): 462-493.

[141] STEWART M E, ANDERTON C R, THOMPSON L B, et al. Nanostructured plasmonic sensors [J]. Chemical Reviews, 2008, 108(2): 494-521.

[142] SHERRY L J, JIN R, MIRKIN C A, et al. Localized surface plasmon resonance spectroscopy of single silver triangular nanoprisms [J]. Nano Letters, 2006, 6(9): 2060-2065.

[143] VERELLEN N, van DORPE P, VERCRUYSSE D, et al. Dark and bright localized surface plasmons in nanocrosses [J]. Optics Express, 2011, 19(12): 11034-11051.

[144] LIAO Z, LUO Y, FERNANDEZ-DOMINGUEZ A I, et al. High-order localized spoof surface plasmon resonances and experimental verifications [J]. Scientific Reports, 2015, 5: 9590.

[145] KINKHABWALA A A, YU Z F, FAN S H, et al. Large single-molecule fluorescence enhancements produced by a bowtie nanoantenna [J]. Nature Photonics, 2009, 3(11): 654-657.

[146] KABASHIN A V, EVANS P, PASTKOVSKY S, et al. Plasmonic nanorod metamaterials for biosensing [J]. Nature Materials, 2009, 8(11): 867-871.

[147] CETIN A E, ALTUG H. Fano resonant ring/disk plasmonic nanocavities on conducting substrates for advanced biosensing [J]. ACS Nano, 2012, 6(11): 9989-9995.

[148] JEONG H H, MARK A G, ALARCON-CORREA M, et al. Dispersion and shape engineered plasmonic nanosensors [J]. Nature Communications, 2016, 7: 11331.

[149] MESCH M, METZGER B, HENTSCHEL M, et al. Nonlinear plasmonic sensing [J]. Nano Letters, 2016, 16(5): 3155-3159.

[150] RODRIGO D, LIMAJ O, JANNER D, et al. Mid-infrared plasmonic biosensing with graphene [J]. Science, 2015, 349(6244): 165-168.

[151] CETIN A E, COSKUN A F, GALARRETA B C, et al. Handheld high-throughput plasmonic biosensor using computational on-chip imaging [J]. Light: Science & Applications, 2014, 3: e122.

[152] LIU N, TANG M L, HENTSCHEL M, et al. Nanoantenna-enhanced gas sensing in a single tailored nanofocus [J]. Nature Materials, 2011, 10(8): 631-636.

[153] SRIVASTAVA T, JHA R. Black phosphorus: A new platform for gaseous sensing based on surface plasmon resonance [J]. IEEE Photonics Technology Letters, 2018, 30(4): 319-322.

[154] MOSKOVITS M. Surface-roughness and enhanced intensity of Raman-scattering by molecules adsorbed on metals [J]. Journal of Chemical Physics, 1978, 69(9): 4159-4161.

[155] NIE S, EMORY S R. Probing single molecules and single nanoparticles by surface-enhanced Raman scattering [J]. Science, 1997, 275(5303): 1102-1106.

[156] GRABBE E S, BUCK R P. Surface-enhanced Raman-spectroscopic investigation of human immunoglobulin-g adsorbed on a silver electrode [J]. Journal of the American Chemical Society, 1989, 111(22): 8362-8366.

[157] BAKER G A, MOORE D S. Progress in plasmonic engineering of surface-enhanced Raman-scattering substrates toward ultra-trace analysis [J]. Analytical and Bioanalytical Chemistry, 2005, 382(8): 1751-1770.

[158] WILLETS K A, van DUYNE R P. Localized surface plasmon resonance spectroscopy and sensing [J]. Annual Review of Physical Chemistry, 2007, 58: 267-297.

[159] KELLY K L, CORONADO E, ZHAO L L, et al. The optical properties of metal nanoparticles: The influence of size, shape, and dielectric environment [J]. Journal of Physical Chemistry B, 2003, 107(3): 668-677.

[160] FLEISCHMANN M, HENDRA P J, MCQUILLAN A J. Raman-spectra of pyridine adsorbed at a silver electrode [J]. Chemical Physics Letters, 1974, 26(2): 163-166.

[161] KNEIPP K, WANG Y, KNEIPP H, et al. Single molecule detection using surface-enhanced Raman scattering(sers)[J]. Physical Review Letters, 1997, 78(9): 1667-1670.

[162] SHALAEV V M, SARYCHEV A K. Nonlinear optics of random metal-dielectric films [J]. Physical Review B, 1998, 57(20): 13265-13288.

[163] TIAN Z Q, REN B, WU D Y. Surface-enhanced Raman scattering: from noble to transition metals and from rough surfaces to ordered nanostructures [J]. Journal of Physical Chemistry B, 2002, 106(37): 9463-9483.

[164] WANG Y, SCHLUCKER S. Rational design and synthesis of SERS labels [J]. Analyst, 2013, 138(8): 2224-2238.

[165] ZHANG W, LIU J, NIU W, et al. Tip-selective growth of silver on gold nanostars for surface-enhanced Raman scattering [J]. ACS Applied Materials & Interfaces, 2018, 10(17): 14850-14856.

[166] YANG T, GUO X, WU Y, et al. Facile and label-free detection of lung cancer biomarker in urine by magnetically assisted surface-enhanced Raman scattering [J]. ACS Applied Materials & Interfaces, 2014, 6(23): 20985-20993.

[167] DING S Y, YI J, LI J F, et al. Nanostructure-based plasmon-enhanced Raman spectroscopy for surface analysis of materials [J]. Nature Reviews Materials, 2016, 1(6): 16021.

[168] NAM J M, OH J W, LEE H, et al. Plasmonic nanogap-enhanced Raman scattering with nanoparticles [J]. Accounts of Chemical Research, 2016, 49(12): 2746-2755.

[169] XU D, TENG F, WANG Z, et al. Droplet-confined electroless deposition of silver nanoparticles on ordered superhydrophobic structures for high uniform SERS measurements [J]. ACS Applied Materials & Interfaces, 2017, 9(25): 21548-21553.

[170] ZHU C, MENG G, ZHENG P, et al. A hierarchically ordered array of silver-nanorod bundles for surface-enhanced Raman scattering detection of phenolic pollutants [J]. Advanced Materials, 2016, 28(24): 4871-4876.

[171] XU K, WANG Z, TAN C F, et al. Uniaxially stretched flexible surface plasmon resonance film for versatile surface enhanced Raman scattering diagnostics [J]. ACS Applied Materials & Interfaces, 2017, 9(31): 26341-26349.

[172] SANCHEZ-CORTES S, DOMINGO C, GARCIA-RAMOS J V, et al. Surface-enhanced vibrational study(SEIR and SERS)of dithiocarbamate pesticides on gold films [J]. Langmuir, 2001, 17(4): 1157-1162.

[173] HAKONEN A, ANDERSSON P O, STENBAEK SCHMIDT M, et al. Explosive and chemical threat detection by surface-enhanced Raman scattering: A review [J]. Analytica Chimica Acta, 2015, 893: 1-13.

[174] LANE L A, QIAN X, NIE S. Sers nanoparticles in medicine: From label-free detection to spectroscopic tagging [J]. Chemical Reviews, 2015, 115(19): 10489-10529.

[175] XU L J, ZONG C, ZHENG X S, et al. Label-free detection of native proteins by surface-enhanced Raman spectroscopy using iodide-modified nanoparticles [J]. Analytical Chemistry, 2014, 86(4): 2238-2245.

[176] GUERRINI L, KRPETIC Z, van LIEROP D, et al. Direct surface-enhanced Raman scattering analysis of DNA duplexes [J]. Angewandte Chemie International Edition, 2015, 54(4): 1144-1148.

[177] BARNES W L. Fluorescence near interfaces: The role of photonic mode density [J]. Journal of Modern Optics, 1998, 45(4): 661-699.

[178] FORT E, GRESILLON S. Surface enhanced fluorescence [J]. Journal of Physics D-Applied Physics, 2008, 41(1): 013001.

[179] SCHULLER J A, BARNARD E S, CAI W, et al. Plasmonics for extreme light concentration and manipulation [J]. Nature Materials, 2010, 9(3): 193-204.

[180] KHATUA S, PAULO P M, YUAN H, et al. Resonant plasmonic enhancement of single-molecule fluorescence by individual gold nanorods [J]. ACS Nano, 2014, 8(5): 4440-4449.

[181] WANG Z, DONG Z, GU Y, et al. Giant photoluminescence enhancement in tungsten-diselenide-gold plasmonic hybrid structures [J]. Nature Communications, 2016, 7: 11283.

[182] REGMI R, BERTHELOT J, WINKLER P M, et al. All-dielectric silicon nanogap antennas to enhance the fluorescence of single molecules [J]. Nano Letters, 2016, 16(8): 5143-5151.

[183] TIGUNTSEVA E, CHEBYKIN A, ISHTEEV A, et al. Resonant silicon nanoparticles for enhancement of light absorption and photoluminescence from hybrid perovskite films and metasurfaces [J]. Nanoscale, 2017, 9(34): 12486-12493.

[184] NEUBRECH F, HUCK C, WEBER K, et al. Surface-enhanced infrared spectroscopy using resonant nanoantennas [J]. Chemical Reviews, 2017, 117(7): 5110-5145.

[185] BIENER G, NIV A, KLEINER V, et al. Metallic subwavelength structures for a broadband infrared absorption control [J]. Optics Letters, 2007, 32(8): 994-996.

[186] LE F, BRANDL D W, URZHUMOV Y A, et al. Metallic nanoparticle arrays: A common substrate for both surface-enhanced Raman scattering and surface-enhanced infrared absorption [J]. ACS Nano, 2008, 2(4): 707-718.

[187] WEBER K, NESTEROV M L, WEISS T, et al. Wavelength scaling in antenna-enhanced infrared spectroscopy: Toward the far-IR and THZ region [J]. ACS Photonics, 2017, 4(1): 45-51.

[188] MIROSHNICHENKO A E, FLACH S, KIVSHAR Y S. Fano resonances in nanoscale structures [J]. Reviews of Modern Physics, 2010, 82(3): 2257-2298.

[189] WU C, KHANIKAEV A B, ADATO R, et al. Fano-resonant asymmetric metamaterials for ultrasensitive spectroscopy and identification of molecular monolayers [J]. Nature Materials, 2011, 11(1): 69-75.

[190] HUCK C, VOGT J, SENDNER M, et al. Plasmonic enhancement of infrared vibrational signals: Nanoslits versus nanorods [J]. ACS Photonics, 2015, 2(10): 1489-1497.

[191] CUBUKCU E, ZHANG S, PARK Y S, et al. Split ring resonator sensors for infrared detection of single molecular monolayers [J]. Applied Physics Letters, 2009, 95(4): 043113.

[192] DONG L, YANG X, ZHANG C, et al. Nanogapped au antennas for ultrasensitive surface-enhanced infrared absorption spectroscopy [J]. Nano Letters, 2017, 17(9): 5768-5774.

[193] CETIN A E, ETEZADI D, ALTUG H. Accessible nearfields by nanoantennas on nanopedestals for ultrasensitive vibrational spectroscopy [J]. Advanced Optical Materials, 2014, 2(9): 866-872.

[194] CHEN K, ADATO R, ALTUG H. Dual-band perfect absorber for multispectral plasmon-enhanced infrared spectroscopy [J]. ACS Nano, 2012, 6(9): 7998-8006.

[195] BROWN L V, YANG X, ZHAO K, et al. Fan-shaped gold nanoantennas above reflective substrates for surface-enhanced infrared absorption(seira)[J]. Nano Letters, 2015, 15(2): 1272-1280.

[196] HU H, YANG X, ZHAI F, et al. Far-field nanoscale infrared spectroscopy of vibrational fingerprints of molecules with graphene plasmons [J]. Nature Communications, 2016, 7: 12334.

[197] BAFFOU G, QUIDANT R. Thermo-plasmonics: using metallic nanostructures as nano-sources of heat [J]. Laser & Photonics Reviews, 2013, 7(2): 171-187.

[198] COLE J R, MIRIN N A, KNIGHT M W, et al. Photothermal efficiencies of nanoshells and nanorods for clinical therapeutic applications [J]. Journal of Physical Chemistry C, 2009, 113(28): 12090-12094.

[199] YANG K, WAN J, ZHANG S, et al. The influence of surface chemistry and size of nanoscale graphene oxide on photothermal therapy of cancer using ultra-low laser power [J]. Biomaterials, 2012, 33(7): 2206-2214.

[200] HASHIMOTO K, IRIE H, FUJISHIMA A. TiO2 photocatalysis: a historical overview and future prospects [J]. Japanese Journal of Applied Physics Part 1-Regular Papers Brief Communications & Review Papers, 2005, 44(12): 8269-8285.

[201] HOFFMANN M R, MARTIN S T, CHOI W Y, et al. Environmental applications of semiconductor photocatalysis [J]. Chemical Reviews, 1995, 95(1): 69-96.

[202] HERRMANN J M. Heterogeneous photocatalysis: Fundamentals and applications to the removal of various types of aqueous pollutants [J]. Catalysis Today, 1999, 53(1): 115-129.

[203] LANDY N I, SAJUYIGBE S, MOCK J J, et al. Perfect metamaterial absorber [J]. Physical Review Letters, 2008, 100(20): 207402.

[204] PU M, HU C, WANG M, et al. Design principles for infrared wide-angle perfect absorber based on plasmonic structure [J]. Optics Express, 2011, 19(18): 17413-17420.

[205] CUI Y, FUNG K H, XU J, et al. Ultrabroadband light absorption by a sawtooth anisotropic metamaterial slab [J]. Nano Letters, 2012, 12(3): 1443-1447.

[206] FENG Q, PU M, HU C, et al. Engineering the dispersion of metamaterial surface for broadband infrared absorption [J]. Optics Letters, 2012, 37(11): 2133-2135.

[207] GRADY N K, HEYES J E, CHOWDHURY D R, et al. Terahertz metamaterials for linear polarization conversion and anomalous refraction [J]. Science, 2013, 340(6138): 1304-1307.

[208] GUO Y, WANG Y, PU M, et al. Dispersion management of anisotropic metamirror for super-octave bandwidth polarization conversion [J]. Scientific Reports, 2015, 5: 8434.

[209] PU M, WANG M, HU C, et al. Engineering heavily doped silicon for broadband absorber in the terahertz regime [J]. Optics Express, 2012, 20(23): 25513-25519.

[210] YIN S, ZHU J F, XU W D, et al. High-performance terahertz wave absorbers made of silicon-based metamaterials [J]. Applied Physics Letters, 2015, 107(7): 073903.

[211] DIAS M R S, GONG C, BENSON Z A, et al. Lithography-free, omnidirectional, cmos-compatible alcu alloys for thin-film superabsorbers [J]. Advanced Optical Materials, 2018, 6(2): 1700830.

[212] HAO J M, ZHOU L, QIU M. Nearly total absorption of light and heat generation by plasmonic metamaterials [J]. Physical Review B, 2011, 83(16): 165107.

[213] LI W, GULER U, KINSEY N, et al. Refractory plasmonics with titanium nitride: Broadband metamaterial absorber [J]. Advanced Materials, 2014, 26(47): 7959-7965.

[214] HUANG Y, LIU L, PU M, et al. A refractory metamaterial absorber for ultra-broadband, omnidirectional and polarization-independent absorption in the UV-NIR spectrum [J]. Nanoscale, 2018, 10(17): 8298-8303.

[215] ZHOU L, TAN Y, JI D, et al. Self-assembly of highly efficient, broadband plasmonic absorbers for solar steam generation [J]. Science Advances, 2016, 2(4): e1501227.

[216] HOGAN N J, URBAN A S, AYALA-OROZCO C, et al. Nanoparticles heat through light localization [J]. Nano Letters, 2014, 14(8): 4640-4645.

[217] MAEDA H, WU J, SAWA T, et al. Tumor vascular permeability and the EPR effect in macromolecular therapeutics: A review [J]. Journal of Controlled Release, 2000, 65(1-2): 271-284.

[218] WEST J L, HALAS N J. Engineered nanomaterials for biophotonics applications: Improving sensing, imaging, and therapeutics [J]. Annual Review of Biomedical Engineering, 2003, 5: 285-292.

[219] HUANG X, JAIN P K, EL-SAYED I H, et al. Plasmonic photothermal therapy(pptt)using gold nanoparticles [J]. Lasers in Medical Science, 2008, 23(3): 217-228.

[220] MAESTRO L M, HARO-GONZALEZ P, IGLESIAS-DE LA CRUZ M C, et al. Fluorescent nanothermometers provide controlled plasmonic-mediated intracellular hyperthermia [J]. Nanomedicine 2013, 8(3): 379-388.

[221] HIRSCH L R, STAFFORD R J, BANKSON J A, et al. Nanoshell-mediated near-infrared thermal therapy of tumors under magnetic resonance guidance [J]. Proceedings of the National Academy of Sciences of the United States of America, 2003, 100(23): 13549-13554.

[222] HUANG X, EL-SAYED I H, QIAN W, et al. Cancer cell imaging and photothermal therapy in the near-infrared region by using gold nanorods [J]. Journal of the American Chemical Society, 2006, 128(6): 2115-2120.

[223] CHATTERJEE H, RAHMAN D S, SENGUPTA M, et al. Gold nanostars in plasmonic photothermal therapy: The role of tip heads in the thermoplasmonic landscape [J]. Journal of Physical Chemistry C, 2018, 122(24): 13082-13094.

[224] KAM N W, O'CONNELL M, WISDOM J A, et al. Carbon nanotubes as multifunctional biological transporters and near-infrared agents for selective cancer cell destruction [J]. Proceedings of the National Academy of Sciences of the United States of America, 2005, 102(33): 11600-11605.

[225] GHOSH S, DUTTA S, GOMES E, et al. Increased heating efficiency and selective thermal ablation of malignant tissue with DNA-encased multiwalled carbon nanotubes [J]. ACS Nano, 2009, 3(9): 2667-2673.

[226] YANG K, ZHANG S, ZHANG G, et al. Graphene in mice: ultrahigh in vivo tumor uptake and efficient photothermal therapy [J]. Nano Letters, 2010, 10(9): 3318-3323.

[227] ROBINSON J T, TABAKMAN S M, LIANG Y, et al. Ultrasmall reduced graphene oxide with high near-infrared absorbance for photothermal therapy [J]. Journal of the American Chemical Society, 2011, 133(17): 6825-6831.

[228] LOO C, LIN A, HIRSCH L, et al. Nanoshell-enabled photonics-based imaging and therapy of cancer [J]. Technology in Cancer Research & Treatment 2004, 3(1): 33-40.

[229] SMITH A M, MANCINI M C, NIE S. Bioimaging: Second window for in vivo imaging [J]. Nature Nanotechnology, 2009, 4(11): 710-711.

[230] AYALA-OROZCO C, URBAN C, KNIGHT M W, et al. Au nanomatryoshkas as efficient near-infrared photothermal transducers for cancer treatment: Benchmarking against nanoshells [J]. ACS Nano, 2014, 8(6): 6372-6381.

[231] ATWATER H A, POLMAN A. Plasmonics for improved photovoltaic devices [J]. Nature Materials, 2010, 9(3): 205-213.

[232] AKIMOV Y A, KOH W S, SIAN S Y, et al. Nanoparticle-enhanced thin film solar cells: Metallic or dielectric nanoparticles? [J]. Applied Physics Letters, 2010, 96(7): 073111.

[233] BRANHAM M S, HSU W C, YERCI S, et al. 15.7% efficient 10-um-thick crystalline silicon solar cells using periodic nanostructures [J]. Advanced Materials, 2015, 27(13): 2182-2188.

[234] HA D, GONG C, LEITE M S, et al. Demonstration of resonance coupling in scalable dielectric microresonator coatings for photovoltaics [J]. ACS Applied Materials & Interfaces, 2016, 8(37): 24536-24542.

[235] KANG M G, XU T, PARK H J, et al. Efficiency enhancement of organic solar cells using transparent plasmonic ag nanowire electrodes [J]. Advanced Materials, 2010, 22(39): 4378-4383.

[236] RAMAN A, YU Z, FAN S. Dielectric nanostructures for broadband light trapping in organic solar cells [J]. Optics Express, 2011, 19(20): 19015-19026.

[237] LE K Q, ABASS A, MAES B, et al. Comparing plasmonic and dielectric gratings for absorption enhancement in thin-film organic solar cells [J]. Optics Express, 2012, 20(1): A39-A50.

[238] LENERT A, BIERMAN D M, NAM Y, et al. A nanophotonic solar thermophotovoltaic device [J]. Nature Nanotechnology, 2014, 9(2): 126-130.

[239] KNIGHT M W, SOBHANI H, NORDLANDER P, et al. Photodetection with active optical antennas [J]. Science, 2011, 332(6030): 702-704.

[240] TONG J, ZHOU W, QU Y, et al. Surface plasmon induced direct detection of long wavelength photons [J]. Nature Communications, 2017, 8(1): 1660.

[241] BONACCORSO F, SUN Z, HASAN T, et al. Graphene photonics and optoelectronics [J]. Nature Photonics, 2010, 4(9): 611-622.

[242] GAN X, MAK K F, GAO Y, et al. Strong enhancement of light-matter interaction in graphene coupled to a photonic crystal nanocavity [J]. Nano Letters, 2012, 12(11): 5626-5631.

[243] GAN X T, SHIUE R J, GAO Y D, et al. Chip-integrated ultrafast graphene photodetector with high responsivity [J]. Nature Photonics, 2013, 7(11): 883-887.

[244] PU M B, CHEN P, WANG Y Q, et al. Anisotropic meta-mirror for achromatic electromagnetic polarization manipulation [J]. Applied Physics Letters, 2013, 102(13): 131906.

[245] PU M B, GUO Y H, MA X L, et al. Methodologies for on-demand dispersion engineering of waves in metasurfaces [J]. Advanced Optical Materials, 2019, 7(14): 1801376.

[246] LUO X G, PU M B, LI X, et al. Broadband spin hall effect of light in single nanoapertures [J]. Light: Science & Applications, 2017, 6(6): e16276.

[247] BLIOKH K Y, RODRIGUEZ-FORTUNO F J, NORI F, et al. Spin-orbit interactions of light [J]. Nature Photonics, 2015, 9(12): 796-808.

[248] ATWATER H A. The promise of plasmonics [J]. Scientific American, 2007, 296(4): 56-63.

[249] LIN D, FAN P, HASMAN E, et al. Dielectric gradient metasurface optical elements [J]. Science, 2014, 345(6194): 298-302.

[250] ARBABI A, HORIE Y, BAGHERI M, et al. Dielectric metasurfaces for complete control of phase and polarization with subwavelength spatial resolution and high transmission [J]. Nature Nanotechnology, 2015, 10(11): 937-943.

[251] YE D, WANG Z, XU K, et al. Ultrawideband dispersion control of a metamaterial surface for perfectly-matched-layer-like absorption [J]. Physical Review Letters, 2013, 111(18): 187402.

[252] ZHANG M, ZHANG F, OU Y, et al. Broadband terahertz absorber based on dispersion-engineered catenary coupling in dual metasurface [J]. Nanophotonics, 2019, 8(1): 117-125.

[253] DIRDAL C A, SKAAR J. Superpositions of lorentzians as the class of causal functions [J]. Physical Review A, 2013, 88(3): 033834.

[254] HUANG Y, LUO J, PU M, et al. Catenary electromagnetics for ultra-broadband lightweight absorbers and large-scale flat antennas [J]. Advanced Science, 2019, 6(7): 1801691.

[255] CHIKKARADDY R, de NIJS B, BENZ F, et al. Single-molecule strong coupling at room temperature in plasmonic nanocavities [J]. Nature, 2016, 535(7610): 127-130.

[256] TROFYMCHUK K, REISCH A, DIDIER P, et al. Giant light-harvesting nanoantenna for single-molecule detection in ambient light [J]. Nature Photonics, 2017, 11(10): 657-663.

[257] ZHANG R, ZHANG Y, DONG Z C, et al. Chemical mapping of a single molecule by plasmon-enhanced Raman scattering [J]. Nature, 2013, 498(7452): 82-86.

[258] KAKO S, SANTORI C, HOSHINO K, et al. A gallium nitride single-photon source operating at 200 k [J]. Nature Materials, 2006, 5(11): 887-892.

[259] BABINEC T M, HAUSMANN B J, KHAN M, et al. A diamond nanowire single-photon source [J]. Nature Nanotechnology, 2010, 5(3): 195-199.

[260] HE Y M, HE Y, WEI Y J, et al. On-demand semiconductor single-photon source with near-unity indistinguishability [J]. Nature Nanotechnology, 2013, 8(3): 213-217.

[261] CLAUDON J, BLEUSE J, MALIK N S, et al. A highly efficient single-photon source based on a quantum dot in a photonic nanowire [J]. Nature Photonics, 2010, 4(3): 174-177.

[262] LU F F, ZHANG W D, HUANG L G, et al. Mode evolution and nanofocusing of grating-coupled surface plasmon polaritons on metallic tip [J]. Opto-Electronic Advances, 2018, 1(6): 180010.

[263] NI G X, MCLEOD A S, SUN Z, et al. Fundamental limits to graphene plasmonics [J]. Nature, 2018, 557(7706): 530-533.

[264] WOESSNER A, LUNDEBERG M B, GAO Y, et al. Highly confined low-loss plasmons in graphene-boron nitride heterostructures [J]. Nature Materials, 2015, 14(4): 421-425.

[265] YAN H, LI X, CHANDRA B, et al. Tunable infrared plasmonic devices using graphene/insulator stacks [J]. Nature Nanotechnology, 2012, 7(5): 330-334.

[266] ALCARAZ IRANZO D, NANOT S, DIAS E J C, et al. Probing the ultimate plasmon confinement limits with a van der waals heterostructure [J]. Science, 2018, 360(6386): 291-295.

第10章 超构器件的加工和表征

10.1 概 述

超构器件是基于超构表面结构的光学器件，超构表面(二维、平面的超材料)是以亚波长尺寸为结构周期的人造结构。目前，随着纳米加工技术的成熟，人们已经开发了多种制造技术来制造超构表面，并探索它们的非传统功能。这些功能在许多方面丰富了甚至彻底改变了我们控制和操纵电磁波的方法。本部分旨在介绍目前最先进的超构器件的制造方法。

光刻、电子束刻蚀和聚焦离子束刻蚀是制造纳米结构的传统表面刻蚀技术。对于超表面来说，制造技术的选择应考虑这些技术的固有优缺点是否能够满足工艺要求，诸如分辨率、吞吐量、可靠性、再现性和成本效率等。光刻技术是半导体集成电路中应用最广泛的制造技术，具有在微、纳米尺度进行大量制造的优点，如图 10.1(a)所示。在曝光和显影等步骤后，这些图案从光掩模转移到光刻胶。经过蚀刻、沉积和剥离过程后，在衬底上形成了纳米结构。电子束刻蚀技术是一种无掩模技术，能够直接绘制具有多个纳米级特征尺寸的任意图案，如图 10.1(a)所示。此外，聚焦离子束技术也是一种简单通用的纳米制造方法，能够在一个步骤内同时完成材料的去除和沉积，如图 10.1(b)所示。

为了满足纳米制造日益增长的需求，许多有前景的制造技术已经被开发出来并应用到超表面的制造中，如干涉光刻[1-5]、自组装[2]和纳米压印刻蚀[3]。干涉光刻是光刻的一种不同方式，其图案形状基于两束或两束以上相干激光束的干涉。例如，周期光栅结构可以用双光束干涉光刻技术来制作。另一方面，更复杂的周期二维或三维结构也可以通过先进的干涉光刻技术产生，如多次曝光和非共面光束，如图 10.1(c)所示。自组装刻蚀技术是一种有效和方便的绘制各种大面积纳米结构的方法，包括链、薄片和三维结构，各个部分之间是通过分子间的吸引力和排斥力的平衡自发组装的，如图 10.1(d)所示。纳米压印刻蚀是一种低成本、大面积、高产量的替代技术，用于采用单一图案步骤复制亚波长有序结构。将具有纳米级表面浮雕特征的硬模具压在涂有可塑聚合物的基底上，通过机械变形进行图案的拓印，如图 10.1(e)所示。

此外，为了实现更复杂的纳米结构，研究人员已经开发了几种复杂图案形成方法。例如，将孔掩模胶体刻蚀和非正常沉积结合起来，制造出具有倾斜纳米柱的定向超表面。另外科学家还提出了利用滚子模板剥离的孔掩模胶体刻蚀[4]，可以利用具有柔性和可拉伸性的塑料材料绘制亚波长金属纳米孔、纳米盘、导线和金字塔[6]。首先，将金属膜沉积在含有聚苯乙烯纳米球的衬底聚甲基丙烯酸甲酯(PMMA)上，然后通过胶带剥离去除纳米球，形成孔掩模。接下来，通过以倾斜的角度沉积金属和去除 PMMA，可以制造出倾斜的纳米柱，如图 10.1(f)所示。

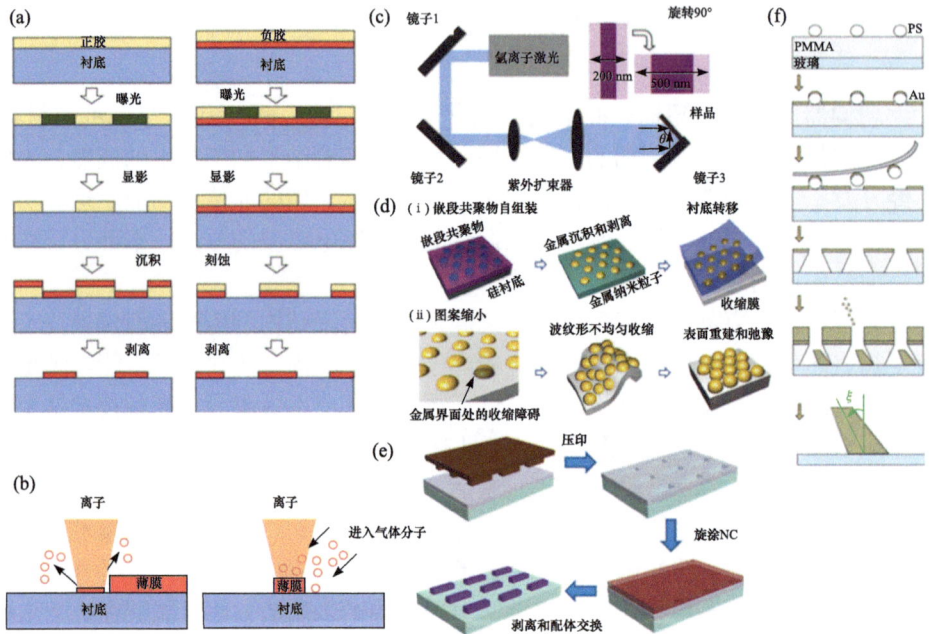

图 10.1　(a)光刻/电子束刻蚀工艺；(b)聚焦离子束；(c)干涉光刻技术[1]；(d)自组装式[15]；(e)纳米压印刻蚀技术[3]；(f)孔掩模胶体刻蚀和离轴沉积[4]

　　近年来，多种功能材料已被应用于可调超表面的研究。例如，由聚二甲基硅氧烷(PDMS)制成的柔性衬底被用于保形超表面[7]和机械可重构的超表面[8]。PDMS 的高灵活性和拉伸性使表面能够被包裹，而且能够承受外部拉力。具有宽带光学非线性和双折射的液晶是实现光学性能动态控制的最常用的材料。液晶的折射率可以通过温度、光、电场或磁场进行外部调节。基于其可调谐光学特性，相变材料也广泛应用于光学数据存储系统和纳米光子系统。例如，二氧化钒(二氧化钒)[9-11]和 GeSbTe 合金[12]在不同相态之间表现出显著的光学性能差异。其可逆相变可以由热能进行调节。此外，可以将具有特殊光学和电学特性的二维材料集成到电可调谐的超表面上，通过栅极电压控制其中载流子密度，以产生光学特性的变化[13]。微流控技术也可以应用于可调超透镜，通过控制气动阀的气压，改变每个单元结构中的液态金属含量的分布[14]。

10.2　超表面加工技术

超构表面的加工技术，可以简略分为四种类别，如图 10.2 所示。其中，有三个是成熟的制造方法：直写刻蚀、图案转移刻蚀和混合图案转移刻蚀。第四个是所谓的替代技术，目前只是开始作为制造方法出现。值得注意的是，这四类方法主要用于加工制造无源光学超构表面，对于有源可调超构表面，则需要额外的制造方法。

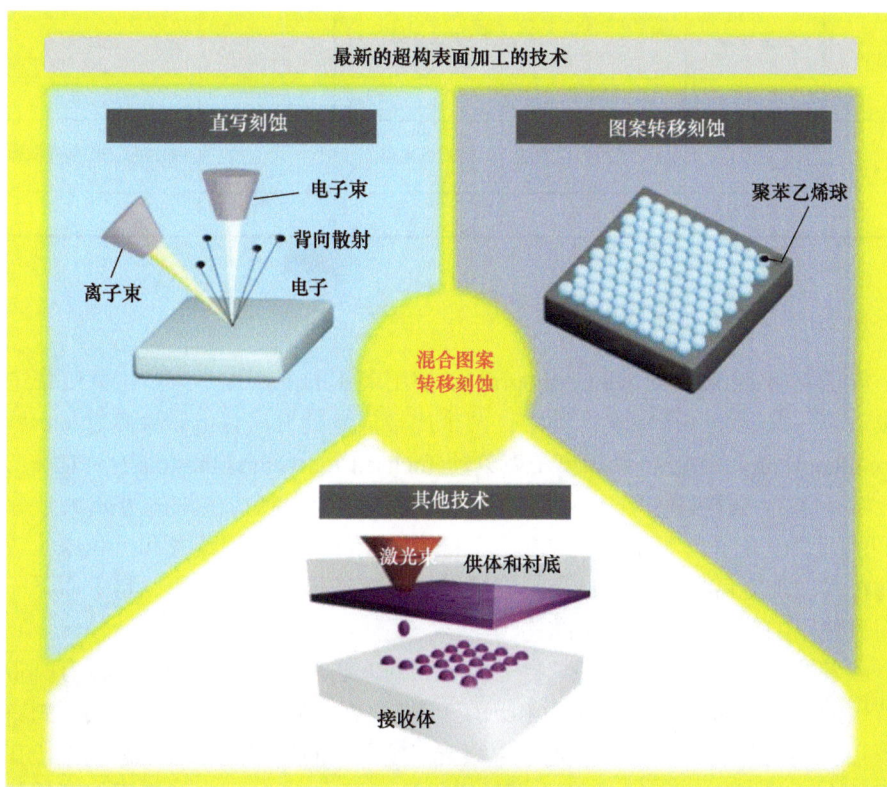

图 10.2　光学超构表面的制造技术概览。包括直写刻蚀、图案转移刻蚀、混合图案转移刻蚀和其他

10.2.1　直写刻蚀技术

光刻，作为一种已大规模应用于半导体制造的成熟纳米加工技术，具备高产、大尺寸制造和大批量生产的优点。光刻也是制造光学超构表面的一种重要手段。一般而言，光刻技术利用聚焦透镜将光聚焦，将光掩模上的几何图案转移到光敏

感的化学制品(光刻胶)上。由于聚焦光斑受到衍射极限的限制，当入射光的波长较短时，可以获得具有更高分辨率的聚焦光斑。若需要加工具有精细结构的超构表面，则需要使用具有更短波长的光源。但是，短波光源也有其缺点，例如容易造成镜片和掩模的损坏等。为了规避以上问题，可以利用无掩模直写刻蚀技术(direct-write lithography)来实现加工。各种无掩模直写刻蚀技术的优缺点如表10.1所示。

表 10.1　直写刻蚀技术的特性

	粒子束		机械	激光	
	电子束	聚焦离子束	探针扫描	直写	干涉
优点	高分辨率	直接可视化下的铣削	无需真空室	低成本	速度快
	高品质			大面积	大面积
挑战	紧邻效应	离子束损伤大	横纵比差	无批次过程	难以加工周期性结构
	高成本	高成本	高成本		

10.2.1.1　粒子束刻蚀技术

粒子束刻蚀(particle beam lithography)使用聚焦的高斯粒子束产生高度集中的聚焦点，一次曝光一个像素。其中，两个比较成熟的方法是电子束刻蚀(electron-beam lithography，EBL)和聚焦离子束刻蚀(focused-ion-beam lithography，FIB)。EBL以及随后进行的图案转移技术可以根据其纳米结构被制造出来的方式大致分为"自下而上"或"自上而下"的方法。自下而上的方法采用蒸发和沉积原子或分子的技术，加上后期的剥离过程，就可以加工出纳米级结构。而"自上而下"是指通过使用蚀刻工艺创造纳米结构。

编者的团队开发了的一种"自下而上"的方法来加工在红外波段具有宽带光学特性的超构表面[16]，如图10.3(a)所示。首先，在基底上面上涂上一层抗蚀层(电子胶)，然后对该表面进行聚焦电子束曝光。接下来的加工过程通过蒸镀原子在显影后的电子胶-基底表面上构建出了纳米结构。图 10.3(b)是超构表面加工后的扫描电子显微镜(SEM)图像(俯视图)。

此外，编者的团队还设计了第二种"自上而下"的超构表面加工方法[17]，如图 10.3(c)所示。第一步，旋涂抗蚀层(电子胶)在待加工材料表面；第二步，进行电子束曝光，然后显影清洗，得到目标图案；第三步，用电子枪蒸发器把一层铬(Cr)作为蚀刻硬掩模涂覆，并且剥离不需要的电子胶和多余的金属；第四步，通过反应离子蚀刻(RIE)将图案转移到 SiO₂层；第五步，具有图案化 SiO₂硬掩模层的衬底将通过电感耦合等离激元蚀刻(ICP-RIE)技术来进行刻蚀，并用缓冲氧化物蚀

刻(BOE)溶液来去除图案化的 SiO₂ 硬掩模层，最后就可以得到氮化镓(GaN)基底
的透射超构透镜。SEM 的俯视图如图 10.3(d)所示。大规模 EBL 面临的挑战是：
①其制造成本高；②运行速度慢；③要求高度稳定的环境；④由于电子在抗蚀剂
中的散射，EBL 的分辨率受到邻近效应的限制[18-20]。

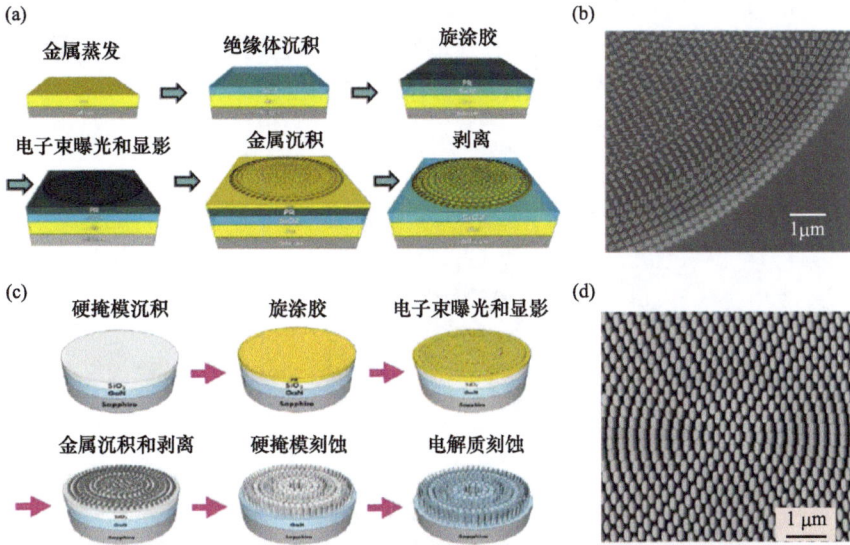

图 10.3 (a)自下而上的电子束刻蚀方法的制造工艺示意图。首先通过电子枪蒸发器把金(Au)
沉积在硅基(Si)衬底上形成一个反射镜衬底。其次，使用等离激元增强化学气相沉积(PECVD)
来沉积一层二氧化硅(SiO₂)作为介电材料间隔物。然后，将抗蚀剂层(电子胶)旋涂在准备好的
基板上并在热板上烘烤。随后，将一层 Espacer 层旋涂在抗蚀剂层上。Espacer 是一种具有高
导电性的有机聚合物，它可以减少电子束曝光造成的位置误差。接着，超构表面的结构轮廓
将通过电子束曝光刻蚀(EBL)产生。最后，通过显影技术把多余的金属和抗蚀层剥离掉。(b)所
制造的消色差超构透镜的扫描电子显微镜图像。该器件成功消除了连续波长区域内(1200～
1680 nm)的色差[21]。(c)自上而下 EBL 的制造过程。未掺杂的 GaN 层首先通过金属-有机化学
气相沉积(MOCVD)在 c 面蓝宝石衬底上生长。然后通过 PECVD 沉积 SiO₂ 硬掩模层。将抗蚀
剂层(电子胶)旋涂在准备好的基板上，然后在热板上烘烤。超构表面的图样则由电子束曝光和
显影过程得到。之后，通过电子枪蒸发器把一层铬(Cr)作为蚀刻硬掩模涂覆在基板上。然后，
是剥离过程，把多余的铬和抗蚀层去除。下一步，通过反应离子蚀刻(RIE)将图案转移到 SiO₂
层。具有图案化 SiO₂ 硬掩模层的衬底将通过电感耦合等离激元蚀刻(ICP-RIE)技术来刻蚀，这
个过程需要使用到名为 BCl₃/Cl₂ 的化学品。用缓冲氧化物蚀刻(BOE)溶液来去除图案化的 SiO₂
硬掩模层之后，就可以得到最终样品。(d)所加工的同轴聚焦氮化镓(GaN)基超构透镜的 SEM
图像。该超构透镜工作在可见光窗口，具有高达 91.6%的运行效率[17]

聚焦离子束(FIB)刻蚀是用离子束代替电子束的单步蚀刻工艺。FIB 通过纳米精度的溅射过程对样品表面进行加工。加以 SEM 的辅助，FIB 的功能在其形成了所谓的"双束系统"后会变得更加强大。该系统可以同时对样品进行观察和加工，随时定位样品的任何指定的位置，方便可视化。图 10.4(a)和图 10.4(b)展示的是可见光全息超构表面和光涡旋相位板超构表面的 SEM 图像[22,23]。FIB 刻蚀技术不适用于大面积生产，因为其成本高，吞吐量低。此外，它还面临着制造方面的挑战，例如长径比限制、离子掺杂、研磨时间长导致样品空间漂移，以及在成像和研磨过程中的样品损伤等。

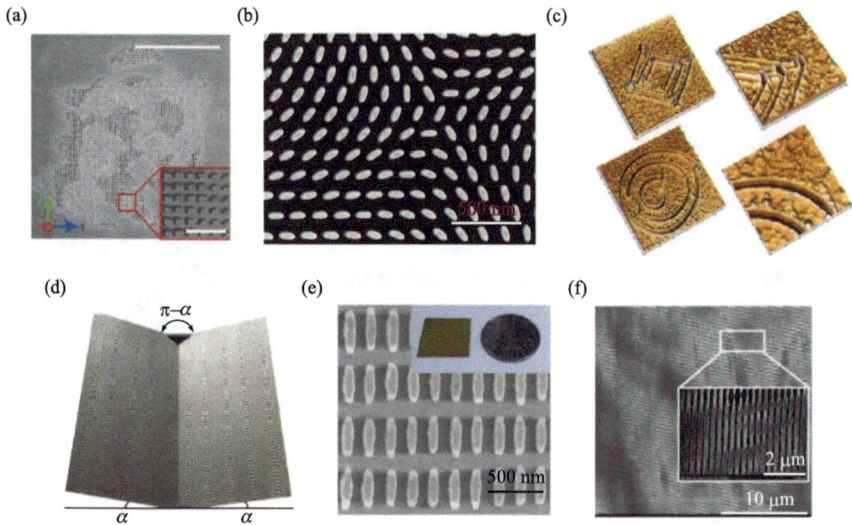

图 10.4　(a)和(b)是 FIB 制备的超构表面的 SEM 图像。(a)一个字母"P"全息图(比例尺 5 μm)。插图是一个放大的视图(比例尺 500 nm)。该全息图的工作波长为 676 nm，该样品的厚度只有波长尺寸的 1/23 左右[22]。(b)平面手性超构表面，用于产生光涡旋(入射光为圆偏振光)[23]。(c)用扫描移动的原子力显微仪(AFM)获得的具有负折射率的超构表面的形态表征。该超构表面通过在银薄膜上进行纳米刻蚀获得。双分裂环谐振器附加容性间隙可以补偿惯性电感[24]。(d)照片展示在印刷电路板(PCB)技术中使用激光直写(LDW)所制作的超构表面[25]。(e)扫描电子显微镜照片展示了一个利用正交激光干涉光刻(LIL)技术制备的可用于线偏振操控的超构表面[1]。(f)扫描电子显微镜图像展示一个基于双层金属的超构表面全息图膜，该掩模由激光干涉光刻技术所制备。双层金属光栅的特性作为一种理想的偏振光分束器，对横向磁光(TM)产生强烈的负反射，对横向电光(TE)产生有效反射[26]

10.2.1.2　扫描探针刻蚀

探针扫描刻蚀(probe scanning lithography，PSL)是另一种用于纳米制造的技术。它的分辨率由其采用的原子力显微仪(atomic force microscopy，AFM)技术所决定。它利用探针来扫描抗蚀剂(光刻胶层)而得到所需要的纳米图案，或将纳米粒子按照需要排列而获得最终的图样。图 10.4(c)展示的是一个工作在中红外波段的有负折射率的超构表面的表面形貌图[24]。其中，该超构表面是通过探针扫描刻蚀技术加工的，该表面形貌图由原子力显微仪获得。值得注意的是，基于 AFM 的 PSL 系统存在的主要问题是其长径比很小——"划痕"相对较宽，但其深度较浅。

其他技术，例如扫描隧道显微镜(STM)和扫描近场光学显微镜(SNOM)是为解决纳米加工结构纵横比差的问题而被开发的。然而，它们有吞吐量低和价格昂贵的问题。为了实现大面积样品制造，需要进一步改进探针扫描刻蚀技术，那样该技术才能被用于大规模工业生产。

10.2.1.3　激光光刻

对超表面制造来说，业界明显需要具有更好灵活性、更高精度、更好均匀性的大面积制造技术。有两种基于激光的无掩模方法能够快速和低成本地加工微纳米结构：激光直写(laser-direct-write，LDW)光刻和激光干涉光刻(laser-interference lithography，LIL)。

激光直写光刻是利用计算机控制的光学系统，通过软件将掩模固定在光刻胶上，将所需的纳米图案直接投射到光刻胶上。它不仅能对那些很难进行机械加工的材料进行纳米加工，也能加工立体的三维(3D)结构——通过可调的激光曝光的剂量直接在不同的光敏材料(光刻胶)中打印出所需的 3D 表面轮廓。因此，离散系统产生的相位噪声可以通过使用连续形状的超构表面来抑制[25](图 10.4(d))。激光直写加工所用到的材料和系统成本相对较低，并且，它可以配合空间光调制器(SLM)和可调振镜的使用来进行大面积、高效率的样品加工。所以，激光直写光刻有效地兼顾了加工成本和大面积加工两个方面。但是，这种方法的一个缺点是它不是一个批量处理过程，每个样品都要分别独立加工，无法进行大规模批量化的生产。

为了能用激光来制备大面积、周期性的纳米结构，其中一个可行的做法是利用基于两束或多束相干激光束干涉来产生大面积的干涉图样。如图 10.4(e)所示，一个用于线性偏振变换的超构表面(由平面的、椭圆形的等离激元谐振腔阵列所组成)就可以用双光束 LIL 技术来直接制造[1]。通过非共面光束多次曝光的 LIL 可以产生复杂的周期纳米结构[5]。见图 10.4(f)，一个含有二维复杂纳米结构的超构表面是由正交 LIL 所加工，这个超构表面是一个宽带的、高效的、反射式的线性偏振转换器[26]。事实上，LIL 是一种大面积、高效、廉价、无掩模的批量生产技术，但这仅限于周期性纳米图案的加工。

10.2.2　图案转移刻蚀

转移刻蚀是为了满足高产量和大面积制造的要求而发展起来的一项技术，如

表 10.2 所示。下面，我们介绍几种属于这一范畴的技术，包括等离子体加工、纳米压印和自组装刻蚀。

表 10.2　图案转移刻蚀的特性

	等离子体加工	纳米压印	自组装刻蚀
优点	高吞吐量	高收益 大规模生产	大面积 低成本 速度快
主要挑战	大面积光学掩模	高分辨率的模具 残留的印记层	均匀性 有限的纳米图案

10.2.2.1　等离子体刻蚀

众所周知，传统光刻的分辨率受到衍射极限的影响。等离子体刻蚀技术已被开发用于获得超越衍射极限的深亚波长分辨率。介质间隔层被夹在具有亚波长纳米结构的掩模和光敏电阻涂层衬底之间。垂直入射光在金属和介质界面激发自由电子振荡，产生表面等离激元(SPP)。SPP 波能够将光场限制在一个比入射光的波长小得多的尺度内。当它们作为光源出现于光阻涂层基板上时，可获得较好的亚波长特性。带有银透镜的反射等离子体刻蚀结构示意图如图 10.5(a)所示，使用该技术制备的各向异性阵列纳米槽超构表面的 SEM 图像[27]如图 10.5(b)所示。这种等离子体刻蚀的缺点是金属损耗导致 SPP 的传播距离很小。因此，一个超透镜被放置在掩模的下面，以提高通过掩模投射到光刻胶上的效率。这种嵌入超级透镜的等离激元刻蚀由于超构透镜的负折射率，使光相对于表面的法线方向偏折成一个负角度。如图 10.5(c)和(d)所示[28]，基于超级透镜的等离激元刻蚀技术在制作超构表面全息图时，需要进一步提高分辨率。虽然等离子体刻蚀具有高通量和低成本的优点，但大面积光掩模的大规模生产仍然是一个问题。

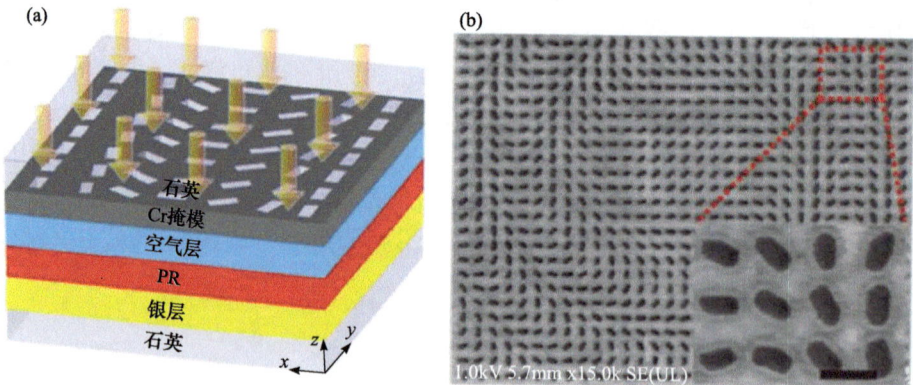

(a)

石英
Cr掩模
空气层
PR
银层
石英

(b)

1.0kV 5.7mm x15.0k SE(UL)

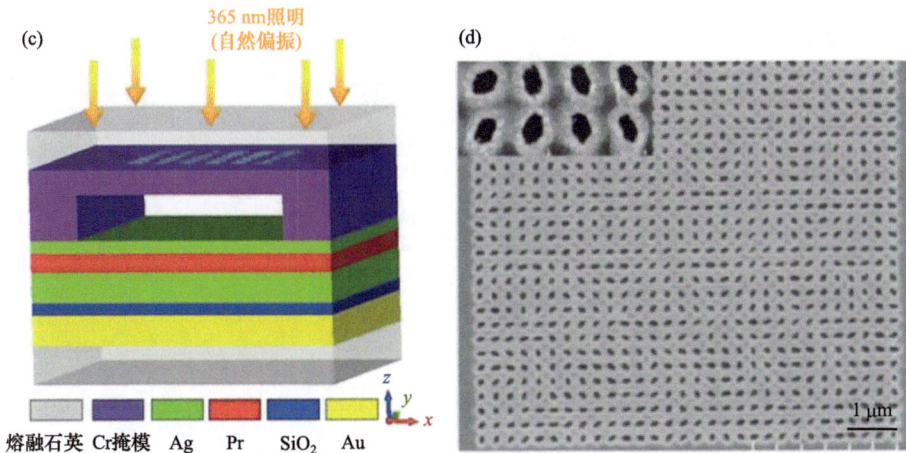

图 10.5 (a)银透镜成像反射等离子体刻蚀结构示意图。反射透镜放大和补偿倏逝波，从而产生纳米图案。(b)采用反射等离激元刻蚀法，经反应离子刻蚀(RIE)和离子束刻蚀后的各向异性阵列纳米狭缝超构表面对应的 SEM 图像[27]。比例尺为 200 nm。超构表面可以将手性相关的平面波聚焦成一个点。(c)由 Cr 掩模和 Ag/PR/Ag 等离激元腔组成的等离激元腔刻蚀系统示意图，两者之间夹有空气分离层，以避免掩模图案的污染和损坏。该腔体可以有效放大倏逝波，并对成像平面上的电场分量进行调制，与近场和超级透镜刻蚀相比，分辨率和保真度有了很大提高。(d)氟化氢(HF)湿法蚀刻和离子束干法蚀刻对应的超构表面全息图的 SEM 图像。超构表面全息图像是字符"E"[28]

10.2.2.2 纳米压印刻蚀

纳米压印刻蚀(NIL)是一种利用机械变形来复制纳米结构的技术。传统的 NIL 是通过加热(称为热 NIL)来固化涂敷在基板的聚合物，在之后将图案通过纳米结构模具压制在基板上。模具从基板上分离后，所印图案被转移到聚合物层上。热 NIL 已被用于制备超薄极化等离激元超构表面(图 10.6(a))[3]、杂化钙钛矿超构表面(图 10.6(b)和(c))[29]，以及用作高效超宽带反射器的全介质超构表面(图 10.6(d))[30]。

另一种方法是所谓的紫外纳米压印刻蚀(UV-NIL)，它使用一种旋涂覆在基材上的液相聚合物。在压印步骤中，被涂覆的基材固化，经紫外线辐射生成固化聚合物。因此，模具必须采用紫外透明的材料，并满足可在室温以及低压印压力条件下进行加工。红外二氧化碳(CO_2)传感用的超构表面热发射器就是用 UV-NIL 技术制造的，其后，基于可溶性 UV 抗蚀剂进行单层剥离，如图 10.6(e)所示。图 10.6(f)展示了 UV-NIL 技术制造的超构表面在可见光到红外的波段内具有单向光传输的性能，并且具有较好的消光效果。

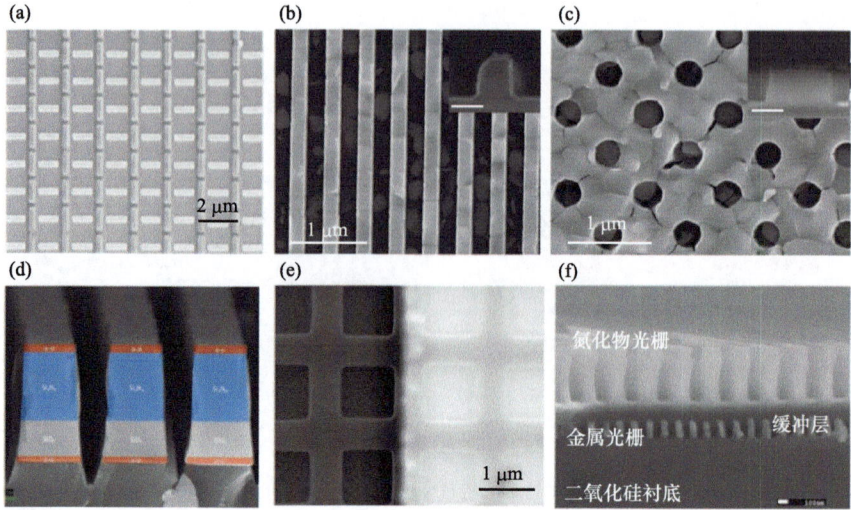

图 10.6　(a)～(d)热纳米压印刻蚀(NIL)制备超构表面的 SEM 图像。(a)在玻璃基板上由两种不同尺寸的纳米棒正交阵列构成的超构表面四分之一波板。它工作在宽带宽的近中红外波段，有高的偏振转换效率[3]。(b)和(c)分别为钙钛矿超构表面的纳米条纹和纳米孔洞结构。插图显示超构表面的横截面(比例尺为 300 nm)。超构表面表现出显著的线性和非线性光致发光增强(高达 70 倍)，并具有较高的稳定性。这可能为研制高效的平面光电超构器件打下基础[29]。(d)作为超宽带反射器的非均质介质超构表面。对衬底的过度蚀刻是有意为之的，因为任何残留的 a-Si 都会降低光学效率[30]。(e)和(f)紫外纳米压印刻蚀加工的超构表面的 SEM 图像。(e)集成了电阻膜加热器的双频超构表面热发射器。加热器模式在右侧可见。这是因为在加热器外面的空白区域进行干法蚀刻后，抗蚀剂的底部不会到达基板。因此，超构表面只在加热器上形成图案[31]。(f)亚波长光栅叠加的超构表面。该超构表面在可见到红外波长范围内具有高对比度和与二极管一样的非对称光学透射率[32]

纳米压印刻蚀具有高分辨率、大面积制造和低成本的优势。NIL 可以兼容并行制造，可实现高产量和大规模生产。然而，这种方法仍然需要用高分辨率设备制作模具。此外，氧或氩-氧等离激元刻蚀是去除残余压印聚合物层的必要步骤，在此过程中，分子印迹聚合物可能会被降解。

10.2.2.3　自组装刻蚀

当制造大面积的纳米结构时，自组装刻蚀技术是一种高效、简便的方法。纳米球刻蚀(NL)技术是一种很有应用前景的自组装技术。该技术将低成本的胶体自组装聚苯乙烯(PS)球作为一种硬掩模与随后的蚀刻或沉积过程相结合。如图 10.7(a)所示，这种生成规则排列纳米球的过程简单且成本低廉[33]。PS 球在空气和水界面上自组装成紧密排列的六角形晶格。然后通过从容器中缓慢抽出水，将单分子层转移到目标基质上。图 10.7(b)显示了绝缘体上硅基板(SOI)上的介电介质超构表面,该超构表面是由 PS 球自组装单层膜制成的用于蚀刻过程的硬掩模[33]。值得注意的是,硅超构表面的反射率 PS 技术的残余无序性和不对称性不太敏感,原因是硅柱支持磁偶极子共振而不是电偶极子共振。全介电超构表面也可以通过 NL 工艺在柔性衬底上制作,用于传感应用(图 10.7(c)和(d))[34]。这种柔性衬底由聚对苯二甲酸乙二醇酯(PET)制成,这种聚合物通常用于承载复杂的电子系统,因为它在可见光波段是透明的。

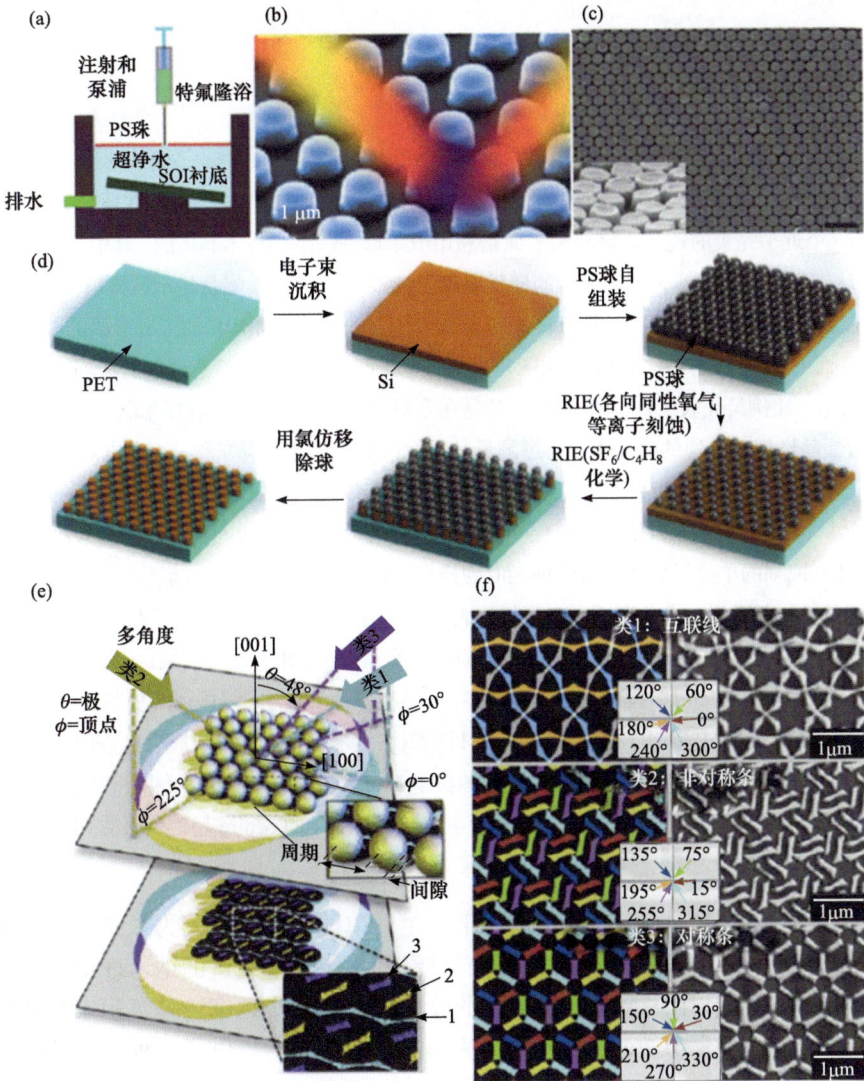

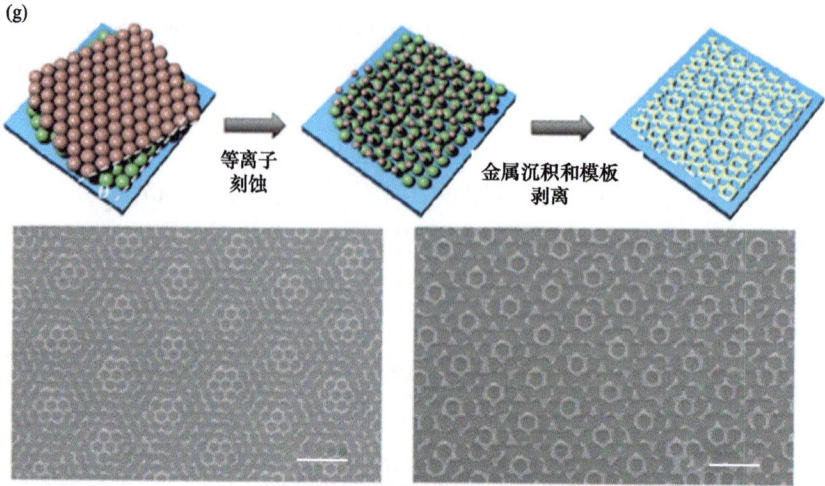

图 10.7　(a)大规模胶体自组装过程示意图。(b)介质超构表面的 SEM 图像，在通信光谱窗口中用作一个近乎完美的镜子。该超构表面是利用纳米球刻蚀(NL)技术制造的，其中，聚苯乙烯(PS)球作为一个硬掩模，用于随后的硅反应离子蚀刻(RIE)。光学测量显示该掩模在 1530 nm 处有很高的反射率(99.7%)，并具有良好的光谱特性。(c)由 NL 和 RIE 加工所形成的硅基-圆柱超构表面的 SEM 图像[33]。(c)中的插图是为更好地说明空间形态而特意选取的缺陷区域的 60°倾斜视图。比例尺代表 1 μm。图中展示的是在聚对苯二甲酸乙二醇酯(PET)柔性衬底上制备的六边形晶格规整排列的硅柱体，通过测量其透射谱来检测外加应变和表面介电环境。(d)柔性、全介电超构表面的主要制造过程示意图。用电子束蒸发法在 PET 衬底上沉积了一层硅薄膜。然后，在气/水界面自组装成单层 PS 球。用各向同性氧等离激元刻蚀进一步减小了 PS 球的尺寸。蚀刻的单分子层作为后续蚀刻的硬掩模。最后，将样品浸泡在氯仿中，超声去除所有剩余的 PS 球[34]。(e)多角度沉积实现超构表面的示意图，并定义了相对于晶轴的自由参数。它还展示了一个由三种不同类型的特征组成的例子：①一个相互连接的线；②一个不对称的条；③一个对称的条。(f)左图：从①到③的特征类型以 $\phi = 60°$ 为间隔进行的复制，由六个投影角组成。右图：这些图案的合成版本的 SEM 图像(银纳米图案在硅基衬底上)。插图：用来再现特征的六个角度[35]。(g)上图：采用 NL 技术的莫尔 Moiré 超构表面制造示意图。θ 表示两层自组装 PS 球的平面内旋转角度。下图：两个 $\theta = 12°$ 和 $\theta = 19°$ 的 Moiré 超构表面的 SEM 图像。比例尺为 2 μm[36]

　　传统的纳米球刻蚀迄今为止仅限于产生简单的周期图案。为了开辟制造更复杂的周期性纳米结构的新可能性，人们已经开发了其他改进的纳米球刻蚀技术。阴影纳米球刻蚀利用多个等离子刻蚀的胶体掩模从多个角度连续沉积来制造更复杂的结构[35]，如图 10.7(e)和(f)所示。球形的工程化阴影提供了一种有效的制造周期超构表面原型的新策略。此外，莫尔(Moiré)纳米球刻蚀利用堆叠的两层聚苯乙烯纳米球作为蚀刻和金属沉积的掩模，创建了具有 Moiré 图案的超构表面(图 10.7(g))[36]，该图形具有高旋转对称性，支持多种表面等离激元模式，导致宽带近场增强。纳米球刻蚀技术是一种廉价的技术，可用于大规模制造，但成品的均匀性一直是一个重大的挑战。

激光诱导自组织技术在硅薄膜上制备大规模谐振超构表面[37]，如图 10.8(a)所示。硅薄膜的表面形貌是通过一定波长的飞秒激光照射引起变形得到的。这是一种自适应的方法，通过将入射和散射激光脉冲的干涉图案直接印在胶片上，避免了需要多次光刻步骤的要求。图 10.8(b)展示了嵌段共聚物(BCP)在热收缩膜(聚合物基底)上自组装的金属粒子阵列。随后的图案收缩为结构的周期和对称控制提供

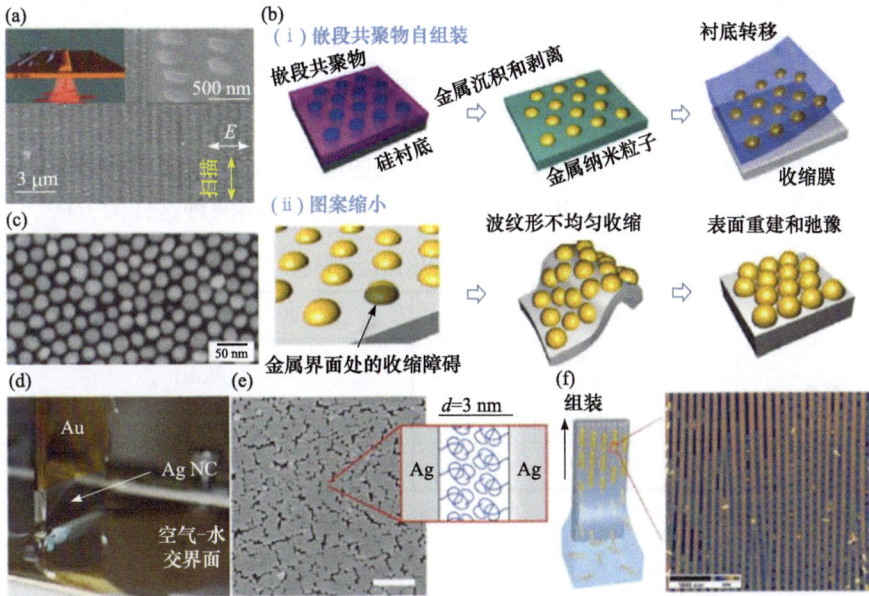

图 10.8 (a)激光诱导的自组织硅超构表面的扫描电子显微镜图像。插图：左上角是硅膜上激光诱导的纳米结构示意图，右上角是超构表面放大图[37]。(b)嵌段共聚物自组装、基板转移和图案收缩法制备金属纳米颗粒系统的整体结构示意图。(c)嵌段共聚物自组装六方金(Au)纳米粒子阵列的扫描电子显微镜图像。通过模式收缩精确控制嵌段共聚物纳米模式之间的距离，可使有效折射率提高到 5.10。在超过 1000 nm 的波长范围内，有效折射率保持在 3.0 以上[15]。(d)Langmuir-Blodgett 槽装置作为一种具有鲁棒性和可伸缩的组装方法，用于形成由紧密排列的银(Ag)纳米立方体阵列构成的超构表面。沉积过程遵循在气-水界面组装银纳米立方阵列的过程。该阵列随后可以转移到不同类型的基片上，包括柔性基片和非平面基片。(e)扫描电子显微镜图像，沉积后的银纳米立方体排列紧密。银表面的聚合物之间产生了 3 nm 的间距。比例尺为 1 μm[38]。(f)左图：利用模板辅助的在高浓度金纳米棒溶液中浸涂褶皱模板来辅助自组装过程示意图。右图：在折皱模板上自组装金纳米棒阵列的原子力显微仪的图像[39]

了保障[15]。图 10.8(c)显示了使用 BCP 自组装构建的高度可调折射率超构表面，该超构表面工作在横跨可见区域的宽波长范围内[15]。图 10.8(d)所示的 Langmuir-Blodgett 槽是一种具有鲁棒性的、可伸缩的组装方法，可用于构建具有紧密排列的 Ag 纳米立方阵列的超构表面[38]。这种制备方法可以将不同形状的胶体纳米晶体引入超构表面，应用于不同的目标。图 10.8(e)显示了致密排列的 Ag 纳米立方超构表面的 SEM 图像，其电磁吸光度接近理想状态，从可见光到中红外均可调。褶皱模板还可以支持自组装。一旦从装有纳米棒溶液的容器中取出褶皱模板，就会发生自组装。图 10.8(f)显示了采用自组装工艺在高浓度金纳米棒溶液中浸渍涂层褶皱模板制备的磁超构表面的原子力显微仪(AFM)图像，以及该工艺的示意图。

10.2.3 混合图案刻蚀

混合图案(hybrid patterning)技术结合了上述各种刻蚀方法，以实现具有更复杂纳米结构的超构表面(如表 10.3 所示)。下面，我们介绍两种这样的方法。

表 10.3 混合图案刻蚀的特性

	微球投影刻蚀技术	孔掩模胶体和非垂直沉积
优点	快速设计 大面积 低损耗	大面积 倾斜结构
挑战	均匀性差	均匀性差

10.2.3.1 微球投影刻蚀

投影刻蚀技术提供了周期和准周期超构表面快速成型的新功能。它使用自组装的二氧化硅球阵列作为胶体微透镜。每个微透镜将远处宏观掩模的图像投射到被涂覆的基板上[40]。图 10.9(a)描绘了从硅中的模板到最终衬底的非周期性超构表面的制造过程示意图。上述纳米球选择性地黏附在填充聚乙烯亚胺(PEI)的硅片的孔内。用丁烷喷枪通过热分解去除 PEI。用聚合物板抓取珠子阵列，然后将其放置在与基板接触的地方。曝光显影后，图案通过金属化、剥离或蚀刻进行转移(图 10.9(b))[40]。

该方法的加工尺寸范围在 0.4~10 μm，适用于超构表面的学术研究。这是因为理论和实验之间的有效验证需要该方法在大范围内以低成本快速生成新的设计。

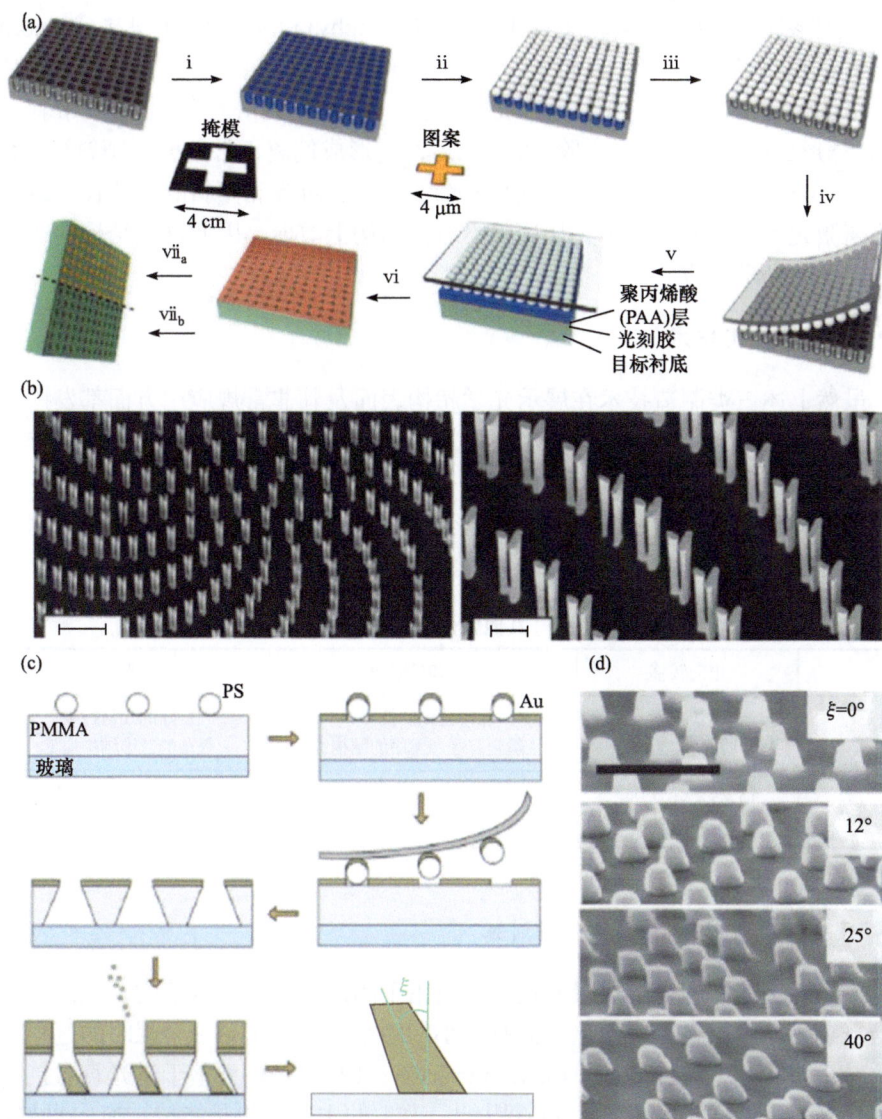

图 10.9　(a)微透镜投影刻蚀工艺流程示意图。(b)左图：非周期性超构表面由 T 形纳米图案组成，这个图案首先在硅基上用金做成型，然后用干蚀刻法蚀刻出微柱。右图:T 形纳米图案放大图。左右图比例尺分别为 20 μm 和 5 μm[40]。(c)使用孔掩模胶体刻蚀和非垂直(倾斜)沉积制备倾斜纳米柱的示意图。(d)不同倾斜角度制备的样品的扫描电子显微镜图像。比例尺为 500 nm[4]

10.2.3.2　孔掩模胶体和非垂直沉积

要想实现具有倾斜纳米柱的定向超构表面[4]，并使其紧凑、可扩展、高性价比地大批量生产，还存在一些挑战。图 10.9(c)提出了一种廉价且高通量的结合孔掩模胶体刻蚀方法(hole-mask colloidal lithography)和非垂直沉积法(off-normal deposition)来制备定向超构表面[4]。首先，将聚苯乙烯球随机分散在涂有聚甲基丙烯酸甲酯(PMMA)的基底上，然后沉积一层金属薄膜。孔掩模是通过胶带剥离去除 PS 球形成的。沉积并且去除 PMMA 后，会形成偏离正常角度的倾斜纳米柱。

图 10.9(d)显示了具有面外(z 轴方向)不对称、对齐和倾斜的亚波长金纳米柱的等离激元超构表面。由于光从这些不对称结构上散射，因此这些结构会产生具有方向性的光学响应。

10.2.4　其他加工技术

虽然上述三类制造技术在展示光学超构表面及其非常规应用方面都发挥了重要作用，但它们都有一定的局限性，所以，进一步的创新改进仍然有巨大的空间。随着业界继续寻找创新技术，很重要的一点是需要认识到一些现有的制造技术可以但还没有应用到光学超构表面的制造。在不久的将来，这些方法在扩展超构表面的多样性和功能方面将提供巨大的潜力(表 10.4)。

表 10.4　其他替代技术的独特属性

	正向转移	烧蚀和反湿润	双光子
优点	单步技术 适合周期/非周期结构	无需光刻的技术 适合有序和无序的结构	良好的几何控制 复杂的三维结构加工
挑战	需要透明的衬底 不能批量处理	不能批量处理	双光子吸收效率低 仅限光敏材料

10.2.4.1　激光诱导正向转移刻蚀

虽然多次曝光的电子束曝光技术已被用于制造多层微纳米结构，但该方法是相当复杂的，因为在校准误差方面有不小的困难。并且这是一个耗时的过程。激光诱导正向转移(laser-induced forward transfer，LIFT)是一种基于激光直写技术的多用途高通量制造技术(图 10.10(a))[41,42]。LIFT 的主要思想是能量转换，即脉冲激光束穿过支撑的透明衬底，聚焦在供体材料上。然后，激光脉冲的光能会转化为给体材料的动能。因此，被照亮的材料可以向前烧蚀并沉积在反向的接收基板上。(图 10.10(b)和(c))[41,42]。

由于激光诱导正向转移是激光直写工艺的一种,其实验设置和操作相当简单,成本低廉。大多数与 LIFT 相关的工艺只需要环境大气条件，而不需要洁净室、化合物和真空室。这种简单、快速和单步技术在微纳米器件制造中显示出巨大的潜力。

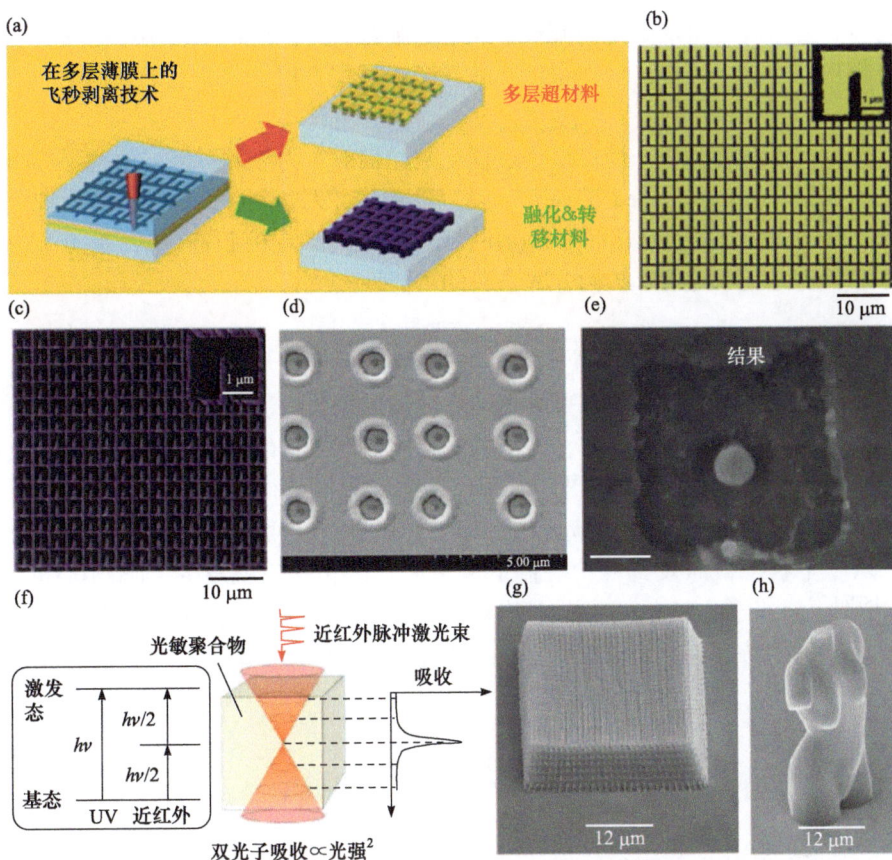

图 10.10　(a)基于飞秒激光诱导正向转移(LIFT)高通量高效制备纳米结构的新方法示意图。通过对溅射多层薄膜上的激光光栅路径的精确控制，激光烧蚀材料可以转移图案到另一基片上，在原基片上留下已制备的多层结构。(b)在给体上制备的多层分环谐振腔阵列和(c)在接收体上相应的结构的扫描电子显微镜图像[41]。(d)记录标记的扫描电子显微镜图像，显示为标记中心的空洞和围绕空洞的圆环。激光烧蚀是在玻璃衬底上沉积了 130 nm 厚的 ZnS-SiO₂ 介电层的 50 nm 厚的相变薄膜中实现的[43]。(e)激光诱导 30 nm 厚金膜脱湿法制备的二氧化硅衬底上单个金纳米颗粒的扫描电子显微镜图像。比例尺为 500 nm[44]。(f)由聚焦激光束产生的多光子聚合示意图。光致聚合物在一个量子事件中同时吸收两个近红外光子，其集体能量对应于光谱的紫外区域[45]。双光子吸收速率与光强的平方成正比，因此近红外光仅在光致聚合物内的焦点处被强吸收。多光子聚合的三维微结构的扫描电子显微镜图像，分别为(g)光子晶体结构和(h)维纳斯雕像[46]

10.2.4.2　激光烧蚀和激光诱导脱湿

激光烧蚀(laser ablation)是另一种有趣的技术，利用聚焦激光将材料从基板表面剥离。去除量与激发激光的波长、强度和脉宽有关。银纳米结构中的密集热点已被激光烧蚀方法证实[47]。据报道，激光烧蚀过程下相变薄膜上记录标记的结构如图 10.10(d)所示[43]。

受热材料的脱湿是一种自组装过程。激光辐射作为热源可以启动脱湿过程。激光诱导脱湿(laser-induced dewetting)是一种单步、无光刻、经济高效的大规模制备有序和无序结构的方法(图 10.10(e))[44]。该方法为大规模制备金属、电介质、半导体和多层衬底中的纳米结构开辟了新的可能性。

10.2.4.3 双光子聚合刻蚀

人们长期以来一直在寻求三维微纳米结构的加工方法，但它们的制造面临着重大的技术挑战。由于成本高，光刻技术在这里有严重的局限性，使其无法应用于制造如此复杂的结构[45,46,48-51]。利用超短激光脉冲进行双光子光刻是一种行之有效的任意三维结构聚合反应方法。当一个分子吸收两个频率相同或不同的光子，从一个状态被激发到一个更高的能态时，聚合反应就发生了(图 10.10(f)和(h))[45,46]。双光子方法的优点是具有良好的几何形状控制、可扩展的分辨率和无需无尘室的特点。但是同时，双光子吸收效率低和光敏材料的局限性仍然是重大的挑战。

10.3　超构表面的应用

与笨重的传统光学设备相比，新型光学超构表面具有超薄、轻量和超紧凑的优势，这彻底改变了控制和操纵电磁波的方式。许多在传统设备中不可能实现的功能现在可以通过光学超构表面的设计而成为可能。在本节中，我们将概述在过去几年中这些新设备产生的一些应用。特别地，我们将关注基于波前整形、偏振控制和主动调谐的应用。

10.3.1　波前整形

传统光学元件的波前控制依赖于光路的空间折射率分布、表面形貌和相位积累。本节将举例说明如何利用超构表面来实现这些目的，如光束分束、光束转向、超透镜、超构全息图和光涡旋产生等。控制其强相色散和扩展其工作带宽是超构表面技术发展的两个热点问题。我们将回顾分别为单色和宽带操作而设计和制造的超构表面。我们还将讨论这些器件中的波长色散。

光束控制作为超构表面的一种独特功能，于 2011 年由 Capasso 的团队首次提出并实验证实。当表面相位突变时，通过在超构表面上有序排列纳米谐振腔可以产生传播方向反常的新波阵面。该团队同时发现反常传播方向符合广义斯涅尔定律，该定律考虑了超构表面在平面方向上的折射率梯度，可以通过设计调整来实现对波前的操纵。最近 Ho 等将这一规律应用于由不同相位差的超晶胞组成的超构表面。超构透镜是波前整形的另一个应用。超构透镜的相位延迟分布可以描述为

$$\varphi\left(x,y\right)=-\frac{2\pi}{\lambda}\left(\sqrt{x^2+y^2+f^2}-f\right) \tag{10-1}$$

其中 λ 是自由空间中的波长，f 是焦距。为了避免贵金属(金银铜等)在可见范围(400～700 nm)内的高固有损耗，人们一般选用介质材料来制造超构透镜。Khorasaninejad 等实验展示了能达到衍射极限的在可见光波段的超构透镜，在这项工作中，他们通过旋转鳍状形貌的二氧化钛(TiO₂)纳米柱来获得 Pancharatnam-Berry 相位(也叫"几何相位")，并实现了波前调节和聚焦控制，他们取得了高达86%的效率(图 10.11(a)和(b))[52]。二氧化钛纳米鳍进一步被用于构建具有可控色散响应的超构透镜，该超构透镜将具有相反螺旋度的入射光束聚焦到两个不同的焦点，该工作展示了一个手性区分的成像系统(图 10.11(c))[53]。Chen 等提出了一种由氮化镓纳米棒组成的离轴可见光聚焦像素级全彩光束筛选器件，该工作展示了一个低成本、高效率的超构透镜制造方法(图 10.11(d))。

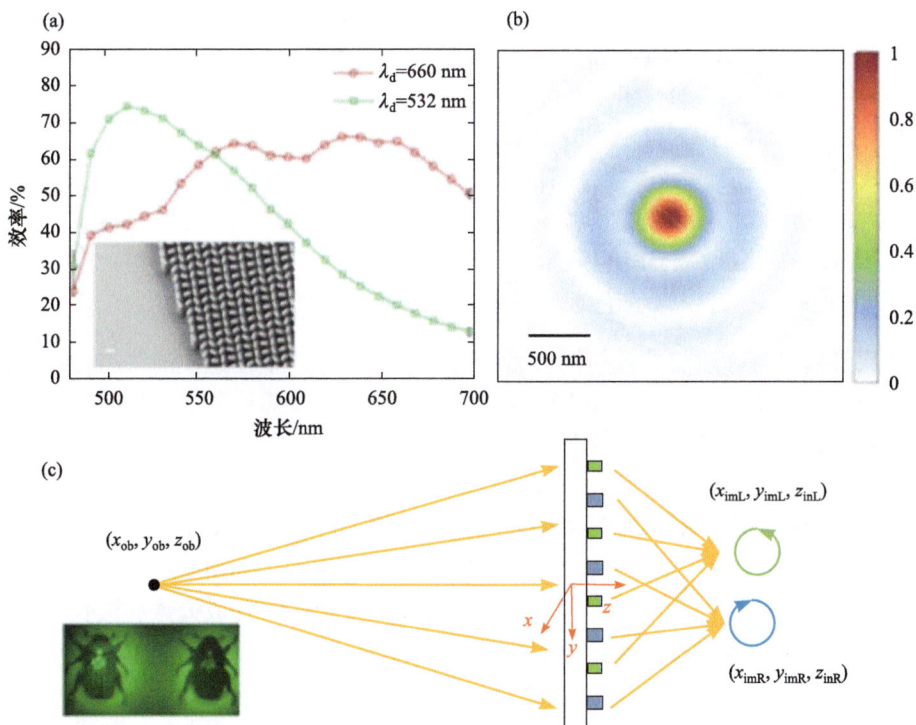

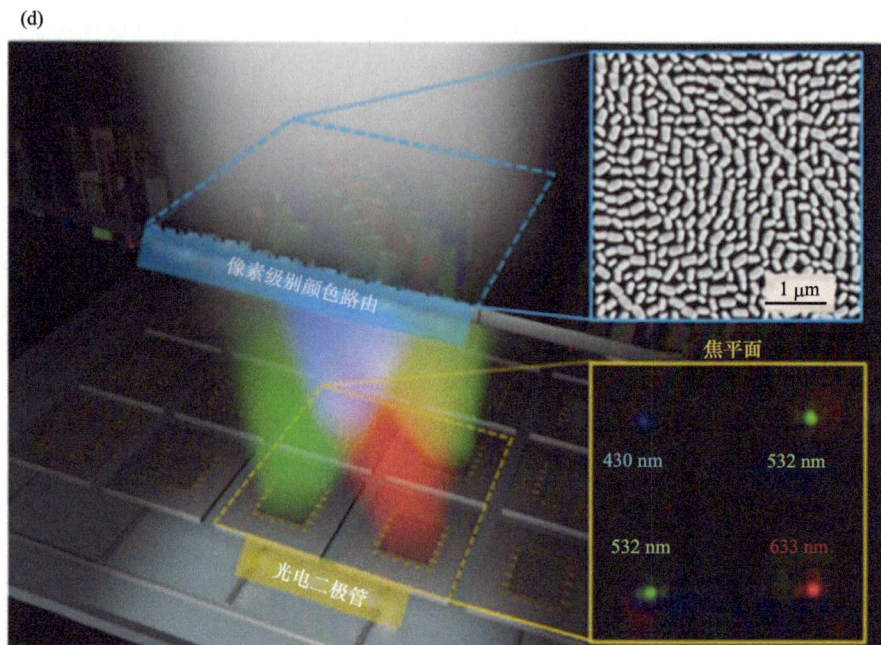

图 10.11　(a)测量结果：超构透镜对入射圆偏振光的聚焦效率随波长的变化。设计的两种工作
在不同波长 $\lambda_d = 532$ nm 和 660 nm 的透镜。效率定义为螺旋度相反的透射光功率除以入射的
圆偏振光的功率。插图：所制作的超构透镜在 660 nm 波长下的扫描电子显微镜的显微图，比
例尺为 300 nm。(b)测量所设计的超构透镜在 660 nm 波长处的焦斑强度分布[52]。(c)手性超构
表面成像原理示意图，两个螺旋度不同的偏振光分别被聚焦在两个不同的点。图中光入射面
有甲虫的两幅图像，分别在左圆偏振(LCP)和右圆偏振(RCP)光照明的情况下，有不同的显示
效果[53]。(d)该图展示了由介质超构透镜组成的多路颜色筛选器，该介质超构透镜能够将不同
颜色的光引导到不同的空间位置[54]

　　除了形成对称波前外，超构表面还可以通过设计产生任意波前。与传统方法
生成的全息图相比，光学超构表面可以提高全息图的成像性能。人们一般使用计
算机来计算全息图(CGH)的相位分布需求。超构全息图最近被证明具有高对比度、
多路复用性和可调性。如图 10.12(a)和(b)所示，澳大利亚国立大学的 Kivshar 团队
实现了由 36 个不同的高折射率纳米硅柱组成的灰度超构全息图，测量的透射效
率高达 90%，在 1600 nm 时的衍射效率超过 99%[54]。编者的团队展示了一种利用
类似设计生成的多色全息图，利用不同尺寸的铝纳米棒来形成偏振和波长相关的
两级相位调制并且对三基色的全息图图像进行不同角度的重建(图 10.12(c))[55]。
Wang 等提出了一种由三种亚波长间距、相位方向一致的硅纳米块组成的超构表
面，以实现红、绿、蓝三色的全相位控制(图 10.12(d))[56]。他们还展示了消色差和
强色散的超构全息图，通过在不同波长产生相同的图像和在相同波长产生不同的

图像。为了扩展超构全息图的实用性，Li 等展示了一种可重新编程的 1 位超构全息图，该超构全息图的状态可以通过电控制负载二极管在状态 0 和状态 1 之间切换(图 10.12(e))[57]。Malek 等提出了一种可重构的超构全息图，他们在可拉伸的聚二甲基硅氧烷衬底上沉积金纳米棒阵列实现全息相位，该超构全息图像可以通过拉伸衬底来实现多路复用[58]。

近年来，光学相位奇点因其在非线性光学[59]、量子信息技术[60]、光镊等领域的广泛应用而受到广泛关注。旋涡光束通常由叉形衍射光栅和螺旋相板产生。Chen 等展示了一种新型的几何超构表面，他们无缝结合了两种功能：用于涡旋光束生成相位板功能和用于控制波传播方向梯度相位板的功能(图 10.12(f)和(g))[61]。

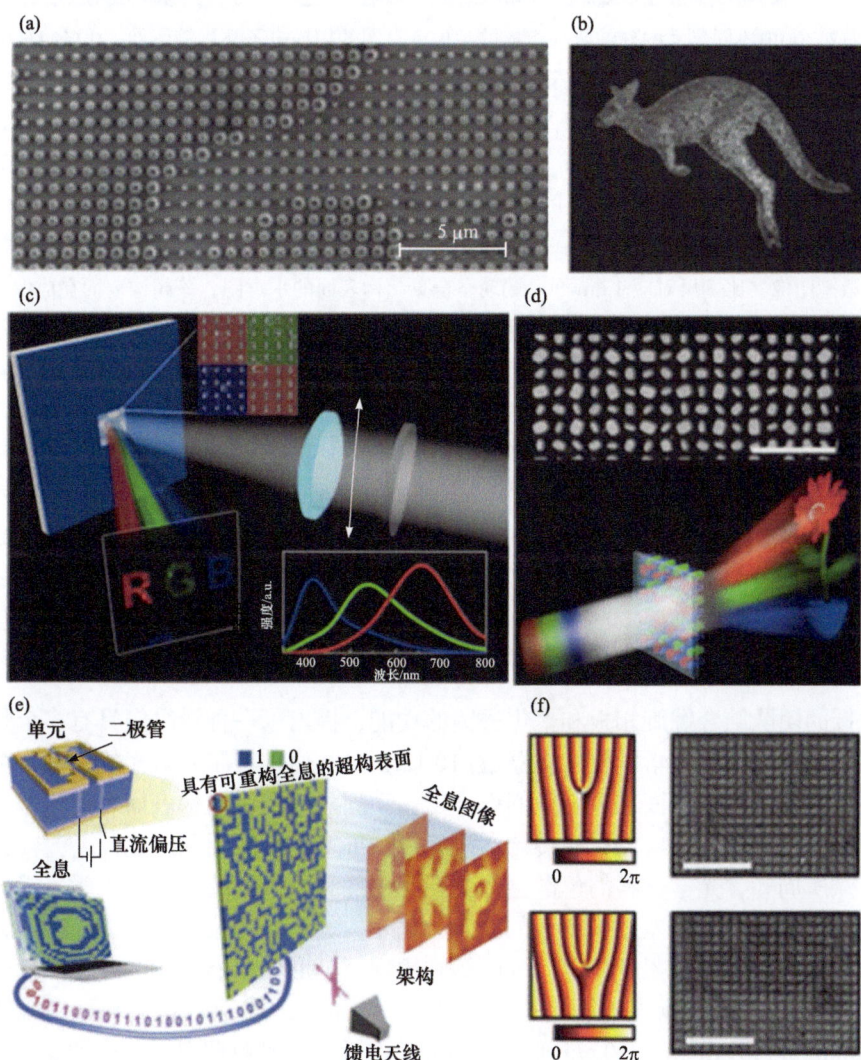

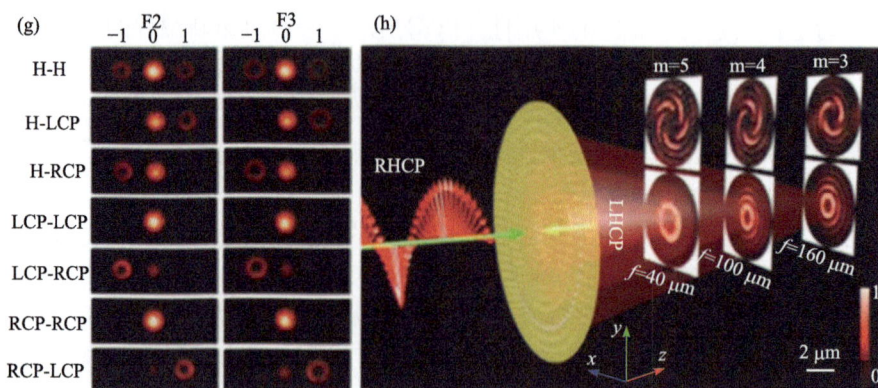

图 10.12　(a)由不同尺寸的硅纳米柱组成的超构全息图的扫描电子显微镜图像。(b)在 1600 nm 波长的准直激光束照射下，通过红外摄像机获得样品的实验全息图像[54]。(c)所设计的多色超构全息图在线偏振照明下的原理图。超构全息图结构由铝(Al)纳米棒组成的像素阵列构成，分别产生 450 nm、532 nm 和 658 nm 的图像，分别是字母 R、G 和 B。像素分布在一个铝镜上溅射的 30 mm 厚的 SiO₂ 间隔层上[55]。(d)强色散超构全息图的示意图，它投射了一朵花的红色图像、一个花梗的绿色图像和一个花盆的蓝色图像。插图是制作的超构器件的部分扫描电子显微镜图像。比例尺对应 1 μm[56]。(e)动态全息超构表面的示意图，该超构表面在成像平面上投影字母 "P"，"K"，"U" 的全息图像。中间的图显示了由一系列超构微元组成的超构表面。每个超构微元都有一个管脚二极管焊接在两个金属环之间，由直流电压通过通道口独立控制(左上角：结构单元示意图[57])。(f)左图：带有分叉光栅的超构表面相位分布。右图：聚焦离子束在 80 nm 厚的 Al 薄膜上制备的等离激元超构表面的扫描电子显微镜图像。它包括随着空间变动而改变旋转方向的纳米狭缝，大小为 50 nm × 210 nm。比例尺为 3 μm[61]。(g)不同入射光束通过叉型相位光栅的超构表面后产生不同的涡旋光束[61]。(h)在右旋圆偏振(RCP)光的照射下，在该超构表面的透射一侧所测量到的透射光的强度分布图和相应的干涉图。在 z = 40 μm、100 μm 和 160 μm 的位置，有三个真焦平面，透射光的偏振态跟入射光的偏振态正交，为左旋偏振(LCP)光[62]

　　邱教授的团队结合螺旋相板和聚焦透镜的功能，提出了一种沿纵向具有多个焦平面的超薄纳米结构光学涡旋发生器(图 10.12(h))[62]，通过控制入射光的螺旋度可以控制偏振状态和焦平面位置。他们设计了一系列几何相位超构表面来产生完美的涡旋和矢量光束，这可以取代传统的涡旋板、贝塞尔转换器和透镜。

　　众所周知，光学材料的色散会影响光学元件和光学系统的性能。为了消除色差，人们提出了消色差超构透镜的概念，该超构透镜的相位补偿与波长有关，通过光传播来补偿色散累积相位。Aieta 等利用耦合矩形介质谐振器的非周期排列实现了消色差超构透镜，该超构透镜工作在通信波长(图 10.13(a))[63]。当镜头被 1300 nm、1550 nm 和 1800 nm 三个不同波长的近红外光束照射时，这种设计保持了相同的焦距。类似地，Faraon 的团队提出了一种设计多波长超构表面的方法，他们使用具有不同共振模式的超构单元，可用于实现具有双波长、双焦距的透镜，或在一个波长会聚同时在另一个波长发散的透镜(图 10.13(b))[64]。Avayu 等介绍了一种独立超构表面的密集垂直叠加结构，其中每一层由不同的材料制成，并针对不同的光谱波段进行了优化设计(图 10.13(c))[65]。Khorasaninejad 等提出了一种工作在 60 nm 可见带宽内的消色差超构透镜(图 10.13(d))，尽管目前该带宽还不足以用于实际应用[66]。我们小组提出了一种设计原理，用于实现在反射条件下圆偏振入射的消色差超构表面，该超构表面可以消除 1200～1680 nm 的连续波长区域的色差(图 10.13(e))[21]。这里，我们采用了具有平滑线性相位色散的超构表面集成单元来达到补偿不同波长相位的要求。

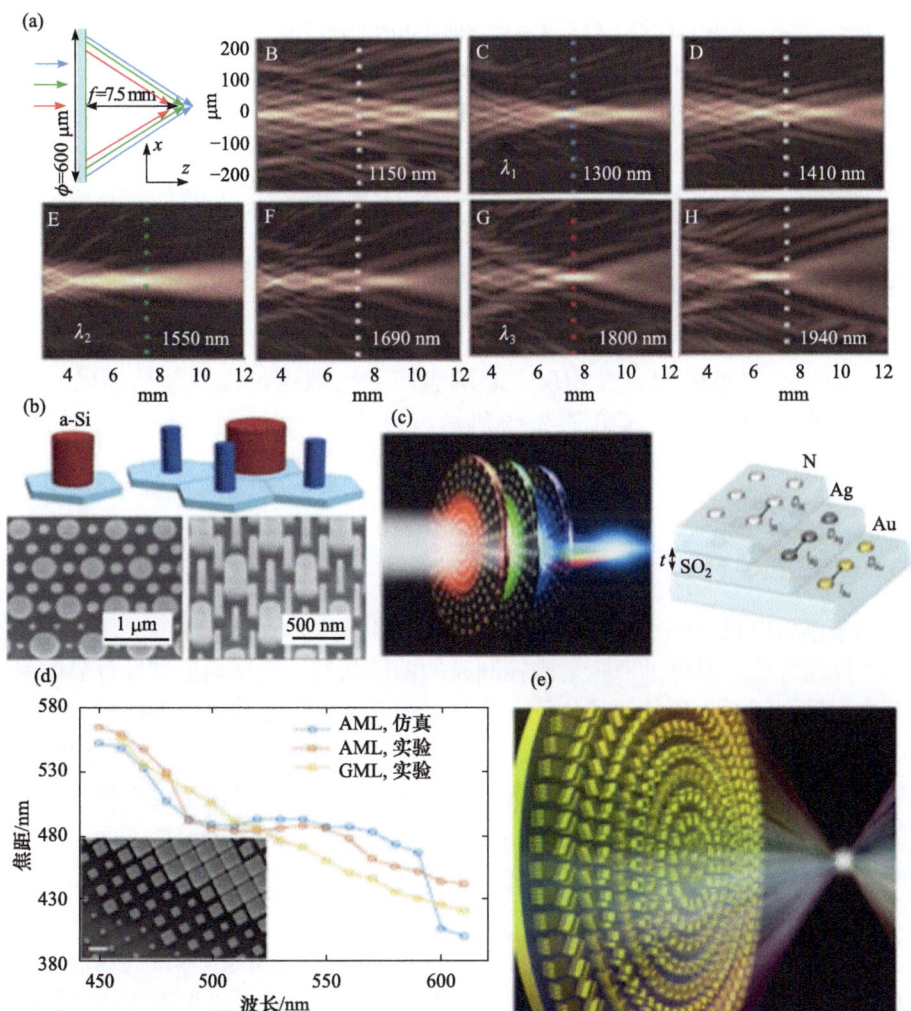

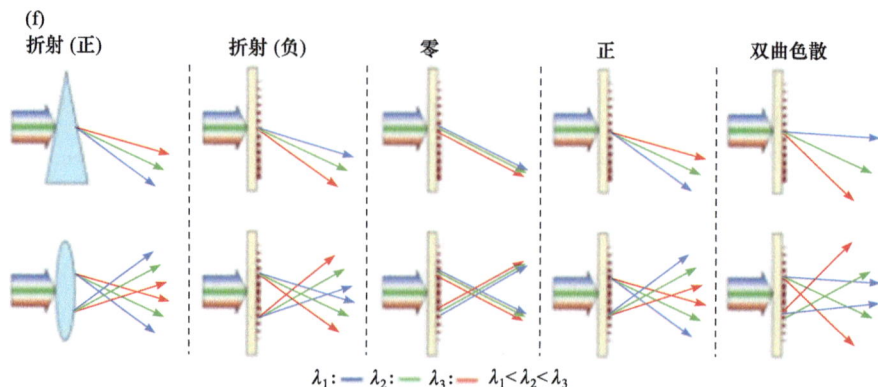

图 10.13　(a)模拟结果：焦距为 7.5 mm、直径为 600 μm 的多波长消色差超构透镜在不同波长下的性能，这里，采用宽频带入射光从透镜背面入射[63]。(b)上图：由两种 a-Si 纳米柱组成的散射单元示意图。下图：超构透镜扫描电子显微镜图像，俯视图和 30°倾斜视图[64]。(c)左图和右图分别为三层超构透镜的艺术图和示意图。设计中，级联超构透镜组采用了 200 nm 的层间距离，以防止不同层间纳米天线之间的近场串扰[65]。(d)消色差超构透镜焦距与波长关系的模拟和实验结果。插图是所制备样品的俯视图扫描电子显微镜图像[66]。(e)消色差超构透镜的原理图，其中焦点成为一个具有最佳相位补偿的单点[21]。(f)左图是折射棱镜和传统透镜的正常色散示意图。右边的其他图是在色散控制超构表面中具有负、零、正和超色散的超构透镜示意图[63]

与消除材料色散的研究相反，超构表面的色散也可以合理地加以利用。Arbabi 等通过实验证明了介质光栅和聚焦透镜具有正、负、零和增强的色散 (图 10.13(f))[67]。具有高分辨力光谱的强色散离轴超构透镜的设想也已在最近被实验证实[68]。

10.3.2　偏振控制

偏振作为电磁波的一种基本性质，在众多领域中得到了广泛的应用。传统的光学元件通常依靠晶体的双折射来控制光的偏振状态。正交偏振波通过晶体时，在两个主轴之间会积累不同的相位。这些光学元件有许多缺点，如体积大、重量大、工作带宽窄、材料选择有限等。另一方面，基于超构表面的波片又轻又紧凑，有望在有一系列材料可供选择的情况下实现宽带操作。这种波片可以通过分束入射光来调制两个正交偏振态之间的相位延迟。我们将回顾基于超构表面的波片的最新发展和应用范围——包括四分之一波片的小相位调制和偏振测量中的大相位调制。

虽然最早的超构表面所做的四分之一波片是由贵金属的纳米天线制成，但最近，介电超构表面已被引入，为的是提高在可见光和近红外波段范围内的器件效率。最近，作为 CMOS 兼容工艺的一部分被开发的透明导电氧化物(TCO)，正在被探索作为介电超构表面的替代材料的可能性。Kim 等利用透明导电氧化物设计了在反射模式下具有四分之一波片功能的超构表面[69]，如图 10.14(a)和(b)所示。该超构表面可在宽带宽范围内(λ = 1.75～2.5 μm)工作。反射光束在接近完美反射时表现出高纯度的圆偏振状态(图 10.14(c))。

圆二色性(CD)是指物体分别在左旋圆偏振(LCP)光和右旋圆偏振(RCP)光的照射下，两者透射率不同时产生的一种现象。Hu 等在 SiO$_2$ 衬底上开发了一种由硅膜 Z 形手性结构组成的全介质超构表面，以实现透射模式下的圆二色性波片(图 10.14(d)和(e))[70]。实验结果表明，CD 高达 97%，消光率高达 345∶1。超构表面基 CD 波片偏振状态的极坐标图清楚地表明，RCP 入射分量被透射，而 LCP 则被反射(图 10.14(f)和(g))。为了演示偏振状态的连续线性偏振到圆偏振的态控制，Liang 等开发了一种单片集成超构表面结构，其中金属天线被集成到表面等离激元(SPP)波导上(图 10.14(h)和(i))[71]。SPP 波导将来自半导体基太赫兹量子级联激光器(QCL)的辐射耦合成 SPP 波，然后 SPP 波被散射并且被调整到与波导表面垂直的方向。通过对超构表面的精心设计，可以产生具有比较理想的偏振状态的发射激光束。当具有 π/2 相位差的两束激光的发射强度可以被独立操纵时，组合光束的偏振状态可以从线性偏振连续演化为圆偏振(图 10.14(j)和(k))。

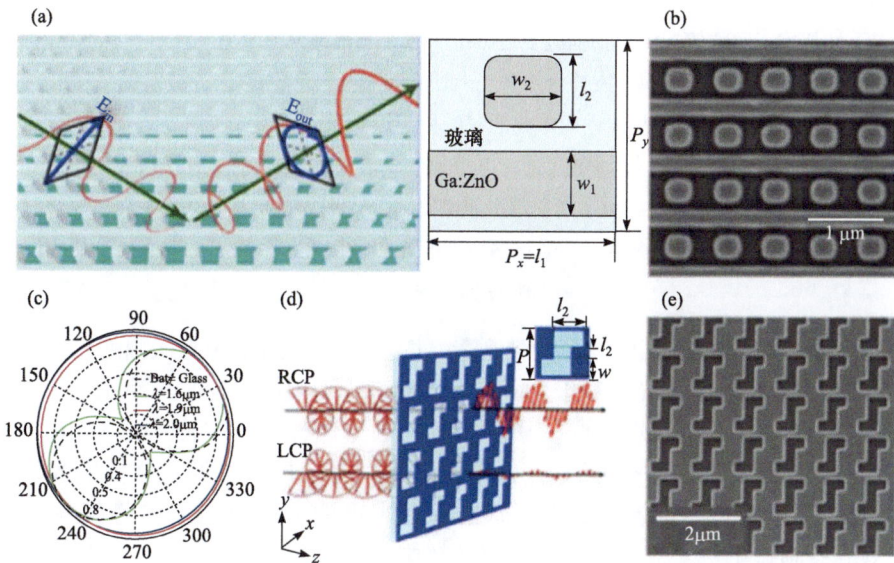

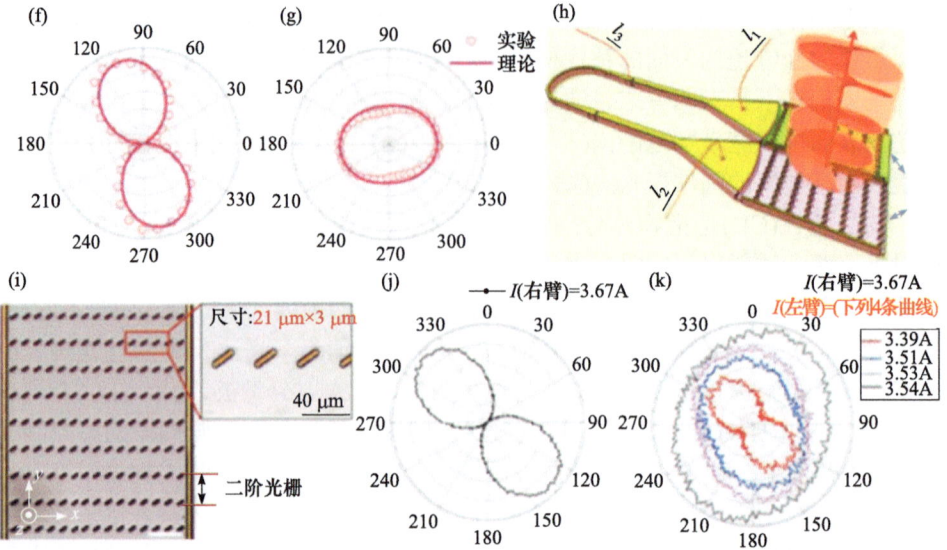

图 10.14 (a)透明导电氧化物超构表面作为四分之一波片在反射模式的原理图及其几何参数。选用掺镓氧化锌(Ga:ZnO)作为透明导电氧化物材料。P_x 和 P_y 分别是 x 和 y 方向上的周期[69]。(b)制备的 Ga:ZnO 超构表面的俯视图扫描电子显微镜图像[69]。(c)1.6 μm、1.9 μm、2.0 μm 波段反射光束偏振态极坐标图。对光滑的玻璃来说,其反射光波长在 1.9 μm。这里的 P_x 和 P_y,如图所示,被设计为 750 nm[69]。(d)Z 形手性超构表面作为圆二色性波片的示意图[70]。(e)制备的 Z 形左手性超构表面的俯视图,扫描电子显微镜图像。(f)右旋偏振(RCP)光入射时的线偏振透射谱和(g)左旋偏振(LCP)光入射(波长为 1.56 μm)时的椭圆偏振反射谱(接近圆偏振)[70]。(h)单片集成超构表面示意图。该单片器件由形成两臂的量子级联激光器组成,集成的介电波导在其上布置了天线。(i)制备的由纳米天线组成的二阶光栅的光学显微镜图像。白色比例尺为 100 μm,天线长 21 μm,宽 3 μm,高 0.4 μm。当左臂泵浦电流为(j)3.49 A 或(k)从 3.39~3.54 A 变化时,测量到的有源超构表面的偏振状态。通过两臂发射光的偏振叠加,输出偏振态可以从线性调到接近圆形[71]

基于超构表面的半波片似乎更难制造,因为需要在两个相同振幅的正交偏振之间保持 π 的相位差。Liu 等基于 Pancharatnam-Berry 相位和各向异性光学天线的反射效应,提出了一种半波片的通用的设计方法,这种设计与波长无关(图 10.15(a)和(b))。一对天线组的平分角决定了入射和偏振图像具有镜像对称性的光轴。图 10.15(c)显示的是实验结果,透射图像在近红外范围内具有高度的线性偏振特征。

Wu 等制作了一个双层各向异性超薄超构表面作为半波片,将圆偏振光几乎完全转换为其正交偏振态(图 10.15(d))[73]。该超构表面由一个 F4B 衬底组成,在衬底的每一边都沉积有周期性 180°扭曲双切割裂环谐振器。仿真和实验表明,在微波波段下,正交偏振光在谐振频率下的传输效率大于 94%(图 10.15(e)和(f))。通过改变超构表面的几何参数，可以有效地调节共振频率。Park 等进一步提出了一种主动可控的超构表面，该超构表面采用反射方案(图 10.15(g))[74]。如图 10.15(h)所显示，在接近临界耦合时，具有金属-绝缘体-金属(MIM)结构的间隙-等离激元谐振器的电调谐使反射相位的最大摆动达到 180°以上。然而，这种反射相位的大振幅伴随着巨大的损耗。

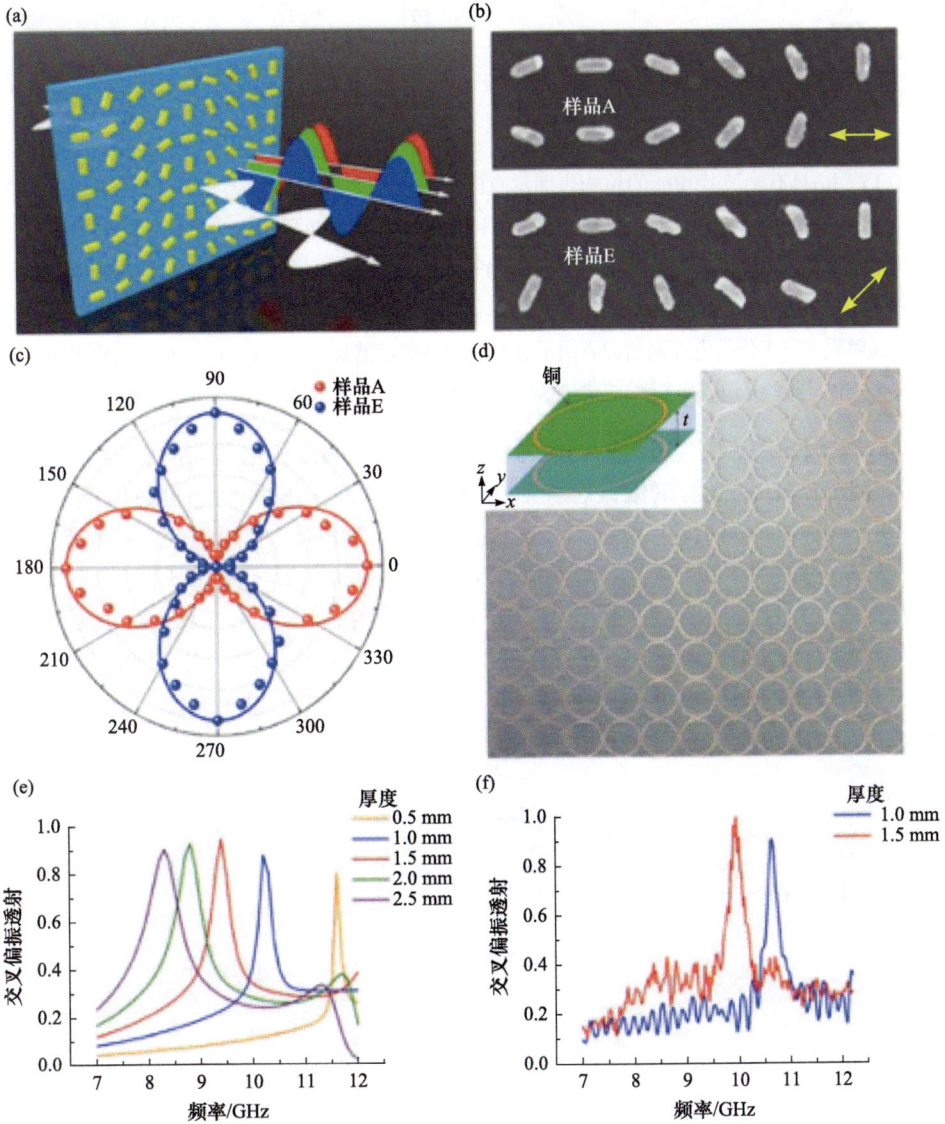

(a)

(b)
样品A
样品E

(c)
样品A
样品E

(d)
铜

(e)
厚度
0.5 mm
1.0 mm
1.5 mm
2.0 mm
2.5 mm
交叉偏振透射
频率/GHz

(f)
厚度
1.0 mm
1.5 mm
交叉偏振透射
频率/GHz

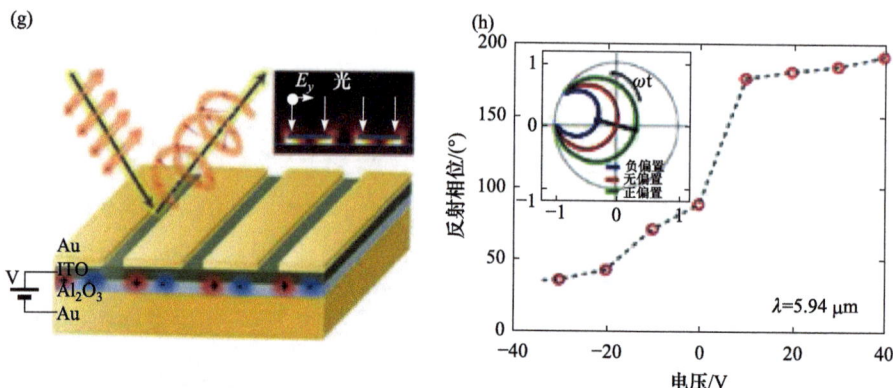

图 10.15　(a)具有半波片功能的超构表面示意图[72]。(b)光轴角度分别为 0°和 45°的两个样品的扫描电子显微镜图像。超构表面由玻璃基板上的金纳米棒组成[72]。(c)两个样品的偏振状态分析的解析计算(曲线)和实验结果(点线)[72]。(d)制作样品的光学显微照片。插图是超构表面的示意图[73]。(e)和(f)分别模拟和测量所获得的具有不同几何参数的超构表面的正交偏振的透射谱[73]。(g)在反射模式下工作的电控制超构表面示意图。(h)在特定波长为 5.94 μm 时，有源超构表面的反射相位与各种偏置条件有关。插图显示了三种情况下的复反射系数随频率增加的图[74]

　　从光偏振中提取有用信息的能力激励了人们对偏振测定仪器的发明。该光学仪器用于确定任意光源的偏振态和斯托克斯参数。我们的团队通过数值模拟和实验研究，设计了一种反射型超构表面偏振发生器(MPG)，它可以被一个线偏振的单一光源所激发，同时产生六个偏振态(图 10.16(a)和(b))[75,76]。由于铝被选为等离激元金属，并且设计的概念是基于 Pancharatnam-Berry 理论，因此由间隙等离激元共振器组成的 MPG 能够在可见光区宽带工作。在所提出的 MPG 的不同位置，它的转换效率的变化很小。如图 10.16(c)所示，所有产生的可见光偏振态都实现了高宽带消光比。

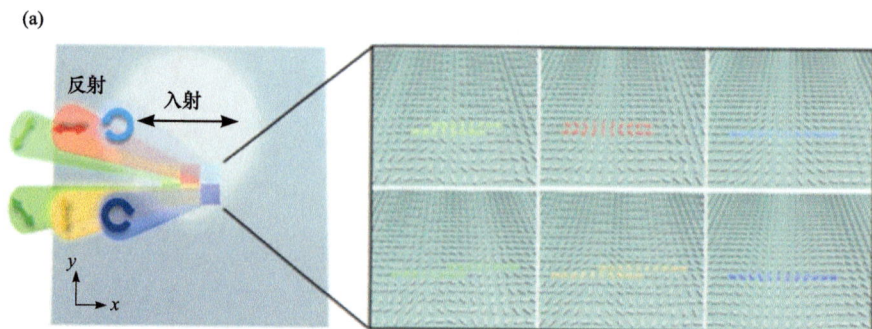

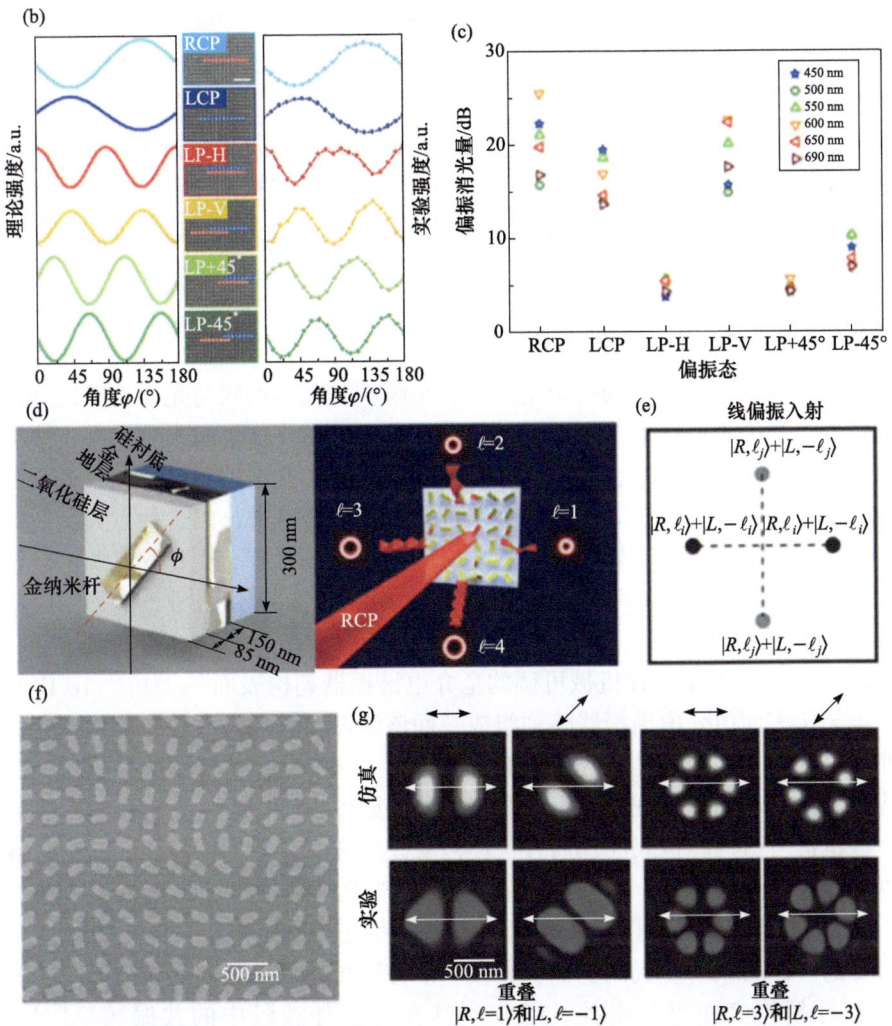

图 10.16　(a)利用间隙−等离激元超构表面，把线偏振入射光转化成 6 种不同偏振态的出射光的示意图[75]。(b)入射光波长为 600 nm 时，左右图分别显示散射强度的数值计算结果和实验结果。中间图为对应的超构表面的扫描电子显微镜图像，比例尺为 1 μm[75]。(c)6 种生成偏振态的消光比测量结果。结果验证了超构表面在可见光波段保持宽带特性[75]。(d)轨道角动量 (OAM)的超构表面的单位像素和离轴多通道生成系统示意图。每根纳米棒的尺寸为长 220 nm，宽 80 nm，厚 30 nm。(e)线偏振入射光照射下两种 OAM 状态叠加的示意图，可分解为 RCP 和 LCP 入射光。每种圆偏振入射光都能产生离轴反射光，其 OAM 状态为 $l=1$ 到 $l=4$。(f)和(g) 为两种 OAM 状态叠加的超构表面的扫描电子显微镜图像。其数值结果和实验结果一致[77]。一个是 $l=1$ 和 $l=-1$ 的状态，另一个是 $l=3$ 和 $l=-3$ 的状态。白色双头箭头为线性偏振光入射角度与偏振器透射轴的夹角[77]

光的轨道角动量(OAM)是光的角动量分量，它与场的空间分布有关，而与偏振无关。由于 OAM 态的叠加特性，它在矢量束产生、超灵敏的角测量、自旋物体检测、量子纠缠等方面有广泛的应用，从而备受关注。Yue 等使用几何相位(即 Pancharatnam-Berry 相位)实验验证了单个宽带间隙等离激元超构表面能够产生多个 OAM 状态的叠加(图 10.16(d))[77]。入射光的偏振可以被简单地调节，从而在四个通道中产生任意的 OAM 态叠加，如图 10.16(e)~(g)所示。这种方法在经典物理和量子物理中都有广泛的应用。

10.3.3　主动调谐

开发多功能光学元件的一个主要挑战是解耦其几何形状与光学功能之间的强相关性。将几个不同功能的光学元件组合在一起是解决这个问题的一种方法。但这种解决方案不可避免地会遇到其他方面的挑战，如复杂的制造工艺、过于复杂的表面形态和笨重的设备。即使这种器件被成功制造出来，以这种方式制造的多功能超构表面也缺乏主动操纵其光学响应的能力。显然有必要开发有源可调超构表面来取代静态多功能光学元件。在本节中，我们将讲解由机械、电、温度或光控制的有源可调超构表面。

Gutruf 等展示了一种机械可调的全介电谐振器超构表面[6]，如图 10.17(a)所示。该超构表面由介电谐振器阵列组成，而该谐振器阵列是嵌套在可机械弯曲和拉伸的柔性的聚二甲基硅氧烷(PDMS)的柔性衬底中。在不同程度的单轴应变下，超构表面的光学响应表现出显著的共振偏移。如图 10.17(b)和(c)所示，Ee 等展示了一种机械可重构超构表面，通过拉伸衬底改变嵌入金纳米棒阵列的晶格常数，可以连续操纵光波前[8]。这些工作为可重构宽带光学器件的发展铺平了道路。

为了达到快速切换和易于操作的效果，超构表面实现电控制的功能是非常有必要的。Buchnev 等提出了一种方案，该方案可以对负载向列相液晶(LC)的有源近红外超构表面进行电控，以改变其在近红外波段中的共振频率[78]，如图 10.17(d)~(f)所示。作为一种成熟的、低成本的技术，向列相液晶电路具有众多有趣的材料特性，如宽带光学非线性和双折射效应。然而，向列相液晶分子与表面相互作用产生的强锚定力限制了液晶负载器件的效率。为了解决这个问题，我们制作了一个悬浮超构表面，如图 10.17(d)所示，通过减少支撑衬底的面积，成功地消除了 LC 分子的强表面锚定效应。这项工作为超构表面的应用提供了可能，例如光调制器、开关、光束转向和偏振的有源控制。

Hashemi 等展示了一种由二氧化钒(VO₂)制成的电子控制超构表面，以实现光束转向调控(图 10.17(g))[9]。二氧化钒这种相变材料在室温下表现像半导体，当受到热、电、光学或机械刺激时，会进入到一个由从绝缘体向导体突然转变的过程。光束转向控制是通过控制施加在超构表面的单个单元上的电流来实现的，综合每

个单元的效果，阵列会形成发射电磁波的波阵面，并使其偏转到指定的方向。Wang
等也使用 VO$_2$ 实现了太赫兹超构表面可切换四分之一波片[11]。这种超构表面由嵌
入 VO$_2$ 的互补电分裂共振器组成。此外，Dabidian 等通过实验证明了利用背向门

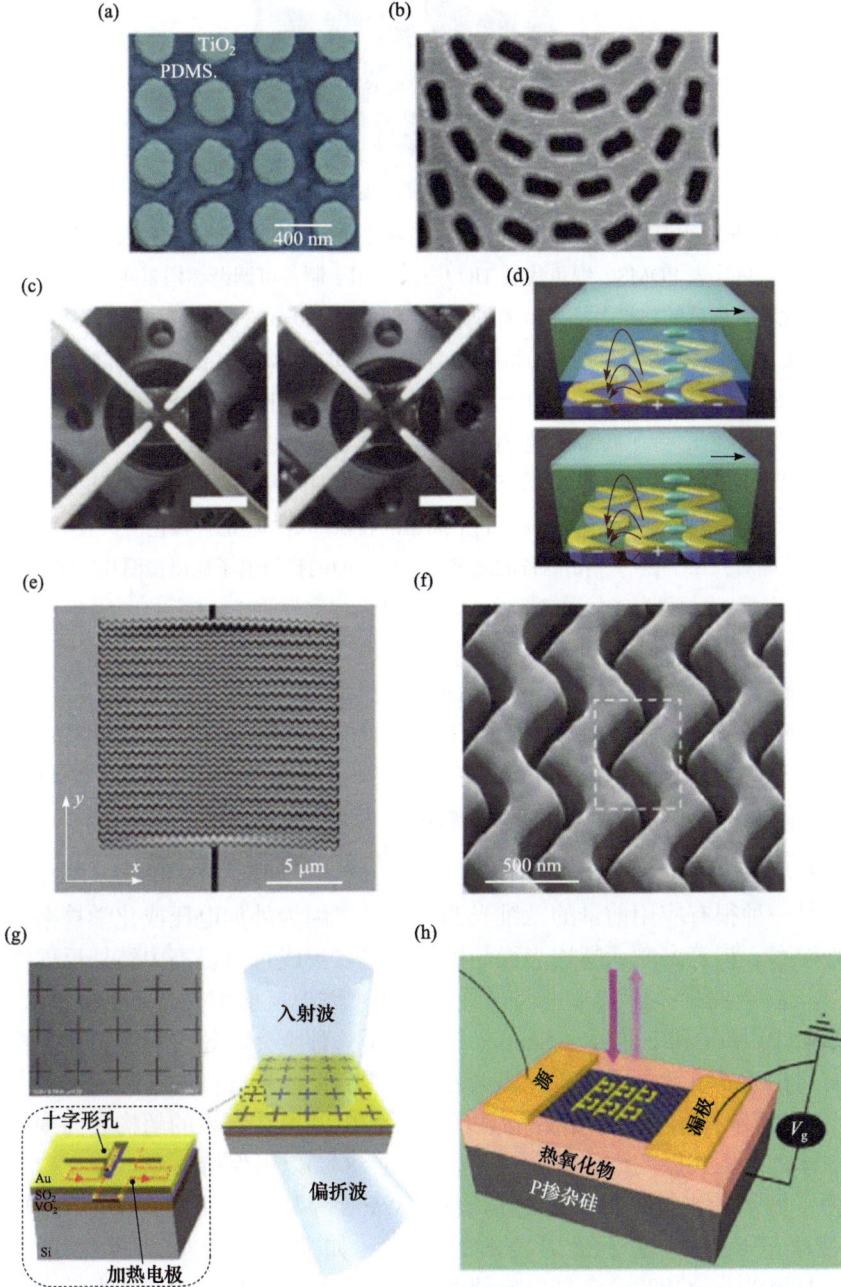

图 10.17　(a)在聚二甲基硅氧烷(PDMS)中嵌入二氧化钛(TiO₂)谐振器的超构表面的扫描电子显微镜图像，蓝色代表 PDMS，绿色代表 TiO₂[13]。(b)用于制备可调谐超构表面的硅处理晶圆在 PDMS 固化和剥离后的扫描电子显微镜图像。比例尺为 400 nm。可调超构表面安装在四个线性平移台上的实验演示(c)未拉伸(左)和拉伸(右)后的 PDMS 薄膜的照片[8]。比例尺：10 mm。(d)通过平面内电位电控的液晶(LC)单元的开启状态示意图。上面图：液晶分子排序已经切换到平面内方向(绿色)，除了底部(蓝色)有一个非常薄的层，在这个层内，液晶分子由于强大的表面锚定产生残余扭转。底部图：具有纳米结构超构表面的混合液晶单元。无论是在体态还是在超构表面的平面态，液晶从扭曲态到平面态的转换都是彻底的。黑色箭头表示摩擦的方向，设置液晶对齐在上盖[78]。(e)制备的之字形超构表面的扫描电子显微镜图片。(f)为(e)结构在 52°倾斜下的放大扫描电子显微镜图像。虚线框表示之字形的基本单元格。(g)左上角图：一个可用于光束调控的超构表面的扫描电子显微镜图像。该超构表面能在 100 GHz 的调制下实现光束调控，在水平和垂直方向上提供高达 44°的光束偏转。原理图展示了通过施加电流到每个超构表面单元格中，通过加热电极(红色箭头)来实现传输电磁波的共振频率和相移的控制[9]。(h)集成石墨烯的法诺(Fano)共振超构表面的红外光电开关示意图。(i)在石墨烯上制备的超构表面的扫描电子显微镜图像。比例尺为 3 μm[13]

控单层石墨烯(SLG)对中红外反射率的电气控制[13]，如图 10.17(h)和(i)所示。单层石墨烯是一种很有应用前景的二维光调制材料，因为外加电压或化学掺杂可以改变其光导率。将等离激元超构表面与单层石墨烯集成可以提高中红外反射率的调制效率。这种方法行之有效，并且已经被证明可以把反射率提高一个数量级以上。

　　如图 10.18(a)和(b)所示，Sautter 等开发了一种全介电超构表面，该超构表面带有向列相液晶单元，可以通过加热来动态调节近红外波段的电和磁共振[79]。如图 10.18(c)所示，随着向列相液晶温度的升高，电共振在嵌入的超构表面中出现明显的谱移，而磁共振的谱位置在相变温度(约 58℃)以下保持不变。

　　为了展示受光控制的有源超构表面，Wang 等利用光诱导锗锑碲(GST)合金的相变来完成各种基于超构表面的器件，如菲涅耳带板、透镜和全息图(图 10.18(d))[12]。GST 合金是另一种重要的相变材料，具有近红外光学损耗低、无挥发性、稳定性高、响应速度快等优点。该材料可以在短高密度激光脉冲下熔化或快速淬火到非晶态，并在玻璃化转变和熔点之间的退火温度下转变回亚稳态立方晶态。利用 GST 棒作为全介电超构表面的基本构件已经被数值模拟所证实[81]。此外，实验证明 GST 纳米光栅超构表面可产生高质量的近红外透射和反射共振，如图 10.18(e)所示[80]。

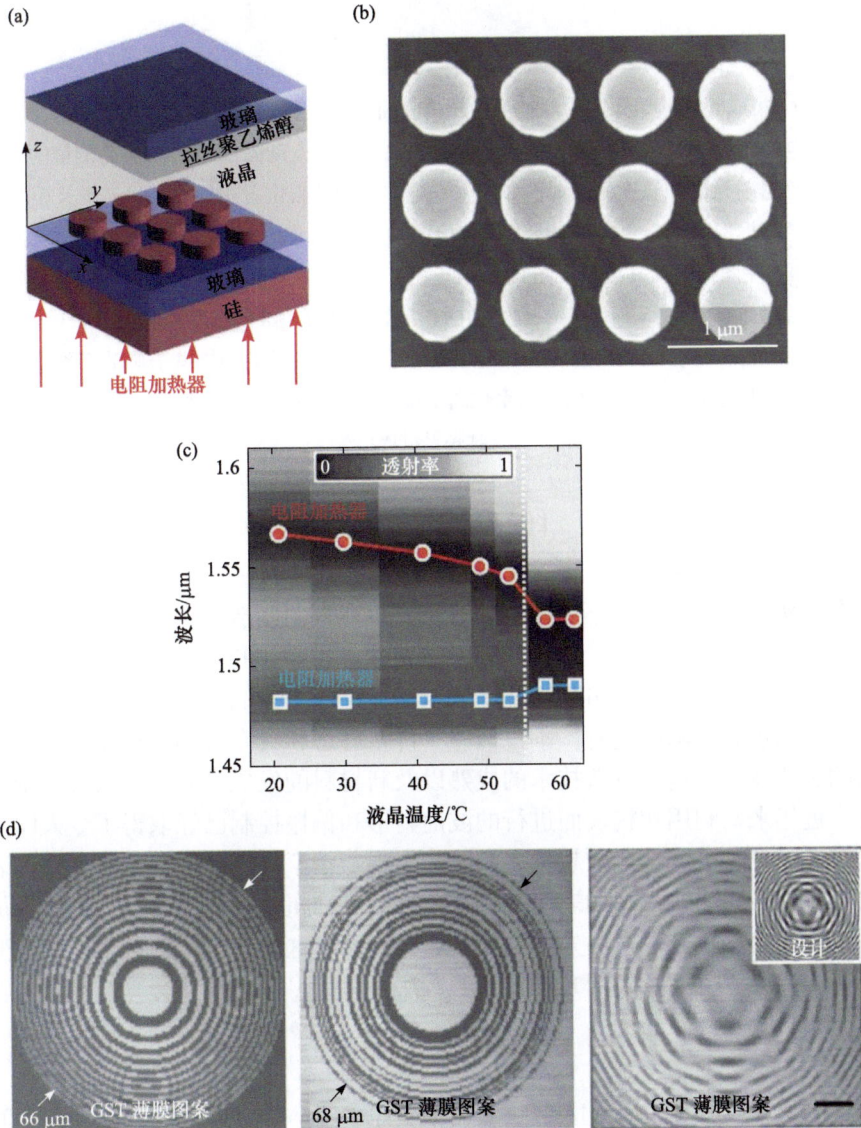

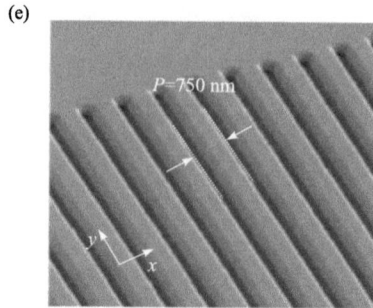

图 10.18　(a)集成到液晶单元中的硅纳米盘超构表面示意图[79]。液晶单元可由安装在硅柄晶圆片背面的电阻器加热。(b)硅纳米片超构表面的扫描电子显微镜图像[79]。(c)实验测量的线偏振光超构表面透射光谱和温度的系统性变化[79]。电共振的共振位置用红点表示；磁共振的共振位置用青色方框标出。白色虚线表示相变。(d)在 $\lambda = 633$ nm 的相位变化膜上光学写入的可重构超构表面。左图：菲涅耳波带板图案。中间图：二元超振荡透镜模样图案。右图：制作的 8 级灰度全息图，设计成 V 形 5 点图案。插图：计算机计算生成的灰度全息图，121 × 121 像素。比例尺:10 μm[12]。(e)斜入射的全介电相变可重构超构表面的扫描电子显微镜图像，该超构表面带有周期为 750 nm 的光栅，由聚焦离子束铣削在 300 nm 厚的非晶 GST 薄膜上制成，衬底是硅[80]

10.4　结　　语

在超构表面诞生以来不到十年的时间里，众多的制造技术被开发出来并展示出传统光学元件所不能产生的一些惊人的特性。尽管如此，为了满足低成本、高吞吐量、大面积、良好的再现性和高分辨率的需求，人们正在继续追求更先进的制造方法和现有技术的完善。本章回顾了许多静态和具有可调谐功能的光学超构表面的制造技术。这些制造技术的成熟以及新材料的发展是光学超构表面未来的关键。近年来，利用超构表面进行的波前整形和偏振控制已经取得了令人印象深刻的进展。具有可调功能的超构表面继续出现。本章内容并不包括光学超构表面的许多应用，如非线性超构表面[82-84]、宇称时对称超构表面[85-87]等。科研人员的努力正在加快步伐，开发更先进的光学超构表面，这将在不久的将来彻底改变光学行业，并改变人们对超薄光学技术的看法。

参 考 文 献

[1] ZHANG Z J, LUO J, SONG M W, et al. Large-area, broadband and high-efficiency near-infrared linear polarization manipulating metasurface fabricated by orthogonal interference lithography [J]. Applied Physics Letters, 2015, 107(24): 241904.

[2] KIM H, PARK J, CHO S W, et al. Synthesis and dynamic switching of surface plasmon vortices with plasmonic vortex lens [J]. Nano Letters, 2010, 10(2): 529-536.

[3] CHEN W X, TYMCHENKO M, GOPALAN P, et al. Large-area nanoimprinted colloidal Au nanocrystal-based nanoantennas for ultrathin polarizing plasmonic metasurfaces [J]. Nano Letters, 2015, 15(8): 5254-5260.

[4] VERRE R, SVEDENDAHL M, LANK N O, et al. Directional light extinction and emission in a metasurface of tilted plasmonic nanopillars [J]. Nano Letters, 2016, 16(1): 98-104.

[5] LU C, LIPSON R H. Interference lithography: A powerful tool for fabricating periodic structures [J]. Laser & Photonics Reviews, 2010, 4(4): 568-580.

[6] GUTRUF P, ZOU C J, WITHAYACHUMNANKUL W, et al. Mechanically tunable dielectric resonator metasurfaces at visible frequencies [J]. ACS Nano, 2016, 10(1): 133-141.

[7] KAMALI S M, ARBABI A, ARBABI E, et al. Decoupling optical function and geometrical form using conformal flexible dielectric metasurfaces [J]. Nature Communications, 2016, 7: 11618.

[8] EE H S, AGARWAL R. Tunable metasurface and flat optical zoom lens on a stretchable substrate [J]. Nano Letters, 2016, 16(4): 2818-2823.

[9] HASHEMI M R M, YANG S H, WANG T Y, et al. Electronically-controlled beam-steering through vanadium dioxide metasurfaces [J]. Scientific Reports, 2016, 6: 35439.

[10] WANG D C, ZHANG L C, GONG Y D, et al. Multiband switchable terahertz quarter-wave plates via phase-change metasurfaces [J]. IEEE Photonics Journal, 2016, 8(1): 1-8.

[11] WANG D C, ZHANG L C, GU Y H, et al. Switchable ultrathin quarter-wave plate in terahertz using active phase-change metasurface [J]. Scientific Reports, 2015, 5: 15020.

[12] WANG Q, ROGERS E T F, GHOLIPOUR B, et al. Optically reconfigurable metasurfaces and photonic devices based on phase change materials [J]. Nature Photonics, 2016, 10(1): 60-65.

[13] DABIDIAN N, KHOLMANOV I, KHANIKAEV A B, et al. Electrical switching of infrared light using graphene integration with plasmonic fano resonant metasurfaces [J]. ACS Photonics, 2015, 2(2): 216-227.

[14] ZHU W M, SONG Q H, YAN L B, et al. A flat lens with tunable phase gradient by using random access reconfigurable metamaterial [J]. Advanced Materials, 2015, 27(32): 4739-4743.

[15] KIM J Y, KIM H, KIM B H, et al. Highly tunable refractive index visible-light metasurface from block copolymer self-assembly [J]. Nature Communications, 2016, 7: 12911.

[16] CHEN W T, ZHU A Y, SANJEEV V, et al. A broadband achromatic metalens for focusing and imaging in the visible [J]. Nature Nanotechnology, 2018, 13(3): 220-226.

[17] CHEN B H, WU P C, SU V C, et al. Gan metalens for pixel-level full-color routing at visible light [J]. Nano Letters, 2017, 17(10): 6345-6352.

[18] NIEN C, CHANG L C, YE J H, et al. Proximity effect correction in electron-beam lithography based on computation of critical-development time with swarm intelligence [J]. Journal of Vacuum Science & Technology B, 2017, 35(5): 051603.

[19] CHANG L C, NIEN C, YE J H, et al. A comprehensive model for sub-10nm electron-beam patterning through the short-time and cold development [J]. Nanotechnology, 2017, 28(42): 425301.

[20] SU V C, CHEN P H, LIN R M, et al. Suppressed quantum-confined stark effect in ingan-based leds with nano-sized patterned sapphire substrates[J]. Optics Express, 2013, 21(24): 30065-30073.

[21] WANG S M, WU P C, SU V C, et al. Broadband achromatic optical metasurface devices [J]. Nature Communications, 2017, 8: 187.

[22] NI X J, KILDISHEV A V, SHALAEV V M. Metasurface holograms for visible light [J]. Nature Communications, 2013, 4: 2807.

[23] MA X L, PU M B, LI X, et al. A planar chiral meta-surface for optical vortex generation and focusing [J]. Scientific Reports, 2015, 5: 10365.

[24] JAKSIC Z, VASILJEVIC-RADOVIC D, MAKSIMOVIC M, et al. Nanofabrication of negative refractive index metasurfaces [J]. Microelectronic Engineering, 2006, 83(4-9): 1786-1791.

[25] GUO Y H, YAN L S, PAN W, et al. Scattering engineering in continuously shaped metasurface: An approach for electromagnetic illusion [J]. Scientific Reports, 2016, 6: 30154.

[26] ZHENG J, YE Z C, SUN N L, et al. Highly anisotropic metasurface: A polarized beam splitter and hologram [J]. Scientific Reports, 2014, 4: 6491.

[27] LUO J, ZENG B, WANG C T, et al. Fabrication of anisotropically arrayed nano-slots metasurfaces using reflective plasmonic lithography[J]. Nanoscale, 2015, 7(44): 18805-18812.

[28] LIU L Q, ZHANG X H, ZHAO Z Y, et al. Batch fabrication of metasurface holograms enabled by plasmonic cavity lithography [J]. Advanced Optical Materials, 2017, 5(21): 1700429.

[29] MAKAROV S V, MILICHKO V, USHAKOVA E V, et al. Multifold emission enhancement in nanoimprinted hybrid perovskite metasurfaces [J]. ACS Photonics, 2017, 4(4): 728-735.

[30] YAO Y H, WU W. All-dielectric heterogeneous metasurface as an efficient ultra-broadband reflector [J]. Advanced Optical Materials, 2017, 5(14): 1700090.

[31] MIYAZAKI H T, KASAYA T, OOSATO H, et al. Ultraviolet-nanoimprinted packaged metasurface thermal emitters for infrared CO_2 sensing [J]. Science and Technology of Advanced Materials, 2015, 16(3): 035005.

[32] YAO Y H, LIU H, WANG Y F, et al. Nanoimprint-defined, large-area meta-surfaces for unidirectional optical transmission with superior extinction in the visible-to-infrared range [J]. Optics Express, 2016, 24(14): 15362-15372.

[33] BONOD N. Silicon photonics: Large-scale dielectric metasurfaces [J]. Nature Materials, 2015, 14(7): 664-665.

[34] ZHANG G Q, LAN C W, BIAN H L, et al. Flexible, all-dielectric metasurface fabricated via nanosphere lithography and its applications in sensing [J]. Optics Express, 2017, 25(18): 22038-22045.

[35] NEMIROSKI A, GONIDEC M, FOX J M, et al. Engineering shadows to fabricate optical metasurfaces [J]. ACS Nano, 2014, 8(11): 11061-11070.

[36] WU Z L, CHEN K, MENZ R, et al. Tunable multiband metasurfaces by Moiré nanosphere lithography [J]. Nanoscale, 2015, 7(48): 20391-20396.

[37] MAKAROV S V, TSYPKIN A N, VOYTOVA T A, et al. Self-adjusted all-dielectric metasurfaces for deep ultraviolet femtosecond pulse generation [J]. Nanoscale, 2016, 8(41): 17809-17814.

[38] ROZIN M J, ROSEN D A, DILL T J, et al. Colloidal metasurfaces displaying near-ideal and

tunable light absorbance in the infrared [J]. Nature Communications, 2015, 6: 7325.

[39] MAYER M, TEBBE M, KUTTNER C, et al. Template-assisted colloidal self-assembly of macroscopic magnetic metasurfaces [J]. Faraday Discussions, 2016, 191: 159-176.

[40] GONIDEC M, HAMEDI M M, NEMIROSKI A, et al. Fabrication of nonperiodic metasurfaces by microlens projection lithography [J]. Nano Letters, 2016, 16(7): 4125-4132.

[41] TSENG M L, WU P C, SUN S L, et al. Fabrication of multilayer metamaterials by femtosecond laser-induced forward-transfer technique [J]. Laser & Photonics Reviews, 2012, 6(5): 702-707.

[42] TSENG M L, CHEN B H, CHU C H, et al. Fabrication of phase-change chalcogenide $Ge_2Sb_2Te_5$ patterns by laser-induced forward transfer [J]. Optics Express, 2011, 19(18): 16975-16984.

[43] CHU C H, CHIUN C D, CHENG H W, et al. Laser-induced phase transitions of $Ge_2Sb_2Te_5$ thin films used in optical and electronic data storage and in thermal lithography [J]. Optics Express, 2010, 18(17): 18383-18393.

[44] MAKAROV S V, MILICHKO V A, MUKHIN I S, et al. Controllable femtosecond laser-induced dewetting for plasmonic applications [J]. Laser & Photonics Reviews, 2016, 10(1): 91-99.

[45] MARUO S, FOURKAS J T. Recent progress in multiphoton microfabrication [J]. Laser & Photonics Reviews, 2008, 2(1-2): 100-111.

[46] SERBIN J, EGBERT A, OSTENDORF A, et al. Femtosecond laser-induced two-photon polymerization of inorganic-organic hybrid materials for applications in photonics [J]. Optics Letters, 2003, 28(5): 301-303.

[47] TSENG M L, HUANG Y W, HSIAO M K, et al. Fast fabrication of a ag nanostructure substrate using the femtosecond laser for broad-band and tunable plasmonic enhancement [J]. ACS Nano, 2012, 6(6): 5190-5197.

[48] KAWATA S, SUN H B, TANAKA T, et al. Finer features for functional microdevices-micromachines can be created with higher resolution using two-photon absorption [J]. Nature, 2001, 412(6848): 697-698.

[49] MARUO S, IKUTA K, KOROGI H. Submicron manipulation tools driven by light in a liquid [J]. Applied Physics Letters, 2003, 82(1): 133-135.

[50] MARUO S, IKUTA K, KOROGI H. Force-controllable, optically driven micromachines fabricated by single-step two-photon micro stereolithography [J]. Journal of Microelectromechanical Systems, 2003, 12(5): 533-539.

[51] ZHOU X Q, HOU Y H, LIN J Q. A review on the processing accuracy of two-photon polymerization [J]. AIP Advances, 2015, 5(3): 030701.

[52] KHORASANINEJAD M, CHEN W T, DEVLIN R C, et al. Metalenses at visible wavelengths: Diffraction-limited focusing and subwavelength resolution imaging[J]. Science, 2016, 352(6290): 1190-1194.

[53] KHORASANINEJAD M, CHEN W T, ZHU A Y, et al. Multispectral chiral imaging with a metalens [J]. Nano Letters, 2016, 16(7): 4595-4600.

[54] WANG L, KRUK S, TANG H Z, et al. Grayscale transparent metasurface holograms [J]. Optica, 2016, 3(12): 1504-1505.

[55] HUANG Y W, CHEN W T, TSAI W Y, et al. Aluminum plasmonic multicolor meta-hologram [J].

Nano Letters, 2015, 15(5): 3122-3127.

[56] WANG B, DONG F L, LI Q T, et al. Visible-frequency dielectric metasurfaces for multiwavelength achromatic and highly dispersive holograms [J]. Nano Letters, 2016, 16(8): 5235-5240.

[57] LI L L, CUI T J, JI W, et al. Electromagnetic reprogrammable coding-metasurface holograms [J]. Nature Communications, 2017, 8: 197.

[58] MALEK S C, EE H S, AGARWAL R. Strain multiplexed metasurface holograms on a stretchable substrate [J]. Nano Letters, 2017, 17(6): 3641-3645.

[59] DING D S, ZHOU Z Y, SHI B S, et al. Linear up-conversion of orbital angular momentum [J]. Optics Letters, 2012, 37(15): 3270-3272.

[60] ZOU X B, MATHIS W. Scheme for optical implementation of orbital angular momentum beam splitter of a light beam and its application in quantum information processing [J]. Physical Review A, 2005, 71(4): 030701.

[61] CHEN S M, CAI Y, LI G X, et al. Geometric metasurface fork gratings for vortex-beam generation and manipulation [J]. Laser & Photonics Reviews, 2016, 10(2): 322-326.

[62] MEHMOOD M Q, MEI S T, HUSSAIN S, et al. Visible-frequency metasurface for structuring and spatially multiplexing optical vortices [J]. Advanced Materials, 2016, 28(13): 2533-2539.

[63] AIETA F, KATS M A, GENEVET P, et al. Multiwavelength achromatic metasurfaces by dispersive phase compensation [J]. Science, 2015, 347(6228): 1342-1345.

[64] ARBABI E, ARBABI A, KAMALI S M, et al. Multiwavelength polarization-insensitive lenses based on dielectric metasurfaces with meta-molecules [J]. Optica, 2016, 3(6): 628-633.

[65] AVAYU O, ALMEIDA E, PRIOR Y, et al. Composite functional metasurfaces for multispectral achromatic optics [J]. Nature Communications, 2017, 8: 14992.

[66] KHORASANINEJAD M, SHI Z, ZHU A Y, et al. Achromatic metalens over 60 nm bandwidth in the visible and metalens with reverse chromatic dispersion [J]. Nano Letters, 2017, 17(3): 1819-1824.

[67] ARBABI E, ARBABI A, KAMALI S M, et al. Controlling the sign of chromatic dispersion in diffractive optics with dielectric metasurfaces [J]. Optica, 2017, 4(6): 625-632.

[68] KHORASANINEJAD M, CHEN W T, OH J, et al. Super-dispersive off-axis meta-lenses for compact high resolution spectroscopy [J]. Nano Letters, 2016, 16(6): 3732-3737.

[69] KIM J, CHOUDBURY S, DEVAULT C, et al. Controlling the polarization state of light with plasmonic metal oxide metasurface [J]. ACS Nano, 2016, 10(10): 9326-9333.

[70] HU J P, ZHAO X N, LIN Y, et al. All-dielectric metasurface circular dichroism waveplate [J]. Scientific Reports, 2017, 7: 41893.

[71] LIANG G Z, ZENG Y Q, HU X N, et al. Monolithic semiconductor lasers with dynamically tunable linear-to-circular polarization [J]. ACS Photonics, 2017, 4(3): 517-524.

[72] LIU Z C, LI Z C, LIU Z, et al. Single-layer plasmonic metasurface half-wave plates with wavelength-independent polarization conversion angle [J]. ACS Photonics, 2017, 4(8): 2061-2069.

[73] WU X X, MENG Y, WANG L, et al. Anisotropic metasurface with near-unity circular polarization

conversion [J]. Applied Physics Letters, 2016, 108(18): 183502.

[74] PARK J, KANG J H, KIM S J, et al. Dynamic reflection phase and polarization control in metasurfaces [J]. Nano Letters, 2017, 17(1): 407-413.

[75] WU P C, TSAI W Y, CHEN W T, et al. Versatile polarization generation with an aluminum plasmonic metasurface [J]. Nano Letters, 2016, 17(1): 445-452.

[76] CHEN W T, TOROK P, FOREMAN M R, et al. Integrated plasmonic metasurfaces for spectropolarimetry [J]. Nanotechnology, 2016, 27(22): 224002.

[77] YUE F Y, WEN D D, ZHANG C M, et al. Multichannel polarization-controllable superpositions of orbital angular momentum states [J]. Advanced Materials, 2017, 29(15): 1603838.

[78] BUCHNEV O, PODOLIAK N, KACZMAREK M, et al. Electrically controlled nanostructured metasurface loaded with liquid crystal: Toward multifunctional photonic switch [J]. Advanced Optical Materials, 2015, 3(5): 674-679.

[79] SAUTTER J, STAUDE I, DECKER M, et al. Active tuning of all-dielectric metasurfaces [J]. ACS Nano, 2015, 9(4): 4308-4315.

[80] KARVOUNIS A, GHOLIPOUR B, MACDONALD K F, et al. All-dielectric phase-change reconfigurable metasurface [J]. Applied Physics Letters, 2016, 109(5): 051103.

[81] CHU C H, TSENG M L, CHEN J, et al. Active dielectric metasurface based on phase-change medium [J]. Laser & Photonics Reviews, 2016, 10(6): 986-994.

[82] ALMEIDA E, SHALEM G, PRIOR Y. Subwavelength nonlinear phase control and anomalous phase matching in plasmonic metasurfaces [J]. Nature Communications, 2016, 7: 10367.

[83] HSIAO H H, ABASS A, FISCHER J, et al. Enhancement of second-harmonic generation in nonlinear nanolaminate metamaterials by nanophotonic resonances [J]. Optics Express, 2016, 24(9): 9651-9659.

[84] NEZAMI M S, YOO D, HAJISALEM G, et al. Gap plasmon enhanced metasurface third-harmonic generation in transmission geometry [J]. ACS Photonics, 2016, 3(8): 1461-1467.

[85] CHEN P Y, JUNG J. Pt symmetry and singularity-enhancaed sensing based on photoexcited graphene metasurfaces [J]. Physical Review Applied, 2016, 5(6): 064018.

[86] LAWRENCE M, XU N N, ZHANG X Q, et al. Manifestation of Pt symmetry breaking in polarization space with terahertz metasurfaces [J]. Physical Review Letters, 2014, 113(9): 093901.

[87] FLEURY R, SOUNAS D L, ALU A. Negative refraction and planar focusing based on parity-time symmetric metasurfaces [J]. Physical Review Letters, 2014, 113(2): 023903.

附录 物理学名词对照表

艾里束	Airy Beam	暗模	Dark Mode
贝塞尔束	Bessel Beam	本征模	Eigen Mode
表面波	Surface Wave	表面等离激元	Surface Plasmon Polaritons(SPP)
表面增强拉曼散射	Surface-Enhanced Raman Scattering(SERS)	波片	Waveplate
波前	Wavefront	波矢	Wavevector
波束分型	Beam Splitting	波长	Wavelength
剥离	Lift-off	不均匀性	Inhomogeneity
场曲	Field Curvature	超材料	Metamaterial
超分辨	Super Resolution	超构表面	Metasurface
超构器件	Meta-Device	超构全息	Meta-Holography
超构透镜	Meta-Lens	传播相位	Propagation Phase
传输矩阵	Transmission Matrix	磁场	Magnetic Field
磁偶极子	Magnetic Dipole	磁四极子	Magnetic Quadrupole
磁透率	Permeability	带间跃迁	Interband Transition
导模	Guided Mode	导纳	Admittance
等离子体	Plasmon	电场	Electric Field
电磁波	Electromagnetic Wave	电抗	Reactance
电偶极子	Electric Dipole	电四极子	Electric Quadrupole
电子束蒸发	Electron Beam Evaporation	动量	Momentum
对称模式	Symmetry Mode	多模衍射	Multimode Diffraction
多谐振超构表面	Multi-Resonance Metasurfaces	二聚体	Dimer
法布里-珀罗谐振	Fabry-Perot Resonance	法诺共振	Fano Resonance
反对称模式	Anti symmetry Mode	反射	Reflection
非对称传输	Asymmetric Transmission	非线性	Nonlinear
费马原理	Fermat'S Principle	分辨率	Resolution

续表

缝隙表面等离子体超构表面	Gap-Plasmon Metasurfaces	辐射相位	Radiation Phase
傅里叶变换	Fourier Transform	感应电流	Induced Current
干涉	Interference	干涉仪	Interferometer
高斯束	Gaussian Beam	高折射率差超构表面	High-Contrast Metasurfaces
各向同性	Isotropy	各向异性	Anisotropy
共偏振	Co-Polarization	固有金属损失	Inherent Metal Loss
光传递函数	Optical Transfer Function	光伏	Photovoltaic
光谱	Spectrum	光栅	Grating
光子轨道角动量	Orbital Angular Momentum	光子自旋霍尔效应	Photonic Spin Hall Effect
横磁模式	Transverse Magnetic(TM) Modes	横电磁模式	Transverse Electromagnetic(TEM) Modes
横电模式	Transverse Electric(TE) Modes	环形偶极子	Toroidal Dipole
惠更斯超构表面	Huygens' Metasurfaces	慧差	Comatic Aberration
基底	Substrate	极化率	Polarizability
几何相位超构表面	Pancharatnam-Berry-Phase Metasurfaces	溅射	Sputtering
交叉偏振	Cross-Polarization	胶体	Colloidal
焦深	Depth of Focus	介电常量	Permittivity
介质	Dielectric	近场耦合	Near Field Coupling
近红外	Near-Infrared	晶格	Crystal Lattice
镜面反射	Specular Reflection	局部表面等离子共振	Localized Surface Plasmon Resonance(LSPR)
绝缘体	Insulator	可见光	Visible Light
拉曼散射	Raman Scattering	离轴	Off-Axis
亮模	Bright Mode	量子级联激光器	Quantum Cascade Laser
量子时空纠缠	Quantum Space-Time Entanglement	临界角	Critical Angle
零极子	Anapole	路由	Routing
纳米	Nanometer	纳米天线	Nanoantenna
逆设计	Inverse Design	欧姆损失	Ohmic Loss
偏振	Polarization	强度	Intensity
球差	Spherical Aberration	全息投影	Holography

人工磁导体	Artificial Magnetic Conductor(AMC)	人造结构	Artificial Structure
入射场	Incidence	弱磁效应	Weak Magnetic Effect
散射	Scattering	色差	Chromatic Aberration
色散	Dispersion	实像	Real Image
蚀刻	Etching	矢量衍射	Vector Diffraction
手性	Chirality	倏逝波	Evanescent Wave
数值孔径	Numerical Aperture	损耗	Loss
太赫兹	THz	透射	Transmission
物	Object	吸收器	Absorber
显影	Development	线偏振	Linear Polarization
相位	Phase	相位调制	Phase Modulation
相位分布不连续	Phase Discontinuity	相位积累	Phase Accumulation
相位梯度	Phase Gradient	相位延迟	Phase Delay
相消干涉	Destructive Interference	相移	Phase Shift
相长干涉	Constructive Interference	像散	Astigmatism
谐波	Harmonic	谐振器	Resonator
虚像	Virtual Image	旋涂	Spin Coat
压印	Imprint	亚波长	Subwavelength
衍射	Diffraction	掩模	Mask
异常反射	Anomalous Reflection	异常折射	Anomalous Refraction
荧光	Fluorescence	原子力显微仪	Atomic Force Microscopy(AFM)
圆偏振	Circular Polarization	折射	Refraction
折射率	Refractive Index	振荡	Oscillation
振幅	Amplitude	中红外	Mid-Infrared
驻波	Standing Wave	转换效率	Conversion Efficiency
自旋	Spin	自组装	Self-Assembly
阻抗	Resistance		

索　引